CAYENDO JUNTOS

CAPÍTULO UNDOS

JEM BENDELL

CAYENDO JUNTOS

Una respuesta compasiva y
ecolibertaria al colapso

Traducción de
CARLOS ALBERTO CEDILLO

nola
EDITORES

Ediciones
Tecnológico
de Monterrey

Título original: *Breaking Together.*
A Freedom-Loving Response to Collapse

© de la presente edición, NOLA EDITORES y TECNOLÓGICO DE MONTERREY
© Jem Bendell
© de la traducción, Carlos Alberto Cedillo

Diseño de cubierta: *María Isabel Zendejas Morales*
Maquetación: *Ostraca Servicios editoriales*
Impresión: *Gómez Aparicio*
Primera edición: octubre de 2024

NOLA EDITORES
Apdo. de Correos 7065
c/Palos de la Frontera, 6-10
28012 Madrid (España)
<www.nolaeditores.com>

NOLA EDITORES es un sello editorial perteneciente
a Proyectos de Difusión de Contenido, S. L.
<www.prodiko.es>

ISBN: 978-84-18164-49-1
Depósito Legal: M-22.392-2024

Las ideas expresadas en este libro son responsabilidad exclusiva de su autor
y no comprometen las posiciones del Tecnológico de Monterrey ni de Nola Editores.

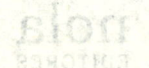

ÍNDICE

ÍNDICE

AGRADECIMIENTOS

Este libro es el resultado de un complejo proceso de indagación, diálogo y escritura que duró varios años. En particular, doy las gracias a Papillon, Francis Patrick Smith, Matthew Slater y Simona Vaitkute. Por sus distintas aportaciones y formas de apoyo durante ese tiempo, también agradezco a Katie Carr, Jasmine Kieft, Jonathan Leighton, Stella Nyambura Mbau, Bjorn Seyfarth, Darinka Montico, Rik Strong, Jonas Freedman, Zori Tomova, Sven de Causmaecker, Atus Mariqueo-Russell, Stephen DeMeulenaere, Ian Roderick, Paul Maidowski, Alan Heeks, Stuart Smith, Andrew Medhurst, Kate Medhurst, Birju Pandya, Ari Nessel y Stephen Wright, así como al equipo de la VKRF, incluida Irene Krarup.

Si eres académico, puedes ayudar a promover y desarrollar estas ideas y su aplicación uniéndote a la iniciativa *Scholars' Warning*: <www.scholarswarning.net>. Para encontrar iniciativas en tu localidad o área de interés, busca «deep adaptation» (adaptación profunda) en Internet (hay muchos grupos en muchas plataformas). Las actividades benéficas sobre estos temas, así como los cursos gratuitos para jóvenes de todo el mundo, necesitan apoyo. Si puedes ayudar, haz un donativo a la iniciativa de investigación y educación sobre adaptación profunda del Instituto Schumacher: <https://cafdonate.cafonline.org/20458>.

ACERCA DEL AUTOR

Jem Bendell es un académico de renombre mundial que estudia el colapso de las sociedades modernas debido al cambio ambiental. Es profesor titular en la Universidad de Cumbria y sociólogo especialista en análisis crítico integrativo de investigaciones interdisciplinarias sobre temas de gran preocupación social. Con más de un millón de descargas, se atribuye a su artículo *Deep Adaptation* inspirar el crecimiento del movimiento Extinction Rebellion en 2018, además de crear una red mundial para reducir los daños ante el colapso de la sociedad (el Deep Adaptation Forum). Completó su doctorado en la Universidad de Bristol y su licenciatura en Geografía con honores en la Universidad de Cambridge. Durante décadas trabajó en el área de desarrollo sostenible como investigador y gestor de oenegés, y como consultor de empresas, partidos políticos y organismos de la ONU. Ha vivido y trabajado en todos los continentes, excepto en la Antártida, y pasó muchos años de su vida adulta en países del Mundo Mayoritario. Una de sus especialidades desde 2011 es la innovación de monedas prosociales, con una conferencia TEDx de ese año explicando las razones del Bitcoin y monedas similares. En 2017, codirigió el desarrollo del plan de comunicación del Partido Laborista del Reino Unido para las elecciones generales y coescribió discursos para sus principales políticos. Aunque fue reconocido en el 2012 como Joven Líder Global por el Foro Económico Mundial, Jem se ha mostrado cada vez más crítico con el programa globalista sobre desarrollo sostenible. Además de su trabajo, se dedica a la agroforestería sintrópica y es cantautor. Ha lanzado un disco EP con la banda Sambiloto.

A mis padres, por tal lealtad y fortaleza

Canción escrita para tu segunda boda, 4 de enero de 2023

«Día de Bodas»

Los verdaderos amigos
logran superarlo
Molestia y arrepentimiento
Los verdaderos amigos
lo sostienen
No es necesario olvidar
Mientras las nubes vienen y van
Mientras la vida termina y florece
hay amor más allá de la esperanza
en los amigos afectuosos

Estemos presentes hoy
Dejemos ir el pasado
Y este momento permanecerá
En nuestros corazones cuando hayamos partido
No hay nada que temer
Todos los mundos desaparecerán
en la verdadera eternidad
de posibilidades,
¡Oh día de bodas!

(Original en inglés)

«Wedding Day»

True friends make it past
Upset and regret
True friends make it last
No need to forget
As clouds come and go
As life dies and grows
There's a love beyond hopes
Found with caring folks

Let's be here and now today
Let the past be gone away
Because this moment will stay
In our hearts when we're away
There is nothing to fear from here
As all worlds will disappear
Into true eternity
With all possibilities
Oh wedding day!

ACERCA DE ESTA OBRA

Esta obra nos revela de manera incontrovertible la grave situación que la humanidad enfrenta hoy en día. Es un libro que dará mucho de que hablar y reflexionar sobre el futuro de la humanidad. Sus argumentos son claros y contundentes: el colapso social y ambiental es inevitable porque nuestro modelo de vida es incompatible con la capacidad que el planeta tiene para regenerar los daños que hemos ocasionado. Pero también abre una ventana para la articulación de nuevas formas de organización que nos permitan la construcción de procesos comunitarios como única esperanza para sobrevivir en este mundo multiespecie.

Jem Bendell se ha atrevido a decir lo que el *establishment* calla. Este libro marcará un antes y un después en las luchas socioambientales que la humanidad deberá enfrentar si queremos continuar existiendo en el concierto ecosistémico.

Su mayor aporte es su llamado en relación a que el aterrador presente que enfrentamos puede ayudarnos a sembrar la revolución empático-cognitiva que necesitamos para alumbrar un mejor mañana. Después de leerlo espero que nazca en ti la necesidad de vivir con gozo y plenamente tu ser catastrofista. Yo ya soy uno de ellos.

Paco Ayala
Huerto Roma Verde

En los pueblos indígenas sabemos, desde hace tiempo, que se aproxima el colapso de la sociedad humana, detonado por el quiebre del equilibrio de la naturaleza. Lo sabemos porque sentimos a nuestra Madre Tierra, porque sabemos escuchar cuando ella nos habla. Nuestros sabios hermanos Kogui, por ejemplo, han estado mandando mensajes al mundo desde hace muchos años, anunciando la urgencia de cambiar los aspectos destructivos del mundo moderno. Cambiar, o enfrentar el colapso total, parecen ser las alternativas que hoy tenemos. En un mundo colonizado y dependiente de la ciencia moderna, esta obra de Jem Bendell, fruto de una investigación seria y profunda, entrega la verdad a quienes no acostumbran a escuchar a nuestras voces indígenas, o a la Tierra misma. Gracias al trabajo de Jem Bendell, podemos ver con claridad que hemos llegado a un punto en el que adaptarnos a los cambios del mundo implica también adaptarnos al colapso. Y con mucha generosidad, Jem Bendell nos guía hacia lo que tenemos que aprender para que esto sea posible. Nos da buenas noticias al mostrarnos lo posible, mientras nos demuestra que los daños causados a la naturaleza y la humanidad seguirán causando severas consecuencias durante mucho tiempo por venir. Con la información que su obra nos provee, podemos poner los pies sobre la Tierra, liberarnos de las ilusiones con las que el mundo moderno nos distrae, y tomar las mejores decisiones para el futuro de nuestras comunidades, de nuestros hijos y de nuestra madre, la Hermosa Tierra que nos da todo lo que necesitamos para seguir viviendo. Agradezco mucho esta obra de Jem Bendell, y que haya llegado justo ahora, cuando tanta falta hace.

ARKAN LUSHWALA
Cusco, 2024

PRÓLOGO

ALEKA VIAL
Cofundadora, Fundación Hypatia

Cayendo juntos. Una respuesta compasiva y ecolibertaria al colapso es un libro excepcional. Lo es simplemente porque tiene la valentía de hablar con la verdad, algo tan poco usual en estos tiempos. Demostrando, con lujo de detalle científico, pero también a través de una delicada indagación y escucha emocional, lo que nuestra intuición y sentido común nos han estado susurrando a gritos por décadas: la inconsistencia, disociación y contradicción interna y externa que reproduce una civilización narcisista y soberbia, que por esto mismo se denomina a sí misma «desarrollada» o «moderna» mientras profundiza una contracultura de la guerra, el trauma, el miedo y la violencia.

El libro que tienes en tus manos narra y describe detalladamente, frase a frase, capítulo a capítulo, lo que muchas personas necesitábamos corroborar con datos duros —como la narrativa patriarcal denomina a lo valioso o válido— pero probablemente no nos habíamos detenido a investigar: cuáles son las raíces culturales, falsas creencias, historias y *mind*-set que reproduce y glorifica un sistema que genera un daño profundo a los seres humanos y a la biósfera.

Al leer esta contundente y fascinante investigación, probablemente surgirá en ti la misma pregunta que yo me hice a través de toda la lectura: ¿Por qué hemos demorado tanto en aceptar esta realidad públicamente? Jem nos ofrece varias respuestas. Y, por supuesto, esta diferirá en cada persona según su cultura, percepción del mundo y vivencias. Pero quizá hay una respuesta que nos une: ninguno de nosotros desea producir pánico en sus padres, hijos, nietos, compañeros de trabajo o comunidad. Y es justamente este silencio u omisión compasiva-colectiva en torno al colapso lo que ha empeorado las cosas.

Por ello, más que un Prólogo, mi deseo es que esta sea una misiva de agradecimiento a Jem y a su equipo interdisciplinario, quienes juntos se lanzaron a una muy incómoda y nada agradable investigación, pagando el precio de la exclusión de sus pares —sabiendo que serían juzgados por los círculos académicos— e incluso a costa de su salud física, emocional o mental. Pues somos millones quienes, con una conciencia adolescente, hemos evitado este aterrizaje por los múltiples costos asociados.

Cayendo juntos. Una respuesta compasiva y ecolibertaria al colapso nos lleva, paso a paso, a sentir y a decantar humildemente en nuestro cuerpo psíquico, físico y emocional el inevitable sufrimiento de la humanidad y de nuestra familia terrestre. Se trata de la crónica de una muerte anunciada producto de la civilización industrial de consumo, a lo que Jem tan acertadamente denomina el «metadesastre de la modernidad imperial». La modernidad que amamos y a la que nos aferramos con uñas y dientes, a pesar de una bajísima gratificación —una seguridad en la que no creemos, un poder que sabemos no tenemos y una libertad que apenas nos permite respirar— y de los altos costos para el alma.

En medio de la confusión y en un mundo destruido por la ilusión de la separación, Bendell va derribando, una a una, las falsas creencias en las que se sostiene nuestra civilización. Y como un místico moderno va rescatando con valentía las flores olvidadas en nuestro corazón, necesarias para renunciar a cada una de las ideas que nos alejan de la verdad. De allí la belleza de este libro al aceptar el fracaso, al permitir que la falsa identidad que hemos construido se desintegre para poder por fin empezar a degustar la verdadera vida.

«Este es un libro profético», afirma el poeta y activista indo-inglés Satish Kumar. Y es que no solamente te sorprenderás y avergonzarás con las absurdas raíces de nuestra policrisis: colapso económico, político, social, alimentario y de la biósfera; sino que también descubrirás varios de los principios éticos, ecológicos y espirituales esenciales para una nueva civilización y paradigma en la Tierra.

La preciosa autodeclaración de Jem como «ecolibertario», a la cual me sumo, instala nuevamente en este siglo el propósito último del alma humana: la recuperación de nuestro vínculo sagrado con la Naturaleza y la reivindicación de la Libertad para elegir cómo deseamos pensar, sentir y convivir, en un mundo que parece haber olvidado la existencia de la soberanía sobre la propia conciencia.

Cayendo juntos. Una respuesta compasiva y ecolibertaria al colapso es una declaración de amor a la humanidad y a la Tierra. Y puede considerarse un libro iniciático, en el sentido de que nos permite develar e iluminar nuestros más profundos miedos. Como el Dante, Jem nos lleva de la mano a atravesar los puntos ciegos de este tiempo en la noche oscura del alma. Delicadamente, nos empuja al abismo, donde podemos por fin soltar el control y a nosotros mismos. Y dejarnos caer juntos.

Este libro y movimiento hacia la adaptación profunda es un eslabón fundamental dentro de la gran revolución espiritual que recorre de forma silenciosa y subterránea todos los rincones del planeta para humanizar la Tierra con una nueva conciencia.

INTRODUCCIÓN:
RECONOCIMIENTO Y RESPUESTA AL COLAPSO

«Ya sabes, me mantengo ocupada», solía decir mi abuela cuando le preguntaba «¿Cómo estás?». Parecía que siempre estaba preparando comida en la cocina, y si las conversaciones se ponían agitadas, su frase favorita era «tu abuelo sabe lo que es mejor», y se iba a pelar patatas. Como niño de la década de 1980, no estaba de acuerdo con su forma de pensar, pero ahora me pregunto si quizás estaba bien adaptada a su situación. Todos apreciamos distracciones que mantengan nuestras mentes y cuerpos ocupados: películas, noticias, deportes, música, celebridades, tareas domésticas, cocina, estudios o tal vez algunos dramas vecinales y laborales. Incluso las distracciones dolorosas pueden cumplir un propósito. Como leer un libro sobre la destrucción de nuestra civilización. O peor aún, escribirlo.

Una señal de nuestros tiempos es que las encuestas comienzan a preguntar si creemos que el mundo se acaba. O al menos nuestros mundos dentro del mundo más grande. Hacen preguntas como: «¿Cree que resolveremos el cambio climático?» o «¿Cree que sus hijos tendrán una mejor situación financiera?». Si mis lectores son como la mayoría de las personas en la mayoría de los países donde se realizaron las encuestas, es probable que ya hayan pensado «probablemente no» a ambas preguntas[1].

Sé que no son respuestas fáciles. Quienes prestamos atención a lo que sucede a nuestro alrededor estamos cada vez más ansiosos por tantos aspectos de la vida en este hermoso planeta que se vuelven más difíciles e inciertos. Las facturas de energía están por las nubes. El costo de los alimentos y las bebidas sube tanto que estropea la comida con un sabor a deuda. Están las amenazas de infecciones desagradables, así como se perciben personas con opiniones diferentes sobre su tratamiento. También están las amenazas de líderes beligerantes o simplemente seniles. Además, está la crisis ecológica, que incluye el cambio climático. ¿Es solo un engaño destinado a controlarnos? Basta con comparar el clima que hemos experimentado en los últimos años con el clima menos errático que recordamos nosotros o nuestros padres. En línea, todos podemos consultar las mediciones en tiempo real de las temperaturas promedio mundiales o los niveles de gases atmosféricos como el metano, y ver cómo aumentan a velocidades sin precedentes en los últimos 10.000 años.

No es una novedad que las personas con mayor riqueza o autoridad quieran controlar al resto. No debería sorprendernos que algunos de ellos quieran usar problemas actuales, como las pandemias o el cambio climático, para controlarnos, pero eso no significa que no existan problemas reales que amenacen tanto nuestro bienestar general como nuestras libertades. En las conversaciones con amigos sobre el futuro, muchos expresan sus preocupaciones sobre lo difícil que se ha vuelto la vida; sin embargo, seguimos viviendo en el mundo tal como lo encontramos. Nuestras rutinas diarias de trabajo, facturas, impuestos, relaciones, pasatiempos, entretenimiento y debate de las noticias, son eclipsadas por la sutil intuición de que nos estamos distrayendo del porvenir. Parte de la razón es que no sabemos qué podríamos hacer que importara.

No voy a evitarte ese sentimiento de futilidad. Muchos comentaristas de nuestra situación actual salpican optimismo como una obligación, pero esa actitud puede ser parte del problema. En su lugar, podríamos permitirnos aceptar la amplitud y diversidad de lo que hoy parece fútil. Sabemos que reciclar no arreglará la corriente en chorro, ni detendrá los domos de calor que afectan a nuestro clima, paisajes y agricultura.

Sabemos que comprar chocolate orgánico de comercio justo no convertirá el capitalismo en una forma imparcial y ecológicamente sensata de organizar la sociedad. Por tales razones, algunas personas han optado por expresar activamente su convicción y preocupación, pero atarnos a las carreteras, pinturas o barandillas tampoco ha logrado mucho. No necesitamos promulgar nuevas leyes, sino una transformación de toda la civilización humana, en todas partes del planeta y de forma inmediata, para dar a las generaciones más jóvenes la mínima oportunidad de una vida decente. Cosa que no está ocurriendo. Aunque algunos puedan empezar a hablar de resistencia violenta, sabemos que esa línea de acción es absurda. Los días de insurrecciones armadas han quedado atrás en la mayoría de las sociedades y la retórica violenta de los activistas generalmente obstaculiza los esfuerzos por el cambio político.

También son un punto de fricción nuestro disgusto y nuestras críticas cuando los ricos y poderosos finalmente se toman en serio estos problemas colectivos. Se percibe cada vez más que los gestos audaces de los gobiernos en respuesta a la pandemia no lograron frenar el impacto de la enfermedad[2], sino que dañaron la salud física y mental de las personas[3] y generaron una interrupción económica y mayor desigualdad[4]. Algunos ricos siempre están listos para sacar provecho de cualquier acción del gobierno dictada por una crisis, como lo ilustran ahora los escándalos en muchos países en torno a la adjudicación de contratos gubernamentales durante la pandemia[5]. En cuestiones ambientales, hemos visto un enriquecimiento injusto similar. Las políticas climáticas que crearon mercados para compensaciones de carbono generaron nuevos beneficios para empresas contaminantes que pudieron manipularlos en beneficio propio[6]. Las acciones intrépidas del gobierno en materia de cambio climático también han tenido efectos adversos. En nombre de la protección ambiental, el gobierno anterior de Sri Lanka prohibió los fertilizantes artificiales de la noche a la mañana, lo que generó dificultades repentinas para que los ciudadanos alimentaran a sus familias[7]. A veces, las acciones legales causan interrupciones similares. Cuando los tribunales neerlandeses ordenaron a los agricultores que dejaran de usar fertilizantes, hubo grandes protestas contra la amenaza percibida para los negocios y el empleo, seguidas de una revuelta en las urnas[8]. La preocupación de que los gobiernos se vuelvan autoritarios en cuestiones climáticas se alimenta con las declaraciones de un número creciente de comentaristas del medio ambiente sobre cómo «aplicar las lecciones de la pandemia». Por ejemplo, el filósofo Bruno Latour sugirió que la crisis climática podría exigir restricciones a las libertades de la misma manera que se hizo contra la COVID-19[9]. Incluso los políticos de alto nivel han argumentado que «necesitamos medidas para abordar el cambio climático análogas a las restricciones a la libertad personal [impuestas] para combatir la pandemia»[10]. Puede ser que un autoritarismo impulsado por el pánico sea tan destructivo para las sociedades como los factores de estrés que describo en este libro.

Orientarnos en un mundo perdido

Frente a este caos, es normal sentirse frustrado y confundido. Algunos queremos salvar el mundo, pero odiamos que nos digan qué hacer, pero ¿qué opciones políticas tenemos? En esta era perturbadora ya experimentamos lo que no funciona. Como boxeadores aturdidos, muchos hemos buscado el falso apoyo de las cuerdas. Ahora es evidente que la política de nostalgia que arrasa el mundo, prometiendo volver a tiempos mejores, no ofrece apoyo frente a las acometidas de múltiples crisis. También sabemos que nuestras vidas no cambiarían en absoluto incluso si las supuestas intrigas malignas descritas por teóricos de la conspiración de repente desaparecieran. En realidad, las causas de las dificultades son mucho más profundas. Tampoco convencen los medios de comunicación que piden acogernos a cierto centrismo autoritario, con la creencia de que la tecnología y la empresa pueden solucionarlo todo. Cuando escuchamos la misma creencia «ecomoderna» en la salvación tecnológica, procedente del pensamiento mágico socialista que afirma que un gasto masivo del Estado es necesario, todo eso suena a una huida de la realidad poco convincente. Lamentablemente, también sabemos que ignorar las tendencias perturbadoras en la sociedad, centrándonos en nuestras familias, jardines, comunidades o iglesias, no detendrá los azotes que llegan con más intensidad y rapidez. Incluso rechazar la cultura dominante, para apreciar más las culturas indígenas o espiritualidades alternativas, no ayudará a defendernos contra el hambre insaciable y la dominación del capitalismo mundial y sus funcionarios en el gobierno y más allá (esas personas a menudo llamadas «globalistas»). Es razonable querer un enfoque diferente en lugar de todas las respuestas limitadas que acabo de describir; uno que ofrezca estabilidad sin negación, desde el cual podamos contribuir.

El primer paso hacia esa estabilidad es entender que las cosas están mal y empeorarán sin importar lo que hagamos. Entonces podremos hablar con seriedad sobre los aspectos del mundo que querríamos preservar. También podremos aspirar a no repetir los mismos patrones que causaron los problemas a medida que intentamos responder, lo que requiere que abordemos la causa real, en lugar de actividades graduales que se centran en los síntomas y que serán arrastradas por las corrientes de la historia. También significa que no debemos abandonar lo que creemos correcto, solo porque nos hemos vuelto ansiosos y más vulnerables a la manipulación. El objetivo no es solo «salvar» más partes del mundo, sino sentirlo más plenamente, respetar su belleza y contribuir a que siga siendo un lugar en el que merezca la pena vivir. Por lo tanto, es fundamental que tengamos en mente algunos valores universales al considerar la magnitud y la importancia de los problemas que enfrentamos, como la creencia en la equidad para todas las personas.

La libertad, tanto personal como colectiva, es otro valor que trasciende la historia y las geografías. Con libertad me refiero a la capacidad de elegir cómo pensar y actuar, sin coerción ni manipulación, y con una conciencia significativa de nuestra situación y de los posibles efectos de nuestras decisiones. El deseo de libertad nos es natural, porque también es natural en el mundo vivo. Odiamos que nos digan qué hacer, especialmente cuando percibimos poco o ningún beneficio claro para nosotros o la comunidad. Sin una relativa libertad de elección, la evolución no sería posible y lo explicaré con más detalle en el capítulo 11. Esta visión significa que podemos desconfiar de quienes prefieren describir a la naturaleza mediante instintos de competencia, cooperación o jerarquía, en lugar de implicar, en parte, un libre albedrío relativo. En este libro mostraré cómo los sistemas que oprimen nuestra libertad de pensamiento y comportamiento han llevado a nuestra civilización al borde del precipicio y, por lo tanto, argumentaré la importancia de una política basada en un compromiso renovado y recontextualizado con la libertad. Mi deseo es apoyarte, lector, para navegar por las conmociones que resultan de entender la verdadera escala de nuestro predicamento en el planeta Tierra y que luego puedas encontrar tu sensata respuesta. Por esa razón intento resumir el argumento de este libro en una introducción extendida, para que puedas regresar más tarde y te involucres con otros en este tema.

La pasión que me impulsó a terminar este libro es el deseo de ayudar a salvar parte del mundo, sin que se nos impongan órdenes. He estado involucrado en el trabajo medioambiental de diversas formas desde que era adolescente. Durante años, intenté contribuir al cambio a través de campañas con organizaciones benéficas, investigando la situación, enseñando a estudiantes y ejecutivos, asesorando a organizaciones, formando parte de la junta directiva de una firma de inversiones e incluso trabajando en las Naciones Unidas. Esos esfuerzos llamaron la atención de aquel club de élite global, el Foro Económico Mundial, que me reconoció como «Joven Líder Global» en 2012. ¡Si tan solo fuera el centro de mando del control global, como pretende su presidente Klaus Schwab y los medios alternativos! Si lo fuera, entonces podría haber resultado útil mi asistencia a muchas de sus reuniones y fiestas en Davos hace algunos años. En este libro, no relataré mis «éxitos» inconsecuentes de esos compromisos de alto nivel, pero mi análisis y recomendaciones son el resultado de entender que no hay un liderazgo ilustrado que coordine una respuesta positiva a estos tiempos difíciles.

Ahora tengo cincuenta años. Pasé mucho tiempo escribiendo y publicando artículos y libros para convertirme en profesor titular. «Publicar o perecer», es la divisa del mundo académico y se espera que publiquemos artículos en revistas académicas de nuestras áreas de especialización. Aunque comencé en un campo interdisciplinario llamado Estudios de Desarrollo Internacional y mi campo fundamental fue la Sociología, me convertí en profesor en el campo de Estudios de Administración, más recientemente con un enfoque sobre los temas de liderazgo y cambio. Desde mi primer trabajo en el Fondo Mundial para la Naturaleza (WWF) en 1995, mi pasión siempre fue el «Desarrollo Sostenible» y reclutar el poder de los negocios y las finanzas para lograr una diferencia decisiva. Al igual que muchas personas que trabajaron en cuestiones ambientales, sabía que teníamos un problema sistémico con la destrucción de la biosfera por parte de la humanidad, pero pensaba que teníamos un gran margen de tiempo para reformar y, en última instancia, transformar nuestros sistemas socioeconómicos. Se suponía que el Panel Intergubernamental sobre el Cambio Climático (IPCC, por sus siglas en inglés) era el evangelio sobre el cambio climático y dio la impresión de que algo malo sucedería en 2100 si no cambiábamos rápidamente. Parecía una eternidad. Sin embargo, para 2014, empezaba a preocuparme. Las inundaciones y los incendios forestales sin precedentes, la fundición del permafrost y la retirada del hielo marino eran el tipo de cambios futuros que había aprendido, cuando era estudiante en la Universidad de Cambridge en la década de 1990, como eventos que ocurrirían a mediados de este siglo si no se tomaba ninguna acción. Mi preocupación me llevó a tomar un año sabático de mi trabajo universitario para observar la ciencia primaria y descubrí que las conclusiones del IPCC habían excluido sistemáticamente algunos de los datos y cálculos más preocupantes (ver capítulo 5).

Tras esos meses de análisis de las investigaciones climáticas más recientes, concluí que era demasiado tarde para prevenir tanto un cambio catastrófico en las sociedades humanas como el colapso inevitable del modo de vida industrial de consumo. Escribí mis hallazgos para explicar a mis colegas en el campo de la sostenibilidad corporativa que nuestro trabajo se basaba en una premisa falsa y para ofrecer adaptación profunda (*Deep Adaptation*), una ética y un marco para abordar esta realidad. Quedé estupefacto después de que el artículo fuera rechazado por una revista, principalmente por llegar a conclusiones inviables. Con mis emociones alteradas, decidí publicarlo a través de mi universidad. El artículo era un grito de angustia. Vaya desperdicio de mi carrera y de mi vida, pensé. Al diablo con la academia, ¡era hora de publicar y perecer!

Un mes después, tenía más de trescientos correos electrónicos de personas desconocidas provenientes de todo el mundo. Al ingresar a mi servidor, descubrí que el PDF del artículo había sido descargado cinco mil veces. Algunos de mis antiguos amigos dijeron que se vieron profundamente afectados por el artículo y se unieron a un nuevo grupo activista con el dramático nombre de «Rebelión contra la extinción» (*Extinction Rebellion*). Vi tuits de personas que, en respuesta a mi artículo, renunciaron a sus trabajos y se unieron a esa rebelión. Más tarde, me pidieron que hablara para lanzar la «rebelión internacional» en el carro alegórico rosa de la verdad en Oxford Circus. El artículo y su impacto en la nueva ola de activismo climático recibieron comentarios en el *Financial Times*, *The Times*, *Vice Magazine*, Radio 4 y más. Un año después, mi servidor indicaba que se había descargado el artículo más de un millón de veces. Más que un artículo, la adaptación profunda se había convertido en un suceso.

La gente empezó a preguntarme qué hacer ante esa anticipación de un colapso social, pero pensé que sería una locura ofrecer consejos, pues tal perspectiva implica todos los aspectos de nuestras vidas. Además, me di cuenta de que esta tragedia había sido causada por la cultura y los sistemas que me habían moldeado. No parecía correcto que un occidental blanco mayor le dijera a la gente cómo lidiar con los problemas creados por sistemas diseñados por personas similares. Por lo tanto, mi respuesta fue establecer una organización que conectara a personas afectadas y motivadas por el concepto de adaptación profunda. Aunque no era remunerado, el trabajo fue profundamente gratificante y me ayudó a enfrentar mi perspectiva, así como a contribuir lo mejor que pude. Siempre había planeado dejar la nueva organización una vez que tuviera financiamiento, para que los participantes pudieran crear algo juntos. Filosóficamente, no quería que un solo individuo estuviera a cargo. Tener una perspectiva sombría sobre el futuro me parecía una razón inapropiada para ejercer influencia en las decisiones de las personas. Esa fue también la razón por la que, en ese momento, rechacé ofertas de contratos para libros y documentales de televisión. Sentía el impacto de mis conclusiones sobre el estado del mundo y la necesidad de ayudar a personas que estaban igualmente afectadas, ya fuera por leer mi análisis o no[11].

También tenía una razón personal para dejar el Deep Adaptation Forum. Cuando concluí en 2018 que las sociedades modernas, y, por lo tanto, mi propio modo de vida, se desmoronarían en los próximos años, experimenté una transformación en mi identidad y la forma de dar sentido a las cosas. Sentí anhelo por las prácticas espirituales, la inmersión en la naturaleza, la música, la agricultura orgánica y, consecuentemente, por abandonar el mundo de la argumentación intelectual y el activismo. La demonización de la anticipación del colapso en los medios de comunicación y por coaliciones de ambientalistas me hizo dudar. En respuesta, la mayoría de las personas que anticipaban el colapso rehusaron desafiar a los críticos y se enfocaron en sus redes de personas con ideas afines. Entendí esa reacción. Después de todo, estaba a punto de optar por un enfoque de vida menos estresante, pero comencé a preguntarme qué se perdería debido a los intentos coordinados de demonizar a las personas que anticipaban el colapso de la sociedad. Más personas invertirían sus energías en estrategias inútiles, como yo había hecho durante años. Más personas perderían el tiempo para procesar, emocional e intelectualmente, las implicaciones de un futuro que sería muy diferente del pasado. De la mano de una falta de validación de sus angustias sobre el futuro y de la supresión de discusiones sobre las potenciales implicaciones, la ansiedad desenfocada de las personas las llevaría a ser manipuladas por las élites (como vemos en el capítulo 13).

Antes solía pensar que el tiempo sería el mejor maestro en este tema, pero al ver cuán agresivas, estratégicas y coordinadas eran algunas de las críticas a la anticipación del colapso, me di cuenta de que no se detendrían, incluso si la realidad demostrara que estaban equivocadas. Me pregunté si debía continuar con el plan de abandonar mi función educativa y de activista. A menudo era un trabajo agotador y emocionalmente perturbador, incluso antes de los nuevos ataques a mi trabajo, carácter e influencia. Ya no creía en mis narrativas anteriores sobre agencia e impacto. Darme cuenta de que pronto se derrumbaría el aparato de conocimiento y cultura del que soy parte me ayudó a despojarme de esas ilusiones. Recuerdo haber coincidido con amigos en que la peor manera de pasar mis últimos años de comodidad moderna sería discutiendo las evidencias del colapso social. Los psicólogos con los que había hablado de este fenómeno de «rechazo a los fatalistas» me habían dicho que no podría cambiar la opinión de nadie a través del diálogo público debido a que el tema desencadenaba temores profundos a la muerte y a la insignificancia. «Condenado al fracaso», me vino a la mente.

Comencé a sentir que era prematuro mi plan de embarcarme en una nueva forma de vida. Leía encuestas de actitudes mundiales que revelaban que el público en general en muchos países esperaba futuros difíciles e incluso el colapso de la sociedad[12] y, sin embargo, el tema se mantenía agresivamente como un tabú. Me preocupaba que esa represión emocional y esas mentiras sistemáticas proporcionaran las condiciones para que las actitudes ilógicas y llenas de odio se propagaran en la sociedad, lo que probablemente sería imposible detener o, incluso, frenar. Más bien, aceleraría el colapso social. No parecía correcto ignorar mis ideas sobre este bloqueo cultural. Si no seguía trabajando sobre la base intelectual del enfoque de adaptación profunda hacia la vida, ¿quién lo haría? En ese momento parecía que solo había un puñado de académicos con las capacidades interdisciplinarias y el compromiso para trabajar el tema.

La proximidad con activistas climáticos dio forma a mis siguientes movimientos. Durante aproximadamente un año, discutí el amplio campo de la ciencia, política y activismo climático con Clare Farrell, una de las fundadoras de *Extinction Rebellion*. El intercambio de mensajes de audio en WhatsApp era nuestra forma preferida de comunicación. Un fin de semana, me encontraba en la playa y, al ver un nuevo mensaje suyo, decidí escucharlo mientras paseaba por la costa. Con auriculares puestos, pasé por el lugar donde mi joven amigo, Oskar, junto con su madre, había mirado el mar dos años antes y había llorado por su futuro[13]. En mi oído, Clare dijo: «Es hora de que des un paso adelante». Mientras caminaba y miraba las olas que se estrellaban, sentí una extraña pero profunda alegría, sabiendo que debía volver a involucrarme en la investigación sobre el tema más insoportable y menos inspirador que existe: el colapso de las sociedades modernas. Si tenía razón, habría poco beneficio y pasaría años «perdidos» frente a mi computadora con la investigación. Mi vista y mi condición física se debilitarían, y mi vientre y exasperación crecerían, pero simplemente tenía que hacerlo. Heme aquí ahora.

Aunque en 2018 había escrito sobre el cambio climático como la razón por la que es inevitable el colapso de las sociedades industriales de consumo, mi conclusión no se basó únicamente en la ciencia climática: se basó en décadas de investigación y práctica en una variedad de campos a nivel nacional e internacional. Gracias a mis conocimientos de negocios, finanzas, gobierno, política y activismo, sabía cuán arraigados están nuestros patrones de comportamiento y cuán consolidado está el poder. En particular, sabía cuán ávidos de crecimiento están nuestros sistemas económicos y monetarios. Por lo tanto, mi análisis incluiría la gama de factores que sostienen las sociedades modernas. Sería una empresa colosal y requeriría un trabajo en equipo.

Tres años después, en el momento en que escribo estos párrafos, veo que no me daba cuenta de la enorme carga que implicaría este trabajo tanto para mí como para mis colegas. Éramos un equipo interdisciplinario que incluía profesionales en ecología, ciencia agrícola, economía heterodoxa, psicología, ética, física, teología y periodismo ambiental. Utilicé un enfoque llamado «análisis crítico de investigaciones interdisciplinarias», que explicaré en el capítulo 7. Este enfoque me permite aprovechar el poder de la ciencia, sin someterme a las restricciones de las influencias culturales, económicas e institucionales como aquellos académicos que operan dentro de especialidades de una sola materia o para instituciones establecidas. Estas restricciones son ampliamente reconocidas por los propios académicos, incluido un grupo de destacados científicos que concluyeron que se minimiza peligrosamente la posibilidad de un «colapso sistémico global»[14].

Desde 2018, algunas personas que apreciaban la ética y el marco de trabajo de adaptación profunda me animaron de forma justificada a ser más específico sobre lo que quería decir con el colapso de la sociedad, ya que existen muchas definiciones en el mundo académico[15]. Repasaré esas definiciones antes de referirme a mi propia definición en el siguiente capítulo. Algunos entusiastas también querían que suavizara mis conclusiones de que el colapso de la sociedad es realmente «inevitable». Pensaban que deberíamos hacer que el mensaje fuera más moderado, atractivo y financiable. No quería que tales consideraciones influyeran en mi análisis, pero esperaba que mi investigación para este libro llevara a un resumen de la evidencia de que quizás las sociedades modernas colapsarían. Sin embargo, a medida que avanzaba la investigación, descubrí que los datos indicaban que las cosas ya estaban mucho peor de lo que había evaluado anteriormente. De hecho, ya estaban mucho peor de lo que sabía en 2018. Me equivoqué al concluir que el colapso de la sociedad era inevitable, porque ya había comenzado cuando llegaba a esa conclusión.

¿QUÉ COLAPSA?

Son palabras mayores, así que debo aclarar lo que digo. En primer lugar, hablo de la mayoría de las sociedades en todas partes. Si casi todo lo que usas es algo que has comprado, entonces vives en lo que se puede describir como una «sociedad industrial de consumo». Estas sociedades se basan en la producción en masa de bienes de consumo mediante procesos industriales, ya sea dentro de un país en particular o importados. Como describiré más adelante en el capítulo 1, la mayoría de las personas en el mundo actual viven dentro de una sociedad industrial de consumo o dependen en parte de sus productos y servicios. Un aspecto clave para que tales sociedades sean estables es la necesidad de continuo crecimiento del consumo en masa que, al igual que una bicicleta, necesita impulso para mantenerse en equilibrio.

En la primera mitad de este libro, proporcionaré evidencia de que ya presenciamos el comienzo de un final desigual de los modos de sustento, vivienda, salud, seguridad, placer, identidad y significado que se originan en las sociedades industriales de consumo. Dado que este proceso parece irreversible, la forma más obvia de describirlo es el término «colapso social». Dicho término puede parecer muy repentino y dramático; sin embargo, el estudio de la historia antigua y reciente indica que el colapso de una sociedad suele ser un proceso y no un evento. En los capítulos siguientes, proporcionaré la evidencia para concluir que el colapso de los cimientos de casi todas las sociedades industriales de consumo comenzó en algún momento antes de 2016. Aunque hay terribles ejemplos de colapsos sociales en regiones donde el clima o el conflicto ya causan efectos verdaderamente devastadores, el comienzo de este colapso general ha pasado desapercibido hasta ahora.

En el próximo capítulo, presentaré un análisis de datos de los últimos años que muestran un declive en los indicadores clave de la vida de las personas en todos los continentes habitados del mundo desde 2016. Este análisis abarca los aspectos fundamentales, como la esperanza de vida, la salud, los ingresos, la educación y otros. Debido a que la tendencia está ocurriendo en todas partes, indica que existen causas comunes y, por lo tanto, globales. Es la primera vez que los indicadores retroceden en la mayoría de los países económicamente avanzados desde que se lleva registro. Además, resumo los datos sobre el fracaso de los llamados Objetivos de Desarrollo Sostenible (ODS), con un retroceso en la mayoría de ellos antes del inicio de la pandemia de COVID-19. Proporciono una explicación de todos estos datos y muestro cómo las contradicciones internas y sus límites externos comenzaron a quebrantar el capitalismo a partir de 2015. Continuando con cuestiones económicas, en el capítulo 2 explico cómo los principales bancos centrales del mundo utilizaron la pandemia como excusa para ayudar a los mayores inversores y corporaciones de sus países a adquirir activos internacionales de una manera que fuera inevitable la inflación continua. Supongo que fue un movimiento en preparación para el probable colapso de los sistemas monetarios existentes, algo que las élites adineradas podrían iniciar en cualquier momento.

En el capítulo 3, cambiamos el enfoque para considerar los fundamentos biofísicos de las sociedades industriales de consumo. Se explora el papel de la energía para impulsar casi todos los aspectos de las sociedades modernas antes de evaluar la capacidad de abandonar los combustibles fósiles. Lamentablemente, un análisis independiente concluye que no será posible mantener las sociedades modernas en un sistema energético libre de carbono, y se requeriría una rápida reducción de la actividad económica. De todas formas, los impactos negativos de las sociedades industriales de consumo en la biodiversidad y la salud hacen necesaria esa reducción (capítulo 4). Ya hay evidencia clara de que los problemas con la disponibilidad de energía, antes de cualquier conflicto, han estado afectando a los estándares de vida.

Los combustibles fósiles desempeñan un papel enorme en la agricultura a gran escala y las formas actuales de agricultura tienen un impacto negativo en la biodiversidad, la salud (capítulo 4) y el calentamiento global (capítulo 5). En el capítulo 6, analizo la solidez de nuestros sistemas globales y locales de alimentos frente a la creciente volatilidad del clima, el cambio de estaciones, los cambios en las poblaciones de insectos, la sobreexplotación, la pérdida de suelo fértil, la disminución de los mantos freáticos y la acidificación de los océanos, entre otros factores. La conclusión a la que llego es que existe una dependencia alarmante de la producción en masa de algunos granos clave y las irregularidades crecientes en la corriente en chorro del hemisferio norte amenazan algunas de las fuentes principales por condiciones climáticas extremas. Aunque las interrupciones inevitables en el suministro de alimentos podrían mitigarse mediante políticas adecuadas, respaldadas por iniciativas locales y cooperación internacional, no hemos visto que suceda, a pesar de las advertencias realizadas desde 2018, lo que indica que las formas dominantes de comunicación y gobernanza en las sociedades son incapaces de prevenir incluso daños catastróficos previsibles.

En el capítulo 4, analizamos la cuestión más amplia de las demandas de recursos naturales del mundo por parte de la humanidad. Resumo datos que indican la manera en que los ecosistemas que proporcionan servicios fundamentales esenciales a todas las sociedades humanas están colapsando. Con la teoría de la capacidad de carga de la Tierra para sustentar cualquier forma de vida, explico que los humanos modernos ya hemos superado colectivamente la capacidad de carga del planeta para sustentarnos. Con referencia a estudios sobre la ecología y los colapsos de civilizaciones pasadas, explico que la deforestación es un impulsor tanto de nuevas enfermedades en los humanos como de colapsos de civilizaciones pasadas (probablemente debido a las nuevas enfermedades que generó). Observo que la defensa contra una era de pandemias fue la justificación que ofrecieron algunos científicos para sus experimentos con patógenos, extremadamente peligrosos, antes de señalar la forma en que el propio COVID-19, y las respuestas contraproducentes al mismo, pueden acelerar el colapso de algunas sociedades.

En el capítulo 5, me concentro en la información vital sobre los cambios en nuestro clima. Una combinación de la pérdida de la cobertura forestal y los gases de efecto invernadero ya presentes en la atmósfera causarán un calentamiento adicional y el consiguiente cambio de estaciones, clima irregular y daño a los ecosistemas, la agricultura y los asentamientos humanos. El hecho de que la tasa de aumento del nivel del mar esté creciendo significa que los cambios en todo el sistema climático no son lineales, por lo que el medio ambiente se desestabilizará a ritmos sin precedentes. A pesar de la retórica de los expertos oficiales, estos cambios no pueden revertirse y es posible que ni siquiera puedan frenarse, dada la cantidad de daño causado y el papel adicional de la actividad de manchas solares futuras y las masivas corrientes oceánicas (obviamente, ambas más allá de la intervención humana). Estos cambios climáticos añaden presión a los otros fundamentos de las sociedades que se están desmoronando.

En el capítulo 7 resumo la forma en que los diversos cambios descritos en los capítulos anteriores se combinan para mostrar la inevitable descomposición continua de las sociedades modernas. Explico la manera en que los científicos han dejado de lado sus principios acreditados normales para argumentar en contra de tales conclusiones, convirtiéndose así en evangelistas de la ideología modernista sin siquiera darse cuenta de sus suposiciones. En el capítulo 7 voy más allá de los aspectos biofísicos de las sociedades modernas para considerar la evidencia de que las bases socioculturales y políticas de tales sociedades se han estado desmoronando en los últimos años. Por ejemplo, las encuestas de opinión muestran que en la mayoría de los países del mundo ha habido un dramático declive en el apoyo a las instituciones gubernamentales. Describí estas tendencias como representativas de una «desarticulación» de lo que mantiene unidas a las sociedades modernas, ya que las personas están percibiendo y dando sentido, de manera consciente o inconsciente, a las grietas en la superficie y a las fracturas en los cimientos de las sociedades en las que viven.

En el artículo original de *Adaptación profunda: un mapa para navegar por la tragedia climática*, expliqué que esperaba ver personalmente señales de colapso social en casi todas las partes del mundo para el año 2028. Algunos críticos tenían razón al argumentar que esa era solo mi opinión y no un hecho comprobable, pero en este libro presento evidencia creíble de que el colapso ya había comenzado antes del 2016. Ahora me doy cuenta de que mi error en ese momento era asumir, como muchos, que cualquier colapso sería solo un evento dramático. Aunque el colapso ya había comenzado a través de un debilitamiento de las estructuras que sostienen a las sociedades modernas, los efectos no irrumpieron instantáneamente a muchas personas con estilos de vida privilegiados. Es como si estuviéramos en un gran barco que ya chocó con el iceberg, pero sigue avanzando con pasajeros y personal que no quieren molestar hablando de los ruidos extraños y de la inclinación de la cubierta. La mayoría de nosotros experimentamos el barco como si solo estuviera parcialmente dañado. Por ejemplo, al momento de escribir, la mayoría de nosotros todavía tiene cuentas bancarias con dinero y tarjetas que funcionan y podemos comprar lo que necesitamos la mayor parte del tiempo. Si no preguntamos qué está pasando debajo de la línea de flotación, podemos ignorar la situación un poco más.

En mi caso, una vez que concluí que ahora estamos viviendo en el colapso en curso de las sociedades modernas, pude dar sentido a lo que estaba sucediendo de nuevas maneras. El hecho de que estemos viviendo en una era de colapso me proporcionó repentinamente una lente conceptual para analizar los eventos actuales en economía, política, cultura y psicología. Me ayudó a entender por qué algunas personas se entregaban a la política de nostalgia, mientras que otras personas adoptaban teorías de la conspiración y otras siguen servilmente a la autoridad y a la mayoría (lo cual examinamos más adelante en el capítulo 13). También comprendí por qué los medios de comunicación demonizaban el pensamiento libre y por qué los banqueros centrales ayudaban a las empresas en una carrera neocolonial por el poder global (capítulo 2). El telón de fondo de mi proceso de investigación fue la pandemia de COVID-19 y la manera en que el Estado y los medios de comunicación comenzaron a comportarse de manera autoritaria, lo cual no solo significa coerción o amenazas, sino también el uso de afirmaciones científicas débiles o directamente falsas para justificar la denigración de las personas por sus opiniones discrepantes. Lo que también noté durante ese período fue que los críticos más extremos del «derrotismo» eran también los más vociferantes en la promoción de un programa de acción corporativo y autoritario frente al COVID-19. Me di cuenta de que el factor común era una lealtad a la visión «hegemónica» actual de que las sociedades progresan y los humanos mantienen el control. Estas revelaciones me impulsaron a completar este libro para que tú, mi lector, también puedas considerar nuestro mundo a través de la lente del colapso en curso.

¿POR QUÉ ESTA PERSPECTIVA NO ES CONOCIDA?

Si te estás preguntando si soy alguien fidedigno o por qué la idea de que las sociedades modernas ya están empezando a colapsar no se ha presentado en un libro anteriormente, estás elaborando preguntas pertinentes. O tal vez te preguntas de manera más general por qué estas ideas no se discuten en los medios de comunicación. O, desde un ángulo completamente diferente, quizás te preguntas si mi visión deprimente de la situación podría ser simplemente otro intento de infundir miedo para controlar a las poblaciones.

Comencemos con la última de estas ideas. Las élites no inventan las amenazas para la sociedad que describo en este libro. En realidad, la mayoría de las personas con dinero y poder, y quienes trabajan para ellos, nos han distraído de lo grave que se ha vuelto nuestra situación. Promueven la idea de que nuestros problemas pueden ser resueltos con tecnología, capital, empresa, multimillonarios, gasto gubernamental y liderazgo carismático, mientras el resto de nosotros obedece lo que se nos dice y esperamos lo mejor. No quieren que perdamos la «esperanza» de que las sociedades modernas puedan responder de manera efectiva al predicamento que enfrentamos, ya que significaría que rechazaríamos los sistemas e instituciones que mantienen su poder y privilegio. ¡Nos convertiríamos en rebeldes! Si lees el análisis completo en este libro, verás cómo se desmonta el argumento de que se debe obedecer las órdenes de las altas esferas.

Aquellos académicos de los que el público ha oído hablar en los medios de comunicación, tanto en los masivos como en las redes sociales, acerca de escenarios catastróficos son aquellos que los multimillonarios de la tecnología financiaron para investigar problemas potenciales relacionados con asteroides y la Inteligencia Artificial[16]. Durante años, su enfoque en el «riesgo de extinción» minimizó los riesgos para las sociedades derivados de los cimientos biofísicos que se describen en este libro[17]. Tal perspectiva no encajaría con su esperanza de una utopía tecnológica. Aunque reconozco preocupaciones importantes sobre la regulación de la Inteligencia Artificial, este libro no trata sobre la gama de amenazas teóricas futuras para la civilización o nuestra especie. En cambio, se trata de los daños que están ocurriendo en este momento y que continuarán hasta el colapso total, sin que podamos controlarlo o revertirlo, aunque con suerte podremos frenarlo y recuperarnos. En el capítulo 7, explicaré algunos de los factores relacionados con los campos de investigación que han mantenido oculta de la vista del público la discusión honesta sobre este predicamento, pero incluso si las malas noticias no filtradas llegaran a través de la investigación y los expertos, sería poco probable que les prestáramos suficiente atención, pues vivimos en una cultura que ha sido moldeada por los intereses de las élites adineradas, tanto pasadas como presentes. En los capítulos 2 y 10 profundizaré en el funcionamiento de esos mecanismos. En pocas palabras, la forma expansionista en que operan los sistemas monetarios da forma a los medios de comunicación masivos, la publicidad, las redes sociales, los campos de conocimiento, las tecnologías, los mercados y la política, que, en conjunto, dan forma a nuestras vidas diarias y reproducen presupuestos profundos y valores que incluyen el individualismo, el materialismo y el progreso. Luego, estas ideas se codifican en hábitos, leyes y presupuestos que incentivan actitudes y comportamientos perjudiciales a nivel individual y organizacional. Como explicaré en el capítulo 10, los sistemas dominantes de comunicación y organización en las sociedades modernas se han construido y fomentado sobre algunos de los peores aspectos de la naturaleza humana. Esa es la razón principal por la cual, en colectivo, los seres humanos en las sociedades modernas no dan sentido suficiente a más de cincuenta años de información sobre la destrucción causada por nuestra forma de vida, ni buscan la sabiduría de los siglos pasados en el proceso de construcción de sentido (lo cual exploramos en el capítulo 9).

En este libro, explicaré la manera en que algunos estrategas militares analizan esta situación y desarrollan ideas alarmantemente contraproducentes sobre la reducción de las amenazas (capítulo 13), lo cual significa que necesitamos con urgencia una mayor participación pública en este tema. Desafortunadamente, a medida que más partes del mundo entran en una era de perturbación y ansiedad, ha surgido un nuevo factor que impulsa la negación de la realidad. Los psicólogos lo llaman «la prominencia de la mortalidad» (*mortality salience*), la cual conduce al fenómeno de «defensa de la cosmovisión». En pocas palabras, significa que, cuando nos volvemos más conscientes de nuestra muerte potencial o probable, nos apegamos más profundamente a las narrativas, mediadas culturalmente, sobre nuestra identidad, sociedad y mundo, llegando incluso a extremos ilógicos en nuestros apegos[18]. Desafortunadamente, este proceso significa que algunas de las respuestas de las autoridades a las perturbaciones pueden ser ilógicas y contraproducentes, como ya lo hemos visto en años recientes.

Este tipo de «defensa de la cosmovisión» puede infiltrarse de forma desapercibida mediante aquello que los psicólogos denominan «negación implicativa», que sucede cuando reconocemos cierta información, pero no cambiamos de manera acorde como se esperaría. Creo que es por esta razón por la que algunos expertos prefieren describir a las sociedades en un enfrentamiento con algo genéricamente preocupante, que llaman megaamenazas, policrisis, permacrisis, multicrisis o metacrisis; o dicen que las sociedades declinan, se quiebran o comienzan una transición, en lugar de colapsar; o dicen que el colapso de las sociedades industriales de consumo es probable, pero aún evitable (capítulos 7 y 13). Los datos en este libro muestran que tales perspectivas se pueden ver menos como descripciones de la realidad y más como esfuerzos de expertos por negociar con la muerte de su cosmovisión, con el fin de mantener viva parte de su identidad existente. En cambio, al enfrentar los problemas y permitir que su peso total desintegre nuestra antigua imagen de nosotros mismos, algo nuevo puede surgir.

PERMITIR QUE LA EMOCIÓN FLUYA

Entonces, ¿qué tan malo será y cuándo ocurrirá? Mucha gente me ha hecho esa pregunta en los últimos años. Es imposible predecirlo, pero dependerá de dónde vivas. Si Coca-Cola roba el agua subterránea de tu hogar o si los medios de comunicación corrompen tu sociedad por tonterías, entonces el colapso de la economía global aliviaría la presión y ofrecería algunos años de una vida mejor. Pero será una horrible tragedia si eres un agricultor de subsistencia que enfrenta la ruina económica debido a las sequías agravadas por el calentamiento global. Será aún peor si esas sequías llevan a tu sociedad a la guerra. En comparación, algunos de los síntomas del colapso en las partes más ricas del mundo no parecerían tan malos. Por ejemplo, tu tranquila ciudad europea podría tener un gobierno de extrema derecha debido a la forma en que alentó a tus vecinos a culpar a los refugiados que llegaban de regiones en conflicto, o tu amigo *hippie* de toda la vida decidiría de repente que el cambio climático es un engaño a pesar de haber vivido el clima más extraño de su vida. En cualquier caso, tus facturas estarían por las nubes y no habría señales de bajada debido a las crisis convergentes que describo en este libro, por lo que el futuro parece precario incluso si los sistemas básicos se mantienen. Mirar más allá de uno o dos años a veces puede resultar demasiado aterrador para siquiera intentarlo. Por eso muchas personas, yo incluido, optamos por no tener hijos.

Trabajar en este tema durante los últimos años a veces me ha insensibilizado al dolor que conlleva. Al mirar mis notas de cuando me daba cuenta por primera vez de la situación, recordé el impacto y la confusión que sentía. Uno de los problemas con los que lidié fue decidir con quién compartir mi nueva conciencia. Por ejemplo, ¿debía decirles a mis padres septuagenarios todo lo que creía saber? A medida que mi trabajo sobre este tema se volvió más conocido y *Extinction Rebellion* llevó preocupaciones similares a nuestras pantallas de televisión en abril de 2019, comenzamos a tener conversaciones sobre cuán grave podría ser la situación. Les redacté una carta que incluía lo siguiente[19]:

> Le he dicho a la gente que no tome mis palabras como definitivas. Yo no lo haría, pero no espero que ustedes lean todos los detalles de la ciencia climática y las investigaciones sobre el riesgo de colapso. Para ayudarles a comprender que esta no es una opinión marginal, podría contarles acerca de los jefes de firmas globales de consultoría, exjefes de agencias de la ONU, altos funcionarios de la UE, entre cientos de otros que se han puesto en contacto, en privado, conmigo para expresar que estaban de acuerdo con mis conclusiones. En su lugar, simplemente podemos recordar lo extraño de comer helados y tomar el sol en el Reino Unido durante el febrero

pasado. El clima ya ha cambiado y seguirá haciéndolo de maneras que desestabilizarán tanto la vida silvestre como la agricultura.

Vendrán llantos, vendrán consternaciones, vendrá la desesperación, vendrá la furia. Pero después de todo eso, vale la pena recordar que no estamos en peligro inminente. No hay necesidad de una respuesta de pánico. Tenemos algunos años por delante, aunque no significa que podamos librarnos de esta. Creo que no lo lograremos. Con eso quiero decir que es probable que experimentemos precios exorbitantes, escasez de necesidades, políticas reaccionarias y autoritarias, brotes de disturbios civiles y guerras internacionales que resultarán de todas las tensiones.

Aunque sea natural sentir ira y culpa, estas también pueden ser una forma de evitar reconciliarse con la propia vida, con los arrepentimientos, las heridas, las limitaciones y la muerte. Podemos priorizarlo ahora, en vez de dejarlo para nuestro lecho de muerte. También podemos comenzar a prepararnos y tratar de hacer que las cosas resulten menos malas.

Creo que lo primero que pueden considerar es planificar cómo vivir en una situación en la que los alimentos sean tan caros que terminen necesitando racionamientos del gobierno o vendiendo cosas para comprar comida. En ese contexto, cultivar más alimentos propios es útil, pero no es fácil a una escala significativa, especialmente a medida que uno envejece. Creo que la vida comunitaria puede ser una forma de ayuda y, de esa manera, se pueden compartir los costos de calefacción, iluminación y alimentos, y trabajar juntos para cultivar más. Sé que la idea de un cambio importante en el estilo de vida que conlleva tal decisión parece una opción poco atractiva si solo se trata de protegerse contra una crisis futura con una fecha de llegada desconocida.

Lo segundo a considerar es que ese tipo de «preparaciones» bien podrían no dar resultado, especialmente si la situación es tan grave que afecta a todos. Los vecinos hambrientos no son personas a las que queramos ignorar, ni tendríamos la elección. Por lo tanto, la necesidad urgente es encontrar formas de vivir con calma y con la conciencia de la disrupción, el colapso y la destrucción en curso. Uno de los mayores miedos es una muerte dolorosa o aterradora. Me pregunto si significa que todos podríamos obtener medicamentos que alivien el dolor, como la morfina. Sin embargo, no sé cuánto duran ni cuáles son las leyes al respecto. También espero que no sea algo en lo que tengamos que actuar tan pronto.

Lo tercero es probablemente lo más importante. Es encontrar a otras personas que hablen de este problema. Estoy creando una red para conectar a personas que tienen esta conciencia y desean explorar juntas lo que significa para sus vidas. Algunas de ellas se están involucrando en el activismo para intentar un cambio en las políticas gubernamentales, que buscan a la vez frenar y prepararse para estas perturbaciones. Sin hablar con los demás, creo que seremos arrastrados de nuevo a la negación por los medios de comunicación que nos instan a ser optimistas, esperanzados, y a que sigamos comprando y obedeciendo.

Papá, la última vez que discutimos este tema, dijiste que debería dar a la gente un poco de esperanza. He pensado y creo que la esperanza actúa como una evasión de la realidad. Para la mayoría de las personas, implica desear que algo no sea el caso. Estoy descubriendo que no necesito esperanza. En lugar de esperanza, tengo una sensación de lo que es importante en la vida, pase lo que pase. Para mí, se trata principalmente de la verdad, el amor y la valentía. Creo que la esperanza, a veces, puede ser una mentira para posponer las transformaciones que nos ofrece la realidad. En su lugar, sé que muchos de nosotros haremos cosas buenas entre todo lo malo.

No envié la carta. Mirándola ahora, recuerdo que no quería sugerir ideas sobre respuestas que no estuvieran a su alcance, lo que podría significar que simplemente se sintieran mal y luego lo alejaran de su conciencia. Fue por las mismas razones por las que rechacé aparecer en la televisión durante la «rebelión internacional» en 2019. No quería mentir sobre mi punto de vista de la situación, pero tampoco quería que las personas que vivían solas viendo la televisión de repente descubrieran que son vulnerables, sin tener formas de hablar al respecto, encontrar apoyo y explorar sus opciones sobre cómo responder.

En lugar de enviar la carta a mis padres, recuerdo que decidí estar más conectado con toda mi familia creando nuestro primer grupo de WhatsApp, abrazando irónicamente la tecnología debido a un sentido de la cercana pérdida de tales capacidades. Ahora en 2023 los tiempos ciertamente han cambiado. Dado que las personas ya han experimentado alteraciones masivas, la vulnerabilidad de las sociedades está en la mente de todos. Además, al presenciar la forma en que las personas han sido engañadas por los gobiernos, los comentaristas y los conspiradores para manipular sus emociones, opiniones y comportamientos, sentí la necesidad de compartir mi análisis más plenamente con quienes quisieran escuchar.

«Hay muchas cosas que solo se pueden ver a través de los ojos que han llorado», dijo Óscar Romero, el difunto obispo de San Salvador. Lo que nos permitimos ver a través de nuestros ojos, mientras lloramos, es esencial para descubrir una nueva base para participar de manera positiva en la sociedad. A medida que nuestras viejas narrativas sobre la sociedad y el futuro se desintegran, puede tener lugar una dolorosa, pero positiva, «desintegración» de las narrativas sobre nuestro yo. En el capítulo 12 veremos evidencia de cómo, con la orientación adecuada de los demás, de la naturaleza y de lo trascendental, podemos reconstituirnos para una realidad diferente. En este sentido, la desesperación no es un lujo, sino un laxante para purgar nuestras tonterías. Hay un lugar más allá de la desesperación donde podemos comenzar de nuevo, pero al tratar de evitar la desesperación, las personas a menudo no se permiten alcanzarlo.

Cuando algunos portavoces públicos que hablan sobre riesgos existenciales nos dicen que «no es demasiado tarde», siempre debemos preguntarnos: «¿para qué y para quiénes?». Solo porque ya sea demasiado tarde para mantener las sociedades modernas, no significa que sea demasiado tarde para influir en el futuro. A pesar de que podría ya ser demasiado tarde para influir significativamente en ese futuro, no significa que lo sea para aprender a participar menos en comportamientos destructivos o delirantes. De hecho, precisamente porque percibimos nuestra mortalidad de manera más inmediata, aumentaría nuestra gratitud por la experiencia de la vida, para que vivamos de manera más amable y sabia en el futuro. Negar este conocimiento, reprimir las emociones y aferrarnos con más fuerza a nuestras visiones del mundo no es inevitable; podemos permitir que la propia desesperación nos aleje, descubrir un deseo y una capacidad renovados para una participación activa en el presente, que incluya creatividad y diversión, precisamente debido al colapso de nuestras viejas narrativas sobre nuestra identidad, sociedad y mundo. Si a veces te sientes así, entonces no estás solo, ya que se ha documentado que es una forma clave en que las personas responden a las últimas noticias y al análisis sobre situaciones catastróficas para la humanidad. De hecho, ha demostrado ser el combustible de una nueva ola de activismo ambiental en los últimos años y de lo que describo en el capítulo 12 como un nuevo fenómeno de «catastrofistas» (*doomsters*) creativos y con compromiso social[20].

DEL ARREPENTIMIENTO A LA RADICALIZACIÓN

Si eres una persona joven, agradezco tu lectura y lamento mi propio papel en una estrategia equivocada durante las últimas décadas. Aunque no se deba precisamente a los profesionales ambientales como yo que la situación se haya vuelto tan mala, fingimos progreso por demasiado tiempo. Durante treinta años elegimos pensamientos ilusorios en lugar de la dura realidad. Dediqué años de mi vida a la causa de la sostenibilidad corporativa, trabajando largas horas y descuidando mi vida personal, pero era una ilusión de la que una parte de mí siempre fue consciente. No importa cuán improbable fuera, necesitábamos una revolución para dar a las sociedades modernas la oportunidad de cambiar lo suficiente para prevenir el colapso ambiental. Una de las razones por las que me equivoqué fue que no me había tomado el tiempo para evaluar la ciencia del cambio climático por mí mismo. Asumí que los expertos estaban haciendo su trabajo y que los procesos de la ONU lo controlaban. Cuando finalmente me asusté tanto con lo que estaba viendo en el clima del mundo que me tomé un tiempo para estudiarlo más a fondo, ya era demasiado tarde para evitar una catástrofe (capítulo 5). Fracasamos y es una situación injusta en la que las generaciones más jóvenes deben vivir ahora.

Sé que algunos jóvenes pueden sentir enojo hacia personas como yo que parecen aceptar un destino con el que deben vivir, pero creo que debe pensarse de la manera opuesta. Si eres una persona joven, tendrás que vivir con el futuro que está por venir y no con el que los profesionales mayores prefieren imaginar al descartar conclusiones realistas como simples pensamientos negativos. Prefiero ser lo más directo posible con todas las personas que conozco, incluidos los jóvenes, sobre las difíciles decisiones que deben tomarse ahora. Por ejemplo, los análisis sugieren que es improbable que todas las sociedades industriales de consumo estén libres de carbón (capítulo 3) y, aun en ese caso, no se evitarían las catástrofes del cambio climático (capítulo 5). Los profesionales jóvenes deben comprender que muchas personas que llevan vidas ecológicamente más ligeras, incluidas las comunidades indígenas, sufrirán las agresiones de corporaciones que buscan materiales para intentar, en vano, mantener las sociedades modernas en las que la mayoría de nosotros vivimos. Al igual que el joven que fui yo, atraído por el estatus y un sentido de agencia, los jóvenes activistas de hoy son instigados a promover agendas que defienden el poder (capítulo 13). En cambio, la esperanza y la visión se pueden encontrar de otras maneras. De hecho, incluso la alegría y el crecimiento personal podrían encontrarse a partir del proceso de retirarse intencionalmente de muchos aspectos de la vida de consumo. Solo se sentiría como una derrota si se aceptaran los objetivos inciertos de las generaciones mayores.

Puede sonar algo insensible, pero el colapso también representa una oportunidad. Cuando nos damos cuenta de que las innumerables estrategias de cambio ambiental a lo largo de las últimas décadas han quedado muy lejos de sus objetivos y que hay una razón principal para su fracaso evidente. Las personas que buscan cambiar la sociedad han intentado influenciar la política, ya sea a nivel local, nacional o internacional; han intentado mejorar la base de conocimiento sobre los problemas; han intentado crear conciencia en la sociedad; han intentado aprovechar el poder de la tecnología, los negocios y las finanzas; han intentado vivir de manera diferente, pero nada ha funcionado a gran escala. Dado que los sistemas de la sociedad moderna han sido tan impermeables a esas tácticas durante décadas, si no se estuvieran colapsando ahora, no habría ninguna posibilidad de un cambio real. Para comprender completamente esta oportunidad, es necesario comprender las causas subyacentes del problema y la razón de esta falta de cambio. Por esa razón, presto especial atención a las causas más profundas en la segunda mitad de este libro.

Las sociedades industriales de consumo satisfacen las necesidades y los deseos de las personas a través de sistemas de producción y comercio a gran escala. Estos sistemas requieren insumos de energía que son masivos en comparación con las capacidades humanas y que deben obtenerse de alguna parte (capítulo 3). Las tecnologías impulsadas por esa energía permiten la extracción de recursos naturales, tanto renovables como no renovables, a escalas de otro modo imposibles para los seres humanos. Por sí sola, tal situación conlleva el riesgo de sobrepasar la capacidad del entorno natural para sostener a la humanidad (capítulo 4). Sin embargo, la característica clave de tales sociedades es que han sido diseñadas para expandirse indefinidamente debido a la forma en que se han constituido los sistemas monetarios. Contrariamente a malentendidos populares, más del 95% de todo el dinero en las economías modernas se emite inicialmente como deuda por parte de bancos privados cuando otorgan préstamos o compran bonos. El dinero en tu cuenta bancaria no corresponde a nada físico y simplemente representa el valor numérico actual de una promesa de un banco, que puede ser transferida a otros bancos que participan en los mismos sistemas. La forma en que el dinero se emite como deuda y luego se acumula bajo el control de una minoría de participantes en cualquier economía crea un «imperativo de crecimiento monetario» en la economía. En otras palabras, a menos que los bancos emitan cada vez más préstamos para nuevas actividades económicas, la oferta de dinero disminuye con el tiempo a medida que se reembolsan los préstamos existentes. Por lo tanto, en lugar de alcanzar un tamaño estable, cualquier economía debe seguir creciendo (algo que explico con más detalle en los capítulos 1 y 2). Esta lógica expansionista significa que todos estamos incentivados como empleados, emprendedores, inversionistas y votantes para buscar constantemente no solo expandir la actividad económica, sino también para encontrar nuevas formas de convertir la vida en algo que se pueda comprar y vender. El ejecutivo de publicidad que busca hacernos sentir envidia de otras personas con un producto, el recaudador de fondos benéficos que busca que un gran patrocinador corporativo parezca ético, el periodista que evita cualquier análisis serio en su búsqueda rápida de atención masiva, el científico que investiga la salud de maneras que brindan oportunidades para ganancias corporativas, el padre de familia que nos dice que necesitamos conseguir una vivienda o el político que dice que necesitamos el crecimiento económico para financiar los servicios públicos, todos ellos están expresando pensamientos y comportamientos que son los efectos secundarios de una sociedad basada en la deuda monetaria expansionista al servicio de lo que llamo «el poder del dinero» (y que exploro a fondo en el capítulo 10).

Lo que entiendo por «poder del dinero» (*money-power*) es el entramado complejo de personas, organizaciones, recursos, normas y reglas que mantienen los sistemas monetarios al servicio de las personas económicamente poderosas. Ha demostrado su adaptabilidad resistente a lo largo de la historia. Aunque acabo de describir los sistemas monetarios modernos, a menudo han existido lógicas expansionistas incorporadas en los sistemas monetarios más antiguos, ya que muchos de quienes los controlaban querían acumular más poder y recursos. Después de estudiar la historia de los sistemas monetarios durante algunos años, llegué a la conclusión de que los individuos con intereses propios utilizaron las últimas innovaciones tecnológicas para explotar a otros mediante evoluciones en los sistemas monetarios. En general pudieron hacerlo debido a los malentendidos públicos sobre tales sistemas y a la capacidad de aquellos con el poder del dinero para ejercer la fuerza en su beneficio, algo que persiste hasta el día de hoy.

La institución social del dinero es un mecanismo para una forma omnipresente de organización social que busca subsumirlo todo, lo que significa que el poder del dinero da forma a las sociedades de una manera mucho más profunda de lo que expresaría el término «gobernanza». El papel particular del poder del dinero significa que no es enteramente un sinónimo del capitalismo. Es un imperio de los poderes del dinero, donde la dominación, por encima y más allá del poder de cualquier gobierno, realmente hace que la palabra «imperio» sea apropiada. No es un imperio de los Estados Unidos o de «Occidente» (ni de ningún estado-nación), sino un imperio de las instituciones del capital global y de quienes las financian. Los estados-nación sirven como administradores y ejecutores de este imperio global[21]. En la medida en que las normas y valores que este codifica impregnan en su beneficio todos los aspectos de la vida de aquellos afectados, su influencia puede describirse como una forma de colonialismo o imperialismo. Al hacerlo, el poder del dinero se nutre naturalmente y alimenta un conjunto de normas y valores que se describen en sociología con los grandes términos de «patriarcado» y «modernidad». Me parece que puede ser de gran ayuda reconocer cuáles son esas normas y valores limitantes. Por lo tanto, aunque explicaré más sobre estos conceptos interconectados en el capítulo 10, me tomaré un momento para mencionarlos aquí, antes de concluir mis sugerencias sobre qué y quiénes son culpables del colapso en curso y cómo esto presenta nuevas oportunidades para la acción social.

El patriarcado describe una cultura y un orden social en los que las características consideradas masculinas se consideran tanto más normales como de mayor estatus que las que no lo son, lo cual aumenta el poder relativo de las personas con características masculinas. Tanto hombres como mujeres participan en su familia y sociedad de maneras que mantienen un orden social patriarcal. Puede ser increíblemente sutil, como el hecho de que las mujeres a menudo sostienen a los bebés varones hacia afuera para que miren al grupo a diferencia de lo que hacen con las bebés hembras. O el hecho de que se asuma que sus osos de peluche son machos, a menos que se les hayan cosido grandes pestañas alrededor de los ojos. Algunos historiadores argumentan que el desarrollo de la agricultura dio lugar al patriarcado, ya que la tierra comenzó a ser controlada de nuevas formas y las jerarquías sociales crecieron a través de ese proceso. La forma en que el poder del dinero gana tanto como da en relación con el patriarcado es compleja. Un ejemplo es cómo las actividades que no se pueden convertir fácilmente en transacciones de mercado no han sido recompensadas por el poder del dinero, como las tareas esenciales en el hogar, típica o anteriormente realizadas por mujeres.

El patriarcado se ve en la sociología como un requisito previo para el surgimiento de la modernidad. Describe una serie de normas, actitudes y prácticas que se difundieron después de los desarrollos intelectuales y científicos en el período del siglo XVIII conocido como «la Ilustración». La relación con el patriarcado incluye fenómenos como priorizar lo que se puede medir en lugar de lo que se puede sentir, que la cultura considera un enfoque más masculino. Aunque algunos sociólogos argumentaron que el período a partir de la década de los cincuenta ha sido cada vez más «posmoderno», la suposición subyacente es que la modernidad mantuvo su predominio en la estructuración de las sociedades y se expandió masivamente en todo el mundo hasta hace poco. Cuando se considera cómo la modernidad se difundió a través de la globalización de las relaciones capitalistas, se puede reconocer la cualidad expansionista, de colonización de la mente y de concentración de la riqueza de este orden social. Por lo tanto, en este libro me referiré a ella como Modernidad Imperial, entendiendo así el conjunto interconectado de sistemas políticos, económicos y culturales que moldean nuestra vida cotidiana para favorecer la acumulación de poder por parte de las élites. Es el aparato ideológico de un poderoso imperio global que se ha afianzado en los últimos treinta años. Aunque el desarrollo de esta ideología, o incluso paradigma, y sus dinámicas extractivas fueron pioneros en «Occidente», la Modernidad Imperial se ha globalizado durante muchas décadas y algunas de sus versiones más extremas se encuentran hoy en varias metrópolis del Sur Global[22].

Una de las formas importantes en que la Modernidad Imperial ejerce su influencia en nuestras mentes es mediante la formación de nuestras percepciones de la naturaleza. Considerar al mundo más allá de los humanos, ya sea las formas de vida, los paisajes o los océanos, como fenómenos con menos vitalidad que los humanos es un requisito previo para algunas actitudes y comportamientos. Una forma de describir esto es la «desacralización» de la naturaleza, que nos adormece emocionalmente ante el dolor en la naturaleza o su pérdida. Al considerarnos superiores, nos sentimos justificados en nuestra dominación y explotación de la naturaleza; una forma jerárquica de antropocentrismo que podría ser denominada «antroposupremacía».

LIBERTAD DE LAS FÁBULAS FALLIDAS

Cuando aceptamos que las sociedades modernas están comenzando a colapsar, nos puede llevar a una visión crítica de los sistemas e ideologías dominantes que crearon este desastre, nos distrajeron de él y canalizaron las respuestas en medidas ineficaces durante décadas. Esta comprensión significa que comenzaremos a liberarnos de las limitaciones del respeto por la sociedad tal como es. Por lo tanto, la Modernidad Imperial dentro de nosotros, la misma que perpetuamos, puede comenzar a ser reconocida y superada. He notado en mí mismo y en otros que el colapso de las antiguas cosmovisiones, identidades e incluso narrativas sobre la naturaleza de los significados desencadena un deseo y una capacidad renovados para una participación más vital en el presente, que incluye creatividad y diversión. Parte de la oportunidad del colapso es dejar atrás las viejas historias sobre la identidad del yo, sobre la sociedad y el mundo para ver qué emerge después (algo que exploro con ejemplos en el capítulo 12).

Este proceso de colapso, liberación y reconstitución personal también es importante para el futuro porque reduce la probabilidad de que perpetuemos los valores y sistemas que causaron el problema en primera instancia. Sin embargo, muchas personas quieren evitar cualquier colapso personal y, por lo tanto, eligen enmarcar la situación como formas de «crisis», como describí anteriormente. Algunos reconocen la desestabilización cultural que está ocurriendo y se refieren a ella como una «crisis de significado». Tales discusiones pueden pasar por alto que la crisis de significado está ocurriendo ahora con tanta intensidad porque las personas intuyen el colapso de la fuente de significado más ampliamente aceptada y no cuestionada, que es la noción de progreso perpetuo (capítulos 7 y 8). La disminución del nivel de vida desde 2016 es una de las razones detrás de esta experiencia (capítulo 1), incluso antes de los efectos de la ansiedad provocada por los desafíos medioambientales, sanitarios y políticos (capítulo 7).

Abandonarla no es tan fácil. La «defensa de la cosmovisión» que describí anteriormente ha afectado a algunas personas cuando consideran la posibilidad del colapso social, lo que significa que se aferran más a las diversas subideologías de la Modernidad Imperial, como el progreso, el control, el poder tecnológico y una estrecha noción de conocimiento científico. Como con todas las defensas de la cosmovisión, aferrarse puede llevar a opiniones y comportamientos ilógicos incluso dentro del marco de la cosmovisión defendida. Por ejemplo, los principales científicos en el campo de la climatología han abandonado el concepto científico normal de falsificación para imaginar escenarios mágicos donde la tecnología nos rescata y se mantiene el progreso (como veremos en los capítulos 5, 6, 7 y 13). Más en general, en los últimos años hemos visto personas que respetan ciegamente la autoridad y las corporaciones, ignorando así la diversidad de opiniones científicas, para luego comportarse de manera tribal en cuanto a las elecciones de salud personal mientras afirman que estaban «siguiendo la ciencia». Describo esta forma fanática e ilógica de la modernidad como «sobremodernidad» (over-modernity). Como cualquier pensamiento fanático que surge de una defensa de la cosmovisión, puede llevar a ideas y comportamientos violentos (capítulo 13)[23].

Hay otras formas de volverse misántropo, de albergar un desprecio hacia la humanidad en general. Puede ocurrir cuando las personas son testigos de la escala de destrucción del planeta Tierra por parte de los seres humanos modernos. Si no reconocen la particularidad de los sistemas que nos manipularon para expandir comportamientos destructivos y explotadores, pueden asumir que la naturaleza humana en sí es culpable. Esa misantropía refleja una falta de conciencia sobre la profundidad y amplitud de las culturas humanas que sobrevivieron en una relación autosustentable con la naturaleza antes de las sociedades modernas. Por tal razón, me basé en la arqueología y la antropología recientes para la discusión sobre la naturaleza fundamental de los humanos y las sociedades. Esta investigación respalda la idea de que el colapso de las poblaciones humanas no siempre fue inevitable debido a alguna falla de diseño en el homo sapiens, lo que implica que, cuando se produce el colapso, este no es un juicio sobre la naturaleza humana en sí misma.

En el capítulo 9, citaré evidencia significativa de algunas sociedades de seres humanos que vivieron en una relación autosostenible con la naturaleza, incluso aumentando la biodiversidad en su hábitat; algunas de esas sociedades continúan existiendo (de alguna forma). En segundo lugar, mencionaré las historias de sociedades que olvidaron la necesidad de vivir en equilibrio con la naturaleza y, por lo tanto, aprendieron nuevamente a tener una mejor relación con ella después de un colapso social. Cuando se ignora esta historia, algunas personas prefieren decir que los humanos son como bacterias en una placa de Petri, o algas en un estanque, que experimentan una rápida explosión de población hasta que se agota la base de recursos y los productos de desecho se vuelven venenosos. Dicho punto de vista no solo ignora las culturas indígenas que vivieron durante decenas de miles de años, incluso con acceso a combustibles fósiles que solo usaron con moderación, sino que tampoco es natural para todas las especies el experimentar un auge y caída si no tienen depredadores naturales. Sabemos que algunas especies autorregulan su tamaño de población. Pensar que lo que causó el omnicidio fue tan solo «la naturaleza, incluso la humana, haciendo lo suyo» es una forma de negación que escapa momentáneamente de las dificultades de un análisis más profundo y pone fin a la preocupación sobre posibles sentimientos de vergüenza o de odio. Ese miedo surge debido a que las personas viven en culturas patriarcales que promueven la idea de que hay razón en la vida para la vergüenza y el reproche, y también que es mejor evitar emociones incómodas. En su lugar, podríamos vivir con un sentido de aceptación y perdón asumido hacia nosotros mismos y hacia los demás, y estar abiertos a todo lo que pueda considerarse como una causa de situaciones dañinas. Abandonaríamos nuestra aversión a la idea de que la cultura de la Modernidad Imperial, en la que hemos aprendido a ser personas, sea responsable de los daños, como también lo son muchas de nuestras formas de trabajar y consumir hoy en día.

Esta comprensión bastante novedosa de la historia humana es importante como antídoto contra algunas de las opiniones que ganan popularidad entre quienes anticipan el colapso social. Algunos dicen que renunciemos a todo excepto a cuidar de nosotros mismos y apoyar a nuestras comunidades. A algunos les atrae la idea de esperar una «segunda venida» o creer que los extraterrestres nos ayudarán. Otros dicen que debemos «proteger nuestras fronteras». Otros creen que debemos asegurar el acceso a recursos clave en el extranjero. En lugar de cualquiera de esas ideas, señalo un nuevo sentimiento «catastrofista» radical que reconoce que surgirán oportunidades para el cambio, precisamente debido a la ruptura de las normas sociales.

En esta Introducción extendida, me he tomado el tiempo de recorrer algunas ideas que solo he abordado superficialmente para mostrar un camino que conduce a un sentimiento «catastrofista» radical que quiere recuperar nuestro poder para vivir en armonía entre nosotros y con la naturaleza. Dar espacio a la desesperanza y el arrepentimiento nos puede llevar hacia una nueva forma radical de ser, ya sea en la vida personal, profesional y política, o en todas ellas. En la sección de conclusión de esta Introducción, quiero contar más sobre la base filosófica de esta perspectiva, que da forma a la segunda mitad de este libro.

LIBERAR LA HUMANIDAD HACIA NUESTRA VERDADERA NATURALEZA

Como ya hemos visto, crecen las actitudes autoritarias y las ideas de medidas políticas para responder a la crisis ambiental. A medida que las personas se dan cuenta de lo grave de la situación y del fracaso de los esfuerzos pasados, es comprensible el deseo de reconsiderar todo. Sin embargo, no es una respuesta útil la idea de que todos necesitemos aún más control por parte de las autoridades, en lugar de someternos a menos manipulación por parte de las fuerzas capitalistas. Más bien, genera sospechas y reacciones en contra de las iniciativas medioambientales, como exploraré más a fondo en el capítulo 13. En cambio, con una conciencia de la manera en que la Modernidad Imperial nos ha llevado a una era de colapso, podemos buscar liberarnos a nosotros mismos y a los demás hacia una relación más armoniosa con la naturaleza.

Negar la importancia de la libertad individual debido a alguna afinidad con el mundo natural es filosóficamente incoherente, ya que la libertad relativa de todas las formas de vida sintientes es fundamental en la naturaleza. Describo «libertad natural» con más detalle en el capítulo 11, prestando atención a los antiguos diálogos filosóficos sobre la naturaleza y la existencia, particularmente, sobre el libre albedrío, tanto en las formas de vida sintientes en general como en los seres humanos en particular. Una mayor libertad del condicionamiento social, ya sea de la Modernidad Imperial o de otros sistemas, puede liberar y revelar cualidades innatas en los seres humanos. La idea de que los seres humanos son innatamente problemáticos para sí mismos y para los demás, si no son civilizados por la sociedad o guiados por religiones, es una historia que ha sido promovida durante miles de años. Es una narrativa que fomenta la separación entre el público en general, al tiempo que aumenta el entusiasmo de las élites y de quienes se ponen a su servicio, por ejercer control sobre los demás. Durante años me han dicho que hay otras formas de considerar la naturaleza humana, que algunas tradiciones de sabiduría oriental no tienen la idea del «pecado original» o de la maldad fundamental en la especie humana, pero solo cuando pasé tiempo en el Templo Brahma Vihara aprendí sobre un marco completo que podía dar sentido a mi propia experiencia.

La frase «Brahma Vihara» se refiere a cuatro cualidades o actitudes subyacentes en las personas, que fueron reconocidas miles de años antes del Buda. Está la *metta*, que describe una actitud de benevolencia general hacia toda la vida. Está la *karuna*, que describe la empatía que sentimos por el sufrimiento de otros seres. Está la *mudita*, que describe nuestra alegría vicaria por la felicidad de otros. Finalmente, está la *upekkha*, que describe una ecuanimidad general con respecto a uno mismo, a los demás y a la vida en general, de modo que no necesitamos sentirnos de cierta manera acerca de otros seres vivos. Se reconocen como aspectos de la naturaleza subyacente en las personas, de modo que solo las corrupciones de la cultura, y las heridas emocionales o confusiones, llevan a intenciones o comportamientos dañinos.

Con esta perspectiva, cuando observamos todo tipo de problemas en el mundo, podemos preguntarnos qué es lo que aleja a las personas de vivir de una manera más armoniosa. En este libro, profundizaré en la idea de que la cultura y los sistemas de la Modernidad Imperial nos han separado de nuestra verdadera naturaleza. Esta perspectiva desemboca en un interés por liberar la naturaleza humana de las manipulaciones de la sociedad, respalda y fundamenta un compromiso integral y equilibrado con los derechos humanos universales, así como la justicia social y económica relacionada con dichos derechos. He descubierto que muchas personas comprenden esta idea de manera instintiva, a pesar del condicionamiento social que hemos experimentado desde el nacimiento en una cultura donde los medios de comunicación constantemente nos dicen que debemos desconfiar unos de otros, que necesitamos disciplina y que somos potencialmente peligrosos. Sin embargo, no parece haber, al menos en los círculos de habla inglesa, un lenguaje común popular para expresar esa perspectiva sobre el medio ambiente y la libertad.

También he notado que muchas personas que creen que nuestras sociedades se están desmoronando comparten ideas sobre lo que está mal en la política y la economía que nos llevaron a este punto. Sin embargo, no encajamos fácilmente en los marcos existentes de teoría política ni en los partidos políticos. Tampoco tenemos un término para nuestra perspectiva[24]. Esta ausencia hace que sea más difícil reconocernos mutuamente como parte de un movimiento potencial que nos llevaría a aprender juntos cómo desarrollar enfoques desde lo personal hasta lo político y desde lo local hasta lo internacional. Por lo tanto, en este libro utilizo los términos «ecolibertad» y «ecolibertarismo» para algunas de las ideas más profundas que creo que muchas personas comparten. La ecolibertad es ese estado individual y colectivo de ser libre y capaz de cuidar de los demás y del medio ambiente, en lugar de ser coaccionado o manipulado hacia comportamientos que lo dañen. Los ecolibertarios creen en la búsqueda de ese estado de ecolibertad. Ambos términos ayudan a definir una oposición al ecoautoritarismo que está surgiendo como la última fase de la profesión ambiental que se acomoda fácilmente al poder. Describo esta filosofía en el capítulo 11, pero concluiré esta Introducción con un resumen, ya que proporciona una forma de comprender un argumento clave en este libro.

Las personas a quienes describo como «ecolibertarios» han llegado a la conclusión de que las sociedades destruyen sus propios cimientos ecosociales porque los intereses propios de los poderosos se institucionalizan para luego coaccionar o manipular a las personas a experimentar la vida de forma insegura y competitiva, lo que causa que más personas intenten adaptarse volviéndose menos reflexivas, menos empáticas y más codiciosas. Por lo tanto, hoy en día, esos mismos patrones institucionalizados del poder distorsionan la conciencia pública sobre el colapso de las sociedades y las mejores formas de reaccionar (capítulo 13). En respuesta, los ecolibertarios creen que es necesario restaurar y aplicar formas menos opresivas de ser y comportarse para obtener un mayor control sobre el capital y las organizaciones estatales, canalizando así los recursos hacia organizaciones, recursos, plataformas y monedas de propiedad común para que sea posible un colapso de las sociedades más suave y justo. El objetivo consiste en reivindicar nuestro poder ante las manipulaciones y apropiaciones de nuestro mundo vital por parte de los sistemas de la Modernidad Imperial. En todo el mundo, se persiguen distintas partes de este objetivo de la «Gran Reivindicación», pero aparentemente aún no cuentan con un marco general que permita la integración y amplificación de sus esfuerzos[25]. Aunque el ritmo del colapso podría ser tan rápido que no tengamos mucho tiempo para actualizar nuestras estrategias de cambio social, creo que vale la pena compartir estas ideas mientras las comunicaciones internacionales aún existen en su forma actual; así que, por favor, ¡sigue leyendo!

El enfoque que denomino ecolibertarismo apunta hacia una «política progresista posprogreso». Esto suena como un oxímoron, pero se refiere a la importancia de mantener los valores universales de la libertad y equidad a medida que los sistemas existentes de las sociedades modernas se desmoronan. En lugar de argumentar que las autoridades y grupos poderosos deberían hacer lo que decidan para tratar de salvar el mundo, el ecolibertarismo busca la libertad para cuidarnos mutuamente y a la naturaleza en el presente. En lugar de centrarse principalmente en sembrar las semillas de lo que vendrá después, después de un colapso, o prefigurar los valores, procesos y tecnologías de una futura civilización, nos lleva al aquí y al ahora, y a cómo tratamos a los demás y a la naturaleza durante los períodos de agitación. Aunque algunos creen que necesitan una narrativa de un futuro en el que todo sea mejor, mi experiencia en el mundo activista es que puede distraer de la acción en el presente. Un énfasis en la visión y la esperanza puede relacionarse con la ética consecuencialista, donde actuamos porque creemos, o decimos que creemos, que se logrará un resultado particular, como explico en el capítulo 8. En lugar de un pensamiento utópico ingenuo o sus variantes, trabajar hacia una «evotopía» en la que la mayoría de la humanidad aprecie la realidad en la que vivimos y, por lo tanto, ponga fin a la destrucción innecesaria y libere la belleza (algo que exploro en el capítulo 11).

Como filosofía política, propongo que el ecolibertarismo implica el retorno a un equilibrio entre la ética consecuencialista y la ética de la virtud, donde los enfoques de la última nos guían a que actuemos porque creemos que es lo correcto. Es importante la pasión por el trabajo sin apego a los resultados. El obispo Óscar Romero fue asesinado en el altar por un escuadrón de la muerte respaldado por Estados Unidos. Todavía recuerdo mirar la túnica llena de agujeros de bala y manchada de sangre en una vitrina en el pequeño museo sobre su vida. Había sido plenamente consciente de los riesgos que estaba tomando al seguir criticando al gobierno y a las élites por la explotación del pueblo salvadoreño. Mirando aquella vitrina en la pared, me di cuenta en un mismo momento tanto de la brutalidad potencial del sistema capitalista global cuando ha encontrado resistencia por personas con influencia, como de lo que significa vivir los principios del amor, la verdad y la equidad por encima de la propia seguridad y bienestar.

Hacer lo correcto en donde aún sea posible hacerlo enfrentará la oposición de las reacciones severas de las élites y de las personas que estas manipulan (capítulo 13). Debemos identificar lo que es correcto, sin importar las inducciones que existan para hacer lo contrario, tengamos éxito o no. Hacer lo correcto sin apegarnos a los resultados nos permitirá un compromiso más pleno con la realidad, lo que significa actuar a pesar de las certezas del fracaso, individual o colectivo. No se trata de hacer lo correcto solo por una pequeña posibilidad de éxito. Por supuesto, saber lo que es correcto hacer en cualquier circunstancia dada requiere cierta sabiduría. Como parte del colapso de la sociedad, muchas personas ya no saben dónde buscar información creíble y, mucho menos, un buen análisis y opinión. En el capítulo 8, explico la naturaleza y la necesidad de la «sabiduría crítica» para escapar de las manipulaciones de nuestros pensamientos y emociones, omnipresentes en las sociedades modernas.

Diversas ideas para la vida personal, profesional y política pueden surgir a partir de la aceptación de los colapsos en curso, algunas de las cuales discuto en el capítulo 12. En los últimos años, he sido testigo de la manera en que las personas responden de manera positiva a su propia conclusión de que se desmoronan las sociedades. Su pesimismo positivo, cuando buscan contribuir a los demás, me ha alentado a creer que, cuando menos, podemos intentar un colapso más suave y justo de las sociedades industriales de consumo. Aunque los daños causados a diario por el sistema actual lleven a algunos a desear que esas sociedades colapsen más rápido, yo no abogo por esos intentos, sino que me enfoco en evitar los daños adicionales de sostener un sistema fallido, ahora plagado de pánico y disfunción. En su lugar, abandonemos la ideología del progreso y entremos en un período en el que recuperemos más aspectos de nuestras vidas.

Apostar por una agenda de gran reivindicación en lugar de una de progreso implicará retirarse activamente de varios aspectos de las sociedades modernas, lo cual no será cosa fácil. De hecho, ni siquiera se considerará hasta que se rompa el tabú del «aún no es demasiado tarde» en los medios de comunicación masivos, de manera que la situación que enfrenta la humanidad sea discutida de manera más honesta. Para ser útiles en ese proceso de retirada de las sociedades modernas, en lugar de progresar fraudulentamente, cada uno de nosotros deberá disminuir nuestra dependencia de varios aspectos de la sociedad moderna. Es evidente que los hábitos de consumo más derrochadores deben cambiar. ¿Sucederá así? No soy optimista. Se requerirán intervenciones radicales para lograr una mayor igualdad de ingresos y activos para que las sociedades más ricas decrezcan su consumo, de lo contrario habrá una resistencia considerable y justificada. Desafortunadamente, hay menos potencial ahora que en décadas pasadas para movilizar a las clases trabajadoras en las economías avanzadas que se necesitarían para lograr tal resultado. Por lo tanto, algo de presión fuera de esos países ayudaría en el proceso. ¿Podrían los países que actualmente exportan enormes cantidades de sus materias primas, así como los productos de su mano de obra más barata, decidir colectivamente reducir esa transferencia de recursos? ¿Podrían constituir una Gran Reivindicación de poder a nivel mundial? Movimientos geopolíticos de este tipo podrían suceder cuando miles de millones de personas que actualmente se ven afectadas negativamente por el cambio climático tomen conciencia de la causa de sus dificultades y encuentren formas de expresarse políticamente. Los activistas occidentales que trabajan en la reducción de sus economías de manera justa y creativa podrían dar la bienvenida a esta posible movilización desde el Sur Global e incluso apoyarla (capítulo 13).

No es difícil notar cuán diferentes suenan estas ideas en comparación con el libertarismo de derecha. Colocaré el ecolibertarismo en su contexto teórico político en el capítulo 11, pero en breve: el libertarismo de derecha afirma centrarse en la soberanía personal, pero ilógicamente coloca toda, o casi toda, la atención en la amenaza a esa libertad que proviene del gobierno. En realidad, el control ejercido por la riqueza privada y la manipulación de los mercados restringen la libertad de las personas. Por lo tanto, es necesario que exista alguna acción colectiva para contener el poder de las grandes corporaciones y de las élites. Otra incoherencia dentro del libertarismo de derecha es su conservadurismo en muchas cuestiones culturales, donde las libertades personales de repente dejan de ser prioritarias. No veo ni la política de nostalgia ni el libertarismo de derecha como guías útiles para responder a los cimientos rotos de las sociedades modernas.

Las convulsiones del sistema moribundo causarán más daño sin un período de gran reivindicación de poder en oposición a las élites y el retiro activo de numerosos aspectos de las sociedades modernas. Por lo tanto, retirarnos a una vida tranquila y ofrecer ayuda a las personas que sufren en las cercanías probablemente no tendrá éxito en evitar esas convulsiones. Tampoco respondería a la deuda de privilegio que permite nuestra actual, y quizás efímera, oportunidad de considerar este tema. Por lo tanto, por ahora, opto por las conversaciones y esfuerzos necesarios para defender los derechos universales, la responsabilidad y la justicia. Si personas como nosotros no lo intentamos, entonces dejaremos la preparación, la orientación y la posible recuperación de un colapso en manos de personas e instituciones que no lo abordarán con los mismos valores.

CAÍDA CONJUNTA

Si los cambios recientes en el mundo te han generado confusión y aturdimiento, no estás solo. Si sientes que las respuestas actuales son insuficientes y, por lo tanto, que todos corremos el riesgo de resultar heridos o incluso de empeorar las cosas, también es normal. Si anhelas una nueva estabilidad en ti y entre tus compañeros en medio de las dificultades crecientes para tener una claridad de propósito motivadora, compartimos ese deseo. Si ahora reconoces que aferrarte a tus hábitos distractivos o proclamar tus principios éticos en línea lamentablemente no tienen ningún impacto, creo que los argumentos de este libro serán útiles. He descubierto que la comprensión de la causa y el futuro de los problemas pueden ayudarnos a actuar nuevamente con claridad y bondad. En primer lugar, comprender que este desastre no se debe a la naturaleza humana, sino a la opresión y manipulación de todos nosotros por sistemas que favorecen los peores aspectos de las personas. No es una multitud de «agentes Smith» de la Matrix quienes nos atacan, sino un código subyacente de expansión monetaria. En segundo lugar, comprender que no necesitamos estar seguros de lograr resultados materiales para sentir pasión por hacer lo correcto. En tercer lugar, comprender que el fracaso pasado en la creación de un cambio importa menos hoy, ya que la descomposición de sistemas poderosos nos libera para contribuir de nuevas maneras. En cuarto lugar, comprender que podemos aprender a dar lugar a las olas de emociones difíciles como el miedo y la tristeza sin permitir que nos definan o nos dirijan, por lo que reconocemos el amor que precede a tales sentimientos. En consecuencia, nuestros sentimientos de confusión y aturdimiento pueden desaparecer a través de esas cuatro comprensiones. No importa cuán malas sean las situaciones, sabemos que nos habremos preparado para ser tan firmes, claros de mente y bondadosos como sea posible.

Si eres similar a mí, entonces aún estás aislado en gran medida de las dificultades crecientes del mundo. La realidad diaria que vivimos no presencia o siente plena y constantemente el sufrimiento y la terrible destrucción que implica la producción de nuestras comodidades cotidianas o nuestro sentido de seguridad y superioridad. Por lo tanto, no experimentamos euforia ni alivio por saber que este sistema de destrucción se interrumpe, se reducirá e incluso puede llegar a su fin. Si sintiéramos plenamente el dolor de nuestra implicación constitutiva con esa obscenidad, estaríamos abiertos a una apertura y curiosidad hacia su descomposición, incluyendo las inestabilidades, dificultades y penurias que caracterizarán el resto de nuestras vidas, lo que no significa que estemos en contra de las sociedades industriales de consumo que dominan a la humanidad en la actualidad, ni que sintamos una postura anticivilización. Simplemente significa que, a pesar de lamentar su pérdida, no vemos una función útil en tratar de sostenerlas por más tiempo. El hecho de que las múltiples bases de las sociedades modernas se estén desmoronando todas de manera simultánea implica que podemos elegir si queremos colapsar juntos o separados. Cuando digo «colapsar juntos», me refiero a permitir que los colapsos en nuestros privilegios, comodidades, puntos de vista e identidades nos permitan una nueva apertura para entrar en contacto con las personas, con la naturaleza e incluso con lo eterno. También podemos permitir que este proceso de colapso nos reconecte con aspectos de nosotros mismos que han estado ocultos bajo el condicionamiento social que hemos experimentado desde nuestro nacimiento. Para sentirnos seguros, respetados, hábiles y capaces de divertirnos de las maneras conocidas, hemos tendido a aferrarnos a los productos de ese condicionamiento, pero tenemos que soltarnos y comenzar a colapsar juntos.

Si no te convence la base empírica de esta perspectiva, te recomiendo la primera mitad de este libro, que detalla la evidencia detrás de la idea de que el colapso de las sociedades modernas ya está en marcha debido a una serie de procesos y limitaciones. Si ya estás convencido, puedes saltar a la segunda mitad. Espero que estas páginas te ayuden a entender mejor tu situación y cómo vivir en una relación beneficiosa con el resto de la vida durante el resto de tu tiempo en la Tierra.

1
EL COLAPSO ECONÓMICO:
TIEMPO DE LÍMITES Y CONTRADICCIONES

Ya que estás leyendo este libro, probablemente llevas un estilo de vida urbano de consumo. Por lo tanto, supongo que, aparte de disfrutar de nuevas tecnologías, y quizás de un nuevo pasatiempo o una mascota debido a los confinamientos de la pandemia, ya no albergas expectativas sobre tu estilo de vida y seguridad económica como las que tenías hace algunos años. Probablemente ya no pienses que tu vida está mejorando. Quizás ya no pienses que tu barrio está mejorando. Probablemente no pienses que tu país está mejorando. Desde un punto de vista más filosófico, probablemente ya no asumes que la humanidad progresa hacia un futuro mejor. Quizás hayas notado, como yo, estos cambios en tu percepción y en la de tus amigos y familiares. O tal vez, sin darte cuenta, se han convertido en la nueva normalidad.

¿Por qué hago todas estas suposiciones? Por dos razones. En primer lugar, las encuestas de opinión recientes nos dicen que esa es la experiencia y la perspectiva de muchas personas en todo el mundo. En segundo lugar, los indicadores oficiales sobre la forma en que disfrutamos la experiencia de estar vivos señalan un declive significativo en gran parte del mundo en los últimos años. El declive comenzó mucho antes de la pandemia de COVID-19. Aunque podríamos culpar a eventos específicos, como las políticas gubernamentales estúpidas, las guerras en el extranjero o los desastres ambientales, los datos nos cuentan una historia diferente. Nos invitan a considerar que, independientemente de los errores y contratiempos locales, existe algo generalizado, e incluso global, que ha estado ocurriendo al menos desde mediados de la última década.

En este capítulo destacaré los aspectos menos obvios de los datos mencionados, que podría ayudarte a dejar de dudar de tu propia experiencia y valoración personal de lo que ocurre en el mundo y en tu vida. Sería un buen comienzo, porque así podrás resistir el bombardeo de los medios de comunicación que insiste en que debes respetar el sistema y mantener la fe en que las cosas mejorarán. También explicaré las razones socioeconómicas por las que la mayoría de nosotros sentimos que nuestras vidas se están deshaciendo. Argumentaré que no es posible dar marcha atrás dentro del sistema económico actual. Por el contrario, nuestras vidas se irán deshaciendo aún más, de diversas maneras y cada vez más rápido, debido a un orden económico imperial destructivo que está aplastando a muchos de nosotros y al medio ambiente mientras intenta apuntalarse a sí mismo. Por supuesto, ese «sí mismo» está conformado en realidad por miles de propietarios y funcionarios del capital que toman decisiones alineadas con sus intereses a corto plazo y los de sus empleadores, para distorsionar nuestra oportunidad de respuestas más inteligentes y compasivas a este desmoronamiento.

UN FINAL BIEN MEDIDO

Hay tantos aspectos de la vida y formas de medirlos que resulta muy difícil establecer una base común para examinar lo que puede ocurrir en una sociedad en su conjunto. Por lo tanto, para empezar a debatir lo que ocurre, quiero recurrir al «gran señor» de las estadísticas sobre la humanidad: el Índice de Desarrollo Humano (IDH). Las Naciones Unidas lo utilizan desde 1990 para evaluar en términos sencillos el nivel de bienestar humano de cada país. Se ha utilizado principalmente para medir las tendencias en los países más pobres del mundo que necesitan ayuda internacional. Por lo tanto, el IDH original incluye datos relativos a necesidades básicas clave, como la salud (es decir, la esperanza de vida al nacer), la educación (es decir, los años de escolarización de los adultos de 25 años o más) y el nivel de vida (medido como renta nacional bruta per cápita).

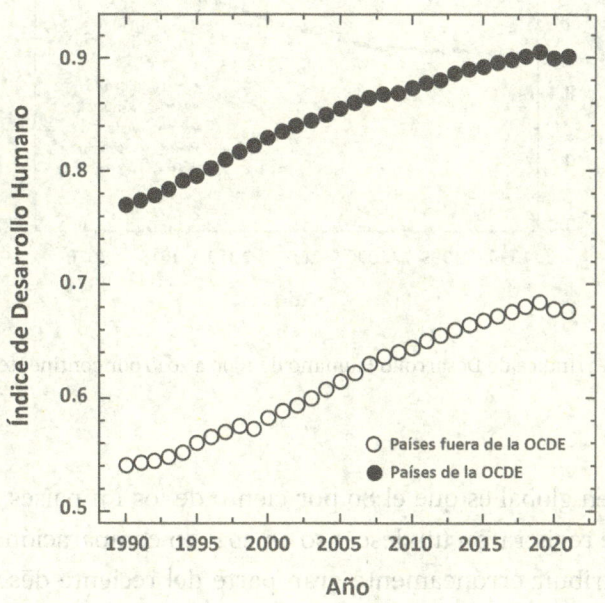

Fig. 1. Índice de Desarrollo Humano de 1990 a 2020
en países dentro y fuera de la OCDE

En los países económicamente avanzados, como los de la OCDE, el IDH había aumentado cada año desde 1990, hasta 2019. Desde entonces, ha ido en descenso. De hecho, se ha producido un declive en todas las regiones del mundo desde 2019. Mi colega encargado del análisis estadístico ha hecho los cálculos para crear los dos gráficos que se muestran aquí (figuras 1 y 2).

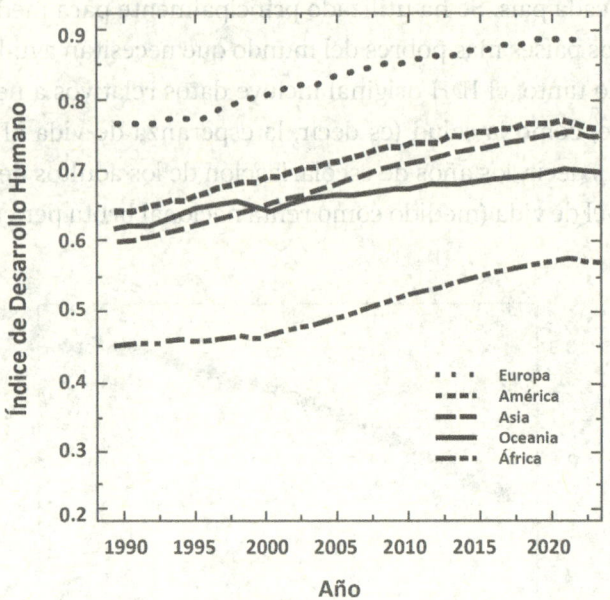

FIG. 2. Índice de Desarrollo Humano de 1990 a 2020 por continente

La imagen global es que el 80 por ciento de los 191 países cubiertos por el índice registraron un descenso en 2021 en comparación con 2019. Se podría atribuir erróneamente gran parte del reciente descenso a la pandemia de COVID-19 y a las respuestas políticas. Sería incorrecto, no porque los impactos de la pandemia y las políticas asociadas fueran insignificantes. Tuvieron mucha importancia, pero no se dejaron sentir hasta 2020, y gran parte de los datos del IDH para 2020 se recopilaron antes de que se declarara la pandemia. Queda claro cuando miramos las notas técnicas del equipo del informe de la ONU[1], lo que muestra que lleva tiempo recopilar todos los indicadores que forman parte del IDH, ya que proceden de muchas organizaciones diferentes. Algunos datos se recopilan solo 6 meses antes de la publicación del informe, mientras que otros corresponden a años anteriores. Este desfase parcial significa que algunos cambios pueden tardar un par de años en aparecer en el IDH[2].

El hecho de que el «gran señor» de las estadísticas de la humanidad muestre el fin del progreso, a nivel mundial, es algo que me inspiró a buscar otros conjuntos de datos que nos dijeran lo que pasa. Dejando de lado los datos básicos, como la mortalidad infantil y la educación primaria, se abre un enorme abanico de estadísticas que se recopilan para informar a las empresas de todo el mundo cuando evalúan qué vendernos y dónde producirlo. En los países más ricos, la jerga utilizada para describir la situación de las personas es actualmente «calidad de vida», en lugar de «medios de subsistencia», «necesidades básicas» o «desarrollo humano». Así pues, recurramos al llamado Índice Numbeo de Calidad de Vida, que combina datos sobre el poder adquisitivo, la contaminación, los precios relativos de la vivienda, el costo de la vida, la delincuencia, la seguridad y la salud, así como datos sobre el tiempo promedio de viaje en el tráfico y sobre los cambios climáticos. Se basa en las principales ciudades del mundo, con el número de ciudades de la base de datos pasando de 61 ciudades en 51 países en 2012 a 248 ciudades en 87 países en 2022. Cualquier dato sobre el poder adquisitivo y el costo de la vida debe estar vinculado a un estándar de comparación; en el caso de Numbeo, se usan como referencia los salarios y precios de Nueva York[3].

Probablemente hayas leído artículos que se basan en estos datos sobre «calidad de vida». Sirven de apoyo a historias habituales de «interés para el consumidor» como «el top 10 de países y ciudades europeas que venden la cerveza más barata»[4]. A veces, los reportajes reflejan cambios más significativos que la cerveza, aunque siguen dirigidos a nuestros hábitos de gasto y presupuestos familiares. Por ejemplo, en 2022, el diario británico *Independent* utilizó datos para responder a la pregunta «¿podría ser más barato irse al extranjero este invierno que quedarse en casa y pagar las facturas de energía del Reino Unido?»[5]. La respuesta fue sí, en el caso de que puedas suspender los costos de tu renta o hipoteca en el Reino Unido. Probablemente lo que no hayas leído, al menos yo no he podido encontrarlo, es que alguien utilizara esos datos para describir el declive plurianual de las sociedades industriales de consumo en las que vivimos, que es lo que analizaremos a continuación.

Si consideramos que la situación de las ciudades es indicativa del país en el que se encuentran, podemos hacernos una idea a partir de los datos de Numbeo de la evolución de la calidad de vida durante el tiempo en ese país. Sumando los datos de los países, podemos observar las tendencias de una región del mundo, o de una agrupación económica, como los países de ingreso alto del mundo. Uno de mis colegas hizo los cálculos y reveló algo bastante severo: la calidad de vida en la mayoría de los países y regiones del mundo aumentó a partir de 2012, alcanzó su punto máximo alrededor de 2016 y luego comenzó a decaer lentamente. En 4 de los últimos 5 años ha habido más países en declive que países experimentando mejoras, y durante los últimos 2 años alrededor del 90% de los países han estado en declive. En el caso de América del Norte, ha habido un descenso constante desde 2013. En el caso de Asia, hay declive desde 2018. Para los 51 países de los que tenemos 10 años de datos, la media global de descenso tras el pico es del 11,3 por ciento, con un rango del 0 al -33 por ciento. Si colocamos todos

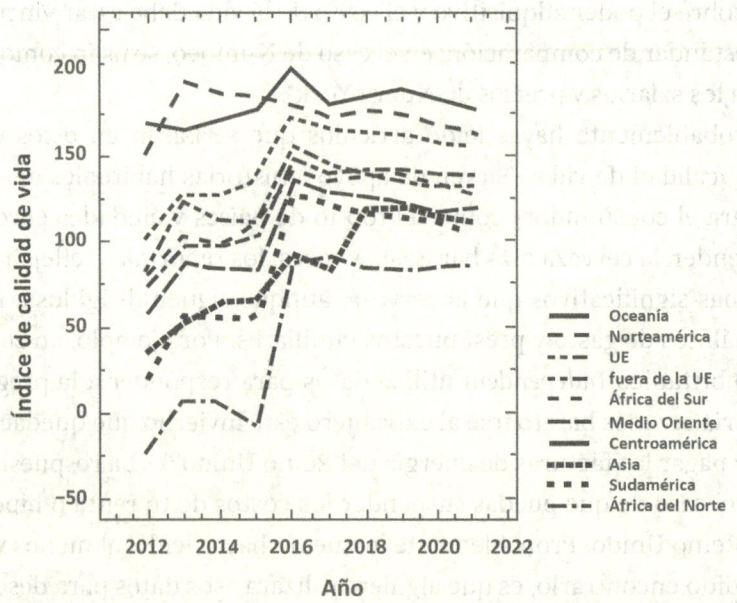

FIG. 3. Índice de calidad de vida entre 2012 a 2020 por subregiones

estos datos en un gráfico que muestre cada subregión definida por la ONU, aparece un estancamiento global de la calidad de vida desde 2016 (figura 3).

El declive económico en múltiples regiones del mundo no es algo desconocido. Se ha analizado mucho la forma en que los países más ricos han desestabilizado y explotado a los países más pobres desde la época colonial, empobreciéndolos aún más. Por lo tanto, no debe sorprender que la calidad de vida en los países que no cubren la entrada a aquel club conocido como la Organización para la Cooperación y el Desarrollo Económico (OCDE) haya caído durante el periodo 2018-2022 a un ritmo de 3 puntos por año. En los seis años anteriores a 2018 habían aumentado a un ritmo de 14 puntos anuales. Puede resultar más sorprendente para algunos lectores que, en el caso de los países de la OCDE, la calidad de vida cayó durante el periodo 2016-2022 a un ritmo de 2 puntos por año. Durante los cuatro años anteriores a 2016 el índice había mejorado a un ritmo de 12 puntos por año (figura 4).

Fig. 4. Índice de Desarrollo Humano entre 2012 a 2020
en países dentro y fuera de la OCDE

Un examen más detallado del sistema de generación de datos revela que los reportes podrían tener hasta dos años de antigüedad. Por lo tanto, el estancamiento mundial puede haber comenzado a finales de 2014, lo que nos ayuda a entender parte del atractivo de los mensajes políticos en los países occidentales que llamaban a volver a tiempos pasados en los que todo era mejor[6]. También puede ayudarnos a entender la razón por la cual esas historias de interés para el consumidor trataban sobre huir de inviernos caros o encontrar cerveza a precios bajos (que, así resulta, era más barata en Bielorrusia y Ucrania). En los siguientes capítulos sobre energía, alimentación, biosfera y clima, explicaré por qué estos declives son grietas superficiales debidas al desmoronamiento de los cimientos de las sociedades modernas. Antes, es útil reconocer hasta qué punto estos declives han sido certeros, globales y prolongados desde antes de la pandemia.

Estas estadísticas sobre el declive general se reflejan en la vida de las personas de formas inquietantes. Debajo de las estadísticas hay millones de historias de personas cada vez más preocupadas por sus finanzas y su futuro, y con menos tiempo para sus amigos y familiares. En todos los países de la OCDE, la gente afirma tener, a la semana, «media hora menos de tiempo con familia y amigos que hace unos diez años». Esos datos mostraban patrones anteriores a la pandemia. Además, antes de los confinamientos, las «muertes por desesperación» mediante suicidios, abuso de alcohol y sobredosis de drogas aumentaban en los países de ingresos más altos. La cifra promedio de este tipo de muertes en los países de la OCDE es tres veces superior al de las muertes por accidentes de tráfico y seis veces superior al de las muertes por homicidio. El análisis de la situación en los países de la OCDE también revela lo cerca que están ya muchas sociedades de la fractura total, ya que «el 40 por ciento de los hogares de la OCDE son financieramente inseguros, lo que significa que correrían el riesgo de caer en la pobreza si tuvieran que renunciar a tres meses de sus ingresos»[7].

¿Hasta qué punto podemos confiar en estas métricas? Aunque otras puedan parecer más sofisticadas que el IDH, no siempre lo son. Tomemos, por ejemplo, el Índice de Bienestar Earth4All que ha promovido el Club de Roma, que cuantifica el bienestar mediante un índice que incluye los ingresos disponibles de los trabajadores (después de impuestos), la proporción de sus ingresos en comparación con la de los propietarios, los niveles de empleo, el gasto público en bienestar por persona y la temperatura media de la superficie global[8]. No incluye los aspectos más básicos del bienestar humano en el IDH, como la sanidad y la educación, y presta menos atención a las cuestiones de calidad de vida que los datos de Numbeo.

Mientras algunas organizaciones nos advierten de los riesgos de un futuro declive si no cambiamos de rumbo, la realidad es que ese declive ya ocurre y desde hace varios años. Lo importante es que, dado que ya se está produciendo en casi todas partes y empezó antes de la pandemia, el declive indica que su causa proviene de los sistemas subyacentes que sostienen las sociedades de todo el mundo. Es decir, los sistemas que alimentan, abastecen, ordenan, impulsan y animan el modo de vida de las personas en las sociedades industriales de consumo modernas. Los capítulos siguientes detallarán la ruptura de esos sistemas, lo que significa que hay pocas razones para creer que las tendencias se invertirán. Cualquiera que suponga que el progreso es la condición natural de su país o de la humanidad en general está desactualizado. Aunque las tendencias a la baja sin recuperación podrían ser vistas como especulación. Sin embargo, la primera mitad de este libro proporciona las pruebas para la perspectiva de que lo que estamos viendo en este panel de datos sobre el estado de la civilización global son las luces de advertencia de un colapso total. Por esta razón, cada vez somos más los que pensamos de forma diferente sobre el futuro.

El Pew Research Center realiza periódicamente encuestas sobre actitudes globales. Al momento de escribir este párrafo, su encuesta internacional más reciente revela que la confianza en el futuro es baja, especialmente en las sociedades de ingreso alto. Entre los 18 países de ingreso alto encuestados, solo Polonia y Rusia tenían mayorías que pensaban que el futuro sería mejor que el presente. Una de las preguntas era si «los niños estarán mejor económicamente» que sus padres cuando sean adultos. Solo el 15 por ciento respondió afirmativamente en Japón y Francia, el 19 por ciento en Italia y el 33 por ciento en Estados Unidos[9]. Cuanto más joven se es, más probabilidades hay de ser consciente de las dificultades que atraviesan las sociedades industriales de consumo. Por ejemplo, una encuesta de la Universidad de Harvard reveló que el 34 por ciento de los jóvenes creen estar más preocupados por el futuro que sus padres. La mayoría esperan que el cambio climático impacte en las decisiones futuras, algo que ocurre en la mayoría de los países, como analizaremos en el capítulo 5[10].

¿QUÉ ESTÁ COLAPSANDO?

Debido a todas las dificultades que muchos hemos estado experimentando y presenciando en todo el mundo, junto con el cambio de actitudes, se está extendiendo el debate sobre si las sociedades están en crisis o se están derrumbando, lo que ha dado lugar a una renovada atención a los estudios sobre el colapso social y a críticas por la imprecisión de los términos «sociedad» y «colapso». Por ejemplo, el informe *Limits to Growth* (*Los límites del crecimiento*) de 1972, que alertaba al mundo de la posibilidad de un colapso, no definía a lo que se refería por «sociedad». Trataba de comentar la situación acumulativa de la humanidad en todo el planeta, reconociendo las tendencias hacia una mayor industria y consumo. En la revisión más exhaustiva de los estudios sobre los riesgos de colapso de las sociedades actuales, Pablo Servigne y Raphael Stephens (2020) no proporcionaron una definición de la sociedad que podría colapsar. Tampoco lo hice yo en mi artículo sobre la adaptación profunda que examinaba la ciencia climática en 2018. Desde entonces, me he dado cuenta de que puede ser útil intentar ser más específico sobre lo que está colapsando y por qué. Este libro incluye los resultados de ese proceso.

Aprecio cierta parte del desinterés que algunas personas muestran por el estudio detallado de una situación deprimente. Mi propia experiencia ha sido que a veces es agotador y abrumador involucrarse en la ciencia y en los datos sobre el colapso de la sociedad. Examinar este tema provoca ansiedad sobre cuán seguros estamos, tanto uno mismo como nuestros seres queridos, y cuánto tiempo tenemos antes de que la sociedad se desmorone. Nos desafía a cuestionar todo sobre nuestras elecciones, incluyendo el modo en que pasamos nuestro tiempo. Llevar una crónica del final de algo para las pocas personas que estarán dispuestas a escuchar, en lugar de dejar la computadora y salir a cantar y bailar, por ejemplo, puede parecer una forma de masoquismo. Cuando investigaba el cambio climático en 2018 sentí lo mismo y lo expresé en el artículo de la adaptación profunda cuando compartí la confusión que sentía incluso sobre si debía seguir escribiendo el artículo[11]. Por esa razón, muchas personas pasan de aceptar que las sociedades se están desmoronando a una perspectiva totalizadora de que «todo está perdido». Ya sea que crean en el colapso de la sociedad o en la extinción humana en un futuro cercano, su creencia de que no hay nada que podamos hacer aparte de ser más amables y felices significa que tienen poco interés en seguir analizando qué se viene abajo y por qué. Podría perderse con esta perspectiva la posibilidad de tomar decisiones más informadas sobre cómo actuar, basadas en una mejor comprensión de lo que se está desmoronando, así como de cómo, cuándo y por qué. Por ejemplo, podríamos descubrir que nuestra forma de pensar y de vivir está contribuyendo a un sufrimiento mayor y evitable en nosotros mismos, en otras personas o en la vida en general en la Tierra.

Algunas personas no están psicológicamente preparadas y apoyadas para adentrarse en el abismo de patrones de destrucción y oportunidades para una forma más sabia y compasiva de vivir en ese abismo. He tenido dudas sobre si yo tampoco estoy bien equipado y me he dado por vencido en muchas ocasiones a lo largo de los últimos años, pero el hecho de que este libro esté ante ustedes es porque he creído que hay un beneficio en ese doloroso proceso de analizar procesos del colapso social, bajo la sombra de la futilidad y las oportunidades perdidas. He creído que adentrarme en el abismo es útil para entender mejor por qué está ocurriendo y qué se puede hacer todavía para reducir los daños. He creído que, aunque la obsesión por la medición puede ser un mecanismo de distracción, ser más precisos y metódicos sobre el colapso de la sociedad podría ayudarnos a tomar decisiones sabias.

Antes de continuar, aclaremos qué podría colapsar. Para ello, quiero tomar un pequeño desvío por el campo de estudio de la sociedad que llamamos sociología. Cuando nos referimos a un fenómeno a gran escala (en una nación entera o varias naciones), por «sociedad» se entiende un conjunto de personas en relación continua, conectadas a un territorio, que reproducen una serie de ideas, comportamientos y artefactos físicos comunes para generar un patrón persistente de habitabilidad. Más allá de esto, cualquier afirmación sobre lo que constituye una sociedad y lo que no, implica juicios de valor. Para algunas personas, lo más importante es la esperanza de vida. Para otros, los derechos humanos. Por lo tanto, cualquier definición de sociedad es subjetiva y en parte arbitraria, contingente y falible. Existen muchas definiciones de este tipo en las que se utilizan adjetivos para describir aspectos específicos de la sociedad sobre los que un comentarista desea llamar nuestra atención. Entre los términos más populares para este fin se encuentran «moderna» «tradicional» «industrial» «postindustrial» «de consumo» «de la información» y «red». Quiero centrarme en dos calificativos para comprender las sociedades contemporáneas de gran parte del mundo: «industrial» y «de consumo».

El término «sociedad industrial» se refiere a las sociedades que surgieron de la Revolución Industrial con una nueva división del trabajo entre agricultura y manufactura, junto con la aparición de una clase obrera urbana de personas que vendían su mano de obra a los propietarios de las fábricas. El término «sociedad de consumo» se utiliza habitualmente para distinguir las sociedades contemporáneas de las sociedades industriales y de las sociedades agrícolas tradicionales. Destaca el papel del consumo como factor de la estructura y la identidad sociales. La división entre los propietarios de empresas capitalistas y sus trabajadores en las sociedades de consumo no suele reconocerse como un factor tan decisivo como en las sociedades industriales, y las personas se definen a sí mismas tanto o más por sus elecciones de consumo que por su clase económica (marcada, por ejemplo, por su propiedad de la tierra u otro capital). Además, en las sociedades de consumo existe una producción masiva de bienes para el público en general y no solo para una élite burocrática o militar, lo que significa que la mayoría de la población de una sociedad de este tipo depende, para casi la totalidad de su estilo de vida, de lo que adquiere en el mercado y consume más de lo que necesita, ya que el consumo le sirve como medio de autoexpresión y ocio. Esas compras discrecionales están sujetas a las persuasiones del *marketing* y la publicidad, a la creación de rituales de consumo, a la disponibilidad de créditos al consumo y, más recientemente, a los pagos de incentivo. El término «sociedad de consumo» es también pertinente, ya que la identidad como consumidor determina la forma en que las personas interactúan entre sí, con las organizaciones y con la naturaleza. En comparación con otras identidades posibles (como la de ciudadano, participante o productor), la identidad de consumidor hace hincapié en el consumo, la comodidad, el privilegio, la pasividad, la performatividad y la novedad. La valoración de la novedad favorece la normalización de que puedan desecharse los bienes de consumo. Una sociedad de consumo también refuerza los valores que surgieron en las sociedades industriales: lo que más importa es lo material, medible y comerciable. La vida en una sociedad de consumo también implica que la comprensión de los participantes sobre la seguridad material se desvía erróneamente de la realidad del mundo natural al sistema abstracto del dinero y a los sistemas artificiales como el supermercado[12].

Para que una sociedad de consumo funcione, sigue siendo necesario un sector industrial que produzca bienes en masa, tanto si esa industria se encuentra dentro de sus límites geográficos como en otro lugar del mundo. Aunque ha sido útil disponer de términos para las sociedades que no albergan mucha industria local y se centran en cambio en los servicios y la información (por ejemplo, sociedad postindustrial, sociedad de la información, sociedad red), puede distraernos de la necesidad permanente de una base industrial para la sociedad, por muy distribuida y remota que se haya vuelto. Para contrarrestar este olvido problemático de la base de las sociedades de consumo, a veces se utilizan los términos «sociedad industrial de consumo» y «sociedad consumista industrial» para describir muchas sociedades contemporáneas de todo el mundo. El término también hace referencia a la generación a gran escala de la demanda de consumo y la identidad del consumidor en dichas sociedades, a través del *marketing* y la publicidad. También es útil para señalar el grado de interdependencia de la gran industria y el consumo de masas, derivado de las formas en que se hacen posibles las «economías a escala» en los procesos de producción mediante la energía barata, la financiación avanzada y las comunicaciones, lo que conduce a la especialización en la manufactura y otras funciones comerciales en operaciones masivas. Esta interdependencia implica que, si el consumo de masas disminuye en cierta medida, la industria correspondiente no puede seguir produciendo de forma rentable, y si ocurre durante un periodo de tiempo determinado, quiebra y deja de producir repentinamente, en lugar de limitarse a producir menos. Entonces, el consumo que esa industria sustentaba colapsa en vez de simplemente disminuir[13].

Desde el año 2007, la mayoría de la población mundial vive en entornos urbanos, lo que significa que depende de complejas cadenas de suministro de bienes y servicios producidos industrialmente[14]. Incluso en las zonas rurales, donde miles de millones de personas se dedican a la agricultura a pequeña escala, la mayoría utiliza insumos de la civilización industrial, como productos agroquímicos y máquinas alimentadas con combustibles fósiles[15]. Esto significa que la mayoría de los habitantes del planeta, ricos y pobres, urbanos o rurales, dependen, como consumidores, de la producción industrial, del transporte masivo y del comercio al por mayor de bienes y servicios. Los niveles de ese consumo y los niveles de dependencia difieren en todo el mundo. Sin embargo, los Estados nacionales son, en grados diversos, formas de sociedades industriales de consumo, aunque dentro de sus fronteras vivan comunidades con escasa interacción con los productos y servicios del consumismo industrial. Por esta razón, en los últimos veinte años, muchos de los expertos que tratan la validez contemporánea de las proyecciones del estudio original del informe Los límites del crecimiento han utilizado el término «sociedad industrial de consumo»[16]. Utilizar esta definición nos brinda precisión sobre cuáles son los fundamentos comunes de tales sociedades, a pesar de la enorme diversidad económica, política y cultural en todo el mundo. También nos ayuda a comprender la forma en que los cambios señalados en este libro afectan, en distintos grados, a la mayoría de los habitantes del mundo actual, y que llegarán a la totalidad de ellos a su debido tiempo.

EL FIN DEL DESARROLLO

No es un accidente que hoy en día existan modos de organización de sociedades basados en el consumo industrial en todo el mundo. La promoción activa de este modo de vida ha sido fundamental para el concepto de «desarrollo» que ha dado forma tanto a las relaciones internacionales como a las políticas nacionales desde el final de la Segunda Guerra Mundial. Se esperaba que las naciones que salían de las garras del dominio colonial copiaran las formas de desarrollo económico de sus antiguos gobernantes. Se trataba de una visión modernista de la organización social, con diferentes grados de éxito entre los países. Por ejemplo, algunos países como Singapur son más tecnológicos y consumistas que sus antiguos colonizadores, mientras que otros, como el Congo, han limitado su desarrollo económico a las industrias primarias como la minería y la agricultura. Desgraciadamente, el modelo de avance que se ha promovido y adoptado ha contribuido a sobrepasar la capacidad de carga del planeta para la humanidad, como explicaré en los capítulos 3 a 6, lo que significa que no solo ha sido perjudicial para las personas y los entornos explotados para alimentar la demanda de recursos de estas sociedades urbanas, sino que la calidad de vida de miles de millones de personas ya está disminuyendo en las sociedades recién «desarrolladas». La situación que describo en este capítulo contrasta con las numerosas declaraciones grandilocuentes que escuchamos de las organizaciones internacionales sobre el progreso de la humanidad. La versión más reciente de esta historia, con falsas pretensiones ecologistas, llegó con grandes alardes en 2015, cuando la Organización de las Naciones Unidas (ONU) lanzó los diecisiete Objetivos de Desarrollo Sostenible (ODS) como un «plan para lograr un futuro mejor y más sostenible para todas las personas y el mundo de aquí a 2030». Siete años después, aproximadamente a mitad del plazo asignado para los ODS, el secretario general de la ONU advirtió que la humanidad estaba «retrocediendo en relación con la mayoría» de esos objetivos. Si bien algunos de los retrocesos pueden atribuirse a la pandemia y a las políticas asociadas, los ODS ya estaban muy lejos de cumplirse antes de la aparición del COVID-19. La ONU informa de que antes de la pandemia se habían logrado «algunos avances desiguales en la reducción de la pobreza, la salud materna e infantil, el acceso a la electricidad y la igualdad de género, pero no los suficientes para alcanzar los Objetivos en 2030. En otras áreas vitales, como la reducción de las desigualdades, la disminución de las emisiones de carbono y la lucha contra el hambre, los progresos se habían estancado o invertido» (p. 2). En 2020, el secretario general de la ONU informó que, antes de la pandemia, los avances en los ODS no se estaban produciendo en ningún lugar a la velocidad o escala requeridas, ya que «el número de personas que sufren inseguridad alimentaria iba en aumento, el medio ambiente natural seguía deteriorándose a un ritmo alarmante y persistían niveles dramáticos de desigualdad en todas las regiones»[17].

Examinar algunos de los objetivos individuales ayuda a remarcar el retroceso general. El ODS 1 pretende erradicar la pobreza, pero la tasa de pobreza extrema aumentó en 2020, con un incremento de pobres de entre 119 y 124 millones. El ODS 2 busca acabar con el hambre, pero ha ido en aumento desde 2014 en el mundo, con más de una cuarta parte de la población mundial afectada por inseguridad alimentaria moderada o grave en 2019. Los avances en salud, el ODS 3, han experimentado enormes retrocesos debido a la pandemia y las políticas asociadas, con datos que muestran que los servicios básicos seguían afectados en el 90 por ciento de los países y territorios más de un año después de la pandemia. El ODS

6 pretende proporcionar agua y saneamiento a todos, pero el uso crece de forma insostenible y el estrés hídrico va en aumento, mientras que miles de millones de personas viven sin acceso a agua limpia y saneamiento. El ODS 7, que busca garantizar energía accesible y limpia para todos, también está fuera de alcance, ya que el número de personas que carecen de acceso aumenta, haciendo que los servicios básicos sean inasequibles en 2020 para más de 25 millones de personas que anteriormente habían disfrutado de ella. El ODS 12 pretendía promover modelos de consumo y producción sostenibles pero, en lugar de reducirse, la huella material per cápita mundial no ha dejado de aumentar, creciendo un 40 por ciento, de 8,8 toneladas métricas en 2000 a 12,2 toneladas métricas en 2017. Todos estos datos proceden de la propia ONU. En 2021 se informó que solo cinco países estaban en camino de alcanzar los Objetivos Globales para 2030, y se esperaba que 134 no los alcanzaran ni siquiera a finales de siglo, incluidos 69 países «desarrollados de ingreso alto» o «de ingreso medio-alto»[18].

Los datos sobre el fracaso de los ODS corroboran lo que se observa en los datos sobre el «desarrollo humano» y la «calidad de vida» que hemos analizado anteriormente. En conjunto, estos datos nos indican que el bienestar humano está disminuyendo en la mayoría de los países del mundo, sean ricos o pobres. Este declive, que comenzó mucho antes de la pandemia o la guerra de Ucrania, se ha producido en todas las regiones y en los países económicamente más ricos por primera vez desde que existen registros. Es una prueba clara de que decae la forma contemporánea de organizar las sociedades complejas. Aunque el panel de la humanidad muestra un retroceso global, los conductores no prestan atención, más interesados en las historias que cuentan. Así, mientras los líderes mundiales anunciaban objetivos globales en las Naciones Unidas en Nueva York en septiembre de 2015, sus propias sociedades ya habían comenzado su declive. En este libro seguiré mostrando cómo no se recuperarán de ese declive. Por lo tanto, lo que estamos presenciando no es solo el fin del «desarrollo», sino algo que se describe adecuadamente con el término más dramático de «colapso». Porque, venga lo que venga, no regresaremos a la manera en que se ha estado viviendo en el pasado.

Utilizo el término «colapso social» para indicar la amplitud y permanencia del cambio, más que su velocidad. En mi primer artículo revisado por pares sobre este tema lo definí como «un final desigual de los modos consumistas industriales de sustento, vivienda, salud, seguridad, placer, identidad y significado»[19]. Antes de que la gente se preocupara por la situación actual, el colapso social fue tema de discusión entre los arqueólogos e historiadores que estudiaban las civilizaciones del pasado. Lo usaban como sinónimo de colapso civilizacional, para explorar una serie de fracasos sociales tanto rápidos (como el de la civilización maya) como declives más graduales (como el del Imperio Romano en Europa occidental). En estos campos de estudio no existe un consenso general sobre la velocidad o el grado necesarios de desaparición de una sociedad para que merezca el término «colapso»[20].

Utilizo el término «colapso» para describir procesos que ya están en marcha en el momento de escribir estas líneas, aunque no significa necesariamente que vaya a producirse un acontecimiento repentino. Sin embargo, la investigación que he realizado para este libro me lleva a concluir que el colapso de los estilos de vida de consumo industrial probablemente se habrá producido para la mayoría de las personas que viven esos estilos de vida en la mayoría de los países del mundo antes del final de esta década, lo que significa que cientos de millones de personas no tendrán la misma esperanza de vida, salud y estilo de vida que ahora. En algunas zonas el sufrimiento será mucho más intenso, con hambre y conflictos. En otras, las respuestas de las autoridades a la creciente perturbación conducirán a una ruptura de la gobernanza normal, incluida una perversión de los valores que animaron esa gobernanza. Debido a la complejidad de los sistemas humanos, es imposible calcular cuándo podrían producirse los distintos aspectos del colapso en los diferentes países pero, dada la importancia que tiene para todas nuestras vidas, esas limitaciones no son excusa para no intentar tales evaluaciones.

En el resto de este capítulo, explicaré cómo el declive que comenzó antes de 2016 es principalmente el resultado del quiebre que empieza a ocurrir en los sistemas económicos. Luego, en los capítulos siguientes, explicaré el contexto biofísico, debido al cual no podremos detener el colapso incluso si pudiéramos cambiar la economía para mitigarlo. Las implicaciones para cada uno de nosotros, y nuestras acciones colectivas, son muchas, pero solo nos comprometeremos positivamente a responder a los colapsos sociales si comprendemos lo que ya ha comenzado.

LOS CIMIENTOS ECONÓMICOS SE DESMORONAN

La situación económica de muchos países resulta cada vez más insostenible. Un indicador es el modo en que los salarios como porcentaje del PIB han ido cayendo tanto en los países más ricos como en los más pobres durante los últimos cuarenta años (figura 5)[21]. Lo que significa que la inmensa mayoría de la gente se ha ido empobreciendo relativamente en comparación con el costo de todo y los activos de los ricos. Como la clase

FIG. 5. Ganancias del capital y penurias laborales

85

dirigente mantiene a todo el mundo centrado en el indicador económico del PIB, que tiene mayor probabilidad de aumentar dentro de un sistema monetario expansionista, en lugar de en los salarios, que aumentan más lentamente, se le dice a la gente que se está produciendo «crecimiento» y «progreso», aunque no lo perciban así los asalariados, es decir, la mayoría de nosotros.

Como proporción de todos los activos y flujos de la economía mundial, el sector financiero ha crecido exponencialmente en las últimas décadas. Cuando era niño, recuerdo que decía que no haría algo ni siquiera por un «*cuatrillón* de dólares». Para mí, era una cifra divertida, inventada. Pero hoy un cuatrillón, en la lengua inglesa, describe una fantasía mucho más seria. Se calcula que el sector global de los derivados financieros, estimado en un cuatrillón de dólares, es diez veces mayor que el PIB mundial anual[22]. Tuve que buscarlo, y ahora sé que un cuatrillón, en la escala larga utilizada en español, denota un millón de trillones: 1 000 000 000 000 000.

FIG. 6. Representación de un cuatrillón

Los gráficos pueden ayudar a sentir ese tipo de números. Si tu pantalla, o la impresora de mi editor, puede mostrarlo correctamente, en el cubo de abajo cada cubo pequeño dentro del cubo grande representa un millón (figura 6). Ahora imagina ese cubo puesto encima de una economía real diez veces más pequeña[23].

Las transacciones diarias de divisas a nivel mundial se han registrado en casi 3 veces más que el PIB diario mundial. El Banco de Pagos Internacionales (BPI) informó que en 2022 se negociaron 7,5 billones de dólares diarios en divisas. Se trata de un «aumento históricamente modesto del 14 por ciento» con respecto a los 6,6 billones de dólares registrados en 2019[24].

Te presento estas estadísticas para que veas que hay un enorme sector de personas y organizaciones sostenidas por la economía real de personas fabricando bienes y servicios no financieros. Igual de importante es que, debido a esta concentración de riqueza y poder, las personas e instituciones aliadas al sistema financiero existente tienen un efecto desproporcionado sobre el funcionamiento y gobierno del resto de la economía. Actualmente existen pruebas de que su efecto es parasitario, ya que extraen recursos sin devolver nada a cambio. Por ejemplo, en economía, «productividad» describe los ingresos obtenidos de la actividad económica menos el precio de insumos como personal, equipos, gastos generales y otros suministros. Un estudio de veinte economías avanzadas entre 1980 y 2010 concluyó que «existe una correlación negativa sólida y económicamente significativa entre la productividad y el crecimiento del sector financiero»[25]. Incluso el Fondo Monetario Internacional (FMI), el más conservador desde el punto de vista económico, llegó a la conclusión de que el sector financiero se ha vuelto un «asesino del crecimiento económico»[26]. Por si no bastara para convencer a los escépticos de que este sector es parasitario, aquel protector de los intereses de los bancos centrales del mundo llamado Banco de Pagos Internacionales aceptó sin inmutarse que el crecimiento del sector financiero «desplaza» el crecimiento del sector real[27].

En todo el mundo, los ciudadanos pierden 312 mil millones de dólares de ingresos anuales debido al abuso fiscal de las empresas multinacionales y otros 171 mil millones por evasión fiscal de los ricos, principalmente mediante el uso de paraísos fiscales[28]. Hace más de cinco años solo las empresas estadounidenses del Fortune 500 tenían en tales paraísos una cantidad estimada en 2,6 billones de dólares. Algunas estimaciones de esta práctica arrojaban un asombroso total de hasta 36 billones de dólares en manos de empresas y particulares. Ante la falta de medidas eficaces, la situación no ha hecho más que empeorar desde entonces. Por ejemplo, solo en las empresas multinacionales estadounidenses, la manipulación contable ha triplicado su volumen de beneficios en paraísos fiscales desde la década de 1990, en lugar de donde realmente hacen negocios. Según el conservador FMI, es un factor clave en la reducción a la mitad de la tasa media de impuestos de sociedades aplicados en todo el mundo en las últimas décadas[29]. El efecto combinado de esta situación fiscal es que los gobiernos se ven excesivamente influidos, aunque insuficientemente financiados, por empresas e individuos supremamente poderosos.

La conclusión de este rápido recorrido por la naturaleza parasitaria y acaparadora del sector financiero es que se está socavando el funcionamiento de la economía real de las empresas y el personal. El alcance total de este proceso, así como la evidencia de que los sistemas monetarios de algunos países colapsan por un acaparamiento neocolonial de activos, se analizarán en el siguiente capítulo. Los fundamentos económicos básicos de las sociedades modernas se han deteriorado tanto que las contradicciones internas del capitalismo lo están llevando a su caducidad.

EL PLAZO DE VENCIMIENTO DE LAS CONTRADICCIONES

A los políticos les resulta cómodo culpar a un problema, a un error o a un adversario del constante declive del bienestar humano. Sin embargo, los datos demuestran que, cuando lo hacen, están mal informados, deliran o mienten. En los próximos capítulos, veremos cómo los cambios de la última década tanto en el suministro mundial de energía como en el medio ambiente mundial no han ayudado, pero las razones del rápido declive desde 2016 incluyen la naturaleza de los sistemas económicos que dominan tanto el comercio internacional como la mayoría de los Estados-nación.

Para entender este suceso, recurro a un famoso economista político. Antes de mencionar su nombre, quiero señalar lo provocador que ese nombre puede ser. Una vez asistí a un seminario en Kuala Lumpur, Malasia, donde un académico empleaba un análisis marxista para debatir si internet podría cambiar la forma en que los seres humanos se experimentan a sí mismos y la realidad. La idea relevante era que la forma en que recibimos nuestro sustento moldea nuestros valores y creencias. Un estudiante universitario visiblemente furioso dijo que le parecía escandaloso e inaceptable que se divulgaran las ideas de Karl Marx en la universidad. El académico replicó lacónicamente que Marx es uno de los economistas políticos más influyentes de la historia y que es difícil hablar del tema sin un poco de Marx. Es con una apreciación intelectual similar, más que con cualquier afecto político, que creo que es relevante para que entendamos por qué nuestras vidas se han jodido en los últimos años.

Karl Marx no pensaba que la revolución comunista fuera el único camino hacia la justicia económica, pues preveía el colapso del capitalismo debido a una contradicción interna o defecto fundamental. Consideraba que, acumulativamente, el trabajo asalariado no proporcionaría a la gente ingresos suficientes para comprar los productos de su trabajo debido a que sus empleadores, en busca de beneficios, cobrarían más de lo que pagan a su personal (y en la actual «economía informal» también a los subcontratistas). La idea era que, acumulativamente, los precios superarían el poder adquisitivo de los trabajadores asalariados. La implicación, imaginaba Marx, era que un día todo el sistema se paralizaría, ya que la gente no podría permitirse comprar cosas.

Marx estaba haciendo una simple deducción matemática para predecir el colapso, pero fue incapaz de ver una serie de factores que ayudarían al capitalismo a escapar de su contradicción interna. En primer lugar, los ciudadanos pudieron obtener ingresos de lugares distintos a sus empleadores, como del Estado, o de la venta de sus bienes (incluidos los bienes públicos) a los capitalistas. En particular, la enorme expansión de los ejércitos en muchos países proporcionó una forma no capitalista de empleo. En segundo lugar, la constante expansión del capitalismo hacia nuevas zonas del mundo generó productos asequibles para los trabajadores de las regiones capitalistas existentes, en parte debido a la mano de obra barata de esas tierras extranjeras. También proporcionó una justificación para la extensión del crédito a empresas y particulares, que ingresó dinero adicional al de los salarios pagados por los productos y servicios existentes. Una tercera razón fue que el beneficio, tanto para los capitalistas como para los empleados, pudo provenir del aumento del valor en efectivo y del comercio de activos, en lugar de solamente de las ventas de productos. En concreto, se trataba de los activos de la tierra, la vivienda y las acciones de las empresas. Una cuarta razón eran las ineficiencias empresariales del capitalismo, por las que los capitalistas invierten dinero en diversas ideas empresariales que dan fondos a empleados y proveedores, pero que no consiguen vender productos, o en las que producen algo para lo que no hay demanda suficiente y, por tanto, se ofrece al mercado con pérdidas. Esta ineficiencia tiene el efecto de repartir dinero a través de salarios y honorarios que superan los ingresos por los bienes o servicios que se ofrecen. Una quinta razón fue el efecto del trabajo organizado. Durante décadas, los sindicatos consiguieron negociar al alza sus ganancias como parte de los beneficios empresariales, por lo que la relativa falta de poder adquisitivo no fue tan aguda como podría haber sido sin ese efecto.

En conjunto, el colonialismo que luego evolucionó hacia la globalización económica, combinado con la financiarización de las economías y la expansión masiva del crédito y el poder de negociación de los estados laborales y de bienestar en las antiguas sociedades industriales de consumo, ayudaron al sistema del capitalismo a escapar de la contradicción interna que Marx había identificado en el siglo XIX. Sin embargo, estas «salidas» eran solo temporales. La mejor forma de entenderlas es como un mero retraso de los efectos de la contradicción, como veremos a continuación.

La primera «salida» mediante la cual los ciudadanos encontraron ingresos procedentes de fuentes distintas de los empleadores ha disminuido, ya que en la mayoría de las economías avanzadas la cantidad de empleo en el gobierno y en las empresas de propiedad estatal se ha reducido drásticamente en las últimas décadas[30]. Además, la recaudación de fondos por parte de un gobierno mediante la privatización llega a un límite, ya que queda poco que privatizar, aparte de los sectores que, si se privatizaran, plantearían serias cuestiones sobre la gobernanza de formas que amenazarían al propio capitalismo (por ejemplo, los diversos ministerios del gobierno, la policía y el ejército)[31]. Otro aspecto de esta «salida» ha sido la creación de nuevo dinero por parte de los gobiernos, en forma de billetes y monedas, que luego puede gastarse en la economía. Como explicaré más adelante, la importancia del poder adquisitivo del dinero físico se ha reducido a la insignificancia a medida que el dinero electrónico emitido por bancos privados se ha convertido en el medio de cambio dominante en las economías de todo el mundo.

La segunda «salida», la continua expansión del comercio y, por lo tanto, de la masa monetaria, encuentra límites de recursos de toda índole. A medida que los ahorros se acumulan y los estilos de vida cambian en las zonas urbanizadas del Sur Global, los salarios aumentan en relación con la población de Occidente y encarecen los productos relativamente. En las últimas décadas, los salarios en China aumentaron de forma constante, representando gran parte del crecimiento salarial mundial. Por esta razón, el índice de pobreza en China se redujo del 88 por ciento en 1981 al 11 por ciento en 2010, y cerca del 60 por ciento de los trabajadores chinos se identificaron como clase media en 2015[32]. Mientras tanto, los recursos no renovables, como los metales, se están agotando, y los recursos renovables, como los bosques, se están destruyendo hasta el punto de reducir la rentabilidad de una mayor expansión de la actividad económica[33]. Decenas de miles de ambientalistas profesionales tienen una ceguera voluntaria ante esta realidad de los límites naturales al crecimiento económico. Me lo recordaron en otoño de 2022, cuando retomé brevemente el mundo de las conferencias internacionales. Antes habían sido el escenario de mis ilusos intentos de cambiar el mundo, pero esta vez quería llamar la atención sobre la credibilidad de las expectativas del colapso y promover los puntos de vista de las personas del Sur Global que identificaban el imperialismo y el capitalismo tanto como causas del predicamento actual como una amenaza a respuestas más compasivas y sabias. En las conferencias y actos paralelos me encontré con algunos de mis viejos amigos y colegas del ámbito de la responsabilidad social de las empresas (RSE) y de los aspectos ambientales, sociales y de gobernanza (ASG) de las finanzas. Me contaron la forma en que la tecnología, la empresa y el capital nos darían la mejor oportunidad de salvar el mundo. En concreto, argumentaron que desacoplar la actividad empresarial del uso de los recursos naturales no solo es posible a las escalas necesarias, sino que está ocurriendo. Cuando les pedí más pruebas que respaldaran su punto de vista, generalizaron de forma ilógica e ideológica reglas a partir de excepciones. Por desgracia, la investigación sobre el tema no respalda sus esperanzas. Por ejemplo, una revisión realizada en 2020 de 835 artículos académicos sobre el tema concluyó que «no se pueden lograr reducciones rápidas absolutas considerables del uso de recursos y de las emisiones de gases de efecto invernadero mediante las tasas de desacoplamiento observadas»[34]. Este tipo de análisis debería acabar con cualquier duda: el crecimiento verde es una falacia. Aunque no me gusta pensar en mis viejos amigos como mentirosos compulsivos, es una conclusión inevitable. Por desgracia, la suya no es una mentira piadosa, ya que las consecuencias son masivas, especialmente para las personas más negativamente afectadas por las continuas exigencias de la economía industrial de consumo.

Aunque mis antiguos colegas también admiran el cuento de que las energías renovables permitirán resolver las múltiples crisis del mundo, la correlación entre el crecimiento económico y el aumento del consumo de combustibles fósiles durante décadas es indiscutible[35]. En el capítulo 3 analizaremos cómo la falta de desacoplamiento entre energía y PIB es especialmente problemática a medida que se utilizan las reservas de petróleo y gas más fáciles de extraer, de modo que la «tasa de retorno energético» (EROI, por *Energy Return On Investment*) disminuye y mina la rentabilidad de una producción creciente. Como veremos en el capítulo 3, las fuentes de energía renovables tienen gran capacidad de suministrar energía, pero no con la misma tasa de retorno energético. La combinación de estos procesos se traduce en un aumento de los precios de los productos en las sociedades industriales de consumo avanzadas, porque todos tienen un costo energético incorporado en su precio de venta al público. Otra implicación de ese entorno económico más difícil es que la emisión de créditos para nuevas actividades empresariales, en ámbitos no relacionados con la revalorización del capital, es cada vez menos atractiva. En conjunto, todo ello conduce a una menor confianza entre acreedores y deudores de que la deuda sea reparable[36].

La tercera «salida», en la que los asalariados se benefician del aumento de los precios negociables de los activos de la tierra, la vivienda y las acciones de las empresas, también decae en importancia dentro de la economía. En la actualidad, un porcentaje mucho menor de personas en edad de trabajar puede beneficiarse de la revalorización del capital de dichos activos que hace tan solo un par de décadas y sus ganancias representan una parte mucho menor de la economía de cualquier país. Un indicador es el número de personas menores de treinta años que viven con sus padres. En los países de la OCDE, alrededor de la mitad de los jóvenes se encuentra en esta situación[37].

La cuarta «salida» es aquella en la que los capitalistas toman decisiones equivocadas o desafortunadas y, por lo tanto, pagan a los trabajadores sin que haya bienes y servicios consumidos a un precio superior al de los salarios pagados. Puede parecer positivo que esta situación se reduzca gracias a las nuevas tecnologías y a la eficacia burocrática. Sin embargo, acentúa la contradicción interna. Internet ha permitido realizar análisis mucho más eficientes de la demanda del mercado y coordinar la producción y la venta al por menor, e invertir mucho menos en mano de obra para crear una nueva empresa, posibilitando economías de escala masivas[38].

La quinta «salida», el efecto de organizaciones laborales, ha estado en constante declive desde la década de los ochenta[39]. La pérdida de poder de los sindicatos se refleja en las estadísticas de todas las sociedades de consumo avanzadas, que muestran que los salarios representan una parte cada vez menor de los beneficios empresariales, como se ha descrito anteriormente (figura 5). La consistencia de esta tendencia en casi todos los sectores y países demuestra que se trata de una tendencia estructural, con implicaciones de la misma índole. La automatización posibilita aún más la situación, que reduce la necesidad de empleo y, también, a menudo, la necesidad de empleados cualificados. La forma en que los gobiernos han permitido a la economía digital acumular los beneficios inimitables de contar con un enorme número de personas o empresas en sus plataformas y, de este modo, progresar hasta posiciones de monopolio en varios sectores nuevos, ha creado una presión adicional a la baja sobre los ingresos de los empleados de las empresas afectadas, o de los proveedores autónomos[40].

En su conjunto, estos factores significan que las contradicciones del capitalismo se han visto confirmadas, lo que significa que, colectivamente, somos menos capaces de permitirnos los productos y servicios de nuestro trabajo. Proporcionar crédito fácil para inflar los precios de la propiedad ha sido una forma de retrasar el colapso del capitalismo por esta contradicción interna, desde Estados Unidos hasta China. Se puede considerar que la crisis financiera occidental de 2008 y la crisis financiera china de 2022 son el resultado de medidas arriesgadas para escapar del final de las «salidas fáciles» descritas anteriormente. Los rescates masivos de bancos por parte de los gobiernos en 2008 no necesariamente tenían que producir las políticas de austeridad en todo el mundo a partir de 2010. Sin embargo, fue generalizada y, en el plazo de cinco años en la mayoría de las sociedades industriales de consumo avanzadas, varios indicadores de «nivel de vida» y «calidad de vida» comenzaron poco después un declive constante. Por eso es probable que tu propia situación económica y tus ahorros no hayan mejorado desde la crisis financiera en el grado en que se esperaba.

EL COMIENZO DE NUEVOS FINALES

El colapso de cualquier sociedad es un *proceso*, no un evento. En los capítulos siguientes contextualizaré los datos sobre el declive del bienestar humano esbozados en este capítulo para concluir que el colapso de los cimientos de casi todas las sociedades industriales de consumo comenzó en algún momento antes de 2016. Aunque hay casos terribles de colapsos sociales en regiones donde el clima ya está creando efectos verdaderamente devastadores, el comienzo de este colapso más amplio ha pasado desapercibido hasta ahora. Sin embargo, ya ha comenzado en las sociedades en las que hoy vive la mayor parte de la humanidad. Al describir el desmoronamiento en curso (y acelerado en algunos casos) de los fundamentos biofísicos de los que dependen las sociedades modernas, los capítulos siguientes respaldarán la conclusión de que el declive no es reversible. La aceptación de esta grave realidad es necesaria para intentar una adaptación significativa desde lo local a lo global, pero la mayoría de las personas que trabajan en sectores de esta agenda no quieren aceptarlo. Las personas que trabajamos en investigación estamos muy atadas a los sistemas existentes. Por lo tanto, hay impedimentos para que aceptemos que toda la sociedad que conocemos y disfrutamos no solo está en declive, sino que es responsable de una destrucción tan horrenda de la vida en la Tierra. Existe una disonancia cognitiva por la que continuamos con nuestro trabajo anterior relacionado con el «desarrollo sostenible» mientras las cosas empiezan a desmoronarse a nuestro alrededor. Incluso los expertos que reconocen que hemos entrado en una nueva era quieren neutralizar la fuerza de esta situación. Así que en lugar de que parezca un colapso que debería invitar a juzgar los sistemas y las ideologías que lo produjeron, se considera simplemente como una «policrisis» de factores de estrés que se entrecruzan y que necesitan mejor administración por una élite más educada y ética. O se ve como un periodo de turbulencias antes de que nos salven los emprendedores de Silicon Valley con sus sueños de ingeniería genética y de arreglar el clima. Ese tipo de respuestas defensoras de su cosmovisión es la razón por la que escucho a más profesionales de universidades, fundaciones, laboratorios de ideas y empresas de consultoría de gestión decir variaciones de algo como: «Ah sí, el colapso social, también tenemos un proyecto de tres años sobre ese tema».

En este libro he tomado un enfoque diferente. Los «expertos» en quienes se deposita una confianza errónea no deberían hacer dudar a las personas que saben que las sociedades están colapsando. No se nos debe animar a posponer nuestro duelo y nuestra reevaluación de cómo queremos vivir en una sociedad que se derrumba. Tampoco se nos debe pedir que prestemos atención a los expertos que, si se les permite, pasarán los próximos años cartografiando la dinámica de los sistemas en quiebra y discutiendo sobre la mejor manera de abordarla con el fin de mantener sus privilegios. Este libro nos proporciona, tanto a ti como a mí, la base para liberarnos de viejos compromisos y explorar lo que podríamos hacer con el resto de nuestras vidas. Como mínimo, nos ayudará con el inicio de nuevos finales.

2

EL COLAPSO MONETARIO:
LO HICIERON INEVITABLE

A las 8:30 pm del 23 de marzo de 2020, el entonces primer ministro británico Boris Johnson anunció un confinamiento en casa con efecto inmediato, respaldado por una regulación tres días después. El objetivo declarado era «aplanar la curva» de la tasa de infecciones. Así, lanzó el eslogan «quédate en casa, protege el NHS, salva vidas» y dijo que el encierro se revisaría cada tres semanas, lo que no tenía precedentes y sorprendió a la opinión pública. Una semana antes, el 17 de marzo, el gobernador del Banco de Inglaterra, Andrew Bailey, escribió al canciller Rishi Sunak esbozando una medida igualmente sin precedentes, que destinaría decenas de miles de millones de libras directamente a las grandes empresas:

> El nuevo Mecanismo de Financiación Empresarial por COVID-19 (CCFF, por COVID-19 Corporate Financing Facility) proporcionará financiación a las empresas mediante la compra de pagarés con un vencimiento de un año, emitidos por empresas que contribuyen de manera significativa a la economía del Reino Unido. Ayudará a las empresas de una amplia gama de sectores a superar la perturbación económica que probablemente ocasione la COVID-19, ayudándolas a pagar salarios, alquileres y proveedores, incluso mientras experimentan una grave perturbación de sus flujos de efectivo. El Banco implementará el mecanismo en nombre del Ministerio de Hacienda y lo pondrá en marcha lo antes posible[1].

Cuando el gobernador lo escribió, la actividad comercial seguía normal. Incluso si el primer ministro hubiera decidido el confinamiento una semana antes de anunciarlo, la idea del gobierno en aquel momento era que solo duraría unas semanas y, aunque era razonable esperar un trastorno económico limitado de un confinamiento corto, no había indicios de que los mercados financieros privados no lo pudieran soportar. ¿Acaso el gobernador era clarividente? De ser así, tendría que haber tenido esa visión unos meses antes, ya que requiere mucho tiempo establecer mecanismos de financiación totalmente novedosos. Sin embargo, su clarividencia no incluía la manera en que utilizarían los fondos las empresas beneficiadas por su generosidad. En cuestión de meses, aproximadamente el 39 por ciento de los participantes en el CCFF tenía previsto despidos a gran escala por un total de más de 34.000 puestos de trabajo en el Reino Unido. Por supuesto, cualquier empresario sabe que el hecho de que pueda pedir dinero prestado a bajo precio no significa que lo vaya a gastar en salarios de personal que no necesita para clientes e ingresos que no tiene. Francamente, la carta del gobernador solo podría convencer a las personas más crédulas y con nulo sentido empresarial. Sin embargo, los medios de comunicación aceptaron con obediencia las explicaciones ilógicas y reportaron una sensata respuesta del Banco de Inglaterra ante la crisis. Pero si el Banco de Inglaterra no estaba realmente dando dinero a las empresas para «apoyar el pago de salarios», ¿qué estaba haciendo en realidad?

Para comenzar a responder a esa pregunta hay que entender el funcionamiento de los sistemas monetarios actuales y la manera en que algunos altos funcionarios no solo están acelerando el colapso de los sistemas naturales y humanos, sino que además saben que están al borde del colapso. En este capítulo, explicaré aspectos clave de los sistemas monetarios y mostraré que no ha sido la pandemia, sino las luchas de poder geopolítico lo que está detrás de las recientes políticas monetarias. Explicaré que, dado que muchos altos funcionarios saben que el actual sistema monetario debe colapsar en algún momento, es racional que hayan programado con antelación ese colapso, o una transición brusca con víctimas bancarias.

Dedico un capítulo entero de este libro al sistema monetario que pronto colapsará, plenamente consciente de que este tema parece tan impenetrable como aburrido para muchos lectores. Esta opacidad, y la reticencia del público en general a interesarse por el tema, reducen el escrutinio público y la intervención política en las estrategias monetarias. Para contrarrestarlo, sigo incluyendo las cuestiones monetarias en mis análisis y recomendaciones (capítulos 10, 12 y 13). Mi propio deseo de comprender la mecánica del poder superó mi aversión al lenguaje complicado y aburrido de la economía monetaria allá por 2006, cuando era director de un equipo que trabajaba en gobernanza económica en el grupo ecologista WWF. Un día de trabajo, mi jefe Robert Napier se cruzó conmigo en el pasillo y me dijo: «Mira cómo gana dinero el grupo Mann. Es una auténtica locura», lo que me inició en un viaje intelectual que pasó de aprender cómo los fondos de cobertura como el Mann Group obtenían sus escandalosos beneficios a profundizar en el sistema monetario. Empecé a darme cuenta de que la naturaleza de la banca y la forma en que se crea el dinero moldean nuestra experiencia de la economía y la sociedad. A partir de ese trabajo, me convertí en un crítico opositor y proponente de enfoques alternativos. Por ejemplo, en mi charla TEDx de 2011 describí cómo despegaban las innovaciones monetarias como el Bitcoin y pedí a las comunidades y gobiernos locales que crearan sus propias monedas antes de que lo hiciera Facebook. El tema se había convertido en mi obsesión. En enero del año siguiente, me planté en la sala plenaria de Davos, en el Foro Económico Mundial, y pregunté al consejero delegado de Google si lanzarían una moneda global. Quería saber si se mantendrían separados los sectores tecnológico y bancario, o si habría una carrera por controlar el futuro del dinero.

Mi aprendizaje a partir de una mezcla de lecturas de teoría monetaria heterodoxa, de interacciones con ingenieros de software libertarios y de conversaciones con personas en eventos de alto nivel, como los del Foro Económico Mundial y las Naciones Unidas, me ha dado un marco para analizar lo que he visto en los últimos años de política monetaria. Muchos banqueros privados con los que he hablado creen que los sistemas monetarios actuales no durarán. Saben que la era de la hegemonía del dólar estadounidense está llegando a su fin a medida que las compras de petróleo vayan perdiendo importancia para las economías nacionales en los próximos años. Un número menor conoce también los límites medioambientales y las contradicciones económicas de nuestros sistemas monetarios expansionistas. Por lo tanto, anticipan un colapso y quieren habilitar algunas opciones para que sus países, instituciones y élites retengan el poder dentro de los futuros acuerdos monetarios que existan. Para comprender esta situación hay que entender cómo funciona realmente el sistema monetario actual, cómo ha sido una amenaza para la estabilidad de la humanidad y de la biosfera, cómo está empezando a alcanzar sus límites y cuáles podrían ser sus opciones. Teniendo esto en cuenta, pienso que estarás de acuerdo en que no es probable que el sistema monetario se derrumbe fortuitamente, sino que su colapso probablemente será provocado cuando una coalición de intereses corporativos y bancarios, tanto públicos como privados, determinen que están listos para beneficiarse de esa transformación. En este capítulo sostendré que el conocimiento por parte de los altos funcionarios del inminente colapso de los sistemas monetarios puede explicar por qué, hace unos años, cambiaron el foco de atención de la gestión de la inflación a priorizar, con la excusa de la pandemia, el apoyo a las mayores corporaciones con sede en sus países en su carrera neocolonial por adquirir activos en todo el mundo.

POR QUÉ EL CRECIMIENTO SE TRANSFORMÓ EN DIOS

En Davos pensé, acaso con ingenuidad, que me estaba mezclando con los verdaderos detentadores del poder mundial. Nunca me sentí a gusto en lo que el señor Johnston describió una vez como «una constelación de egos envueltos en enormes orgías de adulación mutua». Unos cuantos tequilas en la fiesta de McKinsey me ayudaban a mitigar mi incomodidad de codearme con individuos de quienes se solía decir que en realidad eran «muy simpáticos y sencillos, a pesar de ser quienes son». Ese era el «alto estándar» que la gente no famosa establece para quienes resultaban ser multimillonarios, estrellas de cine, directores ejecutivos, déspotas y similares. Aprendí que la respuesta adecuada era mostrar mi sonrisa de asombro y decir «qué bien». Había pensado que era importante que alguien como yo asistiera e intentara promover ideas alternativas. Algunos años después, sé que ha habido cientos de otros crédulos activistas que se dicen «soy diferente y haré una diferencia», mientras mantienen sonrisas falsas al escuchar las necedades que suelta un panelista tras otro y preguntarse a qué fiesta ir después, pero al menos mis años de asistencia a las cumbres de Davos como Joven Líder Global me abrieron los ojos a la realidad del poder global. Es un desastre. La mayoría de las personas que conocí con funciones de poder parecían incapaces de actuar de forma competente y responsable por el bien colectivo. Peor aún, los intentos de invitar a las personas a pensar más allá de su organización o de su ego solo parecían deteriorar las cosas. En una sesión en la que estaba sentado en un círculo con empresarios tecnológicos multimillonarios y futuros directores ejecutivos de bancos mundiales, nos entregaron tarjetas para fomentar la discusión. La pregunta era: «¿Qué puedo hacer este año para lograr un mayor crecimiento económico?». La pregunta se nos presentó con una reverencia, como si nos estuvieran preguntando «¿qué puedo hacer este año para que más gente encuentre a Jesús?». Me quedé mirando la tarjeta: un pagano con el corazón agitado.

El hecho de que el crecimiento económico se convirtiera en Dios es una de las razones por las que la humanidad se encuentra, por usar un tecnicismo, tan exponencialmente jodida. Un rápido resumen de los conceptos básicos puede resultar de ayuda. El Producto Interior Bruto (PIB) mide el total de la producción de todos los bienes y servicios de un país y el Producto Nacional Bruto (PNB) mide el PIB más los ingresos procedentes de inversiones extranjeras. El crecimiento económico se produce cuando aumenta el PIB, una vez ajustadas las cifras para tener en cuenta la inflación. Los políticos nos dicen que ese crecimiento nos importa por varias razones. Dicen que refleja mejoras en nuestro nivel de vida, ya que significa que tenemos acceso a más bienes y servicios. Dicen que también refleja abundantes oportunidades de empleo. También dicen que, al aumentar los ingresos fiscales con el crecimiento, el gobierno puede prestar mejores servicios públicos, como infraestructura, sanidad y educación.

No todos los políticos han mostrado tanto entusiasmo con el énfasis en el crecimiento del PIB. En 1968, unos meses antes de ser asesinado, el candidato a la presidencia de Estados Unidos Robert Kennedy dijo lo siguiente:

> El Producto Nacional Bruto cuenta la contaminación atmosférica y la publicidad de cigarrillos, y las ambulancias que limpian la sangre de nuestras carreteras. Cuenta los cerrojos especiales para nuestras puertas y las cárceles para quienes los rompen. Cuenta la destrucción de la secuoya y la pérdida de nuestras maravillas naturales en caótica expansión... Sin embargo, el producto nacional bruto no tiene en cuenta la salud de nuestros niños, la calidad de su educación ni la alegría de sus juegos. No incluye la belleza de nuestra poesía ni la fortaleza de nuestros matrimonios, ni la inteligencia de nuestro debate público ni la integridad de nuestros funcionarios públicos. No mide ni nuestro ingenio ni nuestro valor, ni nuestra sabiduría ni nuestro aprendizaje, ni nuestra compasión ni nuestra devoción a nuestro país. Lo mide todo, en resumen, excepto aquello que hace que la vida valga la pena y puede decirnos todo sobre los Estados Unidos, excepto por qué estamos orgullosos de ser estadounidenses[2].

En la época en que pronunció este discurso, las críticas ecologistas al crecimiento económico habían ido en aumento en Occidente. Cada vez más personas reconocían que el crecimiento no solo ignoraba lo que tiene un gran valor intrínseco, sino que medía mucho de lo que no era valioso, o que incluso era destructivo. También existía la crítica más profunda de que el crecimiento simplemente no podía continuar para siempre en un mundo de recursos renovables relativamente limitados, como la madera de los bosques, y de recursos no renovables absolutamente limitados, como el petróleo y el gas. El daño ecológico ya estaba en marcha a finales de los años sesenta y el crecimiento económico lo estaba agravando a una velocidad alarmante. Un crecimiento del 2 por ciento en un año determinado supone un aumento mayor de la actividad económica que el crecimiento del 2 por ciento del año anterior, porque parte de una base mayor. Imaginemos una mancha en el centro de esta página que representa la «huella» de recursos de una sociedad industrial de consumo. A medida que aumenta en un 2 por ciento, la superficie que cubre se expande cada año más. Primero parecería aumentar lentamente, pero luego se aceleraría hasta llenar la página y pronto llenaría toda la habitación, de modo que ya no habría espacio para ti. Por tal razón, a menudo escuchamos la preocupación de que, si un sistema económico requiere un crecimiento infinito en un planeta de recursos finitos, inevitablemente se colapsará en algún momento.

Durante décadas los políticos hicieron caso omiso de estas críticas, lo que cambió en 2016, cuando los gobiernos por fin iniciaron debates internacionales sobre las limitaciones de los indicadores del PIB para el progreso económico o social. Incluso en el Foro Económico Mundial hubo serios debates sobre la necesidad de nuevas medidas del progreso[3]. Aunque supuso un cambio con respecto al fanatismo del crecimiento que había experimentado en la cumbre de Davos apenas unos años antes, había algo completamente superficial en su atención al tema. El crecimiento económico seguía siendo el objetivo para los gobiernos nacionales, pero ahora se combinaba con medidas adicionales de bienestar o calidad medioambiental. Su enfoque se basaba en descartar las críticas más profundas sobre la imposibilidad de un crecimiento económico eterno y abrazaba la idea de que el crecimiento del PIB podría separarse significativamente del consumo de recursos y de la contaminación. Esta teoría tiene múltiples facetas. Incluye la opinión de que, a nivel de productos individuales, obtendremos lo mismo con menos recursos: por ejemplo, una lata de cerveza o un coche fabricados con mucho menos metal. Otro aspecto de la teoría es que obtendremos una misma función o resultado en nuestras vidas sin usar la misma cantidad de recursos, porque pasaremos a consumir un servicio: por ejemplo, tener acceso a un coche o a un autobús, en lugar de poseer un vehículo propio. Otro aspecto de la teoría del desacoplamiento es que el sector servicios en general ofrece amplias oportunidades de crecimiento mientras requiere menos recursos que otros sectores como el manufacturero. Una arista adicional es que existen oportunidades de crecimiento en las tecnologías y productos relacionados que realmente reducen la contaminación procedente de otras actividades. En conjunto, ha constituido una teoría bastante poderosa y popular dentro del sector medioambiental contemporáneo. Ofrece la visión de un futuro verde próspero, que ayuda a que los esfuerzos individuales dentro de las empresas parezcan valer la pena. El pequeño problema con esta visión es que es una mentira.

En el último capítulo hablé de la falta de pruebas de que sea posible desacoplar significativamente el crecimiento del PIB del consumo de recursos y de la contaminación y, mucho menos, a los niveles necesarios para abordar la crisis ecológica. En el próximo capítulo presentaré datos sobre las investigaciones que demuestran la falta de desacoplamiento entre el PIB y la demanda energética y, por lo tanto, las dificultades a las que nos enfrentamos incluso en una época en la que las energías renovables se están incorporando rápidamente a la mezcla energética. Por tal motivo, cada vez más personas del sector medioambiental han reconocido que esa gran visión verde es en realidad un espejismo y argumentan que los países más ricos del mundo deben «decrecer» conscientemente sus economías. En los últimos años, el programa del «decrecimiento» se ha convertido en un tema candente de las conferencias académicas. Sus defensores siempre esperan que este año (sin importar el año) sea por fin el momento en que el decrecimiento se popularice y se convierta en política. Afirman que todo lo que se necesita es una mejor comunicación para cambiar la percepción de que no es necesario el crecimiento económico. Cuando oigo ese entusiasmo, me acuerdo de aquel discurso pronunciado hace más de cuatro décadas por un candidato a la presidencia de Estados Unidos. Yo pregunto: ¿qué líderes políticos, en cualquier lugar, abogan por un programa de decrecimiento, por no hablar de criticar el PIB tan poéticamente como lo hizo Kennedy? No veo indicios de que los políticos de los países más ricos comiencen a hablar de la necesidad de contraer deliberadamente sus economías. Además, la idea de que los políticos y el público juntos podrían decidir decrecer sus eco-

nomías sin consecuencias negativas masivas es fundamentalmente errónea debido a la naturaleza de los sistemas monetarios en casi todos los
países del mundo.

Para entender esta fijación, históricamente persistente, políticamente omnipresente y geográficamente extensa, en el crecimiento económico se necesita entender la naturaleza del sistema monetario actual.
En casi todos los países del mundo, la oferta monetaria se crea cuando
los bancos privados emiten préstamos. Al hacerlo, no están prestando
una reserva existente de dinero procedente de otro lugar, sino creándolo
como un registro contable en la cuenta bancaria de su cliente a cambio de
que este firme un contrato de préstamo. Esos depósitos bancarios electrónicos actúan entonces como medio de pago —la moneda nacional— a
través de los acuerdos entre los bancos privados y los sistemas de pago
electrónico de diversos tipos, lo que significa que los billetes y monedas
físicos constituyen una parte muy pequeña del dinero total de una economía[4]. Esta ha sido la situación durante muchas décadas y, sin embargo,
las encuestas de opinión muestran que tanto el público como los políticos
asumen erróneamente que son los gobiernos o los bancos centrales los
que crean la masa monetaria, en lugar de los bancos privados[5].

El hecho de que el sistema monetario funcione así garantiza que la
economía de un país siempre tendrá que crecer para que la sociedad
siga funcionando y evitar un colapso. Existen dos razones: el poder de
las instituciones financieras a través de los mercados de deuda pública
y la forma en que su dinero-deuda circula y se agrega en una economía.
Veamos brevemente cada proceso.

El actual sistema monetario de la mayoría de los países del mundo
otorga a los bancos privados una influencia decisiva sobre quién recibe
dinero y quién no para hacer determinadas cosas. Los gobiernos no crean
su propio dinero electrónico, sino que son una forma de cliente para los
bancos privados, los cuales emiten el dinero para luego comprar los bonos
del Estado. En algunos países, los bancos centrales compran bonos del
Estado a los bancos que los compraron inicialmente, o los compran directamente a los gobiernos, especialmente durante periodos de nerviosismo

monetario. Aunque algunos comentaristas consideran que los bancos centrales forman parte del Estado, esta sería una suposición errónea. En realidad, sus formas de propiedad y gobernanza son variadas. Por ejemplo, un fondo soberano de Singapur posee parte del banco privado suizo UBS, que a su vez posee parte del banco central de Suiza. La Reserva Federal de Estados Unidos es propiedad de un consorcio de bancos privados.

Es importante señalar que los gobiernos han optado por emitir bonos y endeudarse, en vez de emitir su propio efectivo digital como equivalente al efectivo físico. La elección de este enfoque hizo que perdieran su soberanía monetaria, ya que proporcionó al sector bancario una influencia combinada sobre las políticas gubernamentales, en particular sobre sus regulaciones financieras. Esa influencia se manifiesta en la decisión de las instituciones financieras de no comprar los nuevos bonos de un gobierno. Cuando tal situación ocurre, el costo de los préstamos de un gobierno aumenta, lo que provoca más transferencias de riqueza del Estado al sector financiero, presiones para recortar el gasto público e incluso presiones sobre su moneda en los mercados internacionales que luego provocan una inflación interna, con las dificultades adicionales que de ello se derivan.

Un sistema monetario en el que los bancos privados emiten nuestra oferta monetaria como deuda no puede existir en una economía que no se amplía a sí misma. Esa forma de emisión monetaria implica el pago de intereses compuestos a los bancos y solo un retorno parcial de las ganancias de esos intereses (o comisiones) a la economía en forma de salarios y compras de activos en el mundo real, de modo que el dinero disponible se vuelve insuficiente para servir a la economía a menos que se produzca un aumento continuo de préstamos. Ese imperativo de prestar siempre más para que una economía evite una contracción del dinero disponible, conocida como recesión, implica que la actividad económica real también tiene que crecer, ya que los préstamos deben emitirse con algún motivo. Se trata de un «imperativo de crecimiento monetario» derivado de la naturaleza del sistema monetario basado en la deuda, en el que las ganancias de los bancos, como es comprensible, se ahorran parcialmente en lugar de recircularse[6]. Como los bancos deciden quién recibe ese dinero nuevo y para qué, también eligen las actividades que puedan generar rendimiento con bajo riesgo. Hablamos de rascacielos y no de granjas de permacultura. Por lo tanto, el imperativo del crecimiento significa que las personas y la naturaleza deben desplegarse de acuerdo con los objetivos de los bancos, impulsando así la mercantilización y comercialización de toda la vida y, debido a la necesidad de dinero adicional para pagar las deudas, un impulso para externalizar más costos a la sociedad. En el capítulo 10 analizaremos este efecto como una de las causas fundamentales de nuestra difícil situación.

Si existiera un sistema monetario diferente, el mismo número de personas trabajando al mismo ritmo y con la misma productividad en el mismo número de tiendas, fábricas, granjas, oficinas, restaurantes y similares, el sistema podría continuar sin perturbaciones si se emitieran menos préstamos. Sin embargo, con el sistema monetario basado en la deuda, del cual los bancos privados son propietarios, si el crecimiento se detiene, la economía se ve perturbada por la desaparición del dinero a medida que se pagan los préstamos (ya que la deuda es el dinero en circulación). De repente, con menos dinero en la economía, hay menos comercio y, por lo tanto, menos dinero que ganar y menos empleo, de modo que hay menos dinero disponible para pagar deudas como las hipotecas sobre viviendas. El resultado es el desempleo masivo, las quiebras de empresas, los impagos y las ejecuciones hipotecarias, los embargos de viviendas, etc. El factor monetario en el imperativo del crecimiento significa que se elimina la opción de una economía estable que no se expanda. Temiendo los efectos negativos de una recesión económica, los políticos tienen miedo de hacer cualquier cosa que pueda perjudicar el crecimiento económico. Por eso se alían con el crecimiento del PIB y no se desviarán de ese enfoque por otras consideraciones, como el medio ambiente.

Digo que los políticos no tienen más remedio que intentar que crezca el PIB si quieren evitar que su país entre en recesión y se enfrente a la ruina económica. ¿Qué piensas de este sistema? Yo lo considero una forma de tiranía. Implica que no podemos elegir cambiar el rumbo de nuestros países y comunidades. Debemos seguir aumentando el consumo de los recursos de nuestro país y trabajar cada vez más para crear más beneficios para el sistema bancario internacional, lo que va en contra de nuestras inclinaciones y capacidades naturales para vivir en mayor armonía con la naturaleza (como vemos en las sociedades antiguas tratadas en el capítulo 9 y en la naturaleza humana tratada en el capítulo 11). Para mí, esta situación no es soberanía real, ni libertad. Por el contrario, dado que el imperativo del crecimiento monetario exige el cercamiento sistemático, la mercantilización y la explotación de todos los recursos naturales, es claramente el «código fuente» de la Modernidad Imperial contemporánea (que desarrollo con más detalle en el capítulo 10).

Este sistema monetario de «crecer o morir» no es lo que queremos continuar mientras experimentamos el final de esas «salidas fáciles» de las contradicciones del capitalismo que vimos en el último capítulo. Los actuales sistemas monetarios expansionistas hacen imposible intentar un aterrizaje más suave para las sociedades industriales de consumo a medida que se derrumban. El plazo de vencimiento de las contradicciones del capitalismo se suma a las presiones que aceleran el inevitable colapso del sistema monetario dependiente del crecimiento. Por esta razón, un «ecolibertario» trataría de mantenerse al margen o escapar de tales sistemas y de prepararse para su colapso, al tiempo que promueve sistemas monetarios no expansionistas que impliquen no solo una moneda nacional reformada respaldada por el Estado, sino también una plétora de monedas de propiedad comunitaria (ver capítulos 11 y 12). Esta perspectiva también da un matiz diferente a los cambios observados en la gestión de los sistemas monetarios desde la crisis financiera de 2008 a la que nos referiremos a continuación.

RESPUESTAS A LA CRISIS FINANCIERA DEL 2008: EL PRINCIPIO DEL FIN

La crisis financiera del 2008 no es solo historia. Las decisiones que se tomaron entonces afectan cada vez más la vida de las personas, ya que están conduciendo al colapso de los sistemas bancario y monetario. En el 2008, para mantener el dinero en circulación y una demanda de consumo suficiente para las sociedades industriales de consumo, la mayoría de los gobiernos de los países de la OCDE optaron por proporcionar dinero directamente a sus sectores financieros, comprando lo que de otro modo serían activos financieros sin valor de instituciones financieras en problemas. Para disponer del dinero necesario, también vendieron más bonos. Como se trataba de una escala inusualmente grande de creación de deuda pública, se alentó a los bancos privados a comprar los bonos mediante el respaldo de los bancos centrales, los cuales pasaban a comprar los bonos a los bancos privados. Esta maniobra no solamente supuso una espiral de deuda pública sin precedentes, que puso en duda la viabilidad a largo plazo para que un gobierno mantenga sus servicios públicos, sino que también permitió desvincular el sistema financiero de la economía real. Debido a las políticas de austeridad, la economía real cayó en picada, pero esta ingeniería financiera tuvo como resultado que el sector financiero se enriqueciera aún más, lo que aceleró el declive, en proceso desde hace varias décadas, de la proporción de los salarios laborales con respecto a los beneficios empresariales, como vimos en el capítulo anterior.

Los bancos privados ya tenían el privilegio de generar la masa monetaria de los países, pero después del 2008 lo hicieron a un nuevo nivel y pusieron en circulación el nuevo dinero en el mercado bursátil para luego aumentar los precios de las acciones. La economía real de las industrias primarias, las manufacturas y los servicios no financieros pasó a ser mucho menos relevante para los beneficios de los bancos. Por lo tanto, esos nuevos acuerdos cambiaron las estrategias del sector financiero en general. Como la valoración de las acciones estaba menos vinculada a la economía real, el papel de los gestores de activos a la hora de elegir valores basada en las variables fundamentales de las empresas era menos importante que limitarse a seguir la evolución del mercado bursátil y apoyar los esfuerzos de todo el sector para favorecer las políticas de los gobiernos y los bancos centrales. Así pues, en la última década se hicieron tan dominantes las empresas que se centraron en sus capacidades de operaciones automatizadas, como BlackRock y Vanguard. También es la razón por la cual se centraron en desarrollar relaciones cada vez más estrechas con reguladores y responsables políticos. Por ejemplo, sus asesores principales son Philipp Hildebrand, exdirector del banco central suizo, que es vicepresidente de BlackRock; Stanley Fischer, exvicepresidente de la Reserva Federal; y George Osborne, exministro de Hacienda del Reino Unido[7].

Esta nueva situación, en la que los gobiernos y los bancos centrales proporcionan enormes cantidades de dinero directamente a las instituciones financieras abrió la esclusa de lo que, en mi opinión, es el mayor escándalo de corrupción de la historia de la humanidad a propósito de la pandemia de COVID-19. El mecanismo clave que permitió el escándalo fue que los bancos centrales compraran bonos directamente a las grandes corporaciones, que se tradujo en que billones de dólares, libras y euros directamente dados a las grandes corporaciones que luego utilizaron esos fondos para comprar activos extranjeros y enriquecieron aún más a esas corporaciones, empobrecieron a los ciudadanos mediante la inflación, y sometieron aún más los gobiernos a los mercados internacionales de bonos. Relataré la historia con mayor detalle más adelante en este capítulo, pero para entender otra posible razón por la que los bancos centrales respondieron como lo hicieron, tenemos que comprender el papel del dólar estadounidense en la economía global y en los acuerdos geopolíticos de las últimas décadas.

LA GEOPOLÍTICA DEL DINERO EXPLICA LAS RECIENTES POLÍTICAS MONETARIAS

El dólar estadounidense constituye alrededor del 55 por ciento de las reservas mundiales de divisas. Su estatus de moneda de reserva significa que muchos países, empresas y personas lo quieren, y mantiene su valor a pesar de que Estados Unidos ha registrado enormes déficits comerciales con el resto del mundo (de más de medio billón de dólares al año). Lo que significa que el gobierno estadounidense puede adquirir recursos de todo el mundo, influir en las políticas de todo el mundo y sus ciudadanos pueden beneficiarse de importaciones más baratas. El dólar estadounidense mantiene su estatus porque se utiliza en cerca del 90 por ciento del comercio internacional de petróleo y todos los países del mundo necesitan el dólar para comprar la mercancía más comerciada del mundo, que sigue siendo la fuente de energía primaria de cerca del 40 por ciento de la economía industrial mundial. No es casualidad este predominio del dólar en las reservas de divisas y en el comercio mundial de petróleo. Más bien fue una decisión geopolítica tomada en la década de 1970, cuando el presidente Nixon cerró la «ventanilla del oro» en el Tesoro Federal, lo que puso fin a la relación de un dólar estadounidense con una cantidad fija de oro. En su lugar, se convirtió en una moneda *fíat* que fluctúa en relación con otras monedas. Se tomó esta decisión para que el gobierno estadounidense no se viera limitado a imprimir nuevos dólares para mantener su estatus de superpotencia. El límite de la emisión de dólares era únicamente la cantidad que el mundo estuviera dispuesto a aceptar. La forma en que Estados Unidos se aseguró esa demanda fue mediante el requisito de que los miembros productores de petróleo de la OPEP acordaran realizar todas sus transacciones petrolíferas únicamente en dólares. El dólar ya no estaba respaldado por el oro, sino por el oro negro[8].

Una historia alternativa de la política exterior estadounidense, ampliamente comentada fuera de Occidente, considera la protección de la hegemonía del dólar como el factor explicativo clave de la política exterior estadounidense. Esa historia expone lo siguiente: cuando nació el euro en 1999, Estados Unidos lanzó una guerra contra Kosovo que minó la confianza del capital internacional en la posible moneda europea. En 2003, cuando Irak anunció su intención de comerciar petróleo en euros, Estados Unidos invadió el país y el posterior gobierno iraquí abandonó el plan. Después de que el principal productor de crudo ruso, Rosneft, estableciera en 2019 el euro como moneda por defecto para sus ventas de petróleo, en 2022 Estados Unidos respondió a la invasión rusa de Ucrania desalentando un alto el fuego y financiando una guerra subsidiaria contra Rusia, que debilitó a Europa, y que debilitaría a Rusia, aunque aún no ha ocurrido al momento de escribir este párrafo[9].

En los últimos años se han multiplicado las iniciativas de países para reducir su dependencia del dólar estadounidense. Por ejemplo, el mayor exportador de petróleo del mundo, Arabia Saudita, ha estado explorando la venta de su petróleo a China en su moneda internacional[10]. Mientras tanto, en 2022, un poderoso grupo de naciones no occidentales formado por Brasil, Rusia, India, China y Sudáfrica (los BRICS) inició un proyecto para crear una nueva moneda de reserva mundial[11]. El contexto más amplio de estos movimientos no es solamente el poder en aumento de las naciones no occidentales y su inquietud por la política exterior estadounidense, sino también algo mucho más elemental para la economía mundial: el fin de la era del dominio del petróleo. Aunque se prevé que el petróleo sea una parte extremadamente importante de la economía mundial durante los próximos veinte años, muchos gobiernos asumen que, después de ese punto, otras fuentes de energía lo habrán desplazado debido a las políticas medioambientales, las nuevas tecnologías y la creciente escasez y los costos en aumento del petróleo. Los responsables de la seguridad nacional de varios países han estudiado esta cuestión en sus análisis estratégicos a largo plazo. La situación en la que los países no necesitan petróleo, o no lo necesitan tanto, es una situación en la que no necesitan dólares estadounidenses y, lo que es igual de importante, sabrán que otros países tampoco necesitarán dólares, por lo que la demanda y el valor del dólar disminuirán en el futuro, quizás de forma vertiginosa.

No estoy al tanto de las discusiones en el seno del aparato de seguridad nacional estadounidense, pero es obvio que estarán estudiando sus opciones para crear una nueva forma de garantizar que el mundo siga comprando los dólares emitidos por la Reserva Federal de Estados Unidos. Si llegan a la conclusión de que no es posible, también buscarán la manera de mantener el poder adquisitivo de Estados Unidos en todo el mundo, que es en lo que se traduce la hegemonía del dólar en términos prácticos. La opción más obvia sería encontrar una manera de que el gobierno estadounidense y la Reserva Federal aprovechen la base de clientes global existente y las infraestructuras de comunicaciones de las grandes empresas tecnológicas estadounidenses. El gobierno de Estados Unidos no necesitaría que los ciudadanos de todo el mundo realicen transacciones en una moneda digital público-privada de su propiedad para que tuviera poder adquisitivo en la economía mundial; bastaría con que todas las restantes monedas del mundo requieran una cantidad fraccionaria de la moneda público-privada estadounidense como reserva. Una opción sería una «moneda de reputación» que cada uno de nosotros debería poseer en cierta cantidad para tener permiso de realizar transacciones en cualquier otra moneda digital, incluida la moneda nacional de nuestro país. Probablemente sería presentada como una tasa por comprobación de identidad y seguridad en cada transacción, y se diseñaría de forma que tuviéramos que seguir ganando la moneda de reputación. Otra opción sería habilitar monedas denominadas «activos tokenizados» que se emiten como promesas por parte de grandes corporaciones, a cambio de que mantengan una cierta cantidad de la moneda público-privada estadounidense en una reserva fraccionaria. Desde 2022, se han producido rápidos avances normativos en muchas jurisdicciones para permitir ese tipo de monedas. Ninguno de estos dos tipos de moneda serían criptodivisas como Bitcoin o Ethereum y tampoco serían formas de moneda digital de bancos centrales (CBDC, por *Central Bank Digital Currency*).

El rápido final de la hegemonía del petróleo en la geopolítica del dinero se vislumbró de forma general cuando llegó en 2020 la pandemia de COVID-19. Ya sea que los estrategas de seguridad nacional imaginaran que el planeta podría avanzar hacia un mundo de monedas de «activos tokenizados» o que pensaran en compuestos nacionales de dichas monedas que llevarían el nombre de la moneda nacional, quizás con un saldo de una moneda de reputación necesario para realizar transacciones en cualquiera de los otros tipos de moneda digital, había implicaciones estratégicas comunes. En cualquiera de estos escenarios sería de ayuda que las empresas propias poseyeran más activos productivos de países de todo el mundo. Además, sería especialmente útil poseer participaciones significativas en empresas tecnológicas de mercados emergentes que gestionan mercados de consumo y servicios de pago. Conocer esta geopolítica del dinero arroja una luz diferente sobre las políticas monetarias aplicadas desde la pandemia y, por consiguiente, una perspectiva diferente sobre la probabilidad de una futura irrupción monetaria o incluso su colapso.

Creo que la conciencia del fin de la hegemonía del dólar respaldado por el petróleo debe conducir a las élites de seguridad nacional y de los bancos centrales a debatir diversas estrategias. También deben preparar las políticas pertinentes para crear opciones y realizar esfuerzos sofisticados de relaciones públicas para dar forma a la transición. No dispongo de fuentes directas para esta visión y la ofrezco como analista externo. Mi argumento era que las élites de los bancos centrales están considerando el colapso de los sistemas monetarios actuales que, debido a su naturaleza expansionista, encuentra límites externos y contradicciones internas. Y esta visión está respaldada por conversaciones directas con individuos que forman parte de lo que yo llamo «el poder del dinero»: una forma abreviada para referirme al complejo de personas, organizaciones, recursos, normas y reglas que mantienen los sistemas monetarios al servicio de los más adinerados. Por ejemplo, las personas que conozco en el Banco de Inglaterra son conscientes en privado de los tipos de análisis que he esbozado. Incluso si tuviéramos que descartar esas opiniones internas, si no estuvieran evaluando las implicaciones de las contradicciones y limitaciones que he descrito en este capítulo y en los anteriores, implicaría una pobre inteligencia nacional y una experiencia deficiente en regulación monetaria. Con esta información en mente, las políticas monetarias desenfrenadas que comenzaron en marzo de 2020 pueden ser interpretadas de una manera más interesante.

EL IMPACTO DEL CAPITALISMO DE CATÁSTROFE DURANTE UNA PANDEMIA

Desde 2020 se ha producido un flagrante enriquecimiento empresarial al amparo de la respuesta de emergencia. Los medios de comunicación de todo el mundo se concentrarán durante algunos años en el amiguismo y las prácticas corruptas en la adjudicación de contratos durante la pandemia. Sin embargo, aunque quizás fue legal en su momento, el mayor fraude consistió en las decisiones de los bancos centrales de comprar bonos corporativos. Esta política contravenía de forma tan evidente sus mandatos de controlar la inflación y no distorsionar los mercados que invita a buscar otras explicaciones. Apenas se ha reportado en los medios de comunicación, por lo que me tomaré un tiempo para exponer lo que ocurrió y por qué ha causado una serie de problemas que todos hemos experimentado en los años posteriores[12].

En 2016, el Banco Central Europeo, cuando comenzó a comprar bonos de las empresas más grandes de la eurozona, puso en marcha la herramienta monetaria que analizaremos[13]. Al comienzo de la pandemia, en marzo de 2020, pisó el acelerador para comprar bonos corporativos de los casi 2 billones de euros de dinero de emergencia que crearía en respuesta a la pandemia[14]. A la par, el Banco de Inglaterra comenzó a comprar casi 20 mil millones de libras de bonos de 63 de las mayores empresas británicas[15]. La Reserva Federal de Estados Unidos redujo esa cifra con su lanzamiento de un mecanismo de 500 mil millones de dólares en el mismo mes[16]. Este proceso puede resumirse de forma sencilla: las mayores empresas de un país recibieron dinero de una organización que lo creaba de la nada, a cambio de un contrato que decía que las empresas lo devolverían en el futuro.

Otros bancos centrales siguieron el ejemplo de la UE, el Reino Unido y Estados Unidos. Suecia inició la compra de bonos corporativos en septiembre de 2020[17] y a partir de esa fecha otros hicieron lo mismo. El proceso creció y creció. Por ejemplo, entre mediados de marzo y principios de diciembre de 2020, la cartera de valores de la Reserva Federal estadounidense pasó de 3,9 billones de dólares a 6,6 billones. El *Financial Times* informó de «un ritmo frenético de emisión» de bonos corporativos para el año siguiente tras la nueva política del banco central[18]. En 2021, el mercado mundial de bonos corporativos superaba los 40 billones de dólares, favorecido por los cambios en las políticas de los bancos centrales en 2020 «en respuesta» a la pandemia[19].

En Estados Unidos, este nuevo mecanismo de emisión de dinero utilizó fondos de inversión (*Exchange Traded Funds* o ETF, por sus siglas en inglés), compuestos por bonos emitidos por diversas empresas. Dado que el dinero fluyó a las empresas con bonos en esos ETF, las instituciones financieras que elegían los bonos a incluir tuvieron un papel crucial[20]. En la mayoría de los casos, las instituciones financieras que empaquetan los bonos en los ETF poseen acciones de las mismas empresas a las que permiten recibir dinero del banco central o del gobierno; se trata de las mayores empresas de inversión del mundo. «Es absolutamente escandaloso» dijo un ejecutivo de gestión de activos, que no quiso pronunciarse de forma oficial debido a la influencia de BlackRock en Wall Street. «BlackRock gestionará un fondo y decidirá si quiere utilizar el dinero de los contribuyentes para comprar los ETF que gestiona. Probablemente hay otros 100-200 gestores que podrían hacerlo, pero eligieron a BlackRock»[21].

El efecto inmediato fue que los inversores privados colocaron miles de millones de dólares en otros ETF de BlackRock «a medida que los inversores corrían para adelantarse a las compras esperadas del banco central» lo cual demostró «cómo la Fed ya ha moldeado indirectamente los mercados en beneficio de BlackRock»[22]. No es de extrañar, entonces, que BlackRock cabildeara en 2019 para que los bancos centrales adoptaran la compra de bonos corporativos[23]. La pandemia llegó en el momento adecuado para justificar una nueva política monetaria que sabían que les beneficiaría inmensamente.

Por sí mismas, estas ganancias injustas son escandalosas, pero palidecen en comparación con las implicaciones de estos cambios políticos para la equidad económica. Este enorme aumento de compras de bonos corporativos por parte de los bancos centrales ya sea directamente o mediante la compra de ETF compuestos por dichos bonos, constituyó un nuevo mecanismo de emisión de dinero nuevo que tiene innumerables implicaciones negativas. Antes de esta nueva era, el sistema monetario ya no era soberano, con bancos privados supervisando tanto la emisión de crédito a la economía real como la compra de bonos del Estado. Sin embargo, el nuevo acuerdo cambia la naturaleza del sistema monetario, de manera que las monedas *fíat* nacionales se convierten en una forma de dinero que se emite en asociación con las mayores corporaciones, lo que marca grandes diferencias en hacia dónde (y hacia dónde no) va el nuevo dinero, su influencia en el comportamiento del sector financiero en general y en el comportamiento de las corporaciones que emiten los bonos y los efectos sobre el valor de las monedas implicadas. Su impacto es un declive inevitable de las divisas, economías y sociedades implicadas, así como un mayor riesgo sistémico de colapso. Ahora veremos cinco aspectos de este impacto, antes de pasar a la teoría de que el declive se gestiona deliberadamente como preparación secreta para un colapso monetario.

Este escándalo genera un riesgo sistémico en primera instancia, tanto de inestabilidad monetaria como de un colapso económico general, a través de su subvención a empresas que dañan el clima. Los bancos centrales habían estado debatiendo cómo abordar el riesgo sistémico derivado del cambio climático, pero lo echaron todo por la borda al ejecutar sus compras de bonos corporativos. Por ejemplo, más de la mitad del primer tramo de fondos del Banco de Inglaterra se destinó a sectores con altas emisiones de carbono, como aerolíneas, fabricantes de automóviles y empresas petroleras y de gas[24].

La creación de un auge de la deuda corporativa es la segunda forma en que esta política resulta perjudicial, pues esta forma de activo bastante opaca (y, por tanto, menos responsable) ha empezado a crecer hasta un punto en que plantea un riesgo sistémico:

> La deuda corporativa, a menudo llamada «crédito» en el sector, es mucho más compleja que las acciones. Mientras que una empresa a menudo solo tiene un título en circulación [es decir, sus acciones], puede tener docenas de bonos individuales e idiosincrásicos que se ven afectados no solamente por las variables de la empresa, sino también por las fluctuaciones de las variables macroeconómicas. La Federación Mundial de Bolsas calcula que en todo el mundo hay unas 48 000 acciones. CUSIP Global Services, una empresa que emite números de identificación para valores financieros calcula que solamente en Estados Unidos hay más de 515 000 bonos corporativos, cada uno tan único como un copo de nieve[25].

Existe un margen para que las instituciones financieras utilicen la mezcla de confianza derivada de la participación de los bancos centrales y la opacidad en su propio beneficio, porque los proveedores de ETF, muchos de los cuales son bancos de inversión, pueden «seguir creando nuevas unidades de un producto aunque no haya realmente suficiente liquidez en la clase de activos subyacente para respaldarlo»[26], lo que es posible porque los ETF son un híbrido, en el que el precio del ETF en el mercado bursátil (no simplemente el valor de los propios bonos corporativos) determina el valor que posees como inversor. En condiciones normales, el exceso de emisión de acciones en los ETF «puede no importar mucho, pero en momentos de tensión del mercado podría causar enormes problemas»[27]. Esos momentos de tensión en el mercado nunca están lejos.

Una de las razones de las crisis puede ser un periodo de «exuberancia irracional» de un activo, o de todo el mercado, permitido o favorecido por las políticas de tipos de interés, la propaganda financiera, la regulación del mercado o la falta de ella. Es importante, por lo tanto, atestiguar el cambio de enfoque de los bonos corporativos. Antes de 2020, los bonos corporativos se analizaban igual que los préstamos, la capacidad de la corporación emisora para honrar su deuda[28]. La existencia de los ETF crea un incentivo para que las instituciones financieras acepten, empaqueten y vendan los bonos corporativos. No obstante, se prestaba cierta atención a las variables fundamentales de la empresa endeudada, porque una empresa puede quebrar y su perfil de riesgo afectaba al precio del bono. Sin embargo, el contexto cambió con la intervención de los bancos centrales.

Los bancos centrales respaldan e «inflan» toda esta clase de instrumentos financieros, pues ahora tienen ETF de bonos corporativos. Una política así «podría incluso atraer a nuevas clases de inversores que se tranquilizan al pensar que la Fed está a su lado»[29], a pesar de que la vida media de las empresas que cotizan en el índice de acciones de Standard & Poor's 500 es inferior a dieciocho años[30], compañías como Intel han vendido un bono a cuarenta años por mil millones de dólares[31]. Queda claro que, con la participación de los bancos centrales, los inversores privados pueden operar en este sector con más confianza y, por lo tanto, asumir más riesgos, lo que nos lleva a otro tipo de bonos: los «bonos basura».

Los bonos basura son emitidos por empresas que atraviesan dificultades financieras y tienen un alto riesgo de incumplimiento (o de no pagar sus intereses o devolver el capital a los inversores). Por consiguiente, no es deseable que tengan un papel importante en el sistema monetario. Sin embargo, a mediados de 2021, el *Financial Times* informaba de que

> 373 empresas calificadas como basura han logrado entrar al mercado de deuda corporativa estadounidense, estimado en casi 11 billones de dólares en lo que va de año, incluidas empresas muy afectadas por la pandemia como American Airlines y el operador de cruceros Carnival. En conjunto, la cohorte de riesgo ha recaudado 277 mil millones de dólares, un ritmo récord y un 60 por ciento más que hace un año[32].

Esta política resulta perjudicial de una tercera forma porque permite una mayor desvinculación de los mercados de valores y el sector financiero de la «economía real». En esa parte de la economía lo más real es que hay empresas que obtienen beneficios ofreciendo cosas que la gente quiere a precios que se pueden permitir. Las ganancias disparatadas del sector financiero aumentan la desigualdad y hacen subir los precios de los activos para todos los demás, el principal problema más importante es la desvinculación del mundo financiero de la realidad de la vida misma, de la que depende la economía real y sobre la que repercute. Como vimos en el último capítulo, el crecimiento del sector financiero hasta multiplicar varias veces el tamaño de la economía real es prueba de un alto nivel de complejidad improductiva. Considero «productivos» los bienes y servicios reales que utilizamos de forma tangible, como los alimentos o la moda, a diferencia de los productos financieros. El hecho de que algunas personas, especialmente economistas y banqueros, no estén de acuerdo con esta distinción y consideren que los servicios financieros son tan reales como cualquier otra cosa refleja el delirio que ha surgido debido al «poder del dinero», el cual analizamos en el capítulo 10. Por poner un ejemplo sencillo, puede ser que la sociedad no valore los viajes en avión o las compañías aéreas de la misma manera que antes y, por eso, al concederles muchos préstamos baratos, los bancos centrales ayudan a las grandes empresas a resistirse a las fuerzas del mercado que reflejan el sentir público, también conocida como la demanda de los consumidores.

Esta escandalosa política resulta perjudicial de una cuarta forma: acelerando un colapso económico al fomentar la monopolización de los mercados. Cuando un sector de la economía pasa a ser dominado por unas pocas empresas, o, en última instancia por una sola, todos los demás, salvo los propietarios de esa empresa, salen perdiendo. Se debe a que cualquier empresa con una posición de monopolio, a lo largo de la historia, siempre paga tarifas más bajas a los proveedores, cobra tarifas más altas a los clientes y paga salarios más bajos al personal que en un mercado más competitivo. Por lo tanto, la monopolización conduce a un aumento de las desigualdades en la sociedad y acaba con algunas de las «salidas fáciles» de las contradicciones del capitalismo que vimos en el capítulo 1. Por esta razón, los gobiernos han intervenido en el pasado en contra de los monopolios aunque, a menudo, después de que ya se hubiera hecho mucho daño a la economía y a la sociedad. No es normal que un organismo que supuestamente trabaja por el interés público permita la monopolización. Sin embargo, al apoyar a las empresas más grandes con préstamos baratos para, en apariencia, superar tiempos difíciles, se les ayuda a competir contra competidores más pequeños o menos conectados. Se trata de una forma de influencia anticompetitiva que fomenta la consolidación en el mercado, porque las empresas más grandes siguen siendo ricas en efectivo en tiempos difíciles, mientras sus competidores se enfrentan a la contracción, la quiebra o la posibilidad de absorción. El *Financial Times* reportó en 2021 que

a diferencia de 2020, cuando las empresas se apresuraron a asegurar capital para sobrevivir a la recesión pandémica, este año ha visto una recaudación de fondos más oportunista con las empresas que buscan fijar bajos costos de endeudamiento en un horizonte de tiempo más largo o pedir prestado para financiar adquisiciones y recompras de acciones, recompensando a los accionistas[33].

Todos, especialmente en tanto consumidores, experimentamos el quinto impacto de esta nueva forma de emisión monetaria. Una gran inyección de dinero en el sector empresarial tiene un efecto a nivel sistémico, ostensiblemente para mantener su capacidad de gasto en salarios y proveedores, a pesar de que a menudo disminuyera la provisión de bienes y servicios durante los periodos del cierre económico impuesto. Significa que, acumulativamente, mucha gente tiene dinero para gastar y, sin embargo, hay menos bienes y servicios para gastar ese dinero e implica que los precios pueden aumentar, especialmente cuando las variables fundamentales como el suministro de productos básicos como la energía y los cereales se ven interrumpidos, junto con la logística, por otras razones. Por lo tanto, una de las principales razones por las que la inflación comenzó a aumentar en la mayoría de los países del mundo desde 2020 se debió a las cantidades masivas de compra de bonos corporativos. La inusual inflación de más del 5% se estaba produciendo en la mayoría de las economías avanzadas y las economías emergentes, en todo el mundo, antes de la invasión de Ucrania. Como señaló el economista jefe del Banco Mundial, «la característica más destacada de la inflación actual es su ubicuidad»[34], lo que implicaba una causa sistémica global.

Las políticas monetarias de unas pocas economías occidentales produjeron un efecto inflacionista mundial debido a la manera en que interactúan las divisas. Una forma en que la inflación de Occidente se exporta a todo el mundo es que la mayor disponibilidad de divisas occidentales para comprar materias primas comercializadas internacionalmente hace que suban los precios de esas materias primas, lo que repercute en todos los países que las importan. Además, se exporta la inflación mediante el encarecimiento de las exportaciones occidentales hacia los países importadores (a menos que se produzca una devaluación de las monedas occidentales)[35].

Cuando la inflación se disparó a partir de 2020, los periodistas financieros de los principales medios de comunicación olvidaron convenientemente que la política monetaria determina los niveles de inflación.

En cambio, mantuvieron la falsa narrativa de que los únicos factores contribuyentes fueron el consumo posterior a los confinamientos y los altos precios del combustible debido al conflicto entre Rusia y Ucrania. El problema de culpar a la invasión rusa de Ucrania de la inflación es que ya era alta en gran parte del mundo más de un año antes de la invasión. Mientras tanto, el precio del petróleo fue inusualmente bajo en 2020 y, en promedio, no inusualmente alto en 2021. Recordemos que, entre finales de 2010 y 2014, el precio del petróleo rondó los 100 dólares el barril. Sin embargo, la inflación mundial cayó durante todo ese periodo, de alrededor del 4,5 por ciento en 2011 al 2 por ciento en 2015[36]. El problema de culpar al repunte de la demanda de consumo tras la crisis es que el PIB mundial en 2022 aún fue inferior al esperado si no hubiera habido perturbaciones en los dos años anteriores. El problema de culpar al cambio climático del aumento de los precios de los alimentos es que, a pesar de los contratiempos localizados, en general 2021 fue bastante bueno para la producción mundial de granos[37]. Son preocupantes las perspectivas futuras de la producción industrial de granos para los mercados de exportación debido a la degradación medioambiental y a la geopolítica, pero no afectó a los precios durante 2021 (como veremos en el capítulo 6).

La línea que adoptaron los principales medios de comunicación sobre las causas de la inflación permitió que retrataran a los banqueros centrales como galantes tecnócratas que intentaban frenar la inflación. Según esa narrativa, sin que tuvieran la culpa, los apesadumbrados funcionarios tuvieron que tomar decisiones difíciles sobre los tipos de interés, empobreciendo a la gente e impulsando recortes en los servicios públicos del gobierno. Imaginemos lo que podría haber ocurrido si los principales medios de comunicación hubieran informado con más precisión que la pandemia había sido utilizada como excusa por los principales bancos centrales del mundo para ayudar a los mayores inversores y empresas de sus países a adquirir activos internacionales de forma que la mayoría de la población de sus países saliera perdiendo. Esta es la explicación a la que nos referimos.

ADQUISICIÓN NEOCOLONIAL DURANTE EL «PICO DEL DINERO FÍAT»

La historia que los periodistas económicos no contaron es que, al amparo de la pandemia, los bancos centrales occidentales entregaron billones de dólares, libras y euros directamente a grandes corporaciones que luego los utilizaron para comprar activos extranjeros, haciéndose más ricas y al resto de nosotros más pobres mediante la inflación. Dado que las empresas a las que financiaron no necesitaban el flujo de efectivo para mantenerse a flote, no tienen sentido las explicaciones públicas dadas por los banqueros centrales sobre sus acciones. Entonces, ¿por qué lo hicieron? Los tiempos levantan la sospecha dado que los bancos centrales son instituciones conservadoras que calculan las posibles eventualidades antes de desplegar o poner en marcha un nuevo modo de funcionamiento financiero y, sin embargo, instigaron estos planes inmediatamente al comienzo de los cierres por la pandemia. La compra masiva de bonos corporativos fue una política que tuvo que prepararse con anterioridad, lo que no significa que supieran que se avecinaba una pandemia, que quisieran los cierres, o que tuvieran algo que ver con esos acontecimientos, sino que ya estaban listos su programa político y las herramientas. Sus verdaderas razones debían ser de suma importancia estratégica, ya que era obvio que al hacerlo fomentarían la inflación y, por lo tanto, contravendrían su mandato oficial principal. También distorsionarían los mercados al proporcionar una ventaja injusta a las grandes corporaciones que favorecían y abandonaría sus propias políticas de bancos centrales respecto al riesgo medioambiental sistémico, financiando empresas de combustibles fósiles. Seguir el rastro del dinero es la forma de explorar sus razones, es decir, hay que preguntarse qué hicieron las empresas con el dinero que recibieron de los bancos centrales.

Nuevas investigaciones revelan que muchas de las empresas que recibieron el nuevo efectivo se fueron de compras por el mundo. Solo en 2021, las empresas estadounidenses gastaron 506 mil millones de dólares[38] en fusiones y adquisiciones en el extranjero. Sus ejecutivos sabían que las divisas que poseían perderían poder adquisitivo relativo debido a la creación de nuevas y enormes sumas de dinero por parte de los bancos centrales, así que actuaron con rapidez. Sus gastos globales no tuvieron precedentes en la historia y se consiguieron propiedades inmobiliarias y empresas en todo el mundo. Las decisiones políticas de los bancos centrales se correlacionan con el efecto de ayudar a los líderes corporativos y a los accionistas a competir en una carrera global por poseer más activos extranjeros, a expensas de sus ciudadanos, que se empobrecieron debido a la alta inflación. Este proceso puede considerarse una carrera neocolonial por el territorio corporativo y digital alrededor del mundo.

A sabiendas del daño que causaría al nivel de vida de sus propios ciudadanos, ¿por qué lo hicieron? Según el informe Tendencias Mundiales 2040 (*Global Trends 2040*) del Consejo Nacional de Inteligencia de Estados Unidos[39], la competencia por la influencia mundial aumenta rápidamente. ¿Qué mejor manera de influir en el mundo que poseyendo más trozos de sus negocios y de su tierra, a través de sus mayores corporaciones? Los riesgos para la propia moneda nacional y el nivel de vida de los ciudadanos podrían considerarse aceptables para un tecnócrata que anticipa el fin de un orden monetario mundial. Primordialmente, las élites occidentales saben que la era de la hegemonía del dólar respaldada por el petróleo llegará a su fin en la próxima década y, con ella, los medios actuales por los que Estados Unidos puede controlar recursos en todo el mundo. Adquirir la mayor cantidad posible de recursos mundiales antes del probable declive del dólar estadounidense tendría sentido. Más allá de esto, en el hecho de que la humanidad está traspasando los límites medioambientales algunos expertos de los bancos centrales saben que el futuro de las monedas nacionales no es tan seguro como antes, debido a la forma en que dependen de la expansión de la deuda en un momento. Con tal idea, considerarían las ventajas de utilizar el poder adquisitivo de sus divisas, mientras aún lo tengan, para adquirir activos en todo el mundo, lo que aseguraría que existan otros medios para extraer recursos, incluso si monedas como el dólar, el euro y la libra ya no tienen tanto poder adquisitivo. También aumentaría el poder de sus corporaciones internacionales favorecidas por los nuevos acuerdos monetarios, que se basarían en monedas de reputación o en algoritmos (*token baskets*) emitidos por las corporaciones. Es importante reconocer que los gobiernos nacionales han considerado típicamente a sus mayores corporaciones, ya sean de propiedad privada o no, como vehículos y fundamentos de su política exterior.

Desde esta perspectiva, las corporaciones del Reino Unido y Europa se han visto en desventaja en esta carrera neocolonial debido a que la guerra entre Rusia y Ucrania ha devaluado la libra y el euro, y ha golpeado los precios de las acciones de sus principales multinacionales. Aunque esa es una preocupación menor para dichas corporaciones, comparada con la posible implosión de divisas y bancos en los próximos años. Los altos ejecutivos del sector privado saben que si las empresas financieras están bien preparadas un colapso del sistema puede generar recompensas financieras extraordinarias e inusuales para actores individuales. Algunos de estos actores financieros tienen el poder de elegir cuándo colapsar un sistema financiero. Por lo tanto, cuando algunos de ellos están bien preparados, podrían elegir entre intentar colapsar el sistema o interpretar ciertas señales como indicios de colapso sistémico y tomar decisiones que le den más impulso. Dado que en estos sistemas existe ese tipo de influencia en manos de personas y organizaciones, no es posible predecir el colapso del sistema. Incluso podría haber sido programado ya[40].

¿REIVINDICAR EL PODER MONETARIO?

Aunque las finanzas se presentan como un sistema rígido con reglas a las que debemos atenernos, una mirada más atenta a lo que ha sucedido en los últimos años revela que esas reglas son totalmente flexibles cuando beneficia a las élites y, por lo tanto, las reglas son un velo sobre el poder de clase. Aunque en los próximos meses o años los bancos y las divisas individuales decaerán rápidamente o se derrumbarán, no significa que el sistema de poder que organiza las finanzas mundiales se derrumbe; aún no. Por el contrario, es probable que los colapsos de los sistemas monetarios hayan sido planeados para el futuro por aquellas élites financieras que son conscientes del fin de la era del dólar respaldado por el petróleo o conscientes de las implicaciones de un sistema monetario expansionista que choca con los límites medioambientales y las contradicciones internas (como se explica en el capítulo 1).

Creo que los nuevos métodos de flexibilización cuantitativa de compra de bonos corporativos por parte de los bancos centrales durante la pandemia acelerarán la próxima caída del sistema de dinero *fíat*. Esa política se explica con más lógica como una táctica dentro de la geopolítica del dinero, al tiempo que la seguridad nacional y las élites monetarias anticipan la desaparición de los acuerdos monetarios actuales. Aunque algunas personas podrían considerar que estas políticas están destinadas a enriquecer a las personas que toman las decisiones, así como a sus círculos profesionales y sociales, también ofrecen una cobertura estratégica contra la próxima ruptura de los sistemas monetarios. Esa cobertura consiste en permitir la rápida adquisición de activos extranjeros para mantener cierto poder económico en un futuro régimen monetario: una carrera neocolonial.

Soy consciente de que mi conclusión —que estas políticas fueron una maniobra de los bancos centrales en preparación ante la probable desaparición de los sistemas monetarios existentes— es inusual, tanto en los estudios académicos económicos como en el periodismo financiero. Una de las implicaciones es que reivindicar nuestros poderes monetarios debe ser el centro de nuestro programa político y de nuestro activismo en el futuro (capítulos 10 y 12). La falta de atención a este proceso y a sus implicaciones por parte de los medios de comunicación se debe, en mi opinión, a que son intrínsecamente deferentes con las élites bancarias, mientras que los economistas de la corriente dominante no analizan los sistemas monetarios desde una perspectiva de justicia económica. En el capítulo 7, explico cómo la creciente falta de información y diálogo sobre lo que realmente está sucediendo es un aspecto y un motor del colapso social; al cual contribuye la comercialización excesiva de los medios de comunicación en la era de Internet. Pero antes será útil atestiguar las crecientes grietas en los verdaderos cimientos biofísicos de las sociedades modernas, sobre los que se asientan todos los acuerdos monetarios y económicos. Para empezar, en el capítulo 3, examinemos la energía.

3
EL COLAPSO ENERGÉTICO
Y LOS PROBLEMAS DEL CERO NETO

Me equivoqué con respecto a Elon o, para ser más precisos, con respecto a Tesla —la empresa automovilística, no el físico—. En 2007, incluí a Tesla Motors en un informe para la organización ecologista WWF como una de las empresas que darían forma a nuestro futuro. Me impresionó especialmente la forma en que la empresa abordaba el estigma de conducir vehículos eléctricos y utilizaba un estilo deportivo y precios lujosos para cambiar esas percepciones. Leí que a Elon Musk no le interesaba tener millonarios conduciendo deportivos eléctricos, sino transformar toda la industria automovilística. Incluí la empresa como caso de estudio en un artículo académico sobre mi teoría de la «disrupción elegante» de sectores económicos enteros[1]. Sin embargo, no observé con atención la posibilidad de mantener el mismo nivel de propiedad y uso de automóviles personales sustituyendo los coches de motores de combustión por otros nuevos con motores eléctricos y baterías. En vez de eso, me dejé impresionar por la expansión de Tesla Motors y el rápido cambio de actitud de mis amigos fanáticos de los automóviles. Si hubiera querido ganar dinero, podría haber invertido en sus acciones. Ahora solo puedo envidiar a mis amigos que leyeron mi informe y, a diferencia de mí, tenían una cuenta en una agencia de valores. La investigación para este libro me ayudó a descubrir que mi anterior entusiasmo por los coches eléctricos estaba fuera de lugar. Ahora sé que no son la solución a la inmensa huella ecológica de la demanda de recursos y energía de las formas de movilidad personal que implican transportar un enorme trozo de metal. Al analizar los tipos de metales más raros necesarios para las baterías, así como las demandas energéticas, descubrí que el futuro no será uno en el que todo el mundo conduzca sus propios coches eléctricos privados, aéreos o no. Incluso si los gobiernos quisieran que ese fuera nuestro futuro e intentaran cumplir sus promesas de campaña, simplemente no ocurriría porque es físicamente imposible. Peor aún, el atractivo y la fama de los coches eléctricos promueven una promesa fraudulenta de un futuro «ecomoderno». En este capítulo veremos que, para las sociedades modernas, no hay ningún camino a seguir que no implique un descenso energético con los impactos omnipresentes que dicho descenso tendrá en nuestras necesidades básicas, por no hablar de las aspiraciones que nos formamos dentro de una cultura de consumo de masas.

La verdadera diferencia entre las sociedades industriales de consumo y las demás sociedades conocidas, tanto actuales como pasadas, es el uso energético. Este es la raíz de muchos de los problemas que las derrumban. Investigar este fundamento de las sociedades modernas me llevó a darme cuenta de cuatro duras verdades: primera, las economías de las sociedades industriales de consumo están inextricable y causalmente vinculadas al consumo de energía, que procede, en su mayoría, de combustibles fósiles; segunda, la forma en que esas sociedades organizan actualmente la actividad productiva implica que no es posible reducir significativamente el consumo de energía sin causar trastornos masivos y descensos en el nivel de vida; tercera, la sustitución de los combustibles fósiles por otras fuentes de energía no es tecnológica, económica ni políticamente posible al ritmo que se propone para frenar el caos climático; y cuarta, dado que los sistemas monetarios expansionistas necesitan aumentos de la demanda energética, las sociedades modernas ya están experimentando los efectos de un descenso de la producción mundial de petróleo crudo desde 2015. Vimos los síntomas en el capítulo 1. El fin de la era del crudo barato es, por tanto, uno de los factores que están quebrando las sociedades modernas. La severidad de estas cuatro verdades radica en cómo revelan que nuestro modo de vida no puede continuar y que ya está en declive. El meollo está en la energía.

Un consumo energético extremo define las sociedades modernas

Todas las sociedades requieren una energía considerable para desarrollar y mantener las complejas estructuras y procesos que las caracterizan. De hecho, Arnold Toynbee —uno de los grandes estudiosos de las sociedades humanas del pasado— sostenía que lo que conduce finalmente a la caída de las sociedades urbanas es la carga energética que supone mantener su compleja estructura y funcionamiento[2]. Principalmente, las sociedades urbanas del pasado han dependido para crecer y mantenerse de la energía humana (trabajadores libres, esclavos y ejércitos), la energía animal (bestias de carga), la biomasa (por ejemplo, leña para el fuego) y la energía del viento y el agua (por ejemplo, barcos de vela, molinos de viento y de agua). Las sociedades industriales se distinguen por ser las primeras en utilizar combustibles fósiles (primero el carbón, luego el petróleo y el gas natural/fósil) a gran escala para crecer y mantenerse, aunque el uso moderado del carbón estaba presente en las sociedades antiguas (como veremos en el capítulo 9).

No puede exagerarse el extraordinario rendimiento energético de los combustibles fósiles. Un barril de petróleo produce la energía equivalente a unas 24 000 horas de trabajo humano[3] y, al momento de escribir este párrafo, estamos utilizando aproximadamente 100 millones de barriles de petróleo al día[4]. Solo en petróleo. Combinando el petróleo (31,2 por ciento), el carbón (27,2 por ciento) y el gas natural/fósil (24,7 por ciento), los combustibles fósiles representan en conjunto el 83,1 por ciento del consumo mundial total de energía primaria; el resto corresponde a la energía hidráulica (6,9% por ciento), otras energías renovables (5,7 por ciento) y la energía nuclear (4,3 por ciento)[5]. El consumo mundial de combustibles fósiles equivale a 800 mil millones de personas trabajando ocho horas al día. Es como si cada persona del planeta tuviera 100 esclavos de combustibles fósiles trabajando sin descanso para satisfacer todas sus necesidades y deseos. Sin embargo, como ya sabrás, no funciona así nuestro mundo desigual, donde cada haitiano tiene solo un esclavo de combustible fósil, el estadounidense medio tiene 300 y la persona promedio en Bahréin ¡tiene 460![6]

Los combustibles fósiles han proporcionado una aparente utopía energética que ni siquiera los imperios preindustriales más ambiciosos podrían haber imaginado. Un ser humano adulto puede llegar a unos 100 kWh de trabajo *por año* usando las piernas (caminando, corriendo) o solo a 10 kWh con los brazos (cavando, levantando)[7]. Sin embargo, un solo litro de gasolina rinde 10kWh, lo que equivale aproximadamente a todo un año de excavación de un ser humano. Con un solo litro de gasolina, un Toyota Corolla moderno puede transportar durante cuatro minutos a cuatro pasajeros con una velocidad de 14 km, con lujo de aire acondicionado, pero si el coche se averiara y esas mismas cuatro personas tuvieran que empujarlo la misma distancia, tardarían *al menos* siete horas en terreno llano y probablemente les sería imposible hacerlo en terreno montañoso. Esa hipotética familia de cuatro personas probablemente dejaría el coche y se iría caminando, pero cuento la historia de esta manera para resaltar lo energéticamente costoso que resulta llevar más de una tonelada de metal a donde sea que vayamos.

El extraordinario rendimiento energético de los combustibles fósiles sustenta casi todos los aspectos del estilo de vida y la economía de las sociedades industriales de consumo: la alimentación, la vivienda, la sanidad, la educación, el transporte, la manufactura, el ocio. Todo lo que define a las sociedades industriales de consumo como tales procede de la energía y más del 80 por ciento de esa energía procede de los combustibles fósiles.

El extraordinario rendimiento energético de los combustibles fósiles explica gran parte de su atractivo. El resto se explica por su costo, que, por ridículo que parezca, es técnicamente *nulo*. Por convención, los economistas consideran que todos los recursos naturales (no solo el petróleo, el carbón y el gas natural/fósil, sino también los peces, los bosques, el agua dulce y el suelo) son infinitos y, por lo tanto, se considera que no tienen costo. Así ha sido desde que Jean Baptiste Say publicó su *Traité d'économie politique* en 1803. En la época en que él y sus contemporáneos desarrollaban las teorías económicas que *aún hoy* sustentan nuestras economías modernas, la población mundial no llegaba a los mil millones de habitantes y los recursos de la Tierra les parecían ilimitados. El único costo económico significativo asociado a la explotación de los recursos naturales era el capital (trabajo humano, herramientas e infraestructuras) necesario para extraerlos. Se consideraba que los recursos eran tan abundantes que su suministro era infinito y, por consiguiente, gratuito. Si alguna vez te has preguntado por el absurdo del concepto de «crecimiento infinito en un planeta finito», esta convención económica histórica está en el núcleo de la cuestión. Durante más de doscientos años, el modelo macroeconómico estándar —en el que se basan innumerables análisis, informes, libros, tratados, modelos y perspectivas— no ha incluido ningún precio ni ha reconocido ningún límite a los recursos naturales. Dos siglos y casi 7 mil millones de seres humanos más tarde, este absurdo concepto sigue siendo la base de nuestro sistema económico, a pesar de que nuestros recursos naturales están disminuyendo vertiginosamente y, como señala Richard Heinberg de forma tan elocuente, hemos llegado al «pico de todo» (*peak of everything*)[8].

LA ENERGÍA Y LA ECONOMÍA NO PUEDEN DESACOPLARSE

El extraordinario rendimiento energético de los combustibles fósiles y el bajo costo energético de su extracción han hecho que las sociedades modernas se hayan vuelto «ciegas» a su consumo de energía[9]. La energía y la economía de las sociedades industriales de consumo están vinculadas de forma inextricable y causal. Como apunta el profesor de medio ambiente Vaclav Smil: «La energía es la economía»[10]. Desde que se tienen registros, se sintetiza el crecimiento y reducción de las economías modernas en función del precio y la disponibilidad de la energía y este vínculo es causal y no una mera correlación. Todo el campo de la economía biofísica se basa en el reconocimiento de esta relación[11], pero nuestra dependencia de una energía abundante y barata hace que las sociedades modernas sean más sensibles a las variaciones en el suministro y el costo de esa energía. Por ejemplo, el economista de energía Nate Hagens demostró que, mientras que el ordeño manual de vacas permanece invariable ante aumentos modestos de los costos energéticos, el ordeño de vacas de alta tecnología puede perder su ventaja con una mera duplicación de los costos energéticos[12]. Este también es el caso para gran parte del trabajo productivo que se realiza en las economías modernas, ya que se lleva a cabo mediante máquinas impulsadas por una energía lo suficientemente barata como para que la mecanización y la producción en masa sean la opción más rentable.

En varias ocasiones durante los últimos cincuenta años ha habido momentos en los que se ha hecho evidente esta base de hidrocarburos de las sociedades modernas, disipando nuestra ceguera colectiva. En la década de 1970 hubo dos crisis petroleras importantes. La primera en 1973, cuando la Organización de Países Árabes Exportadores de Petróleo (OPEP) proclamó un embargo petrolero contra los países que apoyaron a Israel durante la guerra de Yom Kippur. El embargo provocó una subida del 400 por ciento del precio del petróleo en pocos días, que sumió a gran parte de la economía mundial en una recesión y que desencadenó, en muchos países de la OCDE, una combinación sin precedentes de alta inflación y alto desempleo (denominada «estanflación»). La segunda se produjo en 1979, cuando la Revolución iraní redujo las exportaciones de petróleo de Irán en un 75 por ciento. La reacción del mercado ante una caída de la oferta mundial de tan solo el 4 por ciento bastó para duplicar con creces los precios del petróleo. Luego vino la crisis de los precios del petróleo de los años noventa, tras la invasión iraquí de Kuwait; la llamada «tercera crisis del petróleo» de 2003-08, que provocó una escasez de energía y los consiguientes disturbios civiles en países tan diversos como el Reino Unido, Myanmar, Argentina y Tayikistán; y la crisis energética a partir de 2022, derivada de las restricciones de suministro tras la pandemia de COVID-19 y la invasión rusa de Ucrania, que amenazaba la futura producción de alimentos por las consecuencias de los precios de los fertilizantes[13].

Dado que los combustibles fósiles proporcionan más del 80 por ciento de las necesidades energéticas mundiales, la relación entre el PIB y la energía refleja la que existe entre el PIB y las emisiones de carbono. Los únicos momentos de la historia reciente en los que las emisiones mundiales de gases de efecto invernadero han descendido sucedieron cuando grandes sectores de la economía mundial se vieron afectados por las crisis económicas. Ocurrió tras el colapso de la URSS (una caída del 2,9 por ciento en 1992 que se invirtió en dos años), tras la crisis financiera mundial de 2008 (una caída del 1,4 por ciento en 2009 que se invirtió a los pocos meses de 2010) y, más recientemente, durante la pandemia de COVID-19 (una caída del 5,1 por ciento en 2020 que se invirtió casi por completo en 2021)[14]. Por coincidencia, la caída inducida por la pandemia en 2020 fue exactamente la cantidad de caída *anual* necesaria para cumplir el objetivo de París de 1,5° C (es decir, una caída de las emisiones de aproximadamente el 50 por ciento para 2030 en el camino hacia el cero neto para 2050), pero ese descenso de las emisiones se produjo a costa de una contracción muy profunda de la economía mundial. Al menos 120 millones de personas volvieron a caer en la *pobreza extrema* en 2020, el primer aumento de la pobreza extrema en una generación[15].

El problema es que, para cumplir los objetivos climáticos internacionales acordados en París en 2015, habría que haber mantenido ese descenso del 5 por ciento de las emisiones en 2020, es decir, la actividad económica alimentada por combustibles fósiles debía mantenerse en ese nivel. A continuación, se requería un descenso adicional del 5 por ciento en 2021 (es decir, el doble de la reducción de la actividad económica de 2020), y luego otro descenso del 5 por ciento cada año durante diez años consecutivos. Si un año de recortes fue difícil de soportar, ¿cómo serían dos, tres, cinco o diez años consecutivos de recortes? La economía mundial quedaría devastada. Miles de millones de personas caerían en la pobreza, con todo el sufrimiento y la inestabilidad política que generaría. Significaría el fin de la vida tal y como la conocemos en las sociedades modernas, es decir, el colapso.

Las respuestas que la mayoría ya hemos escuchado abogan por desacoplar el PIB de la energía mediante la tecnología y descarbonizar el resto de las demandas energéticas. Son objetivos que he promovido durante décadas en mi anterior trabajo sobre sostenibilidad corporativa. Lamentablemente, la investigación para este libro me abrió los ojos de nuevo ante las sombrías perspectivas de estos dos objetivos. Uno de los mayores estudios sobre el desacoplamiento potencial de la energía del PIB señalaba que «hay pocos precedentes de desacoplamiento absoluto y las tendencias mundiales actuales van en dirección contraria»[16]. Explicaban que una de las razones de esta situación es el «efecto de rebote» (*rebound effect*). Hay un rebote directo cuando la eficiencia energética hace que sea menos costoso el uso de una tecnología que consume energía, por lo que la gente la utiliza más. Luego hay un rebote indirecto, debido a la forma en que la gente gasta el dinero que ahorra gracias a la eficiencia energética. Por ejemplo, una casa aislada puede resultar en facturas de calefacción más bajas, por lo que los consumidores pueden dejar la calefacción central encendida por la noche más tarde que antes, o utilizar el dinero ahorrado en sus facturas para comprarse unas vacaciones en el extranjero. Un importante estudio sobre los efectos de rebote en toda la economía concluyó que «erosionan más de la mitad del ahorro energético previsto por la mejora de la eficiencia energética». El mismo estudio señala además que estos procesos han sido pasados por alto por los modelos informáticos de evaluación integrada que se han utilizado para informarnos a todos sobre la situación. Con el lenguaje tan frustrantemente circunspecto del mundo académico, el equipo de investigación resolvió que «los escenarios energéticos globales pueden subestimar la futura tasa de crecimiento de la demanda mundial de energía»[17]. Otros investigadores han sido más francos y han señalado que el proceso de aumento de la eficiencia casi siempre conduce a un aumento del consumo, no a una disminución. Se le llama la paradoja de Jevons, en honor al académico que escribió un libro sobre el fenómeno en 1865, quien señalaba que «es una completa confusión de ideas suponer que el uso económico del combustible equivale a una disminución del consumo. La realidad es justamente lo contrario»[18].

Debo admitir que me resultó aleccionador descubrir que se me había pasado por alto durante décadas de trabajo en sostenibilidad corporativa una conclusión tan antigua y con tanta evidencia posterior. Me hizo darme cuenta de hasta qué punto la comunidad profesional e intelectual en la que operaba había bloqueado sistemáticamente la información que no se alineaba con la ideología de reformar las empresas y el capitalismo a tiempo para sostener las sociedades modernas, pero si no podemos desacoplar eficazmente el PIB y el uso de la energía dentro del sistema económico existente, ¿al menos podríamos descarbonizar el consumo de energía? Desafortunadamente, fui descubriendo más verdades dolorosas a medida que escrudiñaba esta cuestión.

DESCARBONIZACIÓN NO ES LIBERACIÓN

Esa falta de desacoplamiento entre PIB y energía es la razón por la que el consumo mundial de energía repuntó con fuerza en 2021 y ahora es superior a los niveles de 2019, antes de la pandemia[19]. Los análisis del sector industrial predicen que, si no se producen más alteraciones significativas en las sociedades, la demanda energética habrá crecido un 50 por ciento en 2050 con relación a sus niveles en 2020[20]. Si se tiene en cuenta este aumento gigantesco y las consecuencias medioambientales que tantos ya conocemos, en los últimos años hemos oído hablar mucho de la «transición a las energías renovables» de las sociedades modernas. Si nos creyéramos el *marketing* de las empresas energéticas y el entusiasmo de algunos grupos ecologistas, pensaríamos que esta transición está muy avanzada, que los combustibles fósiles son cada vez más cosa del pasado y que nos espera un próspero futuro verde de energías renovables. Por desgracia, nada de todo esto es verdad.

Es cierto que la producción de energía a partir de fuentes no fósiles está aumentando en todo el mundo y que desde 2018 el costo de producción de algunas formas de energía renovable está a la par o resulta más barato que el de los combustibles fósiles[21]. Esa es una buena noticia. La mala noticia es que no significa que con ello se satisfagan las futuras necesidades energéticas de las sociedades modernas ni que sustituyan a los combustibles fósiles.

Cuando se habla de «*energías* renovables» en realidad se hace referencia a la *electricidad* generada a partir de fuentes de energía renovables, como solar, eólica, geotérmica y agua movida por la gravedad (hidroeléctrica y mareomotriz). A algunos también les gusta incluir la energía nuclear en esta categoría, aunque la mantengo aparte debido a sus requisitos mineros. Obviamente, la electricidad no es una *fuente de energía*, sino que se genera a partir de fuentes de energía primaria, como el carbón, el gas y el petróleo, la fisión nuclear y las fuentes renovables que acabo de enumerar. A veces nos obsesionamos demasiado con la electricidad. Aunque es una forma de energía muy utilizada por la mayoría de los habitantes de las sociedades modernas (por ejemplo, representa el 43 por ciento del consumo doméstico de energía en Estados Unidos[22]), en realidad solo representa una pequeña parte del consumo final total (CFT) de energía en todo el mundo (solo el 20 por ciento)[23]. Como un iceberg, la inmensa mayoría del consumo energético de las sociedades industriales de consumo se oculta bajo la superficie, fuera de la vista de la mayoría de los consumidores, en los sectores de la agricultura, la silvicultura, la pesca, la minería, la construcción, la industria manufacturera y el transporte. De ese 20 por ciento que se consume en forma de electricidad, la parte generada de fuentes renovables apenas alcanza actualmente el 30 por ciento[24]. Así pues, la electricidad procedente de fuentes renovables solo representa el 6 por ciento del total de la energía final consumida en el mundo. Efectivamente, se trata de una fracción minúscula del consumo mundial de energía.

La contribución de las fuentes de energía renovables sigue siendo pequeña en comparación con la demanda. Por ejemplo, el aumento de la demanda mundial de electricidad solo en 2018 fue superior a toda la capacidad histórica instalada de energía fotovoltaica[25]. Las fuentes renovables han crecido más despacio que la demanda de energía. Según las tendencias actuales y en ausencia de nuevas rupturas sociales, se prevé que la proporción del uso total de energía generada a partir de fuentes renovables casi se duplique, pasando del 15 por ciento en 2020 al 28 por ciento en 2050[26]. Este loable aumento de las energías renovables seguirá aportando solo alrededor de la mitad del aumento total del consumo mundial de energía en rápido crecimiento. Por lo tanto, el uso de carbón, petróleo y gas seguirá aumentando. En lugar de producirse una transición hacia las fuentes de energía renovables, constituyen un mero añadido mientras los combustibles fósiles crecen a un ritmo más rápido. Por eso no tiene sentido afirmar que estamos asistiendo a una «transición» hacia las energías renovables. Por el contrario, el uso de combustibles fósiles crece como siempre, complementado por algunas energías renovables adicionales. Una verdadera transición a las energías renovables supondría una *disminución* del uso de combustibles fósiles a medida que son *sustituidos* por energías renovables. No ha ocurrido y no se espera que ocurra.

Esta situación me sorprendió. Quizás como a ti, me alegró ver sistemas fotovoltaicos en tejados, parques eólicos y solares, e incluso coches eléctricos, pues supuse que significaban que la sociedad abandonaba por fin los combustibles fósiles. Me equivoqué con esa conclusión, como me equivoqué respecto a Elon: los coches eléctricos no son una respuesta significativa ni a la crisis energética ni a la climática, y contribuyen a mantener una falsa narrativa que a la larga provocará un mayor colapso social y ecosistémico. Echemos un vistazo a la realidad de los coches eléctricos para ver qué tan ilusoria es esta narrativa.

La producción de vehículos eléctricos está aumentando y su costo está bajando, pero en 2020 apenas el 1 por ciento del parque mundial de vehículos ligeros funcionaba con baterías[27]. Es cierto que cualquier transición tiene su fase inicial, pero ¿cuáles son las predicciones? La Administración de Información Energética de Estados Unidos afirma que en 2040 habrá 240 millones de vehículos eléctricos en las carreteras de todo el mundo[28]. También prevé que los vehículos convencionales se dupliquen en ese mismo periodo hasta alcanzar al menos los 2 mil millones. A menos que el colapso de la sociedad se interponga, los coches impulsados por petróleo podrían duplicarse en los próximos veinte años, con los vehículos eléctricos representando el 11 por ciento del total. Este golpe de realidad se recrudece aún más al considerar el combustible necesario para generar la electricidad de los nuevos coches. Por ejemplo, si todos los coches fueran eléctricos en el Reino Unido, se necesitaría un aumento del 20 por ciento en el suministro eléctrico del país[29]. La fuente de esa electricidad es importante. Si un coche eléctrico se conduce en un país donde la generación de electricidad es muy contaminante, como en Polonia, entonces no hay ningún beneficio climático.

Hay otro problema con los coches eléctricos, que apunta a un problema mayor en la tesis de la descarbonización y es que fabricar vehículos eléctricos a las escalas imaginadas no es posible. Solo para que todos los coches del Reino Unido fueran eléctricos se necesitaría el doble de la producción mundial anual actual de cobalto y casi todo el neodimio del mundo (yo tampoco había oído hablar de ese metal, pero parece que es crucial)[30]. Un grupo de expertos en energía de España llegó a la conclusión de que el único enfoque viable para las crisis energética y climática combinadas implicaría «combinar un cambio rápido y radical hacia vehículos eléctricos más ligeros y modos no motorizados con una reducción drástica de la demanda total de transporte»[31].

El problema de los minerales críticos que necesitan las baterías no se limita al transporte, el cual, como el uso doméstico de la electricidad, solo constituye la punta del iceberg de las demandas energéticas de las sociedades modernas. En 2021, la Agencia Internacional de la Energía (AIE) calculó que una transición energética mundial que abandonara el uso de los combustibles fósiles aumentaría la demanda de minerales clave como el litio, el grafito, el níquel y los metales de tierras raras en

4 200 por ciento, 2 500 por ciento, 1 900 por ciento y 700 por ciento respectivamente de aquí al 2040[32]. El informe de la AIE señalaba que en la actualidad no existe capacidad para alcanzar tal demanda, ni existen planes para construir suficientes minas y refinerías para hacerlo, y que una expansión tan rápida no tiene precedentes y llevaría décadas. Por lo tanto, no parece ser una solución, y desde luego no lo es para todo el mundo. Lamentablemente, la situación es aún más problemática de lo que informaba la reputada AIE, porque solo calcularon las implicaciones de cambiar la electricidad y el transporte hacia tecnologías renovables. Los demás sectores, como la industria pesada, consumen fracciones importantes de la demanda energética mundial.

Todas las formas de generación de energía renovable dependen totalmente de los combustibles fósiles para su fabricación, construcción, funcionamiento y mantenimiento. Actualmente no podemos construir una presa sin utilizar combustibles fósiles y tampoco podemos extraer los minerales, fundir los metales o fabricar los componentes de las células fotovoltaicas y las turbinas. En pocas palabras, sin combustibles fósiles no hay energía hidráulica, solar, eólica, de biomasa o geotérmica, ni tampoco energía nuclear. El mismo futuro de las energías renovables que nos dicen que nos salvará de los combustibles fósiles depende actualmente de los combustibles fósiles. Este hecho también nos recuerda que, si algunas energías renovables ahora son tan baratas, es porque los combustibles fósiles utilizados para fabricarlas han sido, hasta ahora, baratos.

Los ecomodernistas afirman que las diversas limitaciones que he enumerado anteriormente pueden superarse con tecnología, si se cuenta con liderazgo y capital. Por ejemplo, los avances en las baterías de iones de sodio las hacen ahora competitivas frente a las de iones de litio. Son más grandes y pesadas, pero su fabricación es mucho menos costosa y destructiva[33]. Se trata de un avance prometedor si se tienen en cuenta los horrores de intentar la transición a las fuentes renovables con las baterías de iones de litio. Sin embargo, la velocidad de cambio de la tecnología de las baterías es tan lenta que se espera que el litio domine durante al menos la próxima década. Especialmente en el caso de las baterías, siempre hay un montón de tecnologías emergentes que intentan despertar esperanzas, pero la gran mayoría nunca llegan al mercado por diversas razones.

Los ecomodernistas con los que hablo también afirman que pueden desarrollarse nuevos sistemas de recuperación y reutilización de metales raros, de modo que lo que se extraiga podría reutilizarse para siempre. La cuestión entonces es la dificultad, tanto práctica como energética, que representa ese reciclaje. Por desgracia, no hay buenas noticias al respecto. Separar los minerales tanto de sí mismos como de los dispositivos en los que están instalados es una actividad muy costosa y que consume mucha energía. Aunque se dejen de lado los costos sociales y económicos de la extracción, no es rentable reciclar estos metales. Para que el proceso sea viable sería necesario mejorar considerablemente las instalaciones de tratamiento de residuos urbanos y, de hecho, toda la cadena de valor[34].

Ante el dilema las infraestructuras de energías renovables que requieren combustibles fósiles para su fabricación surge una nueva afirmación de que algún día las energías renovables podrían alimentar su propia fabricación. Una fuente de energía como la nuclear, la geotérmica o la fotovoltaica podría utilizarse para producir gas hidrógeno a partir del agua, que luego se quemaría para la liberación explosiva de energía de los diversos procesos industriales necesarios para crear, transportar, instalar y mantener los equipos de generación de energía renovable. El hierro y otros metales podrían extraerse de la roca minada, convertirse en acero y forjarse en distintas formas, todo ello con calor de alta intensidad alimentado por hidrógeno derivado de la energía solar. Todas las industrias pesadas implicadas cuentan con proyectos piloto que demuestran que podrían liberarse de las emisiones de carbono con una serie de supuestos muy poco realistas y con productos exorbitantemente caros. Un ejemplo que se cita a menudo es el «acero verde», una palabra de moda que parece suponer que la única contaminación en la producción de acero procede de los hornos de carbón. La empresa sueca SSAB aspira a producir su primer acero «libre de fósiles» en 2026[35]. El aumento de al menos un 20-30 por ciento en el costo significa que casi nadie lo comprará sin mandatos gubernamentales, lo cual no sería posible dentro de las normas comerciales existentes[36]. Si se consiguieran acuerdos internacionales, se desconoce el efecto que tal subida de precios tendría en la demanda de acero dentro de la economía.

A pesar de las innumerables dificultades, para algunas personas, la creencia de que la tecnología resolverá las crisis energética y climática es un dogma de fe ligado a su identidad. Hay mucho capital de riesgo, finanzas corporativas y financiación gubernamental disponibles para respaldar proyectos piloto e investigaciones que demuestren que hay migajas para alimentar esta fantasía. Ahora mismo, mis amigos de Silicon Valley son los que mejor expresan esta cuasi religión y tienden a mencionar nuevos tipos de energía geotérmica y mareomotriz.

Aunque la energía mareomotriz parece extremadamente sensata como proveedora de energía de carga de base para las naciones costeras, los estudios concluyen que nunca podría proporcionar más del 4 por ciento del consumo actual, y algunas estimaciones no llegan ni a la décima parte de esa cifra[37]. Sin embargo, las perspectivas de la energía geotérmica son más positivas si nos atenemos a las nuevas afirmaciones tecnológicas. Si funciona correctamente, una nueva tecnología de perforación del «girotrón», que utiliza microondas, promete volver las perforaciones más rápidas y baratas. Uno de los retos es cómo extraer las rocas vaporizadas de la profundidad. Podemos y debemos esperar que se resuelvan todas las dificultades pero, en cualquier caso, para que se adopte de forma generalizada tendría que ser más barata que los combustibles fósiles o venir impuesta por los gobiernos. Un estudio estima que podría aportar hasta el 7 por ciento de la energía europea en 2050[38].

Al investigar la crisis energética con mis colegas, nos dimos cuenta de que anteriormente habíamos sido víctimas de las exageraciones del *marketing*. En mi caso, creo que había querido creer que era posible la descarbonización mediante fuentes de energía renovables. Me ayudaba a mitigar la culpa y a reducir la ansiedad como miembro de la sociedad moderna. Afrontar la realidad es difícil. Hace que mucha gente se pregunte si deberíamos optar por la opción nuclear.

LA OPCIÓN NUCLEAR

Antes de empezar a considerar la opción nuclear, notemos que evidentemente no evitaría el problema de la cantidad de minerales críticos que se necesitarían en las baterías en una supuesta economía totalmente eléctrica. Imaginar que la economía funcionará con hidrógeno producido por la energía nuclear es la solución mágica que escucharemos de los ecomodernistas pero, si analizamos la energía nuclear con más detenimiento, descubriremos que tiene un problema mineral crítico propio, ya que en la construcción del recipiente y el núcleo de un reactor se utilizan metales relativamente escasos; tan escasos que tienen nombres que parecen inventados: hafnio, berilio, circonio y niobio. El único metal que ya es bien conocido también plantea un problema para la expansión nuclear. Cuando se dice que la energía nuclear podría ser la solución, hay que preguntarse si existe uranio suficiente para abastecer a todo el mundo.

Un científico examinó este tema detalladamente[39]. Como en el mundo existen actualmente unas 440 centrales nucleares activas, calculó que, según su producción actual, necesitaríamos unas 15 000 para abastecer a todo el mundo. ¿Habría entonces que empezar a construirlas? Pues bien, hacerlo nos plantearía una serie de problemas. Al ritmo actual de utilización de uranio por los reactores convencionales, el suministro mundial de uranio viable durará ochenta años. Aumentar el consumo al nivel de la actual demanda energética mundial agotaría las reservas de uranio en menos de cinco años. Los estudios sobre la extracción de uranio a partir de agua de mar no han sido lo suficientemente prometedores como para subsanar este problema.

El científico que realizó estos cálculos, el doctor Derek Abbott, no se detuvo ahí. Examinó todas las implicaciones de las centrales nucleares e imaginó un mundo con 15 000 de ellas. Todas las centrales nucleares deben desmantelarse en un plazo de sesenta años de funcionamiento debido a las inevitables grietas en las superficies metálicas provocadas por la radiación. En este mundo imaginario, habría que construir una y desmantelar otra cada día. Actualmente se tarda unos diez años en construir una y veinte en desmantelarla. Mucho más que un día. En cuanto al tema espinoso y aterrador de los residuos nucleares, no existe una forma segura y ampliamente consensuada de procesarlos y almacenarlos, ni siquiera con la minúscula fracción actual de las 15 000 centrales que se necesitarían. Además, con ese número sería probable que aumentaran los accidentes. Hasta el momento de escribir este párrafo, se han producido once accidentes nucleares con fusión total o parcial del núcleo. Llegar a 15 000 reactores significaría que podría producirse un accidente grave en algún lugar del mundo cada mes. Un número tan elevado de reactores también casi imposibilitaría las restricciones a la proliferación de armas, incluso si la «comunidad internacional» permitiera a todos los países construirlos, cosa que no ocurriría. Muchos científicos independientes han señalado posteriormente que los defensores de una respuesta nuclear al problema energético eluden las limitaciones fundamentales señaladas por Abbott y otros[40].

La mayoría de los problemas señalados por Abbot también afectarían a los posibles reactores de fusión, aunque para la fusión comercial aún faltarían muchas décadas, si es que algún día sucede, a pesar de las usuales noticias de los medios de comunicación sobre aparentes avances[41]. «El sueño de una utopía en la que el mundo funcione con reactores de fisión o fusión es sencillamente inalcanzable», declaró el doctor Derek Abbott al ser entrevistado sobre su estudio[42]. Así pues, volvemos a una situación en la que la energía nuclear proporciona el 10 por ciento de la electricidad mundial y los planes acordados por los gobiernos significan que se duplicarían de aquí a 2050 si el colapso de las sociedades modernas no interrumpe estos planes antes de la fecha. Como se podrá deducir de este libro, ese es un gran «sí».

La amenaza del colapso social es una de las razones por las que algunas personas están tan preocupadas por la energía nuclear. Existen temores legítimos de que una sociedad que no funciona correctamente no podrá mantener las centrales nucleares y sus residuos de forma totalmente segura. Tal idea debería hacer reflexionar a los gobiernos que se plantean apoyar nuevas centrales nucleares. Sin embargo, algunos comentaristas van más allá y argumentan que el colapso de la sociedad mundial conducirá a la extinción humana a corto plazo debido a que cientos de reactores nucleares se fundirán y liberarán radiación de forma incontrolada, a diferencia de los accidentes pasados en los que las sociedades en funcionamiento lograron contener parcialmente algunos de los efectos. La primera vez que oí hablar de esta preocupación fue en 2017 y encargué una investigación sobre el tema. Descubrí que algunos intentan descartar esa preocupación multiplicando los efectos de Chernóbil y Fukushima por 200, para reflejar el número de centrales en el mundo. Sin embargo, aquellos fueron accidentes relativamente contenidos, al menos hasta el momento de escribir este párrafo y la contaminación derivada no necesariamente se ha completado. También descubrí que el argumento de que se produciría la extinción humana por una fusión y lluvia radiactiva sin control no ha sido respaldado científicamente. Me puse en contacto con los defensores de esta teoría y recibí respuestas evasivas con la petición de anonimato. Por lo tanto, citaré un blog de dominio público sobre este tema de uno de sus defensores, el doctor Guy MacPherson. Su teoría es que los niveles de radiación nuclear provocarían mutaciones que, en un tiempo no especificado, matarían a todos los mamíferos, al tiempo que provocarían una reducción de los niveles de ozono en la alta atmósfera, suficiente para provocar la muerte de gran parte de la vida en la Tierra. Ninguna de estas teorías estima el total de radiación potencial de una fusión total incontrolada de todas las centrales y la combustión de las instalaciones de almacenamiento. Tampoco calculan los niveles de radiación y el periodo de tiempo que destruirían la vida de los mamíferos. Tampoco calculan qué niveles de radiación serían necesarios para eliminar significativamente el ozono de la alta atmósfera de la Tierra. La teoría actualmente es, por lo tanto, mera especulación que se presenta como un hecho para poner fin a la conversación sobre los futuros de la humanidad tras el colapso[43]. Sigo creyendo que, como se trata de una cuestión tan importante, necesitamos mejores investigaciones independientes sobre el tema.

Un problema más apremiante es la falta de atención a la adaptación al cambio climático dentro del sector nuclear. Por ejemplo, cuando se lanzó la visión de la industria nuclear del Reino Unido de suministrar el 40 por ciento de la electricidad del país en 2050 no incluía ninguna mención a la adaptación al cambio climático, a pesar de promocionarse como una respuesta necesaria a la crisis[44]. El apagón de varias centrales nucleares en Francia en 2022, cuando la sequía mermó los ríos que suministran agua de refrigeración, nos ofreció un duro recordatorio de que las predicciones sobre la producción futura de energía que ignoran los cambios sin precedentes en el clima son un absurdo peligroso[45].

Ante estas limitaciones de la energía nuclear, la salida fácil de los ecomodernistas es creer que la tecnología vendrá al rescate, por lo que apuestan por una serie de nuevos reactores experimentales. Lo creas o no, soy un poco *geek* y me interesan ese tipo de ideas tanto como para leer al respecto. Esas tecnologías se llaman «reactores de sales fundidas». A diferencia de los tipos de energía nuclear que existen en todo el mundo, los reactores de sales fundidas no pueden sufrir fusiones nucleares; no presurizan ninguna sustancia; no pueden liberar isótopos peligrosos al aire; pueden diseñarse para apagarse por el simple efecto de la gravedad cuando hay algún problema; y no necesitan estar situados cerca del agua, con lo que se evitan los problemas de inundaciones o sequías. Pueden utilizar residuos de plutonio como fuente de combustible y producir residuos mucho menos peligrosos, reduciendo así la cantidad de un material extremadamente dañino que, de otro modo, sería letal durante decenas de miles de años. Debido a las preocupaciones realistas sobre los peligros del transporte de plutonio a los nuevos reactores nucleares, una de las mejores opciones serían los reactores PRISM (reactores nucleares pequeños) construidos cerca de las fuentes de los residuos de plutonio y, al mismo tiempo, suficientemente alejados de la costa, teniendo en cuenta las subidas del nivel del mar previstas en el peor de los casos. Otra opción son los reactores de sales fundidas que utilizan un combustible menos peligroso (que no puede utilizarse para armas) que se crea en plantas de reprocesamiento situadas igualmente cerca de los residuos de plutonio.

Además, una nueva generación de reactores de sales fundidas de torio utilizaría plutonio en la mezcla con torio ampliamente disponible para producir bajos niveles de residuos, lo que también ayudaría a abordar la crisis de los residuos de plutonio. Estas tecnologías me interesan sobre todo por su potencial para reducir el aterrador problema de los residuos nucleares existentes. Sin embargo, los problemas con el suministro de los metales raros con los extraños nombres que he mencionado antes también se aplican a estos nuevos tipos de reactores y limitan fundamentalmente su potencial para abastecer de energía al mundo. Por lo tanto, el sueño ecomodernista se desvanece una vez más ante la fría luz de la realidad[46].

LA CÚSPIDE DEL CRUDO

Durante la investigación, descubrí que las anteriores advertencias hechas a la sociedad sobre la «cúspide del petróleo» y nuestra vulnerabilidad energética no habían sido erróneas, sino que solo se había adelantado un poco en el tiempo y habían sido demasiado generales. Desde hace unas décadas, la advertencia era que pronto la producción mundial de petróleo alcanzaría su punto máximo y empezaría a disminuir, lo que crearía tensiones en la economía mundial. Sin embargo, la OPEP ha afirmado recientemente que la cúspide de todas las formas de petróleo se alcanzaría en torno al año 2040, sin intentos de mantenerlo bajo tierra antes de esa fecha[47].

La advertencia de la «cúspide del petróleo» era demasiado general, ya que no se refería específicamente al tipo de combustibles fósiles. El petróleo crudo proporciona una tasa de retorno energético (EROI, por sus siglas en inglés) muy elevada, lo que significa que no necesitamos esforzarnos tanto para obtener una cantidad de energía considerable. El petróleo crudo fue la fuente de combustible clave que sustentó el desarrollo y la expansión de las sociedades industriales de consumo. En las últimas décadas, los combustibles fósiles no convencionales se han convertido en partes importantes del suministro de combustible, incluidas las arenas bituminosas, el petróleo de esquisto y los líquidos de gas natural/fósil (LGN). Los dos primeros son más difíciles y caros de producir y el último tiene un contenido energético inferior al del petróleo crudo, por lo que los tres tienen una tasa de retorno energético menor. A nivel social, es como si algunos de nuestros «esclavos energéticos» hubieran dejado de hacer un trabajo útil para nosotros porque se les necesita para salir a buscar más esclavos energéticos. Las implicaciones de que las sociedades dependan más de fuentes de energía con una tasa de retorno energético menor es un asunto complejo, pero es evidente que las implicaciones no benefician la eficiencia de los procesos industriales de todo tipo.

Algunos investigadores se precipitaron al afirmar que el crudo convencional alcanzó su punto máximo en torno a 2005[48]. Sin embargo, la producción mundial de crudo convencional no cayó de forma sistemática hasta diez años después[49]. Desde 2015, la demanda de energía ha aumentado y el consumo total de todos los combustibles fósiles se ha incrementado, pero no se han producido interrupciones políticas específicas en la producción de crudo. Por lo tanto, la falta de crecimiento de la producción de crudo parece ser un pico más que un hipo. Como recordarás del capítulo 1, el 2015 es el año anterior a que los datos sobre el nivel de vida empezaran a mostrar descensos en la mayoría de los países del mundo en todas las regiones del mundo. Algunos estudiosos relacionan estos descensos del nivel de vida con una baja de la tasa de retorno energético de las fuentes de combustible[50]. Lamentablemente, como ya nos ha mostrado el análisis anterior del uso de combustibles fósiles en general, alcanzar el pico máximo del petróleo convencional no indica un cambio hacia una nueva sociedad basada en fuentes de energía renovables.

ESTE DEBATE ESTÁ CONTAMINADO POR LAS INDUSTRIAS ENERGÉTICAS

El debate sobre el tema de futuros energéticos realistas está contaminado por los intereses comerciales y por los expertos que promueven esos intereses[51]. La industria nuclear, en particular, no quiere enfriar el entusiasmo de los futuros propietarios, aseguradores y reguladores hacia sus planes de negocio multidecadales para nuevas centrales. Si lo hiciera, aumentaría el costo de esos planes. Por lo tanto, cualquier mención a los límites a largo plazo de la energía nuclear es mal recibida. Es más, si sus accionistas consideran que el colapso social es posible, o probable, o incluso que ya se está produciendo, supondría una amenaza para la viabilidad y rentabilidad de su negocio. Sus intereses son opuestos a los de cualquiera que afirme con credibilidad que los peores escenarios climáticos son plausibles en realidad (capítulo 5). Las agencias de seguridad nacional de las naciones con armas nucleares también quieren que sus sectores nucleares continúen de forma que proporcionen los materiales para el armamento nuclear. Se trata de poderosos y sofisticados intereses que buscan moldear nuestra comprensión de la ciencia sobre la energía y la sociedad.

Cuando mencioné que a algunos científicos les preocupa la manera en que el colapso de la sociedad podría conducir a fusiones nucleares que llevaría a la extinción humana, los autores de la revista openDemocracy insinuaron que apoyaba esa tesis, y luego la ridiculizaron. De esta manera invitaron a sus lectores a desestimar todo mi trabajo sobre los riesgos de colapso social, así como el de cualquier otra persona que trabaje en escenarios de colapso similares. Dos de los autores eran científicos nucleares, aunque se presentaban como preocupados activistas de Extinction Rebellion. Posteriormente la revista New Internationalist confirmó los malentendidos que surgían de su artículo, y declaró que su periodista se había equivocado y, creyendo que yo apoyaba el argumento de la extinción inducida por la energía nuclear, decidió que esa era una base para argumentar que yo era un mero «catastrofista» (doomer) sin base científica[52]. En respuesta, openDemocracy emitió una aclaración, pero solo después de desinformar a los lectores durante más de dos años sobre la falta de credibilidad de la anticipación del colapso y la invalidez de un marco de adaptación profunda para discutir cualquier implicaciónn[53]. Durante ese tiempo, más activistas climáticos decidieron descartar el «catastrofismo» y apoyar públicamente nuevos proyectos nucleares. Mientras tanto, se dio luz verde a una serie de centrales nucleares con financiación pública en varios países.

El tipo de demonización que he experimentado es sutil en su forma de influir en la gente. Por ejemplo, muchos asumieron que yo creía todo lo que las largas críticas a mi trabajo habían afirmado que creía. Ahora me pregunto hasta qué punto me han manipulado a lo largo de los años para que pensara negativamente de los investigadores que revelaban las limitaciones de las tecnologías renovables y la imposibilidad de una transición hacia cero emisiones de carbono (ver el capítulo 5). Poca gente tiene tiempo para investigar por sí misma y, por lo tanto, la demonización es una forma poderosa de mantener ignorante a la gente, aunque trabajen en campos afines. Ahora ha surgido una nueva coalición de inversores en energías renovables y activistas climáticos en torno al programa de descarbonización. Esta coalición podría mantener una ilusión sobre el futuro de la energía. Es intranquilizador que haya pruebas de que incluso el aparato de seguridad nacional está preocupado por su posible influencia en la política. En correos electrónicos filtrados entre un académico de renombre con profundos vínculos con las agencias de seguridad del Reino Unido, Gwythian Prins, y el antiguo jefe de la agencia de inteligencia británica MI6, Richard Dearlove, la influencia de los activistas climáticos se consideraba un problema de seguridad nacional, ya que podía socavar el compromiso con el gas y la energía nuclear[54]. Al parecer, no tuvieron en cuenta las fuentes de energías renovables por razones similares a las que he expuesto en este capítulo, pero el tema era demasiado candente para los principales medios de comunicación y no se ha hablado de las «artes oscuras» utilizadas por distintos intereses para influir en el debate sobre la energía en Gran Bretaña o en otros países.

Si pudiéramos mantener un debate más honesto y menos manipulado sobre el futuro de la energía, comprenderíamos cuánto daño puede causar perseguir un espejismo que beneficia a unos pocos. Por ejemplo, la agencia de la ONU para la energía ha informado de que las repercusiones medioambientales de la descarbonización de una mayor parte de la economía mundial serán muy perjudiciales tanto por la remoción de tierra como por los residuos tóxicos de los procesos de extracción y refinado[55]. De forma más grave, un análisis sobre la ubicación de los minerales críticos descubrió que, a menudo, están en zonas ecológicas prístinas con personas que viven fuera de las sociedades modernas que quieren extraer los metales bajo sus pies. Los académicos Christos Zografos y Paul Robbins llegaron a la conclusión de que el tipo de expansión de las energías renovables previsto en los llamados Nuevos Acuerdos Verdes «podría ejercer una fuerte presión sobre las tierras en manos de comunidades indígenas y marginadas, y remodelar sus ecologías para convertirlas en zonas verdes de sacrificio»[56]. Suena a reproducir una forma de colonialismo climático en nombre de una transición justa. Además, intentar descarbonizar cualquier economía moderna requiere mantener las relaciones globales desiguales que generan su poder adquisitivo en los mercados mundiales y permiten a las corporaciones internacionales destruir las tierras de los pueblos indígenas y marginados de todo el mundo.

La agresividad que puede surgir en respuesta a este debate sugiere que hay algo más que solo preocupaciones comerciales o de seguridad nacional. Más bien, una evaluación realista de la situación energética de las sociedades modernas pone el dedo en la llaga de las narrativas humanas dominantes de control y progreso. Por lo tanto, amenaza la cosmovisión y la identidad de las personas que se dedican a este tema. Quizás por eso mis colegas y yo mismo hemos sido tachados de «antihumanistas» y «primitivistas» incluso en revistas anteriormente radicales como The Ecologist. El autor que nos llamó así es un defensor de las propuestas del Partido Laborista británico para descarbonizar mediante subvenciones estatales tecnologías con menores emisiones de carbono[57]. Al igual que muchos comentaristas occidentales de centro izquierda, se centra en que la tecnología resuelva las crisis energética y climática, al tiempo que demoniza cualquier debate sobre la necesidad de reducir de forma justa el consumo de energía de las sociedades modernas.

A algunos de los activistas indígenas y de la clase trabajadora con los que hablo les preocupa que argumentar que la tecnología puede resolver los daños de la explotación capitalista sea una táctica de una izquierda sintética formada por personas que afirman estar comprometidas con la crítica y las tácticas de izquierdas, pero que relegan los desafíos al capitalismo a un segundo plano o los consideran poco prácticos. También se considera sintética por la forma en que insisten en aparentar ser radicales, responsables y colectivos, pero solo dentro de los estrechos parámetros proporcionados por el poder corporativo. A nivel internacional, la izquierda sintética está aliada con la narrativa y la financiación asociadas a los ODS de las Naciones Unidas. Como vimos en el capítulo 1, estos objetivos evitan las cuestiones de la explotación capitalista e imaginan que el mundo puede progresar si más personas se incorporan a las sociedades de consumo industrial. Por lo tanto, se basan en una mentira fundamental sobre la disponibilidad de energía en el futuro.

Ante una realidad tan sombría, algunas personas recurren a pensamientos fantásticos. «Lo único necesario es encontrar cómo volver a activar la Gran Pirámide como central eléctrica», es una idea encantadora. «Solo necesitamos liberar las ideas de Nikola Tesla y crear energía libre desde la atmósfera superior», es otra de las favoritas. «Tenemos que llamar telepáticamente a los extraterrestres que proporcionaron sus tecnologías a la Atlántida», fue la contribución indiscutible de un amigo mío. Espero sinceramente que suceda algo mágico, mientras tanto seguiré racionalmente decepcionado con nuestra situación. Al igual que a mí, puede que estos materiales te llenen de energía, pero la civilización industrial no se alimentará de vídeos de YouTube o docuseries de Netflix.

Muchas de las ideas de los ecomodernistas no son más racionales que esas fantasías de salvación energética. Creo que la distorsión de nuestro sentido común sobre el futuro de la energía se debe a los efectos secuenciales del poder del dinero que inundan el sistema de financiación y a la manera que moldea lo que elegimos ver y promover, y lo que se elige por nosotros. Me recuerda la importancia de fomentar el pensamiento crítico en nosotros mismos y en los demás, de modo que podamos navegar mejor por diversas áreas de interés público en los próximos años, a medida que las sociedades se vuelven más perturbadas y ansiosas (capítulo 8). Como veremos en capítulos posteriores, para tener ese espíritu crítico debemos ser más conscientes de nuestras aversiones internas a la información y las ideas.

Explorar la complejidad de cualquier tema puede distraernos de nuestra aversión a las verdades sencillas pero inconvenientes. En mi caso, no quería reconocer que las sociedades industriales de consumo se *definen* por el consumo de energía. Esas sociedades sin combustibles fósiles (o la energía equivalente procedente de otras fuentes) dejarían de ser la sociedad moderna tal y como la conocemos. En esas sociedades, sobre todo debido a los sistemas monetarios expansionistas, no hay incentivos individuales para cambiar el beneficio personal o la comodidad por un menor consumo de energía. En un lugar, a nivel individual, organizativo y nacional se nos empuja a ser «maximizadores de beneficios». Si uno no se adhiere a esta máxima, pierde poder con respecto a los demás. Por eso somos tan pocos los que renunciamos voluntariamente a nuestros «100 esclavos energéticos», si es que ya los tenemos. También por esa razón los expertos y los políticos hablan de utilizar la energía de forma más eficiente o de utilizar fuentes de energía más sostenibles, pero casi ninguno ha trabajado para que las sociedades utilicen *menos* energía en total.

En los últimos años, la aparición de estudios sobre la mejora de las sociedades sin necesidad de que la economía crezca ha sido un avance positivo. Estudiaremos los denominados «decrecimiento» y «postcrecimiento» en los capítulos 11 y 12 en el contexto de «lo que hay por hacer». La dificultad de vender esta perspectiva al gran público es enorme. Como dijo Jean-Marc Jancovici, «cuando metes la física en la economía llegas a resultados que no son muy fáciles de vender en las elecciones»[58]. Por lo tanto, es poco probable que una reducción del consumo de energía en las sociedades modernas se elija voluntariamente como política, lo que nos invita a reflexionar a quienes nos preguntamos por estrategias viables de cambio social (capítulos 11 y 12).

Las implicaciones del análisis energético para el clima del futuro en este capítulo son deprimentes. Quizás si los hippies hubieran tomado el poder en Occidente en los años setenta y hubieran empezado en serio a descarbonizar y reducir el consumo energético de las sociedades, habríamos tenido una oportunidad realista de evitar un cambio climático peligroso, pero mientras escribo esto, el uso de combustibles fósiles *sigue en aumento*. El cambio climático peligroso es inevitable; de hecho, ya está aquí (capítulo 5). No se sabe cómo afectará al futuro de la generación y distribución de energía, pero significa que habrá más perturbaciones en las redes, los puertos y demás. Está claro que un proceso de localización de las fuentes de energía será una forma de aumentar la resiliencia frente a estas perturbaciones, así como de restaurar formas de vida que requieren menos energía.

TAMBIÉN ODIO ESTA CONCLUSIÓN

La dependencia energética de nuestro modo de vida es una verdad mucho más incómoda de lo que la mayoría de los ecologistas que conozco desean reconocer. Yo no quería aceptarla y mientras llegaba a mis conclusiones, me preguntaba cómo las «percibirían» los profesionales de mi campo. No solo hay una gran cantidad de capital de riesgo invertido en fuentes de energía renovables, sino que también albergan tantas esperanzas, donde las tecnologías desempeñan un papel de justificación psicosocial ante la obediencia acrítica al orden económico y político actual[59]. Puesto que he elegido otra forma de vivir y trabajar, puedo asumir el riesgo profesional de compartir estas opiniones inconvenientes a la espera del oprobio, pero para evitar cualquier malentendido, intentaré resumir lo que creo que son las lecciones significativas del examen de los fundamentos energéticos de las sociedades modernas.

Los combustibles fósiles son fundamentales para la vida de los humanos modernos y no pueden eliminarse rápidamente sin terribles consecuencias para las necesidades básicas de las personas, lo que supondría un colapso social. Intentar eliminar los combustibles fósiles rápidamente provocaría reacciones políticas que podrían incluso acelerar ese colapso. Lamentablemente, el sistema monetario expansionista que exige continuos aumentos del consumo energético para la estabilidad económica impacta el impulso para descarbonizar las economías de una forma más organizada y socialmente justa. Significa que, en lugar de desplazar a los combustibles fósiles, las fuentes de energía renovables siguen siendo solo un complemento del uso continuo de combustibles fósiles. Si el uso de combustibles fósiles se restringe deliberadamente mediante políticas, debido a las exigencias expansionistas del sistema monetario, las nuevas energías renovables no serán suficientes para satisfacer las demandas de crecimiento económico, por lo que se producirá un colapso financiero. Si no existen políticas de este tipo y las sociedades modernas tratan de mantener una cantidad mayoritariamente estable de consumo de combustibles fósiles con un complemento adicional en auge de energías renovables, entonces es probable que continúe el declive del nivel de vida, ya que se ha alcanzado la cima de producción de petróleo convencional y a que otras fuentes de energía ofrecen una tasa de retorno energético menor. Además de ese declive continuo, la expansión en curso de las sociedades industriales de consumo seguirá agotando y contaminando sus bases medioambientales y, por lo tanto, llevará a un colapso más duro en algún momento.

Estas consideraciones señalan que no podemos descarbonizar ni al ritmo exigido por los activistas, ni al ritmo pretendido por los políticos. Por tal razón, cuando discuten entre ellos, se trata en realidad de una pantomima que nos distrae de la realidad. No significa que no debamos intentar reducir y disminuir las emisiones, aunque significa que tenemos que decir la verdad. Esa verdad es que vivimos en una civilización de hidrocarburos que está llegando a su fin. No hay escapatoria tecnológica y las sociedades modernas necesitan bajar su consumo energético. A menos que se modifique o se derrumbe el sistema monetario expansionista, son inexistentes las posibilidades de reducir el impacto, aunque sea por tan solo un poco.

En 2007 yo era ingenuamente optimista y me equivoqué con respecto a Elon. Al igual que yo, él y muchas otras personas que prestan atención a las crisis energética y medioambiental acabarán aprendiendo la verdad:

los ricos deben reducir su consumo de energía y, a menos que el resto del mundo les «anime» a hacerlo, es poco probable que lo hagan. Las pocas personas de clase media que predican el decrecimiento no marcarán la diferencia necesaria. Las implicaciones para las estrategias son algo que exploramos en la segunda mitad del libro.

4

EL COLAPSO DE LA BIOSFERA:
EL ASESINATO DE NUESTRO HOGAR

Al debatir las posibilidades de un colapso de nuestra civilización actual, resulta instructivo adentrarse en el ámbito de la arqueología y en las ideas de las personas que examinan artefactos enterrados hace mucho tiempo y en las pruebas de las condiciones medioambientales del pasado. La niebla a través de la cual los arqueólogos se asoman al pasado deja mucho margen para la creatividad, para imaginar cómo podría haber sido una sociedad concreta, así como lo que podría haber causado su declive y caída[1]. Esa especulación es fascinante y podría ser la razón por la que, cuando despegó mi trabajo sobre el colapso social inducido por el clima, algunos periodistas se dirigieron a historiadores y arqueólogos para que opinaran si ese escenario sería plausible hoy en día. El tema sorprendió a algunos. Por ejemplo, uno de los más conocidos estudiosos del colapso de las civilizaciones del pasado, Joseph Tainter, dijo a un periodista que pensaba que no tenía fundamento la idea del colapso de las sociedades modernas debido al cambio medioambiental[2].

Empecé a estudiar el colapso de las civilizaciones en el pasado, en parte para comprender mejor a los académicos que comentaban el riesgo de colapso contemporáneo y, en parte, porque me parecía muy entretenido. ¡Había ochenta y siete colapsos conocidos sobre los que leer![3] Al principio no creía que el estudio de los colapsos del pasado me dijera mucho sobre nuestra situación actual, porque ya había reconocido la incompatibilidad fundamental entre nuestras sociedades modernas, basadas en sistemas industriales de consumo, y el entorno natural, donde nuestros problemas climáticos son simplemente la expresión más pronunciada e intratable de esta incompatibilidad. Sin embargo, cuando empecé a estudiar las pruebas y teorías sobre el colapso de las civilizaciones pasadas, comencé a plantearme nuevas preguntas sobre la relación de los humanos con nuestra biosfera. Combinando los conocimientos de la arqueología con los de otras disciplinas, empecé a conectar los puntos. Conocer el papel de la deforestación en los colapsos del pasado me ayudó a reconocer cómo nuestros problemas actuales derivados de la pandemia de COVID-19 podían entenderse a través del prisma de nuestro propio colapso social, lo que no significa que apoye la hipótesis del origen natural de la enfermedad, pero ya hablaremos más adelante de ello.

La niebla de la prehistoria hace que cualquier relato sobre una civilización pasada refleje los valores, preocupaciones y puntos ciegos de la época de quienes analizan los datos arqueológicos. En la actualidad, algunos de nosotros contemplamos las civilizaciones pasadas desde la perspectiva del dominio humano definitivo sobre la Tierra y la invencibilidad de la civilización actual. Sin embargo, otras personas miran el registro arqueológico y saben que nuestra época está marcada por el cambio climático, las pandemias globales y la desigualdad extrema. Sea cual sea nuestro punto de vista, es probable que modele nuestra forma de ver el fracaso de las civilizaciones pasadas y las lecciones disponibles para nosotros. Por lo tanto, soy consciente de que mi perspectiva particular es el resultado no solo de mi análisis de los estudios disponibles, sino de mi subjetividad al tratar de dar sentido al colapso de las sociedades modernas. En este capítulo, presentaré las pruebas de que el colapso de la biosfera comenzó hace décadas, y de que el estudio de las civilizaciones del pasado puede ayudarnos a comprender las ramificaciones de dicho colapso para nuestras sociedades. Describiré las enfermedades epidémicas como síntoma de ese colapso biosférico, que se convierte en una cascada de otros factores de estrés que aceleran el derrumbe de la vida tal y como la conocemos.

SOMOS LA BIOSFERA

El estudio del colapso de civilizaciones pasadas es siempre un estudio de la relación entre una civilización y la biosfera en la que existe, incluso si los fatídicos azotes surgen de un conflicto civil o de una guerra en particular. La biosfera es lo que proporciona la base de recursos y el entorno operativo estable para que crezca cualquier civilización. «Biosfera» es el término que los científicos utilizan para referirse a lo que podría describirse como la «piel» viviente de la Tierra —una capa relativamente fina, de veinte kilómetros de espesor como máximo, que alberga toda la vida: en el aire, en la tierra y bajo los océanos—[4]. Nacemos, vivimos y siempre somos parte de esa biosfera. La biosfera en la que existimos hoy en día, y que proporciona una base esencial para las sociedades modernas, es crucial para comprender nuestra difícil situación, por lo que exige nuestra atención cuando exploramos el destino de las sociedades modernas.

La biosfera no existe aislada, sino que es una parte activa integral de todo el sistema terrestre. Las grandes fuerzas del planeta la moldean e influyen en ella continuamente y, de manera recíproca, la biosfera actúa sobre muchas de esas mismas fuerzas. Por ejemplo, ayudó a crear nuestra atmósfera respirable, el clima estable y favorable de los últimos 10 000 años que llamamos el Holoceno y la fertilidad de nuestra tierra y océanos. Además, genera continuamente el ciclo del carbono, el agua y los nutrientes que necesitamos tanto nosotros como las demás especies de las que dependemos.

La biosfera comenzó mucho antes de que los humanos evolucionaran y continuará sin nosotros cuando nuestra especie se extinga como los homínidos anteriores. La cuestión no es que la biosfera en sí deje de existir, sino que los cambios en la biosfera provocados por los humanos modernos repercuten en su funcionamiento. La tala de bosques tiene consecuencias sobre el régimen de lluvias a escala continental[5 6]; cuando se cazan ballenas hasta casi extinguirlas, se ven afectados los ciclos de nutrientes de los océanos[7]; y, como en el caso del clima, la civilización industrial ha provocado cambios tan rápidos y profundos que nuestras acciones están socavando de forma significativa, y tal vez irreversible, la capacidad de la biosfera para mantenernos[8].

La actividad humana siempre ha afectado a la biosfera[9 10], pero no fue hasta el advenimiento de la civilización industrial que nuestros impactos se hicieron tan grandes que empezaron a minar su resistencia y a pervertir los sistemas globales que sustentan toda la vida en la Tierra[11]. La Revolución Industrial que comenzó en el siglo XVIII desencadenó el extraordinario poder de los combustibles fósiles, el cual condujo tanto a un rápido desarrollo tecnológico como al crecimiento de la población[12]. Esa capacidad tecnológica significa que los seres humanos son ahora la fuerza dominante del cambio en el planeta, un hecho que ha dado lugar a la denominación de una nueva época: el Antropoceno[13]. Las estadísticas que lo demuestran son realmente asombrosas. En tierra firme, más del 75 por ciento de la superficie libre de hielo del planeta está directamente alterada como resultado de la actividad humana[14] y, aproximadamente, la mitad de la tierra habitable por plantas se utiliza para la agricultura[15]. Bajo influencia humana directa están casi el 90 por ciento de la producción primaria neta terrestre y el 80 por ciento de la cobertura arbórea mundial[16]. Desde 1900, los humanos modernos han talado un tercio de los bosques del mundo (equivalente al área de todo Estados Unidos), que es la misma superficie de bosques que la humanidad taló en los 9 000 años anteriores[17].

Este tipo y escala de actividad humana ha tenido un impacto devastador en el medio ambiente mundial. En los años ochenta, cuando con gran interés estudiaba geografía en la escuela, recuerdo haber leído sobre las especies en peligro de extinción y los índices de deforestación tropical. Había esperanzas de que el mundo despertara, pero en 2020, mi revisión de los últimos estudios sobre el estado del planeta me despertó a la pesadilla del nulo progreso en los últimos cuarenta años. Me enteré de que las poblaciones de animales salvajes han disminuido una media del 68 por ciento a lo largo de mi vida[18]. Me enteré de estadísticas extrañas y contundentes como que el peso combinado de los seres humanos es ahora diez veces mayor que el de todos los mamíferos salvajes juntos y, si añadimos la masa de nuestro ganado, los mamíferos salvajes representan ahora solo el 4 por ciento de la masa de todos los mamíferos del planeta[19]. Las aves de granja también superan a las silvestres en una proporción de 3 a 1[20] y las poblaciones de insectos se han reducido en todo el mundo al menos en un 45 por ciento en las últimas décadas y hasta en un 70 por ciento según algunos estudios[21]. Tampoco hay parte alguna del océano que no se vea afectada por la influencia humana[22]. Las flotas pesqueras industriales y una mayor demanda de mariscos a escala mundial han provocado el colapso o la explotación total de más del 90 por ciento de las pesquerías marinas del mundo[23]. A un nivel más fundamental de la salud básica de los ecosistemas, las concentraciones de oxígeno, tanto en alta mar como en las aguas costeras, están disminuyendo, al tiempo que aumentan la acidez y la temperatura de los océanos[24] y crecen las zonas muertas oceánicas[25].

De nombre bastante serio, la Plataforma Intergubernamental Científico normativa sobre Diversidad Biológica y Servicios de los Ecosistemas (*Intergovernmental Science-Policy Platform on Biodiversity and Ecosystem Services*, o IPBES, por sus siglas en inglés) fue fundada por los Estados miembros de la ONU para mantenernos informados sobre este desastre. Desarrolló métricas para ayudarnos a entender la situación de la biosfera y sus implicaciones para las sociedades modernas. Han llegado a la conclusión de que la capacidad de la naturaleza para sustentar nuestra calidad de vida ha disminuido en 14 de las 18 categorías que monitorea[26]. Hoy en día, la mención de la ONU tiende a encender alarmas sobre la dominación global, pero, al momento de escribir este párrafo, los negacionistas y conspiracionistas aún no han empezado a desacreditar estos datos, quizás porque la IPBES solamente nos amenaza con informes deprimentes que son ignorados. La mayoría de la gente no es como tú o como yo: no presta atención a la carnicería que los humanos modernos han creado en el mundo viviente. No cuestionan a sus gobiernos por ignorar estos problemas y dedicarse a servir a sus élites y pugnar por el poder geopolítico. Es una gran estupidez, ya que las consecuencias de estos cambios masivos para nosotros los humanos son ya muy significativas, incluso antes de tener en cuenta que la ciencia ecológica nos dice que el colapso de un ecosistema se produce rápidamente cuando se alcanzan ciertos umbrales, de modo que podría llegar de repente el momento en que sea demasiado tarde para enmendar nuestros hábitos[27].

La historia del *homo sapiens* desde el inicio de la Revolución Industrial parece ser poco más que una versión de alta tecnología de lo que se denomina «sobrecapacidad ecológica» (*ecological overshoot*), es decir, la situación en la que las demandas de una especie sobre un ecosistema superan la capacidad de regeneración y mantenimiento[28]. Ninguna especie, humana o no, puede aumentar exponencialmente su población sin enfrentar los límites biofísicos de su entorno. El argumento central contra la existencia de tales límites ha sido que el «máximo recurso» es el cerebro humano, que puede crear infinitamente nuevos recursos y fuentes de energía a partir tanto de la materia como de las fuerzas que antes no nos eran accesibles[29]. La visión del «máximo recurso» es una declaración de fe, por lo que incluso podría contar con el apoyo de adeptos rodeados de indicadores generalizados de colapso biosférico, pero algunos estudios afirman que los humanos ya alcanzaron los límites biológicos hacia 1970, de modo que desde entonces estamos en sobrecapacidad ecológica[30]. La humanidad consume más recursos de los que produce el planeta y arroja más residuos de los que este puede absorber, lo que nos encamina a un colapso inevitable y catastrófico[31].

Un enfoque para comprender este equilibrio crítico es la «Contabilidad de la Huella Ecológica»[32]. Según thefootprintnetwork.org, la población humana en su conjunto consume actualmente aproximadamente 1,75 veces los recursos de la Tierra. Medida país por país, la huella media per cápita varía drásticamente de 0,48 hectáreas globales (hag) por persona en Timor Oriental a 15,82 en Luxemburgo (cifras de 2018). Desafortunadamente —sin ser sorpresa alguna— existe una relación directa entre el nivel de desarrollo económico de un país y su huella ecológica. Los países más ricos de la OCDE consumen de media más del doble de recursos de la Tierra per cápita (3,4 «Tierras») que los países que no pertenecen a la OCDE (1,6 «Tierras»). Esta relación es evidente al comparar el PIB per cápita con la huella ecológica de los países. Con una sola excepción, todos los países con una huella ecológica inferior a «1 Tierra» tienen un PIB per cápita inferior a 5 000 dólares (la excepción es Uruguay, con una huella de 0,8 y un PIB per cápita de 14 618 dólares). En comparación, el PIB medio per cápita de los países de la OCDE es de 39 691 dólares.

Sin limitarse al PIB, el Índice de Desarrollo Humano (IDH) de la ONU, compuesto por la esperanza de vida, la educación y las medidas económicas que analizamos en el capítulo 1, compara la huella ecológica de los países. Se considera que un nivel de desarrollo «alto» es un valor del Índice de 0,7 o superior. Todos los países, salvo uno, que tienen un IDH superior a 0,7 utilizan más de una Tierra de recursos para conseguirlo y muchos países con un IDH inferior a 0,7 también utilizan más de una Tierra. La ONU afirma claramente que «ningún país ha alcanzado un valor de IDH muy alto sin contribuir en gran medida a las presiones que impulsan un cambio planetario peligroso»[33] y un grupo de académicos de alto nivel, en la destacada revista *Nature Sustainability*, afirman que «ningún país satisface actualmente las necesidades básicas de sus residentes a un nivel de uso de recursos que pueda extenderse de forma sostenible a toda la población mundial»[34]. No se puede afirmar más claramente que todo el modo de vida de la humanidad moderna es manifiestamente insostenible. Estos datos demuestran que incluso la realización de los presuntamente «nobles» objetivos de desarrollo de la ONU (como los plasmados en los diecisiete ODS[35]) *exige* superar la capacidad de la Tierra para sostenernos, lo que convierte la parte «sostenible» de su nombre en un trágico oxímoron. Lamentablemente, la comunidad mundial de expertos que se ocupa de estas cuestiones niega implícitamente la realidad, al fingir públicamente que las sociedades industriales de consumo son el modelo de desarrollo mundial en un planeta que ya está siendo destruido por las presiones actuales de esas sociedades. La ONU no se atrevió a nombrar el único país que ha logrado un IDH superior a 0,7 sin utilizar más recursos de los que la Tierra puede proporcionar a su población[36], porque ese país es Cuba. Ignorar su caso debido a su inaceptable falta de libertades políticas significa que ni siquiera se tienen en cuenta los factores específicos de su modelo de desarrollo, como el pasado bloqueo de su acceso a los combustibles fósiles y su falta de enfoque en el desarrollo basado en las exportaciones. Los mismos expertos también evitan cuidadosamente unir los puntos entre el declive de nuestra biosfera y los descensos globales en IDH y medidas similares desde 2015, porque hacerlo significaría admitir la realidad: que las sociedades modernas han empezado a derrumbarse.

A pesar de que los gobiernos siempre ignoran las investigaciones científicas, siempre se supone que los intelectuales ideemos nuevas formas de medir el declive de nuestro hogar planetario. Quizás esa situación nos impide simplemente asimilar la verdad de los datos, modelos y predicciones que ya tenemos. Sin duda es el caso de la climatología, como veremos en el próximo capítulo. Un nuevo marco para cuantificar la vida en el precipicio de la aniquilación es el enfoque de los «límites planetarios», donde se definen nueve sistemas planetarios clave y los límites dentro de cada uno de ellos que marcan el «espacio operativo seguro» para la civilización humana[37]. Los autores afirman que «transgredir uno o más límites planetarios puede ser perjudicial o incluso catastrófico debido al riesgo de cruzar umbrales que desencadenen cambios medioambientales abruptos y no lineales dentro de sistemas de escala continental a planetaria»[38]. Su investigación indica que la actividad de las sociedades desde la Revolución Industrial llevó a transgredir cinco de esos nueve límites: la integridad de la biosfera, el cambio climático, el cambio del sistema terrestre, los flujos biogeoquímicos y lo que denominan «nuevas entidades», como las sustancias químicas tóxicas. Otros dos sistemas (uso del agua dulce y acidificación de los océanos) se encuentran actualmente dentro de la zona de seguridad, pero se están deteriorando rápidamente, y el octavo (carga de aerosoles atmosféricos) aún no se ha cuantificado. Solo un sistema (el ozono estratosférico) se encuentra en la zona de seguridad y está mejorando. No obstante, estamos muy lejos del «espacio operativo seguro» crítico para nuestra supervivencia. Cuando mi equipo de investigación y yo leímos estos resultados, no nos sorprendimos en absoluto. Nos estamos volviendo insensibles a una realidad que se modela cada vez con mayor elocuencia sin ningún efecto significativo, así que entiendo si ciertos aspectos te dejan indiferente. Pasemos entonces a intentar darle algún sentido global a todo esto.

Una versión de la perspectiva de la «sobrecapacidad» se centra en el papel de la infusión de un recurso no renovable, los combustibles fósiles, para permitir la vasta explotación y destrucción de la naturaleza. Desde que nacimos, tú y yo hemos vivido a costa de los cientos de «esclavos energéticos» que nos proporciona el petróleo (capítulo 3). Como veremos en el capítulo 9, el *homo sapiens* no necesitaba utilizar los combustibles fósiles de la forma en que lo ha hecho nuestra «versión moderna». Por desgracia, no hubo moderación. Ante la evidencia de la destructividad de la humanidad moderna, algunos se inclinan por la opinión de que las nuevas tecnologías resolverán el problema, por ejemplo, desacoplan la satisfacción de nuestras necesidades del uso de los recursos naturales. Sin embargo, como vimos en el capítulo 3 sobre la energía, los datos pertinentes demuestran que se trata de una creencia sin base científica. La creencia en la tecnología no se basa en pruebas, sino en un fanatismo contemporáneo ligado a profundas creencias en la dominación humana de la naturaleza y en el progreso perpetuo (capítulo 13).

De vuelta a la realidad, todas las maravillas tecnológicas de las últimas décadas no han detenido, sino facilitado, el rápido deterioro de la salud y productividad de nuestro medio ambiente como se ha descrito. De forma alarmante, con la población humana en sobrecapacidad ecológica, una «corrección» es inevitable. La magnitud y el grado de catástrofe de esa corrección dependerán no solo de la rapidez con la que podamos reducir nuestro consumo excesivo actual para adecuarlo a la provisión *actual* de recursos, sino también de si la Tierra puede o no seguir manteniendo este nivel de recursos en el futuro, dados los daños históricos y actuales que sufre la biosfera. Cuanto más tiempo permanezcamos en sobrecarga, más degradaremos nuestra base de recursos y reduciremos la capacidad de carga de la Tierra. Una Tierra sana podría haber sido capaz de proporcionar recursos suficientes para sostener una población humana de 8 000 millones (o más) de personas si no vivieran los estilos de vida de consumo modernos, pero, ciertamente, una Tierra degradada y en mal estado de salud no puede.

LAS PRIMERAS SEÑALES DE ALERTA

Los académicos que estudian sistemas complejos, como los ecosistemas en la naturaleza, describen los «cambios de régimen» de un estado relativamente estable a otro. Se trata de cambios repentinos, discontinuos y aparentemente irreversibles. En ecología, un cambio de régimen suele implicar el colapso de las poblaciones de varias especies y la aparición de un patrón de vida visiblemente diferente (también conocido como «régimen»); por ejemplo, la transición de una selva tropical a un pastizal de sabana debido a un cambio en las precipitaciones u otro factor perturbador. Estos cambios de régimen van precedidos de lo que se denominan «señales de alerta tempranas». Una de ellas es un «desaceleramiento crítico» (CSD, por *critical slowing down*) del tiempo que tarda un ecosistema en recuperarse de perturbaciones externas. Otra señal es en forma de parpadeos (*flickering*), en el que cada choque externo produce una mayor cantidad de daños[39].

El Índice Planeta Vivo (IPV) combina datos sobre la abundancia de más de diez mil poblaciones diferentes de especies silvestres de todo el mundo en los principales tipos de ecosistemas. Como se inició en 1970, podemos observar, a macroescala, lo que está ocurriendo desde entonces con la biosfera a nivel mundial. Cualquier tendencia en la abundancia relativa de las poblaciones de especies es, en los términos moderados del grupo ecologista WWF que elabora el índice, «indicadores de alerta temprana de la salud general del ecosistema». En términos menos

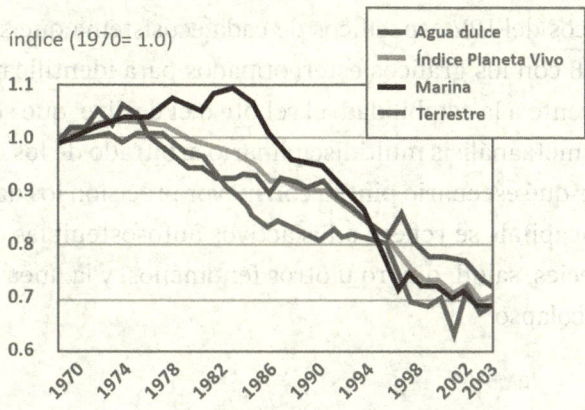

El Índice Planeta Vivo mide las tendencias en la abundancia de las especies de las que se dispone de datos. Este indicador ha sido adoptado por el Convenio sobre la Diversidad Biológica para medir los avances hacia la meta de 2010.

FIG. 7. Índice Planeta Vivo. Fuente: Loh y Goldfinger (2006)

moderados, pueden alertar del colapso del ecosistema[40]. Si observamos los datos de los últimos cincuenta años, podemos ver indicios de esas señales tempranas de colapso, lo que es especialmente claro en la forma en que se presentaron los datos en 2006 (figura 7)[41]. Tanto para los ecosistemas marinos como para los terrestres, las primeras señales de alerta aparecieron en el índice en 1972 y duraron tres años, antes de un pronunciado declive. El índice de agua dulce mostró una recuperación menor y de corta duración a mediados de los noventa, cuando el índice terrestre cayó aún más rápidamente que antes. En cuanto a la salud de los ecosistemas de agua dulce, los primeros parpadeos en el índice comenzaron en 1979 antes de un precipitado declive desde 1984. Aunque estas señales de alarma pueden observarse en los gráficos de los índices específicos, quedan ocultas en las representaciones gráficas más recientes de los datos. En concreto, el IPV compuesto enmascara estas dinámicas específicas de los ecosistemas y el alisamiento del IPV lo enmascara aún más con «intervalos de confianza». Por lo tanto, la forma en que se presentan actualmente los gráficos incluso daría la falsa impresión de un desaceleramiento del declive, en lugar de un colapso tras un periodo previo de parpadeo de la salud de los ecosistemas y un desaceleramiento crítico de las recuperaciones de los ecosistemas[42]. Entonces podemos comparar los gráficos del IPV específicos de cada ecosistema que se muestran en la figura 8 con los gráficos estereotipados para identificar el colapso sistémico, frente a la estabilidad, el rebote o el declive, que se presentan en el mayor metaanálisis multidisciplinario arbitrado de los estudios del colapso y ver qué escenario pintan con mayor precisión los datos del IPV. La palabra «capital» se refiere a los activos autosostenibles del sistema, ya sean especies, salud, dinero u otros fenómenos, y la línea más oscura se refiere al colapso[43].

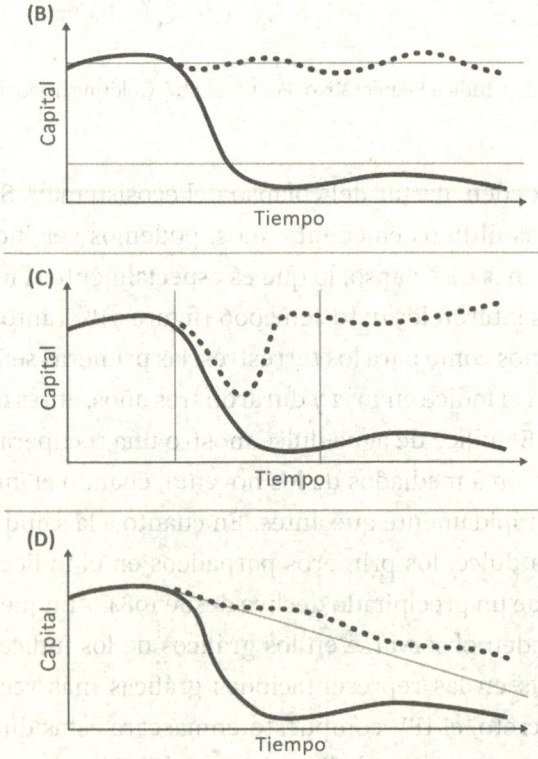

FIG. 8. Gráficos del IPV específicos de cada ecosistema

Es obvio que los datos del IPV indican un colapso sistémico, incluso si se suavizan los momentos de parpadeo y desaceleramiento crítico. Como los conjuntos de datos que estamos tratando son masivos —se refieren a decenas de miles de poblaciones de especies— y describen todo el planeta, los académicos interrogarán y discutirán, justificadamente, la veracidad de cualquier afirmación. No obstante, la interpretación que doy aquí es una visión plausible. De forma indiscutible, no se han producido recuperaciones significativas de la biosfera a nivel global desde que se tienen registros. También es indiscutible que, si el IPV se utilizara como indicador de alerta temprana de la salud de los ecosistemas, como pretende WWF, entonces es necesario realizar un análisis científico de los datos en busca de pruebas de parpadeos y desaceleramiento crítico de la recuperación, así como exponer claramente la realidad de los colapsos y los cambios de régimen. Sin embargo, como la conclusión de que estamos en medio de un colapso biosférico global, y no solo en una crisis, deja poco margen para el positivismo en cualquier sentido tradicional. Por esa razón los informes oficiales de las organizaciones implicadas en el IPV no han hecho hincapié en esta interpretación de los datos[44]. La mirada moderna de la profesión de la «sostenibilidad» está fijada firmemente en la resiliencia, por malos que sean los datos. Una importante revisión del campo concluyó que «el colapso ha recibido relativamente poca atención en la literatura sobre sostenibilidad»[45].

Las escasas revisiones de todas las pruebas procedentes de distintas ciencias que existen suelen concluir que, aunque un colapso de la biosfera a escala planetaria es plausible, la ciencia nunca podrá decir si es seguro o cuándo ocurrirá[46], lo que no significa que no sea seguro o que no podamos hacer conjeturas razonadas, sino que las metodologías de la ciencia en un sistema vivo infinitamente complejo dificultan llegar a conclusiones sobre el futuro. Tanto los protocolos de análisis como nuestros modelos no son, en sí mismos, la realidad, aunque las afirmaciones que se hacen a partir de ellas se confunden a menudo con una definición de la realidad. Sin embargo, hay pruebas suficientes para concluir que ya ha comenzado un colapso biosférico global, en lugar de ser una cuestión de conjeturas sobre el futuro.

Esta comprensión es fundamental para entender nuestras propias sociedades, porque el colapso de la biosfera global es el colapso de uno de los cimientos de las sociedades de consumo industrial, pero es aún más, porque nosotros también somos la biosfera. La red de la vida, de la que formamos parte, ya colapsa. No debería sorprender, por tanto, que los indicadores de bienestar humano estén en declive a nivel mundial (capítulo 1) y que haya un problema creciente también con la ansiedad y la salud mental (capítulo 7). Si lo sientes, entonces eres consciente de tu inter-ser con la naturaleza. Puedes respirar un momento —y luego seguir explorando las implicaciones—.

Algunos expertos pueden animarnos a volver al pensamiento positivo afirmando que podemos solucionar el colapso de la biodiversidad con la tecnología. Obviamente, la tecnología no puede sustituir a los polinizadores ni a los ecosistemas complejos, por lo que la afirmación se limita a desacoplar el crecimiento económico y nuestro nivel de vida del uso de los recursos naturales, de modo que la naturaleza pueda recuperarse. Pero, como vimos en el capítulo 1, no hay pruebas de que ese desacoplamiento sea posible y, menos aún, dentro de nuestro actual sistema económico expansionista. Por eso, un importante estudio de modelización que utilizó una simulación de la NASA sobre el uso mundial de los recursos concluyó que, si bien el cambio tecnológico puede aumentar la eficiencia del uso de los recursos, «también tiende a aumentar tanto el consumo de recursos per cápita como la escala de extracción de recursos, de modo que, en ausencia de políticas al respecto, los aumentos del consumo suelen compensar la mayor eficiencia del uso de los recursos»[47].

La toxificación de nuestra biosfera es otra forma en que los humanos modernos hemos envenenado nuestros futuros. La mayoría de nosotros conocemos los numerosos contaminantes de nuestro entorno que generan nuestras sociedades industriales, pero hay dos tipos especialmente relevantes para nuestra consideración del riesgo de colapso, ya que no podemos deshacernos de ellos, aunque decidamos hacerlo. Significa que ya se ha iniciado una cantidad indeterminada de daños. Los primeros en mencionarse son las «sustancias químicas para siempre», o sustancias perfluoroalquiladas y polifluoroalquiladas (PFAS), que persisten en el medio ambiente para siempre y son tóxicas para la vida, incluidos nosotros mismos[48]. Se originaron en las empresas DuPont y 3M, que fabrican productos como el teflón y otras sustancias químicas fluoradas. Todavía hoy se utilizan en muchos productos de consumo, desde sartenes hasta mascarillas, y se encuentran en todos nuestros flujos sanguíneos[49]. Si has tenido problemas reproductivos, hormonales, inmunidad reducida, colesterol elevado, cáncer o problemas hepáticos y renales graves, las sustancias químicas que estas empresas producen desde la década de 1950 pueden ser un factor contribuyente[50]. El segundo tipo de contaminación para tener en cuenta son los microplásticos, que son los diminutos trozos en que se rompen los plásticos, de modo que son ingeridos y se acumulan en los organismos, incluidos nosotros mismos, con efectos perjudiciales para la salud[51]. La contaminación por plásticos (al menos el 20 por ciento de los cuales procede de la industria pesquera)[52] es ahora tan grave que, si se mantienen las tendencias actuales, en 2050 la masa de plástico en el océano superará a la de peces[53]. Se calcula que cada semana ingerimos una tarjeta de crédito de microplásticos[54]. Los efectos sobre la salud de la acumulación de microplásticos en la biosfera y en nuestro organismo podrían ser similares a los de las sustancias químicas. En ambos casos, las toxinas se acumulan en la cadena alimentaria, de modo que los mamíferos situados en la parte superior de la misma, como los seres humanos, se verán inevitablemente afectados en cierta medida y, crucialmente, de un modo que aumenta con el tiempo, incluso si se hicieran recortes inmediatos de la contaminación.

Cualquiera de las repercusiones sanitarias de estos contaminantes podría llegar a ser tan extrema que no solo constituya tragedias individuales, sino que desestabilice las sociedades. Una preocupación especial para las perspectivas sociales es el rápido descenso de la fertilidad. Según un metaanálisis de cientos de estudios, el recuento de espermatozoides ha disminuido aproximadamente un 50 por ciento en todo el mundo desde los años setenta[55], lo que no solo afecta a la reproducción, ya que una menor fertilidad masculina también predice una menor esperanza de vida en los hombres[56]. Podría haber muchas causas, pero el hecho de que los descensos en el Sur Global solo hayan alcanzado a los del Norte Global en los últimos veinte años sugiere causas relacionadas con la vida moderna, como la telefonía móvil. Los efectos de cualquier contaminante nunca existen aislados de las demás presiones sobre la salud humana, procedentes de otras toxinas, la radiación y el estilo de vida. Puede que esta combinación sea la que, con el tiempo, reduzca tanto la salud como el número de habitantes de forma que perturbe las sociedades. Si esto contribuye al colapso de la sociedad solo se sabrá después, o no se sabrá en absoluto, dependiendo de nuestra futura capacidad de análisis científico. Afortunadamente, algunos científicos están trabajando para «deseternizar» esas sustancias químicas y hacer que los microplásticos desaparezcan. Sin embargo, es muy poco probable que lo consigan, por lo que la creencia «ecomodernista» de que podemos escapar de los daños futuros de la contaminación pasada se parece más al pensamiento mágico que al científico. Para mantener su identidad y su cosmovisión, los ecomodernistas tienden a ignorar la gravedad del daño presente en la biosfera, no solo por la toxificación, y lo que eso significa para nuestro futuro. Para adquirir cierta perspectiva al respecto, puede ser útil volver a examinar las teorías de por qué las sociedades se derrumbaron en el pasado.

LAS HISTORIAS PARALELAS DEL COLAPSO

Este concepto de «cambio de régimen» aparece en estudios sobre el colapso de civilizaciones pasadas, en los que se considera que las sociedades desarrollaron su complejidad antes de simplificarse de forma relativamente repentina[57]. Por esa razón también se utiliza a veces en los debates sobre los colapsos de civilizaciones cuando los arqueólogos buscan esas primeras señales de alarma, como el tamaño de la población humana[58]. Aunque pueda parecer un poco arcaico mirar hacia un pasado opacamente lejano para intentar comprender el presente o predecir el futuro, hacerlo me ayudó a arrojar una nueva luz sobre la salud ecológica actual y los recientes acontecimientos pandémicos.

Existe un amplio abanico de ideas sobre las causas del colapso de diversas civilizaciones en el pasado. Todas esas teorías se enfrentan a la dificultad de la escasez de pruebas, sobre todo si estos colapsos se produjeron en la época que llamamos prehistoria, con escasos registros escritos. Por lo tanto, cualquiera de las teorías refleja la cultura y los intereses de los estudiosos que analizan los datos. Por ejemplo, si pensamos que el progreso es lineal, trasladaremos esa actitud a la observación del pasado. Nuestras teorías también corren el riesgo de dar precedencia a aquellos aspectos de una sociedad pasada que dejan huella en el registro arqueológico o geológico. Por ejemplo, los historiadores monetarios se han centrado tradicionalmente en las monedas sin darse cuenta de que gran parte de los muchos sistemas monetarios se producen en papel y otros materiales perecederos, o mediante acuerdos verbales. La escasez de diálogo entre nuestras disciplinas académicas hace que se produzcan varios puntos ciegos. Por ejemplo, antes del auge de la «arqueoastronomía» en las últimas décadas, los arqueólogos prestaban poca atención a cómo las civilizaciones perdidas podían haberse centrado en la astronomía[59]. La revisión más exhaustiva de las teorías sobre el colapso en diferentes disciplinas detectó una falta de interpolación sistemática de ideas entre el estudio de los colapsos históricos y las ciencias medioambientales contemporáneas, a pesar de que dos de las teorías más populares sobre el colapso de las civilizaciones indica que suelen ser consecuencia, al menos en parte, del cambio climático o de un uso excesivo del medio ambiente local[60].

Al leer los estudios sobre el colapso de civilizaciones pasadas, me sorprendió descubrir que la deforestación extensiva era una característica habitual de los periodos anteriores al final de muchas civilizaciones[61]. Sin embargo, la correlación no es causalidad y los arqueólogos saben con seguridad por qué la deforestación contribuiría al colapso de una civilización[62]. A lo largo de los años, han especulado sobre el efecto de la deforestación en el clima local, en la erosión del suelo y en las inundaciones, así como en la disponibilidad de madera, alimentos y otros productos que se obtendrían del bosque. Un ejemplo es Panjikent, una ciudad en la Meseta de Loess, en la Ruta de la Seda en Asia central, que prosperó (aproximadamente) entre el 500 y 1000 d. C., y donde los académicos han sugerido que la erosión del suelo fue un impacto clave[63]. Otro ejemplo, más famoso e investigado, es el de la civilización maya del clásico tardío. Recientes análisis de esta civilización que desapareció de Centroamérica hace más de mil años sugieren que los niveles de deforestación habrían agravado gravemente las sequías que se produjeron debido al cambio climático regional[64].

Dentro de un momento exploraremos más a fondo el papel que pudo haber desempeñado la deforestación en la caída de la civilización maya. En primer lugar, es importante señalar que la hipótesis de la deforestación como factor importante en colapsos anteriores ha perdido popularidad entre los académicos. Una razón es que la capacidad de modelizar climas pasados aumentó durante la década de los noventa, lo que desvió el foco[65]. Otra razón es la desacreditación de creencias populares sobre la desaparición de culturas únicamente debido a la deforestación, en particular la civilización de la Isla de Pascua en el océano Pacífico[66]. Como ocurre con este tipo de temas, es posible que el péndulo esté volviendo a oscilar, ya que algunos estudiosos critican lo que perciben como un énfasis excesivo en el cambio climático como factor explicativo general[67]. Aunque el debate académico es importante, creo que debemos saltar a la disciplina de la salud medioambiental para comprender mejor el mecanismo por el que la deforestación puede desestabilizar una sociedad.

Gracias a una amplia investigación, ahora sabemos que la deforestación aumenta considerablemente la propagación de agentes patógenos de los animales a las personas, lo que se conoce como enfermedad zoonótica[68]. Este proceso presenta varios aspectos. A medida que se talan los bosques, más seres humanos entran en contacto con animales salvajes, lo que aumenta el riesgo de infección, pero algo más importante para las nuevas epidemias ocurre cuando el hábitat de los animales se reduce en superficie y se degrada en calidad. Los animales que viven en los bosques se vuelven menos sanos, ya sea por tener menos que comer, por tener que esforzarse más para obtener su comida y agua, o por el estrés físico y mental asociado a los cambios. Un mayor número de animales enfermos dentro de una población significa que pueden contagiarse y transmitir el agente patógeno, por lo que las enfermedades se arraigan. También significa que sucumben a más infecciones, lo que significa que pueden albergar patógenos que evolucionan hacia nuevas variantes. Al estar menos sanos, también excretan más patógenos al respirar, estornudar, orinar, defecar o ser comidos. Los humanos que entran en contacto con estos animales pueden estar expuestos a mayores niveles de excreción de nuevos patógenos. Los animales domésticos utilizados por los humanos también pueden infectarse. Al eliminar el hábitat, la deforestación también puede cambiar los comportamientos de los animales y sus pautas migratorias, lo que agrava los problemas que acabamos de describir, además de crear oportunidades para nuevas interacciones con las personas y sus animales domésticos[69].

La investigación sobre la conexión entre la destrucción ecológica y las enfermedades epidémicas debería generar alarma, pues sugiere que hemos entrado en una nueva era de enfermedades infecciosas. Esta idea ayuda a situar la pandemia de COVID-19 en su contexto, algo a lo que volveremos pronto. Por ahora, mientras tratamos de dar sentido a la desaparición de civilizaciones pasadas, la conexión con las enfermedades nos da una opción para explicar la contribución de la deforestación al colapso de las sociedades en el pasado. Incluso hoy en día, los brotes de enfermedades pueden provocar reacciones de pánico y confusión, por lo que podríamos imaginar cómo fueron las reacciones en un pasado lejano. Por lo tanto, no solo importaría el impacto directo sobre la salud y la mortalidad, sino también las reacciones de miedo de la población. Normalmente, cuando las personas «a cargo» ven que ocurre algo preocupante, pueden reaccionar a la defensiva y empeorar el problema. En el capítulo 13 veremos lo que ocurrió con la Gran Peste de Londres. En cualquier brote de enfermedad, la gente huirá de las zonas pobladas, por lo que los desplazamientos masivos de personas durante los brotes de enfermedad también podrían provocar conflictos entre comunidades, así como trastornos en la agricultura y, por lo tanto, en el suministro de alimentos. Si la enfermedad, y las reacciones ante ella, no fueran suficientes para acabar con una sociedad, entonces otros factores como el cambio climático, las inundaciones o los conflictos podrían haber sellado su destino.

No es de extrañar entonces que, en los casos que tenemos registros escritos para analizar, las enfermedades se consideren a menudo la causa del colapso civilizacional. Algunos ejemplos conocidos son las pestes de Antonino (165-180 d. C.) y Cipriano (249-262 d. C.), que contribuyeron a la caída del Imperio Romano de Occidente, y la peste de Justiniano (541-542 d. C.), que contribuyó a la caída tanto del Imperio Romano de Oriente como del Imperio persa sasánida[70]. Quizás sea igualmente famosa la devastación causada a los pueblos indígenas de América por la introducción hispana de enfermedades procedentes tanto del «Viejo Mundo» (viruela, sarampión, tos ferina y peste bubónica, entre otras) como del África tropical (malaria, fiebre amarilla, dengue, ceguera de los ríos y otras)[71]. Sin embargo, es más difícil identificar enfermedades en la prehistoria. Aun así, un ejemplo me intrigó por la evidencia de enfermedades correlacionadas con la deforestación: la desaparición de la civilización maya.

En ciertas ocasiones, durante un siglo de investigación sobre la famosa civilización maya, los estudiosos se acercaron a entender que la deforestación pudo haber desencadenado epidemias que indujeron al colapso[72]. Como ya se ha mencionado, existen pruebas de deforestación en el interior de las principales ciudades mayas. A partir de los huesos humanos, también hay pruebas de mala salud en todas las clases sociales, incluidas las personas con entierros lujosos en la ciudad de Copán. Pertenecer a una clase social más alta habría implicado una mejor dieta incluso en tiempos difíciles. La mala salud entre las élites indica la existencia de enfermedades generalizadas, más que un hambre provocada por las sequías o la erosión del suelo agravada por la deforestación. Las sequías, por ejemplo, no duraron el siglo que duró el colapso maya, y las regiones cercanas más secas del norte no experimentaron un colapso[73]. Conviene recordar que no se dependía tanto de la agricultura de secano como en las sociedades actuales, ya que, lejos de las ciudades, los bosques estaban repletos de vida salvaje y también se gestionaban para producir lo que la gente deseaba, algo que los estudiosos han pasado por alto hasta hace bastante poco. Otra explicación es posible: en la década de los setenta algunos expertos habían señalado que, mediante el desarrollo de la agricultura y los asentamientos, los mayas podrían haber creado un «entorno perturbado», en el que suelen prosperar insectos parásitos y portadores de patógenos[74]. Con los últimos avances científicos en la generación de enfermedades zoonóticas a partir de dicha perturbación, sabemos que es la causa más probable de una emanación persistente de nuevos patógenos[75]. Los cambios climáticos que se estaban produciendo en aquella época también pueden haber exacerbado las condiciones para los brotes de nuevas epidemias, que analizaremos más adelante[76].

Es difícil imaginar la respuesta de esta sociedad hace más de mil años a las oleadas y oleadas de epidemias. Tal vez algunos las consideraran una maldición (o un espíritu maligno) transmitido por el contacto cercano o la condena de un modo de vida por parte de la naturaleza (o de los dioses). En cualquier caso, al igual que en las epidemias que conocemos por la historia, es probable que se produjera un éxodo masivo de las ciudades. ¿Habría parecido una opción viable trasladarse a los bosques? Hoy nos gustan nuestros supermercados, lámparas, inodoros, colchones y televisiones. Si no tuviéramos esas comodidades, sería más fácil convertirnos en habitantes de los bosques. Ahora tenemos pruebas de que muchos bosques tropicales fueron ecosistemas gestionados por el hombre durante decenas de miles de años, por lo que podría haber estado muy extendido el conocimiento de una vida viable en el bosque. En algún momento, muchos mayas decidieron quedarse en el bosque. ¿Acaso les habrá gustado más esa forma de vida? Quizá nuestra ideología urbana modernista nos haga pasar por alto una posibilidad tan sencilla.

La teoría del colapso maya provocado por enfermedades pasó de moda en las últimas décadas. A diferencia de la guerra, el hambre, la sequía o las inundaciones, una epidemia no deja huellas tan claras en los registros arqueológicos y geológicos de la prehistoria. Las armas y los huesos heridos son rastros de guerra. Los esqueletos atrofiados son rastros del hambre. Los sedimentos son rastros de inundaciones y ecosistemas. Pero, ¿las enfermedades? Aunque algunas enfermedades dejan rastros reveladores en los restos humanos[77], a menudo resulta muy difícil determinar los organismos causantes cuando se infiere la existencia de una enfermedad[78]. Tal vez por esta razón, los estudiosos de los colapsos de civilizaciones pasadas no han discutido mucho sobre el nexo específico entre deforestación, enfermedad y colapso[79], lo que significa que hemos dejado pasar una importante advertencia para nuestros días.

PÁNICO EN LA ERA DE LAS PANDEMIAS

En el último siglo hemos experimentado la mayor deforestación que ha tenido lugar en la Tierra durante la existencia del *homo sapiens*. Antes del desarrollo de las civilizaciones humanas, nuestro planeta estaba cubierto por sesenta millones de kilómetros cuadrados de bosques, pero ahora se ha deforestado un tercio de esa superficie[80]. Considerando lo que ahora sabemos sobre la relación entre deforestación y enfermedad, ¿podría esa devastación ecológica presagiar el fin de la civilización industrial global a través de oleadas de nuevas enfermedades zoonóticas? Las pruebas se encontrarían en la epidemiología y en la cantidad de brotes de nuevas enfermedades en los últimos años en comparación con el pasado. Cuando mi equipo investigó el tema, encontramos algunas malas noticias y otras peores.

Primero, las malas noticias. En las dos últimas décadas se han producido más brotes de nuevos patógenos procedentes de animales salvajes que en toda la historia. Por ejemplo, ha habido tres epidemias de coronavirus claramente nuevos en humanos desde el cambio de milenio (SARS 2002, MERS 2012 y COVID-19 2019), sin haber registro de epidemias de coronavirus en los milenios anteriores. Solo en 2020 se produjeron tres grandes brotes de enfermedades en todo el mundo: el que todos conocemos, así como brotes de ébola en la República Democrática del Congo, y la mayor oleada de fiebre de Lassa jamás registrada en Nigeria[81].

Los científicos reconocen cada vez más que las causas de las nuevas enfermedades se deben no solo a la pérdida de hábitat, sino también al calentamiento global[82]. Un buen ejemplo de esas causas es el impacto de los cambios meteorológicos en la salud de los murciélagos, su migración y su interacción con otras especies[83]. Algunos científicos han argumentado que el riesgo de que los humanos se infecten con nuevos coronavirus procedentes de comunidades de murciélagos está aumentando debido al impacto del cambio climático en la distribución geográfica de los murciélagos y en la salud de su hábitat. Esos cambios hacen que distintas colonias de murciélagos entren en contacto entre sí, así como con otros animales y asentamientos humanos[84]. Las condiciones de alto estrés, como climas extremos, pueden provocar una infección persistente en los murciélagos, lo que posteriormente facilita la propagación de patógenos[85]. Esos cambios ya han dado lugar a una alta prevalencia de excreción de coronavirus de murciélagos en Australia occidental[86]. Por esa razón sugerí, en un ensayo en 2020, que si el COVID-19 procedía directamente de un origen natural, entonces es clave tener en cuenta el papel del cambio ecológico y climático[87]. Ese es un gran «sí» al que volveremos dentro de un momento. Sea cual sea el origen concreto del COVID-19, los científicos que trabajan en la cuestión de los nuevos patógenos procedentes de la naturaleza han concluido que la situación empeorará mucho más. Un estudio detallado, publicado en 2022, predice que en los próximos cincuenta años el cambio climático y la degradación del medio ambiente harán que «la transmisión entre especies de nuevos virus aumente al menos 4000 veces». Desafortunadamente, hay muy poco que podamos hacer al respecto. Según su modelo: «En contra de lo esperado, mantener el calentamiento por debajo de 2°C en el siglo no reduce el nuevo intercambio viral»[88], lo que supone un enorme salto en el número de pandemias, que luego se hacen aún más probables por las altas densidades de población, los viajes internacionales modernos y la industria ganadera intensiva.

Estos datos científicos nos recuerdan la verdad evidente de que formamos parte de la biosfera y de que, por tanto, al degradarla y perturbarla, nos dañamos a nosotros mismos. Muchos científicos que trabajan en virología son conscientes de esta preocupación por la «salud medioambiental». Un estudio advertía que «un aumento de las enfermedades infecciosas, en una escala suficiente, podría contribuir a cascadas integradoras de fallos que desencadenen un colapso civilizacional regional o incluso mundial»[89]. Tal preocupación no significa necesariamente que los científicos respondan de forma útil. Lo que nos lleva a las peores noticias: algunos burócratas de la ciencia han estado respondiendo de una manera que en realidad aumenta los riesgos para todos nosotros: financiando investigaciones que aumentan la infectividad o letalidad de los virus en el proceso de generar conocimiento para desarrollar futuras vacunas. Algunas de las investigaciones que se están llevando a cabo son realmente aterradoras, como la creación de cepas del peligrosísimo virus de la gripe H5N1 mejor adaptadas a la transmisión por aerosol. Al infectar con gripe a un hurón en una jaula y luego recoger el virus de otros hurones en jaulas vecinas a distancias específicas, los investigadores seleccionaron nuevas variantes del virus que pudieran propagarse en el aire a través de esa distancia. ¿Y por qué investigaron con hurones? Porque los hurones son el análogo animal más conocido de la transmisión de gripe de persona a persona por aerosol. Esta investigación estaba creando deliberadamente nuevas cepas de un virus de la gripe ya de por sí muy peligroso, ¡con mayor capacidad de transmisión entre humanos![90] Esta investigación llevó a la administración Obama a anunciar una moratoria en los Estados Unidos y a muchos científicos a argumentar que nunca debería realizarse un trabajo tan peligroso[91]. Pero la investigación continúa hasta el día de hoy, incluso cuando el mundo sigue tambaleándose por los impactos del COVID-19.

El peligro surge debido a las *inevitables* fugas de laboratorio. A pesar de contar con normas de bioseguridad bien establecidas y en continua mejora, muchos miembros del personal de laboratorio se infectan accidentalmente por patógenos potencialmente peligrosos en sus lugares de trabajo[92]. Desde 2004, al menos ocho investigadores han muerto y se han registrado numerosos incumplimientos de las normas de bioseguridad que han provocado o podrían haber provocado la fuga de organismos potencialmente peligrosos[93]. El acatamiento de las regulaciones es imperfecto, se cometen errores y ocurren accidentes[94]. La situación con estas «infecciones adquiridas en laboratorio» (Laboratory Acquired Infections o LAI, por sus siglas en inglés) es definitivamente peor de lo que se reporta. Mucha gente no se sorprenderá de que China tenga un historial de encubrimiento de brotes de enfermedades y de obstrucción de la investigación periodística, pero los expertos que analizan la cuestión creen que no se registran muchos casos de infecciones adquiridas en laboratorio[95]. El análisis de los informes de incidentes de los laboratorios estadounidenses muestra que solo en Estados Unidos se produce una posible liberación o pérdida de patógenos que suponen una «grave amenaza para la salud y la seguridad públicas» más de dos veces por semana. Por cada mil años de trabajo en laboratorios BSL-3, que son el segundo nivel superior de bioseguridad después del BSL-4, se reportan al menos dos infecciones accidentales[96]. Para ponerlo en contexto, en 2007 había un total de 1356 instalaciones BSL3 registradas en Estados Unidos, lo que equivale a más de dos infecciones accidentales al año por patógenos que suponen una «amenaza grave», y eso tan solo en Estados Unidos.

¿Qué probabilidades hay entonces de que se produzcan fugas en los laboratorios que puedan perturbar las sociedades de todo el mundo? Las estimaciones varían enormemente debido a la falta de datos[97]. Un estudio utilizó datos de infección de laboratorios BSL-3 para estimar una probabilidad de entre el 0,01 por ciento y el 0,1 por ciento por año de laboratorio de crear una pandemia que causaría entre 2 millones y 1 400 millones de víctimas mortales[98]. Dado que puede haber más de 5 000 laboratorios BSL-3 y BSL-4 en todo el mundo, basándonos en ese estudio podríamos esperar entre 0,5 y 5 brotes al año en todo el mundo. Puede que esos brotes sean de enfermedades fácilmente controlables y que no den lugar a epidemias o pandemias, pero ¿qué ocurre cuando se toma también en consideración el hecho de que algunos de los laboratorios crean deliberadamente patógenos con potencial pandémico? Una pandemia provocada por el hombre pasa de ser un riesgo hipotético a ser casi una certeza.

Entonces, ¿por qué se permite a los científicos realizar este trabajo? Quizás el epidemiólogo más famoso durante los primeros años del COVID-19 fue Anthony Fauci, quien dirigió la respuesta estadounidense a la pandemia. En 2020, escribió un artículo en el que mostraba su preocupación por una era de pandemias surgidas debido al cambio ecológico y climático[99], que fue parte de su justificación para que se emprendieran investigaciones peligrosas sobre los coronavirus[100]. No conozco al Dr. Fauci ni a su equipo[101], pero conozco las investigaciones psicológicas que advierten de la manera que la ansiedad ante incidentes puede conducir a respuestas poco útiles si esa ansiedad se reprime en lugar de expresarse. Se denomina «evitación experiencial» y se sabe que es frecuente entre los hombres de éxito de la cultura patriarcal, quienes pueden ser conducidos a comportamientos de alto riesgo cuando sienten amenazadas su seguridad, identidad, estatus o cosmovisión[102]. Otras investigaciones psicológicas demuestran que, cuando algunas personas perciben mayores riesgos para sí mismas, pueden correr mayores riesgos, como se observa en las apuestas y en las finanzas[103]. No lo menciono para desviar la atención de la gravedad de la situación a la que se enfrenta ahora la humanidad, sino porque las reacciones de las élites pueden ser contraproducentes, tema al que volveremos en el capítulo 13.

¿PODRÍA EL COVID-19 COLAPSAR AL MUNDO?

Mientras escribía en 2023, se seguía debatiendo tanto la teoría de la filtración de laboratorio como la del origen natural del COVID-19. Debido a una característica del virus, mucha gente llegó a la conclusión de que tenía un origen de laboratorio, aunque luego pudiera haber infectado a murciélagos que a su vez infectaron a humanos. En febrero de 2021, se publicó un artículo científico que aclaraba que un fragmento de código de la proteína de la espiga del virus no se producía de forma natural en ese tipo de coronavirus y en realidad podía producirse mediante tecnología de laboratorio[104]. El presidente de la Comisión *The Lancet* que estudió los orígenes del virus también confirmó públicamente su opinión de que el virus SARS-Cov-2 se había creado con tecnología de laboratorio de Estados Unidos[105]. El encuadre mediático inicial que tachaba la teoría de la filtración de laboratorio como racista y conspirativa es solo un ejemplo de la psicología moral utilizada por los medios de comunicación establecidos y las autoridades para manipular a las personas que son susceptibles a las incitaciones de su grupo de iguales a expresar una posición ética «superior», que trataremos en el capítulo 8.

Ya sea que provengan de una naturaleza perturbada o de científicos perturbados que actúan en función de sus temores sobre esa naturaleza, debemos esperar pandemias más frecuentes en el futuro. Como hemos visto, si el COVID-19 procede de la naturaleza, su origen se hizo más probable debido a la deforestación y al cambio climático, los cuales afectan a la salud y la migración de los murciélagos, pero si procede de una investigación de laboratorio por temor a esos cambios en la naturaleza, entonces sigue siendo un resultado de esos cambios subyacentes que conducen a respuestas imprudentes. Por lo tanto, el COVID-19 podría ser un ejemplo contemporáneo de un patrón de deforestación que conduce a una enfermedad que lleva al colapso civilizatorio, pero ¿acaso el COVID-19 es realmente tan grave? Lamentablemente, los últimos datos sugieren que podría ser muy debilitante para muchos millones de personas, que aceleraría un colapso progresivo de las sociedades modernas. Dado que el COVID-19 ha llegado para quedarse, merece la pena estudiar más detenidamente su impacto en la sociedad.

Con una tasa de mortalidad por infección relativamente baja a corto plazo, los impactos iniciales de la enfermedad misma no constituyeron una amenaza para la sociedad. Sin embargo, al momento de escribir este párrafo, se han identificado vías por las que la pandemia podría contribuir al colapso de la sociedad. La primera de ellas es la naturaleza del propio virus y los daños potenciales a largo plazo en la salud y la vitalidad, así como la supresión de inmunidad en general e incluso ser cancerígeno. La segunda de estas vías son los efectos a largo plazo, actualmente inciertos, de algunas nuevas vacunas, las cuales ya se han asociado a importantes efectos negativos para la salud. Luego están los efectos más amplios de las respuestas políticas, incluyendo la perturbación masiva de las finanzas del gobierno y el giro autoritario de los medios de comunicación dominantes, las grandes plataformas tecnológicas y sectores del público en general, así como la reacción contraria que crea en conjunto una mezcla combustible. Como se trata de un tema tan polarizado y polarizante, es raro que la información relevante se reúna en un solo lugar. Intentaré hacerlo brevemente aquí para que se pueda apreciar la naturaleza del riesgo del COVID-19.

Un año después del inicio de la pandemia, empezaron a aparecer pruebas de que el virus podía dañar los sistemas cardiovascular y nervioso y las capacidades mentales[106]. Además, empezaron a aparecer pruebas de que la aparición de síntomas a largo plazo (denominados «COVID-19 persistente») implicarían no solo el daño del periodo de infección inicial, sino también el daño provocado por el virus que establecía reservorios virales en las células endoteliales, persistiendo en el organismo durante muchos meses hasta que esas células endoteliales morían de forma natural[107], lo que resulta especialmente preocupante, ya que se ha demostrado que el virus puede alterar la inmunidad natural y adaptativa del organismo frente a las infecciones y daría lugar a infecciones virales, bacterianas y fúngicas secundarias que afectarían a los pacientes con mayor frecuencia tras la infección inicial por COVID-19. Lo que es peor para la salud pública: podría significar que otros patógenos alcanzaran una tasa exponencial de crecimiento dentro de una población debido al mayor grado de inmunodeficiencia tras las infecciones por COVID-19 y luego evolucionaran hacia nuevas cepas[108].

Otro motivo de preocupación es que en 2022 aparecieron pruebas de que el virus probablemente fue modificado genéticamente para incluir un código que altera uno de los mecanismos de nuestras células para combatir la aparición de cánceres[109]. Me sorprendió mucho. Lo más importante que hay que saber es que en la proteína de la espiga del virus hay una secuencia de ARN que, según afirman los principales investigadores en una revista científica arbitrada, es «muy improbable» que se produzca de forma natural. Este fragmento concreto de código hace que el virus tenga mayor capacidad de atacar las células humanas, por lo que la enfermedad resulta más infecciosa y virulenta que otros coronavirus, pero no es el único motivo de preocupación de esta parte del virus, probablemente creada por ingeniería. El cáncer en nuestro cuerpo se produce cuando nuestras células no se replican correctamente y empiezan a descontrolarse. Por lo tanto, la primera línea de defensa contra el cáncer está en nuestras células, que tienen dos tipos de proteínas complejas que engullen cualquier ADN anómalo. Uno de estos dos procesos de lucha contra el cáncer se ve alterado por la nueva parte del virus COVID-19, probablemente creada mediante bioingeniería.

Al momento de escribir este párrafo, se desconoce el alcance del efecto cancerígeno. Tampoco está claro hasta qué punto las vacunas podrían producir un efecto similar con las proteínas en pico que generan en nuestro organismo para imitar los picos del virus de COVID-19. Uno de los factores que influyen en ese efecto, ya sea del virus o de la vacuna, es el tiempo que esas proteínas en pico permanecen en el organismo. Si hay un efecto en la aparición de cánceres, podrían pasar años antes de que aparezca en los datos públicos, si es que aparecen. Otra cuestión que no se debate en los círculos de expertos ni en los medios de comunicación al momento de escribir es que esta secuencia peligrosa y probablemente artificial de la proteína de la espiga podría producirse mediante una tecnología patentada por los productores de vacunas Moderna[110], lo que indica que, si el virus procedía de un laboratorio, como parece probable, entonces utilizaba tecnología estadounidense. La razón por la que este hecho no se discutió ampliamente puede haber sido porque alimentaría las «teorías de la conspiración» sobre el origen del virus y las posibles intenciones ocultas detrás de las vacunaciones masivas utilizando la nueva tecnología de ARNm. Si los jóvenes empiezan a contraer cáncer a un ritmo inusitado, podría dar lugar a protestas y rebeliones contra las autoridades sanitarias, los centros médicos y las empresas implicadas en todo el mundo, así como a nuevas tensiones geopolíticas.

Si es la primera vez que lees sobre estos aspectos del virus y potencialmente de las vacunas, eso refleja el poder de la propaganda corporativa y la censura durante los primeros años de la pandemia, que garantizaron una ignorancia generalizada sobre la ciencia de la vacunología y los riesgos que implicaba cualquier vacuna nueva. Aparte de las estadísticas de lesiones por vacunas a corto plazo, que eran muy preocupantes, los efectos inciertos a largo plazo de las nuevas vacunas empezaban a tomarse en serio en la profesión médica[111]. Los coágulos de la sangre y los daños en el corazón se habían identificado como efectos secundarios raros, lo que llevó a especular sobre los daños a largo plazo de las proteínas de espiga de algunas de las vacunas que potencialmente persistirían en órganos de todo el cuerpo[112]. El desconocimiento sobre la importancia de la naturaleza cancerígena de la proteína de espiga del virus también llevó a la preocupación sobre si sería un problema a largo plazo de algunas de las vacunas. También existía la preocupación de que algunas de las vacunas pudieran comprometer la capacidad del organismo para combatir futuras variantes del COVID-19, que puede ocurrir si el sistema inmunitario de las personas vacunadas intenta combatir versiones anteriores de un virus que muta de forma que elude su respuesta inmunitaria[113]. También puede ocurrir por un proceso complicado en el que los anticuerpos de infecciones o vacunaciones anteriores ayuden accidentalmente a futuras versiones del virus a infectar las células inmunitarias[114].

Acumulativamente, en 2022, el impacto del propio virus, así como de las vacunas potencialmente contraproducentes, aparecían en los datos sobre el trabajo de muchos países. Las estadísticas de muchos países mostraban un aumento de las bajas laborales por enfermedad[115]. Sin embargo, el mayor fenómeno nuevo en muchos países fue la cantidad de personas que abandonaron sus puestos de trabajo. La página de Wikipedia sobre este fenómeno de la «gran renuncia» (*great resignation*) es fascinante por los datos que cita de todo el mundo, como el millón de personas que abandonaron empleos tecnológicos en la India en 2021 y el 6 por ciento de la mano de obra en Alemania que dimitió ese año, más del doble de la norma[116]. Un estudio reveló que el agotamiento era un factor que contribuía a que la gente renunciara a su trabajo[117]. Como vimos en el capítulo 1, el sistema económico requiere expansión para su estabilidad, por lo que hay poca resistencia sistémica a perturbaciones provocadas por una enfermedad. Lo que podría haber sido una desaceleración suave podría convertirse en una crisis de alto impacto debido al sistema monetario.

Las respuestas políticas a la pandemia han tenido efectos extendidos en la sociedad. Entre ellos se incluyen los trastornos de las finanzas públicas y del sistema monetario que describí en el capítulo 2, que traen consigo una inflación desestabilizadora y socavan el sistema monetario. Las restricciones a los viajes, el comercio, la circulación y la escolarización en muchas partes del mundo también tuvieron importantes repercusiones en la salud y el bienestar, especialmente en las pequeñas empresas y los trabajadores autónomos. El número de pobres en el mundo aumentó a más de 800 millones de personas en 2020, mucho más que los 672 millones previstos inicialmente[118]. El Banco Mundial estimó que en 2021 había casi 100 millones de personas en situación de pobreza inducida por la pandemia[119]. De 2019 a 2022, el número de personas desnutridas aumentó hasta en 150 millones. La enfermedad en sí no provocó que ese número de personas cayera en la pobreza o pasara hambre, pero las políticas en respuesta a la pandemia contribuyeron a ello, junto con los impactos del clima y los conflictos[120]. El giro autoritario de los principales medios de comunicación, las grandes plataformas tecnológicas y gran parte del público en general hizo que las opciones políticas rara vez se debatieran de forma abierta. En su lugar, se demonizó y censuró a la gente por no estar de acuerdo con un paradigma político que se centraba en las restricciones de movimiento, el uso de mascarillas y las vacunaciones masivas, en lugar de en la nutrición de refuerzo de la inmunidad, el empoderamiento de los trabajadores para que se quedaran en casa si presentaban síntomas, medicamentos seguros y baratos reutilizados y protecciones específicas para los más vulnerables[121].

La respuesta de las autoridades nos recuerda una vez más el problema del «pánico de las élites», fenómeno ampliamente conocido durante periodos de crisis en el cual las autoridades causan peores problemas con sus reacciones, impulsadas por su deseo de aparentar actuación con decisión, cuando les interesa sobre todo apuntalar su propio poder que exploraremos a fondo en el capítulo 13, porque es muy relevante en una era de colapso social. Su respuesta también ilustra el problema de la «captura reguladora» por parte de las corporaciones, de modo que las políticas se alían precisamente con los motivos de lucro de las grandes empresas farmacéuticas. Los confinamientos, las máscaras y los mandatos, junto con las declaraciones falsas sobre la seguridad y la eficacia de las vacunas y la supresión de enfoques alternativos, sirvieron para aumentar la demanda de las vacunas que generaron beneficios sin precedentes para sus fabricantes[122]. El modo en que esta situación contribuye y constituye una ruptura de las sociedades es algo que exploraremos más a fondo en el capítulo 7. Quiero señalar que la reacción contra la ortodoxia de las autoridades ha llevado al crecimiento de redes que, comprensiblemente, desestiman las opiniones de los expertos que trabajan con las agencias gubernamentales y tiene implicaciones, tanto positivas como negativas, incluida la forma en que las sociedades podrían responder bien a otras crisis, como la ecológica descrita en este capítulo y en el siguiente. Como mínimo, la polarización entre las personas que aceptan o rechazan la ortodoxia del COVID-19 crea un nuevo cisma en la sociedad que puede ser explotado por intereses elitistas o comerciales a ambos lados de esa división. Por desgracia, solo puede perjudicar la capacidad de las sociedades modernas para responder de forma inteligente a nuevas grietas, tanto en la superficie como en los cimientos. La fractura social debida a la experiencia de la pandemia del COVID-19 es tal que ni siquiera necesitamos considerar algunas de las ideas más especulativas sobre la aparición del virus o la agenda política seguida de la forma en que se hizo. No necesitamos recurrir a teorías sobre una conspiración global que quiera realizar una reducción selectiva de la población humana, ya que simplemente podemos ser testigos de la generación de condiciones para el colapso social a partir del impacto de destrozar la biosfera y el pánico en respuesta a sus efectos. Tal vez, a nivel mundial, hemos sido testigos de un ejemplo contemporáneo de colapso inducido por la deforestación, tanto a través de los impactos de una enfermedad como de las pobres respuestas a la misma.

Es posible que las sociedades modernas no puedan hacer frente a los efectos a largo plazo del COVID-19, ni a los posibles efectos a largo plazo de algunas de las vacunas, sin sufrir graves trastornos. Dejando de lado el COVID-19, también está claro que seguiremos experimentando oleada tras oleada de nuevos patógenos debido al daño causado a la naturaleza, como a futuros escapes de laboratorios. Como veo pocas instancias en las que se admiten de manera honesta los errores y manipulaciones por parte de los medios de comunicación corporativos, la ciencia corporativa y las autoridades, no tengo pruebas para creer que las futuras respuestas políticas a las futuras pandemias no serán contraproducentes. El poder del dinero predominante, que da forma a la ciencia, la opinión pública y la política, sigue vigente. Tal vez solo surjan mejores respuestas cuando el colapso de la sociedad progrese hasta tal punto que se fracturen esas formas de poder.

Sea cual sea el futuro a largo plazo del COVID-19 y de los efectos de algunas de las nuevas vacunas utilizadas contra él, lo cierto es que la humanidad ha entrado en una nueva era. Al organizarnos en sociedades industriales de consumo, hemos creado una población humana inmensa, de gran densidad y altamente interconectada, que es un «blanco fácil» para las enfermedades infecciosas; también hemos creado poblaciones inmensas, genéticamente homogéneas y de gran densidad, de animales huéspedes alternativos que actúan como incubadoras de patógenos humanos; aumentamos continuamente tanto nuestra exposición como la de nuestro ganado a los animales salvajes y a las enfermedades que portan; y hemos incrementado significativamente el riesgo de que los animales salvajes sean portadores y propaguen patógenos humanos potenciales. Por lo tanto, debemos considerar que hemos entrado en una era de pandemias, que también ha desencadenado riesgos adicionales de epidemias debido a las investigaciones imprudentes de algunos viró-logos. Las oleadas de pandemias, y las reacciones de pánico ante ellas, dañarán aún más a las sociedades humanas, porque lo que le ocurre a la red de la vida nos ocurre a nosotros.

Cuando la naturaleza muere, nosotros también

La biosfera de la que dependen todas las sociedades humanas se des-morona, como lo demuestran la pérdida de biodiversidad (extinción masiva), las reducciones catastróficas de las poblaciones de animales sal-vajes y la pérdida de «servicios naturales» (función ecológica) que solo pueden prestar ecosistemas sanos e intactos. Esta pérdida y degradación está impulsada por el desarrollo económico y las sociedades modernas tienen una huella ecológica mucho mayor que otras. Los datos demues-tran que es imposible desarrollar una sociedad de consumo industrial sin sobrepasar la capacidad natural del planeta para darnos soporte y, como consecuencia, a escala global hemos traspasado ya el límite «seguro» de la mayoría de los sistemas planetarios críticos para nuestra supervivencia. De hecho, las pruebas indican que las primeras señales de advertencia del colapso biosférico global aparecieron en la década de los setenta y el colapso real se ha estado produciendo desde entonces. Dado que no es más que una ilusión que el *homo sapiens* esté separado de la biosfera, en lugar de formar parte de ella, el colapso de la biosfera tiene implicaciones para el futuro de nuestras sociedades y quizá incluso de nuestra especie.

En 2012, un grupo interdisciplinar de científicos de todo el mundo se puso de acuerdo sobre «la plausibilidad de un punto de inflexión a escala planetaria» en la biosfera que llevaría al colapso de la civilización[123]. Como en todos los estudios sobre estas cuestiones, se llegó a la conclusión de que probablemente aún no ha comenzado, y todavía hay tiempo para evi-tarlo. Este es el «final de Hollywood» obligatorio para la ciencia medioam-biental del sistema establecido. Solo cuando se les entrevista sobre estos trabajos, los científicos dicen que los procesos sobre los que advierten podrían haber comenzado ya[124]. El mismo final optimista de Hollywood se produce cuando los científicos hablan de los cambios necesarios. Por ejemplo, una visión general sobre los daños a la biosfera planetaria concluía que «será muy difícil una transición hacia la sostenibilidad para la actual sociedad industrial globalizada, con su denso consumo de energía»[125]. La investigación que he realizado para los tres últimos capítulos me lleva a concluir que no será difícil, sino imposible. Además, a medida que la biosfera colapsa, también lo hacemos nosotros y hay pruebas de que la biosfera mundial empezó a colapsar hace algunas décadas. Esa es nuestra situación incluso antes de considerar el problema climático (capítulo 5) o el alcance de las respuestas inadaptadas que se producen (capítulos 7 y 13).

Las enfermedades son una de las formas en que el colapso biosférico impulsa el colapso social. Una forma de estimular el debate sobre esta cuestión es combinar las pruebas de la arqueología con las ciencias medioambientales contemporáneas para apreciar su impacto en la generación de pandemias donde concurre la deforestación con los colapsos civilizatorios del pasado. Es probable que la deforestación mundial sin precedentes sea la causa de que haya oleadas más frecuentes de nuevos agentes patógenos que, en sí mismos, pueden dañar a las sociedades mientras algunas respuestas humanas al miedo a pandemias inducidas ecológicamente pueden causar devastación, como los escapes de laboratorios que emprenden investigaciones escandalosamente arriesgadas aumentando la letalidad de los virus. Las respuestas insensatas de las autoridades y las organizaciones influyentes de la sociedad pueden verse impulsadas por el «poder del dinero» que se manifiesta a través de la industria farmacéutica, los medios de comunicación corporativos y las grandes tecnológicas mundiales, para empeorar las cosas —y no solo con la propia enfermedad—.

Como hemos visto tan claramente con la pandemia del COVID-19, las repercusiones de una sola perturbación, como una nueva enfermedad, pueden afectar secuencialmente a otros factores, como la economía (capítulos 1 y 2), el suministro de energía (capítulo 3) y los alimentos (capítulo 6), que ejercen una presión acumulativa sobre la civilización. El nuevo multiplicador de todas estas tensiones es el cambio climático global, que estudiaremos en el capítulo siguiente. Estudiar solo uno de estos pilares de las sociedades modernas en quiebre no nos dará una idea completa de la debilidad de toda la estructura. Sin embargo, es lo que ha hecho el mundo académico dominante: limitarse a disciplinas estrechas e ignorar así las interacciones que son tan importantes para comprender la realidad[126]. En el capítulo 7 analizaremos más detenidamente las limitaciones de la ciencia para ayudarnos a comprender el progresivo colapso de las sociedades modernas.

5

EL COLAPSO CLIMÁTICO:
ERRORES SECUENCIALES

«¿Por qué habríamos de destruir la economía para evitar solamente 2 grados de calentamiento global? Esa no puede ser la razón de las restricciones. Nos quieren controlar». ¿Has escuchado comentarios así recientemente? Yo sí, incluso de personas que antes expresaban su preocupación por el medio ambiente, a pesar de las recientes catástrofes climáticas sin precedentes en Pakistán y otros lugares. Una de las razones por las que este escepticismo sobre el calentamiento global puede extenderse hoy en día es el nivel tan pobre de las comunicaciones. La comunicación estratégica es un campo especializado en mi trabajo como profesor y asesor político[1]. Alarmado por la persistencia de los argumentos contra acciones climáticas contundentes, decidí centrar mi atención en las comunicaciones sobre el clima y compartir los tres errores que considero gigantescos.

Si los científicos nos dicen que el mundo ya se ha calentado 1,2°C, ¿qué tan mal nos sentimos en realidad? Intuitivamente, podríamos pensar en las temperaturas máximas diarias, en las que 1,2°C de más no es gran cosa. Nuestra impresión puede cambiar un poco cuando nos damos cuenta de que es un promedio para la noche y el día, el verano y el invierno, y sobre la tierra y el mar, pero, aun así, no tenemos con qué compararlo. Por ejemplo, podríamos aprender que la temperatura media era de 13,6°C en 1850, antes de subir a los 15°C actuales. Sin esta información adicional, ¿no es comprensible que la gente no perciba la verdad de los cambios drásticos que ya están en marcha? Sobre todo, cuando se enfrentan a políticas que afectarán el costo de vida. A veces incluso los expertos se confunden con los promedios y hacen afirmaciones extravagantes, como que la agricultura podría hacer frente a un aumento medio global de 15 grados[2]. Lo cual, por cierto, es el clima actual del Sáhara Occidental.

A mi entender, la humanidad se encuentra ya en una situación de crisis y tragedia mundial. En solo 200 años, la actividad industrial ha aumentado las temperaturas mundiales en una cantidad equivalente al 20 por ciento del rango total experimentado desde que los primeros *homo sapiens* caminaron sobre la Tierra hace más de 200 000 años. Se trata de un influjo de energía que altera los sistemas meteorológicos y daña tanto los espacios naturales como la agricultura. La velocidad no tiene precedentes. En los 50 años que llevo en la Tierra, nuestro planeta se ha calentado 170 veces más rápido de lo que se había enfriado en los 7 000 años anteriores. Durante el resto de este siglo, es probable que los aumentos sean cientos de veces más rápidos que en cualquier periodo de calentamiento de los últimos 65 millones de años. Los ecosistemas no pueden evolucionar tan rápido para enfrentar a ese ritmo de cambio[3].

Es y debería ser impactante, pero al endulzar los últimos datos científicos, las tendencias de emisiones y las limitaciones de la tecnología, algunos expertos impiden que la gente sienta el impacto. Aunque comprendemos que algunos expertos no quieran que perdamos la esperanza o la concentración, es incorrecto y contraproducente ese «optimismo climático» del público. Es incorrecto, ya que es inevitable que se produzca un calentamiento atmosférico, debido a la cantidad de calor adicional que ya hay en los océanos y a la cantidad de carbono que hay en la atmósfera[4]. En respuesta, algunos dicen que pueden ayudar las tecnologías como la captura mecánica directa del CO_2 en el aire. Sin embargo, su escasa eficacia y sus elevadas demandas energéticas no deberían inspirar confianza[5]. Además, investigaciones recientes han desmentido el argumento de que el crecimiento económico puede desacoplarse de manera suficiente del consumo de recursos y de la contaminación para que la economía mundial pueda seguir creciendo sin terribles consecuencias[6].

También es contraproducente insinuar que los activistas climáticos se están volviendo excesivamente negativos o fatalistas. Tanto la investigación psicológica[7] como los testimonios de activistas[8] nos muestran que no es desmotivador anticipar futuros difíciles. Por el contrario, la investigación revela que resulta desmotivador creer que las máquinas, los emprendedores y los líderes lo solucionarán todo por nosotros[9].

Alarmas como el reciente informe «Unidos en la Ciencia» de múltiples agencias de Naciones Unidas pueden ayudar a que retroceda ese «optimismo»[10], pero a medida que los impactos empeoran, el carbono atmosférico aumenta y la ciencia se vuelve más preocupante, existe el riesgo de que se produzca otro error en la forma en que los líderes piensan y hablan sobre el clima. A menudo, cuando los dirigentes se dan cuenta de que están dañados o amenazados los sistemas que administran, responden con decisiones draconianas que empeoran las cosas. Por ejemplo, adoptan medidas brutales contra la ley y el orden tras las catástrofes o utilizan chivos expiatorios para desviar la atención. Con el clima, ¿podría en el futuro ese «pánico de las élites» inspirar a los líderes a recortar las libertades personales para parecer decisivos? Esta respuesta podría provocar una resistencia masiva de la población, que podría considerar la acción por el clima como sinónimo de poder coercitivo en lugar de colaboración. Por el contrario, el futuro de la comunicación sobre la crisis climática debe centrarse en liberarnos a todos de los sistemas que nos empujan a descargar los costos sobre otros grupos y sobre la naturaleza[11]. Reconozcamos y trabajemos con el hecho de que la mayoría de las personas quieren hacer lo correcto si las circunstancias no las obligan a lo contrario y comuniquemos mejor las razones y los métodos para reducir las contribuciones al calentamiento planetario, antes de que se alcance esa devastadora media global de 2 grados centígrados».

Escribí esas palabras en un artículo para la cumbre climática de 2022 en Egipto, a la que asistí para promover una agenda alternativa a la especulación corporativa que había llegado a dominar la política climática. Años antes, cuando aún pensaba que la gente de Davos podría ser útil en cuestiones climáticas, el Foro Económico Mundial (FEM) había publicado varios de mis blogs, pero no me sorprendió que sus editores rechazaran este artículo (sin ofrecer explicaciones). «Algunas personas creen que las élites mundiales y sus instituciones —incluido el Foro Económico Mundial— nunca serán parte de una respuesta positiva a ninguna crisis, incluida la medioambiental» era una frase contenida en la versión que envié al FEM para hablar directamente a sus lectores regulares. La consideré irrelevante para la versión que publicó Resilience.org.

Inicio este análisis sobre la situación de nuestro clima, y lo que significa para la humanidad y la vida en la Tierra, con este artículo y comentando su rechazo por el FEM porque quiero hablar directamente del problema que ha estado arruinando la posibilidad de una acción sensata. La preocupación por el clima está siendo secuestrada por una mezcla de especuladores corporativos y autoritarios, de modo que se están aplicando políticas ineficaces y contraproducentes, que generan una reacción contra cualquier tipo de acción concreta sobre esta cuestión crítica. En el último capítulo vimos cómo la historia antigua indica que, cuando el clima cambia rápidamente, puede causar estragos en el suministro de agua y alimentos, aumentar la propagación de enfermedades y provocar guerras y migraciones masivas, es decir, puede contribuir significativamente al colapso de la sociedad. La cuestión del rápido cambio climático actual no es algo que deba ignorarse o minimizarse, o convertirse en una cuestión política, o verse como una oportunidad de hacer dinero. Tampoco es algo que deba asustarnos y enfadarnos tanto como para albergar sentimientos misántropos y promover respuestas autoritarias.

En este capítulo volveré primero a los conceptos básicos del calentamiento global. En parte por la persistencia del escepticismo sobre la necesidad de priorizar esta cuestión en la formulación de políticas, pero también porque ciertas negligencias de los climatólogos del sistema dominante han distorsionado la forma en que entendemos y respondemos a esta tragedia para la vida en la Tierra en curso. Describiré por qué es una amenaza para la humanidad, tanto de forma directa como por la forma en que contribuye a la fractura de otros pilares de las sociedades modernas y discutiré algunos de los últimos datos científicos sobre lo grave que puede llegar a ser y lo contraproducentes que se han vuelto las respuestas de las élites. Aunque toda la segunda mitad de este libro trata sobre qué hacer ante el gran problema social, del cual el cambio climático es una parte crucial, ofreceré algunas ideas iniciales antes de pasar a discutir una de las implicaciones clave en el siguiente capítulo: el colapso del sistema alimentario.

De vuelta a los principios de invernadero

Los gases de carbono que el ser humano ha hecho aumentar en la atmósfera desde el inicio de la revolución industrial son indiscutiblemente un factor importante en el aumento de la temperatura media global. El dióxido de carbono ha aumentado un 50 por ciento y el metano un 100 por ciento durante este periodo de tiempo. El efecto invernadero, en el cual los gases de carbono atrapan la radiación térmica en la atmósfera, es un fenómeno sencillo que puede demostrarse experimentalmente en un laboratorio. Quien sea que niegue ese efecto, o su papel en las temperaturas globales, está tan bien informado como quien cree que el sol es una gran bombilla que Dios enciende cada mañana. Nuestro mundo funciona como funciona porque todo lo que existe de forma natural está en un equilibrio dinámico. Decir que el dióxido de carbono no es un problema porque es natural, es tan lógico como decir que una inundación que demolió una casa no es un problema porque el agua es natural. Es cuestión de equilibrios y desequilibrios. Decir que el dióxido de carbono no es un problema porque es una fracción minúscula de la atmósfera sería como decir que los gases CFC no importan porque son una fracción aún más pequeña de la atmósfera, a pesar de que destruyen la capa de ozono y aumentan los niveles de radiación peligrosa en las latitudes altas. Decir que los niveles de dióxido de carbono no son un problema, o que las temperaturas más altas no son un problema, porque ambos eran mucho más altos en el pasado, es pretender que la velocidad de un clima cambiante no importa a los ecosistemas, como si los árboles pudieran simplemente levantarse y empezar a caminar hacia el norte y decir que el cambio climático no es importante para los pobres es revelar una profunda ignorancia sobre la manera en que los cambios climáticos ya están llevando a más personas a la pobreza, la desnutrición, la migración e incluso los conflictos, como veremos en el próximo capítulo.

Aunque los gases de carbono podrían haber sido un factor pequeño en comparación con otros factores en la conformación de las temperaturas globales antes de la Revolución Industrial, debido a las grandes cantidades antinaturales que los humanos modernos han liberado en los últimos doscientos años, son una de las razones por las que las temperaturas mundiales han aumentado más rápidamente desde la década de 1970. Los científicos que no creen que el dióxido de carbono sea importante suelen hacer afirmaciones desacreditadas o irrelevantes para el efecto acumulativo. Por ejemplo, afirman que, como los movimientos de las masas de aire determinan los climas locales fuera de los trópicos, el efecto invernadero no tiene una influencia significativa en las temperaturas, lo que ignora cómo el calor adicional se transporta finalmente por todo el mundo, y cómo su transporte por los océanos calienta el Ártico más rápidamente, lo que reduce la potencia de la corriente en chorro, haciéndola oscilar arriba y abajo, lo que genera extremos de frío y calor, sequedad y humedad por América del Norte, Europa y el norte de Asia. También afirman que cualquier calentamiento adicional se devuelve al espacio mediante diversos procesos (el «efecto Iris»), a pesar de que un análisis detallado de la energía entrante y saliente de la Tierra demuestra que no ha sucedido en los últimos quince años[12]. Los escépticos de la influencia de los gases de carbono en el clima afirman que la complejidad del funcionamiento del vapor de agua y las nubes en relación con los gases de carbono nos obliga a descartarlos. Sin embargo, aunque tal complejidad existe y debemos prestar más atención a las causas del aumento del vapor de agua y la reducción de las nubes, la teoría de que un aumento del dióxido de carbono reduce el vapor de agua o aumenta las nubes para reducir el efecto de calentamiento ha sido refutada experimentalmente[13].

Uno de los principales argumentos de quienes niegan o reducen la importancia del dióxido de carbono en el cambio climático es que los registros paleontológicos indican que, antes de la influencia humana en el medio ambiente, las temperaturas medias globales aumentaban normalmente cientos de años antes de que el dióxido de carbono atmosférico empezara a subir. Ese hecho demuestra que, antes de *la influencia humana*, el dióxido de carbono no era un factor desencadenante del calentamiento global. Sin embargo, no refuta que tenga un efecto de calentamiento, lo cual ya está demostrado a partir de una multiplicidad de otros datos y experimentos. Ahora que el ser humano ha alterado la atmósfera, esas alteraciones pueden convertirse en un nuevo factor que fuerza el clima mundial. Es una constatación aterradora entender plenamente el papel de los gases de carbono en la amplificación de cualquier calentamiento global causado por otros factores, sobre la que volveremos más adelante en este capítulo.

El enfoque de los principales medios de comunicación en los gases de carbono es un problema en que puede perderse de vista la complejidad de los procesos climáticos y, por consiguiente, los escépticos encuentran márgenes para cuestionar caracterizaciones erróneas del clima y del calentamiento global. Por ejemplo, los gases de carbono no son los únicos factores que influyen en las temperaturas medias mundiales, ni ahora ni en el pasado. Otros factores importantes son la órbita de la Tierra, los rayos cósmicos, la actividad solar, la actividad volcánica, las grandes corrientes oceánicas y el vapor de agua en la atmósfera (y, por lo tanto, la cubierta vegetal), entre otros. No puedo detallar todas estas influencias en este capítulo, pero es muy importante comprender algunas de ellas, ya que pueden tener influencia en los cambios recientes y futuros a corto plazo, junto con el efecto invernadero, y deberían ser un factor en nuestras evaluaciones de riesgo y de políticas. Por desgracia, este tema está tan polarizado que prestar atención matizada a múltiples factores puede invitar ataques y «cancelaciones». Afortunadamente, tras cinco años de críticas tergiversadoras, ya no me interesa que me respeten aquellos que tienen un público al cual complacer, así que puedo compartir cuál es mi comprensión de la situación.

La cubierta vegetal y su efecto en el ciclo hidrológico es uno de los factores clave que influyen en el clima y que se ha ignorado en gran medida en la ciencia, el activismo y las políticas climáticas. Su influencia es grande en las temperaturas locales, las temperaturas medias mundiales y las condiciones meteorológicas inusuales[14] debido a que el vapor de agua es el gas de efecto invernadero más importante, y contribuye hasta en un 70% al efecto invernadero total (mientras que el CO_2 contribuye hasta en un 30%)[15]. Cuando el vapor de agua se convierte en nubes, no solo deja de calentar la atmósfera, sino que las nubes reflejan la radiación entrante y liberan energía en una altura desde la que se irradia de vuelta al espacio, lo que enfría la atmósfera[16]. Este proceso no niega los problemáticos niveles actuales de gases de carbono, especialmente debido a las desafortunadas retroalimentaciones amplificadoras entre los aumentos de gases de carbono y el vapor de agua. Sin embargo, debería invitarnos a reflexionar sobre la forma en que la actividad humana ha destruido bosques en todo el mundo a un ritmo sin precedentes y su papel en la reducción del área de nubes, y por lo tanto aumentando el vapor de agua. Debido a que los bosques desprenden bacterias y polen, que son núcleos de condensación y también crean ascensos momentáneos más intensos de aire húmedo, permiten que el vapor de agua de la atmósfera se convierta en nubes[17][18]. Esa es una de las razones por las que los científicos han encontrado correlaciones entre los cambios de temperatura relacionados con la deforestación en la cuenca del Amazonas y la cantidad de precipitaciones en forma de nieve en lugares tan lejanos como la meseta tibetana[19]. Este efecto podría explicar por qué el periodo más rápido de calentamiento global se ha producido desde la década de 1970, cuando las tasas de deforestación mundial durante la globalización económica se dispararon debido a la expansión de la agricultura, la minería y la expansión urbana. Gracias a los esfuerzos de los conservacionistas, esas tasas han disminuido en los últimos quince años y parte de esa reforestación puede haberse reflejado en los promedios mundiales de temperatura en 2017[20].

El papel, probablemente crucial, de la cubierta forestal en las temperaturas globales nos recuerda la interconexión y complejidad de los sistemas naturales de la Tierra y lo poco sensato que es confiar plenamente en los modelos computacionales. Por ejemplo, ¿dónde acaba el clima? Ya hemos visto que no termina antes que los bosques. Cuando los suelos se secan, liberan carbono, por lo que el clima tampoco termina en la superficie de los suelos. Siempre se acaba pasando por alto algunas relaciones, a pesar de los intentos de crear modelos de ellas. Un ejemplo son los excrementos de los peces. Sus heces flotan en el fondo del mar, donde el carbono queda retenido por milenios. Según algunas estimaciones, representan el 20 por ciento de la fijación de carbono que se produce en los océanos. La desaparición de las poblaciones de peces en todo el mundo ha tenido un gran impacto en este proceso, lo que significa que el clima tampoco se detiene en las heces de los peces[21]. Además, existe la amenaza de dañar el fitoplancton que fija el carbono por culpa de la contaminación de químicos para siempre y microplásticos, que ya analizamos en el último capítulo. Así pues, el clima tampoco se detiene en nuestras sartenes antiadherentes o cubos de basura. Todo está conectado y, sin embargo, hace falta un filósofo como Charles Eisenstein para señalar la arrogancia detrás de los supuestos separatistas y reduccionistas de la climatología dominante[22]. La implicación es que necesitamos una comprensión diferente de nuestra relación con el mundo natural, y sistemas económicos y políticos diferentes que la permitan, lo cual exploraremos en la segunda mitad de este libro.

Las variaciones de la actividad solar siguen siendo relevantes para las temperaturas globales, tanto de forma directa como a través de su probable influencia en las corrientes oceánicas, y no deben ignorarse en nuestra comprensión de los cambios de temperatura mundial. Lamentablemente, algunos escépticos del cambio climático provocado por el ser humano han exagerado el papel actual de la actividad solar en las temperaturas medias mundiales, por lo que se vuelve un tema espinoso. Las manchas solares afectan tanto a la radiación en la Tierra como a los niveles de formación de nubes: cuando hay manchas solares, hay menos nubes, las temperaturas superficiales son más cálidas y el calentamiento de los océanos es mayor. La caída de la actividad de las manchas solares desde 2015 puede haber contribuido a una estabilización momentánea de las temperaturas globales, de 2017 a 2021, en los niveles más altos que han sido causados principalmente por los gases de efecto invernadero, que incluye tanto los gases de carbono como el vapor de agua. Algunos de los efectos de las manchas solares sobre las temperaturas atmosféricas a través de su calentamiento de los océanos tienen un desfase temporal: algunos efectos pueden producirse en tan solo dos años, mientras que otros pueden tardar siglos. Las corrientes oceánicas profundas del océano Pacífico tienen un efecto inmediato en las temperaturas globales, y el fenómeno de La Niña ha amortiguado las temperaturas en 2021 y 2022. En términos de la superficie de nuestro planeta y de lo que impulsa su clima, somos más el Planeta Pacífico que el Planeta Tierra. Desgraciadamente, la vuelta a un periodo de mayor actividad solar a partir de 2021, y con el fenómeno El Niño en el Pacífico a finales de 2023, repercutió en una línea de base ya de por sí elevada por todos los gases de efecto invernadero, lo que significa que tanto los escépticos del clima como los partidarios de las predicciones conservadoras predominantes sobre el futuro calentamiento global se van a llevar una sorpresa con las temperaturas sin precedentes en 2024. Para los «catastrofistas» también será un problema, pero quizá sepamos tomárnoslo con más calma (ver capítulo 12).

En su entusiasmo por transmitir al público y a los responsables políticos un mensaje sencillo sobre los peligros del calentamiento global, algunos científicos del clima pueden haber cometido errores al presentar los datos y abrieron la puerta al escepticismo. Por ejemplo, uno de los autores principales de la sección correspondiente de un informe del IPCC utilizó datos procedentes de anillos de árboles para la reconstrucción de climas pasados que hacían que un «periodo cálido medieval» —por lo demás ampliamente observable— no pareciera significativo[23]. Cuando surgieron críticas por no haber considerado ese periodo más cálido, la narrativa establecida ha sido que «no fue globalmente sincrónico»[24] a pesar de que se registró en todo el mundo. Un estudio de las temperaturas pasadas del Océano Pacífico estimó que hubo un calentamiento significativo durante ese periodo, lo que también apunta a un fenómeno global[25]. En vez de argumentar que el periodo cálido medieval no existió como fenómeno generalizado, hay que notar que la limitada seguridad que nos proporciona hoy en día es simplemente que el periodo cálido no se produjo con los potenciales efectos amplificadores de niveles relativamente altos de gases de carbono, por lo que las temperaturas pudieron volver a descender en pocas décadas, lo que permitió que muchos ecosistemas sobrevivieran y se recuperaran. Los ecosistemas del mundo estaban mucho más intactos que en la actualidad y la vegetación era capaz de generar las nubes necesarias para volver a bajar las temperaturas. Contrariamente a las falsas afirmaciones de los escépticos del clima, nuestro planeta ya es tan cálido como durante el periodo cálido medieval, y estamos viendo la manera en que las temperaturas siguen aumentando[26]. Sin embargo, la posibilidad de tomar decisiones arbitrarias sobre los datos a utilizar para que se pueda negar la existencia de este fenómeno, en lugar de analizar las razones de su producción y tolerabilidad, ha abierto la puerta a los negacionistas de la situación actual.

Debido a la complejidad de los factores que influyen en el clima mundial, la cantidad de gases de carbono en la atmósfera no constituye un termostato planetario que la humanidad pueda subir o bajar, contrariamente a lo que la climatología del sistema dominante implica y, a veces, incluso afirma. Además de los factores mencionados, hay otra razón por la que las concentraciones de gases de carbono no son un termostato planetario: el desfase temporal del calentamiento. Dado que la mayor parte del calor adicional absorbido por el planeta Tierra ocasionados por los gases de carbono y la actividad solar se mantiene inicialmente en los océanos del mundo, se produce un efecto de calentamiento retardado en la atmósfera y los continentes. Puesto en palabras dignas de la seriedad de la NASA «los retardos en la temperatura de la superficie debidos a la inercia térmica de los océanos implican que la respuesta transitoria es siempre menor que la respuesta de equilibrio»[27]. Además, los gases de efecto invernadero permanecen en la atmósfera durante años después de ser emitidos, por lo que se produce un efecto de calentamiento retardado, lo que significa que hay cierto calentamiento comprometido por las emisiones pasadas de gases de efecto invernadero, pase lo que pase en el futuro. Como es incierta la cantidad exacta de ese calentamiento futuro procedente de los gases de carbono existentes, no se ha tenido en cuenta en el consenso sobre el calentamiento futuro de los informes del IPCC. Esa decisión conviene a los científicos que quieren mantener la idea de que los niveles de gases de carbono son como un termostato: si los bajamos, bajamos la calefacción. Quizá por esa razón algunos climatólogos atacaron en las redes sociales mi crítica al uso indebido de resultados de la modelización informática del «calentamiento comprometido», utilizados para sostener que el futuro no es tan sombrío[28]. Lamentablemente, algunos optan por insinuar o afirmar rotundamente que quienes critican ciertos aspectos de la climatología del sistema dominante son anticientíficos, parciales, perversos, secuaces rusos o atraídos por conspiraciones paranoicas. Si señalar el hecho obvio de que el dióxido de carbono no es un termostato planetario puede inspirar hostilidad por parte de algunos expertos, se debe a que se consideran a sí mismos en una guerra de narrativas con el futuro de la vida en la Tierra en juego. Suponen, erróneamente, que cualquier crítica conlleva tomarse menos en serio la acción climática, en lugar de tomársela *más* en serio e implicar un programa de acción más amplio. Ese programa más amplio incluye la reducción de todos los gases de efecto invernadero, incluidos el dióxido de carbono y el metano, pero también el vapor de agua, lo que puede hacerse poniendo un énfasis central en la regeneración de la naturaleza salvaje y desplazando más agricultura hacia la agrosilvicultura.

OCURRE Y ES GRAVE

Es muy complejo medir y modelizar el conjunto del sistema Tierra y da lugar a una gran variedad de evaluaciones y opiniones. Varios científicos consideran inapropiada la confianza generada a través de los procesos de consenso del IPCC[29]. Frente a esa complejidad, para comprender lo que ocurre realmente en el medio ambiente, podemos recurrir a un punto de datos que revela el resultado de los diversos factores en interacción. Se trata del aumento global del nivel del mar. Las estimaciones del IPCC estaban por debajo de la curva debido a su metodología. Por ejemplo, en 2007, los datos satelitales mostraban un aumento del nivel del mar de unos 3,3 mm al año. Sin embargo, ese año el IPCC postuló 1,94 mm al año como la marca más baja de su estimación para el rango de aumento futuro del nivel del mar. «Así es: a una tasa más baja de la que ya estaba ocurriendo», escribí en el manual *Extinction Rebellion* en 2019.

> Es como estar de pie en tu sala de estar, con el agua llegándote a las rodillas, mientras escuchas a la meteoróloga en la radio decir que no está segura de si el río se desbordará. Resulta que cuando los científicos no se pusieron de acuerdo sobre cuánto contribuiría el deshielo de las capas polares a la subida del nivel del mar, omitieron por completo los datos. Sí, tal ineptitud casi da risa. Una vez que me di cuenta de que el IPCC no podía tomarse como el evangelio del clima, examiné más de cerca algunas cuestiones clave[30].

En retrospectiva, puedo ver la razón por la cual los climatólogos usaron intermediarios para cancelarme como comentarista sobre cuestiones climáticas unos meses más tarde.

Pero aquí estoy todavía y sigue siendo importante centrarse en razón de este aceleramiento del aumento del nivel del mar. Durante el siglo XX, tuvo un promedio de alrededor de 1,5 mm al año, luego se aceleró a alrededor de 2,5 mm al año en la década de 1990 y, en los pocos años anteriores a la publicación de este libro, había alcanzado más de 3,9 mm al año[31]. Como escribí en mi artículo de 2018 sobre la adaptación profunda, indica que los cambios no lineales ya podrían estar ocurriendo en el sistema Tierra, ya sea en los cambios de temperatura en el océano, en el derretimiento del hielo en la tierra o en ambos. Esa no linealidad indicaría que ya se están produciendo retroalimentaciones amplificadoras, lo que significaría que la humanidad probablemente no pueda influir significativamente en el cambio climático futuro. Mucha gente resta importancia a los datos sobre la subida del nivel del mar porque ese fenómeno se mide en milímetros y actualmente no afecta a tantas personas —pero pasa por alto que es un indicador del cambio de todo el sistema y que nos señala un curso aterrador—.

Debido a la inercia del sistema climático, el clima que ya ha sido alterado implica la probabilidad de que se produzca una subida global del nivel del mar de 27 cm solamente por el deshielo de Groenlandia. Incluso podría ser de 78 cm si el deshielo de Groenlandia de 2012 se normalizara. Otras fuentes terrestres señalan que el aumento global del nivel del mar es probablemente el doble, incluso antes de tener en cuenta el calentamiento comprometido del sistema o la capa de hielo de la Antártida occidental, que podría desprenderse repentinamente y provocar una subida del nivel del mar mucho mayor[32]. En cualquier caso, la subida del nivel del mar ya está empezando a tener efectos locales devastadores, como en los pequeños estados insulares. Tardará décadas en tener un efecto significativo sobre la civilización humana en general, y luego continuará durante miles de años más allá de cualquier posible estabilización o reducción de las temperaturas medias globales. Por lo tanto, incluso a finales de este siglo, ya es seguro que muchas ciudades costeras y tierras agrícolas se verán comprometidas[33].

Cuando las personas aceptan que el clima se calienta, que los gases de carbono son un factor clave, que es probable que continúe y que causará grandes problemas con la subida del nivel del mar en unas décadas, la pregunta natural que se hace la mayoría es: ¿de qué otra forma es un problema para la humanidad en general, o para la vida en la Tierra, y con qué urgencia? Por desgracia, ya son terribles noticias para la biodiversidad mundial, como vimos en el último capítulo. Mientras que los aumentos lentos de las temperaturas globales, a lo largo de miles o decenas de miles de años, pueden dar lugar a una mayor biodiversidad (por ejemplo, con elefantes en el Ártico), los cambios más rápidos de las temperaturas, como un grado centígrado entero en un siglo, pueden dañar los ecosistemas, porque es difícil que se adapten bien a cambios tan rápidos. Los daños se manifiestan de varias maneras, uno de ellos es la pérdida de hábitat cuando un lugar se vuelve demasiado cálido, húmedo o seco para las especies preexistentes, que no pueden desplazarse lo suficientemente rápido o lejos para encontrar un hábitat adecuado. Otra es la alteración de los patrones estacionales finamente equilibrados, como la floración y la migración, de modo que se producen situaciones en las que los insectos no pueden polinizar o las aves no pueden alimentarse. Todo tipo de fenómeno meteorológico extremo que ocurre con mayor frecuencia afecta directamente a todas las formas de vida, ya sea matándolas o reduciendo su salud y su éxito reproductivo. El efecto acumulativo se está observando en la actualidad y no es meramente teórico, con la actual «aniquilación biológica» o «extinción masiva» considerada por el consenso científico como resultado en parte de los cambios climáticos acelerados recientemente[34]. Además, a diferencia de la destrucción de hábitats por la actividad humana, el cambio climático es un problema inextricable que solo podría resolverse actuando en todo el planeta, lo que lo convierte en la amenaza más generalizada y a largo plazo para la biodiversidad. Por eso resulta tan extraño que los escépticos del clima, como el académico Jordan Peterson, afirmen despreocupadamente que la naturaleza podría hacer frente al calentamiento global si los humanos contribuyen a una buena conservación[35].

Los cambios climáticos acelerados, como las temperaturas medias, las temperaturas extremas globales y los regímenes de precipitaciones, no solo son perjudiciales para los ecosistemas naturales, sino también para los sistemas agrícolas (y los mantos freáticos). No es solo teoría, pues ya lo estamos observando, como lo analizaremos más detenidamente en el capítulo siguiente. Uno de los efectos más preocupantes que estudiaremos es la forma en que el cambio climático está reduciendo la fuerza de las corrientes en chorro, lo que provoca un clima más variable, desestacionalizado y extremo, que amenaza con afectar de golpe a las zonas exportadoras de cereales. Además, el sector de seguros está registrando una espiral de reclamaciones por daños relacionados con el clima que no pueden explicarse por malas decisiones sobre el uso del suelo. También se sabe que los cambios climáticos localizados impulsan las migraciones y los conflictos, temas que retomaremos en el capítulo 7 cuando hablemos del papel del clima en la «decimentación» de las sociedades. Por lo tanto, parece una ceguera voluntaria cuando los escépticos afirman que no son significativos los cambios climáticos presentes y futuros. Algunos de ellos afirman a la ligera que el ser humano es capaz de adaptarse, pues podemos hacer frente al calor y al frío cambiándonos de ropa o encendiendo el aire acondicionado, ignorando así lo que los extremos y la variabilidad significan para la agricultura y los ecosistemas[36]. Otros hacen afirmaciones extravagantes sobre la manera en que la agricultura sería capaz de hacer frente a un aumento de la temperatura media global de 15 grados, claramente malinterpretando la ciencia básica, como mencioné al principio de este capítulo. Algunos afirman que el calor y el dióxido de carbono adicionales beneficiarán a la humanidad y a la naturaleza a través del «reverdecimiento global» y compensarán el problema percibido de las emisiones de carbono. Ninguna de esas afirmaciones es científica[37].

En primer lugar, se ha demostrado que las plantas que crecen más rápido debido al aumento del dióxido de carbono son menos nutritivas para los animales, incluidos los humanos[38]. En segundo lugar, el carbono almacenado temporalmente en las plantas se devuelve fácilmente a la atmósfera por descomposición o incendios, por lo que son mucho menos positivas las implicaciones a largo plazo[39]. En tercer lugar, el efecto reverdecedor está limitado por la disponibilidad de fósforo y se producía antes de que el cambio climático dañara significativamente los ecosistemas, lo que amenaza con convertir más bosques en fuentes netas de carbono y que llevó a algunos científicos a concluir que el efecto ya había terminado en 2019[40].

CUANDO LOS CLIMATÓLOGOS PIERDEN EL RASTRO DE LA CLIMATOLOGÍA

Los análisis independientes que varios científicos han realizado sobre el enfoque editorial del IPCC a través de los años muestran que este ha excluido algunos de los análisis más preocupantes[41]. Por esa razón, muchas de sus proyecciones de 2007 resultaron estar por debajo de lo que ocurrió cn 2020. Algunos analistas sostienen que este acercamiento del IPCC fue favorecido por los oficiales a cargo, pues querían que las conclusiones fueran más funcionales para los gobiernos y sus potentes industrias. La reticencia del IPCC provocó que muchas personas, incluido yo mismo, no se dieran cuenta de lo preocupante que se había vuelto la situación climática a pesar de llevar décadas de trabajo en el campo de la sostenibilidad. Esa reticencia también provocó que los académicos que ganaron notoriedad por ir más allá del IPCC, como yo lo he hecho desde 2018, han sido, en el mejor de los casos. descartados por una supuesta falta de profesionalismo. Lamentablemente, esa respuesta obstaculiza discusiones que son urgentes en la sociedad.

El Informe de Evaluación 6 (*Assesment Report* 6 AR6, por sus siglas) del IPCC, publicado en 2023, demuestra que la climatología dominante se ha puesto al día con casi todo lo que escribí en mi artículo sobre la adaptación profunda en 2018, un texto que fue considerado como demasiado «alarmista» en su momento por algunos climatólogos, ecologistas profesionales y periodistas establecidos. Por ejemplo, tenía razón al argumentar que, a pesar de que no había suficientes estudios arbitrados sobre el fenómeno del aumento del nivel del mar, este era más alto que las proyecciones anteriores del IPCC e incluso había indicios de que la tasa de aumento estaba creciendo. El AR6 reconoce ahora que las tasas recientes no tienen precedentes en los últimos 2500 años y que han aumentado rápidamente. No me equivoqué al señalar que muchos de los sumideros de carbono, como los bosques, se estaban convirtiendo en fuentes de carbono, lo que empeoraba el pronóstico y lo hacía menos controlable. Acerté al observar que los impactos en la criosfera, los océanos y los ecosistemas eran ya más intensos de lo que se había previsto para este periodo de la historia y con este nivel de calentamiento global. También era razonable advertir que las retroalimentaciones que se reforzaban mutuamente crearían pronto puntos de inflexión que llevarían la situación más allá de nuestro control. Por desgracia, también siguió teniendo validez cinco años después mi afirmación de que el mundo no reduciría las emisiones para mantenerse dentro del presupuesto de carbono para un calentamiento global de 2 grados[42].

En retrospectiva, la ruptura más importante con la narrativa dominante en 2018 fue que argumenté que los impactos del cambio climático ya estaban presentes en todas partes, en lugar de solo afectar a otras especies, tierras lejanas y generaciones futuras. Ya no es algo inusual insistir en que el cambio climático se está convirtiendo en un peligro cercano y presente para todos mis lectores, a través de una serie de impactos directos e indirectos. Ahora, cuando hablan de las implicaciones de los informes del IPCC, los funcionarios de la ONU siempre lo afirman. La diferencia es que en mi artículo llegué a la conclusión de que el colapso de la sociedad era inevitable. Di una estimación del marco temporal, cuando escribí que «las sociedades humanas experimentarán alteraciones en su funcionamiento básico en menos de diez años debido al estrés climático». Como era nuevo en el tema y estaba algo conmocionado, no expliqué mucho sobre lo que implicaría el colapso de la sociedad. Tenía entendido que implicaría daños irreversibles y que, por lo tanto, no continuaríamos como antes. Me resultó interesante leer que en el IE6 el IPCC señala por primera vez que «se producen impactos con consecuencias irreversibles en todos los continentes». Un cambio irreversible no es un retroceso —es un fragmento de un colapso—. Ahora observo que nuestras sociedades ya experimentan alteraciones en su funcionamiento básico debido al estrés climático y concluyo que el colapso ya había comenzado cuando yo estaba realizando mis investigaciones, por una serie de razones de las cuales el clima es a la vez síntoma y factor contribuyente.

No entendí completamente que mi artículo de 2018 había revelado el nivel de evasión y negación no solo de los ecologistas, sino también de muchos científicos del clima. No era consciente del alcance del análisis de las razones metodológicas e institucionales de su reticencia científica. No era consciente de las razones no científicas del excesivo énfasis en la modelización computacional en climatología. No me había dado cuenta de que la falta de autoconciencia cultural había causado que evitaran un cuestionamiento más crítico. Así que cuando el artículo y la conversación sobre la adaptación profunda estallaron en todo el mundo, la clase dirigente ecologista no se limitó a matar al mensajero: fueron al ataque con todo su armamento. Las críticas sobre que mi carencia de rigor y ética estaban coordinadas y diseñadas para cancelarme como comentarista del cambio climático para marginalizar la creciente anticipación del colapso de la sociedad. Muchas de sus críticas eran simplemente falsas. Por ejemplo, en los pocos años anteriores a 2017, las temperaturas globales estaban aumentando tan rápido que superaban incluso los límites superiores de las proyecciones de los modelos climáticos. Así lo afirmé en el artículo de la adaptación profunda y algunos climatólogos establecidos, que preferían sostener que los modelos climáticos eran muy fiables, lo desestimaron incorrectamente. Muchas críticas tergiversaron los puntos de vista de mi artículo sobre el metano (a los que nos referiremos más adelante), las fusiones nucleares (no afirmé que fueran a ocurrir) y la extinción humana a corto plazo (simplemente concluí que eran una posibilidad). Algunas críticas incluso insinuaban que yo podía ser racista, citando erróneamente mi recomendación de aprender de las culturas indígenas que habían tenido que enfrentarse al colapso social en el pasado, que se analiza en el capítulo 9[43].

Las críticas a la anticipación del colapso social recibieron mucho apoyo en los principales medios de comunicación. Algunos climatólogos que estaban de acuerdo en que el colapso era probable y que la adaptación profunda tenía un lugar entre las respuestas, recibieron instrucciones de sus colaboradores y financiadores de cortar cualquier asociación con la idea y conmigo. Al contagiarse de una deferencia de clase media hacia el sistema dominante, esa negatividad penetró en grupos activistas como *Extinction Rebellion*, algo antitético a su ímpetu inicial. Como escribí en su momento, no me proporcionará ningún placer que los hechos me reivindiquen, ya que, por el bien de todos, incluido el mío propio, me gustaría estar equivocado. Echando la vista atrás, me pregunto qué daño habrá hecho esa reacción al compromiso de la gente con la cuestión climática, incluso dentro de la comunidad activista. Si durante los últimos años también te afectó ese esfuerzo para que descartaras este análisis y no lo pudieras procesar más tempranamente, entonces podrías ganar algo reflexionando sobre qué había dentro de ti que permitió que sucediera. De ese modo, podrías reducir tu susceptibilidad a las formas actuales y futuras de manipulación. Es importante, ya que cuantos más seamos capaces de percibir la manera en que los funcionarios de la clase dirigente trabajan con los intereses del capital dentro de una cultura de Modernidad Imperial para incitarnos a no radicalizarnos, más capaces seremos de defender los valores universales en una era de colapso, que exploraré en la segunda mitad del libro.

¿QUÉ TAN GRAVE SE TORNARÁ LA SITUACIÓN?

La pregunta que me hice cuando analizaba la ciencia climática en 2017 y 2018, y que me ha hecho la gente desde entonces, es: ¿qué tan grave será? Las personas que eligieron la narrativa del termostato planetario de dióxido de carbono son capaces de responder que depende totalmente de nuestras acciones actuales para reducir las emisiones y limitar el carbono. Por la evidencia que ya hemos considerado, creo que esa visión es incorrecta. La narrativa del termostato de carbono pierde aún más fundamento si nos fijamos en la información más reciente sobre los puntos de inflexión climáticos, las pruebas de que el carbono siguen a los aumentos de temperatura en la prehistoria, las rápidas reducciones en el efecto de atenuación de los aerosoles y las recientes predicciones de las corrientes del Océano Pacífico y de la futura actividad solar, como haremos ahora. Implica que no desconocemos la magnitud de la situación, independientemente de las medidas de mitigación que adoptemos. No significa que no debamos actuar para reducir las emisiones y el carbono, pero significa que tenemos que hacer mucho más, incluyendo una serie de enfoques e iniciativas que resumiré en un momento. Pero primero, echemos un vistazo a la ciencia que resulta incómoda para quienes quieren defender que los humanos tenemos el volante de nuestro destino mediante el control del carbono.

La primera preocupación clave es la cantidad de retroalimentaciones que se refuerzan mutuamente en el sistema terrestre a medida que se calienta el clima. Desgraciadamente, parece que hay más retroalimentaciones amplificadoras del calentamiento inicial que amortiguadoras, como la pérdida de reflexión del hielo cuando se derrite y la liberación de gas metano, con alta potencia calentadora, procedente del deshielo del permafrost. Algunas de estas retroalimentaciones se han descrito como «puntos de inflexión» porque es probable que las amplificaciones no sean reversibles ni por procesos naturales ni por la intervención humana. La complejidad de los procesos implicados ha planteado un problema para los métodos reduccionistas de la climatología y su dependencia de la modelización informática. Dentro de esas limitaciones, algunos científicos llegaron antes a la conclusión de que algunos de esos puntos de inflexión «podrían haberse desencadenado ya». Existe un desacuerdo significativo en este campo. Por ejemplo, algunos investigadores consideran que la pérdida de hielo marino estival en el Ártico es un punto de inflexión porque conduce a un calentamiento mucho mayor de los océanos, a un calentamiento regional y a una mayor pérdida de hielo en tierra firme, aunque pueda volver a haber hielo marino durante un periodo invernal en el futuro. También calculan que un verano sin hielo hace casi seguro un año sin hielo, confirmando así la irreversibilidad[44]. Otros científicos decidieron que, dado que el hielo marino podría volver un verano, el proceso era teóricamente reversible y, por lo tanto, no se trataba de un punto de inflexión[45]. Considero que ese es un marco subjetivo basado en las matemáticas más que en la importancia real del acontecimiento en sí. También considero que su elección arbitraria es conveniente si se quiere mantener la narrativa del control termostático del carbono cuando haya un Ártico sin hielo un verano en un futuro próximo. Estas decisiones arbitrarias sobre marcos y definiciones quedan ocultas por la terminología científica, los abundantes datos, las matemáticas complicadas y una prosa llena de confianza. Expresar análisis molestos sobre las formas subjetivas en que trabajan los científicos, en lugar de la supuesta pretensión objetiva, pincha un aspecto clave de la farsa, y es la razón por la que se molestaron tanto conmigo muchos climatólogos del sistema dominante. Toman esas decisiones subjetivas, consciente o inconscientemente, porque creen fervientemente en lo que hacen, al tiempo que movilizan supuestos derivados de la Modernidad Imperial, como creer en la ética consecuencialista y en ideologías de dominio humano.

Uno de los puntos de inflexión más preocupantes es la posible liberación de metano por el deshielo del permafrost terrestre. En el artículo de la adaptación profunda afirmé justificadamente que había indicios de que ya había empezado a suceder y que necesitaba recibir mucha más atención por parte de los climatólogos y los responsables políticos, algo que ahora reconoce el IPCC. Un escenario más catastrófico sería que el metano solidificado del permafrost submarino de la costa de Siberia se liberara al calentarse las aguas. A través del IPCC, la climatología dominante ha llegado a la conclusión de que no es una preocupación a corto plazo, pero algunos científicos que trabajan en el tema directamente siguen argumentando que una liberación repentina es una posibilidad en este siglo. Es un gran problema, ya que probablemente causaría un calentamiento acelerado que podría causar la extinción humana junto con gran parte del resto de la vida en la Tierra. Mi conclusión en el artículo de la adaptación profunda fue que tal evento es una posibilidad y que el peligro es tan alto que resulta urgente experimentar con posibles respuestas, como el Aclaramiento de Nubes Marinas (*Marine Cloud Brightening* o MCB, por sus siglas). Se trata de un sistema en el que las nubes se sembrarían sobre el Ártico, utilizando agua de mar rociada en el cielo. Podría no funcionar, debido a la entrada de aguas más cálidas en el Ártico, eso formaría parte de la investigación.

Cinco años después, ningún nuevo dato científico ha reducido esa preocupación, mientras que los niveles de metano han seguido aumentando y las temperaturas de las aguas profundas del Ártico han seguido subiendo[46]. Mis detractores citan erróneamente mis opiniones sobre este tema para afirmar que creo en la certeza de la extinción humana, lo cual no es cierto como expliqué con más detalle en el capítulo 3[47]. Me duele que se haya suprimido la acción sobre algo tan potencialmente catastrófico para la raza humana debido a las tácticas de comunicación de la gente en su búsqueda de influencia y financiación, y para mantener la mentira de que la humanidad aún tiene todo el control si así lo deseamos. No se me ocurre ninguna forma de acabar con las manos más manchadas de sangre que ayudando a impedir que se tomen medidas ante esta amenaza existencial —por desgracia, es lo que puede ocurrir cuando la respuesta de algunas personas a su extrema ansiedad ante la situación climática es intentar sentir que son importantes—.

Muchos habrán visto la película *Una verdad incómoda* de Al Gore. En ella habrán visto la dramatización del gráfico del «palo de hockey», en el que el entonces considerado como «el próximo presidente de los Estados Unidos» se elevaba por los aires para seguir el aumento del dióxido de carbono y de las temperaturas. Creo que tanto él como su productor multimillonario Jeff Skoll y el científico que desarrolló ese gráfico estaban haciendo todo lo posible por alertar a la humanidad de los riesgos. Sin embargo, el efecto al final fue despistarnos. Ese gráfico, así como otros registros científicos, muestran que, antes de que la actividad humana afectara a la atmósfera, el dióxido de carbono casi siempre aumentaba cientos de años *después* de que aumentaran las temperaturas medias globales. ¿Sorprendido? ¿Escéptico? ¿Acaso seré uno de los que creen en teorías conspiratorias? Te recomiendo que lo compruebes en sitios como Skeptical Science — «un recurso riguroso de la comunidad de científicos de la climatología para refutar la desinformación climática»[48] — o en los numerosos artículos científicos que hacen referencia a esta relación[49].

Lo que nos muestran estos registros es que el calentamiento atmosférico afecta a la biosfera de tal manera que libera más dióxido de carbono, lo que añade más presión hacia el calentamiento. ¿Cuánta presión? Los núcleos de hielo indican que cerca del 90 por ciento del calentamiento global es producto de la amplificación del CO_2 gracias al forzamiento térmico inicial por otros factores. Sugiere que ya hay emisiones de «carbono comprometido» procedentes de la naturaleza, en particular de los océanos, debido al calentamiento existente. Algunos datos observacionales actuales, como la emisión de carbono de bosques que solían ser sumideros de carbono y de océanos como el Mediterráneo, demuestran que este proceso ya está en marcha. Esta lectura más honesta de la relación entre calor y carbono no desacredita la preocupación por el calentamiento global actual. Al contrario. Al aumentar las concentraciones de gas carbónico en la atmósfera alrededor de un 50 por ciento en menos de doscientos años, la humanidad ha creado la posibilidad de un episodio catastrófico de amplificación del calentamiento que podría desencadenarse por otros factores, como el aumento de la actividad de las manchas solares, las corrientes del Océano Pacífico o los efectos actuales de la pérdida de bosques sobre la cubierta nubosa. Parece que tanto los climatólogos de la corriente dominante como los escépticos del cambio climático han compartido una aversión a los datos que tienen enfrente. Puede que les guste pensar que son muy diferentes entre sí y, sin embargo, su falta de sentido crítico podría ser lo que los une (capítulo 8).

¿Estos datos significan que estamos perdidos? ¿Es inevitable un calentamiento catastrófico? Tal vez no. Existe la posibilidad de un «gran mínimo solar» en el que la actividad de las manchas solares se mantenga baja durante décadas, el cual podría comenzar tras el final del ciclo solar actual, hacia 2029, lo que podría darle tiempo a la humanidad. Desgraciadamente, antes de esa fecha, se prevé un aumento de la actividad de las manchas solares hasta 2027, por lo que entramos en un periodo en el que el calentamiento no solo se produce a partir de una base más alta debido a los gases de efecto invernadero y a la pérdida de vegetación, sino que podría producirse un episodio de amplificación provocado por el carbono y desencadenar otras reacciones que amplifiquen la temperatura, que desplazaría el clima mundial hacia un estado más cálido. Estas previsiones de la actividad solar han tendido a ser exactas, con ligeras subestimaciones de las futuras emisiones de energía del sol. Además, al momento de escribir este párrafo se prevé la entrada en un periodo del fenómeno oceánico El Niño, que calentará el planeta, y se ha reducido el efecto de enmascaramiento de los aerosoles sobre el Pacífico debido a las políticas de combustibles más limpios.

Un desafortunado efecto secundario de los esfuerzos por reducir la contaminación por carbono es que también se reduce la contaminación que realmente atenúa los rayos del sol. Este proceso llamado «oscurecimiento global» es reconocido por la climatología del sistema dominante y se calcula que el efecto total enfría la temperatura media de la Tierra hasta en 0,5 °C. Las implicaciones políticas no se han discutido a fondo, y significa que en 2023 empezará a observarse el impacto de las regulaciones sobre el combustible de los barcos, las cuales producirán un calentamiento de los océanos justo en un momento nada propicio, debido al regreso de El Niño[50]. Una de las razones por las que acudí a la conferencia COP27 en Egipto fue para generar conciencia sobre lo que describí como la «paradoja del cero neto» y la manera en que provocará peligrosos picos de calor para las personas que viven en entornos urbanos de países pobres, ya que no podrían refugiarse en edificios con aire acondicionado[51]. Pedí al Dr. Ye Tao de Harvard, que explicara cómo podríamos responder a esta paradoja y volveré sobre sus ideas más adelante. Pero nuestro mensaje no encajaba en una agenda que había sido secuestrada por las corporaciones de energías limpias, por lo que nos vimos empujados a los márgenes[52].

A partir de estas múltiples retroalimentaciones, queda claro que la suposición de que la humanidad tiene el control de nuestro destino climático si tomamos el liderazgo necesario, adoptamos las políticas necesarias y desplegamos la tecnología necesaria, ya no está respaldada por la ciencia. Por desgracia, nuestra situación es como estar sentados en un salón alrededor de un fuego de leña descubierto, solo para darnos cuenta de que no solo hemos alimentado el fuego con leña, sino que hemos llenado de leña toda la habitación hasta el techo; bastaría un fuerte salto de chispas para que todo el salón ardiera a nuestro alrededor. Los gases de carbono son la leña y el fuego es la actividad solar que aumentó las manchas solares, una corriente oceánica de El Niño, o la falta de nubes debido a los niveles de deforestación, que son todas metafóricas chispas de fuego. Puede que tengamos suerte y nos encontremos con un periodo en el que el fuego no suelte tantas chispas, durante el cual podamos eliminar gran parte del exceso de leña del salón. Es imperativo que lo hagamos, pero en cualquier momento nuestro salón podría incendiarse por el fuego de otros factores amplificados por los gases de carbono, dando lugar a un escenario de «Tierra invernadero» (*Hothouse Earth*). El argumento de que la sociedad debe dejar de lado todas las demás prioridades que no sean la reducción de las emisiones (como satisfacer las necesidades básicas de las personas, permitir nuestras libertades actuales y gestionar los entornos para la biodiversidad, no solo para la captura de carbono) podría no solo ser éticamente dudoso, sino que se basa en una falsa creencia en el papel principal de los gases de carbono y, por lo tanto, en el posible control de la situación por parte de la humanidad (es decir, la falsa suposición del termostato climático).

Si esta discusión resulta algo confusa, lo comprendo. La climatología dominante ha desarrollado una relación paradójica con el papel del carbono. Por un lado, exagera un poco el dióxido de carbono como factor determinante de los cambios climáticos actuales y, por otro, le resta importancia como factor amplificador potencialmente catastrófico con las altas concentraciones actuales. Aunque corro el riesgo de repetirme, creo que puede ser provechoso ofrecer un breve resumen de lo que he explicado. Vamos, pues... aunque los gases de carbono no solían ser el factor clave del calentamiento global en el pasado, antes de la influencia humana, y dicho calentamiento en el pasado no siempre ha sido malo para la vida en la Tierra, desgraciadamente el aumento del 50 por ciento del CO_2 en menos de doscientos años por sí solo se convierte en un nuevo factor de calentamiento significativo, que presenta un problema para los ecosistemas y la agricultura debido a la velocidad del calentamiento y a la desigual concentración geográfica que provoca un clima errático. Mientras que la vida en la Tierra se las arreglaba bien con niveles de gases de carbono superiores a los actuales, el ritmo de aumento de los gases de carbono es lo que contribuye a un ritmo de calentamiento perjudicial para los ecosistemas y las sociedades y la posibilidad de que se produzca un episodio de amplificación catastrófica provocado por el carbono hace que la situación actual sea muy precaria, por lo que, justificadamente, ocupa el primer lugar en las consideraciones políticas actuales.

¿QUÉ DEBEMOS HACER?

La siguiente pregunta que me hago, como me la hacen muchas personas, es ¿qué debemos hacer? Una de las respuestas más importantes es, sencillamente, no precipitarse en reacciones de pánico o hacer lo que nos digan las élites y, en su lugar, buscar el diálogo y la comunidad sobre esta cuestión, algo a lo que responden el marco y la comunidad de la adaptación profunda. El siguiente paso consiste en situar esta difícil situación climática en el contexto amplio de las presiones y perturbaciones que sufre la sociedad, de modo que podamos mantener la cuestión climática en su contexto, algo que intento hacer en la primera mitad de este libro. A continuación, debemos profundizar en las causas de esta situación y en nuestra falta de respuesta eficaz, de modo que abordemos las causas profundas y no cometamos los mismos errores en nuestras acciones. Un proceso paralelo es permitir que la magnitud de la situación nos abra el corazón y la mente, de modo que podamos vivir nuestras vidas de forma diferente en el futuro, algo que analizo en el capítulo 12. Este proceso puede llevarnos a renovar nuestra convicción de dar prioridad a los valores universales que apreciamos, algo que examino en los capítulos 11 y 13. Pero dicho lo anterior, mucha gente quiere escuchar ideas sobre exactamente qué debería hacerse con respecto al clima —como cuestión aislada—. He aquí algunas ideas rápidas para mitigar el problema, en lugar de adaptarse a él.

Es muy sensato reducir los gases de carbono de la atmósfera para intentar frenar la rápida tendencia al calentamiento que se ha producido en los últimos cincuenta años. También es muy sensato retirar gases de carbono de la atmósfera para reducir la amenaza de un episodio de amplificación del calor extremadamente peligroso, en el que los gases de carbono aumentarían el calentamiento debido a otros factores como el aumento de las manchas solares y la circulación del Océano Pacífico. Hay muchas formas de reducir las emisiones y retirar el carbono, descritas con detalle en otras publicaciones[53]. Por encima de cualquier otra prioridad, deberíamos poner fin a toda deforestación y dar prioridad a la regeneración de bosques sostenibles y a la difusión de la agrosilvicultura, en todas partes, en colaboración con las comunidades afectadas para restablecer la capacidad de la naturaleza de proporcionar la cubierta de nubes que necesitamos para reducir el calentamiento global. Deberíamos centrarnos en la gestión modular de la radiación solar controlada por comunidades, especialmente en los lugares donde no es posible reforestar, para reducir el peligro que supone para los pobres acabar con el calentamiento global al reducir el uso de combustibles sucios[54]. Deberíamos poner en marcha inmediatamente el aclaramiento localizado de las nubes marinas para intentar reducir el peligro de una catástrofe total por la liberación de metano en el Ártico, así como probar otros métodos de gestión de radiación solar que sean seguros, responsables y reversibles, además de resilientes ante las perturbaciones derivadas de un colapso social más amplio. Como habrás intuido en los capítulos 1 y 2, también concluyo que ninguna de estas medidas tendría éxito a largo plazo si se mantienen los actuales sistemas monetarios expansionistas. Por lo tanto, sin esta agenda más amplia de justicia económica (cuya base explico en detalle en el capítulo 10), no se puede responder de forma significativa al caos climático.

Sería una noticia fantástica si los recortes y la retirada de emisiones consiguen reducir no solo las emisiones, sino también las concentraciones atmosféricas de carbono en los próximos años. Sin embargo, si ocurriera, no sería como bajar un termostato en el planeta Tierra. En realidad, otros factores podrían desempeñar un papel decisivo, como la actividad solar, las corrientes del Océano Pacífico, los efectos de la deforestación sobre la capa de nubes y de la toxificación de la fijación de carbono en los océanos por parte de la vida marina. Evidentemente, espero que tengamos suerte con estos otros factores, para que no se produzca un episodio de amplificación provocado por el carbono antes de que reduzcamos sus concentraciones, pero no hay ninguna razón para centrarse solo o para hacerlo con la pretensión de que supondrá un aterrizaje seguro para la humanidad: simplemente ya no lo sabemos.

Sabemos con seguridad que es demasiado tarde para evitar más daños masivos al medio ambiente y a sistemas clave, los cuales aumentarán los daños catastróficos para algunas sociedades y acelerarán el colapso de las sociedades modernas en todas partes. La gravedad de los daños dependerá solo en parte de que la humanidad responda positivamente con la reducción de emisiones y la retirada natural, junto con una adaptación justa, transformadora y profunda a los efectos, así como con una geoingeniería adecuada, responsable y segura. También depende de factores que escapan a nuestro control. Como dije en el lanzamiento de la rebelión internacional para *Extinction Rebellion*, en abril de 2019, ya no tenemos el control de nuestro destino si es que alguna vez lo tuvimos. Quienes tengan una inclinación a ese tipo de espiritualidad, podrían recurrir a las oraciones. Además, como dije en ese discurso, recordemos que nosotros actuamos porque tenemos valores, no porque sepamos que nuestras acciones tendrán éxito seguro: una ética no consecuencialista a la que vuelvo en el capítulo 8[55].

Este análisis también nos lleva a la cuestión de la adaptación al cambio climático, ya sea una adaptación superficial o transformadora. Muchas cosas se pueden hacer para que los edificios sean más resistentes al calor, para cambiar la planificación del uso del suelo a fin de reducir el impacto de las catástrofes, para modificar los métodos agrícolas para hacer frente a los fenómenos meteorológicos extremos, para ajustar los esfuerzos de conservación a fin de ayudar a los ecosistemas a adaptarse y a las especies a desplazarse. Al final del capítulo 12, enumeraré algunos paradigmas políticos que pueden ayudar a enmarcar esos debates políticos. Sin embargo, en este libro he optado por llamar la atención sobre la dificultad de vivir en una era de colapso, ya que invita a una forma completamente distinta de pensar sobre qué trabajar. En el capítulo 12, enumero algunas de las innumerables formas en que la gente está respondiendo a esa conciencia y en el capítulo 13 esbozo algunas de las tendencias a las que las personas que aman y defienden la libertad tendrán que resistirse. Por desgracia, parte de lo que debemos resistir viene de las respuestas de las élites climáticas, así como de una reacción contra ellas que también está siendo manipulada por otro conjunto de intereses de élites.

MÁS ALLÁ DE LO CONTRAPRODUCENTE

La mayoría de las personas que se dedican profesionalmente a las cuestiones climáticas no quieren que nos sintamos desconsolados y que nos radicalicemos. Prefieren proporcionarnos información que nos haga creer que estamos a tiempo de que la tecnología resuelva la situación si apoyamos a las élites comprometidas con la acción climática en sus esfuerzos. Debido a esta narrativa, aquellos de nosotros que estamos muy preocupados por el cambio climático tenemos una relación incómoda con el IPCC y con lo que describo en este libro como la «climatología del sistema dominante». Algunos nos hemos sentido traicionados por no haber recibido la verdad en toda su complejidad y sin adornos, y por haber malgastado años de nuestras vidas en una agenda reformista.

El IPCC finalmente cambió de tono en octubre de 2018, cuando publicó un informe especial. Algunos científicos y medios de comunicación afirmaron que se trataba de una «llamada final» para evitar una catástrofe climática[56]. Las emisiones tenían que empezar a bajar inmediatamente, dijeron, y reducirse a la mitad para 2030, incluso para tener solo un 50 por ciento de posibilidades de mantenerse por debajo de los niveles peligrosos de calentamiento. El mismo tipo de declaraciones de advertencia final se volvieron a escuchar con cada informe del IPCC hasta llegar al gran 6º Informe de Evaluación en marzo de 2023. Los escépticos empiezan a señalar que siempre es la última llamada antes de la catástrofe para los científicos y funcionarios que trabajan en organizaciones del sistema dominante y basta para no creerles. En contraparte, el caso podría ser este: que ya hemos pasado la última llamada para evitar daños catastróficos y que no puede ser admitido públicamente por las personas que trabajan dentro del sistema dominante.

Hay bastantes pruebas a favor de esa visión. En 2009, los principales científicos del clima del mundo concluyeron que las emisiones debían alcanzar su punto máximo en 2020 y luego descender rápidamente[57]; obviamente, no ocurrió. Así que la mayoría de los mismos científicos que habían hecho esa declaración pública apoyaron la declaración en 2022 de que las emisiones debían alcanzar su punto máximo en 2025[58]; dadas las tendencias en el momento de escribir este párrafo, tampoco ocurrirá, pero los funcionarios del sistema no se dejarán vencer por la realidad. En su lugar, la superación de los límites que antes se consideraban seguros se replantea simplemente como una «sobrecarga» temporal antes de volver a niveles seguros, mediante una lealtad mágica a tecnologías de eliminación del carbono que no son eficaces[59]. Tales tecnologías consumirán recursos que podrían haberse empleado mejor en otras respuestas y utilizarán energía que podría haberse empleado en mejores actividades, como una especie de tótem supersticioso de la «sobremodernidad» que enriquece a unos pocos[60]. Para los expertos que trabajan en el sistema sería muy difícil aceptar la realidad de que los impactos catastróficos son cada vez más evidentes e inevitables y que colapsarán las sociedades industriales de consumo. Pondría en peligro sus ingresos, su estatus, su identidad, su visión del mundo y su estabilidad emocional. Muchos tendrían que cambiar para que el mensaje superara las influencias comerciales sobre los medios de comunicación, las instituciones y los políticos que buscan narrativas y políticas que complementen los esfuerzos de acumulación de capital.

Hasta donde sé, desde octubre de 2018, cuando el IPCC se volvió más alarmante en sus conclusiones sobre el estado y las perspectivas del clima mundial, no ha habido ningún reconocimiento público de que sus evaluaciones de 2007 y 2014 eran falsamente tranquilizadoras. Por lo tanto, no se ha investigado la razón de la marginalización de la ciencia más alarmante disponible en el pasado. Sin un diálogo público sobre los factores psicológicos e institucionales que los comprometieron en el pasado, no hay posibilidad de que vean los errores que se derivan de esos mismos factores en la actualidad. Por ejemplo, ¿es la visión mecanicista del mundo de los científicos naturales lo que lleva a muchos de ellos a centrarse en máquinas que no funcionan en lugar de restaurar la naturaleza para producir una capa de nubes? ¿Es su reduccionismo lo que les impide ver y comunicar que la situación climática es consecuencia del modo de vida de los humanos modernos y que tendría que cambiar? ¿Podrían habernos ayudado a entender más tempranamente que el árbol que hay afuera de nuestra casa, el pescado que comemos, el suelo bajo nuestros pies y los productos químicos tóxicos que envenenan la vida oceánica son todos el clima, en lugar de hacernos creer que se trata simplemente de un problema de contaminación por carbono? ¿Es la ideología de la medición y el control lo que les impide admitir que, aunque no exista un termostato del carbono, debemos actuar rápidamente sobre el clima y el medio ambiente para reducir el riesgo de catástrofe?

Desgraciadamente, los climatólogos del sistema establecido han facilitado, sin saberlo, el secuestro corporativo de la agenda climática. Ahora, la captura del gobierno por parte de codiciosos capitalistas de riesgo da lugar a subvenciones para planes inútiles como la captura y almacenamiento de carbono y las máquinas de captura directa de aire, en lugar de muchas otras respuestas mejores. El liderazgo de las élites en cuestiones medioambientales en general da lugar a sentimientos, políticas e iniciativas que son hipócritas, ineficaces, autoenriquecedoras, injustas y cada vez más autoritarias, al tiempo que impiden la atención hacia el tipo de políticas que realmente podrían ayudar. Como explicaré en el capítulo 11, los ecolibertarios están comprendiendo la necesidad de recuperar el clima de las élites cuyas ideas, inversiones, vidas y mentiras impulsaron el problema en primer lugar, que forma parte de una gran reivindicación de nuestro poder frente a los funcionarios y los esquemas de la Modernidad Imperial.

Es esencial que los activistas medioambientales pierdan su deferencia ante la climatología del sistema dominante y vean el panorama que no han visto los científicos de formación estrecha, privilegiados y con carreras que proteger. Poner a los climatólogos, cuando carecen de formación en ciencias sociales y políticas y sus experiencias vitales son muy limitadas, como plataforma para defender el contenido y la estrategia del cambio social no solo desinforma a los ciudadanos preocupados (como explicaré en los capítulos 7 y 8), sino que también pone de manifiesto una deferencia hacia el sistema dominante que acribilla al ecologismo occidental y lo vuelve inútil, como demuestran las estadísticas sobre cualquier indicador medioambiental de los últimos cuarenta años. A menos que haya un cambio, los activistas climáticos occidentales seguirán siendo los idiotas útiles de los capitalistas de riesgo «ecologistas» y potencialmente los facilitadores del autoritarismo, tema al que volveremos en los capítulos 11 y 13.

Esta corrupción del ecologismo por parte de las élites y conformidad por parte de los occidentales de clase media preocupados por el medio ambiente produce una creciente reacción contraria. El nuevo escepticismo climático con el que abrí este capítulo tiene una serie de argumentos a los que hay que responder. En primer lugar, sostienen que los «globalistas» se centran en el clima de un modo que quita prioridad a todas las demás cuestiones importantes, como la energía asequible, la nutrición, la educación, etcétera. Aunque ignora la forma en que el cambio climático perjudica el bienestar de las personas, especialmente de los más pobres, tienen razón al señalar que una visión de túnel sobre el cero neto causaría, de ser auténtica, muchos problemas en la sociedad como vimos en el capítulo 3 sobre el suministro energético y veremos en el capítulo siguiente sobre el suministro alimentario. En cambio, la agenda política debe ampliarse más allá de los recortes de carbono y dar prioridad a la reforestación sostenible y la agrosilvicultura, como he descrito antes, y debe centrarse en la redistribución económica para que los cambios en el estilo de vida recaigan sobre todo en las élites hipócritas que han secuestrado el programa de acción climático.

En segundo lugar, los escépticos de la acción climática argumentan que el tema está siendo utilizado por las élites para intentar crear infraestructuras de control totalitario. Aunque algunas de estas ideas pueden parecer exageradas, existe una preocupación válida por el aumento de la vigilancia y la censura como veremos en el capítulo 13. En su lugar, el programa político sobre el clima podría centrarse en permitir al pueblo y a las pequeñas empresas reverdecer sus barrios y acortar sus cadenas de abastecimiento de suministros básicos. En tercer lugar, los escépticos señalan el tono misántropo de algunos ecologistas como prueba de que podríamos estar en la cúspide de un autoritarismo duro. Por desgracia, se trata de una preocupación válida, como analizaré en los capítulos 11 y 13. Tanto los activistas como los políticos deben identificar la causa real de la destrucción en un sistema capitalista expansionista y tratar de eliminar las barreras que impiden que las personas se preocupen más por su entorno. En cierto sentido, todas estas ideas consisten simplemente en volver al ecologismo que existía antes de que fuera secuestrado por las élites.

Abrí el capítulo destacando las nuevas teorías conspirativas que afirman que el cambio climático es un engaño al servicio del control global totalitario. Este punto de vista se está convirtiendo en un medio importante en el que las personas canalizan sus ansiedades sobre el estado del mundo, llenándose de ira contra un enemigo para suprimir sus sensaciones de impotencia. Sin embargo, será un escape emocional efímero de la realidad de un clima cambiante. Enfurecerse contra las personas que responden mal a un problema no significa que no haya un problema al cual responder y, como explicaré en el próximo capítulo, los cambios climáticos actuales son un factor significativo que amenazará la asequibilidad de los alimentos en un futuro próximo. Sentir una superioridad moral ante los abusos de las élites no traerá comida a mesa. En su lugar, necesitamos nuestro propio programa de acción: ese es el tema de este libro.

DE VERAS LO CAMBIA TODO

Los climatólogos no hicieron un buen trabajo ni en la ciencia ni en la comunicación. Simplificaron la situación a los gases de carbono, cuando no era el único factor y, a través del IPCC, subestimaron la proximidad y el alcance de los riesgos para las sociedades durante las décadas antes de 2018. He mostrado que contribuyó a que las élites secuestraran el programa de acción y a que sea confusa la conversación sobre el cambio climático hoy en día. Para corregir esos errores, creo que más estudiosos podrían resumir la situación de la siguiente manera.

Para los ecosistemas y las sociedades, no solo el cambio climático es importante sino la velocidad con la que cambia el clima. Los niveles de gases de carbono no son lo único que importa para el clima, sino la rapidez con la que aumentan junto con otros factores de calentamiento que pueden amplificar hasta un efecto potencialmente catastrófico; y los cambios globales no es lo único que importa, sino el impacto regional (como el Ártico y el Amazonas) que podría amenazar a la raza humana y exige nuestra respuesta inmediata; la reducción de las emisiones no son lo único que requiere prioridad, sino el aumento de la cubierta forestal sostenible en más tierras; la reducción del riesgo de un calentamiento catastrófico no es lo único que importa, sino prepararse para las perturbaciones de manera justa; no solo debe considerarse el clima un desastre, sino la manera en que los sistemas económicos lo impulsaron y luego retrasaron y distorsionaron gravemente nuestra respuesta.

Una evaluación seria de esta situación permite ver que la humanidad no controla su destino. Si no tenemos suerte con las influencias sobre el clima mundial que no proceden de los gases de carbono, la situación podría empeorar mucho más de lo que ha evaluado el IPCC. En cualquier caso, el clima más inestable que tenemos y que experimentaremos cada vez más, va a combinarse con todas las demás fracturas en los cimientos de las sociedades modernas, sin dejar ningún lugar indemne, incluidas las zonas que menos han contribuido a esta situación y que sufren lo peor. En sí mismo constituye un imperativo moral para contribuir al bienestar de los habitantes de los bosques y de todos aquellos que hoy defienden los entornos forestales.

Desgraciadamente, ante la aterradora información que he abordado en este capítulo, así como ante los trastornos en sus propias vidas, muchas personas responden con una o más de estas cuatro narrativas para sus vidas: «aún estamos a tiempo», «la tecnología lo arreglará», «es una conspiración o no hay pruebas definitivas» y «estoy ocupado con otras cosas». Además, otras personas afirman que aceptan los datos científicos más preocupantes sobre el cambio climático, pero luego indican que no tiene sentido hacer nada diferente en sus vidas. Mi experiencia es que esas personas no se toman en serio lo que ocurre, lo que ocurrirá y lo que significa para todo lo que han asumido sobre sí mismas, sus seres queridos y el mundo en general. En cambio, dejar que la terrible situación del cambio climático te altere y transforme tu enfoque para el resto de tu vida —personal, profesional y política— es admirable y puede conducir a una serie de actividades prosociales que no requieren la pretensión de evitar un colapso de las sociedades debido al caos climático y otros factores. Lo que me ha ayudado a escribir este libro es conocer a esas personas, algunas de las cuales menciono en el capítulo 12.

6
EL COLAPSO ALIMENTARIO:
SEIS TENDENCIAS SEVERAS

Empecé a pensar en el abastecimiento mundial de alimentos a mediados de los noventa. Fue mi primer trabajo después de la universidad, en la Unidad Forestal de Fondo Mundial para la Naturaleza (WWF) - Reino Unido, donde trabajaba para desarrollar la demanda de productos certificados según las directrices del Consejo de Administración Forestal británico (FSC). Se puede oír lo que hacen los demás en las oficinas abiertas. Delante de mí estaba Simon Lyster, que trabajaba en la fauna salvaje del Reino Unido; al otro lado estaba Barry Coates, que se ocupaba de las obscenas normas comerciales y la deuda mundial; a su lado estaba Richard Tapper, quien se dedicaba a los productos químicos tóxicos. A mi izquierda estaba Michael Sutton, adscrito por WWF Internacional y trabajaba en el estado de las pesquerías mundiales que, por aquel entonces, en 1996, ya estaban en una situación muy precaria: nueve de los diecisiete principales caladeros del mundo estaban en grave declive y cuatro estaban comercialmente finalizados. También había terribles problemas con las capturas accesorias letales de criaturas marinas no deseadas por la industria, como delfines y tiburones[1]. Tras unas cuantas charlas en el pasillo sobre mi trabajo, Michael me invitó a comer para discutir una idea: ¿podríamos copiar la idea del Consejo de Administración Forestal británico para la pesca? Traducir la preocupación de los consumidores en la demanda de productos que cumplieran criterios sociales y medioambientales significativos parecía ofrecer un camino a seguir frente a la inacción gubernamental. Aproveché la oportunidad de desarrollar algo nuevo y, en los meses siguientes, redacté un informe sobre la aplicación de este modelo en el sector pesquero. Si quería que se convirtiera en una organización real, necesitaba un buen nombre. Tras pensar en algunas opciones, escribí «Marine Stewardship Council» (Consejo de Administración Marina) en el asunto de uno de mis correos. Recuerdo que pensé que me gustaría enviar un informe sobre algo que sonara tan importante y ser importante para el futuro del mundo era una gran motivación para el Jem de veintitrés años.

Veintisiete años más gruñón —es decir, más tarde— el Consejo de Administración Marina ciertamente tiene algunas cifras de importancia. Emplea a más de 140 personas y certifica 12 millones de toneladas de pescado, lo que supone alrededor del 15 por ciento de todas las capturas marinas silvestres[2]. También es tan importante como para suscitar críticas por no abordar realmente las dimensiones sociales de la industria pesquera como esperábamos, pero ¿qué pasó con las poblaciones de peces del mundo? El pobre tipo al que contraté para que me pusiera al día sobre el pescado, así como sobre otros alimentos, se desanimó bastante porque no solamente la situación es peor que hace casi tres décadas, sino que las causas de los problemas ya no son las que elegiríamos cambiar si tan solo tuviéramos la voluntad política necesaria. En cambio, el daño a nuestros ecosistemas oceánicos es tan grande y se refuerza mutuamente de tal modo que no hay forma de consumir responsablemente o encontrar una salida del desastre mediante regulaciones. También me deprime que muchos de los expertos que trabajan para las principales organizaciones ignoran estos problemas sistémicos para seguir siendo optimistas sobre la capacidad de los océanos para abastecer a la humanidad en los próximos años. Es un caso más de la negativa por parte de los expertos del sistema dominante a integrar plenamente lo que está ocurriendo en el contexto que rodea su tema para revelar el verdadero alcance del desastre en el que nos encontramos. La insularidad del privilegio, que aflige a tantos académicos, es lo que exploro más a fondo en el siguiente capítulo. Como hemos visto en la discusión sobre la biodiversidad y el colapso de la biosfera, a algunos expertos les gusta criticar a la humanidad en general como algo malo para el planeta Tierra y afirman que todas las civilizaciones del pasado destruyeron su medio ambiente. También hemos visto que son incompletas las pruebas de esa opinión. Incluso así, ninguna civilización del pasado destrozó la vida en los océanos como lo han hecho las sociedades modernas. De hecho, los mariscos eran a menudo la alternativa de rescate de las civilizaciones sometidas a presiones mayores. Los últimos grandes núcleos de población maya se encontraban a lo largo de la costa, y hay pruebas de que luego se embarcaron hacia nuevas tierras para empezar de nuevo en otro lugar.

El pescado y los mariscos son solo una pequeña parte de la mezcla que constituye nuestro suministro mundial de alimentos y depende totalmente de la favorabilidad del clima, de la salud de la biosfera, así como de la energía necesaria para producir, almacenar y distribuir los alimentos. Su suministro masivo también depende de los sistemas monetarios, económicos y sociales. La historia demuestra claramente que, si falla alguno de estos factores, el suministro de alimentos se ve afectado y pueden producirse trastornos y el colapso de la sociedad. Por esa razón, se considera que el hambre fue una de las principales causas de los colapsos sociales del pasado. Los arqueólogos la señalan como factor en los colapsos de la Edad de Bronce tardía en el Mediterráneo[3], del imperio jemer de Angkor Wat[4], de varios colapsos sociales en Mesoamérica[5], del colapso de los asentamientos nórdicos en Groenlandia e Islandia[6] y del colapso de la Isla de Pascua, aunque otros factores, como la colonización, también jugaron un papel[7]. Como todos los demás factores que comentamos, la interrupción del suministro de alimentos no tiene por qué ser la única causa de colapso, ni siquiera la principal, pero no cabe duda de que es un desencadenante de procesos de descomposición social y económica que conducen al colapso de la sociedad. Incluso en la era moderna, las revoluciones y revueltas sociales conocidas como la Primavera Árabe (2010-2011) demuestran con bastante claridad el poder de la escasez de alimentos y las subidas de precios asociadas para catalizar la agitación social.

¿Cuál es la situación actual? Según la Organización de las Naciones Unidas para la Alimentación y la Agricultura (FAO, por sus siglas en inglés), el suministro mundial en 2019 proporcionó una media de 2963 Kcal/persona/día[8], por lo que el suministro mundial total de alimentos supera con creces las 1800 Kcal/persona/día nominales necesarias. El crecimiento de la producción mundial de alimentos parece ser una historia de éxito moderno, que aumentó en un asombroso 376 por ciento desde la década de 1960[9], lo que significa que el suministro de alimentos *por persona* ha aumentado alrededor de un 30 por ciento al mismo tiempo que la población mundial se ha más que duplicado. Una hazaña realmente asombrosa, pero ese suministro de alimentos no está realmente disponible *por persona*, porque se distribuye de forma desigual y gran parte se desperdicia. Los periodos de hambre afectan a los niños durante toda su vida, por lo que es especialmente preocupante que el 22 por ciento de los niños del mundo ahora sufran retrasos en el crecimiento. La inanición también acecha cada vez más. En 2020, había al menos 155 millones de personas en situación de inseguridad alimentaria aguda que necesitaban ayuda urgente para evitar la inanición en 55 países o territorios[10]. En octubre de 2022, esa cifra se había más que duplicado hasta alcanzar la cifra récord de 345 millones de personas en 82 países[11], lo que supone más del 40 por ciento de los Estados miembros de la ONU y la situación empeora año tras año desde hace 7 años consecutivos[12][13].

Los problemas que empeoran esta situación son tanto de los que la humanidad podría solucionar, si rescatáramos los sistemas alimentarios de los monopolios y el despilfarro, como de los que somos incapaces de solucionar, como el desmoronamiento de los cimientos energéticos, biosféricos y climáticos estables de nuestros sistemas alimentarios globales. Incluso la cautelosa FAO informa de que nuestro sistema globalizado de suministro de alimentos ya está «presionado hasta el punto de quiebre»[14]. Por desgracia, el resultado de mi investigación sobre los alimentos procedentes de la tierra y los océanos concluye que es peor aún: los sistemas ya colapsan. En este capítulo, esbozaré seis tendencias severas que limitan cada vez más el suministro mundial de alimentos, de modo que muchas sociedades que no han experimentado inseguridad alimentaria generalizada en tiempos recientes comenzarán a hacerlo dentro de pocos años y probablemente aumentará sustancialmente el sufrimiento de muchas sociedades que ya lo experimentan. Su severidad radica en sus implicaciones catastróficas para la humanidad a menos que se inviertan todas y, sin embargo, cada una resulta difícil o imposible de frenar sin al mismo tiempo amplificar los impactos negativos de las otras tendencias. Una interrupción del suministro de alimentos no tendría por qué provocar trastornos y colapsos si aprendiéramos a renunciar a ciertos tipos de alimentos y a compartir mejor lo que producimos. Sin embargo, ninguna de las organizaciones comerciales o gubernamentales a nivel nacional o internacional tiene un política o mecanismo para que tal objetivo sea primordial y determine la distribución de los alimentos.

TENDENCIA 1:
LAS SOCIEDADES MODERNAS ALCANZAN LOS LÍMITES BIOFÍSICOS
DE LA PRODUCCIÓN ALIMENTARIA

La ecuación de la seguridad alimentaria tiene dos partes: la demanda y la oferta. Por el lado de la oferta, está la cuestión de cuántos alimentos puede producir la Tierra. Esta pregunta, aparentemente sencilla, es imposible de responder. La máxima producción posible de alimentos de la Tierra depende no solo de limitaciones medioambientales como el suelo, la lluvia, el terreno y la duración de la temporada de cultivo, sino también de las decisiones humanas y de la cultura[15]. ¿Qué se considera como alimento? ¿Cómo se produce y de qué educación, tecnologías e infraestructuras se disponen? ¿Cómo afectan la disponibilidad de los insumos necesarios o la capacidad de los productos para llegar al consumidor previsto la economía, el comercio y la política?

Podemos utilizar nuestros conocimientos, del pasado y del presente, para explorar los posibles límites de la producción de alimentos, pero es insuficiente porque la innovación y las nuevas tecnologías a veces traspasan los límites conocidos y cambian «las reglas del juego», permitiéndonos producir más alimentos de lo que antes creíamos posible. A principios del siglo xx, el químico alemán Fritz Haber consiguió fijar el nitrógeno atmosférico (N) en el laboratorio. Cinco años después, en 1913, otro químico alemán, Carl Bosch, desarrolló la primera aplicación a escala industrial de la investigación de Haber, produciendo el explosivo nitrato de amonio para el ejército alemán. Aunque el proceso Haber-Bosch se desarrolló con fines militares, las aplicaciones agrícolas del nitrato de amonio como fuente de fertilizantes nitrogenados, limitados de otro modo, resultaron evidentes de inmediato y la tecnología fue ampliamente adoptada. Esta tecnología permitió casi por sí sola que el mundo evitara una crisis alimentaria[16].

No quiere decir que las innovaciones tecnológicas no sean problemáticas (ciertamente lo son, como veremos más adelante), pero quiere decir que a veces las innovaciones tecnológicas han desplazado significativamente los límites de lo que sabíamos posible en términos de producción de alimentos y lo mismo puede decirse de la irrigación, la mecanización y la automatización, la mejora de los cultivos y la modificación genética y los fertilizantes y pesticidas sintéticos. Todas estas tecnologías han tenido ventajas e inconvenientes, por lo que, independientemente de que se las considere «buenas» o «malas», es un hecho histórico que han permitido al ser humano traspasar los límites de la producción de alimentos hasta entonces conocidos y que precisamente son la razón por la que, en los últimos sesenta años, el crecimiento de la oferta de alimentos ha superado al de la demanda. ¿Es este un motivo para confiar en la abundancia de alimentos en el futuro? Una forma de prever el suministro futuro de alimentos es extrapolar las tendencias actuales. Aunque puede restar importancia a cambios recientes y rápidos, como los del clima, descubrí que simplemente haciendo esas extrapolaciones se llega a la conclusión de que la seguridad alimentaria de las sociedades modernas ya llega a su fin.

Hasta 2019, el suministro mundial de alimentos seguía creciendo. Sin embargo, la *tasa* de ese crecimiento está y se ha venido cayendo, consistentemente, durante más de tres décadas. En la década de 2010, la producción creció un 1,4 por ciento anual, en la década de 2000, un 1,7 por ciento anual, y en la década de 1990, un 2,1 por ciento anual[17]. De mantenerse esta tendencia a largo plazo, es inevitable que la producción de alimentos pronto deje de crecer, por lo que la demanda superará a la oferta. En 2017, la analista de materias primas Sara Menker predijo un déficit mundial de calorías totales en fecha tan próxima como el 2027[18].

Existen numerosas razones por las que el ritmo de crecimiento del suministro de alimentos decrece. En primer lugar, ahora sabemos con certeza que el cambio climático limita la producción de alimentos en todo el mundo. Dado que se trata de una cuestión tan crítica y paradigmática para el suministro de alimentos, la trataré por separado más adelante (ver la Tendencia 4), pero incluso sin la carga adicional del cambio climático, hay pruebas fehacientes de que nuestros sistemas actuales de producción de alimentos están alcanzando sus límites biofísicos.

Un factor importante es que hemos superado el «pico de tierras agrícolas». Se trata de un concepto nuevo para mí. Aunque conocía la *expansión* agrícola y la deforestación asociada que se produce en algunas partes del Sur Global, como en el Amazonas, no sabía que, a nivel mundial, la tierra agrícola se está *contrayendo*. El crecimiento demográfico y el desarrollo socioeconómico, que aumentan la demanda de viviendas, industria e infraestructuras, son dos de las principales causas de la conversión de tierras[19]. Pero la mayor parte de la pérdida de tierras agrícolas se debe a la degradación de su estado biofísico: el aumento de la aridez, la erosión del suelo, la pérdida de nutrientes del suelo, la salinización del suelo, la disminución del carbono del suelo y la disminución de la vegetación[20]. La FAO calcula que, a nivel mundial, decae el «estado biofísico» del 38 por ciento de la superficie terrestre. Poniendo en perspectiva esos 5 700 millones de hectáreas, se trata de un área equivalente a la superficie terrestre de Rusia, Canadá, China, Estados Unidos, Brasil y Australia juntos[21]. Esta degradación de la tierra ya ha reducido la productividad de aproximadamente una cuarta parte de toda la superficie terrestre de nuestro planeta[22]. Dependiendo de la fuente de datos, el fenómeno del «pico de tierras agrícolas» se produjo tan pronto como en 1990, con 4 280 millones de hectáreas[23], en 1999, con 4 880 mil millones de hectáreas[24], o en 2000, con 4 950 millones de hectáreas[25].

Junto con la degradación y la reducción de la base de tierras, las ganancias en producción obtenidas por la innovación tecnológica y la industrialización de la agricultura en los países financieramente más ricos están llegando a su límite. La producción agrícola de estos países se ha estancado (y en algunos casos está disminuyendo), tanto porque se han alcanzado los límites biológicos de la producción vegetal y animal, como porque las consecuencias medioambientales de la agricultura industrial afectan directamente a la producción. Por ejemplo, los datos de la FAO sobre los rendimientos de los principales cultivos en el Reino Unido muestran claramente que la era del crecimiento constante de los rendimientos de los cultivos ha terminado y están estancados o en declive y son más variables que en el pasado[26]. Datos similares pueden mostrarse para muchas otras partes del Norte Global.

A medida que la producción de alimentos en el Norte Global se estanca y cae, casi todo el crecimiento que seguimos viendo en las estadísticas globales proviene de la expansión e intensificación de la producción en el resto del mundo —especialmente en países como China, India y Brasil[27]—, pero si los agricultores del Sur Global siguen el mismo camino que sus vecinos del Norte Global, seguramente llegarán al mismo destino. Las sociedades modernas están alcanzando los límites biofísicos de la tierra, el agua y la energía solar que pueden utilizarse para la producción agrícola, acuícola, pesquera y forestal (AAFF, por sus siglas en inglés)[28].

El equilibrio entre las distintas especies y hábitats es otro límite biofísico de la producción que empieza a emerger. Como vimos en el capítulo 4, la pérdida y degradación del hábitat salvaje, por diversas influencias humanas, genera más estrés en las formas de vida individuales y, por lo tanto, más enfermedades. El aumento del número y la proximidad de los animales de granja también crean las condiciones para la aparición y pro-

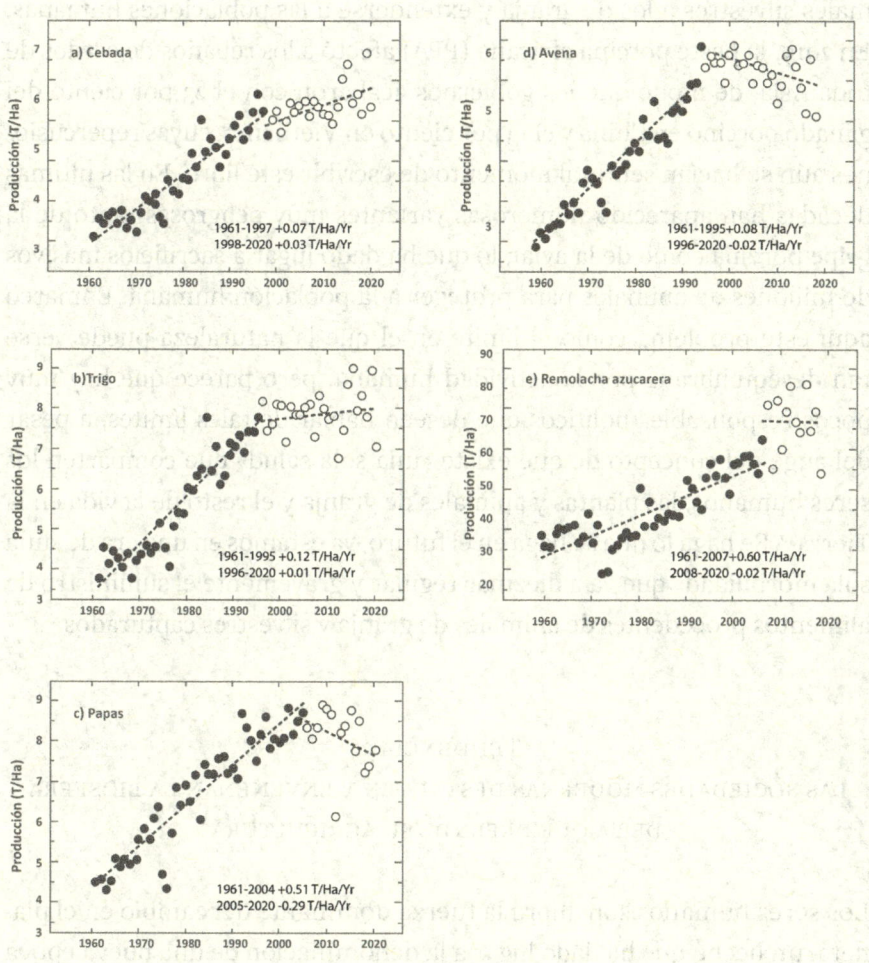

FIG. 9. Rendimientos históricos de los principales cultivos en el Reino Unido entre 1961-2020. Cada uno de estos cultivos muestra un estancamiento o una disminución de los rendimientos en los últimos 15-25 años o, en el caso de la cebada, una reducción significativa del crecimiento de los rendimientos y un aumento de su variabilidad. Los puntos son los rendimientos medios nacionales de toneladas por hectárea (T/ha) comunicados a la FAO. Las líneas son regresiones lineales que ponen de relieve los cambios de tendencia en los rendimientos de los cultivos antes y después de un cambio direccional.

pagación de enfermedades. Estas enfermedades pueden pasar de los animales silvestres a los de granja y extenderse a las poblaciones humanas. En 2019, la peste porcina africana (PPA) afectó a los rebaños de cerdos de toda Asia, de modo que los gobiernos acabaron con el 23 por ciento del ganado porcino en China y el 13 por ciento en Vietnam[29], cuyas repercusiones aún se hacían sentir al momento de escribir este libro. En las últimas décadas han aparecido numerosas variantes muy peligrosas tanto de la gripe porcina como de la aviar, lo que ha dado lugar a sacrificios masivos de millones de animales para proteger a la población humana. Enmarco aquí este problema como el límite en el que la naturaleza puede verse tan desequilibrada por la actividad humana, pero parece que hay muy pocos responsables políticos que deseen hablar de tales límites, a pesar del auge del concepto de que existe «una sola salud» que comparten los seres humanos, las plantas y animales de granja y el resto de la vida en la Tierra[30]. Se haga lo que se haga en el futuro, ya estamos en una era de «una sola morbilidad» que va a diezmar regular y gravemente el suministro de alimentos procedentes de animales de granja y silvestres capturados.

TENDENCIA 2:

LAS SOCIEDADES MODERNAS DESTRUYEN Y ENVENENAN LA BIOSFERA
DE LA QUE DEPENDE SU AGRICULTURA

Los seres humanos son ahora la fuerza dominante del cambio en el planeta, un hecho que ha dado lugar a la denominación de una nueva época en geología: el Antropoceno[31]. Sobre el suelo, más del 75 por ciento de la superficie terrestre libre de hielo está directamente alterada como consecuencia de la actividad humana[32]. Por supuesto, la producción de alimentos no es la única fuente de impacto de la humanidad sobre la biosfera, pero sí representa la mayor parte de nuestro impacto sobre la tierra. Aproximadamente el 98 por ciento de las calorías y el 96,5 por ciento de las proteínas que consume la humanidad proceden de la tierra[33] y cerca de la mitad de la superficie terrestre habitable por las plantas se ha dedicado a la producción de alimentos[34]. La actividad humana siempre ha tenido un impacto sobre la biosfera[35], pero no fue hasta la llegada de la civilización industrial cuando nuestro impacto se hizo tan grande que empezó a amenazar incluso el funcionamiento de la agricultura en continentes enteros[36].

Tomemos, por ejemplo, el impacto sobre los bosques. La deforestación actual de la cuenca del Amazonas en las últimas tres décadas, principalmente para cultivar carne de vaca y soja[37], es tristemente solo la última de la larga historia de la humanidad de modificaciones del paisaje a escala continental realizadas en nombre de la alimentación de una población en crecimiento. En el siglo XX, por ejemplo, fueron los agricultores australianos quienes deforestaron. En el suroeste de Australia Occidental —como el Amazonas, un lugar importante de la biodiversidad mundial— la política del gobierno era deforestar «un millón de acres al año»[38], lo que supuso la muerte del 95 por ciento de las plantas autóctonas y de más del 95 por ciento de los animales autóctonos en una zona del tamaño de Portugal, con el fin de cultivar trigo y otros cereales para los humanos. Al igual que ocurre ahora en el Amazonas, la transformación agrícola tuvo un costo enorme para los pueblos indígenas, la biodiversidad autóctona y el potencial productivo de la propia tierra[39]. Pero se pueden contar historias similares para todas las regiones productoras de cereales del mundo a lo largo de la historia: en el siglo XIX, fueron los agricultores de Canadá y Estados Unidos (~50 por ciento y ~75 por ciento de deforestación respectivamente); antes fue Europa Occidental (~80 por ciento); y antes China (~95 por ciento)[40]. El ritmo y la escala de destrucción de las sociedades de consumo industrial es lo que nos diferencia. En los 120 años transcurridos desde 1900, los seres humanos han talado más bosques que en los 9 000 años anteriores[41].

La deforestación causa muchos problemas, que impulsan el cambio climático y nuevas enfermedades, como ya hemos explorado anteriormente en el libro, pero también influye en la agricultura, al contribuir a la pérdida de polinizadores, fertilidad del suelo, control natural de plagas, de retención y filtración del agua, al aumento de la erosión del suelo y a la modificación del régimen de lluvias[42]. A veces se vuelve patente, como cuando las inundaciones, las cuales podrían haberse reducido con una mayor cubierta forestal, son tan extremas que arrasan los cultivos y ahogan al ganado. El efecto continuo es mucho más sutil y difícil de cuantificar —pero no significa que no exista—.

Una de las principales preocupaciones de los últimos años se refiere a la pérdida de polinizadores: existen diversas teorías sobre la causa, entre ellas el cambio climático y la contaminación química procedente de la agricultura o incluso de los procesos de fabricación. Más de tres cuartas partes de los cultivos alimentarios del mundo, incluidas las frutas y verduras, y algunos de los cultivos comerciales más importantes, como el café, el cacao y las almendras, dependen de la polinización animal (principalmente insectos). Las poblaciones de insectos se han reducido en todo el mundo al menos un 45 por ciento en las últimas décadas y hasta un 70 por ciento según algunos estudios[43]. Conforme desaparecen, nuestra capacidad de producir cultivos polinizados se ve gravemente comprometida[44]. En términos económicos, medio billón de dólares de la producción mundial anual de cultivos podría ya verse afectada[45]. Algunos científicos de la Universidad de Harvard decidieron modelar cuál podría ser ahora el impacto sobre la salud y el bienestar humanos. Estimaron que el declive actual de los polinizadores ha causado una pérdida del 3 al 5 por ciento en cada una de las producciones de frutas, verduras y frutos secos. Dado que estos alimentos son cruciales para la salud y la lucha contra las enfermedades, su modelo concluyó que cerca del 1 por ciento de todas las muertes anuales en el mundo podrían atribuirse ahora a la pérdida de polinizadores: alrededor de medio millón de muertes prematuras[46]. Es otro recordatorio de la verdad fundamental que exploramos en el capítulo 4: nosotros somos la biosfera y, a medida que colapsa, nosotros también.

Es clave el impacto de la agricultura en el ciclo natural del agua dulce. La agricultura representa alrededor del 90 por ciento del consumo mundial de agua dulce de la humanidad[47]. En entornos con escasez de agua, ha devastado la ecología local, aumentando los problemas que acabamos de resumir[48]. Algunos analistas incluso intentan llamar nuestra atención sobre la forma en que perturbamos la circulación del agua dulce de la naturaleza a escala mundial[49]. Aunque hacer tales afirmaciones en un sistema masivo e hipercomplejo es difícil y discutible, no hay forma de evitar la conclusión obvia de que la agricultura moderna está destruyendo sus propios cimientos, por haber tratado a la naturaleza como solamente un recurso sin vida para consumo.

Si nos centramos en los océanos, se hace patente la destrucción de la capacidad de la naturaleza causada para producir nuestros alimentos por la sociedad moderna. La contaminación industrial, urbana y agrícola, combinada con la pesca comercial, no deja intacta ninguna parte de los océanos. Las flotas pesqueras industriales han provocado el colapso o la explotación total de más del 90 por ciento de las pesquerías marinas del mundo[50]. Incluso si nuestra industria pesquera cambiara milagrosamente y todos sus productos estuvieran certificados por el Consejo de Administración Marina, los océanos no volverían a producir en siglos (o quizás nunca) una cantidad abundante de peces en estado salvaje, o de pescado saludable para que lo consumamos. Una de las razones es la cantidad de contaminación tóxica que han producido las sociedades modernas.

Desde 1950 se han desarrollado más de 140 000 nuevos productos químicos y pesticidas, de los cuales 5000 se encuentran ampliamente distribuidos en el medio ambiente mundial, aunque menos de 7500 han sido sometidos a pruebas de toxicidad[51]. A través de mecanismos como la circulación del aire, el escurrimiento agrícola y el vertido directo de residuos industriales y aguas municipales en los ríos, estas sustancias químicas llegan a los océanos. Como vimos en el capítulo 4, muchas de estas sustancias químicas no se descomponen y son persistentes «para siempre». Incluso en la parte más profunda de los océanos, en el fondo de la fosa de las Marianas, las concentraciones de BPC extremadamente tóxicos[52] son 50 veces superiores a las de los ríos más contaminados de China[53]. Los contaminantes más tóxicos son sustancias químicas que se adhieren a la grasa y se acumulan en los organismos, por lo que se abren camino desde el fondo de la cadena alimentaria hasta nuestras mesas. Estas sustancias químicas flotan en la superficie del agua, o forman una emulsión, donde pueden concentrarse por miles de veces en pequeñas partículas, incluidos los microplásticos, que luego el plancton come. Algunas de estas sustancias químicas son extraordinariamente tóxicas para la vida marina. Por ejemplo, una sustancia química que se encuentra en los protectores solares y los cosméticos puede inhibir el crecimiento de los arrecifes de coral al increíble nivel de 62 partes por billón[54]. Los microplásticos también son tóxicos y pueden inhibir el crecimiento del plancton. El problema de la variedad de sustancias tóxicas presentes en nuestros océanos es que, al envenenar el plancton, podrían colapsar la base de la cadena alimentaria oceánica, lo que reduciría mucho la vida en las cadenas alimentarias, incluido el pescado que comemos. Esta cuestión ha dado lugar a acaloradas discusiones entre los científicos, dados sus diferentes métodos para evaluar la mortandad de plancton causada. Sea quien sea el que tenga razón, la situación parece extremadamente mala para la salud de los océanos a largo plazo. Algunos científicos llegan también a la conclusión de que las diversas sustancias químicas extrañas presentes en nuestros océanos contribuyen a la aparición de zonas «muertas» en las profundidades oceánicas, fenómenos nuevos que podrían llegar a cubrir el 30 por ciento de los océanos profundos[55]. No está claro en qué momento estos procesos de toxificación y zonas muertas podrían acabar con nuestra capacidad de comer pescado salvaje del mar, pero lo que está claro es que, a diferencia de nuestros métodos de pesca, la toxificación general del medio ambiente no es algo que podamos resolver de repente: el daño ya está hecho.

Mis colegas y yo nos sentimos bastante descorazonados por lo irrecuperable que es la situación con la destrucción y el envenenamiento generalizados de la biosfera, incluidos los daños que se hacen con el afán de abastecerse de alimentos. La tragedia es que ya está perjudicando a la seguridad alimentaria y seguirá haciéndolo, a pesar de las respuestas que la humanidad pueda organizar ahora.

Tendencia 3:
LA PRODUCCIÓN ACTUAL DE ALIMENTOS DEPENDE
DE LOS COMBUSTIBLES FÓSILES EN DECLIVE

La capacidad de casi cuadruplicar el suministro mundial de alimentos en los 60 años anteriores a 2020 fue el resultado de una confluencia de avances tecnológicos durante la segunda mitad del siglo XX que dieron lugar a una transformación de la producción de alimentos conocida comúnmente como «la revolución verde»[56]. Todos menos uno de los motores clave de esta transformación han dependido de los combustibles fósiles (la excepción es la cría y selección selectiva de plantas y animales domesticados)[57]. El quiebre de los cimientos energéticos de las sociedades modernas que tratamos en el capítulo 3 supone el quiebre de los actuales modos de agricultura industrial. Un breve resumen del papel de los combustibles fósiles puede dejarlo muy claro.

En primer lugar, la aplicación del motor de combustión interna a la mecanización existente de las prácticas de producción agrícola, comenzando por los tractores en la década de 1910, y luego las trilladoras y segadoras de grano autopropulsadas («cosechadoras») progresivamente a partir de la década de 1930, transformó las capacidades de producción. Desde entonces, las máquinas propulsadas por petróleo han pasado a ser cruciales en todas las etapas de la producción, transformación y distribución de alimentos. En segundo lugar, los fertilizantes sintéticos nitrogenados han sido fundamentales para el crecimiento de la producción desde la década de 1950 y se fabrican a partir de combustibles fósiles[58]. En 2008, se calculó que aproximadamente la mitad de todos los alimentos producidos en el mundo dependen de esos fertilizantes[59]. En tercer lugar, los herbicidas, pesticidas y fungicidas también se fabrican a partir de combustibles fósiles. Estos productos químicos han sido fundamentales para proteger los rendimientos cuando enormes campos de cultivo genéticamente similares son susceptibles a que las enfermedades se propaguen. Prescindir de estos productos agroquímicos es posible, pero requiere un enfoque completamente distinto al de los «monocultivos» industriales[60]. En cuarto lugar, la irrigación ha sido clave para incorporar más tierras a la agricultura y normalmente utiliza bombas e infraestructuras dependientes de combustibles fósiles, no los sistemas basados en la gravedad desarrollados durante milenios. En las últimas dos décadas, la proporción de tierra cultivable con irrigación ha aumentado del 21,7 por ciento en 2001 al 24,4 por ciento en 2018, y es probable que aumente debido a las adaptaciones al cambio climático[61]. Las tierras con irrigación suministran alrededor del 30 por ciento de la producción mundial de alimentos[62].

Según la FAO, la fabricación de los insumos, luego la producción, el procesamiento, el transporte, la comercialización y el consumo suponen para el sector alimentario aproximadamente el 30 por ciento del consumo mundial de energía y más de 1/3 de las emisiones mundiales de gases de efecto invernadero[63]. No es posible decirlo de forma más clara: el suministro actual de alimentos de la mayor parte de la población mundial procede de modos de producción industriales que dependen totalmente de recursos cada vez menos fáciles de obtener y que destruyen la base de esa agricultura al contribuir al cambio climático y envenenar la biosfera. Comprender esta situación significa que, si reconocemos que las sociedades modernas se acercan rápidamente a un «precipicio de energía neta» en el que la disponibilidad de combustibles fósiles para la sociedad se limita rápidamente[64], entonces debemos reconocer que también existe un precipicio alimentario.

La vulnerabilidad de nuestro abastecimiento alimentario ante la inestabilidad del suministro de combustibles fósiles se pone de manifiesto en la actual situación mundial de los fertilizantes nitrogenados a partir de 2019. El «gas natural» (quizá mejor llamado «gas fósil») representa hasta el 90 por ciento del costo de esos fertilizantes. En tres años, el precio de ese gas fósil se ha multiplicado hasta por cinco, lo que ha provocado una reducción masiva de la producción de fertilizantes nitrogenados en todo el mundo. El mayor productor mundial, Yara, redujo la producción en Europa en un 40 por ciento y, en 2021, muchos agricultores de todo el mundo pagaron por los fertilizantes el doble que en 2020. El resultado fue una reducción de las aplicaciones de fertilizantes a la tierra, o la ausencia total de plantaciones, una reducción de la producción y una presión adicional para el aumento de los precios de los alimentos a partir de 2022. Cabe señalar que ocurrió antes de las subidas adicionales del precio del gas debidas al conflicto en Ucrania.

Hay muchas formas de cultivar alimentos diferentes al enfoque industrial que las sociedades modernas y en proceso de modernización han elegido desde la década de 1950: formas que son mejores para los suelos y la fauna, al tiempo que proporcionan alimentos más sanos y empleos más seguros. Sin embargo, el tiempo necesario para transformar la agricultura es tal que el declive del modo industrial aumentará la inseguridad alimentaria. Avanzar en una transformación total hacia formas de agroecología reduciría aún más los niveles globales de producción a corto plazo, dando lugar a una mayor inseguridad alimentaria para quienes no se benefician directamente de esa agricultura o no pueden permitirse el aumento de los precios de mercado.

TENDENCIA 4:
EL CAOS CLIMÁTICO LIMITA CADA VEZ MÁS
LA PRODUCCIÓN DE ALIMENTOS

Las sociedades grandes y estables requieren un suministro de alimentos de igual calidad y este suministro de alimentos requiere un clima favorable y relativamente estable. El clima relativamente estable del Holoceno favoreció el advenimiento de la agricultura junto con la aparición de centros urbanos y las «grandes» civilizaciones que surgieron de ellos. Con un clima cambiante a medida que abandonamos el Holoceno y entramos en el Antropoceno, nos encontramos esencialmente en territorio desconocido en lo que respecta a nuestro suministro de alimentos.

El cambio climático no es solo una amenaza futura para la seguridad alimentaria, pues sabemos con certeza que ya afecta a nuestro suministro de alimentos. Desde 1970, se han quintuplicado los fenómenos meteorológicos extremos, que ahora afectan al doble de superficie de producción agrícola y al doble de personas que antes[65]. Estas perturbaciones afectan cada vez más simultáneamente a los cultivos, la ganadería y la acuicultura[66]. En 2019, los fenómenos meteorológicos extremos y la imprevisibilidad constituyeron el principal motor de la inseguridad alimentaria en 25 países, con alrededor de 34 millones de personas llevadas a una situación de escasez de alimentos[67]. En términos más generales, el rendimiento de los cultivos básicos disminuye en todas las regiones del mundo como consecuencia directa del cambio climático. Hay repercusiones en las fechas de siembra y cosecha, aumentos de la infestación de plagas y enfermedades, pérdidas debidas al aumento de las heladas, inundaciones, sequías y granizo[68]. A nivel mundial, entre 1981 y 2010 el cambio climático provocó por sí solo un descenso del rendimiento medio mundial del maíz en un 4,1 por ciento, del trigo en un 1,8 por ciento y de la soja en un 4,5 por ciento, incluso después de tener en cuenta el aumento de la fertilización con CO_2[69]. En la India, el rendimiento medido del trigo disminuyó un 5,2 por ciento entre 1981-2009 debido al aumento de las temperaturas[70]. En toda Europa, los rendimientos del trigo y la cebada han disminuido un 2,5 por ciento y un 3,8 por ciento respectivamente desde 1989, siendo las pérdidas en zonas meridionales como Italia del 5 por ciento o más[71].

Aunque el cambio climático añade estrés a la mayoría de las formas de agricultura, el impacto sobre los cereales es particularmente importante para las sociedades modernas. Nuestra civilización se basa en los cereales, no solo porque son fáciles de cultivar en cantidades masivas, sino porque pueden almacenarse durante mucho tiempo, si se mantienen secos. Solo tres cereales —el arroz, el maíz y el trigo— aportan casi el 60 por ciento de las calorías y proteínas que el ser humano obtiene de las plantas[72]. La vulnerabilidad de las sociedades a la interrupción de la producción de estos cereales debido a fenómenos meteorológicos queda bien ilustrada por los acontecimientos de 2008. La demanda de trigo se había disparado debido al aumento de la demanda de productos cárnicos en Asia y a la mayor cantidad de maíz destinado a la producción de biocombustibles en todo el mundo. En 2007, la producción mundial de trigo se vio afectada por un gran número de fenómenos meteorológicos extremos: sequías en Australia, el este y el sureste de Asia y Europa, olas de calor en Estados Unidos e inundaciones en India y varios países africanos, lo que se produjo después de varios años de rendimientos de trigo inferiores a los esperados, que habían dejado las reservas mundiales de trigo bajo mínimos. Ante el riesgo, los principales exportadores, como Estados Unidos, Canadá, Australia y Argentina, entre otros, redujeron sus exportaciones. Ante la oportunidad financiera, los especuladores empezaron a acaparar el mercado y el precio del trigo se duplicó en un año. Como consecuencia, se produjeron disturbios alimentarios en 23 países de todos los continentes[73]. Diversos estudios señalan que los movimientos de protesta que recorrieron el mundo árabe en los años siguientes fueron desencadenados por el costo de los alimentos básicos. Estos cambios políticos pueden ser bienvenidos, pero la cuestión clave para nosotros es observar la relación actual entre el clima, la agricultura y la estabilidad de la sociedad[74].

Durante la crisis alimentaria de 2008, el volumen real de trigo comercializado en los mercados mundiales se mantuvo similar al de años anteriores. La crisis se debió a la respuesta frente a los efectos negativos de las condiciones meteorológicas sobre la producción, y a otros factores, más que a una verdadera restricción significativa de la oferta. Como la perturbación resultante se produjo por problemas relativamente leves en un alimento básico (el trigo), los expertos en seguridad alimentaria están preocupados, justificadamente, por lo que podría ocurrir si experimentamos fallos más graves en múltiples alimentos básicos al mismo tiempo o en una sucesión cercana. Mi análisis de sus investigaciones me ha llevado a la conclusión de que tal perturbación multifacética es inevitable en nuestra década actual, como explicaré a continuación.

Aunque casi todos los países del mundo producen alimentos, el comercio internacional de los cereales clave como el trigo, el maíz, la soja y el arroz está dominado por unos pocos países, que son llamados los graneros del mundo. Se trata de Estados Unidos, Argentina, Europa, Rusia/Ucrania, China, India, Australia, Indonesia y Brasil. El calor, el frío, las precipitaciones o la sequía extremos en una de esas regiones pueden provocar una «pérdida de granero» (*breadbasket failure*) definida como una temporada de cultivo en la que el rendimiento es un 75 por ciento o inferior a la media[75]. La frecuencia de estos fenómenos ha aumentado en todo el mundo en las últimas décadas y será aún mayor a medida que el planeta se caliente más[76]. Se podría suponer que no debería importar para los precios mundiales de los alimentos, ya que cuando una región tiene una mala cosecha, otra podría tener una buena y lograr una regularidad del suministro mundial. Sin embargo, el fenómeno de que se produzcan al mismo tiempo varias pérdidas de granero es cada vez más posible porque muchas de estas regiones están vinculadas climáticamente[77]. Los mismos factores globales que causan volatilidad climática y malas cosechas en una región están causando simultáneamente volatilidad y malas cosechas en otras regiones. El vínculo es la corriente en chorro del hemisferio norte, que está presentando mayores «ondulaciones» a medida que se ralentiza, debido a que el Ártico se está calentando a un ritmo desproporcionadamente rápido. Estas ondas ascendentes y descendentes más largas dan lugar a largos periodos de clima extremo, con calor, frío, humedad y sequía, afectando a varios graneros del hemisferio norte en un solo fenómeno meteorológico —un «fallo de múltiples graneros» (*Multiple Breadbasket Failure* o MBBF, por sus siglas)[78]—.

Un estudio de las nueve principales regiones productoras de cereales del mundo durante el periodo comprendido entre 1967 y 2012 mostró que, aparte del arroz, el riesgo de un fallo de múltiples graneros de maíz, trigo y soja ha aumentado significativamente desde la década de 1960 (un 37, 400 y 17 por ciento respectivamente)[79]. Un segundo estudio de las cinco principales regiones cerealistas mostró que estos riesgos aumentarán sustancialmente a medida que el planeta se caliente hasta +2 ºC por encima de las temperaturas medias globales preindustriales (en un 882, 287 y 292 por ciento respectivamente)[80], lo que significa que, durante la vida de la mayoría de las personas que leen este libro, las malas cosechas globales de maíz, trigo y soja pasarán de producirse una vez cada 100 años o menos, a producirse al menos una vez cada década. Las proyecciones para el maíz son especialmente preocupantes, con pérdidas de cosechas en cinco regiones cada tres años cuando la temperatura media mundial alcance +1.5 °C por encima de la temperatura preindustrial. Como ya lo habrán calculado algunos lectores, las últimas investigaciones apuntan a que el mundo superará ese umbral de temperatura incluso en fecha tan próxima como 2024, debido al fenómeno oceánico El Niño, lo que significa que es probable una devastación temporal del suministro mundial de maíz para 2027, con repercusiones globales durante 2028[81]. Recordemos que los modelos que realizan tales proyecciones están utilizando datos del pasado, mientras que hemos entrado en una nueva era inestable, con otras múltiples tendencias perjudiciales. Incluso estos preocupantes resultados podrían estar apuntando a los mejores escenarios posibles.

También es importante tener en cuenta que estas oscuras proyecciones se refieren a los cinco principales graneros fallando simultáneamente. El riesgo de que «solamente» dos, tres o cuatro de ellos fallen al mismo tiempo es aún mayor, lo que significa que es inevitable que la producción mundial de cereales se vea afectada con frecuencia. Ya en 2015, estos riesgos alertaron al principal corredor de seguros del mundo, *Lloyd's of London*, que planteó algunos posibles escenarios futuros. En uno de ellos se planteaban varias perturbaciones de graneros en el mismo año, con «descensos en la producción mundial de cultivos del 10 por ciento para el maíz, el 11 por ciento para la soja, el 7 por ciento para el trigo y el 7 por ciento para el arroz». Se calculó que estos reveses aparentemente moderados tendrían repercusiones significativas en los precios, con un aumento de los precios del trigo, el maíz y la soja de alrededor del 400 por ciento y del arroz de alrededor del 500 por ciento. Se imaginó lo que supondrían estas subidas de precios, describiendo cómo «estallarían disturbios por alimentos en zonas urbanas de Oriente Medio, el Norte de África y América Latina... se producirían varios atentados terroristas en [Kenia]... Nigeria entraría en guerra civil... Habría protestas prorrusas en Lituania... En resumen... habría importantes consecuencias humanitarias negativas y grandes pérdidas financieras en todo el mundo»[82].

Desgraciadamente, ahora nos enfrentamos a la probabilidad de impactos aún peores. Cada año se reserva alrededor del 23 por ciento de la producción mundial de cereales[83]. Esta reserva anual equivale a menos de tres meses de suministro normal de grano, o casi cuatro meses si el 32 por ciento que normalmente se destina al ganado se asignara directamente a las personas. Si se tiene en cuenta que un fallo de granero se define como una caída del 25 por ciento o más en el rendimiento, es fácil entender que una reserva mundial de cereales del 23 por ciento no será un amortiguador eficaz contra los choques repetidos y frecuentes. Por lo tanto, el cambio climático deshace la seguridad de nuestros suministros mundiales de cereales y, si la crisis alimentaria mundial de 2007-08 nos enseñó algo, fue sin duda que incluso un atisbo de inseguridad alimentaria generalizada puede causar problemas de mercado que desemboquen en disturbios y rupturas sociales.

Estos cambios en la regularidad y en los precios del suministro de cereales clave no se producen aislados de todas las demás tendencias severas enumeradas en este capítulo, las cuales afectan a todas las demás formas de agricultura, incluida la producción nacional de cereales, frutas, frutos secos y hortalizas. ¿Podría haber algún resquicio de esperanza? Sí, pero no lo suficiente como para marcar la diferencia en la mayoría de los países. El cambio climático significa que a veces aumentan las precipitaciones en zonas que antes eran demasiado secas y aumentan las temperaturas en zonas que antes eran demasiado frías para la agricultura. Incluso el aumento de la concentración de CO_2 en la atmósfera puede contribuir a mejorar la producción en algunas regiones. En China, por ejemplo, el crecimiento del trigo en el norte se ha visto positivamente afectado por el cambio climático hasta la fecha, mientras que el impacto en el sur ha sido negativo[84], pero, aunque el rendimiento de algunos cereales pueda aumentar con temperaturas y CO_2 más elevados, la calidad del grano puede disminuir, con un menor contenido en proteínas y minerales[85]. Recordemos también que el simple mantenimiento de nuestra producción actual, equilibrando las ganancias y las pérdidas, no bastaría para evitar la crisis y el colapso: la demanda de alimentos prevista implica que se necesitaría duplicar la oferta de alimentos en los próximos treinta años.

De vuelta al mar, no son mejores los efectos del calentamiento del planeta sobre nuestro suministro de alimentos. Los océanos en proceso de calentamiento son más ácidos, más estratificados y con menos oxígeno, lo cual tiene consecuencias muy graves para el futuro de la pesca salvaje, que actualmente representa aproximadamente la mitad de los mariscos que comemos[86]. Merece la pena examinar aquí un par de estas cuestiones por sus implicaciones para las poblaciones de peces: el calentamiento y la acidificación.

Los océanos han absorbido cerca del 90 por ciento del calor adicional del calentamiento global[87]. Las capturas pesqueras en muchas regiones ya se ven afectadas por los efectos de ese calentamiento, con una disminución media de alrededor del 3 por ciento por década en la reposición de la población, lo que ha puesto en entredicho la gestión de algunas pesquerías importantes[88]. Una cuestión relacionada es la acidificación de los océanos, que hemos examinado en el capítulo 5 sobre el clima. Dada la gravedad de su impacto sobre el futuro de la pesca, merece la pena repetirlo aquí. El mecanismo básico es que, a medida que aumenta la concentración de CO_2 en la atmósfera, gran parte de este gas es absorbido por los océanos, que han absorbido hasta un tercio de todo el CO_2 que los seres humanos han bombeado desde la década de 1980[89]. Este gas disuelto forma ácido carbónico, por lo que el pH del agua de mar desciende. Antes de la Revolución Industrial, el pH medio mundial de los océanos era de 8,2, mientras que hoy es al menos 0,1 más bajo y sigue bajando. Dado que el pH es una escala logarítmica, este descenso de 0,1 significa que el océano es hoy treinta veces más ácido que hace doscientos años. Algunos analistas independientes afirman incluso que el pH está más cerca de 8,04, lo que significaría que estamos al borde de una catástrofe debido al impacto sobre la vida marina[90]. La mitad de todos los organismos del océano están parcialmente formados por una forma mineral de carbonato cálcico[91]. Un agua más ácida dificulta la formación de caparazones y estructuras corporales en las crías de esas plantas y animales[92]. Con un pH de 8,04, esos procesos resultan casi imposibles en las aguas superficiales del océano, lo que significa que la contaminación humana está disolviendo cada vez más la vida en la base de la red alimentaria del océano. Algunos investigadores afirman que el ritmo actual de acidificación supondrá el colapso de los ecosistemas marinos en todo el mundo en un plazo de veinticinco años[93]. El colapso de las poblaciones de peces es solo uno de los muchos impactos que se producirán en el camino relacionados con el clima, como vimos en el capítulo 5. Aunque hay una controversia sobre la precariedad de la situación en los océanos, lo seguro es que la controversia no es sobre lo bien que va todo.

La otra mitad del consumo mundial de marisco procede de la acuicultura, la cual ha suministrado todo el crecimiento del consumo mundial de marisco en los últimos treinta años[94]. Dos tercios de la acuicultura son terrestres[95] y la mayor parte se alimenta de una combinación de peces salvajes y cereales[96], lo que significa que en realidad es una versión acuática de la ganadería intensiva, y se enfrenta a los mismos riesgos: necesidad de alimentación insostenible, uso de energía, contaminación ambiental, enfermedades y riesgos de seguridad alimentaria[97]. Mientras tanto, los sectores no alimentados de la acuicultura, como las ostras y los mejillones, se enfrentan a muchos de los mismos problemas que la pesca marina salvaje, especialmente la acidificación, el calentamiento y la desoxigenación de los océanos. En consecuencia, los mariscos no pueden ofrecer una salida a la crisis alimentaria que se avecina.

Cuando se profundiza en los datos sobre los impactos ya existentes en nuestro suministro de alimentos y se observan las formas en que las sociedades modernas han cambiado nuestra atmósfera, océanos y clima, se hace aún más extraño que alguien pueda dudar que los seres humanos hemos causado esta crisis. Los escépticos del clima de hoy en día, que aparecen en canales de YouTube como «científicos ciudadanos», muestran una falta de conocimiento sobre lo que ocurre con la agricultura actual, que puede deberse a las burbujas urbanas en las que viven las personas que entretienen al público en línea con sus puntos de vista sobre la actualidad. En el mundo real, que cultiva sus hamburguesas y cafés con leche, los cambios medioambientales en curso e irreversibles desmoronan sus líneas de suministro. Ayudar al público a entenderlo fue la base de mis consejos a los fundadores de *Extinction Rebellion* antes de su lanzamiento en 2018. Necesitábamos enfatizar que el cambio climático no se trata solo de ser más amables con la naturaleza o con la gente del otro lado del mundo. En realidad, cada vez más de nosotros no podremos permitirnos alimentarnos o alimentar a nuestras familias en un futuro próximo, lo que implica un creciente malestar social, ya que un país hambriento puede convertirse en un país ingobernable. En su momento, esos mensajes «calaron» y dieron a entender por qué el cambio climático es una emergencia. Sin embargo, ese enfoque parece haberse disipado en los años posteriores, a pesar de estar más claramente articulado en la literatura científica desde entonces[98].

TENDENCIA 5:
LA DEMANDA DE ALIMENTOS CRECE RÁPIDAMENTE
Y NO ES FÁCIL REDUCIRLA

Hasta este punto, hemos examinado los problemas del suministro de alimentos en el futuro. El otro lado de la ecuación de la seguridad alimentaria es la demanda. En ese lado está el tamaño global de la población humana y el consumo medio de alimentos por persona. Ambos crecen y son muy difíciles de limitar.

Impulsado por la expansión de las sociedades industriales de consumo, el consumo de proteínas de origen animal se ha disparado en todo el mundo en los últimos cincuenta años, pasando de 61 gramos por persona al día en 1961 a 80 gramos en 2011. Existe una clara correlación entre el crecimiento del PIB y el consumo de carne. En este periodo, un factor clave ha sido el auge de las nuevas clases medias en Asia y América Latina, donde la carne ha sustituido en parte a la proteína vegetal en lugar de simplemente añadirse[99]. Aunque algunos quieran considerar que se trata de una progresión natural, ya que la gente tiene más ingresos disponibles, existe un papel importante desempeñado por las entidades comerciales que asocian los productos de carne a un estatus más elevado y un estilo de vida más saludable[100]. Dicho consumo de carne aumenta el impacto medioambiental en comparación con los alimentos de origen vegetal. Aunque representan menos del 20 por ciento de las calorías consumidas en el mundo, la carne y los productos lácteos utilizan el 70 por ciento de toda la superficie agrícola y el 40 por ciento de las tierras cultivables y son responsables de cerca de dos tercios de todas las emisiones de gases de efecto invernadero relacionadas con la alimentación[101].

Incluso si la tendencia mundial hacia un mayor consumo de carne se invirtiera de manera urgente y sustancial, aún quedaría el enorme reto de una población mundial masiva y en aumento. Es un tema que algunas personas tratan en términos muy poco sensibles, revelando sus propios privilegios y prejuicios: por ejemplo, se enfocan en el crecimiento de la población en los países más pobres, a pesar de que las consecuencias del consumo son mucho menores que en las partes más ricas del mundo. Por otra parte, los críticos que llaman la atención sobre la población mundial pasan muy fácilmente por alto el deseo de muchas mujeres de todo el mundo, incluso en los países más pobres, de vivir con altos niveles de seguridad económica y baja mortalidad infantil, así como de control sobre su reproductividad, ya que elegirían voluntariamente familias más pequeñas; elecciones que inevitablemente hacen en tales circunstancias, según todos los datos e investigaciones. Muchos críticos de un debate sobre la población tienden a pasar por alto la escala del problema. Pocos seríamos capaces de decir cuál era la población mundial en el año en que nacimos y mucho menos en el año en que nació nuestra madre o nuestra abuela. Cuando yo nací, estaba entre otros tres mil ochocientos cuarenta millones de seres humanos con vida ese año. Al momento de escribir, sigo aquí junto con otros ocho mil millones. El gráfico del crecimiento de la población humana durante la era geológica del Holoceno nos ayuda a situarnos en el contexto histórico de los ocho mil millones de seres humanos que se alimentan en la actualidad y de los cerca de diez mil millones que, si no se produce el colapso, se prevé oficialmente necesitarán alimentarse en 2050.

Por supuesto, no es solo el número total de vidas humanas lo que está creciendo, sino la cantidad de alimentos que cada una de estas vidas espera comer. A medida que la disponibilidad de alimentos superó el cre-cimiento de la población en la segunda mitad del siglo xx, el precio real de los alimentos bajó y el consumo per cápita aumentó. No solo aumentó el consumo de carne, sino que el consumo excesivo y el despilfarro se convirtieron en marcas de identidad del estilo de vida de las economías económicamente más ricas del mundo, un estilo de vida que las econo-mías de ingresos más bajos parecen aspirar a emular y lo logran más cada vez. El consumo de alimentos en China se disparó de 1 427 kcal al día por persona en 1961 a 3 375 kcal al día por persona en 2019, un aumento del 237 por ciento. En la India, el consumo aumentó un 126 por ciento en el mismo periodo. Incluso en los países con mayores ingresos, el consumo per cápita siguió aumentando durante ese tiempo[102].

Según las tendencias actuales de crecimiento de la población y el con-sumo, se ha calculado, de forma poco realista, que la producción mundial de alimentos tendría que duplicarse aproximadamente de aquí a 2050[103], lo que representaría una necesidad de mayor crecimiento de la produc-

FIG. 10. La población mundial durante el Holoceno

ción en los próximos treinta años que el alcanzado en los cincuenta anteriores. Las tendencias severas que esbocé en este capítulo demuestran que se trata de una hazaña imposible. Al analizar las tendencias actuales en el consumo de alimentos, incluido el consumo de carne, algunos especialistas en seguridad alimentaria concluyen que intentar producir alimentos suficientes «probablemente llevaría al colapso de algunas funciones de los ecosistemas globales de los que depende crucialmente la humanidad»[104]. Teniendo en cuenta todos los datos de este capítulo y de este libro, creo que la palabra «probablemente» no es más que una cortesía con el lector. Una de las razones por las que estoy tan seguro es porque nuestro sistema alimentario gestionado por intereses comerciales milita en contra de cualquier esfuerzo significativo para abordar el problema.

TENDENCIA 6:
EL SISTEMA ALIMENTARIO GLOBALIZADO PRIORIZA LA EFICIENCIA Y EL BENEFICIO SOBRE LA RESILIENCIA Y LA EQUIDAD, LO QUE AGRAVA EL PELIGRO DE UN COLAPSO DEL SISTEMA ALIMENTARIO

Es importante recordar que la producción mundial de alimentos actualmente supera con creces lo necesario para alimentar a toda la población mundial: el hambre se debe a una distribución desigual de los alimentos y a una escasez artificial[105]. Nuestro sistema alimentario actual, que deja sistemáticamente a casi mil millones de personas sin alimentos adecuados y a más de cien millones de personas con hambre aguda, ya es disfuncional, incluso asesino. La futura disminución de alimentos procedentes de múltiples fuentes debido a múltiples factores exacerbará esos defectos, matando de hambre a un número cada vez mayor de personas en los países más explotados por el capital extranjero.

Los cambios de las últimas décadas, que continúan al momento de escribir este libro, han aumenta los impactos de las otras tendencias que he descrito anteriormente. El sistema alimentario mundial se optimiza cada vez más para la eficiencia y el lucro, en vez de para garantizar que todo el mundo tenga alimentos, y representa grandes riesgos. Por ejemplo, las reservas de estabilización se han reducido conforme se ha comprendido la volatilidad de la oferta consistente con el entorno anteriormente estable que incluso los investigadores de la OCDE reconocen que ya no existe[106]. Esas reservas están cada vez más en manos de los especuladores. Antes, los gobiernos mantenían reservas estratégicas de cereales para alimentar a sus ciudadanos. Ahora prefieren la mayor eficacia de los mercados mundiales (con la notable excepción de algunos países como China o India). Un aspecto preocupante de esta evolución es que a veces los países que más necesitan las reservas son los que menos pueden pagarlas[107]. Las reservas están controladas por un puñado de empresas, que no tienen inconveniente en manipular los precios de las materias primas si aumentan sus beneficios. Por ejemplo, el Banco Mundial calcula que en la crisis alimentaria de 2008 «se produjeron subidas de precios de hasta el 30 por ciento basadas en las consecuencias previstas (por los efectos de la sequía y la producción de biocombustibles en los cultivos de maíz) y no por las perturbaciones en sí»[108].

Un aspecto clave de los sistemas alimentarios contemporáneos es su modelo de abastecimiento internacional complejo y del esquema «justo a tiempo». Los objetivos comerciales de maximizar las opciones del consumidor y los beneficios empresariales desarrollaron ese sistema y significa que hay poca capacidad latente en las cadenas de suministro de alimentos cuando sufren interrupciones. Esta situación se puso de manifiesto cuando las respuestas políticas al COVID-19 en muchos países implicaron restricciones a la circulación de trabajadores, cambios en la demanda de los consumidores, cierre de instalaciones de producción de alimentos, retrasos en la tramitación fronteriza y trastornos financieros para las empresas de la cadena de suministro de alimentos. El resultado en muchos países para muchas líneas de productos fue una interrupción en la disponibilidad y un aumento de los precios[109]. Por esa razón, algunos especialistas en sistemas alimentarios piden que se reduzca la dependencia de las largas cadenas internacionales de suministro y se deje de depender de los sistemas «justo a tiempo» como forma de gestión del riesgo por parte de las empresas y para una mayor seguridad alimentaria en los países[110]. Sin embargo, muy poco ha cambiado y el tipo de perturbaciones del sistema alimentario mundial que se derivarán de las seis tendencias que resumo en este capítulo harán que las perturbaciones de COVID-19 parezcan menores.

Estoy de acuerdo con los analistas que sostienen que nuestros sistemas alimentarios no tienen por qué funcionar como lo hacen hoy. En teoría, existen alternativas radicales y detalladas. El agrónomo y «colapsólogo» francés Pablo Servigne ha esbozado un programa integral para los sistemas alimentarios de Europa y del mundo que serían más resistentes a las posibles alteraciones del clima y del suministro de petróleo. Esos sistemas alimentarios, centrados en principios agroecológicos, serían localizados y diversificados, descentralizados y autónomos, circulares y transparentes[111]. Muchas de las recomendaciones de Servigne coinciden con las de la FAO. En un informe especial de 2016 sobre cambio climático, agricultura y seguridad alimentaria, esa organización recomendó centrarse en aumentar la eficiencia del uso de los recursos, conservar y mejorar los recursos y ciclos naturales, adoptar enfoques agroecológicos y una mayor diversificación de los cultivos[112].

Las numerosas advertencias, así como las buenas ideas para abordar los problemas, han sido sistemáticamente ignoradas debido a la dinámica de nuestro sistema capitalista que promueve una dirección para el sistema alimentario mundial. El análisis de este capítulo no es el primero que llega a la conclusión de que el sistema alimentario mundial se encamina hacia el colapso. Ya en 2015, uno de los principales modelos sobre sistemas alimentarios pronosticaba que «la sociedad colapsará en 2040 debido a una escasez catastrófica de alimentos» —a menos que cambiaran todos los factores importantes[113]—. Ocho años después, aparte del empeoramiento de la situación, nada ha cambiado en el sistema alimentario mundial. Recordando mis propias sugerencias de 2019 para simplemente moderar un colapso del sistema alimentario en lugar de prevenirlo (Recuadro 1), observo que ninguna de esas ideas ha sido discutida, y mucho menos aplicada seriamente por los responsables políticos. Tal vez los cambios serán posibles solo cuando el sistema alimentario se quiebre y comience a quebrarse también el dominio del capital. Desgraciadamente, las cinco primeras tendencias ya descritas significan que incluso las políticas más radicales solo podrían retrasar, y no evitar, la tragedia que supondría la interrupción del suministro de alimentos.

RECUADRO 1: TEXTO DE 2019 SOBRE POSIBLES RESPUESTAS POLÍTICAS[114]

Como recién iniciado en el tema de la seguridad alimentaria, soy muy consciente de que hay personas mucho más formadas, experimentadas y hábiles que yo que podrán desarrollar políticas. Para ayudarles en sus conversaciones, he anotado algunas ideas iniciales sobre lo que podrían considerar:

- En primer lugar, los países importadores deben aumentar la producción nacional de alimentos básicos, incluidos, mediante la irrigación, el uso de invernaderos y la agricultura urbana comunitaria.
- En segundo lugar, los países importadores necesitan diversificar geográficamente las fuentes de importación de alimentos en lugar de depender de lo que sea más barato o habitual.
- En tercer lugar, todos los países tienen que diversificar la gama de especies que intervienen en su agricultura nacional, centrándose en una mayor resistencia al estrés climático, y debe hacerse con un enfoque agroecológico holístico, reconociendo la amenaza del colapso de la biodiversidad.
- En cuarto lugar, los gobiernos deben reinstaurar la gestión soberana de las reservas de cereales y prepararse para la confiscación de reservas privadas de cereales en situaciones de crisis.
- En quinto lugar, puede ser necesario un tratado y sistemas que ayuden a mantener el comercio internacional de alimentos a pesar de cualquier futuro colapso financiero o económico.
- En sexto lugar, es posible que se necesiten planes nacionales de contingencia para preparar el racionamiento de alimentos, de modo que cualquier subida rápida e importante de los precios no provoque malnutrición y disturbios civiles.
- En séptimo lugar, a falta de nuevas formas significativas de acción gubernamental en materia de seguridad alimentaria, los gobiernos locales deben actuar, incluso mediante asociaciones con empresas que puedan gestionar la distribución de alimentos.
- En octavo lugar, deberíamos llevar a cabo experimentos controlados con Aclaramiento de Nubes Marinas sobre el Océano Ártico, para in-

tentar reducir el calentamiento en el Ártico y frenar los cambios perjudiciales en el clima del hemisferio norte, lo que no significa que una geoingeniería más amplia tenga sentido, sino que es importante probar la MCB, de esta forma limitada, dado el potencial catastrófico de un mayor calentamiento del Ártico.

LOS CIMIENTOS COLAPSAN

En este capítulo hemos examinado las seis tendencias severas que *ya están ocurriendo* y que conducen al colapso del sistema alimentario:

1. Estamos alcanzando los límites biofísicos de la producción de alimentos y podríamos llegar al «pico alimentario» dentro de una generación.
2. Nuestros sistemas actuales de producción de alimentos están destruyendo activamente la base de recursos de la que ellos mismos dependen, de modo que la capacidad de la Tierra para producir alimentos está disminuyendo, no aumentando.
3. La mayor parte de nuestra producción de alimentos y todo su almacenamiento y distribución dependen críticamente de los combustibles fósiles, lo que no solo hace que nuestro suministro de alimentos sea vulnerable a la inestabilidad de los precios y el suministro, sino que también nos plantea una elección imposible entre la seguridad alimentaria y la reducción de las emisiones de gases de efecto invernadero.
4. El cambio climático ya afecta negativamente a nuestro suministro de alimentos y lo hará con mayor intensidad a medida que la Tierra siga calentándose y el clima se desestabilice, erosionando aún más nuestra capacidad de producir alimentos.
5. A pesar de estos límites, estamos atrapados en una trayectoria de aumento de la demanda de alimentos que no puede revertirse fácilmente.

6. La priorización de la eficiencia económica y el beneficio en el comercio mundial ha socavado la soberanía alimentaria y la resiliencia de la producción de alimentos a múltiples escalas, haciendo que tanto la producción como la distribución sean muy vulnerables a las perturbaciones.

Consideradas *individualmente*, cada una de las tendencias severas representa un reto muy importante para la seguridad alimentaria mundial. Consideradas *de forma colectiva e interdependiente*, resulta evidente que hemos creado un problema de una escala y profundidad sin precedentes en la historia moderna y sin precedentes por el gran número de personas que se verán afectadas. Por desgracia, muchos expertos e instituciones siguen restando importancia a la gravedad de la situación. Una de las razones podría ser que no tienen en cuenta todos los factores significativos que afectan al futuro de la alimentación. Por ejemplo, un gran consorcio de investigadores ha argumentado que la producción de pescado y marisco podría aumentar hasta un 74 por ciento para el año 2050. Pero su estudio no tiene en cuenta las repercusiones del calentamiento de los océanos, la acidificación, la desoxigenación y la contaminación, ni cómo afectará la crisis energética a las materias primas para la acuicultura[115]. Aunque más sobria a la hora de expresar sus esperanzas, la FAO[116] también ignora estos factores al hacer sus proyecciones de producción de alimentos marinos hacia 2030. Otra razón de la falta de alarma por parte de algunos científicos puede ser su «sesgo de normalidad» por el cual esperan que la forma en que se experimenta la vida hoy en día continúe. Por tal razón, se exigen más pruebas a los analistas que, extrapolando las tendencias actuales, concluyen que el futuro es sombrío, en lugar de a quienes imaginan que todas esas tendencias severas cambiarán lo suficiente como para evitar el desastre, que analizamos en el capítulo 7.

Para que un analista o comentarista crea que la inseguridad alimentaria mundial no empeorará en los próximos años, es necesario que crea que la mayoría de las tendencias severas que he identificado aquí pueden detenerse en los próximos años. Para creer que los sistemas alimentarios no colapsarán en la mayoría de los países en los próximos años, hay que creer que todas las tendencias severas se invertirán, incluidas las que parecen imposibles de invertir incluso si todo el mundo respondiera a la complejidad, escala y urgencia de este desafío de forma perfecta. Las personas privilegiadas pueden seguir optando por vivir en ese mundo de ensueño, ya que pueden pagar para evitar temporalmente el empeoramiento de la situación. Ese privilegio significa que su dolor cotidiano no proviene de los precios, la disponibilidad y la calidad de los alimentos, sino de las opiniones que desencadenan sentimientos de miedo, ira, tristeza o culpa. Sin embargo, la mayoría de los habitantes del planeta no son tan privilegiados. La mayoría necesita mayores esfuerzos de redistribución nacional y mundial, así como estrategias de resiliencia local y nacional mediante la diversificación de las fuentes de alimentos (Recuadro 1). Dado que los mecanismos capitalistas de los sistemas alimentarios impiden que se tomen esas acciones, en los últimos años, algunas personas están recurriendo a la innovación tecnológica como fuente de esperanza. Tenía curiosidad por saber si tales ideas podrían tener mérito, en lugar de ser nuevas formas de alivio psicológico del dolor por parte de personas privilegiadas. Así que, antes de concluir, repasemos lo que se afirma sobre la nueva era de la «tecnología alimentaria».

¿QUÉ SE PREPARA PARA EVITAR EL COLAPSO?

No sabía si eran los chapulines fritos o el hecho de que se ofrecieran como cobertura de un cruasán. Estaba en Oaxaca, México, y mis compañeros de conferencia comieron lo que nos presentaron como un manjar local. Lo que se considera comida es cultural: chapulines en México; caracoles en Francia; caballos, cerdos y humanos en algunos lugares, en otros no, pero yo no quería chapulines como desayuno. Una narrativa popular en YouTube es que los ecofascistas quieren hacernos comer bichos y puré de hongos. No se refieren solamente a la jalea Marmite o a las especialidades mexicanas. Algunas de las reacciones provienen de la industria cárnica y láctea, preocupada porque las políticas sobre emisiones de gases de efecto invernadero puedan afectar a sus negocios, pero ¿cuál es la realidad de los nuevos alimentos?

Durante años, algunos investigadores han trabajado en ideas sobre cómo podríamos alimentarnos si se produjera un desastre global que, por ejemplo, bloqueara el sol[117]. Sus ideas fueron ignoradas en gran medida hasta los últimos años, cuando algunos inversores se han dado cuenta de que ya estamos inmersos en una catástrofe medioambiental que amenaza nuestro suministro de alimentos. Están invirtiendo miles de millones de dólares en empresas que cultivan carne y leche a partir de células animales individuales (lo que a veces se denomina carne cultivada) o que utilizan microbios para cultivar proteínas (lo que a veces se denomina fermentación de precisión). Debido al capital invertido en este sector cada vez más conocido como «tecnología alimentaria» (food tech), ahora hay mucho contenido promocional en forma escrita y en vídeo, procedente de laboratorios de ideas, expertos y periodistas. Aunque he descubierto que algunos son bastante engañosos, las recientes afirmaciones de algunos entusiastas de que la tecnología alimentaria podría salvar al mundo del colapso social y permitirnos restaurar el mundo viviente, en lugar de limitarse a ser un nuevo e interesante negocio alimentario que no daña a los animales, requiere cierta atención, dada nuestra difícil situación actual.

El potencial es interesante y algunas innovaciones parecen mejores que otras. Hay empresas que cultivan carne falsa a partir de hongos, sin necesidad de ingeniería genética ni procesos complicados. Siempre que se pueda conseguir el agua, la energía, los sustratos y los depósitos de fermentación, esta forma de producir alimentos podría hacerse en cualquier parte. No veo ninguna razón para oponerse a una nueva opción de proteína así, que tiene un menor impacto ecológico y no daña a los animales[118]. Sin embargo, con el colapso de los sistemas alimentarios mundiales en marcha, la cuestión es cuál será la demanda de energía y sustratos para cultivar estos productos sustitutos de la carne a una escala significativa, así como la infraestructura industrial necesaria y ahí la cosa se complica más de lo que a los optimistas de la tecnología alimentaria les gusta decirnos.

Todos los sustratos utilizados para cultivar las células cárnicas o los microbios requieren nitrógeno en forma de amonio (sulfato o nitrato), que actualmente se produce con gas natural/fósil como principal insumo[119]. Una evaluación de la viabilidad a escala tendría que examinar qué insumos serían necesarios para cada tonelada de proteína producida. Los optimistas de la tecnología alimentaria promueven la posibilidad de que el amonio se produzca utilizando hidrógeno procedente de la electrólisis del agua en lugar de gas natural/fósil[120]. Reconociendo las enormes cantidades de energía necesarias para tal proceso, otros entusiastas imaginan que los ingenieros genéticos encontrarán formas de fijar en amoníaco el nitrógeno de nuestra atmósfera. Sin embargo, todavía no he visto ninguna prueba sustancial para evaluar tal afirmación. Un informe sobre la industria elaborado por la consultora McKinsey menciona estas cuestiones, pero no intenta calcular lo que se necesitaría para hacer realidad las visiones de los promotores de la tecnología alimentaria[121].

Cambiando el uso de la fotosíntesis por parte de las plantas por alimentos producidos industrialmente que utilizan enormes cantidades de energía para la producción de hidrógeno, no habría ningún alivio para la crisis energética a la que se enfrenta la humanidad. Resulta útil que sus defensores, como el periodista George Monbiot, intenten calcular las necesidades energéticas de sustituir todas las proteínas consumidas por los humanos por proteínas fermentadas. Aunque él llegó a la conclusión de que aumentaría la demanda mundial de electricidad en un 11 por ciento, no me quedó claro si incluyó todos los requisitos energéticos para la producción de los sustratos[122]. No he encontrado ningún estudio que analice el ciclo de vida completo de ninguno de los métodos de tecnología alimentaria. Aunque esperemos que la tecnología supere sus dificultades o límites, una parte fundamental de la visión científica del mundo es estimar con datos en lugar de tratar la tecnología como magia que siempre cumple. Cuando los optimistas de la tecnología alimentaria afirman que los nuevos reactores nucleares resolverán los problemas energéticos, ignoran la investigación que vimos en el capítulo 3, que demuestra que no es posible.

El término «precisión» es una palabra interesante, ya que tiene una connotación positiva. Sin embargo, una descripción más afín de ese proceso de fermentación sería «fermentación modificada genéticamente», porque en la mayoría de los casos se trata de insertar un código genético en un microbio para que produzca la sustancia proteica deseada durante la fermentación. Muchos de los empresarios de la tecnología alimentaria lo reformulan describiendo los microbios de ingeniería genética como una simple «impresión en 3D» de las moléculas deseadas, pero no lo es en absoluto. La ingeniería genética de cualquier organismo plantea no solo el problema de las posibles reacciones alérgicas de los consumidores, sino también del escape de las nuevas disposiciones genéticas a la naturaleza, lo que se denomina «escape de transgenes» y que está bien documentado en el caso de los cultivos transgénicos existentes. La tecnología alimentaria plantea sus propios riesgos de contaminación genética[123]. Una vez fuera de las cubas, no está claro qué nuevos riesgos traerá. Debido a su número y simplicidad, es probable que los genes se mezclen con microbios no modificados genéticamente y puede que no sea posible contenerlos una vez en el medio ambiente. Los nuevos arreglos de ADN producirán compuestos totalmente nuevos a partir de esos microbios. ¿Podrían esos microbios acabar produciendo tales compuestos en el intestino de los animales, incluidos los humanos? Debido a la particular combinación de necesidades para que esos microbios prosperen, es poco probable que ocurra. Pero ¿es un riesgo que merezca la pena correr? ¿Quién debe decidirlo, y quién lo hará en nombre de toda la humanidad? Las normativas difieren en los distintos países y tienden a centrarse en el impacto directo sobre el consumidor por la ingestión de residuos en los productos finales, más que en la cuestión de que el escape de transgenes afecte al medio ambiente[124]. Un mejor marco internacional, que examinara los peligros potenciales de cada nuevo microbio transgénico, ayudaría a evitar errores que serían difíciles o imposibles de volver a meter en los tubos.

Ante el inminente colapso del sistema alimentario, está claro que hay mucho en juego. Desgraciadamente, el debate sobre la tecnología alimentaria está polarizado por personas que creen que hay que hacer una elección binaria para salvar el mundo. Por un lado, se afirma que la tecnología alimentaria es la respuesta y, por otro, que la agroecología es la solución[125]. Como agrosilvicultor orgánico desde hace poco tiempo, sé que imitando los procesos naturales se puede sustituir con éxito muchos de los insumos industriales de la agricultura sin diezmar la productividad, aunque se requiere mucho más trabajo manual. Sin embargo, también sé que no hay una única respuesta a la crisis alimentaria mundial, ni siquiera una respuesta multifacética que incluya tanto la tecnología alimentaria como la agroecología. Por el contrario, las seis tendencias severas esbozadas en este capítulo significan que la situación seguirá deteriorándose. Podemos fomentar un abanico de opciones que ayuden a la gente a alimentarse a sí misma y a los demás lo mejor que puedan, al tiempo que regeneramos más parcelas de naturaleza, ya sea ajardinada o silvestre y nos centramos tanto en un enfoque más equitativo y orientado a la suficiencia alimentaria, que exploramos en los capítulos 11 y 12. La polarización revela hasta qué punto las personas que trabajan en alimentación y medio ambiente se han vuelto presas de la ansiedad. Algunos desean una salvación tecnológica de la situación, por lo que se adhieren a su punto de vista de forma casi religiosa. Por supuesto, no desincentiva su gran devoción el hecho de que ahora haya miles de millones de dólares revoloteando en torno a la tecnología alimentaria.

¿Podrá la tecnología alimentaria alimentar a miles de millones de personas a medida que los sistemas agrícolas colapsen debido a los cambios en el clima y en la biodiversidad? La respuesta corta es no, debido a su demanda de recursos. Sin embargo, si se gestionan y gobiernan bien, algunas tecnologías alimentarias nuevas ayudarán a alimentar a millones de personas, aunque también presentan cierto riesgo incierto de contaminación genética del mundo natural. En la actualidad, la comprensión está demasiado influenciada, por un lado, por empresarios y promotores financiados por el capital, que a veces engañan con sus comunicaciones (tanto para exagerar el potencial como para minimizar los riesgos) y, por otro, por personas que quieren ignorar la inminente crisis alimentaria y demonizar toda la tecnología alimentaria (por intereses comerciales o ideológicos). No es útil que los optimistas de la tecnología alimentaria presenten sus ideas en oposición a la agroecología y la agrosilvicultura. Si no se presta atención urgente a la redistribución para hacer frente mejor a la crisis alimentaria que se avecina, más gente podría sospechar que los capitalistas verdes y los autoritarios en el gobierno quieren que la gente cambie sus hamburguesas con queso por un futuro comiendo «lodo de hongos» y «puré de insectos».

MÁS ALLÁ DEL HASTÍO

En el informe anual con motivo del 25.º aniversario de su fundación, el Consejo de Administración Marina señaló un problema derivado del calentamiento de nuestros océanos: «varias pesquerías importantes han perdido la certificación que emitimos debido a cambios relacionados con el clima». También informaron de que el pulpo y el calamar podrían beneficiarse de ese calentamiento, por lo que «podría abrir oportunidades para aumentar el suministro de productos del mar sostenibles y ayudar a las comunidades pesqueras a adaptarse al cambio climático». Sin embargo, no se prestó atención a la manera en que se calienta un océano podría perturbar toda la industria pesquera y, con ella, al mismo Consejo de Administración Marina. No se mencionó la acidificación de los océanos, la desoxigenación, la estratificación, la contaminación tóxica, los microplásticos o la disminución del plancton, todos los cuales presentan riesgos catastróficos para el sector pesquero y la humanidad[126], pero si lo hicieran, ¿qué podría decirse de utilidad? Reconocer las seis tendencias severas que conducen al colapso del sistema alimentario implica romper con los paradigmas hasta el punto en que se quedan sin palabras los profesionales de la sostenibilidad de la corriente dominante. Como lo hice yo por décadas, parten de la falsa premisa de que aún tenemos tiempo para reformar y hacer la transición. Y como yo, algunos de ellos trabajan de noche, asumen riesgos y ponen todo su empeño en crear el cambio.

Pero con la información más reciente sobre el problema medioambiental, ese trabajo puede perder su sentido. ¿Qué podría hacerse entonces en su lugar?

El primer paso es permitir que la información más reciente se asiente y reconstituya nuestro sentido de la realidad. En 2019 escribí: «Si crees que la humanidad cambiará rápidamente los sistemas de producción para reducir la dependencia de los granos de secano, y al mismo tiempo cambiará nuestro sistema alimentario comercial con la misma rapidez para ayudar a garantizar que todo el mundo esté alimentado, entonces entiendo que pienses que no se producirá un colapso social generalizado. Por mi experiencia y análisis, no creo que los sistemas políticos puedan responder tan rápidamente en todo el mundo. Por esa razón, mi propia conclusión, por triste e impresionante que sea, es que ya es inevitable el colapso social a corto plazo»[127]. Cuatro años más tarde, y con la ayuda de un equipo de investigación que ha pasado muchos meses trabajando conmigo para examinar más de cerca la miríada de problemas, creo que se puede argumentar de forma plausible que el sistema alimentario mundial ya ha empezado a colapsar. Las seis tendencias principales no son simplemente intratables, sino que parecen imparables e irreversibles muchas de sus consecuencias. Peor aún, la tendencia del cambio climático podría desencadenar una perturbación mundial masiva mediante una falla de múltiples graneros en tan solo unos pocos años. Ya no preveo que la publicación de estos resultados vaya a ayudar a influir en ninguna política, pero espero que, como resultado, más personas tomen medidas en sus propias vidas y comunidades. Puede sonar derrotista, pero creo que hay nuevas victorias que conseguir transformando los sistemas alimentarios a nivel local, resistiendo la destrucción continua por parte de las empresas capitalistas globales, desafiando a quienes diluyen la gravedad de lo que la humanidad ya está experimentando y fomentando posturas informadas en lugar de ideológicas o mágicas sobre las nuevas tecnologías alimentarias[128].

7

EL COLAPSO SOCIAL: RECONOCIMIENTO DE LA REALIDAD Y LA DECADENCIA CULTURAL

La primera mitad de este libro es el resultado de varios años de análisis de investigaciones de diversas disciplinas académicas. Si no hubiera habido investigación científica en los ámbitos pertinentes de la economía, el medio ambiente, el clima, etcétera, mi equipo de investigación y yo no habríamos tenido nada que analizar y, por lo tanto, nada que informar, aparte de nuestras observaciones, intuiciones y conversaciones. Considero que la ciencia, con sus diversas metodologías, es mejor que solo seguir «las voces en la calle». Noto mi respeto por los enfoques científicos del conocimiento cada vez que me encuentro con alguien que apoya ideas simplemente porque le hacen sentir bien a pesar de las abrumadoras pruebas que demuestran lo contrario. Me vienen a la mente los «terraplanistas». Aunque también tengo conflictos con la ciencia y el trabajo académico en general, porque cada disciplina implica preocupaciones y prescribe límites que no nos ayudan a entender lo que es relevante para nuestras vidas. Además, los investigadores existen en instituciones con sus propias prioridades, como apelar a intereses comerciales o estatales y dentro de culturas profesionales moldeadas por esos intereses que operan desde hace muchas décadas[1]. Mis colegas y yo solo hemos podido hacer la evaluación que presentamos en la primera mitad de este libro desde un enfoque paradójicamente respetuoso y escéptico de la investigación académica.

El enfoque que adopté durante los años de trabajo para escribir este libro fue un «análisis crítico de investigaciones interdisciplinarias». El primer elemento importante de este enfoque es que su investigación está motivada por la intención de identificar conocimientos relevantes para una cuestión de interés público. Así pues, identificamos publicaciones académicas de distintas disciplinas potencialmente relevantes para el tema en cuestión y las analizamos en busca de las conclusiones más importantes. A veces, esos resultados no son a los que llegaron los investigadores originales en las publicaciones analizadas. Nuestro proceso de identificación de la relevancia implica establecer referencias cruzadas entre hallazgos y afirmaciones de distintas especialidades. Un enfoque «crítico», que parte de la apreciación de las múltiples influencias en cualquier proceso de realización y difusión de la investigación, contribuye. A la hora de considerar los datos, las presiones económicas y políticas para seguir siendo deferentes con las ideas e instituciones establecidas, la influencia deradicalizadora de los privilegios, el deseo de evitar emociones difíciles y la ideología del progreso que puede desplazar la carga de la prueba.

Para hacer bien un análisis crítico de investigaciones interdisciplinarias puede ser útil contar con experiencia en diferentes contextos culturales, profesionales y disciplinarios. También es útil tener una formación en metodologías científicas, historia y filosofía de la ciencia, humanidades y capacidad crítica. Esto último se refiere a que la comprensión de la función de los marcos, las narrativas y el discurso dan forma a aquello que se asume, se excluye o es puesto en foco, en formas que son producidas por las relaciones de poder y luego las reproducen, lo cual analizaremos en el capítulo siguiente. Sin este tipo de experiencia y formación, cuando los científicos generalizan fuera de su campo de especialización, hacen un uso irreflexivo de supuestos de «sentido común» que reflejan la cultura dominante y excluyen los análisis que cuestionan sus cosmovisiones.

Al reconocer las limitaciones de la investigación reduccionista y de las disciplinas aisladas, los académicos interesados en el «pensamiento sistémico» pueden realizar mejor el tipo de trabajo interdisciplinar que implica la «colapsología». Sin embargo, no siempre analizan críticamente el material de origen para detectar los sesgos descritos anteriormente. Por desgracia, el análisis crítico de investigaciones interdisciplinarias no es una capacidad que se enseñe o que sea provista con recursos en el ámbito académico, ni que se recompense con oportunidades de progresión profesional. Ese análisis puede molestar a los académicos restringidos por una disciplina, pues lleva a conclusiones que van más allá de las de las disciplinas específicas a las que se recurre y puede relegar a la irrelevancia algunos de los matices y detalles semánticos. Cuando las conclusiones son especialmente preocupantes o amenazadoras para el sistema dominante, las reacciones pueden ser inusualmente negativas y tratar de marginar a las personas, los conceptos y las organizaciones implicadas[2]. En el capítulo siguiente describiré con más detalle el enfoque que adoptamos y por qué creo que es importante que muchos de nosotros desarrollemos una «sabiduría crítica» similar en una época de colapso. En este capítulo resumiré lo que hemos descubierto que ya ocurre en las sociedades de consumo industrial, así como algunas reflexiones sobre por qué tan pocos académicos articulan estas ideas y por qué no se escucha a quienes lo hacen. Sugiero que esa negación generalizada es a la vez un indicador y una consecuencia de la decadencia del cemento cultural que mantiene unidas a las sociedades modernas.

En los últimos años se han producido trastornos masivos e incluso colapsos tanto de comunidades como de sociedades por múltiples razones. A menudo han sido por conflictos violentos en los cuales se puede identificar la codicia comercial y la agresión imperial. Ejemplos recientes son Irak, Libia y Siria. En el pasado, las potencias coloniales a menudo destruían sociedades a medida que las sometían para extraer sus recursos. Sin embargo, en este libro estoy describiendo algo totalmente distinto: el colapso de sociedades modernas que nunca se han considerado en riesgo de desmoronarse y que todavía parecen funcionar bastante bien para muchos de sus participantes.

Las grietas en la superficie son innegables, con un declive desde 2016 en los indicadores clave de la vida de las personas en todos los continentes poblados del mundo (capítulo 1). La evidencia del quiebre de los cimientos de las sociedades modernas también es severa y creciente. Los acuerdos económicos y monetarios se están volviendo insostenibles en sus propios términos, a medida que alcanzan límites naturales y finalmente sucumben a sus contradicciones internas (capítulos 1 y 2). La base crucial de las sociedades industriales de consumo, que es la energía fácilmente accesible, también se está desmoronando rápidamente (capítulo 3). La biosfera está tan gravemente degradada en todo el mundo que se puede afirmar científicamente que ya está en proceso de colapso. Apenas se empieza a comprender el impacto que esto tiene sobre la humanidad a través del desencadenamiento de nuevas oleadas de enfermedades zoonóticas y las respuestas imprudentes de algunos científicos que realizan arriesgados experimentos de laboratorio (capítulo 4). Debido a los últimos doscientos años de actividad humana, el clima está cambiando tan deprisa que los ecosistemas y los sistemas agrícolas no se están adaptando (capítulo 5). En conjunto, estos impactos acentúan un colapso que se produce en los sistemas alimentarios de las sociedades modernas (capítulo 6).

Nuestra precaria situación empeora aún más por la complejidad y el carácter expansionista de las sociedades modernas. Como se describe en el capítulo 1, una sociedad industrial de consumo se basa en la interdependencia entre la industria y el consumo de masas, partiendo de las «economías de escala» que son posibles gracias a una energía barata, un medio ambiente que en gran medida no cuesta nada contaminar y una financiación y comunicaciones complejas, que conducen a la especialización de la fabricación y otras funciones comerciales en operaciones masivas. Esta interdependencia significa que, si el consumo de masas disminuye, la industria correspondiente no puede seguir produciendo adecuadamente y, si una industria no puede producir adecuadamente, entonces el consumo que sustenta puede colapsar, en lugar de simplemente disminuir. Esa vulnerabilidad del comercio se hizo notar durante los primeros años de la pandemia de COVID-19, cuando los coches nuevos y otros artículos dejaron de estar disponibles debido a problemas en las complejas cadenas de suministro mundiales. Incluso las sociedades que no presentan un consumo masivo de bienes de consumo pueden depender, en parte, de los productos y servicios de las sociedades de consumo industrial y, por lo tanto, verse afectadas de forma similar. Esta fragilidad se ilustra en el libro *How Everything Can Collapse*, donde los autores describen la rapidez con la que todo podría venirse abajo si los camiones dejaran de suministrar bienes clave y combustible durante una semana solamente[3].

Aunque los académicos que se atreven a utilizar la palabra con «c» son considerados provocadores, hay análisis muy similares que apuntan al colapso y que proceden de las organizaciones establecidas con mayor autoridad. Una agencia de investigación de la ONU para la que trabajé declaró en 2022 que «nuestro mundo se encuentra en un estado de fractura, enfrentado graves crisis» que «no son un defecto del sistema, sino una característica suya» y que «quienes están en el poder trabajan para preservar y perpetuar un sistema que beneficia a unos pocos a expensas de la mayoría». La clave es que reconocen que los problemas del mundo no son un accidente, sino una característica del actual sistema económico, «endógeno», según su terminología. Por si los diplomáticos y expertos que leyeron sus informes no habían captado el mensaje, pasaron a explicar que «la economía sirve para crear y reproducir crisis en diversos ámbitos, desde la crisis económica y financiera, a la crisis del cambio climático, la pérdida de biodiversidad, la contaminación y el uso insostenible de los recursos... hasta una crisis política que se caracteriza por el aumento de las asimetrías de poder, la reacción contra los valores democráticos y los derechos humanos, la disminución de la confianza y la erosión de la legitimidad del Estado, y niveles sin precedentes de protestas y conflictos violentos». Por lo tanto, sería difícil argumentar que no estamos experimentando un colapso por diseño[4].

Al conectar las grietas en la superficie con las fracturas en los cimientos, concluyo que el colapso de casi todas las sociedades industriales de consumo comenzó en algún momento antes de 2016. Con este término no quiero decir que se trate de un proceso rápido, sino que es irreversible y no es posible recuperarse para que la gente pueda llevar su estilo de vida como antes. Muchas personas perciben este colapso progresivo, pero se ven obligadas por la necesidad económica a seguir viviendo con normalidad y algunos canalizamos nuestras ansiedades hacia lo que se nos anima a considerar como la última amenaza y enemigo. Me doy cuenta de que puede parecer hiperbólico concluir como lo hago cuando muchos de nosotros todavía podemos sacar dinero del cajero automático, enviar un correo electrónico y poner gasolina en el coche. Creo que una analogía puede ayudar. Fue cuando el señor Andrews, principal diseñador del Titanic, se reunió con el capitán Smith en una fría noche de abril de 1912 para mostrarle en diagramas por dónde había penetrado el agua del mar. Aún quedaban un par de horas, pero su destino ya estaba sellado cuando más de cuatro compartimentos del casco se habían llenado de agua. Durante un tiempo, la velada continuó sin que la gente se diera cuenta de lo que estaba por venir. Incluso cuando los botes salvavidas empezaron a llenarse de mujeres y niños, algunos de los pasajeros más ricos siguieron bebiendo en el bar y escuchando a la banda tocar. Los testigos informaron de que muchos mencionaron la certeza de que el barco era, como nuestra civilización, insumergible.

Una ambiciosa revisión de los colapsos de civilizaciones pasadas y otros sistemas vivos sostiene que un proceso de este tipo es merecedor del término si «actores, componentes del sistema e interacciones clave» desaparecen en «menos de una generación», si se producen pérdidas «sustanciales de los activos socioecológicos» que sostenían el sistema y si las consecuencias «persisten más allá de una sola generación»[5]. Estos criterios no se diseñaron para determinar si uno se encuentra en medio de un sistema en colapso, ya que solo pueden evaluarse después de un proceso que se califica retrospectivamente como colapso. Esta es una limitación fundamental de algunos de los trabajos relevantes sobre el colapso, si lo que se pretende es comprender la verdadera naturaleza de nuestra situación actual. En su lugar, he enumerado las fracturas y sus razones para argumentar que es irrecuperable y, por lo tanto, que se entienda mejor como colapso. De acuerdo con la definición anterior, estoy sugiriendo que el actual colapso progresivo de las sociedades modernas se completará en una generación (es decir, en 2045) eliminando gran parte de lo que tipifica a las sociedades modernas, agotando los activos socioecológicos y persistiendo mucho más que una generación (hasta el próximo siglo por lo menos). Como ya se comentó en el capítulo 1, el término «colapso» es adecuado si se considera que la situación es irrecuperable. Los términos recientemente populares de «policrisis», «metacrisis» y «multicrisis» pueden confundir a la gente al sugerir que lo irresoluble puede resolverse. Tales términos se verán favorecidos por las élites, ya que no se culpan ni fomentan ninguna rebelión de la gente contra las instituciones que presiden la situación. En cambio, considerar la situación actual como el colapso de las sociedades modernas puede cambiar significativamente nuestra forma de sentir, pensar y actuar, como exploraremos más adelante en el libro. Dado que todos debemos vivir este colapso «progresivo», lo que piensen los académicos puede parecer la menor de nuestras preocupaciones, pero pueden desempeñar algún papel en la forma en que la gente entiende lo que sucede y su manera de responder. Queda por ver si los futuros estudios del colapso civilizacional del pasado prestarán alguna atención a esta teoría de que ya nos encontramos en medio de un «colapso en curso»[6].

¿Podría haber una respuesta positiva a este colapso actual? Sí, creo que podría; es algo que exploraremos más adelante en el libro (capítulo 12). Por desgracia, las sociedades modernas no parecen estar respondiendo bien a las primeras fases de su colapso. Más adelante resumiré algunos datos que indican que el «cemento cultural» de las sociedades modernas ya se está desmoronando. Con el término «cultura» no me refiero a la música y el teatro, sino a las ideas, las costumbres y el comportamiento social de un pueblo o una sociedad en particular, en este caso las sociedades de consumo industrial. También abordaré la pregunta que muchas personas me han hecho cuando se permiten asimilar parte de la información que presento: «¿Por qué no nos lo habían dicho antes en términos tan graves?». Antes, consideremos si es razonable llegar a la conclusión de que estamos en medio de un colapso en curso.

Falsifícalo...

Gran parte del debate sobre los riesgos y los procesos de colapso social son discusiones de lo que la gente cree que es útil creer o cómo desean sentirse sobre el futuro. Esas discusiones involucran las identidades y cosmovisiones de las personas, las cuales implican muchas suposiciones y falacias lógicas. Pueden ponerse muy desagradables y recurrir a la demonización de individuos, condenados por ser demasiado negativos, como veremos más detenidamente en el capítulo siguiente. Por ahora, volver a los fundamentos del método científico puede ayudar a ir más allá de ese «ruido».

Llegué a la conclusión de que el quiebre de las sociedades industriales de consumo ya había comenzado, basándome en la observación de las tendencias que muestran el declive tanto de los insumos clave como de los productos de la mayoría de esas sociedades y mi posición es que esas tendencias continuarán. Sobre esta base, las extrapolaciones de datos recientes implican que la mayoría de los indicadores medioambientales, económicos y sociales seguirán empeorando en la mayoría de las naciones de todos los continentes, exceptuando la Antártida. La conclusión más lógica es que estas tendencias negativas continuarán hasta que la mayoría de las personas en la mayoría de las sociedades ya no puedan satisfacer sus necesidades básicas de la forma en que lo hacen hoy. Como las tendencias son lo suficientemente rápidas como para hacer irreconocibles las sociedades en el plazo de una generación a partir de 2015, este proceso puede describirse como un «colapso social».

¿Cómo se podría refutar con seguridad una conclusión de este tipo por motivos científicos y no por angustia emocional? Aquí es donde resulta útil volver a un concepto básico del método científico: la «falsabilidad». Este término se asocia a Karl Popper, considerado uno de los filósofos de la ciencia más influyentes del siglo XX, quien se centró en la importancia de que cualquier teoría puede demostrarse como potencialmente falsa mediante la recopilación de datos. En caso contrario, sostenía que cualquier teoría podría mantenerse por entusiasmo, atención selectiva y tradición. Si bien podría ser adecuado para algunos ámbitos del conocimiento, Popper sostenía que una teoría no debía considerarse científica si no puede refutarse con pruebas potenciales. Popper rechazaba el enfoque clásico de buscar pruebas para confirmar las teorías propias. Era una forma de evitar lo que algunos llaman «sesgo de confirmación», en el que buscamos confirmar lo que creemos que ya sabemos[7]. Consideremos entonces lo que Karl Popper pensaría de los datos sobre la difícil situación de la humanidad.

Una parte de la conclusión de que el colapso generalizado de la sociedad ya ha comenzado es la simple observación de los datos actuales. Este componente de la conclusión podría falsificarse si hubiera cinco años consecutivos de mejora continua futura de la mayoría de los indicadores medioambientales, económicos y sociales clave para la mayoría de los países del mundo (ya que cinco años suele ser la convención para aceptar que existe una tendencia). A nivel mundial, estos datos podrían incluir la reducción de las emisiones de CO_2, la disminución del CO_2 en la atmósfera, el descenso de la temperatura media global y la reducción o inversión de la pérdida de biodiversidad. A nivel nacional, esos datos podrían incluir un aumento en el Índice de Desarrollo Humano (IDH) en la mayoría de los países. ¿Alguien cree realmente que sea probable? Suponiendo que yo siga aquí en 2028, con gusto le invitaré una copa a quien tuviera razón al afirmar en 2023 (el año de publicación de este libro) que la mayoría de los indicadores habrán mostrado cinco años de mejora sostenida en 2028. Lamentablemente, es más probable que tengan que invitarme una copa a mí.

Otra parte de la conclusión de que el colapso generalizado de la sociedad ya ha comenzado es la posición de que la mayoría de las tendencias existentes continuarán más o menos sin detenerse hasta que el método de organización humana deje de parecerse a lo que ahora llamamos sociedades industriales de consumo. En los capítulos anteriores he demostrado que algunas tendencias en la fractura de los cimientos de las sociedades modernas son increíblemente difíciles de cambiar (por ejemplo, la naturaleza expansionista de la economía y el dinero) o son imposibles de cambiar debido a los daños ya cometidos (por ejemplo, el calentamiento comprometido de la atmósfera, la acidificación de los océanos y el riesgo de enfermedades por la deforestación del pasado). En la convención científica normal no hay necesidad de tales explicaciones ni una «carga de la prueba» para las conclusiones basadas en la mera extrapolación de las tendencias actuales. Más bien, si nos atenemos a las normas científicas, son las personas que sostienen que las tendencias se modificarán lo suficiente como para evitar llegar a esa situación de «colapso social» quienes deben reunir datos para demostrar sus argumentos, pues especulan sobre el futuro, en lugar de extrapolarlo.

Para considerarse científico, el argumento de que varios cambios positivos se combinarán para, si no invertirlas, al menos detener las tendencias negativas, debe incorporar una serie de teorías sobre diversos ámbitos. Deben tratar de explicar la forma en que los cambios en la tecnología, el uso del suelo y el comportamiento humano no solamente son posibles a una escala y velocidad que detengan las tendencias, sino que son *probables* debido a las políticas o a otras dinámicas sociales. Uno de los principales candidatos para estas teorías podría ser el desacoplamiento del crecimiento económico y el consumo de recursos. Sin embargo, esta teoría no solo es muy cuestionada por las investigaciones independientes (como se explica en los capítulos 3 y 4), sino que, incluso si puede ocurrir, tendría que hacerlo a un ritmo mágico para revertir la destrucción, la contaminación y la toxificación de la Tierra. Tanto la restauración de los ecosistemas como la agricultura regenerativa son actividades importantes y actividades que yo personalmente financio y promuevo, pero los ecosistemas se degradan debido a los cambios climáticos más rápidos en millones de años, mientras que la agricultura necesitó más de medio siglo para poder sostenerse mediante los métodos industriales de la forma en que lo hace hoy, lo que debería proporcionarnos algunas razones para ser escépticos y, por lo tanto, deberíamos esperar que las teorías que sugieren que cambiaremos la trayectoria si decidimos hacerlo, tienen que ser tanto específicas como falsificables. De lo contrario, no son más que exhortaciones a sostener una creencia. Creo que el doctor Popper estaría de acuerdo: «una teoría que no es refutable por ningún suceso concebible no es científica»[8], lo que no significa que una teoría de ese tipo no tenga ningún mérito para intentar comprender el mundo, sino que no debería conllevar ninguno de los estatus que nuestras sociedades modernas asocian a la ciencia.

Para facilitar la referencia, he descrito anteriormente como «ecomodernista» a cualquiera que crea en la salvación de las sociedades modernas del colapso que se produce. Las personas que utilizan ese término para sí mismas creen que la tecnología, incluida la que aún no se ha inventado, garantizará que mantengamos las sociedades modernas. Tras reconocer que la tecnología no puede resolver todos los problemas críticos del mundo mediante el emprendimiento y los mercados, cada vez más ecomodernistas han estado estudiando las políticas que podrían forzar la adopción de tecnología para transformar teóricamente las economías con la rapidez suficiente para evitar un evento catastrófico. Los «puntos de inflexión social» son uno de los términos que se utilizan para esta teoría[9]. Esos trabajos no se basan en los estudios que investigan los cambios sociales masivos, como la teoría de los movimientos sociales[10]. Tampoco se basan en los estudios existentes sobre el ritmo de adopción de la tecnología industrial, lo que indicaría que sus proyecciones no tienen precedentes en la historia moderna. Sin embargo, es muy atractiva la historia de que una salvación tecnológica es posible si tan solo surgiera la voluntad política para realizarla para los grupos filantrópicos de élite, como el Fondo Bezos, que apoya ese tipo de trabajos.

Una respuesta positiva de las élites puede resultar seductora para expertos y activistas. Lo sé bien, ya que hace veinte años me parecía creíble que un científico o un ecologista dijeran que por fin las cosas se estaban moviendo porque un director ejecutivo de una gran empresa se comprometió audazmente a provocar el cambio. Ahora me doy cuenta de que lo que me condujo hacia tan ilusas esperanzas eran formas de solipsismo, mi ego y una ignorancia sobre los negocios. Las distracciones que pueden producirse como resultado de tales procesos se ponen de manifiesto en la falta de fundamento de un informe financiado por el Fondo Bezos sobre tres puntos de inflexión principales que, según ellos, crearían efectos masivos: la ampliación de los coches eléctricos, la obligatoriedad del uso de nueva tecnología de fertilizantes (que aún no existe) y la tecnología alimentaria, como las carnes de origen vegetal[11]. En el capítulo 3 vimos que la demanda de baterías y energía de los vehículos eléctricos no resolverá la contribución del transporte al cambio climático, sino que provocará la destrucción de espacios naturales vírgenes y de tierras de los pueblos indígenas, además de agravar la crisis energética mundial. En el capítulo 6 vimos que ni el «amoníaco verde» ni las tecnologías alimentarias como la «fermentación de precisión» reducirá significativamente la contribución del sector agrícola al cambio climático, lo que no significa que ninguna de esas cosas sea mala, pero presentarlas de una forma que argumenta que ofrecen una salvación tecnológica para las sociedades modernas y, por lo tanto, distrayéndonos de la realidad, es terriblemente poco útil, como exploraré más a fondo en los últimos capítulos de este libro.

Leyendo los diversos artículos de los ecomodernistas de los últimos años nunca he oído ninguna sugerencia sobre qué pruebas falsificarían su teoría de que podemos evitar un colapso generalizado de las sociedades industriales de consumo. En su lugar, hablan de avances tecnológicos positivos y del aumento de la conciencia social y el activismo. La implicación es que los activistas deberían promover esas soluciones tecnológicas, una invitación a la que muchos están respondiendo, pero como muchos de estos ecomodernistas son científicos, y obtienen su credibilidad de su papel de científicos, sería justo que los activistas les pidieran que fueran científicos con sus teorías de salvación tecnológica. Así que, dado que no presentan qué datos falsificarían sus teorías, aquí van mis sugerencias iniciales: (i) indicadores de situaciones medioambientales, sociales y económicas que muestren un declive continuo y generalizado; (ii) pruebas de la imposibilidad física de que las sociedades con cero emisiones de carbono mantengan los estilos de vida y las poblaciones actuales; (iii) pruebas de las limitaciones de las nuevas fuentes de energía para desplazar los combustibles fósiles a tiempo antes de que se superen los umbrales críticos de temperatura.

Como lector atento de los últimos capítulos, ya sabes cuál es el veredicto. Ya sabes que hay datos suficientes en cada una de estas áreas para rechazar las teorías de los ecomodernistas de que la trayectoria actual que nos lleva al colapso pueda detenerse o invertirse. Hay un área que aún no hemos examinado, que es fundamental para los ecomodernistas y sus teorías de los puntos de inflexión súpersociales y el cambio secuencial, un área que no analizan porque no son científicos sociales. Suponen que las sociedades actuales son más capaces de cambiar rápidamente que en el pasado en respuesta a las amenazas que tanto preocupan a los ecomodernistas. Sus teorías serían falsificadas si hubiera pruebas de que en el pasado ha habido un mayor potencial de cambio social y político importante que condujera a un cambio de comportamiento posibilitado por la tecnología en comparación con la actualidad, lo que involucra preguntarse de dónde procede el cambio social. Los estudiosos de la historia y del cambio social debaten teorías al respecto, pero los ecomodernistas las pasan por alto.

Si adoptamos el punto de vista bastante normal en ciencias sociales y políticas de que el cambio social positivo implica los deseos del público en general, en lugar de su coerción, entonces el potencial para dicho cambio disminuiría si se produce un declive en los siguientes aspectos de la sociedad: niveles educativos generales, tiempo libre (para permitir la participación política), niveles de participación comunitaria, capacidades para el diálogo pluralista, número de personas que hacen donaciones benéficas y poder gubernamental (local y nacional) en relación con las fuerzas financieras globales, que también son indicadores del cemento cultural que mantiene unidas a las sociedades. Más adelante en este capítulo resumiré las pruebas de que todas estas áreas están disminuyendo en muchas sociedades modernas de todo el mundo, pero, para resaltar mi punto de vista, podemos contrastar nuestra situación actual con la de la llamada generación *boomer* en Occidente. A principios de los años setenta, ya conocían las amenazas al medio ambiente y la insostenibilidad de las sociedades de consumo industrial, ya contaban con movimientos sociales radicales como los hippies, los antibelicistas y los defensores de los derechos civiles y ya habían experimentado las crisis de los precios del petróleo que los despertaron ante la escasez de energía. En comparación con la actualidad, disponían de más tiempo libre, relativamente más ingresos, más participación comunitaria, más afiliación sindical y mucho menos endeudamiento individual y colectivo. Solo había 3.500 millones de personas en el planeta y el consumo de energía per cápita era mucho menor, mientras que los ecosistemas y el clima se encontraban en condiciones razonables. Si hubo un momento para un punto de inflexión social fue en ese entonces, pero se inclinó hacia que los líderes de casi todas las sociedades modernas eligieran la globalización neoliberal y la continuación del *statu quo* imperialista, con guerras esporádicas para impedir cualquier desviación de los gobiernos de este orden global.

Los ecomodernistas se equivocan al afirmar que están siendo más científicos que las personas que concluyen que el futuro se trastornará más de lo que desean aceptar. Los ecomodernistas especulan sobre el futuro, mientras que llaman derrotistas o fatalistas a quienes se limitan a extrapolar las tendencias actuales. Si bien muchos ecomodernistas se dedican a la ciencia, cuando afirman que podemos salvar a las sociedades modernas están actuando como ideólogos. Un aspecto de la modernidad del que todos nos hemos beneficiado es el principio de racionalidad, según el cual damos prioridad a los datos empíricos y construimos modelos de la realidad a partir de ellos, en lugar de mantener narrativas de la realidad mediante la tradición, la superstición o la autoridad bruta. Es curioso que los ecomodernistas abandonen la racionalidad y el método científico cuando proclaman que la salvación tecnológica de la raza humana es posible si todos creemos al grado suficiente. Personalmente, los científicos naturales me parecen mucho menos interesantes y sabios en cuestiones metafísicas que los maestros de las grandes tradiciones de sabiduría. Tal vez prefiero que mi espiritualidad provenga de personas con menos interés en las estadísticas. Quizá sea su ansiedad reprimida la que les hace apartarse de los principios científicos normales para caer en la tecnoidolatría extremista, lo que ayuda a explicar por qué algunos ecomodernistas tergiversan los argumentos, las intenciones y la política de las personas a las que tachan de «fatalistas» al intentar «cancelarlas». Podrían tacharme de agorero; sin embargo, a diferencia de ellos, yo no profetizo, solo hablo de lo que ya ocurre, según los científicos de diversos campos que recopilan los datos. Al centrarme en lo que ya ocurre y que en gran medida escapa al control humano, he llegado a mi conclusión sin necesidad de discutir las amenazas de fenómenos como la inteligencia general artificial o el impacto de asteroides. De ellos se ocupa un campo de investigación llamado «riesgo existencial» que han popularizado filósofos financiados por multimillonarios. Se trata de un campo que ha restado importancia a los procesos que socavan el futuro de la humanidad, como el cambio climático, quizá porque hacerlo implicaría considerar críticamente la ideología modernista que condujo —o al menos acompañó— a estas crisis, así como sus propios marcos intelectuales[12].

El tabú del «ya es demasiado tarde»

Si la evidencia está a nuestro alrededor, ¿por qué nuestro actual colapso no está en todas partes en los medios de comunicación y en la sociedad? En realidad, sí lo está. El quiebre de las sociedades modernas se explora ampliamente en las artes, incluyendo la música, el cine, el teatro y la literatura. Esos artistas entran en contacto con un sentimiento generalizado en la sociedad. Un estudio realizado en diez países y dirigido por la Universidad de Bath reveló que el 83 por ciento de los jóvenes de entre 18 y 25 años estaban de acuerdo en que «las personas no han sabido cuidar el planeta», más de la mitad creían que la humanidad está «condenada» y cuatro de cada diez dudaban en tener hijos. Como mencioné en la Introducción, este sentimiento persiste a pesar de la narrativa dominante promovida por las clases profesionales a través de plataformas públicas, que nos condicionan a creer en la tecnología y el sistema actual, para que sigamos estudiando, trabajando, consumiendo y obedeciendo. Por esa razón, el tema del colapso sigue siendo tabú tanto en los grandes medios de comunicación como en la política y en las instituciones de la vida pública. Dado que se trata de un problema tan grave para el compromiso público, quiero ofrecer algunas reflexiones más de las que hice en la Introducción sobre por qué expertos, activistas, medios de comunicación y otros siguen buscando que se oculte este tema en el discurso público.

La razón más obvia de la falta de un debate académico generalizado sobre el colapso social es la naturaleza aislada de la investigación[13]. Una de las razones es que el método científico se basa principalmente en la práctica de examinar un objeto o sistema complejo dividiéndolo en sus componentes más simples. El llamado «reduccionismo» sigue siendo un enfoque esencial. Por ejemplo, es más fácil comprender algunos aspectos del cuerpo humano si se entiende el modo en que funciona una sola célula. Sin embargo, si se limita la comprensión a los componentes individuales, como las células, se entiende mal la forma en que estos se relacionan a nivel de sistemas complejos. Los sistemas complejos tienen características emergentes que no pueden predecirse observando sus elementos más simples. Por ejemplo, no se podría haber predicho la existencia de la cultura humana a partir del análisis de las células humanas. Los aspectos realmente importantes de la realidad son invisibles para los enfoques reduccionistas del conocimiento. Nate Hagens explica tan bien las limitaciones de este paradigma atomista que merece la pena citarlo íntegramente:

> La naturaleza misma de la «especialidad» en nuestras sociedades actuales es la de un científico que sabe todo lo que hay que saber sobre una porción increíblemente estrecha de la realidad. A menudo, esa persona no tiene ni idea de la manera en que funciona el mundo en los niveles importantes en los que lo experimentamos. Por ejemplo, Steven Hawking, experto en cosmología de agujeros negros, [creía] que es una buena idea efectuar una terraformación de Marte para que podamos trasladarnos ahí. Se trata de una idea que es energética, tecnológica y probabilísticamente imposible —y de una forma trivial— si nos basamos en una simple síntesis de las disciplinas científicas, pero nuestra cultura carece de expertos «sintetizadores» de alto nivel que lo señalen. Los ultraespecialistas ganan premios Nobel, mientras que los sintéticos prácticos tienen suerte si consiguen un trabajo mal pagado enseñando ciencias en un bachillerato. Además, tienen

que adquirir esa habilidad por sí mismos, porque la sociedad actual no valora el concepto de «generalista con sofisticación científica». En la actualidad, el dinero, las cátedras universitarias y el estatus recaen en aquellos que se convierten en sabios en una estrecha parcela de alguna disciplina y contribuyen a la actividad generadora de excedentes de esa entidad o corporación, aunque tengan una funcionalidad por debajo de la media en el pensamiento de límites más amplios, lo que conduce a una sociedad en la que hay pequeñas islas de ciencia rigurosa vagamente entretejidas con lo que son esencialmente cuentos de hadas[14].

El carácter compartimentado de la investigación no nos ayuda a comprender la situación que hoy enfrenta la humanidad. Por ejemplo, quienes se ocupan de la seguridad alimentaria no tienen plenamente en cuenta las repercusiones del cambio climático en los mercados de seguros que afectan a las empresas alimentarias, mientras que quienes analizan las amenazas del cambio climático para las sociedades no comprenden plenamente todos los factores que influyen en la seguridad alimentaria y ninguno de los dos grupos de especialistas integra todos los cambios más amplios en el suministro de energía y el declive de los ecosistemas. Emprender una revisión de los conocimientos sobre los fundamentos de la sociedad moderna, como he intentado hacer en este libro, no solo es una tarea difícil, sino que además no se ve recompensada por becas académicas ni es aceptable para revistas académicas con objetivos científicos limitados. Por tal razón, para disponer de tiempo para emprender la investigación que supone este libro, trabajé a tiempo parcial en mi universidad durante unos años.

El fenómeno del sesgo de la normalidad es otra razón por la que el colapso social es un tema marginal en los estudios, los medios de comunicación y la política. Aunque cada uno de nosotros experimenta muchos tipos de sesgo, algunos son más frecuentes que otros y mantienen una «comprensión» compartida de la realidad. El sesgo de la normalidad se estudia ampliamente como causante de preparativos inadecuados ante catástrofes naturales, desplomes del mercado o calamidades causadas por errores humanos[15]. Está claro que el colapso de nuestras sociedades es un proceso o acontecimiento anormal, por lo que una expectativa de normalidad moldearía sutilmente las preguntas y conclusiones de los estudiosos, así como de los periodistas y otras personas que transmiten sus hallazgos. Otro aspecto de la normalidad es la visión hegemónica dentro de la Modernidad Imperial de que el control y el progreso humanos existen, persisten y son positivos, lo que significa que cualquier conclusión contraria a esos supuestos puede experimentarse como anormal e, incluso, como algo molesto[16]. Esa podría ser la razón por la que muchos expertos me criticaron en 2018 por concluir que el colapso de la sociedad era inevitable. En mi artículo de la adaptación profunda, me limitaba a suponer que las trayectorias tanto del cambio climático como de las contribuciones humanas a ese cambio seguirían hasta su conclusión. Mis críticos ponían la carga de la prueba en cualquiera que concluyera que una manzana que cae golpearía una cabeza inmóvil, pero no exigían tal carga de la prueba cuando imaginaban una inversión mágica de las leyes del universo. Era realmente doloroso contemplar ese tipo de manzanas cayendo sobre nuestras cabezas. En retrospectiva, ahora me doy cuenta de que estaba sucumbiendo a la hegemonía, incluso debatiendo sobre la incvitabilidad, en lugar de observar la gama más amplia de pruebas como lo he hecho en este libro, que reveló que el colapso social ya había comenzado, sutilmente en algunos lugares y con estruendo en otros.

La influencia política sobre los organismos científicos, que incluye la financiación, acentúa el sesgo hacia la normalidad entre los académicos. Un ejemplo pertinente de este proceso es el Grupo Intergubernamental de Expertos sobre el Cambio Climático (IPCC, por sus siglas en inglés). También resulta ser un ejemplo fatal para, probablemente, miles de millones de personas, como expliqué en el capítulo 5. Solamente cuando empecé a examinar la metodología empleada por el IPCC para llegar a sus conclusiones se hizo evidente el objetivo de muchos de sus científicos de elaborar conclusiones que pudieran ser «viables» para los responsables políticos[17]. Al señalarlo, no estoy criticando a los científicos que han colaborado con el IPCC. Reconozco que muchos han intentado dar la voz de alarma y han sido ignorados. En cambio, me limito a identificar los procesos a nivel sistémico que crean un panorama más optimista que el que describo en este libro. Una de las ilustraciones más crudas de la manera en que los expertos en medio ambiente han restado importancia a las implicaciones de sus hallazgos fue un estudio que descubrió que, desde la década de 1990, las conclusiones publicadas sobre ecología se han vuelto menos alarmantes a pesar de que los datos observacionales reales y las predicciones teóricas de esos mismos documentos indican un empeoramiento de la situación[18], lo que nos recuerda que más investigación sobre nuestra situación no significa necesariamente más información o acción destacada. Por el contrario, tener más profesionales trabajando en un tema implica que hay más intereses personales e institucionales que la simple búsqueda de señales. Además, el creciente volumen de literatura e ideas sobre un tema puede convertirse en una «barrera de entrada» y una «barrera a la claridad» para los recién llegados al tema, ya que se inventan diversas terminologías y se desarrollan debates semánticos.

Tanto el sesgo de la normalidad como las consideraciones políticas influyen en las grandes organizaciones ecologistas y los medios de comunicación especializados. Las organizaciones benéficas y los grupos de campaña ecologistas buscan financiamiento, atención y respuesta del sistema dominante que critican. Como esos grupos buscan apoyo para sus argumentos en personas que creen que serán escuchadas en el sistema, suele haber una deferencia hacia los miembros de las clases profesionales. Muchas personas que trabajan en esos contextos acaban queriendo que las élites aplaudan la validez de sus críticas. Pueden sentirse molestos con otros que no buscan esa validación e intentan definir los límites de lo que es «apropiado» como programa de acción. Muchas personas que han trabajado en temas de sostenibilidad tienen sus ingresos y su autoestima enredados en la narrativa de que ayudan a mejorar las organizaciones y las sociedades. La posibilidad de que esos esfuerzos hayan fracasado es un desafío a su identidad. Esa amenaza de «muerte del ego» se suma a las emociones difíciles que todos sentimos cuando tememos por nuestro futuro y el de nuestros seres queridos. El deseo de evitar emociones difíciles explica la reticencia de la gente a aceptar que estamos en una época de colapso. Hablar de estos temas es aún más doloroso, ya que es natural evitar disgustar a los demás. No pretendía que mi artículo sobre la adaptación profunda se dirigiera a un público general, así que cuando se hizo viral, me preocuparon las posibles repercusiones emocionales y evité promocionar el tema a través de los medios de comunicación. En su lugar, intenté aprender más sobre psicología y ayudar a los psicólogos a apoyar a las personas que llegaban a conclusiones similares a las mías. Sin embargo, las crecientes perturbaciones y manipulaciones de las sociedades por parte de élites presas del pánico (capítulo 13) me hicieron cambiar de enfoque. Ahora lees los resultados de ese cambio.

Muchos de mis colegas en el campo del «desarrollo sostenible» durante las últimas décadas no querrían oírlo, pero como profesionales de clase media tenemos estadísticamente muchas más probabilidades de ser apologistas del orden social establecido que las clases trabajadoras o las personas con menos estudios. Hay varias teorías para explicar este fenómeno. Una de ellas sostiene que estamos relativamente aislados del sufrimiento asociado a los sistemas actuales. Seríamos menos partidarios del poder establecido si no pudiéramos permitirnos calentar nuestras casas o comer lo suficiente. La desconexión entre ricos y pobres es ahora tan grande que las clases profesionales pueden estar muy alejadas de la experiencia de la mayoría de la gente en sus propios países, por no hablar de todo el mundo[19].

Puede ayudar a explicar por qué algunas investigaciones sobre colapsos de civilizaciones pasadas identifican la desigualdad como un factor clave. En un estudio se reunieron todos los datos para argumentar que los monopolios de riqueza de las élites significan que están protegidos de los efectos más «perjudiciales del colapso medioambiental hasta mucho más tarde que la gente común», lo que les permite «continuar como siempre a pesar de la inminente catástrofe». El mismo mecanismo, argumentan, podría explicar la forma en que «los colapsos históricos fueron permitidos por élites que parecen haberse enajenado a la trayectoria catastrófica (más claramente evidente en los casos romano y maya)»[20]. La situación es aún peor hoy en día, ya que nuestras élites están aisladas de los problemas y se benefician activamente de la serie de crisis. Ejercen su influencia y abusan de su poder al amparo de medidas de emergencia (como vimos en el capítulo 2), al tiempo que se sienten más justificadas en su actitud misántropa hacia los ciudadanos (como se analizará en el capítulo 13). La manera en que funciona hoy la desigualdad, que sesga todos nuestros procesos sociales y políticos, fue resumida muy bien por mis antiguos colegas de la ONU, quienes me recordaron que algunos académicos aún pueden romper moldes: «Las desigualdades económicas y sociales impulsan y son impulsadas por las desigualdades políticas, ya que las élites acumulan influencia y poder para preservar y perpetuar un sistema que beneficia a unos pocos a expensas de la mayoría»[21]. El hecho de que su informe fuera ignorado por el resto de la ONU, la comunidad internacional y los principales medios de comunicación nos recuerda los filtros del sistema dominante sobre nuestra realidad[22].

CONFLICTOS SECUENCIALES

Algunos sectores de la sociedad de verdad quieren saber qué les depara el futuro, en particular los militares y los fondos de alto riesgo. Desgraciadamente, no son muy positivas sus valoraciones del futuro y de lo que hay que hacer al respecto, como veremos en el capítulo 13. Una de las razones por las que algunos estrategas militares exploran escenarios de colapso es porque tales perturbaciones pueden provocar migraciones, guerras civiles y guerras internacionales. Muchos análisis del conflicto en Siria a partir de 2011 han señalado como una de las causas una sequía de varios años, que empeoró por el cambio climático. La sequía obligó a las familias a abandonar sus tierras y trasladarse a asentamientos urbanos, donde algunos se radicalizaron en grupos que les ayudaban a sobrevivir[23]. Según estimaciones oficiales, en los últimos diez años, una media de 21,6 millones de personas al año se vieron desplazadas internamente por desastres relacionados con el clima en todo el mundo. A finales de 2021, casi seis millones de personas eran «desplazados internos» por catástrofes[24]. El Instituto para la Economía y la

Paz (IEP) calcula que, si las catástrofes naturales continúan al mismo ritmo que en las últimas décadas, 1200 millones de personas podrían verse desplazadas en todo el mundo de aquí a 2050 debido al cambio medioambiental[25]. Cuando se producen desplazamientos masivos de personas, ya sea internamente o cruzando las fronteras, muchas personas y gobiernos responden con compasión y solidaridad, pero estas migraciones también pueden provocar tensiones políticas. La afluencia a Europa de migrantes que huyen de zonas de conflicto en el Norte de África y Oriente Medio ha afectado a la política de todo el continente en los últimos diez años: desplazó la atención de otras cuestiones y afectó en elecciones y referendos[26].

Desde hace años, diversas organizaciones humanitarias internacionales, desde la Cruz Roja hasta diversas organizaciones benéficas, han hecho sonar la alarma sobre las repercusiones del cambio climático[27] y, aparte de las influencias climáticas, la fractura de los cimientos de la economía, la energía, los alimentos y la biosfera contribuirán a nuevas migraciones, conflictos civiles y posibles guerras. Por ejemplo, es bien sabido que la demanda de recursos naturales, como piedras y metales preciosos, puede convertirse en una «maldición de los recursos» para algunas partes del mundo al impulsar los conflictos[28]. Es probable que la creciente demanda de metales de tierras raras para alimentar las baterías que permiten la electrificación de sociedades que reducen sus emisiones sin reducir su consumo provoque más conflictos, una posible «maldición de los recursos verdes»[29]. Por lo tanto, no es de extrañar que un campo de estudio llamado «seguridad humana» se centre cada vez más en reducir los daños en un mundo fracturado, en lugar de garantizar la paz mundial[30].

En lugar de enfocarse en el terrible sufrimiento que aparece en las noticias de la noche, este libro ofrece las pruebas de que las personas que ven esas noticias también están en peligro. Este análisis ayuda a explicar por qué la sensación de seguridad de la gente está disminuyendo en casi todos los países, incluidos los más ricos[31]. Aunque el sufrimiento es mucho menos agudo en muchos lugares, nos encontramos ahora en el final de la «seguridad humana», tal y como se entiende tradicionalmente, a nivel mundial y nuestros esfuerzos por hacer el bien en el mundo se encaminan a promover escenarios futuros menos malos o distopías menores. Pero antes de explorar formas de hacerlo, es útil comprender mejor lo que se desmorona a nuestro alrededor. Como sociólogo, me he topado con muchos modelos de lo que constituye una sociedad. Muchos ignoran o dan por sentados los fundamentos clave de la economía, el dinero, la energía, la biosfera, el clima y la alimentación que hemos explorado en los capítulos anteriores, al tiempo que utilizan teorías muy abstractas sobre la naturaleza de la sociedad —lo cual no es muy útil para nuestros propósitos—. Por lo tanto, utilizaré aquí un nuevo modelo para describir algunos de los requisitos culturales fundamentales para el funcionamiento continuo de las sociedades industriales de consumo. Podemos describir como el «cemento cultural» de una sociedad las ideas, las costumbres y los comportamientos sociales más allá de nuestras opiniones sobre sus méritos. En las próximas páginas describiré algunos de los ingredientes jurídicos, comerciales, políticos, de trabajo en equipo y de bienestar de este cemento cultural y las pruebas de que podrían estar desmoronándose. Creo que reconocer estos cambios como indicativos de la entrada en una era de colapso puede ayudar a cambiar la forma en que nos relacionamos con ellos en el futuro.

INGREDIENTES LEGALES, COMERCIALES Y POLÍTICOS DEL CEMENTO CULTURAL

Las sociedades industriales de consumo requieren sistemas jurídicos respaldados por el consentimiento, la costumbre, los abogados, los tribunales, la policía y las prisiones[32]. Los componentes clave de estos sistemas jurídicos son los derechos de las personas, como la privacidad, la expresión, las creencias y la asociación. Podemos llamarlo el «ingrediente legal» del cemento cultural de las sociedades modernas. Las disposiciones económicas más básicas que permiten esos sistemas jurídicos incluyen la propiedad, los contratos, el dinero, el crédito, los seguros y los impuestos, así como la libertad de asociación y de comercio que permiten una panoplia posterior de acuerdos, como las sociedades anónimas y los préstamos o el capital de riesgo para inversiones a gran escala, que a su vez constituyen el «ingrediente comercial» de la consolidación cultural de las sociedades modernas. Los ingredientes jurídicos y comerciales se complementan con el «ingrediente político» del cemento cultural. El papel del gobierno en la reducción de la actividad comercial negativa, la prevención de los monopolios y la solución de los fallos del mercado para satisfacer las necesidades públicas es el ingrediente político esencial para la legitimidad y la tolerabilidad de las sociedades industriales de consumo; además involucra frenar la desigualdad y las burocracias interesadas (ya sean públicas o privadas). Estos tres ingredientes suelen darse por sentados y, sin embargo, mi opinión es que todos muestran signos de decadencia en varios países en los últimos años. Lamentar o no esta falta de cimentación de las sociedades modernas es algo que invita a la discusión filosófica, como intentaré en capítulos posteriores, pero antes es importante ser testigos de lo que ocurre.

En los últimos años, en la mayoría de los países del mundo se ha producido una vigilancia sin precedentes de nuestras comunicaciones privadas, una supresión de las opiniones de las personas en las esferas públicas digitales y una reducción de los derechos de protesta y huelga laboral. El hecho de que se trate de un fenómeno internacional apunta a factores globales. El motor más obvio reside en que las empresas transnacionales y «la clase capitalista transnacional» que los economistas políticos han descrito como sus administradores favorecen una mayor vigilancia de nuestras vidas, una mayor influencia sobre nuestras opiniones y menos oportunidades para nuestra resistencia a sus intereses[33]. «Globalistas» es el nuevo término para designar a esa clase. Como desertor de Davos, sé que su creencia en el mito de que su poder y riqueza son una invitación a dar forma al mundo los hace susceptibles de ignorar los derechos básicos de las personas ordinarias como nosotros, lo que no augura nada bueno para el futuro, ya que intentan erosionar aún más el cemento cultural de las libertades civiles básicas consagradas en la ley (que analizamos en el capítulo 13).

Podría ayudar a que se centraran más en reparar algunos de los ingredientes comerciales de la cimentación de las sociedades modernas, como el sector de los seguros. Ese sector ha sido clave para las sociedades modernas porque asegurar propiedades y actividades empresariales permite repartir los riesgos de las actividades a gran escala y a largo plazo. El sector es uno de los mayores del mundo, con más de 36 billones de dólares estadounidenses en activos gestionados. Los desembolsos, las primas y los costes de reaseguro aumentan en respuesta a los impactos del cambio climático[34]. Las pérdidas económicas en los países de la OCDE por tormentas, inundaciones, incendios forestales y terremotos aumentaron con el tiempo y pasaron de una pérdida media anual de 58 600 millones de dólares entre 1990 y 2009 a 89 500 millones entre 2010 y 2019, lo que supone un incremento de casi el 53 por ciento. La OCDE informó de que las pérdidas económicas anuales en 2010-2019 fueron un 217 por ciento superiores en el caso de los incendios forestales, un 141 por ciento en el caso de los terremotos, un 56% en el caso de las tormentas y un 39 por ciento en el caso de las inundaciones en relación con 1990-2009[35]. Australia es un país económicamente avanzado que ha experimentado catástrofes intensas y recurrentes en los últimos años. El seguro de los propietarios de viviendas australianos en caso de inundación se ha triplicado en quince años, por lo que muchos optan por no estar asegurados[36]. En varias economías avanzadas, los propietarios se están dando cuenta de que sus casas ya no se pueden asegurar contra incendios forestales e inundaciones[37]. A pesar de estos cambios en el sector, algunos acontecimientos que el cambio climático hace más probables o peores ya han provocado la quiebra de algunas empresas. Por ejemplo, el cuarto mayor proveedor de seguros de Florida quebró tras el paso del huracán Katrina en Estados Unidos[38]. Ante la amenaza que se cierne sobre su sector, han surgido algunas políticas que se oponen a la realidad. En Estados Unidos, los promotores inmobiliarios han presionado a los gobiernos estatales para que prohíban a las compañías de seguros utilizar los estudios oficiales sobre la futura subida del nivel del mar, con el fin de que no denieguen seguros o suban las primas[39].

Es poco probable que sigan produciéndose paliativos tan peculiares. En realidad, el sector de los seguros se enfrenta a un callejón sin salida, ya que la evaluación del riesgo basada en hechos pasados no es pertinente en un mundo en rápida evolución. Existe la posibilidad de que el sector de los seguros entre en una espiral descendente a medida que las primas se vuelvan demasiado elevadas y más personas y empresas se queden sin seguro. Dado que el sector de los seguros exige que la mayoría de las personas y organizaciones paguen las pólizas sin reclamarlas nunca, a medida que las perturbaciones se hagan más comunes se evaporará ese modelo básico[40]. Además de las tragedias individuales que pueden causar las perturbaciones sin seguro, habría efectos sistémicos en el conjunto de la economía, especialmente si se desplomara la valoración del sector. Como se describe en los capítulos 1 y 2, los sistemas monetario y económico requieren una expansión continua para mantenerse estables, mientras que, como se describe en los capítulos 3 y 4, están comprometidos los suministros de energía y recursos para esa expansión, lo que presenta un contexto aún más problemático para un sector crucial como el de los seguros que se encuentra bajo una tensión existencial.

Nuestra confianza en el dinero que utilizamos es otro factor cimentador. Ahora se hacen visibles y se cuestionan la suposición de que el dinero es valioso y legítimo es inmensamente significativo y de que las distribuciones desiguales de dinero son legítimas, aunque desafortunadas. Esa conciencia empezó a crecer durante la crisis financiera de 2008, junto con las innovaciones monetarias que comenzaron poco después. El inventor de Bitcoin incluso escribió en su informe técnico que se inspiró en la forma en que los gobiernos crearon miles de millones para entregarlos a las instituciones financieras en la crisis financiera. Las investigaciones sobre los usuarios de criptodivisas revelan que muchos expresan su alienación respecto al sistema monetario, al que consideran no solo potencialmente un sumidero de riqueza debido a la inflación, sino fundamentalmente corrupto por naturaleza[41], lo que no significa que sean dignas de admiración las prácticas de «capitalismo vaquero» que predominan en un sistema de criptomonedas, sino que los sentimientos que impulsan su adopción son un indicador de la disolución de uno de los ingredientes más importantes del cemento cultural de las sociedades modernas.

Esta alienación se produjo antes de que se conociera públicamente lo que los bancos centrales han hecho al amparo de la pandemia, como vimos en el capítulo 2. Imaginemos lo que ocurriría si más gente se diera cuenta de que los bancos centrales han estado apuntalando empresas que sería mejor que desaparecieran de la economía y privilegiando a las corporaciones más grandes sobre el resto, lo que permitió la monopolización, el empobrecimiento público en general a través de la inflación y la creación de un riesgo sistémico mediante la importante inversión del sector financiero en deuda corporativa opaca y arriesgada. Por mero volumen de dólares, libras y euros, es el mayor caso de corrupción financiera del mundo, hecha legal por reguladores cuya irresponsabilidad es ignorada, ya que ni el público ni los políticos parecen entender lo que ocurre. Esa ignorancia puede no durar.

El hecho de que haya multimillonarios y de que puedan ganar o perder mil millones en un día es una burla del sistema monetario en el que todos participamos. Esa burla está empeorando: debido a las políticas impuestas durante la pandemia, incluidas las formas fraudulentas de flexibilización cuantitativa, se produjo un aumento récord en el número de multimillonarios y su participación en la riqueza mundial[42]. En 2022, había unos 2750 multimillonarios que poseían el 3,5 por ciento de la riqueza mundial, mientras que el 50 por ciento más pobre de la población del planeta poseía alrededor del 2 por ciento de su riqueza. Durante la pandemia, los multimillonarios acumularon 4,1 billones de dólares, un periodo en el que 100 millones de personas se vieron empujadas a la pobreza extrema por las políticas gubernamentales[43]. En términos más generales, como estas diferencias extremas de riqueza tienen poco que ver con la habilidad, el talento, el trabajo duro y la contribución social, significa que la gente ordinaria justificadamente pierde el respeto por los sistemas en los que participa.

Los gobiernos nacionales siguen siendo una parte fundamental del funcionamiento de las sociedades modernas y la identidad nacional es un factor enorme de la forma en que la gente entiende su vida. Una mayor desconfianza en las instituciones gubernamentales no es necesariamente mala, ya que se ha comprobado que «estimula el compromiso político y señala la voluntad de juzgar las instituciones políticas por sus propios méritos»[44]. Sin embargo, esa desconfianza generalizada y creciente indicaría la decadencia de un componente cimentador clave de la vida moderna. Por tal razón, resulta reveladora la tendencia constante a la disminución de la confianza en el gobierno en todos los países de la OCDE[45]. En una encuesta internacional, la mayoría de los encuestados creía que los dirigentes del gobierno intentaban engañar a la gente a propósito diciendo cosas que sabían que son falsas[46].

Son múltiples las razones de tales opiniones. Una causa puede ser la percepción de que los gobiernos son ineficaces a la hora de regular eficazmente las grandes empresas en aras del bien común. Hay muchos ejemplos de esta ineptitud en el ámbito de la destrucción y la toxificación del medio ambiente (capítulo 4). En el ámbito de las finanzas, desde la crisis de 2008, parece que los gobiernos de todo el mundo han favorecido los intereses de los sectores bancario y de inversión en detrimento de la población, lo cual ha llevado a una desigualdad extrema (capítulos 1 y 2). El ascenso del grado en que las corporaciones tecnológicas estadounidenses como Meta, Alphabet y Twitter dan forma a la conciencia pública y el comercio en países de todo el mundo también socava la sensación de la población de que sus gobiernos tienen el control (aparte del *gobierno* estadounidense). La conciencia de la pérdida de poder soberano de los gobiernos nacionales en favor de las empresas y las finanzas internacionales solía ser una idea nicho en el campo de la «antiglobalización», que analicé para la ONU hace veinte años. Por aquel entonces se creía que el comercio internacional y los mercados de capitales habían comprometido la capacidad de los Estados nación para controlar sus propias economías[47]. Desde entonces, los intentos de hacer frente a las consecuencias del capital global desenfrenado, a través de diversas iniciativas internacionales sobre cuestiones como la salud y el clima, han dado lugar a una nueva oleada de críticas a las normas y leyes que escapan al control democrático nacional. La posterior identificación de «globalistas» individuales como Bill Gates o Klaus Schwab puede haber popularizado esta crítica, pero reduce su poder explicativo al implicar o afirmar que se trata de individuos o sectas, en lugar de sistemas de capital global.

TRABAJO EN EQUIPO Y BIENESTAR
COMO INGREDIENTES DEL CEMENTO CULTURAL

Las sociedades modernas implican movimientos complejos de recursos, personas e información que requieren toda una serie de infraestructuras de comunicación. Las personas deben estar entrenadas y dispuestas a desempeñar su papel dentro de complejas burocracias organizacionales, ya sean privadas o gubernamentales. Esa voluntad implica la aceptación de desempeñar un papel específico dentro de una jerarquía en la que la autonomía está limitada y no experimenta necesariamente muchos resultados tangibles de sus esfuerzos más allá de recibir un salario. Esa voluntad se basa en la suposición o creencia explícita de que los sistemas colectivos de una nación, sociedad y economía de mercado son legítimos, o al menos tolerables, así como el subsistema que constituye el propio empleador. En las sociedades modernas, esa legitimidad ha descansado en la creencia en narrativas relacionadas con lo colectivo, como las identidades nacionales o culturales o narrativas sobre los peligros de acuerdos alternativos. La tolerabilidad de las sociedades ha dependido de que las personas experimentaran cierta satisfacción personal, creyeran que el futuro sería mejor para sí mismas o para sus hijos y vieran una falta de alternativas viables. La apertura general de las personas a la interacción social y económica también es importante. Si la gente teme o desconfía de otras personas y organizaciones, el potencial de interacción disminuye. Aunque en cualquier tipo de sociedad cierta apertura es necesaria, las sociedades modernas requieren que las personas tengan una mayor variedad (y no una mayor profundidad) de interacciones con una diversidad de personas que en otros tipos de sociedad. Todos estos factores juntos constituyen lo que puede denominarse el «ingrediente del trabajo en equipo» del cemento cultural que une a las sociedades modernas.

Aunque el capitalismo se define por un conjunto concreto de normas e instituciones económicas, las opiniones sobre el «capitalismo» reflejan las opiniones sobre el orden económico general que experimentan las personas en las sociedades industriales de consumo. Según una gran encuesta realizada en todo el mundo, la mayoría de la gente estaba de acuerdo con la afirmación de que el capitalismo «causa más daños que beneficios en su forma actual»[48]. Una encuesta reveló que solo el 45 por ciento de los adultos jóvenes del epicentro del capitalismo —Estados Unidos— tenía una opinión favorable del capitalismo. Entre todos los adultos estadounidenses, solo el 56 por ciento valoraba positivamente el capitalismo —el porcentaje más bajo desde 2010[49]—. Ha contribuido a esta percepción el conocimiento generalizado de las subvenciones estatales concedidas a las corporaciones más grandes desde la crisis financiera: un capitalismo duro para la gente ordinaria, pero un socialismo blando para las élites. El hecho de que los más ricos del mundo mantengan hasta 32 billones de dólares de sus activos en paraísos fiscales también es una burla al sistema fiscal que nosotros, la gente normal, debemos obedecer[50] y aún no se considera la evasión fiscal a escala industrial de las corporaciones globales[51].

El «grupo de Davos» con el que he interactuado no parece entender que la confianza y la cohesión social están disminuyendo porque hay razones válidas para recelar y rebelarse. Cuando las élites se involucran en el tipo de problemas que he descrito en este libro, sus planteamientos reflejan sus mundos aislados y su sutil negatividad hacia la gente normal, que desencadena resentimientos y reacciones justificadas. La situación es ahora tan mala que no es solamente el orden económico de las cosas lo que está perdiendo su supuesta legitimidad. Un informe de la Universidad de Cambridge, anterior a la pandemia, analizaba datos de todo el mundo para concluir que la satisfacción con la democracia «se ha erosionado en la mayor parte del mundo, con una caída especialmente notable en la última década. La confianza pública en la democracia se encuentra en el punto más bajo registrado en Estados Unidos, las principales demo-cracias de Europa Occidental, el África subsahariana y América Latina». Señalaron que en algunos países «esta métrica está alcanzando ahora un umbral importante: el número de personas insatisfechas con la democra-cia es mayor que el número de personas satisfechas con ella». También señalaron que «la caída de la satisfacción con la democracia ha sido espe-cialmente pronunciada en aquellos países que se suponían especialmente estables: las democracias desarrolladas de altos ingresos»[52]. Un hallazgo severo fue el de un estudio de 2021 de la Universidad de Harvard, según el cual solamente el 7 por ciento de los jóvenes estadounidenses dijeron que veían a Estados Unidos como una «democracia sana»[53].

El descenso del entusiasmo por la democracia ha ido abriendo camino a más partidos políticos antisistema. Según los datos de opinión pública de la Encuesta Mundial de Valores y de varias encuestas nacio-nales, algunos académicos escribieron en el *Journal of Democracy* que «el éxito de los partidos y candidatos antisistema no es una aberración temporal o geográfica, sino más bien un reflejo de la creciente desafec-ción popular con las normas e instituciones liberales democráticas, y del creciente apoyo a interpretaciones autoritarias de la democracia»[54]. Los autores consideran que se trata de un aspecto de la «deconsolidación» de las sociedades, término que utilizaron para referirse a su decimentación.

El hecho de que la gente se demonice mutuamente en función de sus opiniones sobre temas de actualidad y pierda interés por los matices es un tipo de «polarización política» que ha llegado tan lejos a escala mun-dial que algunos especialistas en riesgo político la consideran el principal riesgo global[55]. Un estudio serio sobre la polarización confirmó que está muy extendida a nivel mundial y que «está desgarrando las costuras de las democracias de todo el mundo, desde Brasil e India hasta Polonia y Turquía»[56]. La naturaleza global de este fenómeno implica que debe haber causas transversales. ¿Podría ser la reducción del nivel de vida de tantas personas, que vimos en el capítulo 1? ¿Podría ser la alienación respecto al gobierno, el capitalismo y la democracia, de la que somos testigos en los datos anteriores? ¿Podría ser la experiencia de un medio ambiente degradado y desestabilizado, como vimos en los capítulos 4 y 5? Algunos de los investigadores afirman que un motor común de la polarización es la alteración del sector de los medios de comunicación impulsada por la tecnología[57]. Los estudios sobre el auge de las opiniones extremistas en Asia Oriental también señalan el papel de las redes sociales[58].

Según un sondeo de opinión realizado en varios países, la mayoría de los encuestados cree que los periodistas intentan engañar a la gente a propósito, diciendo cosas que saben que son falsas[59], lo que refleja una degradación de la «ecología de la información» en la que vivimos en todo el mundo, debido a dos factores clave. En primer lugar, los medios de comunicación tradicionales se han consolidado masivamente bajo el control de corporaciones internacionales que han reducido sus gastos generales de personal para buscar beneficios en el contexto de un colapso de los ingresos por publicidad y suscripciones con el auge de los nuevos medios[60]. Quizá por esa razón, durante una crisis mundial de los costos de vida, los periodistas de los medios tradicionales olvidaron de repente que la inflación es el resultado de la política monetaria y, en su lugar, señalaron todo tipo de explicaciones menos amenazadoras para las élites (capítulo 2). En segundo lugar, las nuevas organizaciones de medios de comunicación (incluyendo las redes sociales) como Facebook (Meta) y YouTube (Alphabet) se han vuelto dominantes a escala mundial y ejercen una influencia increíble en la forma en que la gente accede a los contenidos de actualidad, con consecuencias problemáticas[61]. Por ejemplo, permiten a las organizaciones políticas mentir a usuarios concretos mediante publicidad de pago —cuanto más dinero tiene un grupo político, más mentiras puede difundir y más contenidos contrarios puede marginalizar superando su oferta de contenido[62]—. Además, estas corporaciones pueden filtrar la visibilidad de todo lo que observamos, para que recibamos impresiones falsas de lo que piensan nuestros contactos, de formas que se alineen con los objetivos de las corporaciones y las agencias de los gobiernos nacionales. La clave aquí es que las corporaciones y las agencias gubernamentales estadounidenses ejercen predominantemente este poder y, por lo tanto, moldean las per-

cepciones en países de todo el mundo en línea con sus objetivos gubernamentales o corporativos[63]. Con nuestros dispositivos y aplicaciones,
esas percepciones controladas están penetradas en más momentos de
la vida en todo el mundo y desplazan la esfera pública de la conversación y el diálogo a nivel local y nacional. Pueden distraer a la gente de
asuntos que realmente le preocupan, promover respuestas comerciales
a los problemas, culpar a chivos expiatorios e ignorar o delegitimar análisis más profundos promoviendo otros desinformados que no suponen
una amenaza sustancial para el poder.

Una encuesta realizada en 27 países reveló que la confianza en el
futuro es escasa, especialmente en las sociedades más ricas. Una de las
preguntas era si «los niños estarán mejor económicamente» que sus
padres cuando sean adultos y solamente estaba de acuerdo la mayoría
en 2 de los 18 países económicamente avanzados, lo que ha cambiado
drásticamente desde hace más de diez años, cuando existía una creencia generalizada en que el futuro sería económicamente mejor que el
presente[64]. A menudo se cita el cambio climático como motivo de las
opiniones negativas sobre el futuro[65]. Este cambio en las percepciones
tiene implicaciones significativas para nuestra disposición a postergar
la gratificación y, por lo tanto, también para la creencia en la formación
y el empleo por razones de ingresos monetarios y ahorros para el futuro.
Además, un debilitamiento de la creencia en un mañana mejor también
implica que el orden actual de las cosas es menos merecedor de respeto.
Tal vez por esa razón algunas voces del sistema dominante y algunos
medios de comunicación se han mostrado tan hostiles con académicos
que concluyen que las sociedades modernas no pueden continuar. Aunque el miedo generalizado que se produjo durante los primeros años de
la pandemia pudo generar el respeto suficiente hacia las instituciones
como para que estas determinaran nuestro curso de acción, no se ha
invertido el declive subyacente en el respeto por las instituciones establecidas. Más bien puede acelerarse a medida que la gente se dé cuenta
de la irresponsabilidad de los profesionales de la medicina, los medios
de comunicación y otras instituciones. Quizá por eso muchos de los

mismos críticos del «fatalismo» se han mostrado tan hostiles a las críticas a la respuesta ortodoxa a la pandemia. El desafortunado impacto de algunos de los mensajes del gobierno y los medios de comunicación en torno a la pandemia, donde demonizaban a la gente por no estar de acuerdo con las políticas públicas de la época, incrementó la polarización. Incluso antes de la pandemia, la gran mayoría de los estadounidenses afirmaba estar experimentando una disminución de la confianza de las personas entre sí[66]. Una preocupación para quienes creemos en los derechos humanos es que una creciente desconfianza en otras personas puede conducir a deseos de un mayor control gubernamental e incluso al autoritarismo[67]. Aunque podría propagandearse como representante de una mayor consolidación de las sociedades modernas, el autoritarismo en respuesta a la creciente desconfianza interpersonal tendría un efecto contrario.

El bienestar personal es otro ingrediente del cemento cultural de las sociedades modernas. Las personas necesitan estar lo suficientemente sanas física y mentalmente para las interacciones sociales y económicas que su sociedad exige o recompensa. Por supuesto, nuestro bienestar es mucho más importante que sostener sistemas de consumo industrial y se puede argumentar que la supresión de nuestro bienestar en realidad fomenta nuestros deseos de consumir y acumular. No obstante, para que las sociedades modernas funcionen es necesario un nivel suficiente de bienestar, y cada vez hay más indicios de problemas importantes a este respecto.

Una visión sombría del futuro, como la que acabamos de considerar, puede tener implicaciones para la salud mental, especialmente en una cultura que no ve con buenos ojos tales perspectivas ni las expresiones y debates públicos de emociones difíciles. Un malestar general por un presente desestabilizador y un futuro funesto —el cual incluye el cambio medioambiental, pero abarca muchos aspectos de la vida, como la economía, la sociedad, la cultura, la cosmovisión y la identidad y seguridad personales— podría dar lugar a una forma de metaansiedad[68]. Además de este sentimiento más expandido de ansiedad, muchas más personas experimentan angustia y traumas directos por presenciar o sufrir alteraciones en las sociedades, ya sea por cambios medioambientales directos, como incendios forestales e inundaciones, o por efectos indirectamente relacionados con esos cambios, como conflictos, enfermedades o políticas draconianas. Aunque las experiencias difíciles no conducen necesariamente a problemas de salud mental, no ayuda la falta de un contexto cultural de apoyo o de asesoramiento profesional adecuado. Parece que las sociedades modernas no están respondiendo bien a este reto, especialmente en el caso de los jóvenes, ya que los problemas de salud mental han aumentado en la última década en muchos países[69]. Algunas de las investigaciones más impactantes sobre salud mental recientes proceden de Estados Unidos, donde más de la mitad de los jóvenes declararon haberse sentido abatidos, deprimidos y desesperanzados, y el 25 por ciento había tenido pensamientos de autolesionarse en las dos semanas anteriores[70].

Al momento de escribir este párrafo, había indicios de una crisis de salud física en muchas sociedades modernas, ya que las estadísticas sobre el exceso de muertes aumentaban y se mantenían altas, sin que se atribuyera la causa al COVID-19. Al mismo tiempo, el problema de la reinfección por COVID-19 y de los síntomas de larga duración empezaban a considerarse como nuevos problemas masivos para los individuos y quizá para las sociedades (capítulo 4). No está claro si cada vez más personas dejaban su trabajo por motivos de salud física o mental, o por una combinación de ambos, o por otras razones relacionadas con el cambio de sus prioridades durante la pandemia. Quizás el hecho de tener una visión negativa del futuro también pueda influir en tales decisiones para producir el fenómeno de la «gran renuncia». Para muchas de las tendencias que he descrito en este capítulo resulta difícil, quizás imposible, afirmar que sean el resultado de uno u otro factor. Además, las tendencias que he presentado brevemente podrían clasificarse e interrelacionarse de innumerables maneras, ya que todas tienen múltiples implicaciones y efectos dominó. Cualquier esquema para presentarlas tendrá sus inconvenientes, así que espero que mi intento haya sido tolerable, si no revelador.

¿QUÉ HACER TRAS RECONOCER EL COLAPSO?

Esta terrible situación también tiene su lado positivo; me quedó claro en la presentación del informe de la ONU sobre las «crisis de desigualdad» que he citado en este capítulo. Sentada a mi lado había una joven que cursaba estudios de posgrado, escuchando las presentaciones sobre los innumerables problemas causados por la búsqueda desenfrenada de poder por parte de las élites. Preguntó a los ponentes por qué era útil plantear este problema si las personas y los sistemas poderosos se encargarán de que seamos castigados de muchas maneras si los desafiamos: ya sea no siendo contratados, financiados, ascendidos, apreciados o queridos o, en algunas partes del mundo, sufriendo destinos mucho peores. Los ponentes no tenían respuesta. Fue entonces cuando me di cuenta de que la ruptura cultural de las sociedades modernas puede conducir a un apoyo masivo a la transformación de los sistemas: puede ser doloroso, pero la ruptura crea la oportunidad de cambiar. No pretendo ser simplista sobre esta posibilidad de cambio, ni fingir que de repente tenemos puntos de inflexión social. Por el contrario, muchos de los procesos que he descrito anteriormente significan que tenemos una enorme tarea por delante para tratar de aprovechar al máximo la ruptura de las sociedades modernas. En primer lugar, la «ecología de la información» de los medios de comunicación de masas y sociales está tan distorsionada por incentivos distintos de la búsqueda de la verdad y la comprensión que tanto el público en general como los expertos profesionales pueden ser reclutados para agendas que sirvan a intereses comerciales (ya sea la búsqueda de índices de audiencia en las redes sociales o la defensa de intereses creados por parte de los medios de comunicación tradicionales). En segundo lugar, se han visto oscurecidos por el poder establecido los análisis coherentes de las causas capitalistas de los problemas persistentes y la manera de organizarse para el cambio. En tercer lugar, con el declive de los sindicatos, también han disminuido las instituciones de la sociedad civil que conectan a la gente en el diálogo y tienen la capacidad de organizarse contra el poder establecido. En cuarto lugar, los cambios medioambientales seguirán provocando perturbaciones cada vez peores y más frecuentes, desde sequías hasta enfermedades zoonóticas, que en conjunto reducirán el tiempo, los recursos y la paciencia para gestionar las transiciones hacia nuevos acuerdos sociales, sea cual sea el proceso político. Por lo tanto, aunque creo que la ruptura permite un cambio en formas que antes no eran posibles, no proporciona ninguna razón para creer que tendremos éxito. Solo significa que podemos ser más inventivos.

Que es justo lo que espero, porque más adelante observaremos los intentos destructivos de diversas élites por mantener su poder en un mundo en quiebre (capítulos 8 y 13). Nuestra resistencia a sus esfuerzos se verá favorecida por una mejor comprensión de las formas en las que la humanidad llegó a esta situación y las élites obtuvieron su poder y sus actitudes. Tal análisis no se propone repartir culpas, sino evitar la repetición de errores pasados mientras vivimos esta nueva era de colapso. Nuestros esfuerzos hacia un mejor entendimiento merecen la pena si conducen a que más de nosotros colapsemos juntos, no separados. Con esa esperanza he perseverado en la elaboración de la primera mitad de este libro. A continuación, podemos pasar a las ideas más «jugosas», las cuales pueden emerger tras aceptar que esta es efectivamente una era de colapso.

8

LIBERTAD PARA SABER:
SABIDURÍA CRÍTICA EN UNA ERA DE COLAPSO

En la Introducción utilicé la metáfora del boxeo para señalar que muchos nos sentimos aturdidos y confusos por las noticias —ya sean noticias de nuestras áreas de especialización o los titulares generales sobre el estado de la sociedad y el mundo—. Por desgracia, mirar debajo de esos titulares no proporciona ningún consuelo, ya que hay muchos informes aterradores sobre los problemas concretos y libros un tanto apocalípticos, como este mismo. Tuve que pasar por muchos años de optimismo forzado en mi carrera dentro de la sostenibilidad corporativa antes de descubrir que es mejor dejarse caer al suelo, metafóricamente hablando, y tomarse un momento para respirar y recuperarse. Al aceptar que hemos llegado a un punto bajo, intelectual y emocionalmente, podemos abrir los ojos y descubrir que hay personas a nuestro lado, derribadas también por las noticias, los acontecimientos difíciles y los pronósticos sombríos. Podemos compartir ideas sobre cómo levantarnos y hacer algo más que tropezarnos. Podemos levantarnos soltando aquello que ya no nos sirve, como esas ideas e identidades que nos pesaban y frenaban nuestro movimiento en el ring de nuestras vidas. Ese es el «pesimismo positivo» al que he llegado en los últimos años. En la segunda mitad de este libro explicaré algunos de los elementos que han sido importantes para mí.

No quería caerme al suelo. A lo largo de los años, mi reacción ante situaciones que empeoraban o progresos insignificantes eran las respuestas típicas identificadas por los psicólogos: luchar, huir, paralizarse o adular. En mi caso, tuve las cuatro. Trabajaba cada vez más duro, buscando más resultados, más ideas novedosas, más innovación, más éxito, y luchando de esta manera también ignoré a las personas que decían que necesitábamos cambios más profundos o que podría ser demasiado tarde. Ahora reconozco que también me dejé llevar por distracciones, disfrutando del estatus y las experiencias de trabajar en la ONU, convirtiéndome en Joven Líder Global del Foro Económico Mundial, viajando por el mundo a eventos «importantes» con gente «importante». Tales distracciones no solo eran una huida de la dolorosa realidad, sino también quizás una forma de adular a lo que yo percibía como la fuente del peligro, porque lo que me decía a mí mismo era que estaba intentando agradar a cualquiera que tuviera poder para así conseguir su apoyo, en lugar de experimentar el conflicto. La parálisis que se produjo afectó mi vida personal y mis planes para el futuro; en ese modo de vida lleno de pánico, simplemente no me tomé en serio ninguna de las cosas normales. Durante años no dejé que la información y las implicaciones se asentaran. Sabía que algo iba mal en las narrativas del IPCC, pero preferí ignorarlo. Entonces, cuando por fin lo analicé adecuadamente y permití que la situación me interpelara profundamente, comenzó una transformación. Vi inmediatamente el beneficio de hacer una pausa y no precipitarme en conclusiones o cursos de acción, porque cualquier movimiento de ese tipo podría surgir del miedo o incluso del temor a experimentar emociones más difíciles. En vez de eso, sentí que necesitábamos más formas de hablar de este tema juntos con la mente y el corazón abiertos, y así lo incluí en el artículo viral sobre la adaptación profunda de 2018[1].

La adaptación profunda se refiere a los cambios personales y colectivos que podrían ayudarnos a prepararnos para el colapso de las sociedades en las que vivimos. A diferencia de los trabajos convencionales sobre la adaptación al cambio ecológico y climático, la adaptación profunda no da por sentado que nuestros sistemas económicos, sociales y políticos actuales puedan resistir el rápido cambio climático. Su *ethos* es el de un compromiso curioso y compasivo con esta nueva realidad, que trata de reducir el daño y aprender del proceso, en lugar de dar la espalda al sufrimiento de los demás y de la naturaleza. Se hace hincapié en el diálogo, con cuatro cuestionamientos que buscan ayudar a las personas a explorar cómo ser y qué hacer si tienen esta perspectiva sobre el futuro. Una cuestión de resiliencia: qué es lo que más valoramos y queremos conservar. Una cuestión de renuncia: de qué debemos desprendernos para no empeorar las cosas. Una cuestión de restauración: qué podríamos traer de vuelta para que nos ayude en estos tiempos difíciles. Y una cuestión de reconciliación: con qué y con quiénes haremos las paces al hacernos conscientes de nuestra mortalidad mutua[2].

Dentro de una red de voluntarios llamada *Deep Adaptation Forum* (Foro de Adaptación Profunda), desarrollamos formas de facilitar procesos de grupo para ayudar a los participantes a permitirse sentir, presenciar y aceptar las emociones que experimentarán sobre estos temas difíciles. Esos procesos, llamados «relación profunda», también buscan ayudar a las personas a permitir la ausencia de las viejas narrativas de significado, propósito y misión, sin apresurarse a adoptar otras nuevas. La idea es que las personas puedan aceptarse a sí mismas y a los demás sin necesidad de narrativas sobre cómo ser útil o adecuado dentro de la sociedad, de modo que haya más oportunidades para emerger gentilmente hacia una nueva forma de vivir tras la aceptación del colapso[3].

Una época de caos en nuestras viejas narrativas de la realidad, del yo, del otro, de la sociedad y quizás incluso de lo sagrado, puede llegar a ser liberadora, pero también nos hace vulnerables a la manipulación externa. Si no mejoramos en la comprensión de nuestro pensamiento, y de la forma en que nuestro pensamiento está moldeado por fuerzas externas y emociones internas, corremos el riesgo de carecer de la sabiduría que de otro modo podríamos tener. La forma en que nuestras percepciones y acciones son manipuladas con efectos negativos por las corporaciones y el poder del dinero es algo que exploraremos en profundidad en el capítulo 10. Esa manipulación resulta más preocupante si crees, como yo, que nuestra libertad para comprendernos a nosotros mismos y elegir en consecuencia, es tanto un valor fundamental como una necesidad práctica. Como la definí en la Introducción, la libertad es nuestra capacidad de pensar y actuar como elijamos, sin coacción ni manipulación, y con una conciencia significativa de nuestra situación y de los posibles efectos de nuestras elecciones (algo que exploraremos más a fondo en el capítulo 11). En los años transcurridos desde que dejé el *Deep Adaptation Forum* en 2020, me di cuenta de que las personas conscientes del colapso son tan vulnerables como cualquiera a las manipulaciones del poder corporativo que operan a través de los medios de comunicación, las grandes tecnológicas, la publicidad, las relaciones públicas, las finanzas, la corrupción de los agentes regulatorios, los resultados científicos o académicos sesgados y la política. Cuando las personas carecen de algunos de los fundamentos para acceder a su propia sabiduría entonces, incluso con las mejores intenciones, pueden convertirse en conductores de los intereses del poder corporativo, con efectos perjudiciales para las sociedades en proceso de ruptura. Por lo tanto, llegué a la conclusión de que mi trabajo de décadas ayudando a las personas a cultivar su «sabiduría crítica» también es relevante para el campo de la adaptación profunda. Como mi trabajo diario ha incluido ser un educador que ayuda a la gente a pensar sobre su propio pensamiento y sus sentimientos, y sobre la interrelación entre ellos, en este capítulo quiero cambiar de marcha y explicar parte de ese enfoque y su relevancia para esta nueva era de colapso.

Lo que yo denomino «sabiduría crítica» es la elusiva capacidad de entenderse a sí mismo en el mundo, la cual incluye la autoconsciencia, la literacidad crítica (*critical literacy*), la racionalidad y la intuición. La autoconsciencia implica la capacidad de conocer las motivaciones de nuestro pensamiento, incluidos los estados mentales, las reacciones emocionales y las razones por las que queremos «saber» más sobre distintos fenómenos. La racionalidad implica la capacidad lógica y ser consciente de las falacias lógicas y los prejuicios. La literacidad crítica implica ser consciente de que las herramientas con las que pensamos, incluidos los conceptos y narrativas construidos lingüísticamente, se derivan de la cultura y la reproducen, incluyendo las relaciones de poder. La capacidad de intuición implica ser consciente de las percepciones derivadas de experiencias no conceptuales, incluidas las epifanías y las percepciones de estados de consciencia no ordinarios.

Se han escrito muchos libros sobre cada una de estas capacidades, y cada una es importante para la sabiduría crítica en una era de colapso. En este capítulo me centraré en la literacidad crítica, ya que sin esta corremos el riesgo de ser utilizados por las élites de formas que crearían más tragedias. Pero antes, quiero compartir algunas reflexiones sobre lo que entiendo por autoconsciencia, ya que ayuda a explicar mi punto de partida para escribir este capítulo y este libro.

Todos deseamos no solo experimentar la vida, sino también «conocerla» conceptualmente hasta cierto punto, es decir, conocer la realidad, nuestra relación con ella y lo que es bueno o no. Nuestras motivaciones para querer conocer la vida de esa manera son fundamentales para saber si adquirimos conocimientos o construimos mayores ilusiones. ¿Queremos conocer la vida para sentir una forma de estabilidad de la realidad y luego prestarle menos atención? Ese es un anhelo de orden y, cuando no se le pone freno, puede convertirse en una causa clave del autoengaño. ¿Queremos conocer la vida para sentir que pertenecemos a un grupo determinado? Ese es un anhelo de pertenencia que, si no se controla, puede convertirse en una segunda causa de autoengaño. ¿Queremos conocer la vida para sentir mayor estatus dentro de un grupo con el cual nos identificamos? Ese es un anhelo de poder que, si no se controla, puede convertirse en una tercera causa de autoengaño. ¿Queremos conocer la vida para poder culpar a alguien o a algo por el dolor que experimentamos durante nuestras vidas? Ese es un anhelo de absolución que, si no se controla, puede convertirse en una cuarta causa de autoengaño. Cada una de estas causas de autoengaño está relacionada con una aversión a lo provisorio de la vida y a los riesgos percibidos para nuestra seguridad individual[4].

Es casi imposible librarse de estas motivaciones y es un riesgo pensar que podríamos haberlo hecho. En cambio, varias opciones pueden ayudarnos a ser conscientes de estas motivaciones en nuestro interior, para que no nos consuman y podamos acceder a más sabiduría. En primer lugar, podemos cultivar estados mentales que sean a la vez observadores de nuestras emociones y motivaciones internas, así como cultivar más benevolencia hacia toda la vida. Esto puede implicar la práctica ampliamente conocida de la meditación, pero sin un contexto de apoyo será difícil superar la constante atracción hacia el autoengaño. En segundo lugar, por tanto, está la opción de depender menos —o nada— de las instituciones que conforman nuestra forma de sentir. Un empleador, por ejemplo, y la carrera que tenemos, pueden enmarcar nuestra identidad y nuestra visión del mundo. Puede ayudarnos encontrar redes de personas con las que relacionarnos para apoyarnos mutuamente en conversaciones que den sentido a nuestra situación, pero dado el predominio de la aversión a la muerte en todas las construcciones culturales de la humanidad y en nuestras propias elecciones de vida, una tercera opción importante es tratar de ser conscientes de cualquier ansiedad o negación sobre nuestra mortalidad y tratar de reconciliarnos tanto con nuestra propia muerte, como con la muerte de otros seres vivos y con cualquier sentimiento sobre el envejecimiento y la pérdida. He llegado a comprender que es desafortunado que muchas enseñanzas espirituales, tanto tradicionales como contraculturales, ofrezcan escapar de nuestra aversión a la muerte mediante historias de que nuestros egos individuales son aún más grandes en espacio, tiempo y dimensión. Es desafortunado porque la gente siente luego la necesidad de validar esas historias mediante una constante narración compartida en grupo y el rechazo (o algo peor) de quienes no comparten sus creencias. La autoconsciencia implica no dejar que nuestras respuestas emocionales a las distintas narrativas de la realidad dicten su adhesión a esas narrativas. Por lo tanto, implica permitir cualquier sentimiento doloroso de aversión a la muerte, en lugar de tratar de escapar de ese dolor mediante una historia (volveremos a este tema en el capítulo 12 sobre las respuestas positivas a la conciencia del colapso).

Pude abordar los dos años de investigación para este libro sin querer ver la situación humana de una forma u otra ni el sentido de autoconsciencia que acabo de describir. Igualmente importante fue mi formación y experiencia en literacidad crítica, de modo que pude cuestionar los conceptos que pululan en los diversos ámbitos del pensamiento que son relevantes para evaluar la difícil situación de la humanidad. Así que, en lo que queda de capítulo, explicaré a lo que me refiero con ese concepto y mostraré su utilidad.

NATURALEZA E IMPORTANCIA DE LA LITERACIDAD CRÍTICA

La literacidad crítica es una capacidad basada en algunas ideas sencillas sobre la forma en que percibimos el mundo y la influencia de esas percepciones, tanto en nuestras interacciones como en la naturaleza del propio mundo. La realidad se considera irreductiblemente interconectada y cambiante. Nuestra percepción está habilitada y limitada por los sentidos, y nuestra cognición está habilitada y limitada por el proceso mediante el cual excluimos algunos estímulos y nos centramos en otros. Nuestra conceptualización se basa en que todo lo que experimentamos se agrupa como una sola cosa o se separa de otras cosas. Los símbolos y el lenguaje acentúan ese proceso, estableciendo conexiones (y desconexiones) conscientes e inconscientes entre los pensamientos o emociones que se relacionan con los fenómenos. Esos símbolos y ese lenguaje no son los fenómenos a los que se refieren, sino que son fenómenos en sí mismos. Pueden describirse de la siguiente manera. Un concepto simple se relaciona con otros conceptos a través de un marco (una constelación de conceptos), que se relaciona con otros marcos en una narrativa (una secuencia de marcos), que se relaciona con otras narrativas en un discurso social (la totalidad de ideas interrelacionadas comunicadas con símbolos y lenguaje dentro de un grupo cultural). Estos conceptos, marcos, narrativas y discursos no solo surgen de las personas, sino que también configuran lo que las personas consideran posible o apropiado pensar, decir o hacer. Hay muchas décadas de sociología, psicología social, lingüística cognitiva y antropología sobre estos procesos. Para mí, el punto más destacado es que si no somos conscientes del modo en que operan los símbolos y el lenguaje para darnos forma, somos vulnerables a la manipulación. Sería un error sostener que una visión con literacidad crítica del mundo niega que exista una realidad subyacente previa a nuestra interpretación de esta, o que solo debamos interesarnos por la comunicación en términos de equiparación de las relaciones de poder (algo sobre lo que volveré más adelante). En realidad, los «teóricos sociales críticos» examinan el modo en que determinadas ideas crean y apoyan las desigualdades de poder en las sociedades, para que seamos más capaces de considerar nuestra participación en tales procesos. Con la ayuda de estos trabajos, la «literacidad crítica» supone un examen más detenido de las formas en que el lenguaje y los símbolos se utilizan en la sociedad para activar o desactivar posibilidades que pueden beneficiar a algunas personas y acciones, pero no a otras[5].

Para que no se vuelva más aburrido, veamos un ejemplo. Cuando se inaugura una fábrica, podemos leer en un titular que «la empresa X crea 100 puestos de trabajo». El «marco» aquí es la idea de creación y de que una empresa es la que crea. Este marco es positivo, ya que a todos nos gusta la creación. Además, el marco invita a la alabanza, ya que hay alguien o algo que está creando, en este caso la empresa o sus directivos. Cuando esa misma fábrica cierra, el mismo marco implicaría el siguiente titular: «la empresa X destruye 100 puestos de trabajo». ¿Suena extraño? Debería serlo, ya que cuando algo suena extraño significa que no se están utilizando frases y marcos a los que estamos acostumbrados. Sin embargo, ese titular estaría utilizando el mismo enmarcamiento que el primer titular, ya que la destrucción es lo contrario de la creación. En cambio, el titular que leemos siempre será «se pierden 100 empleos» y solamente si acaso llegamos a leer un titular al respecto, ya que no habrá una agencia de relaciones públicas promocionando la noticia a los medios de comunicación. La frase «*se pierden 100 empleos*» utiliza el marco de la pérdida. ¿Quién está perdiendo algo? Las personas que tienen los empleos. Por lo tanto, con este encuadramiento, la atención no se centra en la empresa que decide «destruir» los empleos, sino en los empleos que se pierden. Un empleado no se despierta una mañana habiendo perdido su trabajo como pierde las llaves. Entonces, ¿acaso pierden su trabajo como podrían perder a un amigo tras una discusión? No es evidente, pero el trabajo ideológico ya está hecho al desviar la atención de la influencia potencial de la administración que toma la decisión. Este marco está tan normalizado en la sociedad que incluso los políticos y los medios de comunicación de izquierdas no hablan de la destrucción de empleos, hasta que el vendedor en jefe, Donald Trump, utilizó ese lenguaje en política de máxima audiencia por primera vez. El poder de los encuadres está en lo que nos invita a pensar y a no pensar, de manera que influye en las posibilidades de cambio, incluido el cambio de las dinámicas de poder. Otra clave del poder de los encuadres es que se convierten en algo tan normal que parecen una descripción de sentido común de la realidad, y cuestionarlos parece peculiar o excesivamente político.

Otro ejemplo puede ayudar a ilustrar hasta dónde se puede llegar con la literacidad crítica, y lo sencillo que resulta hacerlo. Para empezar, imagina a una persona con traje gris y corbata caminando por la calle. ¿Qué aspecto tiene la calle? ¿Cómo la recorre?

¿Imaginaste a un hombre? Probablemente sí —y volveremos a ese punto—. Pero antes, hay tres niveles de la llamada «lectura crítica» de este fenómeno cultural del traje. En el primer nivel nos fijamos en el estilo y si parece «de negocios». Podemos notar algunas de nuestras suposiciones sobre la riqueza o el estilo de la persona, o quizá su profesión. Podemos fijarnos en lo colorida que es su corbata y si significa que está a la moda o que es un poco alternativa. Este tipo de percepción puede ser consciente o inconsciente. Un segundo nivel de atención puede ser una lectura más crítica de la simbología del traje y la corbata, en la que exploramos lo que la persona que lleva el traje puede estar intentando comunicar. Por ejemplo, puede estar tratando de comunicar que es una persona seriamente comprometida con su trabajo. Podemos darnos cuenta de las historias que nos contamos a nosotros mismos sobre la persona o sobre su posible intención o personalidad. Un tercer nivel de lectura de esta simbología en la calle es cuando tenemos en cuenta las narrativas culturales más amplias que están implicadas en la ropa y las conversaciones culturales entre esa persona, nosotros y la sociedad. Por ejemplo, podríamos considerar que la corbata se asocia con el poder, el estatus o el rango. Incluso podríamos considerar si la forma fálica de la corbata tiene alguna relevancia. Dado que el origen histórico de la corbata era un corbatón no fálico, existen pruebas de que se ha transformado en algo más simbólico de la potencia masculina. Se puede observar cómo la corbata indica que hay una forma diferente de ser entre una persona que trabaja y otra que no trabaja. Podrías plantearte lo que dice sobre el mundo laboral y las expectativas de delimitación entre el trabajo y la vida, lo público y lo privado, y lo que esa distinción permite hacer en contextos «profesionales» que pueden ser buenos o malos para la sociedad y el planeta.

Podríamos incluso ir un poco más allá, al nivel de las sensaciones —es decir, la realidad que *sabemos* que experimentamos en nuestra piel—. ¿Es posible que la corbata y el cuello rígido proporcionen a la persona algún tipo de beneficio derivado de la sensación de conformidad con las narrativas sociales —y que lo confirme visualmente a los demás— que compense cualquier sensación de incomodidad en su piel derivada de un cuello rígido? Podríamos pensar que una sensación de incomodidad alrededor del cuello puede ser reconfortante para alguien, ya que nos recuerda que pertenecemos a un grupo y que recibiremos el trato correspondiente. Por lo tanto, podríamos reconocer que incluso las sensaciones físicas pueden estar «codificadas» culturalmente.

Una lectura crítica implica que consideremos la forma en que las jerarquías institucionales han moldeado esta experiencia para la persona en traje y para quienes la miran, de modo que el uso de trajes y corbatas podría estar contribuyendo a reproducir las relaciones de poder en la sociedad. Por ejemplo, podríamos considerar que el traje en ciertas culturas se considera un atuendo profesional normal, por lo que, al no ser tradicionalmente un atuendo femenino, es un ejemplo de asociación con lo masculino definido como normal. A continuación, podríamos considerar que este «código de vestimenta» se originó en las culturas europeas, y que todo el entorno construido en las ciudades tropicales y subtropicales tiene una alta huella de carbono por el aire acondicionado empleado para la comodidad de quienes visten trajes en sus oficinas. Este tipo de lectura multinivel de los fenómenos culturales —ya sean símbolos o lenguajes— es una forma de que las personas tomen conciencia de sus propios hábitos y de los hábitos de los demás, para que puedan entablar un diálogo más abierto sobre su valor. Como tal, es un método para una mayor liberación de las personas y, como resultado, para decisiones colectivas potencialmente más inteligentes. Quizá se reduzca el aire acondicionado. Tal vez la gente se pregunte por qué tienen que actuar como si no fueran ellos mismos en el trabajo.

La literacidad crítica también nos permite darnos cuenta de la forma en que la Modernidad Imperial se extiende y ejerce su poder de múltiples formas que conectan lo simbólico y lo material. Por ejemplo, los antropólogos de la moda han descrito que, para «civilizar» a los pueblos nativos, los colonizadores los han vestido a menudo (especialmente a los niños) con el estilo de los colonizadores, lo que constituye una forma de dominación cultural de sus cuerpos. El paralelismo moderno es el «sistema global de la moda» que ha promovido la ropa de estilo occidental, pero también la ha vertido como ropa de desecho en los países pobres, en formas que han borrado gran parte de la cultura, de las técnicas de producción tradicionales y de sus formas de vida asociadas[6].

Desafortunadamente, resulta bastante difícil leer a los teóricos sociales críticos; es incluso más difícil que leerme a mí y, aunque yo sea sociólogo, me cuesta trabajo leer a Foucault, Habermas, Adorno, Derrida, Irigaray, entre otros teóricos clave[7]. Sé por mis alumnos que esa dificultad es ampliamente compartida y podría ser la razón por la que la teoría crítica se ha convertido en algo fácil de tergiversar por los comentaristas políticos que describen como enemigo mítico al teórico social, supuestamente arruinando las mentes de una generación. Volveremos a esa crítica al final del capítulo, pero por ahora puede ser útil exponer las siguientes ideas que son obvias para las personas que trabajan en este campo, pero no si se leen algunas críticas recientes. La teoría crítica, y la capacidad de literacidad crítica, no niegan una realidad física. Más bien, nos permite experimentar mejor esa realidad al llamar más la atención sobre los lentes que nos proporciona la cultura. La literacidad crítica no niega el papel de otros facilitadores del conocimiento, como la racionalidad, la autoconsciencia y la intuición, sino que los complementa. De hecho, al llamar la atención sobre conceptos previamente asumidos y recibidos de la cultura, puede ayudar a esos otros facilitadores del conocimiento a producir una sabiduría más crítica. La teoría crítica no defiende que todas las personas sean económica o culturalmente iguales por completo. Al contrario, incluso la noción de «lo igual» puede cuestionarse con un criterio crítico: ¿qué pasa si la gente no quiere ser igual? ¿Quién decide lo que constituye la igualdad y si eso es posible, y cómo podría utilizarse el concepto de igualdad para permitir el poder de algunos, a expensas de otros? La literacidad crítica tampoco defiende que la liberación de la opresión sea el único objetivo de la educación o de la interacción social. Por el contrario, la liberación es una faceta importante de ambas, y no puede existir sin que todos seamos más conscientes de las herramientas que permiten y dan forma a nuestros pensamientos, que derivan de las culturas en las que habitamos.

Desarrollar nuestras capacidades de literacidad crítica es un proceso bastante claro, y la mayoría de nosotros lo sabemos. Podemos elegir fijarnos más y sentir curiosidad por lo que hemos dado por sentado. Podemos empezar a reconocer narrativas sutiles y profundas en nosotros y a nuestro alrededor en las que participamos cada día. Podemos elegir sentirnos felices, no amenazados, ante la posibilidad de que nuestras suposiciones, ideas y hábitos puedan ser puestos a reconsideración. Podemos darnos cuenta de cuándo una idea sacude ligeramente nuestra forma habitual de pensar y no descartarla, sino sentir curiosidad por nuestras reacciones. Podemos jugar con ideas sobre cómo enmarcar una situación o qué otra narrativa podría creerse. Podemos estar más abiertos a ideas sobre cómo un determinado concepto, marco o relato puede incluir algunas posibilidades y no otras, y a quién o a qué no resulta beneficioso. A continuación, podemos considerar si las relaciones de poder, como aquellas integradas en el dinero y la riqueza, pueden estar favoreciendo un discurso en la sociedad en detrimento de otro. Podemos hacer todo eso con la confianza de que puede complementar, no anular, nuestras capacidades de autoconsciencia, racionalidad e intuición, de modo que apoye nuestra sabiduría crítica. Además, podemos estar seguros de que, descubramos lo que descubramos sobre la realidad, podemos elegir entre seguir las normas culturales o desafiarlas, en función de lo que nos parezca importante, de dónde se encuentren las oportunidades, de lo que pueda parecer una nostalgia inofensiva y agradable y de nuestros recursos personales —ya que no tenemos por qué luchar contra todo en todo momento a medida que tomamos más conciencia de la vida—.

Espero que este libro sea testimonio de esta idea de sabiduría crítica. Para comprometerme con la literatura científica no solo necesitaba racionalidad, sino también la capacidad de reconocer las formas en que el lenguaje y la cultura limitan lo que se investiga, el modo en que llegan a tales conclusiones. Sin literacidad crítica no habría visto algunas de las narrativas profundas de mi cultura, la formación e identidad que bloquean un reconocimiento de la situación a la que nos enfrentamos ahora. Sin un poco de autoconsciencia no habría tenido la capacidad de regresar a lo que me es relevante para centrarme o para sugerir a los demás, en lugar de lo que provenía de mis deseos y aversiones. No habría tenido entonces la comprensión necesaria para permitir una desintegración de mis viejas ideas e identidad. Sin la intuición de que este proyecto de libro tenía que ser algo más que una repetición de ideas ya existentes no habría sacrificado tanto durante los dos últimos años para llegar a esta fase (ni lo habría convertido en un tomo tan pesado).

ECOLOGISMO ANTIRRADICAL

Esta sabiduría crítica es importante para ayudarnos a evolucionar en nuestra comprensión de la búsqueda de formas positivas de vivir dentro de una nueva era de colapso. Un ámbito en el que esta área es importante, pues tiene tanta voz en estas cuestiones, es el movimiento y profesión ecologistas. Desde que me liberé de un sentido de obligación moral de ser positivo sobre las posibilidades de prolongar el modo de vida de las sociedades modernas, empecé a ver la forma en que una ideología de reformismo es constantemente reforzada por la corriente principal de comunicación medioambiental, perpetuada incluso por publicaciones y personas que pensamos que promueven la acción sobre la situación del medio ambiente, lo que no significa que intenten engañar intencionadamente a la gente, sino que reciben y reproducen acríticamente los marcos de nuestra sociedad.

Para explorar con mis alumnos el trabajo ideológico que se realiza a nuestro alrededor, seleccioné al azar un día de titulares e imágenes del

FIG. 11. Un día de titulares del periódico *The Guardian*

322

periódico *The Guardian* de su sección de noticias medioambientales. Se trata de un periódico británico serio que tiene una compleja historia de crítica a las instancias de poder, al tiempo que defiende el aventurerismo militar y desacredita muchos de los desafíos del poder establecido. Cubre temas ecológicos de forma sustancial, por lo que me aparecieron los siguientes titulares en el celular mientras navegaba por su sitio web. Hice una captura de pantalla de tres titulares y una imagen (Figura 11). Lo hice porque me di cuenta de que incluían seis marcos sobre el medio ambiente que sostienen los malentendidos sobre la situación y suprimen una conciencia más profunda. Tómate un momento para mirar la captura de pantalla y ver si puedes detectar algunos de esos marcos. Luego continúa leyendo.

He aquí los marcos que mis alumnos y yo observamos que son relevantes para nuestra capacidad de comprender nuestra situación y cuáles son los posibles y pertinentes ámbitos de acción:

- Marco 1: Que la crisis medioambiental afectará el futuro de nuestros hijos. Lo cual es cierto, pero el mensaje implícito que enfoca esa idea es que la crisis medioambiental no tiene que ver con el presente dañado y perturbado de las personas. Este marco se comunica en la imagen que eligió el editor de foto: «el futuro de tus hijos» en llamas.

- Marco 2: Que hay tiempo para «arreglar» el medio ambiente en vez de encontrarnos ya en una situación de gestión de desastres, en la que hay mucho que hacer con urgencia, pero que no arreglará la situación (aunque podría darnos más posibilidades de reducir los impactos potenciales). La frase «se nos está acabando el tiempo» implica esa visión.

- Marco 3: Que el medio ambiente nos importa por sus repercusiones económicas, en lugar de por nuestra supervivencia, seguridad y calidad de vida. O por el valor intrínseco de la naturaleza. La mención en un titular de la amenaza que se cierne sobre las «economías en contracción» expresa esa visión.

- Marco 4: Que actuar por la crisis medioambiental consiste en encontrar financiación para limpiar los problemas después de que hayan sido creados por la actividad económica, lo cual para muchos sectores es una mentira, ya que no se pueden compensar sus daños. El titular sobre la financiación para proteger el medio ambiente de los impactos del turismo implica esa visión.
- Marco 5: Que este tema involucra al mundo natural, el cual se considera separado de nosotros. Sí, se trata del mundo natural, pero nosotros también formamos parte de ese mundo. Si no se «salva» el mundo natural, en última instancia la humanidad tampoco se salva. El titular de «salvar el mundo natural» deja clara esa separación.
- Marco 6: Que la cuestión está en que nuestros líderes intentan llegar a un acuerdo para arreglar algo en lugar de que nos liberemos de los sistemas que ellos dirigen y que nos obligan, recompensan y persuaden para que contribuyamos a la destrucción del medio ambiente debido a los sistemas monetarios y económicos y a los sistemas culturales que surgen de ellos (consumismo, hipotecas, carreras conformistas, etc., como se expone en el capítulo 10). El titular que informa sobre la dificultad de «llegar a un acuerdo para salvar» el medio ambiente transmite ese marco.

No estoy sugiriendo ninguna intención consciente al enmarcar las cuestiones de este modo. Más bien, cuando nos comunicamos entre nosotros, recurrimos a los recursos culturales de los cuales disponemos. Uno de los marcos más profundos de la modernidad es la idea de que los seres humanos están separados del «medio ambiente», que son más importantes que él y que están destinados a controlarlo. Hay antecedentes religiosos en estas suposiciones cotidianas que, si se examinan más de cerca, aparecen como interpretaciones erróneas de las enseñanzas espirituales de los europeos que se ajustaban a los impulsos coloniales del siglo XVI. Tomemos como ejemplo el pasaje de Génesis 1: 28. Está escrito en hebreo como *pherou wa rebou wa mila'ou et ha'aretz, wa chi-beshuha wa redou b'* ... que suele traducirse en la Biblia inglesa King James como «sed fecundos y multiplicaos y llenad la tierra y sometedla, y ejerced dominio sobre los peces del mar y las aves del aire...». El Dr. Neil Douglas-Klotz, teólogo y estudioso de las lenguas antiguas, explica que «se trata de un trágico error de traducción, influido por una teología de la caída y redención (posterior a Agustín), que los narradores originales de la historia nunca habrían concebido». Explica que la palabra hebrea «b» nunca significa «sobre», sino solo «con», «dentro» o «en». La palabra hebrea *chi-beshuha* puede significar «redimir» o «salvar» en lugar de someter. Por lo tanto, lo más probable es que esta cláusula significara «redimid y gobernad junto con el resto de la creación». Douglas-Klotz sostiene que, «desafortunadamente, este pasaje se utilizó para justificar siglos de robo colonial de tierras habitadas por pueblos indígenas de todo el mundo»[8]. Además, sentó las bases de la ideología del progreso, según la cual la humanidad siempre está mejorando conocimientos y habilidades de un modo que es intrínsecamente bueno (algo que se analizará en el próximo capítulo). Muchos otros factores, además de la problemática evolución de la teología cristiana, influyeron en el desarrollo del antropocentrismo, la consideración de la naturaleza como un mero recurso y la ideología del progreso. Por ejemplo, en el capítulo 10 veremos cómo los sistemas monetarios exigían efectivamente que se adoptaran tales actitudes para poder pagar las deudas. Sin embargo, este ejemplo de la Biblia nos recuerda lo profundamente arraigadas que están esas narrativas en muchas sociedades.

Como esas narrativas forman nuestras normas culturales compartidas, es realmente difícil romper con ellas en nuestra vida personal y profesional. ¿Te imaginas a un redactor de titulares de *The Guardian* tratando de explicar que adopta un enfoque diferente de las ideologías encarnadas en esos titulares que hemos visto? Sería difícil cumplir los plazos y mantener la cordura, ya que la cultura dominante influye en todas las decisiones sobre qué es noticia, qué opiniones importan y cómo escribir las historias, por no hablar de los titulares. Alguien con ese trabajo y cierta sabiduría crítica tendría que encontrar un compromiso momentáneamente viable —o renunciar—. Es en esos microniveles de dificultad personal donde podemos ver por qué las narrativas profundas han sido tan duraderas a lo largo de los siglos.

The Guardian es uno de los pocos periódicos que da espacio a las noticias «medioambientales», lo que pone de manifiesto el problema al que nos enfrentamos: que la humanidad invierte muchos recursos en que no nos enfrentemos realmente al problema. Sus titulares son solamente un ejemplo de la reproducción constante de una ideología reformista modernista sobre el medio ambiente que es parte de la razón de la ineficacia empíricamente demostrable de la profesión y el movimiento ecologistas (como vimos en los capítulos 4 y 5). Esa ideología ecomoderna asume y alaba el dominio humano, la separación de la naturaleza, las posibilidades y beneficios del control y la inevitabilidad del progreso. Asume que cualquier cosa que amenace nuestro modo de vida o nuestra visión del mundo es algo que hay que ignorar, gestionar o destruir. Así, los ecomodernistas se centran en apelar a instituciones poderosas para gestionar mejor las situaciones que luego sostendrán esas instituciones. Sin embargo, con un poco de sabiduría crítica, reconocemos mejor que esas opciones son ideológicas y consideramos otras formas de responder. Dicho lo anterior, sería útil replantear un poco más las cosas para dar rienda suelta a nuestra creatividad, que es a lo que nos dedicaremos ahora.

REENMARCAR CONCEPTOS QUE PUEDAN RESTRINGIR NUESTRA ACCIÓN DURANTE EL COLAPSO

Hay narrativas profundas en la sociedad sobre la esperanza, el colapso y el cambio que están restringiendo el compromiso positivo de la gente con la situación que he esbozado hasta ahora en este libro. Veámoslas brevemente, una por una.

La afirmación de que debemos tener esperanza está muy presente en las sociedades modernas y se acepta ampliamente como algo bueno. No es una visión compartida por diversas tradiciones de sabiduría antiguas, como el budismo, el cual considera la esperanza como un patrón de pensamiento que nos aleja de encarar la realidad tal y como la encontramos[9], pero ¿qué quiere decir la gente cuando habla de la necesidad de esperanza? ¿Se refieren a un deseo, a una expectativa o a una posibilidad por la que trabajan? Para entender las diferencias, utilicemos el ejemplo de estudiar para un examen, en el que uno espera obtener una buena calificación. ¿Significa esa esperanza que uno desea obtener esa calificación? Si el examen es importante para ti, desear un resultado no parece ser el mejor procedimiento —ya que no es muy activo ni práctico—. ¿Significa entonces tener la expectativa de obtener ese resultado? Si es así, esa expectativa puede o no servir para que consigas esa calificación. Tu expectativa depende de tu rendimiento en el pasado y del esfuerzo que dediques a repasar y practicar para el examen, por lo que puede ser una expectativa justa o equivocada. Que esa expectativa te ayude o no a conseguir una buena calificación depende de otras consideraciones, por ejemplo, si eres el tipo de persona que necesita esa expectativa para sentirse motivado o si incluso pudiera reducir tu dedicación a trabajar para conseguir ese resultado.

Una tercera forma de entender la esperanza es la que se refiere a la creencia en una posibilidad por la que se puede trabajar. Tomando como base el trabajo de Joanna Macy, algunas personas la llaman «esperanza activa»[10]. Si crees que una buena calificación es posible si te esfuerzas por conseguirla, puede ser útil para motivarte. Sin embargo, puede que no seas una persona que necesite centrarse en la posibilidad de obtener una buena calificación para esforzarse al máximo. Quizá evitar el fracaso sea más motivador. O quizá te enfoques en dar el mejor esfuerzo posible, sea cual sea el resultado. Tus esfuerzos pueden surgir de un sentido del deber hacia los esfuerzos de tus padres, o por respeto a los dones y oportunidades que se te han dado.

Si no damos por sentada la esperanza, sino que reflexionamos sobre por qué está tan extendida en las sociedades modernas como una cualidad importante, podremos reconocer múltiples motivaciones para una acción que no requiere narrativas sobre el dominio y el progreso humanos. Es útil, porque ya es demasiado tarde para que la humanidad obtenga una buena calificación en materia de medio ambiente. Puede que incluso sea demasiado tarde para aprobar el examen. Sin embargo, dar el mejor esfuerzo, sin arruinarnos la vida en el proceso, tiene sentido para muchos de nosotros. No nos rendimos porque no vayamos a sacar una buena nota o porque quizá ni siquiera aprobemos. Seguimos intentándolo porque nos sentimos bien haciéndolo. Sin una perspectiva crítica de la esperanza, estaríamos atrapados en una ética utilitarista, en la que se supone que las personas solo actúan porque van a conseguir un resultado. Estas motivaciones transaccionales han sido promovidas como norma por los sistemas de poder, incluido el capitalismo, pero no refleja el espectro de la motivación humana, a la que puede devolvernos una lectura crítica de las narrativas de la esperanza.

Hay algo totalmente distinto a lo que aluden algunas personas cuando hablan de esperanza, que es una especie de fe en la rectitud última de todas las cosas, pase lo que pase. Personalmente, tengo ese tipo de fe. Es una fe que también fomentan múltiples religiones, que nos anima a vivir con amor sin apego a los resultados. Ese tipo de esperanza religiosa no implica un deseo, una expectativa o una posibilidad realista, sino un conocimiento más profundo de la naturaleza de la realidad y, por tanto, un instinto para vivir compasivamente[11]. Como tal, no tiene por qué implicar narrativas de resultados materiales exitosos para los seres humanos o el resto de la vida de la Tierra.

También podemos tener una visión crítica del concepto de colapso. En primer lugar, ayuda a reconocer que la forma en que se habla del colapso social, tanto en el mundo académico como en la cultura popular, refleja un conjunto de supuestos culturales contemporáneos. La forma en que se habla de él puede suscitar temores y cerrar un sentido de posibilidad. La implicación de tales ideas sobre el colapso es que no miramos con más curiosidad y de forma constructiva lo que podríamos hacer durante una era de colapso.

Una de las ideas dominantes es que sin los sistemas y normas de las sociedades modernas caeremos en la violencia y la tiranía. Dentro de esa visión se encuentra una perspectiva de la naturaleza humana según la cual las personas necesitamos la amenaza de la fuerza para mantenernos «civilizados». Sin embargo, las catástrofes demuestran que no todos los seres humanos se convierten en personas sin compasión y violentas, ni que los que lo hacen son quienes salen mejor parados. Por el contrario, la gente se siente inspirada para cuidar de los demás y colaborar con ellos[12]. El estudio de los colapsos de civilizaciones pasadas también suscita debates sobre si el derrumbe de las jerarquías existentes fue realmente un acontecimiento tan negativo para todos[13]. La narrativa dominante es que la pérdida de las jerarquías sociales y de los artefactos culturales asociados es un acontecimiento trágico. Sin embargo, es un juicio de valor que refleja la vida moderna apreciar la complejidad social de las situaciones urbanas, que dan lugar al tipo de edificios y artefactos en ruinas que podemos excavar, pero no la complejidad social de los habitantes de las zonas rurales, que a menudo necesitan un conocimiento mucho mayor de las ecologías, el clima y las estaciones[14]. Algunos investigadores han argumentado que muchas de las famosas historias de colapsos de las sociedades antiguas son en realidad situaciones en las que una población derrocó a la tiranía y volvió a vivir en comunidades a menor escala y más igualitarias[15]. El colapso del Imperio Romano de Occidente es un ejemplo clásico, que produjo una mayor igualdad, ya que la población reorganizó la agricultura para disponer de muchos tipos diferentes de alimentos y distintas estrategias de subsistencia, en lugar de limitarse a cultivar trigo para los romanos[16].

Una lectura crítica de los principales estudios y debates sobre los colapsos sociales también plantea la pregunta de por qué se presta atención a los colapsos sociales de los últimos quinientos años que fueron aspectos destructivos del desarrollo de las sociedades modernas y que permitieron las actuales diferencias globales de poder. Destaca el genocidio en las Américas, especialmente porque muchas personas vivas hoy en día rastrean su descendencia de los pueblos oprimidos y ven las dificultades actuales para resistirse a la destrucción corporativa dentro de ese contexto. Teniendo en cuenta sus intereses, el progresivo colapso de las sociedades industriales de consumo podría incluso liberar la presión de algunas de esas tierras, especialmente si socava la destructiva adquisición de metales para las energías renovables en los países ricos[17].

A medida que se van fracturando los sistemas de poder a los que antes era imposible resistirse eficazmente, surge un mensaje oscuramente positivo y un nuevo marco para que lo escuchen personas como aquella joven de la ONU (capítulo 7). No quiere negar que habrá mucho sufrimiento, así como situaciones que no se arreglarán solo porque las sociedades modernas fracasen. Las «sustancias químicas perennes» permanecerán y se concentrarán en la cadena alimentaria, el clima seguirá cambiando y los océanos seguirán acidificándose. Habrá mucha presión y oportunidad para malas respuestas de las élites que empeoren las cosas (capítulo 13), pero un enfoque con sabiduría crítica del colapso reconoce que suponer que solo puede ser malo y que, por lo tanto, no merece la pena pensar en él, sirve al statu quo.

La importancia de que haya pruebas de una organización jerárquica para considerar a una población humana del pasado como una civilización previa al colapso parece reflejar las actitudes dominantes sobre las organizaciones y el liderazgo en la actualidad. La actitud común es que los grupos de gente ordinaria necesitan seres humanos especiales en funciones de autoridad que nos dirijan por nuestro propio bien. En sociología, esta actitud se denomina «gerencialismo» y está muy extendida en las sociedades modernas, desde las empresas a la política, pasando por los grupos comunitarios. Esta actitud implica que, si se debate sobre una organización o sociedad que va mal y sobre cómo cambiarla, la atención se centra naturalmente en unos pocos individuos llamados «los líderes». Si aplicamos nuestra literacidad crítica no aceptaríamos tales ideas como una representación incuestionable de la realidad de las personas, las dinámicas de grupo y el cambio. Por el contrario, se considerarían un discurso sobre esos fenómenos que, como todo discurso, invita a considerar la realidad de determinadas maneras y no de otras. Por ejemplo, un enfoque gerencialista significa que es menos probable que consideremos otros factores que afectan a las situaciones más allá de la capacidad, el carácter y las acciones de los altos cargos, dejando fuera factores como las libertades y capacidades de la gente ordinaria y las maneras en las que nos comunicamos. El gerencialismo también nos alentará a creer que los «líderes» son personas especiales que deben ser tratadas de manera diferente, incluso con una remuneración diferente. Cuando no se cuestiona, este discurso puede apoyar el ejercicio irresponsable del poder, incluido el apoyo a acuerdos más autoritarios o de dominio de las élites en las sociedades y, a medida que las personas experimentan más dificultades en sus vidas sin sabiduría crítica, es probable que expresen opiniones que surjan a partir del discurso del gerencialismo sobre lo que debería hacerse (que consideramos en el capítulo 13)[18].

EL PROBLEMA DE LA IRA EN LA MODERNIDAD

Uno de los principales efectos de tomar conciencia de la difícil situación de las sociedades modernas es que las personas con una educación occidental similar a la mía empiezan a percibir las formas en que la cultura dominante que aceptábamos o admirábamos es en realidad «omnicida» —pues conduce a la extinción masiva de la vida en la Tierra y amenaza la supervivencia de nuestra propia especie—. Puede que algunas personas quieran enmarcarlo simplemente como un problema de la industria petrolera o de las élites despilfarradoras, pero un examen más detallado nos lleva a las ideas que nos enseñaron sobre el yo, el otro, la naturaleza, la realidad y el progreso. Al darnos cuenta, la mayoría de nosotros empezamos a cuestionarlo todo. Como parte de esta desintegración positiva de nuestras viejas identidades y visiones del mundo, muchos expresamos el deseo de buscar y expresar verdades y vivir desde el amor, con menos concesiones y con menos miedo a la vergüenza que antes (capítulo 12). Estas respuestas también implican que las personas que aceptan el colapso pueden constituir una amenaza para el orden establecido de la sociedad —una fuerza contrahegemónica—.

Por esta razón somos fuente de irritación, sobre todo entre la gente que quiere permanecer «voluntariamente ciega». Los psicólogos dicen que la motivación de las personas que niegan la realidad de ese modo es sentirse seguras, evitar conflictos, reducir la ansiedad y proteger su propio prestigio. En el último capítulo, mencioné brevemente los muchos factores que probablemente impiden a los académicos y expertos expresar públicamente su anticipación del colapso de la sociedad. Entre estos factores se encuentran el reduccionismo y el aislamiento de la investigación que restringen el análisis sistémico, la ideología del progreso y el sesgo de normalidad que desplaza la carga de la prueba, las presiones financieras y políticas para mantener la deferencia, la influencia tranquilizadora del privilegio, la amenaza a la identidad profesional y el deseo de evitar emociones difíciles. Los dos últimos factores pueden provocar reacciones bastante agresivas. Cuando los datos y las noticias sobre nuestro mundo empeoran, nuestros temores a la mortalidad pueden dispararse, incluso inconscientemente, y puede entrar en acción el fenómeno de la «defensa de cosmovisión», tal y como he descrito en la Introducción. Esta defensa implica aferrarse a la visión del mundo y a la identidad propias hasta el punto en que se vuelve extrema, ilógica y, a menudo, perjudicial. Los psicólogos han descrito así el auge de los extremistas religiosos, pero este fenómeno de defensa de cosmovisión también se aplica a las personas que se consideran modernas. Ayuda a explicar la expectativa casi mágica de salvación tecnológica por parte de los ecomodernistas, quienes siguen utilizando el lenguaje de la ciencia y la modernidad, pero la sustancia de sus opiniones difiere completamente[19]. El fenómeno también puede ayudarnos a entender la negatividad hacia las personas que anticipan o reconocen el colapso de las sociedades modernas, que se aclara con una lectura crítica del término que utilizan para referirse a nosotros: «catastrofistas» (*doomers*).

Con literacidad crítica podremos investigar inmediatamente las ideas y las razones agrupadas bajo tal término. ¿La perdición de las élites? ¿La perdición del capitalismo? ¿La perdición de la globalización? ¿La perdición de la sociedad industrial? ¿La perdición de toda nuestra especie? Los críticos rara vez lo especifican. En su lugar, se utilizan los términos «catastrofismo» y «catastrofista» para deslegitimar las conversaciones sobre estos temas. El término «catastrofista» sugiere que alguien tiene un sesgo negativo, por lo que sutilmente se invita a otras personas a ignorar y descartar sus puntos de vista. Así es como un marco puede volverse especialmente oscuro. Los psicólogos morales han demostrado que cuando sentimos repugnancia por una persona o una idea, no escucharemos nada válido o valioso que diga. Hay varias formas de sentir repugnancia ante las personas o las ideas que están relacionadas con nuestros gustos morales[20]. Al haber trabajado en primera línea de la comunicación política, conozco la forma en que han sido analizados y utilizados esos gustos morales como arma para derrotar los argumentos de los oponentes. Establecer un término negativo para un tipo de pensamiento o de persona es el primer paso, al que sigue asignar a esa categoría algunas cualidades que pueden provocar repugnancia. Por ejemplo, una vez que el «catastrofismo» se establece como concepto, los críticos de lo que se etiquete como «catastrofismo» harán afirmaciones sobre él, como que es perjudicial para la salud mental de los niños o que significa abandonar a los pobres, o ser desleal con los activistas. Porque una vez establecido un marco negativo, la invención de argumentos puede ser tan interminable como infundada.

Una respuesta a los insultos negativos puede ser apropiarse de esos términos y celebrarlos, del mismo modo que las palabras *gay* y *queer* se transformaron a partir de términos insultantes. Por esa razón, he pensado en hacer camisetas como «los catastrofistas se divierten más», pero el problema de intentar invertir los discursos de repugnancia es que se necesita mucho tiempo, recursos y gente. No espero que se produzca un movimiento cultural masivo que celebre el catastrofismo (*doomism*) como identidad. En cambio, preveo que crezcan la agresividad y la condena, cuyas implicaciones analizaremos en el capítulo 13. Frente a ese desafío, nuestras capacidades de sabiduría crítica serán importantes para nuestra resistencia. Por eso es importante defender esas capacidades de un fenómeno reciente de condena y supresión mal informadas.

LA TEORÍA CRÍTICA NO ES «WOKE»

Al presentar la literacidad crítica en este capítulo expliqué que una perspectiva «construccionista social» no descarta que exista una realidad fuera de nuestras percepciones y conceptualizaciones de esa realidad, las cuales están influidas socialmente. Esta perspectiva no niega que una plancha esté caliente y nos queme o que un animal tenga un sexo biológico. Más bien nos invita a ver cómo los marcos, las narrativas y los discursos de la sociedad determinan las formas en que buscamos o ignoramos los fenómenos, su relación con otros fenómenos y las respuestas emocionales (incluso fisiológicas) a esos fenómenos y a los vínculos que establecemos, de suerte que se reproducen las pautas de la sociedad. Por lo tanto, si estamos interesados en la libertad personal y colectiva, debemos buscar una mayor conciencia de los procesos que dan forma a nuestra manera de pensar y sentir. Es obvio que las empresas son las mayores narradoras de historias en las sociedades contemporáneas, a través de los nuevos y viejos medios de comunicación, la publicidad y las relaciones públicas, además de ser donantes de los políticos y empleadoras de muchos de nosotros. Si aún lo dudas, pregúntate de dónde viene la tradición de los anillos de compromiso de diamantes, y luego investiga la historia del *marketing* de diamantes de De Beers, o de dónde viene la tradición de que Santa Claus lleve trajes rojos, y luego investiga la publicidad de Coca-Cola. Una vez que nos damos cuenta del poder omnipresente de las corporaciones, no es extraño observar que sirven a los intereses del capital. Por lo tanto, es natural sentir curiosidad por las formas en que el capitalismo produce la cultura en la que vivimos y su efecto en nuestras libertades (algo que examinaremos en el capítulo 10).

Los sociólogos contemporáneos parecen haber influido muy poco en la sociedad en comparación con otros tipos de académicos, como los economistas o los informáticos. Más a menudo, somos simples espectadores de lo que ocurre. Incluso nuestro propio interés por analizar la ideología ha adquirido notoriedad en la cultura popular mediante académicos de otras disciplinas, como el antropólogo Yuval Noah Harari[21] o el lingüista cognitivo George Lakoff[22], lo que ha significado que las ideas críticas sobre la sociedad, en particular el poder del capital en la configuración de la cultura y la política, han permanecido bastante marginales en la corriente dominante. Sin embargo, con el auge de la «cultura woke» en los países occidentales de habla inglesa en particular, y la reacción en su contra, la sociología de repente se ha convertido en un tema de debate polémico y contestación política.

El término «woke» es argot y su significado es muy controvertido. Lo considero una forma particular de responder a las diferencias de poder relacionadas con la identidad en la sociedad, que da prioridad a que las personas con identidades percibidas como privilegiadas tomen conciencia de sus propios prejuicios inconscientes. La teoría «woke» del cambio social sostiene que, gracias a esa mayor conciencia de los prejuicios inconscientes, pueden producirse innumerables cambios en las relaciones interpersonales que modificarán las desigualdades sistémicas. En los principales medios de comunicación este enfoque se ha asociado a un conjunto de ideas denominado «teoría crítica de la raza», que a su vez se ha relacionado tenuemente con la «teoría crítica» en general. Una de las principales referencias citadas por los expertos en estas cuestiones en los medios de comunicación convencionales y alternativos es el libro *Cynical Theories*[23].

Los autores de ese libro identifican dos principios que, según ellos, atraviesan el pensamiento posmoderno de lado a lado y, según dan a entender, toda la teoría social crítica. Definen un «principio de conocimiento posmoderno» como un escepticismo radical sobre nuestra capacidad para conocer verdades objetivas y un «principio político posmoderno» como la creencia de que «la sociedad está formada por sistemas de poder y jerarquías, que deciden qué se puede conocer y cómo», lo que es válido para *algunos* teóricos posmodernos, pero no es una descripción exacta de toda la teoría crítica. Como he descrito anteriormente, la teoría crítica se basa en la convicción de que la recepción incuestionable de descripciones de la realidad nos priva de libertad, no de que no exista una realidad subyacente o de que algunas de nuestras descripciones no puedan estar más cerca de la realidad que otras. Los teóricos críticos comparten la convicción de que las descripciones dominantes de la realidad surgen de relaciones de poder que esas descripciones también ayudan a mantener. Por tal razón, hemos descubierto lo útil que puede ser para individuos y grupos explorar esas relaciones de poder con diversas teorías sobre patrones de poder, como el patriarcado, la modernidad y el capitalismo. No significa que las relaciones de poder sean la única lente para comprender la validez de las afirmaciones sobre el conocimiento. Más bien, la literacidad crítica es un componente de una educación completa y un enfoque sensato para comprender la sociedad. Por eso lo incluyo junto a la racionalidad, la autoconsciencia y la intuición dentro de la capacidad de «sabiduría crítica». Llevar al extremo cualquiera de esos componentes, aislado de los demás, conduciría a opiniones y decisiones ridículas[24].

Otra crítica que podría parecer relevante para este libro y la teoría del colapso actual es que la teoría crítica es de algún modo antioccidental o antieuropea. Sin embargo, la literacidad crítica puede permitirnos deconstruir normas culturales que sirven al poder en, por ejemplo, China y Arabia Saudí tanto como en Canadá o Australia. Por lo tanto, la afirmación de que la teoría crítica es antioccidental podría indicar una respuesta de «defensa de cosmovisión» por parte de algunos expertos, ya que perciben algunos aspectos del desmoronamiento de las sociedades modernas que se relatan en este libro. Es desafortunado, ya que la literacidad crítica podría ayudar tanto a los defensores como a los detractores de la cultura «woke» a trascender su debate actual y a volverse más útiles para el cambio social positivo en una época en la que no hay vuelta atrás a una solidez previa de cemento cultural, como vimos en el capítulo anterior.

Uno de los ámbitos en los que la literacidad crítica podría aportar una perspectiva es la controversia en torno a los recientes enfoques antirracistas que se han aplicado en organizaciones de países occidentales. Uno de los enfoques utilizados es el de que solo se puede considerar que existe racismo en una persona si esta tiene prejuicios y poder. Algunas personas utilizan este planteamiento para afirmar que, si uno se identifica con una categoría de identidad racialmente oprimida, no puede ser racista porque su poder es insignificante. Con la literacidad crítica es normal sentir curiosidad por saber si ese pensamiento binario sobre el poder y la identidad permiten o impiden nuestra comprensión y mutua liberación de la opresión. El primer binario es entre una identidad que tiene poder y una identidad que no lo tiene. El segundo es el binario entre el poder y el no poder. Sin embargo, existen continuos de identidades y de tipos y cantidades de poder. Así pues, una lectura crítica puede preguntarse: ¿en interés de quién se promueven tales binarios y con qué efectos? Puede preguntarse de qué otras formas podrían entenderse estas categorías. Puede preguntarse a qué intereses económicos, ya sean micropersonales o macrosociales, sirve la promoción de tales binarios, y las narrativas y comportamientos que se construyen sobre ellos.

Plantear estas preguntas situaría algunas experiencias de iniciativas antirracistas en un contexto más amplio. Por ejemplo, en organizaciones con las que tengo experiencia, algunas personas que reivindicaban identidades no blancas creían que no necesitaban considerar sus propios prejuicios y la manera en la que podían ser una barrera para su propia curación y contribución. Desafortunadamente, este excepcionalismo racial puede permitir que no se cuestionen comportamientos poco éticos y profesionales. Una perspectiva crítica también sería sensata si algunas personas mercantilizan aspectos de su identidad racial para su propio progreso individual. En otras palabras, es comprensible que la gente busque tener cierta atención, influencia y posibilidades de ingresos y las consideraciones de justicia social podrían enmascarar ese aspecto de su intención, lo que llevaría a una falta de diálogo razonable y de responsabilidad. Entre los ámbitos de esta mercantilización de la identidad se incluye la pretensión de tener un estatus especial debido a un trauma asociado a una identidad concreta[25].

La existencia de una industria de consultores con intereses creados en la promoción de los enfoques «woke» y de empresas que buscan en ellos ventajas comerciales también debería plantear interrogantes a las personas con literacidad crítica. El hecho de que algunos intelectuales «woke» hayan adquirido cierta influencia en las sociedades occidentales podría ser un indicador de la idoneidad de sus ideas para ser incorporadas al capitalismo y defendidas por este. La seducción de estas ideas para algunos profesionales de clase media podría entonces invitar a un análisis más profundo de las tendencias de la sociedad relacionadas con el capitalismo. Por ejemplo, los profesionales de clase media han sido educados en el individualismo y el consumismo más que en la lucha de clases para obtener y asegurar su sustento y estilo de vida. Se reconoce que la política de centroizquierda y de izquierda se han alejado de la solidaridad en torno a los intereses comunes para convertirse en una expresión de identidad. En otras palabras, la gente consume su política como consume sus gustos musicales. Desde al menos 2016, estas clases medias de Occidente han experimentado un descenso sistemático de su calidad de vida y de sus expectativas de futuro (como vimos en el capítulo 1) que desafía su sentido de sí mismas, parte del cual consiste en ser una persona respetable del lado del cambio positivo. Vivir en solidaridad con la gente por motivos de diferencias raciales es algo que puede añadirse a la expresión de uno mismo y a su sentido de persona moral. Uno puede publicar ideas socialmente progresistas en las redes sociales, y no cuesta nada. Sin embargo, es más complicado participar activamente en la igualdad económica, que implica la colaboración y la solidaridad con las clases trabajadoras para desafiar al poder. Cuando se trabaja en la solidaridad racial, no se espera que una persona blanca de clase media cambie su identidad racial porque no puede hacerlo. Sin embargo, si trabaja por la solidaridad económica, ¿por qué esa persona no compartiría su excedente de riqueza con alguien de menor estatus económico? Es una pregunta obvia, y surge en cualquier movimiento de solidaridad obrera. Por lo tanto, podríamos considerar el auge de las políticas identitarias entre las clases medias de la izquierda como parte de su abandono de una solidaridad más sustantiva. Con la cultura «woke» podría considerarse que el capitalismo ofrece a las clases medias la oportunidad de aliviar momentáneamente su ansiedad por el descenso de su nivel de vida, la pérdida de oportunidades y la crisis de sentido, dedicándose a cuestiones distintas a la igualdad económica y la necesidad del lento y difícil proceso de una solidaridad amplia contra los capitalistas.

Un análisis teórico más crítico podría explorar si los planteamientos antirracistas «woke» perturban los desafíos existentes al capitalismo, como los movimientos radicales ecologistas, de derechos humanos y contra la guerra. Socavaría la eficacia de esos movimientos si los enfoques «woke» preocupan a algunas personas blancas de esos movimientos por el deseo de ser lo más «éticos» que puedan ser (y ser vistos como tales) sin perder ni un ápice de sus privilegios y su poder, al tiempo que paralizan a otras personas blancas de esos movimientos por miedo a la vergüenza y desencadenan conflictos y divisiones internas.

Solo con sabiduría crítica se podría ofrecer una crítica exhaustiva de los enfoques antirracistas «woke», ya que han mercantilizado nuestros deseos de justicia social en una competencia que las personas blancas y racializadas aprenden en el trabajo, con la que los consultores se ganan la vida, que los directivos utilizan para amenazar a los trabajadores, que las marcas utilizan para promocionarse y que los infiltrados utilizan para paralizar los movimientos que desafían el poder corporativo, mientras que muy pocas personas de color mejoran sus vidas en el proceso, especialmente los económicamente marginados. También solo con sabiduría crítica podríamos mantener tales críticas mientras seguimos buscando la liberación mutua de las opresiones que operan a través del lenguaje y la cultura. Sin ella, podríamos volver a caer por completo en los enfoques liberales de las injusticias sociales que tan poco han hecho por cambiar la experiencia económica de las personas con identidades asociadas a desventajas económicas. Una perspectiva crítica animaría a los «wokistas» a explorar cómo evitar las divisiones que sirven al *statu quo*, y construir la solidaridad para desafiar el poder corporativo de manera que sirva a las personas de cualquier identidad. Mi aplicación de la literacidad crítica para cuestionar constructivamente los marcos de los enfoques «woke» del antirracismo demuestra que el problema con esos enfoques no condena toda la teoría social crítica. Por el contrario, si el criterio crítico estuviera más extendido, esos enfoques no se habrían propagado sin oposición ni refinamiento[26].

Habilita tu propio camino hacia la acción sabia

En esta discusión sobre la sabiduría crítica me he centrado en el componente de la literacidad crítica porque es muy importante, está ausente y se ve cada vez más tergiversada y atacada. No he dicho mucho acerca de la racionalidad, ya que sigue siendo popular, o la autoconsciencia, ya que es cada vez más popular. Podría haber dicho mucho más sobre la intuición, pues es algo que la Modernidad Imperial ha marginado durante siglos y sigue haciéndolo hoy en día. La intuición puede entenderse como el procesamiento complejo inconsciente de las posibilidades conocidas de estímulos, o también como el procesamiento inconsciente de otras formas de información que aún no reconocemos en el discurso académico moderno[27]. Muchas personas me dicen ahora que tienen una intuición de colapso social. Si se trata de una intuición real y no de un cálculo racional o de una historia derivada culturalmente, es algo para otro debate, pero el análisis de los capítulos anteriores apoya esa intuición en formas que son más aceptables culturalmente en las sociedades modernas.

La esperanza por la cual trabajo es que una mayor competencia de literacidad crítica nos permita deconstruir con mayor eficacia las ideas y los argumentos con los que nos bombardean las noticias y las redes sociales. Podemos cuestionar instintivamente si es que, solo porque existe una palabra para algo existe realmente, y considerar el trabajo ideológico que se hace con el uso de esa palabra y lo que se asocia a ella. Incluso nos ayudaría a diferenciar entre las afirmaciones científicas y los pronunciamientos oficiales que son el resultado de factores económicos, del conocimiento que no está contaminado por tales intereses. Nos ayudaría a resistir los intentos del sistema dominante y de las élites para manipularnos mientras experimentamos más ansiedad en una era de colapso. También nos ayuda a evitar participar en los nuevos extremismos que pueden surgir en una época de confusión cultural o «crisis de sentido» —incluidos los extremismos que se disfrazan de respuestas racionales seculares a las amenazas sociales (capítulo 13)—.

El conjunto combinado de factores que conforman la sabiduría crítica también nos ayudaría a explorar de nuevo en esta época turbulenta nuestras relaciones con los demás y con la naturaleza. A medida que perdemos nuestra fe anterior en las normas sociales y las estructuras de poder, podemos descubrir nuevas formas de ser y de contribuir en el futuro. En mi experiencia, tomar conciencia de las narrativas culturales que nos cuentan y que replicamos es una forma de relacionarnos que va más allá de ser meros vehículos de narrativas culturales que rebotan unas contra otras. Así no nos reducimos a los demás como meros vehículos de cultura, sino que podemos sentirnos mutuamente curiosos por la forma en que las narrativas culturales fluyen a nuestro alrededor y entre nosotros. Nos ofrece un medio adicional de comprendernos a nosotros mismos, a los demás y a nuestro mundo y demuestra ser útil en modalidades como las relaciones auténticas, las relaciones profundas y los círculos que se utilizan en las comunidades conscientes del colapso.

No estoy sugiriendo que a través de la sabiduría crítica toda la humanidad se libere de las manipulaciones ideológicas del sistema dominante y las élites. Los intereses creados detrás de todos los sectores empresariales, incluidos el nuclear, los fabricantes de armas, las grandes tecnológicas y las grandes farmacéuticas, son enormes y financian agencias de relaciones públicas, grupos de presión y políticos, además de influir en el trabajo de las agencias de seguridad. No me hago ilusiones sobre el poder de los librepensadores contra miles de las mejores mentes que trabajan para promover el engaño, la conformidad y la división entre personas que, de otro modo, serían aliados naturales en una revolución a medida que todos despertamos a esta era de colapso causada por la Modernidad Imperial. En su lugar, mi expectativa es que las ideas de las personas que quieren responder compasiva y audazmente al colapso de la sociedad sean marginadas aún más, mientras que las políticas públicas se definirán en función de los intereses corporativos de los tecnoautoritarios. Estos dirán a un número suficiente de personas en qué creer y cuándo creerlo, con el fin de obtener el consentimiento para sus objetivos. De este modo, el colapso del diálogo social generativo y del escrutinio efectivo de las

políticas continuará a partir de la situación descrita en el capítulo anterior. Se pagará a profesionales para que nos mientan a todos mientras
morimos prematuramente por los impactos directos e indirectos de la
destrucción de la biosfera. Y seremos los culpables. Comparto contigo el
análisis de este capítulo, y lo que sigue, simplemente para que puedas ani-
marte a liberarte más de la violencia discursiva hacia ti mismo, hacia los
demás y hacia la naturaleza. También espero tener más compañeros intelectuales dentro de una era de colapso, que rechacen la arrogancia y las
patrañas de una cultura que intenta regatear con su propia mortalidad.

Como cualquiera que llegue a conclusiones similares a las que ofrezco
en este libro, tú tendrás tu propio proceso y tus propias ideas sobre tu
forma de vivir a partir de ahora. En los capítulos siguientes ofrezco mis
sugerencias sobre una forma de levantarse del suelo metafórico para
vivir vidas significativas y útiles en una era de colapso. Incluyo las razones por las que ha sucedido y las lecciones por aprender, lo fundamental
para la humanidad y la sociedad de cara al futuro, los ejemplos inspirado-
res de las respuestas de la gente y a lo que tendremos que resistir cuando
las élites respondan de malas maneras.

9
LIBERARSE DEL PROGRESO:
LA HUMANIDAD NO ESTÁ EN JUICIO

Odio las conferencias. Me recuerdan a los años que perdí intentando elaborar argumentos para que la gente hiciera lo correcto por razones equivocadas. Pensaba que estaba siendo pragmático, pero en realidad solo temía ser insignificante. Así que, después de varios años evitando las salas de conferencias, no me entusiasmó mucho la invitación a pasar cuatro días en Dinamarca debatiendo sobre el colapso de la sociedad con ochenta personas, pero como me había convertido involuntariamente en un «icono» de la discusión sobre el colapso, decidí hacer una excepción. Inusualmente, los discursos de apertura no me hicieron odiar a los organizadores. Un ponente en particular llamó mi atención. Lyla June, académica y activista indígena de la nación diné de la actual Norteamérica compartió los resultados de sus estudios de doctorado sobre los sistemas alimentarios regenerativos indígenas. «No nacimos así de competentes», dijo Lyla, «tuvimos que aprender por las malas, sufriendo cuando dañábamos nuestros entornos y descubriendo cómo restaurar una relación positiva con la naturaleza». Lyla presentó pruebas de que, durante miles de años, los pueblos nativos americanos han atendido la tierra, aumentando la biodiversidad de sus tierras natales al ritmo de las estaciones, al tiempo que se aseguraban alimentos abundantes y sanos. Esta historia contrastaba con el relato arraigado de que los indígenas americanos eran pueblos predominantemente nómadas que habían mermado la naturaleza por cazar demasiados animales salvajes. También arrojaba una luz diferente sobre los humanos en general, demostrando que podíamos desempeñar un papel beneficioso en la naturaleza en lugar de simplemente destructivo. Su presentación me impactó porque me había sentido incómodo con la creciente negatividad entre los ecologistas a la hora de considerar nuestro papel en la Tierra. Es cierto que en los últimos siglos la humanidad ha sido responsable de crear una extinción masiva y acabar con el 80 por ciento de los animales salvajes de todo el planeta (capítulo 4), que llevó a algunas personas a concluir que el comportamiento destructivo es inevitable para nosotros o, de hecho, para cualquier otra especie que acceda a una gran afluencia de un recurso no renovable. Mis propios estudios en un campo relacionado me hicieron cuestionar esta perspectiva y la presentación de Lyla me dio el impulso para profundizar en este asunto.

Surgió un tema transversal: una comprensión diferente de nuestro lugar en la Tierra que nos permite alejarnos de la narrativa de nuestra especie, que nos ve caminando por una senda lineal desde la caverna hasta las estrellas. Esa idea del progreso humano nació en un periodo de la historia intelectual llamado la Ilustración y está en el corazón del paradigma de la modernidad que habitamos hoy. Ese paradigma considera que todas las culturas humanas del pasado son menos inteligentes y supone que siempre nos estamos beneficiando de los avances del conocimiento, la ciencia y la tecnología. El progreso material se entiende como un mayor control del mundo natural por parte de los seres humanos, lo que se considera beneficioso y está destinado a continuar. De hecho, en un extraño giro, el énfasis en la racionalidad pura dentro de la modernidad asume incluso que el progreso tecnológico es el destino de la humanidad. Esta suposición nos ayuda a darnos cuenta del modo en que el «progreso» ha actuado como una «religión civil» con sus propios sumos sacerdotes, los tecnólogos en boga (*tech bros*) y sus propios herejes a los que perseguir (cualquiera que señale los fallos de la ciencia o el quiebre de la modernidad)[1]. La idea de progreso es tan omnipresente que me llevó un tiempo localizar y asimilar los estudios existentes que se salían de esta perspectiva. Una vez asimilada, surgió una nueva perspectiva de futuro, con un panorama más amplio de ideas.

Según estudios recientes, las comunidades antiguas no descubrieron de repente la agricultura y cambiaron para siempre, como supone la visión estándar favorable al progreso de la arqueología. Por el contrario, las sociedades antiguas fluctuaron dentro y fuera de diferentes estructuras sociales, experimentando con la vida sedentaria, la especialización de los trabajadores y la jerarquía, antes de vivir de forma más dependiente de la caza y la recolección[2]. Los hallazgos recientes de construcciones complejas extremadamente antiguas, de unos doce mil años de antigüedad, también cuestionan la visión ortodoxa de simples «cazadores-recolectores» que evolucionan hacia la agricultura, la especialización, la vida urbana, etc. En realidad, algunos de los pueblos que vivieron hace doce mil o más años debieron de poseer algunas formas sofisticadas de conocimiento y tecnología[3]. El hecho de que el tamaño del cerebro humano se haya reducido significativamente en los últimos tres mil años, después de haber aumentado durante millones de años antes, tampoco encaja fácilmente con la perspectiva de que los humanos modernos son la expresión más inteligente de los simios bípedos[4]. Tampoco lo es el análisis de la forma en que los humanos hemos sobreutilizado el hemisferio izquierdo de nuestro cerebro en detrimento de nuestras capacidades cognitivas más plenas[5]. Quizá todos estos fenómenos estén conectados de forma casual[6]. Y quizás fue la degradación de nuestras capacidades de sabiduría y conexión lo que nos hizo creer que veíamos progreso a nuestro alrededor a pesar del daño que hacíamos. Debido al «prejuicio del progreso», los puntos de datos y las teorías que no apoyan la visión de un avance continuo de la raza humana no han sido acogidos con entusiasmo por los administradores del consenso en las disciplinas académicas relacionadas.

En este capítulo dejaré de lado el supuesto del progreso, tan central en el paradigma y los sistemas de la Modernidad Imperial. Ese paradigma

ha hecho que tanto los estudiosos como el público en general hayan ignorado o denigrado todo y a todos los que no encajan con la historia del
progreso material lineal. Dejándolo de lado, podemos examinar sin ene-
mistad las pruebas en contra de la opinión de que los seres humanos son
innatamente destructivos con el medio ambiente. El siguiente capítulo
mostrará que no es la naturaleza humana, sino determinados acontecimientos y fuerzas históricas los responsables de la configuración de la
historia de la humanidad, lo cual produce la difícil situación a la que nos
enfrentamos hoy en día. Cualquiera que sostenga el punto de vista filosófico de que los seres humanos debemos ser controlados por nuestro
propio bien tiene que ignorar muchas pruebas de lo contrario, lo que nos
devuelve, con nuevos ojos, a cuestiones fundamentales sobre la naturaleza humana y la libertad: ¿son buenas o malas? Dado que el mundo se
encuentra en una situación tan difícil, en un futuro próximo este filosofar
podría parecer bastante superfluo. Sin embargo, sin esta nueva apertura
a una visión de la realidad posterior al progreso nos veremos obstaculi-
zados en nuestra comprensión de lo que salió mal y correremos el riesgo
de ser inútiles o perjudiciales en nuestros esfuerzos por aminorar el daño
en el futuro, por no decir nada de ser regenerativos.

RECONOCER CULTURAS CLAVE

Lo que Lyla describió en su charla es el papel potencial del ser humano
como «especie clave» (*keystone species*) beneficiosa. Cualquier arco se
derrumba si la piedra angular no tiene la forma perfecta. Del mismo
modo, en una comunidad ecológica algunas especies son fundamentales para la supervivencia de todo el ecosistema. El concepto de «especie
clave» fue acuñado en los años sesenta por el ecólogo estadounidense
Robert Paine (1933-2016). Este llevó a cabo un sencillo experimento,
arrancando todas las estrellas de mar ocres de las rocas de un tramo de
ocho metros de costa en la bahía de Makah, Washington, y arrojándo-
las al mar, mientras dejaba una zona vecina con estrellas de mar para

compararlas. El experimento reveló que las estrellas de mar mantenían en equilibrio todo el ecosistema de las pozas de marea. Después de que Paine retirara las estrellas de mar, el tramo de rocas que antes albergaba una próspera comunidad de mejillones, percebes, caracoles, lapas, anémonas y algas, cambió de forma irreconocible. En ausencia del depredador que se alimentaba de ellos, las poblaciones de percebes y mejillones aumentaron, desplazando a otras especies. En un año, la biodiversidad de la llanura mareal se redujo a la mitad, convirtiéndose en un monocultivo de mejillones. No se observó el mismo fenómeno en las zonas que Paine había dejado con sus estrellas de mar[7].

Más tarde se demostró la existencia de dinámicas comparables en especies clave de otros ecosistemas marinos, terrestres y de agua dulce, y el concepto de especie clave cambió nuestra forma de pensar sobre la conservación. Como la mayoría de las especies clave identificadas eran depredadores en la cima de las cadenas tróficas, el concepto cambió las actitudes hacia los depredadores. Un resultado bien conocido de ese cambio fue la reintroducción de lobos en el Parque Nacional de Yellowstone. Anteriormente, los lobos habían vagado por Yellowstone durante miles de años pero, a finales de la década de 1920, la última manada de lobos que había allí fue exterminada por los empleados del parque como parte de la política deliberada de eliminar a todos los depredadores, en aquel momento considerados alimañas. Con la pérdida de su principal depredador, la población de alces de Yellowstone se disparó, sobreexplotando sauces y álamos temblones. Sin sauces ni álamos, los castores ya no podían construir sus presas. Sin esas presas, muchas especies de anfibios, reptiles, pájaros cantores e insectos quedaron diezmados. Las marismas se convirtieron en arroyos, las riberas se erosionaron y los ríos se volvieron demasiado cálidos para los peces de agua fría. En tierra, los coyotes campaban a sus anchas, reduciendo el número de berrendos, zorros rojos y otros mamíferos más pequeños. Durante décadas, el servicio de parques intentó controlar la población de alces con un éxito limitado, sin conseguir mejorar la salud general del ecosistema. Cuando se reintrodujeron los lobos en los años noventa, las poblaciones de alces y coyotes disminuyeron, los árboles volvieron a crecer, las riberas de los ríos se estabilizaron y las aves regresaron junto con los castores y los zorros. Los lobos también proporcionaron alimento a otros superdepredadores, como los osos pardos, los pumas y las águilas, contribuyendo a su recuperación.

El concepto de especie clave y el éxito de la reintroducción de lobos en Yellowstone mostraron que proteger especies que tienen una influencia desproporcionada en todo el ecosistema generaría un beneficio desproporcionado para la conservación. También planteó cuestiones sobre nuestro propio papel en los ecosistemas en relación con otras especies. Al fin y al cabo, fue Paine quien eliminó las estrellas de mar de las marismas, lo que permitió que los mejillones se apoderaran de ellas. Fueron los empleados del servicio de parques quienes primero erradicaron y luego reintrodujeron el lobo en Yellowstone. Aunque el trabajo original de Paine sobre las especies clave no tenía en cuenta a los humanos, para corregir su omisión acuñó en 2016 un nuevo término —especies «hiperclave» (*hyperkeystone species*)— para los humanos. Este término reconoce cómo afectamos a otras especies clave[8]. Como especie clave, los humanos modernos han mantenido un arco de destrucción. Las personas vivas en la actualidad solo representan alrededor del 0,01 por ciento de todos los seres vivos, pero desde los albores de la civilización hemos sido responsables de la desaparición de más del 80 por ciento de todos los mamíferos salvajes y de la mitad de todas las plantas[9].

Conozco a muchos ecologistas y ambientalistas que, dado el impacto que tenemos, comparten una visión algo misántropa de nuestra especie. Consideran que el ser humano es intrínsecamente perjudicial para el medio ambiente. Como humanos modernos, hemos sido culturalmente predispuestos a vernos divorciados de la naturaleza, fundamentalmente diferentes de otras especies. La idea de la «naturaleza salvaje» es una noción idealista de una naturaleza libre de nuestra interferencia, lo que ilustra el distanciamiento. Esta supuesta separación puede encasillarnos en una visión dualista de nuestras interacciones con la naturaleza, como si solo tuviéramos dos opciones: mantenernos alejados y salvarla, o explotarla y destruirla. Es una visión estrecha de las posibles relaciones entre los humanos y los ecosistemas que no reconoce la gran variedad de formas en que los humanos han interactuado con el medio ambiente. De hecho, una mirada más atenta a las interacciones ser humano-naturaleza nos cuenta una historia clave diferente.

Cada vez hay más pruebas de la profunda influencia humana en la configuración positiva de la biodiversidad a escalas milenarias. En las últimas décadas, la investigación en biología, arqueología y antropología modernas ha revelado que diversos lugares de América, Australia y otros lugares que los colonizadores europeos habían considerado hasta entonces espacios naturales intactos estaban muy influenciados por los pueblos indígenas. Esos pueblos estaban profundamente integrados en los ecosistemas y lo mantuvieron durante milenios en un estado de biodiversidad y, a veces, incluso la enriquecieron. Un ejemplo es la Amazonia, que alberga casi un tercio de las especies del mundo y se considera una de las últimas zonas salvajes de la Tierra. Ahora sabemos que ha sido fuertemente alterada por los humanos, que cultivaban 138 especies vegetales dentro de la selva, incluyendo lo que hoy llamamos el grano de cacao y la nuez de Brasil, y que cultivaron cuidadosamente los suelos durante más de ocho mil años. El ecosistema amazónico no sería lo que es hoy si no fuera por la gestión humana[10].

Otro caso de interdependencia entre el ser humano y su entorno es la interacción de siete mil años entre los cazadores-recolectores conocidos como aleutianos y el ecosistema de la isla de Sanak, frente a la costa meridional de Alaska. Se descubrió que los aleutianos alternaban sus fuentes de alimento en función del clima, la estación y la disponibilidad de diversas presas, consumiendo el excedente y desempeñando así un importante papel equilibrador en el ecosistema[11]. En particular, los investigadores no encontraron pruebas de que la depredación por parte de los aleutianos llevara a ninguna especie a la extinción durante los miles de años que vivieron en la isla, en contraste con la industria pesquera moderna. En respuesta al agotamiento del número de peces por parte de esa industria, los reguladores imponen ahora restricciones a todo el mundo, incluidos los pueblos indígenas actuales[12]. Los ecologistas han descubierto que este efecto de equilibrio era una característica bastante normal de los humanos y otros grandes omnívoros. A diferencia de los carnívoros clave y de los grandes herbívoros en su adaptación biológica para comer una variedad de alimentos diferentes, los omnívoros claves cambian de una fuente de alimento a otra, ayudando a mantener redes alimentarias resistentes y también a transportar semillas a nuevas áreas en sus tractos digestivos. Dado que muchos otros grandes omnívoros se extinguieron hace tiempo, los humanos cazadores-recolectores desempeñaron este papel hasta «hace poco» y su pérdida está mermando los ecosistemas[13].

A diferencia de las arraigadas ideas occidentales sobre la «naturaleza virgen», que consideran nuestra presencia como un peligro para otras formas de vida, los pueblos indígenas suelen considerar que su participación en los ecosistemas es beneficiosa e incluso necesaria para la salud general del lugar[14]. Esa visión complementa la forma en que se entienden a sí mismos como parte del mundo natural, conviviendo en una relación espiritual y material[15]. Por ejemplo, innumerables generaciones de indígenas de California gestionaban las especies vegetales preferidas de sus territorios, cazando según pautas cuidadosamente elaboradas y practicando toda una serie de técnicas hortícolas, como la poda, el desmochado, la grada, la siembra, la escarda, la excavación, el aclareo y la recolección selectiva. También quemaban regularmente parcelas de vegetación, creando un mejor hábitat para la caza y minimizando el riesgo de grandes incendios. Estas prácticas se interrumpieron o alteraron gravemente con el avance de la colonización. Los ancianos indígenas de California achacaron la desaparición simultánea de plantas y animales al cese de la interacción humana[16]. El efecto de la ruptura de esa conexión es a veces dramático. En Australia, cuando los grupos nómadas de recolectores del desierto lo abandonaron en algún momento, entre los años cincuenta y setenta, trasladándose a misiones y estaciones de pastoreo en el borde del desierto, se extinguieron entre diez y veinte especies autóctonas, cuarenta y tres sufrieron una fuerte decadencia y el paisaje pasó a estar dominado por enormes incendios relámpago. El tamaño medio de los incendios pasó de sesenta y cuatro hectáreas en 1953, cuando había forrajeadores aborígenes, a más de 52 000 hectáreas en 1984, cuando ya no los había[17] lo que demuestra que las especies no humanas desarrollan a veces adaptaciones ecológicas a la continua presencia clave del *homo sapiens*: hemos sido literalmente una fuerza clave en la evolución de la «naturaleza salvaje» durante muchas decenas de miles de años[18].

Lyla June dio una serie de ejemplos en la conferencia, revelándonos lo intencionados que han sido los esfuerzos de los pueblos nativos por ajardinar sus entornos. Por ejemplo, las naciones salish de la costa del Pacífico canadiense practicaban diversas formas de jardinería silvestre, tanto en el interior como en los humedales[19]. Mejoraron el hábitat de los peces plantando bosques de algas en el mar para ayudar a los arenques a poner sus huevos. Tanto esos huevos como los arenques sirven de alimento a otros seres vivos, como osos, salmones y aves. Por consiguiente, el ecosistema se hizo más abundante y también proporcionó más alimentos al pueblo salish[20]. Al igual que otros pueblos indígenas, las naciones salish crearon intencionadamente condiciones favorables para los búfalos y otros herbívoros, quemando periódicamente bosques y praderas. Pasando a hablar de su propia herencia *diné* (navajo) y *tsétsêhéstâhese* (cheyene), Lyla reflexionó que «mucha gente cree que seguíamos al búfalo, cuando en realidad el búfalo seguía nuestro fuego, que nutría y mantenía los pastizales».

Los europeos invasores y colonizadores veían estos paisajes ajardinados como «tierras salvajes» en lugar de —en palabras de Lyla— «reliquias vivas, creadas hace miles de años». Si esta hubiera sido la historia de mis antepasados, creo que sentiría rabia hacia la arrogante ignorancia y destructividad de las culturas europeas. Después de todo, es algo que continúa hoy en día tras siglos de genocidio contra los pueblos nativos. Pero Lyla habló con gracia y positividad:

> Contrariamente al mito del «indio primitivo», no éramos observadores pasivos de la naturaleza, ni bandas errantes de nómadas en busca de una baya que comer o un ciervo que cazar. Durante decenas de miles de años,

los nativos construimos hermosos jardines a nuestro alrededor. Nos convertimos en lo que el mundo llama una especie clave. Y nuestras culturas se convirtieron en culturas clave[21].

Algunos estudiosos de las sociedades antiguas se están poniendo al día con esta perspectiva divergente sobre las formas «avanzadas» de conocimiento y organización social. David Graeber y David Wengrow reúnen en un libro las últimas investigaciones y sostienen que muchas sociedades antiguas practicaban lo que se denomina «dualismo estacional», según el cual cambiaban por completo de estructura social y formas de sustento de una estación a otra. Explican la forma en que desmienten

los esfuerzos por clasificar a los cazadores recolectores en tipos «simples» o «complejos», ya que lo que se ha identificado como los rasgos diagnósticos de la «complejidad» —territorialidad, rangos sociales, riqueza material o exhibición competitiva— aparecen durante ciertas estaciones del año, solo para ser dejados de lado en otras por exactamente la misma población.

Los paralelismos que encuentran con los pueblos indígenas contemporáneos son tajantes. Llegan a la conclusión de que las sociedades antiguas tenían

disposiciones ecológicas fluidas —combinando el cultivo de huertos, el cultivo de llanuras aluviales en los márgenes de lagos o manantiales, la gestión del paisaje a pequeña escala (por ejemplo, mediante la quema, la poda y el aterrazamiento) y el acorralamiento o la tenencia de animales en estado semisalvaje, junto con un espectro de actividades de caza, pesca y recolección— que en su día fueron típicas de las sociedades humanas de muchas partes del mundo. A menudo, estas actividades se mantuvieron durante miles de años y no pocas veces sustentaron a grandes poblaciones.

Explican que esta flexibilidad en las formas de sustento posibilitaba la libertad de las personas, de modo que su nutrición no corría peligro ante posibles malas cosechas. La «ecología de la libertad» es el término que utilizan para describir la propensión de las sociedades humanas a entrar y salir (libremente) de la agricultura; a cultivar sin convertirse totalmente en agricultores; a criar cultivos y animales sin entregar demasiado de la propia existencia a los rigores logísticos de la agricultura; y a conservar una red alimentaria lo suficientemente amplia como para evitar que el cultivo se convierta en una cuestión de vida o muerte. Es precisamente este tipo de flexibilidad ecológica el que tiende a quedar excluido de los relatos convencionales de la historia del mundo, que presentan la plantación de una sola semilla como un punto de no retorno[22].

RECONOCER NUESTRA PROPIA INDIGENEIDAD

A algunos occidentales, como a mí, se nos ha acusado a menudo de romantizar las culturas indígenas o antiguas y de pasar por alto los inconvenientes y contradicciones de las culturas y estilos de vida no modernos. Tales críticas pueden caracterizar falsamente una perspectiva de aprecio hacia las culturas antiguas e indígenas como una aprobación absolutista de todo lo que ocurrió dentro de esas culturas. Dichas críticas tienden a ignorar las pruebas de las relaciones simbióticas con la naturaleza para destacar ejemplos de efectos destructivos de las culturas indígenas o antiguas sobre sus entornos. Por ejemplo, se alegan para demostrar que la humanidad *per se* es perjudicial para el medio ambiente en la pérdida de megafauna africana, euroasiática y americana a lo largo de miles de años, o la deforestación durante la Edad de Piedra, y no una cultura en particular. Con ese fin, los críticos deben ignorar muchas pruebas de lo contrario, de las que solo menciono una parte en este capítulo. Se aferran a la narrativa del progreso de las sociedades modernas, según la cual debemos ser más civilizados, más modernos, para proteger el planeta. Ese punto de vista encarna la suposición misantrópica de que los seres humanos son intrínsecamente malos para la naturaleza y solo tendrá una mejor oportunidad mediante el uso heroico de la tecnología y el control social de la naturaleza, junto con nuestra especie. Ignora las causas reales de nuestros problemas, al tiempo que fomenta el ego del salvador moderno.

El futuro de la humanidad y de la vida en la Tierra no está amenazado por personas que romantizan en exceso las culturas del pasado o indígenas, sino por personas que defienden la ideología de las instituciones establecidas que supervisan el ecocidio global. El hecho de que los pueblos indígenas vivan ahora en tierras donde se concentra el 80 por ciento de la biodiversidad restante del planeta, cuando solo representan el 4 por ciento de la población mundial, puede invitar a un poco de humildad, respeto, curiosidad y solidaridad[23]. Con un poco más de respeto y curiosidad, podemos aprender de las tradiciones orales de esas culturas, que incluyen historias de errores pasados que condujeron a grandes reveses o colapsos antes de restablecer una relación correcta con el mundo natural. Como dijo Lyla, «no nacimos así de competentes».

No necesitamos «exotizar» las culturas de los pueblos indígenas en entornos ajenos al nuestro. Hablando como británico, reconozco ahora que las tradiciones de sabiduría ecológica del Reino Unido y Europa pueden ser fuentes de inspiración. Parte del camino hacia la reconexión con esa sabiduría consiste en reconocer los prejuicios de las sociedades modernas contra las sabidurías y espiritualidades basadas en la naturaleza. No tiene por qué ser así. El cristianismo contemporáneo, por ejemplo, podría integrar algunas ideas del paganismo. Otra parte del viaje consiste en darse cuenta de cuánta sabiduría ecológica se ha perdido de la forma más brutal a lo largo de mil años, a medida que las sociedades «progresaban» hacia la era de la Modernidad Imperial. Sentir un profundo dolor por la destrucción cultural y la opresión violenta de los guardianes de la sabiduría forma parte del proceso. En los últimos años he conocido a más personas que sienten la llamada a volver a conectar con esa sabiduría y a expiar la agresión y la estupidez de las instituciones antiecológicas. Una de esas personas me ayudó en la investigación para este capítulo.

Conocí a Simona Vaitkute en Bali, en 2018. Había leído el artículo de la adaptación profunda con su marido Joel y su hijo Oskar y se pusieron en contacto conmigo para que fuera a visitar las clases de la Escuela Verde (*Green School*). Al unirme a una de sus clases, descubrí que los niños eran mucho más capaces que los adultos de considerar cómo vivir de manera diferente si anticipaban el colapso de la sociedad. Decidí hacer una película sobre la experiencia, titulada *La búsqueda de Oskar (Oskar's Quest)*. Ante el conocimiento de una biosfera en colapso y de que la sociedad moderna funciona a contrarreloj, Simona y su familia decidieron abandonar su idílica vida en Bali y trasladarse a vivir a un bosque de Lituania. «La vida sencilla en el bosque no es para todo el mundo», me dijo tras pasar allí su primer invierno. «Pero aquí me siento como en casa, rodeada de una naturaleza que me es familiar, y creando una comunidad local muy unida que trabaja para proteger este bosque de la tala. Me parece algo significativo en estos momentos de crisis». Simona me explicó que la cosmovisión precristiana y la conexión espiritual y emocional con el mundo natural nunca han estado lejos de la superficie en los países bálticos. El entorno habitado por los antiguos pueblos bálticos estaba mitificado: los árboles eran a menudo moradas de dioses o espíritus, los pájaros se asociaban con dioses celestiales, los animales del bosque y de la granja se relacionaban con dioses terrenales, y los peces y reptiles estaban conectados con el agua y el inframundo[24].

Los lituanos fueron los últimos de Europa en adoptar el cristianismo en 1387 y conservaron al menos algunos de sus bosques sagrados, donde adoraban a sus dioses y enterraban a sus muertos, hasta el siglo XVII. Según las antiguas crónicas cristianas, los lituanos no se atrevían a talar árboles ni a cazar en estos bosques, que rebosaban de una fauna salvaje que no temía a los humanos[25]. «Los estudios etnográficos han demostrado que este sentido de la sacralidad de la naturaleza en la mentalidad lituana no desapareció del todo con la adopción de la nueva religión y otros cambios sociales», me cuenta Simona. «Se trasladó a los cuentos de hadas, los ritos mágicos, las canciones y los poemas». Aunque Simona regresó para volver a sentirse como en casa en un bosque, pronto se encontró al frente de los esfuerzos por detener la deforestación. A través del *Festival Forestal* anual «estamos llamando la atención sobre el poder cultural de nuestros bosques, que debería ser tan importante como verlos como fuente de madera, conservación del suelo y gestión de cuencas hidrográficas».

Descubrir las pruebas de que los humanos son especies clave positivas en muchas partes del mundo fue alentador para Simona. «Es tranquilizador saber que, como ser humano, puedes pertenecer a un lugar y enriquecerlo, no solo degradarlo». Este sentimiento se refleja en el floreciente movimiento por una vida regenerativa, además de los libros y los contenidos de los medios de comunicación sobre el tema de las relaciones regenerativas entre los seres humanos y la naturaleza. En su libro *Emergent*, Miriam McDonald celebra las formas de permacultura, agroforestación y jardinería forestal, donde los ecosistemas cultivados pueden rejuvenecer los suelos y beneficiar la vida en general. Estas ideas han sido «naturales» para muchas comunidades agrícolas del Sur Global que no se vieron arruinadas por las prácticas, las finanzas y los productos químicos de la revolución verde. Entre los defensores de estos planteamientos figuran algunos de los filósofos y defensores del medio ambiente más conocidos de las últimas décadas, como Vandana Shiva[26] y Satish Kumar[27]. Ambos destacan la importancia de volver a conectar con nuestros hogares ecológicos. Al considerar sus ideas, me doy cuenta de que las personas como yo, que crecimos dentro de las sociedades modernas, hemos sido dislocadas. Nacimos de linajes que una vez fueron nativos de la Tierra. ¿Podrían nuestros antepasados haber vivido con una sabiduría y unas prácticas similares a las de los pueblos indígenas de los que hoy estamos aprendiendo más? Si nuestros antepasados no vivían así, ¿cómo pudieron seguir prosperando y evolucionando durante milenios? La evidencia es que éramos una especie de jardineros silvestres antes de convertirnos en una especie agrícola, lo que significa que en el fondo seguimos siendo una especie jardinera en el corazón. Todos nosotros.

MÁS ALLÁ DEL PREJUICIO DEL PROGRESO

Cuando apreciamos las beneficiosas relaciones entre la naturaleza y el ser humano que existieron durante decenas de miles de años, parece menos convincente la idea de que la humanidad es innatamente domi nante y destructiva. Cuando nos damos cuenta de que esas relaciones fueron intencionadas y no accidentales, y de que las sociedades humanas del pasado tenían la sabiduría necesaria para gestionar su entorno de forma sostenible, es menos fácil tachar a las culturas del pasado de «incivilizadas». En su lugar, podemos preguntarnos cómo podemos limitar nuestra conciencia e imaginación a través del prejuicio de la «ideología del progreso», pero antes de pasar a los detalles, es importante considerar las objeciones teóricas a esta perspectiva del posprogreso.

La primera objeción se basa en la «parábola de las tribus». Un libro de los años ochenta con ese título lanzó la idea de que la historia de la civilización ha estado marcada en gran medida por una inevitable lucha por el poder entre sociedades[28]. El autor Andrew Schmookler plantea: «Imaginemos un grupo de tribus que viven en una misma región. Si todas eligen el camino de la paz, entonces todas pueden vivir en paz. Pero ¿y si todas menos una elige la paz, y esa una tiene ambiciones de expansión y conquista?». En su parábola ve «cuatro posibles resultados para las tribus amenazadas: destrucción, absorción y transformación, retirada e imitación». En cada uno de estos resultados, las «formas de poder» del agresor, como su tecnología e ideología, se extienden a otras tribus. También sugiere que una vez que se produce una innovación en algún lugar que mejora la vida, entonces aumenta la capacidad de quienes la adoptan para ser beligerantes con éxito ante sus vecinos. Por lo tanto, los vecinos la adoptarán para defenderse, o se la impondrán tras la conquista. Schmookler sostiene que existe una forma de selección natural para aquellas sociedades que adoptan tecnologías que aumentan su poder. A partir de esta idea, muchos estudiosos han conjeturado que la tecnología se extiende inevitablemente: una vez que un grupo utilice el arado, todos utilizarán el arado, o una vez que un grupo utilice la ingeniería genética, entonces todos utilizarán la ingeniería genética, y así sucesivamente.

La «parábola de las tribus» es atractiva para las personas que admiran el progreso tecnológico y que no quieren subrayar si ha habido error de valores y de juicio por parte de una cultura colonizadora. Me recuerda la excusa de los traficantes de drogas de que, si ellos no satisfacían la demanda, algún otro lo haría. Sin embargo, hay algo más problemático desde el punto de vista científico: la prehistoria y la historia de la humanidad antes de las conquistas imperiales y el colonialismo. Como ya se ha explicado, sabemos que las sociedades indígenas tenían la filosofía de alimentar a todos los seres vivos para beneficiarse de ellos. Sus tecnologías emanaban de esa perspectiva, incluida la forma en que plantaban los bosques y gestionaban los pastizales. También sabemos que no consideraban al ser humano como algo distinto de la naturaleza, por lo que su perspectiva de alimentar toda la vida se extendía a las relaciones con otras «tribus». El intercambio mutuo era importante, a menudo más que el conflicto. Cualquier desviación de un enfoque mutualista de sus relaciones con la naturaleza disminuiría muy pronto el «poder» que una tribu obtendría de su entorno. Ahora también sabemos que las sociedades antiguas adoptaron diferentes formas de organización social y variaron sus prácticas agrícolas en distintas épocas del año, o durante unos pocos años, a lo largo de muchos milenios[29]. En resumen, sabemos que los humanos pueden vivir con un enfoque del poder que requiere la colaboración (y no la dominación) con el resto de la vida y que así fue durante la inmensa mayoría del tiempo en que el *homo sapiens* estuvo sobre la Tierra.

Algunos observadores han reutilizado una teoría sobre el funcionamiento biológico y ecológico para argumentar que las sociedades humanas que obtienen acceso a la mayor cantidad de energía inevitablemente ganan supremacía. Se trata del «principio de máxima potencia», según el cual las formas de vida tienden a buscar la máxima cantidad de energía. Aunque se trata de una teoría útil para analizar organismos y ecosistemas, cuando se aplica a las sociedades humanas se parte del supuesto de que los seres humanos están separados del medio ambiente. Por lo tanto, se presta atención a la manera de extraer la energía del entorno inmediato en lugar de apoyar ese entorno para asegurar más energía para toda la vida dentro del ecosistema[30]. En cambio, sabemos que las sociedades humanas durante milenios tuvieron la inteligencia para administrar la energía de todo el ecosistema.

Como vimos en el capítulo 4 sobre la biosfera, muchos académicos enfocados en el problema medioambiental al que se enfrenta la humanidad se refieren a la manera en que hemos sobrepasado la capacidad de carga del medio ambiente. Algunos afirman que era inevitable. Consideran que la muerte de una población es el destino de cualquier especie que de repente accede a un recurso que aumenta su capacidad durante un periodo limitado. Muchos partidarios de este punto de vista comparan a la humanidad con las algas de un estanque. En otoño se produce una repentina afluencia de un recurso no renovable, o alimento, en forma de hojas caídas que son arrastradas a su estanque, lo que lleva a una explosión en la reproducción de las algas, seguida de la muerte cuando no hay más afluencia de este recurso momentáneo. La teoría es que los humanos descubrieron la agricultura, luego las tierras extranjeras, luego el petróleo y así sucesivamente, y nunca hubo opción de moderar la explotación de tales «recursos», ya que se trataba de una «exuberancia inocente» que siempre se da en la naturaleza y que conduce inevitablemente al colapso. Esta perspectiva plantea muchas preguntas, como si todas las especies se comportaran como las algas, como si los seres humanos no fueran realmente diferentes de las algas y como si las dinámicas dentro de las sociedades humanas y entre ellas pudiesen pasarse por alto cuando intentamos dar sentido a nuestra situación actual. Una vez que examinamos las pruebas de estas cuestiones se desmorona rápidamente la teoría de que estuvimos desde siempre condenados al colapso.

No todas las especies aumentan su población hasta un nivel que provoque la muerte o el colapso, incluso sin la influencia de los depredadores. Además, no todas las especies crecen en número cuando reciben una afluencia de recursos no renovables, para luego extinguirse cuando se consumen. Un ejemplo de un animal autorregulado es la ardilla de tierra ártica. Un estudio descubrió que «en densidades de población muy altas, las ardillas de tierra hembras básicamente interrumpían su reproducción», lo que «se hacía para mantener su propia supervivencia. Cuando las condiciones eran mejores, volvían a reproducirse»[31]. Al mencionar a estas criaturas, no pretendo decir que los humanos sean como las ardillas.

A lo largo de la historia, las personas han «extraído» de la naturaleza lo que han querido, en función de su cultura y sus objetivos. Es una elección comparar a los humanos con unas especies y no con otras, y con unos atributos de esas especies y no con otros. Nunca es muy coherente, ya que hay muchos atributos y comportamientos que no desearíamos comparar. Un ejemplo: las abejas hembra se comen a los machos después del apareamiento. Reconocer que los seres humanos no son iguales a tal o cual especie no es necesariamente una visión arrogante y centrada en el ser humano, del mismo modo que reconocer que las ardillas terrestres del Ártico no son como las algas no es una expresión de «ardillocentrismo».

Evidentemente, no somos ni algas ni ardillas. Disponemos de formas de inteligencia, comunicación y coordinación que nos permiten percibir nuestra situación y organizar una respuesta. Sostener que los seres humanos siempre han estado destinados al colapso, como las algas en un estanque, implica que no existe un libre albedrío significativo ni en los individuos ni en los grupos humanos. Después de leer mi discusión sobre el libre albedrío relativo en el capítulo 11, espero que veas las razones por las que podemos rechazar esa perspectiva. La perspectiva del colapso predestinado también tiene que ignorar las pruebas que he mencionado en este capítulo sobre la forma de vida de la gente antes de las culturas expansionistas y colonialistas de los últimos quinientos años. Durante más de un siglo, el consenso de los estudiosos se ha visto empañado por la suposición de un progreso lineal hacia la agricultura y los asentamientos urbanos. Los estudiosos se han centrado en las sociedades urbanas del pasado y en sus fracasos, en lugar de en las sociedades rurales que existieron, sobrevivieron y sembraron nuevas sociedades urbanas.

Cuando discuten los defectos de su punto de vista, los defensores de la teoría de las algas sobre la desaparición de la humanidad suelen decirme que los combustibles fósiles lo han cambiado todo y que puede compararse a la entrada de hojas en un estanque. Veámoslo un poco más de cerca. Los combustibles fósiles son, en efecto, el recurso no renovable más importante y evidente que ha dado forma a las modernas sociedades industriales de consumo y las ha convertido en destructoras masivas de la naturaleza y desestabilizadoras del clima. La idea de que su descubrimiento llevaría necesariamente a su utilización total para aumentar la población y el consumo antes de un colapso exigiría que no hubiera pruebas de su uso moderado por un grupo de humanos. Sin embargo, hay muchas pruebas del uso generalizado de combustibles fósiles en todo el mundo en sociedades antiguas que luego no se industrializaron. La mina de carbón más antigua que se conoce es la de Fushan, en el noreste de China, que se cree que empezó a funcionar hace tres mil años. Las pruebas del uso del carbón en Europa empiezan a aparecer en la Edad del Bronce, hace más de dos mil quinientos años, cuando los primeros habitantes del sur de Gales quemaban carbón para incinerar a sus muertos durante las antiguas costumbres funerarias. En el año 100 d. C. los sacerdotes romanos quemaban el carbón de Gran Bretaña para honrar a Minerva, su diosa de la sabiduría y del éxito militar, en su hoguera perpetua de Bath. Al otro lado del mundo, en Australia, los aborígenes awabakal utilizaban el carbón como fuego para preparar la comida mucho antes de que entraran en contacto con ellos los colonizadores europeos. Había referencias al carbón en sus mitos y leyendas. Llamaban al carbón «nikkin» y la zona que ahora se llama lago Macquarie se llamaba Nik-kin-ba, que significa «el lugar del carbón»[32]. Incluso crearon hornos de carbón en sus canoas, para llevar el fuego al mar en los viajes de pesca más largos[33]. Los estudios datan el uso del carbón hace más de mil años[34]. Es importante señalar que los aborígenes vivieron en Australia durante al menos sesenta mil años antes de la colonización europea. Está claro, pues, que el hecho de que los humanos puedan quemar combustibles fósiles no significa que siempre decidan quemar más y más. Señalar entonces a los motores de combustión como la clave del proceso de agotamiento de los recursos no renovables es empezar a incluir factores socioculturales en la explicación del modo en que se utilizaron los recursos y, obviamente, se utilizaron de forma insostenible. Significa que ya no estamos discutiendo un simple «destino» que tuvo una especie para maximizar su población y consumo.

Cuando la gente afirma que nuestra especie siempre tuvo un destino destructivo, debe ignorar la evidencia de que, aunque algunos pueblos antiguos destrozaron su entorno, luego aprendieron de esa experiencia para cambiar sus costumbres. Por esa razón se me quedó grabado cuando Lyla June dijo que los nativos americanos «no siempre fueron tan competentes». Siempre aprendemos si no nos volvemos ciegos a lo que ocurre a nuestro alrededor. Por lo tanto, algo debe haber ocurrido en los últimos cientos de años no solamente para engendrar la destrucción masiva, sino también para impedir que la gente la reconozca y la sienta como es debido. Analizaremos ese «algo» en el capítulo siguiente: los sistemas monetarios proporcionaron una ilusión de poder y de progreso que enmascaró nuestras relaciones con la naturaleza.

Los estudios sobre el colapso de las civilizaciones del pasado apenas están empezando a escapar del «prejuicio del progreso» a la hora de considerar las sociedades del pasado y sus posibles implicaciones para el presente. La mayoría de los estudiosos han argumentado que las civilizaciones del pasado han ido y venido debido a la inevitabilidad de sobrepasar la capacidad de carga del medio ambiente. Esta creencia en un colapso predestinado conduce a especulaciones creativas sobre la condición humana, como que los humanos no están biológicamente dotados de la capacidad de mirar al futuro de forma adecuada[35]. Cuando superamos el prejuicio del progreso podemos empezar a ver que los humanos no somos seres innatamente destructivos que deban ser controlados por nuestro propio bien. En la Introducción, describí cómo la filosofía prebudista tiene una visión positiva de la naturaleza original de la humanidad, anterior a los engaños de la cultura o a las heridas emocionales. El hecho de que esta perspectiva sea accesible a través de la experiencia del individuo, en lugar de aprenderla simplemente de la autoridad o la tradición, apunta a que las filosofías antiguas de otras partes del mundo pueden haber tenido una visión similar, pero que no se plasmaron por escrito ni se conservaron a través de un linaje religioso. Al ir más allá del prejuicio del progreso también podemos empezar a ver que, dado que la destrucción ecológica no era inevitable, resulta beneficioso explorar la manera en que los giros equivocados de la historia humana han conducido a la destrucción pasada y al problema en el que nos encontramos hoy. El beneficio está en descubrir cómo no actuar desde el mismo lugar que ha causado el daño.

Escapar de la ideología del progreso es un proceso difícil y continuo. Cuando se ofrecen ideas de sociedades antiguas y culturas indígenas como inspiración para el futuro de las sociedades modernas se corre el riesgo de distorsionar y perder verdades fundamentales que no son fáciles de integrar en nuestro modo de vida actual. No podremos escapar del colapso en curso mediante un entusiasmo novedoso por nuestra propia indigeneidad (capítulo 12). Reconocer la sabiduría de las sociedades antiguas e indígenas y la destrucción causada por la Modernidad Imperial no significa que tengamos que rechazar todo lo que la modernidad ha aportado a la humanidad. Más bien, podemos intentar ser más conscientes de las limitaciones que impone la cultura moderna a nuestra conciencia. La profesora Robin Wall Kimmerer lo describe muy bien. Es miembro de la nación ciudadana potawatomi y escribió un *best seller* sobre el conocimiento indígena[36]. Cree que «tanto el conocimiento indígena como la ciencia occidental son formas poderosas de saber y que, usándolas juntas, podemos imaginar una relación más justa y gozosa con la Tierra».

Puede encontrarse la sabiduría manteniendo esa curiosidad y positividad y, al mismo tiempo, reconociendo los verdaderos horrores de la Modernidad Imperial. No es una tarea sencilla. Cuando hablo con personas que anticipan el colapso de la sociedad, a veces percibo aversión a la idea de que se han cometido errores y, por lo tanto, es necesario identificar las culpas. Expresan su deseo de evitar (y no contribuir a) cualquier sentimiento de vergüenza o culpa. Algunos han expresado una sensación de salvación de tales sentimientos dolorosos tras conocer las teorías del rebasamiento inevitable o la parábola de las tribus, o el principio de máxima potencia. Algunos de los defensores incluso han afirmado que estas teorías ayudarían a evitar resentimientos, pasando por alto, como un «lavado de manos», cualquier juicio de valor sobre la destrucción pasada o presente que avivaría el resentimiento entre la mayoría de las personas del planeta que sufren las consecuencias[37]. Como comentamos en el capítulo anterior, tomar conciencia de nuestras respuestas emocionales y no pensar instintivamente desde la aversión emocional ayuda a alcanzar una sabiduría crítica. En palabras de Vanessa Machado de Oliveira, muchos de nosotros, habitantes de culturas imperiales modernas, necesitamos el valor y el tiempo para «abonar nuestra mierda» en lugar de precipitarnos hacia una historia y un sentimiento más agradables sobre la situación[38]. En la Introducción explico que las culturas patriarcales han promovido la idea de que en la vida hay razones para la vergüenza y para la culpa, así como la idea de que es mejor evitar las emociones incómodas. En cambio, una aceptación y un perdón previo hacia nosotros mismos y hacia los demás significa que podemos abrirnos a todo lo que pueda considerarse la causa de situaciones perjudiciales. Por lo tanto, no necesitamos avergonzarnos de que la cultura imperial moderna en la que hemos aprendido a ser humanos sea culpable tanto de genocidio como de ecocidio, como lo son muchas de nuestras formas de trabajar y consumir hoy en día. En su lugar, podemos ser testigos y aceptar esa probabilidad, y decidir cómo vivir a partir de ahora con esa conciencia.

Creo que la negatividad hacia la naturaleza humana que se plasma en las narrativas donde los seres humanos son intrínsecamente destructivos está relacionada con la que existe hacia la vida en general. Esa negatividad es el resultado de un miedo exacerbado a sentirse inseguro, que surge de experimentar la vida de una forma limitada —como un individuo puramente separado en competencia con todo lo demás—. En el capítulo siguiente argumentaré que esta perspectiva fue difundida e intensificada durante siglos por los sistemas monetarios expansionistas. Por tanto, no fue la expresión del libre albedrío de los seres humanos lo que condujo al ecocidio, sino una manipulación sistemática de nuestras mentes lo que llevó a la destrucción. Cuando hablo de estos temas con la gente, algunas personas con curiosidad filosófica se preguntan si existe el libre albedrío. Si no existe el libre albedrío, entonces, una vez más, uno podría sentirse libre de cualquier sentimiento de culpa o vergüenza si tiene tanto la capacidad como la aversión, formadas culturalmente, para tales sentimientos. Por tal razón, durante los pocos años que he pasado investigando para este libro, esas discusiones arrastraron a otro agujero negro, el del tema del libre albedrío. En el capítulo 11 explicaré por qué me parece útil reconocer que existe un libre albedrío relativo, que es necesario en la naturaleza y, por lo tanto, que también lo necesitamos los humanos, y que nuestro libre albedrío no hizo inevitable el ecocidio. Si no nos damos cuenta de que la distorsión del libre albedrío es lo que ha provocado que la destrucción se sistematice y aumente de escala, los líderes podrían resultar perjudiciales en sus intentos de influir en la dirección de las sociedades en esta nueva era de colapso.

10
LIBERTAD DEL SISTEMA BANCARIO:
EL PODER DEL DINERO PROVOCÓ EL COLAPSO

¿Te has preguntado por qué las huchas tienen forma de cochinito? Como yo, quizás guardaste en una las monedas que te sobraban cuando eras niño. No había pensado en ello hasta que me topé con un auténtico cochinito en Bali. En medio de una excursión en bicicleta, nos detuvimos en un pueblo tradicional y nos invitaron a entrar en un complejo familiar, donde varias generaciones viven en casitas contiguas, con un templo delante y algunos animales detrás. Ahí vi una pocilga con media docena de cerdos. «A las mujeres mayores de aquí no les gusta ingresar dinero en un banco, así que compran un cerdo y lo alimentan para ahorrar», me dijo mi guía. Un buen depósito de valor —pensé—, sobre todo con los intereses tan bajos de la época. Después del viaje, busqué el origen del término en inglés (*piggy bank*) para denominar las huchas. Algunos historiadores suponían que el nombre se debía a que los tarros estaban hechos de una arcilla que a veces se llamaba «pygg» en Alemania e Inglaterra y esa era la teoría en Wikipedia en ese momento (era 2015), pero yo había visto en el Museo Nacional de Indonesia una hucha que era unos cuatrocientos años más antigua que la palabra «pygg» en Europa para un tipo de arcilla. Quizá soy un poco raro, pero me atrapó la historia del origen de las huchas en forma de cochinito. Indagué más y descubrí que los primeros recipientes de dinero con esa forma que se conocen datan del siglo XII en Indonesia[1].

Tenía sentido. Se sabe que los jabalíes se domesticaron para convertirse en cerdos tan pronto como la gente empezó a vivir en sociedades agrarias. Desde entonces, en muchas sociedades del mundo ha sido normal que cada familia tuviera al menos un cerdo al que se alimentaba con las sobras. Es el equivalente alimentario del dinero suelto. Los cerdos se comían los días de fiesta, pero también servían como reserva de alimentos. Así pues, la connotación de los cerdos como medio para ahorrar riqueza es un fenómeno mundial. Es un útil recordatorio de que «¡no hay más riqueza que la vida!», como resumió célebremente John Ruskin en el libro que inspiró la economía de Gandhi[2].

Aunque la historia de la arcilla «pygg» ya está desacreditada[3] y eliminada de Wikipedia, si buscas las palabras «pygg piggy bank» en tu buscador favorito encontrarás decenas de miles de páginas en las que revistas financieras y museos cuentan la falsa historia. Es una historia que nos desvía de las nociones de «riqueza real» hacia abstracciones como la moneda y, por supuesto, hacia el sector de los servicios financieros. Es una historia que se suma a la cultura de la separación humana de la naturaleza. Cuando el turismo se desplomó durante la pandemia de COVID-19 muchos balineses regresaron a sus aldeas de origen y retomaron la agricultura. A pesar de que el turismo era una parte central de la economía, su sociedad seguía siendo resistente a ese tipo de conmoción, porque muchas familias tenían pequeñas parcelas agrícolas y animales de granja y podían producir parte de sus propios alimentos cuando sus ingresos en efectivo se agotaban. A pesar del resurgimiento del turismo, muchos habitantes ya se toman más en serio la seguridad alimentaria. No puedo imaginar cómo responderían los habitantes de economías más «avanzadas» a una devastación de sus ingresos como la que sufrieron los balineses. Los datos del capítulo 6 sugieren que quizá no tardemos tanto en averiguarlo.

BUSCAR SENTIDO EN EL CAOS

La ruptura de la conexión humana con nuestro medio ambiente es un tema ampliamente debatido en la filosofía medioambiental y en las comunidades activistas. Menos discutido es el papel activo del dinero y de los sistemas monetarios para imponer esa ilusión de separación en nuestra cultura y amplificarla hasta niveles verdaderamente ecocidas. En este capítulo examinaremos ese proceso. Hay muchas razones importantes para hacerlo. En primer lugar, a menos que las personas entiendan algunas de las causas clave de nuestra difícil situación, no solamente se arriesgarán a seguir siendo ineficaces, sino incluso a empeorar las cosas con sus respuestas. En segundo lugar, sin una comprensión de la forma en que el poder monetario ha manipulado la conciencia humana, las personas que son conscientes de lo sombrío de nuestra situación podrían concluir que esta es inevitable y que es el resultado de la naturaleza humana, por lo que se vuelven algo insensibles a la situación o incluso misántropos. Ya vimos en el último capítulo que los humanos podían vivir en sociedades que no destruían la naturaleza, o que aprendían a cambiar cuando lo hacían. En este capítulo veremos que los sistemas monetarios y las clases adineradas fueron cruciales para el colonialismo y el imperialismo que destruyeron las sociedades que vivían más en equilibrio con la naturaleza. Demostraré la forma en que el poder monetario ha participado en la reproducción de diversos paradigmas restrictivos y destructivos, como el neoliberalismo, la modernidad e incluso el patriarcado. Entonces observaremos que, al crear un imperativo de crecimiento para las economías y un imperativo de expansión para las corporaciones, un tipo particular de sistema monetario hizo rutina la opresión social, medioambiental, cultural y política. Ese poder monetario no fue un accidente, sino que está organizado por un complejo de personas, organizaciones, recursos, normas y reglas al servicio de los monetariamente ricos, algo a lo que en este libro me he referido como el «poder del dinero».

No fue la naturaleza humana la que hizo necesario el omnicidio: los seres humanos existieron durante milenios sin destruirlo todo. Tampoco fue la invención de la agricultura lo que hizo necesario el omnicidio: los humanos fueron capaces de moderarla durante milenios, como vimos en el último capítulo. Tampoco fue la invención del alfabeto: los humanos escribieron mucho durante miles de años antes de que empezáramos a escribir libros sobre el colapso de la civilización moderna. Ni tampoco el antropocentrismo: mi gato parece muy gatocéntrico, pero los de su estirpe no han acabado con millones de especies, solo con algunos especímenes cerca de mi casa. Tampoco fue el descubrimiento de los combustibles fósiles lo que lo destruyó todo: no había ninguna razón innata para que tuviéramos que quemarlo todo en una carrera cada vez más rápida. De hecho, ninguno de nosotros desea naturalmente correr cada vez más deprisa en su vida cotidiana, pero vivimos en sociedades que deben correr cada vez más. La producción, el comercio y el consumo de cualquier cosa, incluso las formas de descanso, deben precipitarse a ritmos cada vez mayores. Lo llamamos crecimiento económico, que significa el crecimiento del volumen de dinero que cambia de manos y, por implicación, de la cantidad de dinero en sí. Más adelante explicaré que esa prisa creciente por producir, consumir y desechar nos es inculcada y demandada por los sistemas monetarios, pero primero quiero dejar claro que la forma en que el poder del dinero ha diseñado los sistemas monetarios ha ocasionado que varios sistemas culturales opresivos aumenten su poder.

Puede ser útil pensar en la forma en que esos sistemas culturales están encajados unos en otros, como muñecas rusas. Por ejemplo, si consideramos que la economía neoliberal es una ideología destructiva y opresiva, y decidimos analizar lo que podría haber debajo de ella, descubrimos que surgió de una forma globalizada de capitalismo, que luego reforzó. Si miramos por debajo del capitalismo globalizado, vemos sus antecedentes en la desvinculación del capitalismo a nivel nacional de las instituciones sociales, de los sindicatos, de las religiones y del Estado. Si miramos por debajo del capitalismo a nivel nacional, descubrimos primero el industrialismo, donde la producción en masa utilizando maquinaria y combustibles fósiles creó nuevas oportunidades para la acumulación de capital. Si miramos por debajo del industrialismo, encontramos los valores y actitudes de la modernidad, incluido un mayor énfasis en las capacidades tecnológicas. Si miramos por debajo de la modernidad, encontramos patrones de poder llamados imperialismo y colonialismo[4]. La relación entre ambos, que continúa hoy en día, es la razón por la que describo la época actual como la «Modernidad Imperial». También para evitar el error popular en la sociología contemporánea de considerar que la modernidad solo es problemática debido a un exceso de racionalidad, ciencia y tecnología. Si miramos más allá del imperialismo y el colonialismo, encontramos el patriarcado, donde los aspectos de la humanidad considerados masculinos se valoran y promueven más que los femeninos. Si miramos por debajo del patriarcado, encontramos una desacralización de la naturaleza asociada a las religiones monoteístas. Si miramos por debajo tanto del patriarcado como de la desacralización, podríamos apuntar a teorías sobre los impactos de la agricultura en la conciencia humana y las jerarquías sociales.

Muchos académicos dedican toda su carrera a explorar estas diversas categorías de ideologías o paradigmas, cómo se relacionan, para qué son buenas o malas, pero lo que importa es por qué nos dedicamos a esos empeños intelectuales. Me he dado cuenta de que algunas personas prefieren profundizar descubriendo las muñecas ideológicas que se anidan debajo, de forma que niegan cualquier impulso de acción frente a la ideología más superficial. Lo vemos cuando alguien dice «Ah, en realidad la causa de nuestra crisis ecológica no es el capitalismo, sino los efectos de la agricultura en la psique humana hace siete mil años». Tal vez lo que realmente quieren decir es: «Quiero satisfacer mi necesidad de sentirme y parecer intelectual y ético a la vez, por lo que minimizo cualquier análisis que pueda suponer un riesgo de incomodidad por la oposición a personas e instituciones ricas o poderosas»[5]. En lugar de tales respuestas, es importante comprender cómo los sistemas de poder monetario apoyaron la existencia, la extensión y la evolución de esas ideologías y paradigmas opresivos. En varios puntos de este capítulo explicaré la forma en que se ha producido ese proceso.

He dicho varias veces en este libro que no es la naturaleza humana la que ha hecho necesario el actual omnicidio; he hecho hincapié en ello porque nuestras opiniones sobre este viejo debate filosófico importan enormemente para la forma en que vivamos en una era de colapso. Puede que ya sepas que el filósofo del siglo XVII Thomas Hobbes afirmaba que los seres humanos son egoístas y agresivos por naturaleza y que solo el Estado los civiliza y les permite cooperar en su propio beneficio. Por el contrario, otros filósofos políticos como Peter Kropotkin han afirmado que somos naturalmente cooperativos[6] y muchos estudios ofrecen ejemplos de organización comunitaria sin una autoridad superior con el monopolio de la violencia[7]. La misma división de opiniones aparece entre los biólogos, donde algunos dicen que somos naturalmente competitivos mientras que otros enfatizan en que somos una especie social que coopera en torno a la comida, el refugio y la defensa[8]. En cuanto a la religión, existe una división entre filosofías como la de Brahma Vihara, que mencioné en la Introducción, y la opinión de que los seres humanos son ante todo pecadores y necesitan redimirse mediante el arrepentimiento. Las versiones modernas de esta última visión negativa de la naturaleza humana proceden de filósofos que sostienen que los humanos somos egoístas y agresivos, porque confundimos instinto y pensamiento, y necesitamos redimirnos y asistir a sus talleres. Todas estas discusiones pueden ser inútiles en la medida en que nos distraen de cómo los sistemas alimentan diferentes aspectos de lo que somos. No crecemos en el vacío ni envejecemos en él. No somos autónomos, sino que estamos saturados por la cultura en la que vivimos, muy profundamente, como vimos en el último capítulo. Por eso las virtudes humanas del Brahma Vihara describen un estado original de la humanidad, anterior a los engaños que pueden desarrollarse en la vida. En este capítulo exploraremos cómo los sistemas monetarios afectan nuestros pensamientos y emociones y, por tanto, la «naturaleza humana» que experimentamos está moldeada por esos sistemas. Pero antes de seguir adelante, se puede plantear fácilmente la cuestión considerando el genocidio de las sociedades que conocimos en el último capítulo.

LA DEUDA FUE LA CAUSA

El antropólogo David Graeber escribió mucho sobre la naturaleza del dinero y la deuda. En su análisis de Hernán Cortés y de la expedición para conquistar a los aztecas en el siglo XVI, explicó que Cortés vivía por encima de sus posibilidades y necesitaba el oro azteca para pagar a sus acreedores. A la hora de entender el salvajismo de los conquistadores Graeber explicó cómo se estructuró la misión colonial para endeudarlos tanto que se desesperaran por conseguir metales preciosos. Aunque había otros factores como el racismo, explicó que «la frenética urgencia de deudas que solo se agravaban y acumulaban» subyacía a todas las demás actitudes y fomentaba un comportamiento enloquecido. Graeber observa que una dinámica similar se produjo en la cuarta cruzada, «con sus caballeros endeudados despojando de sus riquezas a ciudades extranjeras enteras y, de algún modo, acabando solo un paso por delante de sus acreedores». Explica que detrás de ambos episodios estaban los bancos italianos. También postula que la razón por la que la usura fue prohibida por la Iglesia fue que la expansión repentina de las deudas puede «convertirse rápidamente en una moral tan imperativa que todas las demás parecen frívolas en comparación», incluidas las dictadas por la Iglesia[9]. No sabemos cómo habrían evolucionado las interacciones entre los europeos y los pueblos de Oriente Próximo, o de América, sin la influencia de las deudas compuestas. Sin embargo, sabemos que influyó en lo que ocurrió.

Hoy en día entendemos estos análisis de la forma en que los abusados pueden convertirse, a su vez, en abusadores cuando se desesperan por su situación financiera. Cuando los acreedores utilizan su poder político para exigir reembolsos programados, por encima de lo prestado, entonces la responsabilidad moral de los deudores se ve comprometida. Estos procesos pueden afectar a países enteros, cuando los gobiernos venden activos estatales, permiten la destrucción de su medio ambiente y recortan los servicios básicos para los más necesitados, con el fin de cumplir con los pagos de la deuda internacional o complacer a los mercados de deuda.

La deuda no es algo malo en sí misma y podría decirse que es fundamental para la cooperación humana; desde la perspectiva del individuo nos permite desplazar nuestro consumo en el tiempo; desde la perspectiva económica permite un volumen de transacciones mucho mayor del que sería posible con una cantidad limitada de mercancía monetaria, pero cualquier sistema de deuda puede utilizarse para controlar a las personas Como la deuda con intereses es la fuente de nuestra oferta monetaria, nuestras sociedades están saturadas de deuda y de relaciones de poder desiguales entre acreedores y deudores. Es normal pagar una casa dos veces[10], saldar la deuda estudiantil con *Mcempleos* mal pagados o incluso con prostitución bien pagada en Davos, y pagar precios que son de un orden de magnitud más altos porque toda la cadena de suministro está financiada por la deuda[11]. Hoy en día, la deuda es lo que distingue a los pocos libres de los muchos maniatados. El peso global de la deuda crece inexorablemente. Hay varias veces más deuda en el mundo que dinero para pagarla y solamente es comprensible si somos conscientes de cómo el dinero moderno es creado como deuda por los bancos privados, que luego aumenta a través del interés, como vimos en el capítulo 2.

LOS SISTEMAS MONETARIOS PERMITEN PARADIGMAS RESTRICTIVOS

Las reflexiones de los antropólogos del dinero sobre la historia del imperialismo y el colonialismo son útiles para revelar el papel del poder monetario en la conformación de los comportamientos de las personas y las instituciones. A medida que los bancos han ido desempeñando un papel más importante en la financiación del Estado, del comercio y de los particulares, se han hecho aún más extensos el papel y el impacto del poder monetario. Las grandes empresas que lideraron la Revolución Industrial dependían absolutamente de esas formas de financiación. Por lo tanto, el capitalismo moderno no se maneja solo con dinero, sino en el crédito[12]. La emisión de dinero a las corporaciones, en forma de préstamos o compra de bonos, permitió la búsqueda de salarios más bajos y materias primas más baratas, que luego tuvieron efectos en las relaciones entre empleadores y empleados a nivel mundial, como se describe en el capítulo 1. Por lo tanto, la globalización económica no solo fue posible gracias a los avances tecnológicos en las comunicaciones y el transporte, sino también debido al sistema monetario.

Un aspecto central del capitalismo moderno y de su globalización ha sido el funcionamiento de los mayores mercados de valores del mundo y el papel de los sistemas monetarios. En términos más sencillos, cada empresa que cotiza en bolsa no solo necesita obtener beneficios, sino que debe aspirar a que el precio de sus acciones aumente a un ritmo al menos superior a la media del mercado bursátil. De lo contrario, los inversores y especuladores podrían vender cada vez más sus acciones en esa empresa para obtener mayores beneficios en otro lugar. Aunque las retribuciones a los accionistas (dividendos) son un factor, ya no son la consideración primordial. Esta dinámica presiona a las empresas que cotizan en bolsa no solo a que obtengan beneficios ahora, sino también a que desarrollen estrategias que, según los analistas, muestren que la empresa ganará cada vez más cuota de mercado y rentabilidad en el futuro, lo que crea un imperativo de expansión empresarial para las empresas que cotizan en bolsa. Una de las formas de expansión es la adquisición. La capacidad de los bancos privados para crear el dinero que prestan a las empresas, como deuda o mediante la compra de bonos corporativos, ha permitido la «compra financiada por terceros» de empresas, lo que significa que todas las empresas que cotizan en la bolsa son vulnerables a las adquisiciones hostiles y deben prestar una atención constante a cualquier presión a la baja sobre el precio de sus acciones. Además, el dinero que el sector financiero se presta a sí mismo significa que son casi siempre líquidos la miríada de instrumentos financieros, como los mercados de futuros y el comercio de alta frecuencia. Estos factores hacen que las empresas enfoquen su actividad empresarial de forma que busquen posiciones de mercado amplias o incluso monopolísticas y externalicen los costos a la sociedad y al medio ambiente[13]. Esa es la dinámica fundamental de los mercados de valores que posibilitan los sistemas monetarios. Estos no son controlados por las normas de criterios ambientales, sociales y de gobernanza (ASG). En su lugar, las métricas ASG se han convertido en otro escenario para la contabilidad creativa y la influencia irresponsable sobre el público[14].

El término «neoliberalismo» ha fungido como cobertura ideológica para la privatización, la desregulación y la flexibilización de los mercados laborales. Lo llamo cobertura porque las políticas que se aplicaron venían exigidas por la necesidad de ampliar continuamente el tamaño de la actividad económica en el sector privado para atender el servicio de la deuda existente y justificar la creación de nueva deuda. El neoliberalismo fue una progresión natural de dinámicas codificadas durante mucho tiempo en el sistema monetario, como el crecimiento, la desigualdad y el colonialismo. Como expliqué en el capítulo 2, cualquier preocupación por las consecuencias negativas de un crecimiento económico desenfrenado que no considera la forma que exige a las sociedades dependientes del dinero emitido como deuda con intereses, en una economía en la que ese dinero puede ser acaparado lejos de la circulación y de los deudores, nos induce a pensar erróneamente que solo hay que cambiar de opinión sobre la priorización del crecimiento económico[15].

¿Cómo se relacionan los sistemas monetarios con los intereses basados en la deuda, administrados por el poder del dinero, con las estructuras de poder más profundas a las que se refieren la modernidad y el patriarcado, o la desacralización de la naturaleza? Recordemos que la modernidad implica una constelación de actitudes sobre la supremacía humana, el control de la naturaleza, el beneficio inherente de la innovación tecnológica, el progreso eterno y la priorización de la racionalidad sobre otras vías de conocimiento. Las personas y organizaciones que defienden y aplican tales puntos de vista tienen más probabilidades de trabajar para organizaciones comerciales, más probabilidades de ser expansionistas en sus planteamientos y más probabilidades de obtener créditos. No hace falta imaginarse a un director de banco decidiendo si financia a un chamán o a un promotor inmobiliario para entender este punto básico de la forma en que los sistemas monetarios se alinean con ciertas actitudes y comportamientos y no con otros. Tanto el marco ideológico del patriarcado como el de la desacralización de la naturaleza se alinean con claridad en la modernidad tal y como acabo de describirla. Sin embargo, el uso de sistemas monetarios antiguos en el auge de esas ideologías y formas de organización humana significaría volver al tema de la historia profunda y está fuera del alcance de este libro. En cambio, lo que quiero dejar claro es que la naturaleza de los sistemas monetarios influye en la consciencia y la cultura humanas, y recompensa algunas actitudes y comportamientos mientras ahoga otros y, a veces, coacciona comportamientos violentos, lo que dio lugar a una opresión extendida durante muchos siglos, acaso milenios.

Resulta entonces lamentable que los economistas neoliberales no discutan sobre el dinero, por increíble que parezca[16]. Tienden a tratarlo como el aceite que lubrica el motor, pero que no afecta la velocidad ni la eficacia del coche. No consideran el problema de la cantidad «correcta» de dinero, ni la forma en que debe ser emitido, ni por quién, ni la gobernanza del poder que conlleva al derecho de emisión. Esta es la razón por la que la mayoría de los comentaristas y políticos han sido incapaces de comprender que el sistema monetario es una de las causas fundamentales del grave problema en el que se encuentra la humanidad, incluidas las crisis climática y ecológica.

No sostengo que el dinero *en sí mismo* sea socialmente destructivo. Cuando empecé a comprender el papel de los sistemas monetarios en la configuración de nuestras sociedades y sus problemas, pasé algunos años leyendo historia, sociología y antropología sobre el dinero, y escribí un curso en línea de nivel maestría sobre el tema. Aprendí la forma en que las monedas y los contratos de crédito son muy eficaces para coordinar a un gran número de personas para que trabajen juntas en empresas colectivas. Me di cuenta de que podemos identificar una tensión entre los enfoques descendente y ascendente del dinero a lo largo de la historia. Cuando las monedas y los créditos son emitidos y canjeados por los usuarios, pueden desencadenar la colaboración y una forma de inteligencia descentralizada, ya que las personas comercian entre sí. Sin embargo, para los poderosos, el dinero tiene otras funciones. A las autoridades les resultaría más difícil definir y recaudar las contribuciones de los ciudadanos a los proyectos nacionales sin la utilidad del dinero. El dinero facilita la recaudación y la asignación de recursos porque permite que todos los recursos sean comparables a la moneda y, por lo tanto, entre sí. Los ricos de una sociedad también tienen otros intereses en el dinero, ya que es mucho más fácil de crear, mover, intercambiar, ocultar, robar y blanquear que la riqueza en cualquier forma física. Técnica y legalmente, todo el dinero actual se instituye de arriba abajo, y sirve mucho más a los ricos que a la mayoría. El dinero es una tecnología social asombrosa que sería poco inteligente ignorar, pero hemos sido poco inteligentes al dejar que nos gobierne, como ilustrará la siguiente discusión.

OPRESIÓN SOCIOMEDIOAMBIENTAL DE RUTINA

Está claro que es muy mala idea el riesgo de sobrepasar los límites ecológicos[17] y de fracturar los fundamentos biosféricos y climáticos de las sociedades modernas (capítulos 4 y 5), lo cual significa que seguir destruyendo y contaminando, pero es exactamente lo que nuestro sistema monetario nos exige, como vimos en el capítulo 2. Una oferta monetaria emitida como deuda que devenga intereses solamente podría ser estable en la situación imposible de que todo el dinero que se gana se ponga inmediatamente en circulación. En realidad, lo que ocurre es que la economía debe seguir creciendo para que puedan concederse nuevos préstamos que impidan que la masa monetaria se reduzca a medida que se pagan los antiguos préstamos. He coescrito todo un artículo sobre la mecánica de este imperativo de crecimiento monetario que recomiendo[18]. Como vimos en el capítulo 3, el PIB está estrechamente ligado al consumo de energía, que a su vez está estrechamente ligado a las emisiones de CO_2. Como vimos en los capítulos 1 y 4, tampoco se ha producido una mayor disociación entre el PIB y el consumo de materias primas. Por lo tanto, el imperativo de expandir el PIB es, en última instancia, suicida, pero como sociedad no somos libres de elegir otra cosa a menos que se transforme radicalmente el sistema monetario.

Dado que las empresas deben seguir expandiéndose en una economía que también debe seguir expandiéndose, la publicidad desempeña un papel clave para crear la demanda de los consumidores. Nuestras técnicas de comunicación más sofisticadas no intentan ayudarnos a entendernos, a los demás y a la realidad en un proceso colectivo de autodescubrimiento, sino que nos hacen querer comprar cosas. Se calcula que los niños de Estados Unidos ven unos cuarenta mil anuncios al año en televisión, radio, internet, vallas publicitarias y otros medios. Son cientos de miles de anuncios antes de llegar a la edad adulta[19]. Estos contenidos nos incitan a valorar las posesiones materiales, los símbolos de estatus y las experiencias que se pueden comprar, por encima de la riqueza original de la naturaleza, los amigos y la familia. La mayoría de los anuncios pretenden que sintamos que nos falta algo por no gastar dinero en lo que ofrecen. A menudo pueden promocionar alimentos poco saludables, al mismo tiempo que afectan nuestra autoestima mediante imágenes poco realistas de cuerpos y estilos de vida[20]. Los anuncios también pueden crear deseos completamente nuevos e innecesarios, como las cremas blanqueadoras de la piel. Cuando, en una ceremonia de entrega de los premios *Guardian* a la sostenibilidad, me enfrenté al director general de una importante multinacional por su publicidad racista en la India para promocionar este tipo de productos, me explicó que la misma crítica la habían hecho extremistas en el pasado contra los desodorantes. Comparar la piel oscura con el olor corporal justo después de que hubiera dado un discurso sobre el cuidado de los pobres en el mundo me ayudó a darme cuenta de lo empantanado que estaba realmente el campo de la sostenibilidad corporativa en el que trabajaba.

Uno de los problemas de un sistema monetario en el que los bancos privados emiten la masa monetaria es que sus préstamos están sesgados hacia lo que es de bajo riesgo y alto rendimiento. Favorecen la concesión de préstamos a cualquier actividad que sea rentable para pagar más fácilmente la deuda, que sea grande para que los costes administrativos relativos sean menores, que ya se entienda fácilmente como una clase de inversión y que esté garantizada para recuperar los fondos en caso de problemas. Esta es la razón por la que el sector de las pequeñas empresas está tan mal atendido por los bancos en comparación con las grandes actividades empresariales, como la extracción de combustibles fósiles o los préstamos hipotecarios a los hogares. Un estudio realizado en el Reino Unido reveló que alrededor del 55 por ciento del dinero nuevo de los bancos se destinaba a préstamos a particulares, predominantemente hipotecas para la compra de propiedades[21]. Este «acceso más fácil al crédito aumenta significativamente los precios de la vivienda»[22] y está bien documentado en la literatura académica[23], no limitándose solo a las economías occidentales[24].

Cuanto más suben los precios, más compradores de vivienda se ven empujados a los brazos de los bancos en busca de una deuda hipotecaria cada vez mayor, que conduce a préstamos más elevados, más beneficios para los bancos y una mayor certidumbre de que los precios subirán a largo plazo y, por tanto, a más préstamos, en un ciclo que se refuerza mutuamente[25]. En el Reino Unido, la vivienda media cuesta más de ocho años de salario medio[26]. Ni siquiera la crisis de 2008 detuvo la tendencia durante mucho tiempo y, si alguna vez se producen ligeras interrupciones en el aumento de los precios de la vivienda, los gobiernos intervienen para tratar de impulsar el mercado de la vivienda a fin de mantener la sensación de riqueza financiera entre la población[27]. Todo el mundo se ve afectado, ya que los alquileres siguen el costo de las hipotecas. Cuatro décadas después de la desregulación bancaria, cerca de dos tercios de los adultos solteros sin hijos de entre veinte y treinta y cuatro años en el Reino Unido viven en casa de sus padres[28]. Quienes se mudan pagan tanto de su sueldo en alquiler o hipotecas que no pueden ahorrar. Peor aún es la forma en que el costo de la vivienda está afectando el enfoque que la gente da a su trabajo. Muchas personas me han dicho que su hipoteca es la principal razón por la que siguen en un trabajo concreto. Peor aún, algunos de ellos están atrapados en lugares de trabajo tóxicos, ya que perder su empleo significaría que no podrían pagar su hipoteca. Una de esas personas desarrolló problemas crónicos de salud relacionados con el estrés. A pesar de que unos meses de baja por enfermedad resultaron en una mejoría, volvió al trabajo por miedo a la hipoteca. No es de extrañar que la palabra para designar «hipoteca» en inglés (*mortgage*) provenga del francés antiguo, «promesa de muerte». Aunque a nivel individual la gente se alegre de conseguir una vivienda, a nivel social el sistema monetario ha creado una forma de opresión sistémica mediante un sistema de inflación de los precios inmobiliarios.

En mi caso, no podría enfrentarme a la idea de hacer un trabajo solo para pagar una hipoteca. En su lugar, escapé de la situación viviendo durante años en distintos países del Sur Global, donde el alquiler era muy barato y así pude ahorrar para comprar un terreno, así como un apartamento «en papel» que pagué a medida que se construía, lo que significó que nunca me planteé tener una propiedad en el país donde nací, el Reino Unido, y nunca lo haré. Sin embargo, crea cierta incertidumbre sobre mi futuro. Cuando valoramos que el Estado no se ocupará de nosotros si no podemos pagar el alquiler y los gastos de manutención a medida que envejecemos, añade una motivación adicional para comprar una casa. El hecho de que los gobiernos no emitan su propio dinero, sino que lo tomen prestado de emisores privados (es decir, bancos), significa que los déficits públicos son elevados, los impuestos aumentan y los servicios públicos a los necesitados se recortan continuamente, lo que aumenta la sensación de inseguridad. En algunos países, la situación es tan grave que la mayor parte de los ingresos fiscales se destinan al servicio de la deuda pública (a menudo con acreedores extranjeros)[29].

Es imposible saber cómo sería la sociedad si más personas hubieran podido explorar con tranquilidad sus inclinaciones y talentos sin temor a ser económicamente inviables. Sin embargo, mi experiencia con la comunidad de «nómadas digitales», personas con el lujo de un pasaporte y una moneda poderosos que se trasladan a lugares con un costo de vida mucho más bajo para experimentar como emprendedores y creativos de diversa índole, apunta hacia lo que podría haber sido posible para otras personas menos privilegiadas en un contexto diferente[30]. Incluso hablar con la generación *boomer* ofrece otra perspectiva sobre las mayores posibilidades que experimentaron en la abundancia de los años sesenta y setenta en Occidente. Las implicaciones de las presiones económicas en nuestra forma de vida se reflejan en datos recientes de la OCDE, según los cuales las personas dedican unas seis horas semanales a relacionarse con amigos y familiares, «una fracción ínfima del tiempo que dedican al trabajo, sobre todo si se tienen en cuenta las tareas domésticas no remuneradas». Sorprendentemente, una de cada once personas encuestadas declaró no tener parientes o amigos con los cuales contar en momentos de necesidad[31]. No sabemos qué posibilidades de bienestar personal, vida comunitaria, conciencia política e incluso activismo se han perdido por la falta de libertad ante la precariedad económica, en parte impulsada por el poder del dinero. Aunque podamos admirar a los abuelos manifestantes por el clima, la demografía y la clase económica de los participantes en el ecologismo occidental podría ser otro signo de la opresión de sus propios nietos, que, de otro modo, podrían participar de forma natural en este tipo de acción política.

El efecto de los tipos de dinero utilizados en las sociedades modernas también lo señalan los estudios sobre sociedades que experimentaron una transición reciente. Los observadores de los cambios sociales en la región india de Ladakh desde finales de la década de los setenta, cuando se abrió a Occidente, indican lo que puede ocurrir con la erosión de las formas existentes de comunidad. Entre ellas, las antiguas tradiciones de cooperación, como los sistemas de trabajo compartido, desaparecen para ser sustituidas por el trabajo asalariado. Los antropólogos de otros rincones del planeta cuentan historias similares. Los ancianos de Malawi explicaron «que el dinero era responsable de la ruptura de algunos de los lazos de respeto y honor que antes estructuraban las relaciones sociales y económicas». Además, «se describió a los hombres como más salvajes, más impulsivos y más propensos a actuar según sus lujurias y deseos pasajeros cuando tenían dinero para ayudarles»[32]. Al analizar todos estos estudios, el filósofo Charles Eisenstein llegó a la conclusión de que «la monetización del capital social es el despojo de la comunidad. No debería sorprender que el dinero esté profundamente implicado en la desintegración de la comunidad, porque el dinero es el epítome de lo impersonal».

Estos estudios apuntan al probable efecto que el dinero moderno tiene sobre todos los que vivimos con él, lo manejamos y gestionamos, cada día y cada noche. Existe el argumento de que, durante la mayor parte de la evolución humana las sociedades funcionaron a base de regalos[33], y que el paradigma del intercambio y, probablemente, el paradigma de la propiedad sobre el que se asienta es antinatural y, en consecuencia, poco saludable para nuestro bienestar físico y mental. Muchos sociólogos y psicólogos que estudian el dinero tienden a ser mayoritariamente negativos sobre sus efectos. Los estudios psicológicos afirman que ser rico hace a la gente tacaña[34] y reduce la empatía[35]. Algunos experimentos han «cebado» a los participantes con palabras e imágenes financieras, o incluso con dinero físico, y luego han comparado su comportamiento con el de sujetos «no cebados». Estos estudios parecen demostrar que recordar el dinero reduce la honestidad y la ética de las personas[36], así como su «capacidad de aprecio hacia las cosas»[37]. Un metaestudio de muchos de estos estudios con cebos concluyó que las personas expuestas al dinero «no son prosociales, cariñosas o cálidas. Evitan la interdependencia»[38].

Es posible que las reacciones de la gente en torno al dinero no se deban solamente al dinero en sí, sino a la forma en que hemos estado experimentando el dinero en las sociedades modernas, debido a la forma en que se emite como deuda, con intereses y es acaparado por personas y organizaciones. Ese sistema conduce a que experimentemos una escasez de dinero, por lo que la mayoría de nosotros albergamos cierto temor a que ocurra. Un miedo que se agrava por la erosión de otros sistemas sociales para satisfacer nuestras necesidades, ya que los desmantela sistemáticamente el sistema monetario basado en la deuda. Los estudios indican que ser rico no nos libra de esas preocupaciones, ya que los ricos ahorran una proporción mayor de su riqueza que los pobres[39]. Estos estudios demuestran que el modo de transacción, y no solo el modo de producción, configura la consciencia y los valores de una sociedad. Significa que, colectivamente, las personas no se ayudan entre sí cuando otras se quedan sin dinero, se endeudan y, como consecuencia, experimentan impactos en su salud física y mental. Se está haciendo evidente en todo Occidente en el momento de escribir este libro, donde la crisis del costo de la vida resultante de las escandalosas políticas monetarias durante la pandemia (capítulo 2) está ejerciendo una enorme presión sobre las familias.

Opresión cultural y política de rutina

A medida que el capitalismo se ha globalizado, ha centralizado aún más la riqueza, enriqueciendo a los ricos más rápido y antes de lo que beneficia a los pobres[40]. Incluso antes de la fiebre de bonos corporativos de los años de la pandemia, la capacidad de las corporaciones de acceder a la financiación para adquirirse unas a otras tuvo un enorme efecto en la concentración de poder, a escala mundial. Un análisis de la red de propiedad y control entre 43 000 empresas transnacionales (ETN) identificó un grupo de 737 empresas que controlan conjuntamente el 80 por ciento de la riqueza total de esa red[41]. En 2020, solo dos empresas de gestión de activos controlaban alrededor del 7 por ciento de los activos cotizados de todo el mundo, en términos de dólares, y la mayor parte se negociaba automáticamente mediante algoritmos[42]. Esta dinámica ayuda a explicar por qué los ocho hombres más ricos poseen tanto como la mitad de la población del mundo[43]. Como vimos en el capítulo 7, este nivel de desigualdad de la riqueza dentro de las naciones y entre ellas agrava todo tipo de problemas sociales, desde el deterioro de los resultados de la sanidad pública hasta la disminución de los niveles de confianza social y participación política: la «descimentación» de las sociedades modernas[44]. Aunque se nos eduque para admirar a las élites, ningún otro colectivo de personas elegiría libremente mantener una situación tan peculiar.

Digo que «se nos educa para admirarlas» porque el dominio de nuestros sistemas monetarios también moldea lo que las sociedades consideran conocimientos válidos y actitudes apropiadas. Un ejemplo de la estupidez recursiva del poder monetario que influye en los esfuerzos intelectuales para ponerlos al servicio del poder monetario procede del campo de la economía. En concreto, algunos economistas influyentes se centran en los resultados financieros de un modo que pasa peligrosamente por alto el modo real de vida. Por esa razón, algunos descartan el impacto del clima en la agricultura, porque es solo una pequeña parte de la economía, ignorando así de dónde obtendrá la gente sus alimentos en un clima afectado globalmente. Con esos anteojos, mirando solo los datos monetarios, un premio Nobel de economía estimó que incluso cuatro grados de calentamiento medio por encima de los niveles preindustriales no serían negativos para la humanidad[45].

Con efectos enormemente perjudiciales, las empresas están profundamente implicadas en la configuración de lo que se considera conocimiento. Un ejemplo es el de los objetivos corporativos de la industria farmacéutica, que tienen una importante influencia en lo que se considera conocimiento médico profesional, ya que son los principales financiadores de la investigación médica en la búsqueda de nuevos fármacos. Eligen las preguntas que se plantean, el diseño y la realización de los ensayos clínicos y, por último, la interpretación y difusión de los resultados. Una de las consecuencias es que los enfoques de la salud y el bienestar se han centrado excesivamente en las terapias farmacológicas, en lugar de en los factores sociales y ambientales, el estilo de vida, la medicina preventiva, los remedios naturales, las terapias holísticas y los medicamentos sin patente[46]. Cuando una vitamina puede reducir a la mitad el riesgo de padecer una enfermedad grave, pero su venta no genera beneficios, los estándares sobre conocimientos sanitarios que han sido definidas por las empresas farmacéuticas significan que más personas mueren por no ser informadas sobre esa vitamina o por no recibir ayuda para obtener suplementos. Los conocimientos y las políticas sanitarias de este tipo pueden parecer alejados del funcionamiento de los sistemas monetarios y, sin embargo, el dominio de las empresas en la configuración de dichos conocimientos y políticas es en parte resultado de esos sistemas.

Gracias a la política monetaria que les permite aglomerar y controlar todo lo relacionado con su sector, las empresas y sus intereses de maximización de beneficios determinan la forma en que se debaten en público el conocimiento y la opinión. Una forma obvia de hacerlo es financiando instituciones de investigación y grupos de reflexión. Otra forma es la propiedad de los medios de comunicación y, por lo tanto, la determinación del programa de noticias, así como lo que se considera una producción editorial o de entretenimiento adecuada. La situación con las nuevas plataformas mediáticas no lo cambia. Solo podemos preguntarnos la forma que tendría Internet hoy si los procesos posibilitados por los sistemas monetarios, a través de la financiación corporativa, los mercados bursátiles y la publicidad, no hubieran creado un mundo digital que es propiedad de plataformas tecnológicas centralizadas, en su mayoría con sede en Estados Unidos. Los medios de comunicación independientes, mediados a su vez por plataformas como YouTube y medium.com, también se ven sometidos a estos incentivos comerciales al tratar de ofrecer contenidos que ofrezcan narrativas atractivas para audiencias específicas y no perjudiquen los intereses de los propietarios de las plataformas. El resultado combinado es que se limita el diálogo, se mantienen las falsas ilusiones y continúa a buen ritmo la falta de confianza y entendimiento que se resumió en el capítulo 7. Es una de las razones clave por las que la humanidad no ha sido capaz de despertar en la ruptura de su sistema (capítulo 1), o al robo a plena luz del día durante la pandemia (capítulo 2), y comprender cómo las dificultades a las que nos enfrentamos como individuos están relacionadas con la fractura de los cimientos de las sociedades modernas (capítulos 3 a 7). También es la razón por la que se han arraigado concepciones confusas de la justicia social que nos distraen de los esfuerzos coherentes de solidaridad y cambio social (capítulo 8).

Recientemente, las sociedades modernas se han visto aún más capturadas por los intereses financieros gracias a la rápida dependencia de los medios de pago electrónicos, lo que significa que estamos constantemente vigilados y dependemos de que las empresas no discrepen de nuestra política para funcionar económicamente. En un pago electrónico típico con tarjeta de crédito en una tienda intervienen al menos seis empresas en la ejecución del proceso, cada una de las cuales conserva los datos y, en teoría, puede bloquear la transacción. Entre ellas están el comerciante, el banco adquirente, el emisor de la tarjeta, la red de tarjetas, el procesador de pagos y múltiples empresas de seguridad y prevención del fraude, además de otras empresas a las que se ha autorizado a utilizar los datos recogidos. Si se paga con el teléfono, el número de empresas implicadas es aún mayor. Los datos recogidos son muchos e incluyen las partes que realizan la transacción y sus datos personales, así como el artículo, el importe, la fecha y la hora de la transacción[47]. A continuación, esos datos pueden cruzarse con otros conjuntos de datos relacionados con esa persona o empresa. El poder de esos datos de vigilancia ya se está utilizando. El poder de impedir transacciones también se ha utilizado (y no solo) para impedir fraudes. Ahora se utiliza ampliamente, sin órdenes judiciales, contra empresas acusadas de infringir derechos de propiedad intelectual[48]. En 2018, los principales bancos, incluidos Bank of America y Citigroup, cancelaron cualquier transacción que utilizara sus tarjetas de crédito para comprar criptodivisas. Además, sin respaldo judicial, la presión de los políticos estadounidenses llevó a que la editorial independiente antibelicista Wikileaks viera cortados sus servicios financieros[49]. Los detractores de las propuestas para que el Estado emita monedas digitales (monedas digitales de bancos centrales o CBDC, por sus siglas en inglés) han ignorado hasta ahora la vigilancia sin rendición de cuentas existente y los poderes de corte en manos de corporaciones privadas y gobiernos. Los críticos todavía no se plantean cómo podríamos «pasar a la oscuridad» con los pagos electrónicos existentes, ni exigen que se convierta en ley, sino que dan a entender que merece la pena defender el sistema monetario actual. Los estrategas de los bancos privados deben estar encantados de que estas campañas de libertad monetaria defiendan la tiranía actual frente a cualquier desafío a las CBDC. Estas últimas se programan incluso para permitir transacciones totalmente privadas, sin el mismo tipo de rastreo de datos que los pagos electrónicos actuales, si existe la voluntad política de configurar las políticas gubernamentales en consecuencia[50].

Por supuesto, esos estrategas solo hacen su trabajo. ¿Tal vez igual que los conquistadores? Hago la comparación porque los profesionales que trabajan en las empresas están tomando decisiones en cada momento de cada día para externalizar riesgos y costos a otros, al medio ambiente y a las generaciones futuras, con el fin de asegurar mayores beneficios para los accionistas. Es probable que casi todos tengan deudas hipotecarias. Todos experimentarán el miedo latente a no tener suficiente dinero. Todos han crecido en sociedades que nos han enseñado a sentirnos inadecuados y necesitados de consumir productos y experiencias. Con tales presiones e incentivos, no es de extrañar que estén más dispuestos a servir al poder mediante acciones que, de otro modo, podrían considerar poco éticas.

Algunos de estos profesionales trabajan en uno de los sectores más rentables del mundo, con apenas un puñado de consumidores con los que comunicarse. Se trata de la industria armamentista y el consumidor es el gobierno. Solamente si hay guerra, o amenaza de guerra, podrá un gobierno justificar el gasto militar. ¿Puedes ver lo aterrador que es un sistema monetario que inicia la dinámica por la que todas las corporaciones, incluidos los fabricantes de armas, deben seguir expandiendo sus ventas? Las empresas de armamento, al igual que las farmacéuticas y todas las grandes industrias que venden directamente a los gobiernos, invierten significativamente en influir en la política y la opinión pública. ¡Solo es *marketing*! Por esa razón, en los últimos treinta años (desde 1991), el gasto militar mundial ha aumentado en torno al 40 por ciento (ajustado a la inflación). Estados Unidos aumentó su participación en ese gasto de alrededor del 35 por ciento en 1991 al 39 por ciento en 2020, por lo que el aumento es un fenómeno generalizado[51]. ¿Debemos suponer que la naturaleza humana se está volviendo más violenta o reconocer el papel del sistema monetario que hace necesaria la carrera armamentista y todas las historias militaristas, los conflictos, la escasez y la miseria que se derivan de ello?

Una opresión menos violenta, pero más directa derivada del sistema monetario surge porque los bancos privados crean el dinero que utilizan los gobiernos, es lo que otorga a los mercados internacionales de bonos un poder enorme y decisivo sobre todos los países. Si una nación elige un partido político que no es suficientemente «favorable a las empresas», los financieros internacionales se deshacen de sus bonos. No se hace por maldad, pero castiga al gobierno y al pueblo aumentando el costo de los préstamos, lo cual empobrece al país. Esta presión se produce en todo momento, aunque algunos ejemplos históricos demuestran su poder, como la crisis financiera asiática en los años noventa[52] y la crisis de la deuda griega que comenzó en 2009. La clave para todos los países implicados es que el rendimiento de sus bonos se disparó y los inversores internacionales perdieron la confianza. Además, las políticas que se adoptaron para restaurar la estabilidad financiera incluyeron recortes sin precedentes del gasto social, privatización de activos estatales y desregulación de los mercados en favor del capital internacional[53]. Vale la pena recordar que el influyente economista John Maynard Keynes dijo una vez que «todo lo que podamos hacer, nos lo podemos permitir», al describir cómo el gobierno tiene, si así lo decide, el poder soberano de crear dinero para promulgar la voluntad del pueblo. Sin embargo, el sistema monetario no funciona así hoy en día. Por lo tanto, puede que no haya una demostración más clara de la falta de soberanía nacional y, por implicación de la ausencia de nuestra verdadera libertad, que la continua manipulación y opresión por parte de las finanzas globales y los mercados de bonos, una situación facilitada por la elección política de dejar que los bancos emitan nuestro dinero. Todos los problemas de la primera mitad de este libro tienen las huellas dactilares de las finanzas globales y de los mercados internacionales de bonos a la hora de «disciplinar» las políticas de los países para que se alineen con la marcha constante hacia los beneficios obscenos y el omnicidio. Combinado con todos los demás factores que he resumido anteriormente, está claro que el capitalismo nos encierra a la mayoría de nosotros en sistemas de toma de decisiones que son subóptimos o directamente destructivos[54]. La fundadora de Body Shop, la empresaria y activista británica Anita Roddick, concluyó lo mismo en 2007 y lo llamó «fascismo financiero»[55]. Habría sido interesante verla llevar esta crítica al gran público, pero trágicamente murió de una hemorragia cerebral pocos meses después.

Con estos antecedentes, parece que la estafa que supuso el programa de compra de bonos corporativos de los bancos centrales lanzado al amparo de la pandemia, que analizamos en detalle en el capítulo 2, y que nos empobrece a todos con la inflación, no es más que el último ejemplo de la tiranía de un mundo dirigido por las élites para sus propios intereses. Desgraciadamente, tanto los medios de comunicación dominantes como los alternativos han mantenido una ignorancia permanente sobre esta situación. El deseo de soberanía monetaria puede llevar a campañas confusas que distraigan la atención del actual monopolio privado sobre la emisión de moneda y los sistemas de pago. En lugar de hacer campaña para que todas las formas de moneda nacional sean necesarias y estén tecnológicamente habilitadas para evitar la vigilancia y la interferencia política, incluyendo los depósitos electrónicos que actualmente utilizamos todos los días y de otras formas de dinero electrónico cada vez más gestionado por empresas privadas, así como las CBDC, solo estas últimas son demonizadas por tales campañas. Es un indicador de dominación hegemónica total el hecho de que los presos más preocupados por su libertad sean los que gritan para mantener los barrotes en su sitio.

CAUSA-RAÍZ DEL OMNICIDIO

Como mencioné en la Introducción, sería un error pensar que nos enfrentamos a muchos «agentes Smith» que vienen en todas direcciones, cuando es un solo código el que produce todos los golpes. Ese código es el sistema monetario, mantenido por la red de personas e instituciones que constituyen el poder del dinero. Enfocarse solamente en una crisis u otra servirá de poco. Centrarse en los abusos individuales de organizaciones o individuos nunca cambiará el código. La idea de que hay una confabulación al mando es de poca ayuda, ya que son intercambiables todos los funcionarios y agencias del poder del dinero. Jugar al «Whac-A-Mole» contra los últimos abusos y las extrañas declaraciones de los globalistas puede ganar visitas en YouTube, pero no construye un programa coherente. Peor aún, refleja la obsesión por los individuos, producida a su vez por la Modernidad Imperial, que nos impide ver las verdaderas estructuras de poder (capítulo 8).

En cambio, podemos reconocer cómo la historia delirante de que la riqueza está separada de la naturaleza se ha incrustado en nuestros sistemas monetarios, bancarios y financieros, para luego proporcionar una base para que otras narrativas profundicen y amplíen el engaño de la separación entre nosotros y la naturaleza. En los tiempos modernos, las corporaciones globales han sido los conductos para esas narrativas y para aumentar la destrucción. Son entidades esencialmente psicopáticas que administran un sistema global de Modernidad Imperial que manipula todos los aspectos de la vida. Digo literalmente psicópatas, porque los rasgos de su personalidad incluyen una cruel despreocupación por los sentimientos de los demás, incapacidad para mantener relaciones duraderas, desprecio por la seguridad de los demás, engaño para obtener beneficios personales, incapacidad para experimentar culpa e incumplimiento de las normas sociales[56].

En un pasado lejano, el dinero era una herramienta especializada y un útil servidor de la humanidad, pero ¿puedes imaginarte un gobernante peor que aquel que considera el mundo un mero instrumento para su propia expansión? A través de siglos de violencia, este gobernante ha establecido sistemas que nos engatusan para que aspiremos a más riqueza alucinada, para que nos oprimamos unos a otros y destruyamos nuestro hogar planetario. Esta Modernidad Imperial no es solo una cultura dominadora, es destructora[57]; porque no podemos ser dominados a menos que destruyan nuestra riqueza y bienestar originales: nuestra confianza, nuestra paz mental, nuestro acceso a la abundancia libremente disponible y a nuestra libertad de elección. Hace siglos, a través de la deuda, el poder del dinero destruyó la paz y la seguridad de los marineros españoles que se convirtieron en violentos conquistadores. Después, el hambre infinita de oro y plata destruyó las culturas de los colonizados, como sigue haciendo hoy. Ahora destruye nuestra capacidad de elegir libremente nuestros esfuerzos colectivos a través de nuestros gobiernos.

Destruye nuestra capacidad de estar bien informados y de tener tiempo para descubrir quiénes somos y cómo queremos vivir. Obstaculiza el diálogo público, de modo que no podemos debatir ideas sin recurrir a los pensamientos binarios idiotas que surgen en la mayoría de los temas. En el fondo, a pesar de la resistencia de personas como las abuelas de Bali, sigue destruyendo nuestra comprensión de la riqueza. Porque solo destruyendo la riqueza original es que el poder del dinero crea la necesidad de que utilicemos sus monedas de poder. La cultura destructora debe ser vista como lo que es: un culto a la muerte que convierte el poder de la vida en patéticos símbolos de poder. Como resume Vandana Shiva: «La naturaleza se reduce conforme se expande el capital»[58].

La destrucción no puede continuar durante mucho más tiempo. El imperativo de crecimiento que se deriva del sistema monetario significa que las sociedades modernas se derrumbarán con más fuerza y rapidez que de otro modo. La vulnerabilidad de las sociedades contemporáneas aumenta debido a la forma en que el impulso del crecimiento económico está incrustado en nuestras estructuras institucionales. Benjamin Friedman sugirió que pensáramos en las sociedades modernas como en una bicicleta, en la que el crecimiento económico es el impulso que hace girar las ruedas. Mientras las ruedas de una bicicleta giren rápidamente, es un vehículo estable; cuando las ruedas pierden impulso, quizá como resultado del estancamiento económico, sostiene que la democracia política, la libertad individual y la tolerancia social corren entonces un gran riesgo, incluso en países en los que sigue siendo alto el nivel absoluto de prosperidad material[59]. El modo en que la fractura de uno de los cimientos de una sociedad puede provocar una reacción en cadena y una «espiral descendente» se ha denominado «colapso catabólico» en los estudios sobre colapsos pasados[60]. Esta perspectiva ha surgido en las conversaciones de los principales grupos de reflexión del Reino Unido al advertir de la posibilidad de un «bucle catastrófico» de trastornos secuenciales[61]. Cuando las voces del sistema establecido se dedican a dar sentido a nuestra difícil situación actual, a menudo se descuidan y borran los estudios anteriores sobre estos temas, cuando esos estudios llegan a conclusiones que no son viables para los funcionarios de los sistemas de poder actuales. En su lugar, y a pesar de los bellos sentimientos de justicia, el enfoque de los estudiosos de la permacrisis y el colapso se enfocan en mantener los sistemas existentes, incluso si explotan a otras regiones y son la causa de la situación. Lo señalo no para castigar a nadie, porque quienquiera que elija existir en las culturas profesionales que crean el omnicidio debe comprometerse con su discurso hegemónico. Por tal razón, incluso cuando despiertan ante el riesgo de colapso, muchos académicos y responsables políticos promueven programas de acción que favorecen los intereses de las élites adineradas (capítulo 13).

LO HICIMOS POR DINERO

¿Cómo permitieron diferentes generaciones de personas que el poder del dinero nos manipulara, engatusara y coaccionara para comportarnos de forma tan opresiva y destructiva? Una respuesta a ese enigma debe permitir la posibilidad de que no fuera solo porque no lo sabíamos, sino que hay algo particular en el dinero que ha hecho que la mayoría de nosotros suspendiéramos nuestro cuestionamiento.

En primer lugar, aunque sabemos que no es algo de valor tangible, como una barra de pan o una casa, debemos creer que es real y actuar como si lo fuera para que el dinero funcione en la sociedad como una poderosa tecnología de coordinación. Esta necesidad pragmática de fingir colectivamente no es una buena base para la investigación crítica. Este aspecto del dinero queda bien ilustrado por las fichas de hueso que se cree que se utilizaban como moneda en la antigua Grecia. Llevaban la inscripción «órfico» en una de sus caras. Se refiere a la historia de Orfeo, que fue al inframundo para resucitar a su mujer y le dijeron que ella le seguiría al mundo real si no se daba la vuelta antes de llegar a la superficie, pero dudó, se dio la vuelta y allí estaba ella, antes de convertirse en piedra. Si hubiera creído, lo que estaba muerto habría vuelto a la vida, igual que los huesos del ganado muerto, sacrificados en el templo, habrían encontrado una nueva vida como moneda, y habrían dado más vida a la comunidad a través del poder coordinador del dinero. El hecho de que, a lo largo de culturas y épocas, los templos emitieran monedas y mantuvieran registros de créditos es también un recordatorio de que el dinero implica la pertenencia a una comunidad de creencias compartidas[62]. Cuestionar el dinero, por lo tanto, no solo supondría arriesgarse a que la magia no funcionara, sino también a alienarse de la comunidad a la que se pertenece.

Un segundo aspecto del dinero que nos anima a no cuestionarlo es la forma en que parece proporcionarnos una vía de escape a algunos de los aspectos incómodos de la vida: la inseguridad, la decadencia y la muerte. Pagar con dinero significa que no necesitamos ser queridos o amados, ya que los demás simplemente lo aceptarán, seamos quienes seamos. Las relaciones sociales potencialmente ricas se degradan a transacciones aritméticas. Además, la moneda no se descompone como los alimentos, no se oxida como la mayoría de los metales y no se degrada como los edificios. A diferencia del ganado, o de los miembros de nuestra familia de los que dependemos, el dinero no muere. Alude a algo eterno, puro, fiable e inmutable. Incluso puede representar un renacimiento de utilidad y valor, como vimos con el hueso de vaca muerto que volvía a ser útil tras un sacrificio en el templo. Por estas razones, tener dinero parece ayudarnos a escapar de algunas de las inseguridades de la vida.

Por estas razones profundas, relacionadas con nuestras ansiedades por estar vivos y en relación con los demás, el dinero no es solamente atractivo, sino que es difícil de cuestionar. Nuestro compromiso con la sociedad en la que vivimos se promulga y refuerza cada vez que utilizamos el dinero. Por lo tanto, es todo un desafío rechazar ese sistema. Tal vez por esa razón a algunas personas no les resulta fácil condenar el poder y el estatus de los ricos sin sentir una alienación de la sociedad en la que vivimos. En el capítulo 12 analizaré algunas de sus consecuencias.

¿Podría esta forma de entender la aceptación general del poder del dinero significar que muchos de nosotros asumimos alguna responsabilidad por lo que está sucediendo en el mundo debido a los sistemas fundados al servicio del poder del dinero? La próxima vez que te sientas triste porque la raza humana destruye la Tierra, tómate un momento para pensar en cómo tú, al igual que yo y la mayoría de los humanos modernos, probablemente contribuimos al sistema que obliga a la gente de todo el mundo a actuar como conquistadores modernos: destrozando el mundo natural y explotando a la gente para pagar deudas. La próxima vez que pienses que son esas malvadas petroleras las que están moliendo al planeta, tómate un momento para pensar en cómo el sector bancario les exige a los gobiernos del mundo que sigan perforando, refinando y distribuyendo su petróleo al mercado. Ese es el petróleo que necesitas para ir a trabajar y pagar tu hipoteca. La próxima vez que escuches a alguien decir que no debemos sentirnos tan mal por el ecocidio, porque es solo la marcha de la tecnología la que necesita toda esta destrucción, o que es el destino de la raza humana que entra en el Fin de los Tiempos, tómate un momento para preguntarle por sus ahorros e inversiones. Porque el mundo natural no solo está muriendo, ha sido lentamente asesinado durante muchos siglos por personas que son manipuladas, forzadas o recompensadas para dañarlo por los sistemas económicos en los que viven, como lo hacemos hoy.

Concuerdo con el filósofo Slavoj Žižek cuando dice: «No culpemos a las personas y a sus actitudes. El problema no es la corrupción o la codicia, el problema es el sistema que te empuja a ser corrupto»[63]. También estoy con la madre de Lyla June cuando nos dice que «crees que sabes lo que es ser humano, pero no es así. Todo lo que sabes es cómo se comporta un humano en un paradigma de poder y dominio. Pero ¿qué pasaría si introdujeras a ese ser humano en un paradigma completamente distinto?»[64]. Pat McCabe tiene razón. En realidad, no sabemos qué podrían hacer los seres humanos no manipulados ni coaccionados con respecto a nuestra situación planetaria, pero ahora sería un buen momento para averiguarlo.

11
LIBERTAD EN LA NATURALEZA:
FUNDAMENTO PARA LOS ECOLIBERTARIOS

Durante varios años asistí a las cumbres de Davos con la esperanza de ayudar a promover un compromiso serio con la crisis medioambiental. No sabía que lo único peor que las élites del mundo no se tomaran en serio el cambio climático sería que se lo tomaran en serio. Las ideas y políticas que surgen en Davos se centran en conseguir más dinero público para empresas privadas con dudosas credenciales ecológicas y en crear infraestructuras digitales para el control de la gente ordinaria. Las élites mundiales no tienen en cuenta la forma en que sus propias ideas, visiones del mundo y decisiones llevaron al mundo al borde del colapso o que, debido a ese historial, no son las personas más indicadas para decidir qué hacer al respecto. También asumen que la gente ordinaria no es la fuente de respuestas a los desastres que se desarrollan a nuestro alrededor. No se percatan de que necesitamos liberarnos de los sistemas opresores que crearon y mantuvieron su propio poder, como vimos en el último capítulo.

Ahora que he dejado Davos, me preocupa la ausencia de una alternativa medioambiental organizada que se haga oír en todo el mundo frente a su programa corporativo. En este capítulo ofreceré mi contribución al desarrollo de dicha alternativa. Se fundamenta en mi evaluación de que hemos entrado en una era de colapso de las sociedades industriales de consumo, que no fue el resultado inevitable de la naturaleza humana, sino producido por los sistemas opresivos de la Modernidad Imperial, al servicio del poder del dinero, que nos persuadió, a los humanos modernos, a experimentarnos de formas que se volvieron destructivas para nosotros mismos, los demás y la naturaleza. Discutiré esta filosofía política desde los principios fundamentales del libre albedrío y la libertad, antes de contrastarla con otras corrientes de pensamiento ecologista y señalar sus posibles implicaciones personales y políticas.

En los últimos años, la mayoría de los portavoces del movimiento ecologista centrado en Occidente, ya sean activistas o profesionales, han animado a los líderes que asisten a Davos y cumbres similares a transferir aún más riqueza pública a manos privadas para tecnologías de dudoso mérito ecológico. También suelen pedir un poco más de dinero para la justicia social, para afirmar que son socialmente progresistas. Peor aún, algunos de los principales comentaristas sobre cuestiones ecológicas se han vuelto hostiles a las preocupaciones sobre el poder corporativo, la privacidad personal, la vigilancia digital y la libertad de expresión. No se oponen al «bloqueo sombra» ni al «filtrado de visibilidad» de personas e ideas que no les gustan. No se trata de una pérdida momentánea de compromiso con el valor de la Ilustración que considera que la disidencia de la autoridad y el debate abierto son cruciales para la sociedad. Más bien forma parte de un rechazo de la importancia de la soberanía y la libertad individuales, por lo que es importante responder de forma global, como hago aquí y en los capítulos siguientes.

Para simplificar por un momento siglos de filosofía y lucha política, supongo que desde la Ilustración las sociedades humanas estaban inscritas en una trayectoria positiva —a nivel mundial— hacia un mayor apoyo a la idea de la importancia moral y política de permitir a las personas, individual y colectivamente, determinar nuestras vidas y no ser instrumentalizados por personas poderosas. Se basaba en la valoración pragmática de que nuestro poder debería comenzar con el poder sobre nosotros mismos y ser tan colectivizado como fuera necesario y ventajoso. Por lo tanto, la retórica ha sido que todos merecemos la libertad de determinar nuestra propia vida y la libertad necesaria para que otras personas no nos instrumentalicen[1], pero en el capítulo 10 se puede ver que en realidad no hemos sido libres dentro de la Modernidad Imperial. Sin esta perspectiva, el ecologista angustiado y afligido se ve arrastrado hacia una visión misántropa de la naturaleza humana y hacia el deseo de que un grupo autoseleccionado de salvadores nos obligue a comportarnos mejor por nuestro propio bien. Tales ideas están surgiendo de la izquierda, la derecha y el centro del debate verde, lo cual muestra cómo derivan de un engaño cultural compartido sobre el liderazgo y el cambio, así como de una aversión a sus difíciles emociones sobre el estado del mundo (capítulo 8). Dado el terrible historial de las sociedades autoritarias en cuestiones ecológicas, no hay ninguna filosofía política coherente detrás de tales opiniones.

A medida que muchos de nosotros empezamos a percibir que nuestros mundos se desmoronan a nuestro alrededor, aumenta una «crisis de sentido» y la gente que se siente atraída por la simplicidad de las ideas autoritarias. Es normal que muchas personas deseen evitar la desesperación y la desintegración de las viejas ideas del yo, del otro, de la sociedad, de la naturaleza e, incluso, de lo sagrado. Que tales reconsideraciones estén llevando a algunas personas a creer erróneamente que la soberanía y la libertad personales son la causa de terribles injusticias y sufrimientos mediante la crisis medioambiental o las emergencias de salud pública supone una grave amenaza para las posibilidades de una era de colapso más amable y sabia. Serán menos convincentes los debates sobre la libertad personal que se basan meramente en lo pragmático —en lo que es más útil creer para los resultados sociales—. En respuesta, algunos comentaristas y políticos acostumbrados a utilizar un lenguaje religioso en la vida pública afirman que nuestras libertades personales proceden de Dios. La implicación es que infringir las libertades es pecaminoso. En consecuencia, otros empiezan a preguntarse si la atención a la libertad y los derechos es ahora una preocupación socialmente conservadora, en lugar de un principio ampliamente compartido, especialmente entre «liberales» e «izquierdistas». Mi impresión es que no se trata de un fenómeno exclusivo de Estados Unidos o del mundo anglosajón. En este contexto cambiante, creo que es útil volver a los principios fundamentales, como haremos en este capítulo.

Pero ¿tenemos tiempo para filosofar cuando hay un mundo que salvar? Si lo hacemos para demostrar que yo y mi grupo de iguales somos los inteligentes y respetables, entonces estoy de acuerdo en que es una pérdida de tiempo. Tales esfuerzos constituyen una forma de evasión ante el terror que abunda entre las comunidades privilegiadas de anticipadores del colapso. Sin embargo, sin un retorno a algunos principios básicos sobre cómo nos entendemos a nosotros mismos y a la humanidad en este momento inusual, nuestros pensamientos y acciones pueden carecer de sabiduría e incluso empeorar las cosas. Por lo tanto, en este capítulo empezamos por volver a lo básico, a una perspectiva sobre el libre albedrío que subyace a un compromiso con la libertad personal y colectiva.

Abordar el libre albedrío

¿Tienes algún control sobre lo que haces? Ciertamente eso parece, ¿verdad? No te han obligado a leer estas palabras. Espero que no. En el improbable caso de que un académico haga de este libro una «lectura obligatoria» en un curso, podrías saltártelo, simplemente cerrar el libro y hacer otra cosa. Parece que cada uno de nosotros elige sus acciones todo el tiempo, pero ¿podría ser una ilusión? Es algo que muchos científicos, sociólogos, filósofos y maestros espirituales nos han invitado a considerar, todos por razones muy diferentes. Gran parte de lo que podemos o no percibir individualmente, de lo que podemos o no comprender, de lo que podemos o no hacer, está determinado por aspectos físicos, químicos y biológicos de nuestro ser y de nuestro entorno inmediato. También está claro que el modo en que se nos enseña a pensar y a comportarnos desde que nacemos ejerce una inmensa influencia sobre nosotros. Aunque nuestra experiencia ordinaria es la de ser un individuo separado, como toda forma de vida, somos un ejemplo de creación en un flujo de vida completamente interconectado. Sin embargo, cada uno de nosotros experimenta la vida de un modo en el que muchas de nuestras elecciones no nos parecen ni instintivas, ni habituales, ni aleatorias, ni forzadas. Parece que hay algún aspecto de lo que somos que es «consciente» de maneras que no están predeterminadas por circunstancias internas o externas a nuestros cuerpos. No quiere decir que este aspecto de lo que somos no esté influido por dichas circunstancias, sino que no estamos totalmente controlados por ellas. Esta cuestión de la naturaleza del «libre albedrío» es importante para comprender la condición humana y el mundo natural en una era de colapso en la que cada vez más muchos de nosotros percibiremos la posibilidad de nuestro propio «colapso de cosmovisión» —o lo experimentaremos—.

En este capítulo voy a describir una forma de libre albedrío que, según la conclusión a la que he llegado, existe en todos los seres con cerebro y es esencial para que los ecosistemas existan y evolucionen. Empezaré explicando el tipo de libre albedrío que considero que existe, antes de abordar algunas de las objeciones científicas y espirituales a tal perspectiva. A continuación, mencionaré algunas teorías relevantes sobre el libre albedrío para que, si te interesa la historia del pensamiento filosófico, puedas situar mi punto de vista dentro de la vasta literatura sobre este tema. Ofreceré algunas ideas sobre cómo esta perspectiva del libre albedrío se relaciona con los conceptos de alma y consciencia universal, argumentaré que este concepto de «libertad natural» puede desvincularse de las nociones modernistas de los derechos individuales, explicaré la manera en que la existencia del libre albedrío no significa que la humanidad haya elegido colectivamente actitudes y comportamientos que iniciaron la destrucción de las sociedades y del mundo natural, refiriéndome a las sociedades premodernas (capítulo 9) y a la compulsión de explotar y destruir que surgió debido a la influencia del poder del dinero (capítulo 10). En seguida abordaré el creciente entendimiento de que solamente dentro de un mundo natural sostenido es posible la libertad de los seres vivos. Tras la discusión sobre el libre albedrío, exploraré cómo se relacionan los ecologismos dominantes con el libre albedrío y la libertad personal, antes de describir una filosofía política llamada ecolibertarismo.

Aunque a veces se considera una falacia lógica hacer referencia a la naturaleza como razón de nuestras perspectivas sobre la sociedad humana, la mayoría de las filosofías políticas aluden a «lo natural». Cuando son explícitas, las explicaciones a menudo pretenden ser científicas, aunque en realidad solo seleccionen un aspecto de la naturaleza para utilizarlo como metáfora de los seres humanos y la sociedad. El comportamiento de las langostas, las abejas y los bonobos en grupos sociales difiere enormemente y es el narrador humano el que selecciona en qué comportamiento o en qué especie centrarse para intentar que su argumento suene más convincente que su propia historia del mundo preferida (e influida culturalmente)[2]. Por lo tanto, soy muy prudente a la hora de «leer» de la naturaleza lo que es relevante para los seres humanos y las sociedades. En mi articulación sobre la «libertad natural» en este capítulo «extraigo» de la naturaleza sin hacer un muestreo selectivo del modo que acabo de describir. En su lugar, me centro en una característica universal. También lo ofrezco como contrapunto a otros argumentos derivados de la naturaleza: aunque algunos observadores desean ver en la naturaleza el apoyo a las jerarquías, la competencia o la cooperación en el comportamiento humano, también podemos elegir ver en la naturaleza cierto apoyo a la elección humana de defender la soberanía y la libertad personales.

Algunos consideran que el «libre albedrío» describe lo que existe cuando un ser vivo puede tomar más de un curso de acción posible en una serie de circunstancias dadas. Se trata de un planteamiento simple del libre albedrío, según el cual la aparición de posibles opciones antes de elegir es una prueba de que existe libre albedrío. Los detractores de esta postura argumentan que observar la acción de elegir no prueba que la elección haya sido «libre». Nos lleva a preguntarnos qué entendemos por «libre». ¿Significa el «libre» de libre albedrío que una acción está totalmente separada de las propiedades físicas, químicas y biológicas de un ser vivo, así como de su contexto ambiental y social? Sería una noción de «libre» innecesariamente separadora que, por definición, haría imposible su análisis. Además, ignoraría que la libertad solo puede existir en relación con limitaciones físicas. No hay libertad absoluta. Por ejemplo, no podemos estar en dos sitios a la vez. Del mismo modo, no existimos separados del reino físico, aunque eso no significa necesariamente que nuestros pensamientos y comportamientos estén *determinados totalmente* por lo físico.

En lugar de utilizar caracterizaciones imposibles de la voluntad o la libertad, el libre albedrío puede entenderse como la descripción de la volición —o voluntad— de un ser vivo que no es totalmente el resultado de los diversos factores físicos, químicos, biológicos y sociales que influyen en él. Muchos de los filósofos que estudian esta cuestión lo denominan «libre albedrío relativo»[3]. La creencia en la existencia del libre albedrío relativo significa que discernimos que hay una consciencia asociada a un ser vivo que tiene una voluntad autónoma en lugar de ser solo un epifenómeno de una materia compleja que funciona de forma mecanicista. Esta perspectiva del libre albedrío no niega que gran parte del proceso de percepción y elección esté influido por factores predeterminados, ni siquiera que la mayoría o las partes más importantes de ese proceso de percepción y elección puedan estar predeterminadas. Se trata más bien de afirmar que una parte, cualquier parte, del proceso de percepción y elección no está controlada por factores predeterminados, ni que es totalmente aleatoria. A este concepto teórico de ser se le han dado varios nombres y, por ahora, lo describiré como *el aspecto de la consciencia individual que no está totalmente determinado*[4]. Por el momento no voy a etiquetar este aspecto del ser (como alma, yo, atman, etc.) porque no comparto muchas de las ideas que implican estas etiquetas. Dentro de un momento veremos algunas de las perspectivas religiosas sobre la naturaleza de este aspecto agentivo de nuestro ser. Sin embargo, dada la influencia de la ciencia en nuestras sociedades modernas, consideremos primero las objeciones populares de algunos científicos.

OBJECIONES DESDE LAS CIENCIAS NATURALES

Puede parecer razonable afirmar que *el aspecto de la consciencia individual que no está totalmente determinado* es un fenómeno real, sobre todo porque se corresponde con nuestra experiencia individual. Sin embargo, las personas formadas en los métodos de la ciencia natural siempre cuestionarán la confianza en las experiencias individuales como base de una afirmación sobre la realidad. La metodología científica natural dicta que debemos centrarnos colectivamente en lo que puede demostrarse que existe. Se hace hincapié en los fenómenos medibles como medio de prueba. Desde una postura «positivista lógica», un científico podría señalar que si creemos en el libre albedrío y otra persona cree que en el fondo del jardín viven hadas invisibles, si no hay forma de probar o refutar ninguna de las dos afirmaciones, entonces no tiene sentido discutir si alguna de ellas constituye nuestra realidad compartida. El conocimiento humano ha avanzado mucho gracias a la aplicación de este punto de vista metodológico, que surgió de la Ilustración y es uno de los beneficios intelectuales de la modernidad. Sin embargo, el ejemplo que acabo de dar ignora cómo una de esas afirmaciones de conocimiento corresponde a experiencias que muchas personas relatan y que muchos han tratado de explicar de diversas maneras durante milenios (no me refiero a las hadas). Relegar esa experiencia a la misma categoría que la superstición o la fantasía insólita no solamente es ignorar lo extendida que está, sino expresar una pureza metodológica que obstaculiza la curiosidad y la posibilidad de comprensión (algo que considero el extremo de la modernidad, o «sobremodernidad», que reproduce una perspectiva desequilibrada, contraproducente y a veces incluso ilógica)[5].

La dificultad a la que se enfrentan las investigaciones científicas normales sobre la existencia, o no, del libre albedrío en los seres vivos es que la consciencia es el resultado de relaciones infinitamente complejas. Por lo tanto, un enfoque reduccionista que busca aislar variables entre las que se puedan encontrar correlaciones, con el fin de construir una teoría sobre lo que existe, solo podrá describir las influencias mecanicistas sobre las elecciones de un ser vivo, en lugar de lo que pueda haber más allá de esas influencias. Dado que es imposible excluir todas las demás influencias sobre la percepción y la elección, el libre albedrío no es algo que pueda probarse fácilmente con métodos experimentales. Esta es una de las razones por las que la neurociencia está limitada en lo que puede decirnos sobre el libre albedrío. Por ejemplo, una anécdota popular de los experimentos neurocientíficos es que la señal para mover el brazo se envía antes de que el sujeto sea consciente de que ha enviado la señal al brazo[6]. Tales resultados podrían indicar que algunos aspectos de la «mente» podrían residir en el ser vivo más allá del cerebro, en lugar de demostrar que todo lo que ocurre en nuestro interior está predeterminado mecánicamente desde el principio de los tiempos. En cualquier caso, posteriormente se ha revelado que tales estudios son defectuosos y la razón por la que siguen siendo populares es la falta de otros estudios que respalden experimentalmente la opinión de que no decidimos nuestros pensamientos y acciones incluso cuando creemos que sí lo hacemos[7].

Si eres una persona interesada en la filosofía puede que ya hayas identificado que mi perspectiva es similar a la posición filosófica de los libertarios metafísicos[8], quienes, en contraste con los deterministas, sostienen que los seres humanos tienen libre albedrío, lo que significa que al menos algunos aspectos de cualquier persona son libres de las diversas influencias sobre ellos (como las influencias de la cultura y el capital que discutimos en los capítulos 8 y 10). Tal perspectiva invita naturalmente a preguntarse qué aspectos de nosotros están libres de esas influencias. Los filósofos ofrecen algunas respuestas con teorías físicas y no físicas.

Las explicaciones teóricas físicas rechazan el determinismo físico, argumentando que al menos algunos aspectos del mundo físico son indeterminados y no pueden explicarse solo por causas físicas. Este argumento filosófico surge de una idea clave de la física cuántica: que el comportamiento de las partículas subatómicas es inherentemente impredecible e incierto. Experimentos conocidos, como en los que se disparan partículas subatómicas a rendijas para crear un patrón de interferencia como si hubieran viajado como parte de una onda junto con otras partículas pueden entenderse como una demostración de la indeterminación de la realidad a nivel subatómico. En cambio, el comportamiento de las partículas puede describirse mediante probabilidades de aparición en la realidad material, que pueden estar influidas por el contexto espacial y temporal e incluso por los observadores[9]. Por lo tanto, algunos libertarios metafísicos consideran que la conciencia es un epifenómeno que surge de la materia pero que, no obstante, la indeterminación dentro del mundo físico deja un potencial para el libre albedrío.

Otros libertarios metafísicos consideran que este punto de vista, según el cual la consciencia emerge simplemente de la materia, no proporciona un sentido suficiente de «aquello» que hay en nosotros y que se encarga de percibir y elegir. En cambio, las teorías no físicas de esta escuela de pensamiento consideran que los acontecimientos de nuestro cerebro (e incluso de nuestro cuerpo) no tienen una explicación totalmente física. En su lugar, se afirma que alguna forma de mente, fuerza, espíritu o alma no física interactúa con el mundo físico[10], lo que demuestra que no se puede explorar el libre albedrío sin llegar pronto a cuestiones metafísicas sobre la naturaleza del alma, el espíritu y lo divino.

DIFERENTES PERSPECTIVAS ESPIRITUALES SOBRE EL LIBRE ALBEDRÍO

Algunos temas como «el destino versus la agencia» no pueden entenderse suficientemente mediante conceptos y lenguaje. Diversas tradiciones de sabiduría ancestrales y relatos contemporáneos de personas que experimentan estados de conciencia no ordinarios apuntan a formas de conocimiento sobre estas cuestiones que van más allá de los conceptos y el lenguaje. Ese conocimiento implica trascender los pensamientos binarios de destino y agencia, así como las suposiciones sobre la ubicación del ímpetu del destino o de la agencia. Tanto si se trata de escrituras antiguas como de relatos contemporáneos, tratar de traducir ese conocimiento experiencial a conceptos y lenguaje conduce a la distorsión —acabamos intentando de «expresar lo inexpresable»—. Al reconocer la inevitabilidad de tales distorsiones, podemos estar atentos a la atracción o aversión emocional hacia las narrativas de lo metafísico y de lo inefable, así como a las implicaciones potenciales de tales historias. Por tal razón son importantes los métodos como la «relación profunda» (*deep*

relating), que nos ayudan a prestar atención a nuestros deseos y aversiones internos en relación con los pensamientos y sentimientos sobre
cuestiones como el libre albedrío, la libertad, el bien y el mal, para que
no nos dejemos llevar compulsivamente por esos deseos y aversiones[11].

He ofrecido estas reflexiones como prólogo para debatir las ideas de
las tradiciones espirituales sobre la cuestión del libre albedrío. Todas las
religiones padecen el problema de «expresar lo inexpresable», al tiempo
que aportan ideas interesantes, pero las distintas tradiciones espirituales
difieren enormemente en su visión de la existencia, o no, del libre albedrío. Las religiones abrahámicas (judaísmo, cristianismo e islam) tienen
en común la consideración de que el ser humano tiene una inteligencia
y una capacidad de decisión propias que lo convierten en un ser moral-
mente responsable, que puede pecar, ser perdonado y encontrar la salvación[12]. Esa suposición se ha mezclado con la modernidad para llevar a
muchas personas a suponer que son almas autónomas cuya capacidad
para dirigir sus vidas es más poderosa que sus influencias biológicas y
sociales. En mi discusión sobre la sabiduría crítica en el capítulo 8 vimos
cómo la confianza en la autonomía del propio pensamiento y acción
representa, irónicamente, un fuerte impedimento.

Una idea crucial, pasada por alto por la mayoría de los filósofos e intelectuales occidentales, es la perspectiva diferente de la consciencia en las
filosofías védicas orientales. En estas últimas, se considera que la consciencia existe antes que la materia y la energía, así como a través de toda
la materia y la energía. Por tanto, la consciencia que experimentan los
seres vivos no es un epifenómeno producido por la materia que se organiza de formas cada vez más complejas para crear cerebros. Más bien, los
cerebros (y otros aspectos de los seres vivos) son algo así como radios de
transistores que captan solo algunos anchos de banda del campo electromagnético y luego se retroalimentan. En esta analogía, la consciencia
en el campo electromagnético está en constante comunicación con las
radios e influida por ellas. Algunas interpretaciones de las filosofías védicas orientales sostienen que no hay libre albedrío en absoluto (por ejemplo, la tradición *advaita vedanta*)[13]. Esa perspectiva puede surgir de una

idea no dualista de que toda la existencia es indivisiblemente una entidad que está compuesta de lo que hemos estado etiquetando por separado como materia y espíritu. Algunos consideran que, como solo hay una consciencia universal, no se puede hacer nada que no esté ya decidido por esa mente única[14].

Esta perspectiva me rondó la cabeza durante algunos años a medida que profundizaba en mi propia comprensión y práctica del budismo. Empecé a preguntarme si esas perspectivas se basaban en la suposición infundada de que la unidad subyacente de toda consciencia excluye la posibilidad de múltiples centros de acción en su interior. En otras palabras, me preguntaba si estaban aplicando un concepto unitario o jerárquico a la noción de una mente. En cambio, en la vida somos testigos de una diversidad de consciencias, aunque a veces hayamos experimentado estados no ordinarios que dan la impresión de una consciencia mayor. Llegué a la conclusión de que podríamos percibir la consciencia universal como si contuviera infinitos centros de conciencia que están en constante relación dinámica entre sí, en lugar de que exista un único centro de agencia. El proceso de despliegue de la existencia puede percibirse como cocreado por esa multiplicidad infinita de expresiones de consciencia. Esta única consciencia policéntrica permite otras multiplicidades a medida que crea experiencias individualizadas de consciencia a través de los seres vivos. Con esta perspectiva de la no dualidad, puede verse que existe un libre albedrío relativo en los seres vivos[15].

Tras discutir esta perspectiva con ancianos de diversas tradiciones, descubrí similitudes con mis incipientes pensamientos sobre estas cuestiones. Por ejemplo, antes había malinterpretado el budismo sobre la no existencia de un yo. En cambio, la idea del budismo es que existimos de formas distintas a las que percibimos con el ego de nuestras mentes. Sugiere que podemos considerar que hay dos tipos de yo en cada uno de nosotros. Hay un yo relacional que es un compuesto de toda la naturaleza, la crianza, la cultura y las circunstancias dentro de nosotros y a nuestro alrededor, que tejemos juntos en una historia de lo que somos. Aunque existe, fluye y es inconstante, no es la forma fija a la que solemos apegarnos a lo largo de nuestra vida. Luego hay un yo que existe más allá de ese yo relacional y que desafía nuestro lenguaje porque no tiene forma[16]. Algunas personas con experiencia en meditación se refieren a él como la consciencia del observador o simplemente como consciencia. Me he referido a ella en este capítulo de forma torpe como *el aspecto de la consciencia individual que no está completamente determinado*, pero puedo describir este aspecto de nosotros mismos como «consciencia cocausal»[17] con la visión del budismo. Los puntos de vista no dualistas sobre la no separación entre materia y espíritu, y entre una cosa y el todo, nos invitan a reconocer que cada aspecto de la realidad está implicado en el «origen interdependiente» de todo lo demás en el universo, lo que significa que hay influencia interdependiente, pero no predestinación[18].

Como aspecto de la consciencia universal, esta consciencia cocausal es la fuente de nuestro libre albedrío. Está en constante comunión con las consciencias colectivas e individuales, de la forma que he descrito anteriormente utilizando la analogía de la radio[19]. Por lo tanto, esta consciencia cocausal está participando en la cocreación de los factores físicos, químicos, biológicos y sociales que le dan forma a ella y al todo. Tal perspectiva se encuentra en muchas tradiciones de sabiduría y también puede reclamar cierto apoyo de la física cuántica, en la que la atención del observador afecta a lo que se observa a nivel subatómico. Desafortunadamente, esa visión parece haber sido malinterpretada desde la cultura hiperindividualista de la modernidad para afirmar que cualquiera puede crear su realidad material mediante el pensamiento positivo, en lugar de reconocer que, a cierto nivel, todo existe en comunicación constante y total con todo lo demás[20]. Esas interpretaciones individualistas erróneas no deberían distraernos de considerar que nuestra consciencia individualizada participa en la producción de nuestra propia experiencia: no de forma autónoma o todopoderosa, sino como parte del proceso universal y eterno[21].

Algunas tradiciones cosifican esta consciencia cocausal en lo que describen como un «atman» o alma. Las corrientes dominantes de las religiones abrahámicas consideran el alma como una entidad separada y coherente que existe tras la muerte del cuerpo. En las tradiciones védicas, el «atman» puede reencarnarse. Mi perspectiva se acerca más a la budista, según la cual, aunque hay algo eterno en cada uno de nosotros, no se trata de un alma separada. Por el contrario, nuestra experiencia actual es un patrón que fluye dentro de la consciencia universal. Podemos considerar esa consciencia como un campo universal de información o lo que los hindúes describen como un registro akáshico, del que nuestra experiencia consciente forma parte y, por lo tanto, se suma a ella. El hacer y decir durante nuestras vidas influye en la consciencia universal para la eternidad y, por lo tanto, influye en todas las demás encarnaciones en todas partes (incluso a miles de millones de años luz de distancia). Desde esta perspectiva, nuestra «alma» no existe de forma separada e individual tras nuestra muerte, salvo como huella en el registro akáshico de la consciencia universal. Por lo tanto, no es necesario considerar que un alma individual continúe en ciclos de renacimiento o perdure como una entidad separada en un reino celestial. En cambio, tras la muerte del cuerpo, un alma individual vive como un aspecto de la conciencia universal e influye en lo que ocurre en las nuevas encarnaciones a través de su contribución a esa consciencia (que también puede entenderse como su impronta en el campo universal)[22]. Podría ser más sencillo describir este aspecto de nuestra consciencia como nuestra melodía improvisada dentro de la sinfonía de la vida, en lugar de nuestra alma[23].

Estas discusiones pueden parecer tangenciales a la cuestión de buscar un colapso más compasivo y sabio. Sin embargo, creo que la cuestión del libre albedrío y de la libertad es relevante para la filosofía medioambiental y política contemporánea, a medida que las sociedades se desestabilizan. Nuestras libertades personales se ven amenazadas conforme las personas con poder responden mal a su ansiedad por las dificultades a las que se enfrentan (capítulo 13). Como mencioné al abrir este capítulo, algunos autoritarios cuentan con el apoyo de los ecologistas que culpan a nuestras libertades individuales de la difícil situación a la que nos enfrentamos. Algunos de ellos justifican tales opiniones con sus interpretaciones tanto de la naturaleza humana como del mundo natural. En contra de su opinión, en el resto del capítulo explicaré cómo el libre albedrío relativo puede considerarse esencial dentro de la naturaleza.

LIBERTAD NATURAL

La discusión anterior sobre la existencia del libre albedrío relativo fue un preludio para afirmar un punto de vista sobre la naturaleza del mundo viviente y, por lo tanto, sobre la naturaleza de la humanidad. Existe una perspectiva sobre el libre albedrío que no es muy conocida, pero que es relevante para estos tiempos. Sostiene que, para los seres sintientes que tienen mente, el libre albedrío relativo es una característica esencial e insustituible[24]. El argumento parte de que, a nivel de los seres vivos individuales, no todo lo que sabe un animal procede de su instinto o de que se lo enseñen otros (o de la observación). El proceso de aprendizaje individual es algo que todo animal debe hacer para sobrevivir y luego prosperar. Para tal fin, cualquier animal necesita un libre albedrío relativo que le permita aprender por ensayo y error. Si no puede elegir qué hacer en una circunstancia concreta, no puede aprender. Los progenitores suelen desempeñar un papel importante en la configuración de las circunstancias que experimentan sus crías al principio, pero no pueden controlarlo todo y no controlan las elecciones que hacen sus crías.

Algunos biólogos consideran que estos procesos están totalmente determinados por factores biofísicos internos y externos. Al hacerlo, amplían la visión mecanicista de la naturaleza (y de la evolución) que, según ellos, explica mejor que otros modelos el comportamiento de los seres no sensibles. No cabe duda de que hay factores predeterminados en el momento de elección de un animal, incluso cuando ese momento no está determinado por el instinto, el hábito o el comportamiento aprendido. Sin embargo, se pueden observar comportamientos de experimentación —de movimiento corporal, degustación y similares—. Como los procesos internos del animal son intrínsecamente ambiguos para cualquier observador, afirmar que es totalmente mecanicista implicaría proyectar un modelo sobre esa ambigüedad. En cambio, la ambigüedad puede reconocerse como impenetrable y, en su lugar, los comportamientos observados en la experimentación pueden aceptarse como coherentes con un relativo libre albedrío. No se trata de proyectar la experiencia subjetiva humana del libre albedrío sobre el comportamiento de otros seres sensibles, sino de observarlo en acción. Cuando los animales eligen, puede que no siempre se trate de pensamiento abstracto, pero sí de una relativa libertad de elección[25]. Interpretar así el fenómeno del comportamiento animal (incluido el humano) no implica rechazar el modelo mecanicista de gran parte de la naturaleza, aunque algunos consideran que abre la puerta a reconsiderarlo en mayor medida[26].

Y llegamos a la evolución. Para que algunos tipos de mutaciones den lugar a una característica (fenotipo) beneficiosa para un animal, de modo que sus genes puedan propagarse por una población, es necesario que exista un libre albedrío relativo en ese animal y en aquellos con los que interactúa. Puede ser necesaria cierta experimentación con el nuevo fenotipo para descubrir alguna ventaja. Por ejemplo, unas alas más grandes podrían beneficiar la autonomía de vuelo, pero implicarían comer más. Una visión mecanicista propondría que una mezcla de factores biofísicos habría predeterminado si ese pájaro pudiese volar más lejos que el resto de su bandada. Sin embargo, en lugar de ello podríamos observar el comportamiento de volar más lejos como si el ave estuviera experimentando y, por lo tanto, que existe cierto libre albedrío relativo. Además, si otros pájaros prefieren sexualmente al pájaro con las alas más largas, lo que lleva a que ese fenotipo se extienda entre su descendencia, ¿es mejor considerarlo como algo programado mecánicamente o como algo que implica su libre albedrío relativo? Opto por responder a la ambigüedad inherente considerándolo como este último proceso. Esta perspectiva lleva a la conclusión de que no solo los animales necesitan libertades relativas para prosperar en su entorno, sino también las especies y los ecosistemas de los que forman parte. Ya sea que en el mundo natural se enfatice la competencia o la cooperación, las jerarquías o los sistemas más planos, el libre albedrío relativo puede considerarse esencial para que surjan esos patrones siempre que impliquen a seres sensibles[27]. Como esa sensibilidad implica un libre albedrío relativo que contribuye a la forma en que ha evolucionado la naturaleza, podemos decir que la naturaleza «necesita» libertad en sus criaturas sensibles. Llamo a este concepto «libertad natural», ya que es la libertad fundamental en la naturaleza, al menos en el reino animal, y quizá más allá[28].

El reconocimiento de la libertad natural puede complementar una perspectiva de consciencia de unidad policéntrica para sustentar una visión tanto del ser humano individual como de las comunidades humanas como tendentes a la conexión, la expresión y la germinación. En otras palabras, una perspectiva de la naturaleza o la vida constituida por seres individuales que interactúan libremente para producir formas emergentes (nuevos seres, comunidades de seres y nuevas estructuras). Este punto de vista reconoce la tendencia natural de las formas de vida a desear la libertad de elección y expresión, aunque estas dependan de otras formas de vida (y se realicen a través de la conexión con ellas). Considera que la libertad individual es tanto cooperativa como competitiva. Por lo tanto, ve la estabilidad del ecosistema como un fenómeno emergente de seres que interactúan libremente en lugar de que haya un individuo o una especie que lo controle, aunque algunos tengan una influencia desmesurada (como las especies clave, de las que hablamos en el capítulo 9). Los filósofos ecologistas se han referido a estas ideas al hablar de los «sistemas autoorganizados» que existen en la naturaleza. Han señalado que la naturaleza no tiene presidentes, sino que todo «se organiza», y que todo (antes de los humanos modernos) tiene una contribución importante al conjunto en un ecosistema, ya que busca sus propias necesidades y expresión[29].

A pesar de la retórica generalizada durante siglos sobre la libertad en los países de todo el mundo, como vimos en los capítulos 8, 9 y 10, el tipo de libertad natural que estoy describiendo aquí no ha sido experimentado por la mayoría de la gente. En su lugar, el poder del dinero ha moldeado la experiencia de vida de la gente a través de la mercantilización y comercialización de todos los aspectos de la sociedad. Como vimos en el último capítulo, experimentamos la vida luchando y compitiendo por la seguridad, la pertenencia, la realización y el sentido de la vida. Nuestras identidades se conforman como consumidoras de productos y servicios y como vendedoras de nosotros mismos como producto o servicio. Los diversos supuestos modernistas del progreso perpetuo y el derecho personal se ven acentuados por el sistema de la deuda monetaria y contribuyen a servirlo[30]. El reconocimiento de que el libre albedrío relativo existe en la naturaleza y, por lo tanto, en cada uno de nosotros, no significa que estemos actuando con nuestro libre albedrío cuando creemos que lo hacemos. Más bien, la manipulación es un aspecto de nuestra realidad. Por lo tanto, la humanidad no eligió libre y colectivamente actitudes y comportamientos que causan la destrucción de las sociedades y del mundo natural. Por el contrario, antes de que el poder del dinero se volviera omnipresente y dominante, durante decenas de miles de años la experiencia del *homo sapiens* en este planeta fue la de formas de sociedad compleja sin destrucción ecológica persistente o irrecuperable (capítulo 9). La falta de libertad, y no la libertad, es la que acorraló a los humanos modernos en la destrucción del planeta[31] y es esa falta de libertad la que puede haber frenado nuestra evolución como especie y la evolución en general.

Dada la crisis ecológica que he esbozado en este libro, cada vez es más aceptado que solo dentro de un mundo natural sostenido es posible la libertad de los seres vivos. No solo la naturaleza necesita libertad, sino que la libertad necesita a la naturaleza. Hay muchas maneras de responder a esta constatación. Si no reconocemos la naturaleza de nuestra falta de libertad en los sistemas conformados por la lógica del poder del dinero, corremos el riesgo de que nuestras respuestas sean confusas e inútiles. Tenemos una gran tarea por delante si el resumen del programa de Inteligencia Artificial ChatGPT sirve de seña. Casi había terminado este libro cuando ese programa se hizo popular. La primera petición que le hice fue, a través de mi colega investigador Matthew Slater, que evaluara qué se podía entender sobre este dilema dentro de la literatura existente. Le pedí que se le preguntara: «¿es la libertad humana peligrosa para el futuro de la especie humana?». Esta es la respuesta generada automáticamente en enero de 2023:

> La libertad humana es un concepto complejo y polifacético que puede tener consecuencias tanto positivas como negativas para el futuro de la especie humana. Por un lado, la libertad humana es esencial para la autonomía individual, la autoexpresión y la creatividad, que son motores clave del progreso y la innovación. La libertad humana también permite a las personas tomar sus propias decisiones y perseguir sus propios objetivos y aspiraciones, lo que puede conducir a un mayor bienestar y felicidad. Por otra parte, la libertad humana también puede tener consecuencias negativas, sobre todo cuando no está equilibrada con otros valores como la responsabilidad, la empatía y la cooperación. La libertad desenfrenada puede conducir al egoísmo, la codicia y el desprecio por los derechos y el bienestar de los demás, lo que puede perjudicar tanto a los individuos como a la sociedad en su conjunto. Además, la libertad para explotar los recursos y contaminar el medio ambiente puede tener consecuencias catastróficas para el planeta y la supervivencia humana a largo plazo. Además, con el estado actual de la tecnología y su potencial de destrucción masiva, la libertad de utilizar estas tecnologías de forma imprudente puede ser peligrosa para el futuro de la especie humana. En conclusión, la libertad humana es tanto un derecho fundamental como una fuerza poderosa que puede moldear el futuro de la especie humana, pero es importante tener en cuenta las posibles consecuencias negativas que puede acarrear el ejercicio de la libertad, y equilibrarla con otros valores como la responsabilidad, la empatía y la cooperación.

Aunque impresiona la calidad de la respuesta, también ayuda a demostrar la forma en que muchas personas responderán a la cuestión de si la libertad es un problema para la sostenibilidad si no comprenden hasta qué punto carecemos actualmente de libertad. Porque la libertad no consiste solamente en poder elegir: requiere que existamos dentro de sistemas que nos ayuden a evaluar y elegir con conocimiento de causa, caso que no ocurre en las sociedades modernas[32]. Y como explica mi colega filósofo Rupert Read, «la liberación como meta es la liberación de la adhesión no voluntaria a la ideología, no de otros seres: al contrario»[33]. Dado que el poder del dinero moldea tanto nuestro mundo interior como el exterior, nuestra libertad depende de que seamos más conscientes de las suposiciones, aversiones y deseos que existen en nuestro interior. Cultivar nuestra propia sabiduría crítica, tal y como se describe en el capítulo 8, es clave, por lo tanto, para esta autoliberación hacia formas de ser que no sean supresoras ni destructivas para nosotros, para los demás o para la naturaleza. Dado que nuestra experiencia del mundo y nuestra capacidad para lograr casi cualquier cosa dependen de la forma en que piensen, sientan y se comporten los demás en la sociedad, el apoyo a la sabiduría crítica de los demás es esencial para restaurar nuestra propia libertad natural, lo que incluye ayudarnos mutuamente a considerar qué entendemos por libertad y cómo podríamos alcanzarla[34].

Algunas personas del movimiento ecologista describen la importancia de la coliberación o colibertad en la forma en que organizamos y trabajamos por el cambio social[35]. También es la razón por la que esas corrientes apuntan contra la tergiversación de la libertad actual como mera expresión de las compulsiones que generan en nosotros los sistemas basados en la lógica del poder-dinero. Como explica Read, «el (pseudo)individualismo arraigado, la indiferencia mutua, el cuasi-solipsismo generalizado de nuestro tiempo: estos son (serán) los principales objetivos negativos de la filosofía liberadora». Podemos reconocer que las libertades se protegen y posibilitan conjuntamente, por lo que, dado que la libertad de una persona puede lesionar la libertad de otra, existe un papel esencial y permanente para el diálogo y la contestación pacífica sobre los comportamientos de las personas que afectan a otras.

Nuestro reconocimiento y respeto de la soberanía personal, al tiempo que comprendemos la forma en que cada uno de nosotros ha sido moldeado por la cultura y herido por ella, de modo que nuestros comportamientos pueden ser compulsivos y destructivos, nos plantea a todos una paradoja. ¿Cómo respetamos el mundo interior y los deseos de cada individuo, al tiempo que nos ayudamos mutuamente a comprender mejor lo que puede estar moldeando nuestras preferencias y las consecuencias para nosotros mismos y para los demás? Se trata de un viejo problema de relación entre lo individual y lo colectivo. En el caso del medio ambiente, el interés colectivo pasa cada vez más por moderar nuestro impacto sobre el planeta. ¿Qué hacer, pues, con los deseos de algunos de consumir en exceso? ¿Cómo volar en primera clase todos los meses? A menudo esas personas piensan que están expresando su libre albedrío. No tienen en cuenta que sus deseos de consumo pueden provenir de heridas que no se curarán con ese consumo, o que sus comportamientos están moldeados por relatos culturales sobre la forma de experimentar el respeto por uno mismo, el amor propio y el éxito, que surgen del control comercial de los sistemas de comunicación en la sociedad.

Al considerar los límites apropiados a tales comportamientos personales que surgen con las culturas distorsionadas por la Modernidad Imperial debemos evitar cualquier replanteamiento del concepto de libertad que descentre al individuo libre como clave para determinar lo que constituye su propia libertad. Si reconocemos la existencia de la libertad natural, entonces reconocemos la importancia de la libertad del individuo para decidir lo que puede representar un reto en un mundo en el que las opciones individuales están tan distorsionadas por el poder del dinero y en el que nos enfrentamos a amenazas tan graves para la vida por la situación ecológica. Una respuesta a favor de la libertad ante esta paradoja puede dar prioridad a reducir el dominio del poder del dinero a la hora de determinar las opciones de las personas, así como a buscar una mayor devolución del poder a sistemas que las personas puedan configurar juntas. Un punto de vista ecolibertario sobre la ilegitimidad básica y la naturaleza perjudicial del actual sistema de dinero-deuda también sustenta un escepticismo tanto hacia la riqueza extrema como hacia el consumo derrochador que se asocia a ella. Por lo tanto, es muy poco probable que una sociedad ecolibertaria tolere los niveles de desigualdad y daño que implica volar en primera clase.

El objetivo de nuestra acción individual y colectiva puede ser la «ecolibertad», ese estado individual y colectivo de libertad y capacidad para cuidar unos de otros y al medio ambiente, en lugar de ser coaccionados o manipulados hacia comportamientos que lo dañan. Las personas a las que me refiero como ecolibertarias creen que ese estado de ecolibertad es real y que puede restablecerse para más personas. Reconocemos que la libertad es un aspecto fundamental de nuestro ser y que somos capaces de recuperar juntos una libertad más profunda de redescubrir que realmente pertenecemos al Planeta Tierra, en el amplio abanico de la vida. Como ecolibertarios, reconocemos que las sociedades modernas destruyen sus propios cimientos porque nos han manipulado para que experimentemos la vida como algo inseguro y competitivo y nos comportemos en consecuencia. Como examinaremos en el capítulo 13, las mismas instituciones establecidas están disminuyendo la conciencia pública sobre el colapso actual y el diálogo sobre los mejores medios para responder a él. Como veremos en el capítulo siguiente, los ecolibertarios de todo tipo, usen o no esta etiqueta, están encontrando formas de resistir, escapar y redirigir colectivamente el poder del sistema establecido para que muchos de nosotros podamos experimentar nuestra libertad natural y explorar la forma en que deseamos vivir durante una era de colapso.

A medida que aumente la consciencia del colapso de las sociedades modernas y asimismo las tensiones de vivir en su interior, habrá más oportunidades para que crezcan los enfoques alternativos. Como veremos en el próximo capítulo, estos enfoques incluyen esfuerzos para restaurar los recursos y las redes de propiedad común, de modo que muchas de nuestras necesidades y deseos puedan satisfacerse fuera de la provisión estatal o del mercado. Sin embargo, mientras las instituciones de gobierno (a todos los niveles) y el capital filantrópico sigan existiendo, los ecolibertarios aspiran a que se canalicen más recursos hacia las organizaciones, las plataformas y las monedas de propiedad común, de modo que pueda buscarse un colapso más suave y justo de las sociedades a mayor escala. Los ecolibertarios también son conscientes de las oscuras tendencias hacia el autoritarismo, desde todos los lados de la división política entre izquierda y derecha, y tratan de resistirse a que el problema medioambiental se utilice para justificar las políticas arriesgadas u opresivas que promueven las élites (una tarea importante, como veremos en el capítulo 13). En todo el mundo se persiguen diversos aspectos del ecolibertarismo, pero estos procesos carecen de un marco global que apoye la integración y la amplificación de los esfuerzos.

Visiones de la ecolibertad

Si estás sufriendo la explotación y las injusticias de la Modernidad Imperial, escuchar que ya ha empezado a derrumbarse puede no parecerte tan mala noticia. Sin embargo, los diversos cambios medioambientales que en parte impulsan ese colapso afectarán a personas que poco tienen que ver con la vida urbana moderna. Y para la mayoría de quienes leen este libro, supongo, conllevará un sufrimiento difícil de predecir. Por lo tanto, es comprensible que la visión que he esbozado en este libro se considere «negativa» y pesimista, aunque sea una valoración creíble. La necesidad de una esperanza y una visión simplista y materialista puede considerarse un aspecto de la cultura de la Modernidad Imperial. Sin embargo, es una cuestión válida preguntarse cuál es la visión de éxito de las personas que, como yo, nos identificamos como ecolibertarios y que tomamos decisiones conscientes sobre el modo de influir en las sociedades[36].

Dado que nuestra libertad es contextual y que los resultados que se consiguen cuando las personas viven en colibertad son emergentes, los objetivos ecolibertarios de nuestro compromiso social tienen que ver tanto con las formas de ser y los procesos como con los resultados materiales. Es decir, tanto si pensamos de forma explícitamente política y activista como si simplemente tomamos decisiones sobre nuestra propia forma de vida. La consecución del estado ideal que es la ecolibertad se manifestará de múltiples maneras, lo que significa que el ecolibertarismo es adecuado para una era de colapso en la que especificar los objetivos materiales o tratar de justificar nuestras acciones sobre la base de tales objetivos ya no es creíble ni útil. Pero tal perspectiva puede dejarnos sin claridad sobre cómo pensamos que sería el éxito. En respuesta, ofreceré mi propia visión «pesimista positiva», que ve la luz que puede surgir de la oscuridad.

Mi visión es la de un mundo en el que los sistemas de comunicación dominantes animen a muchas menos personas a experimentar menos de sí mismas, de los demás y de la naturaleza. Me refiero a la «comunicación» en el sentido más amplio posible: los sistemas monetarios, de mercado y educativo, junto con la cultura dominante (incluidos sus aspectos religiosos o seculares), así como los vehículos específicos de la comunicación contemporánea que son los medios de comunicación de masas, las grandes tecnológicas, la publicidad, las relaciones públicas y las campañas políticas. Estos sistemas dominantes nos animan a experimentar menos de nosotros de muchas maneras, incluyendo menos autoconsciencia, menos emoción, menos expansividad del ser y menos intuición (como vimos en los capítulos 8, 9 y 10). Experimentar más de nosotros implica permitir y ser testigos de nuestras emociones y no actuar impulsivamente para frenar o servir a esas emociones, mientras nos permitimos más fuentes de intuición y un sentido expandido de nosotros mismos como parte de una comunidad, un planeta y un universo.

Los sistemas de comunicación dominantes también nos animan a experimentar menos a los demás, incluida una menor apertura a las realidades, subjetividades, sufrimientos y deseos de otras personas, tanto en general como debido a las características específicas de identidad, como la raza, el género, la orientación sexual, la edad, la nacionalidad, la religión, las opiniones individuales y la clase económica. Experimentar más a los demás es sentir empatía por su situación y no restarles importancia debido a las categorías de identidad que les aplicamos. Los sistemas de comunicación dominantes también nos animan a experimentar menos la naturaleza. Se nos anima a no experimentarnos a nosotros como parte de la naturaleza y a la naturaleza como nosotros. En su lugar, la naturaleza se presenta como un recurso externo. Se nos anima a no conocer ni sentir los daños causados a seres individuales, así como a especies y ecosistemas enteros. Experimentar más la naturaleza es sentirse profundamente inmerso en la experiencia de otra vida y de la vida en su totalidad, con el éxtasis y el dolor que esa conexión puede engendrar.

Mi convicción es que, una vez liberados de los sistemas de comunicación dominantes que restringen nuestra experiencia de nosotros mismos, de los demás y de la naturaleza, responderemos más eficazmente a todas las dificultades de la vida, ya sea en el ámbito personal, profesional o político. Considero delirantes las visiones en las que desaparece el sufrimiento o en las que se revierten sin daño procesos masivos ya en marcha. Considero que surgen de experimentarse a sí mismo, a los demás y a la naturaleza de forma restringida debido a los sistemas de comunicación dominantes. Por el contrario, acepto que siempre habrá sufrimiento y belleza, dolor y alegría, pérdida y nacimiento, ambigüedad y claridad, fracasos y éxitos.

Mi visión, por tanto, incluye a millones de personas de la mayoría de los credos y de ninguno, que han tomado nueva consciencia de la forma en que algunos de los sistemas de comunicación dominantes han distorsionado su experiencia de sí mismos, de los demás y de la naturaleza. En consecuencia, causarán menos sufrimiento, lo resistirán más y permitirán más alegría, creatividad y trascendencia. En adelante me referiré a esta visión del futuro como una evotopía. «Evo» significa contemplar o presenciar y «topía» significa lugar o realidad. Una evotopía es el escenario idealizado en el que la humanidad contempla mejor la realidad natural, de modo que la destrucción se ralentiza y la belleza fluye.

La praxis del ecolibertarismo será diversa y veremos algunas instancias en el capítulo siguiente. Cultivar la sabiduría crítica será fundamental tanto para promover como para defender la libertad en una era de colapso (como se describe en el capítulo 8). A medida que la esfera pública moldeada por intereses comerciales frustre nuestra capacidad de generar sentido común será esencial una menor dependencia de los medios de comunicación corporativos, ya sean dominantes o «sociales», con un retorno a las comunicaciones por correo electrónico, boletines y reuniones. Dependiendo de lo que la gente quiera conseguir, gran parte de lo importante ocurrirá fuera de Occidente, fuera de las clases privilegiadas y fuera de la profesión medioambiental tradicional. La solidaridad entre grupos de personas no privilegiadas de todo el Sur Global, que constituyen la mayoría de la población de nuestro planeta, será fundamental para que los esfuerzos ecolibertarios tengan influencia en el mundo —algo sobre lo que volveremos al final—.

Ecolibertarismo en contexto

Por diversas razones, el término «libertario» se ha asociado en el mundo anglosajón a un tipo particular de política de derechas. Una de las razones es la influencia de los marcos políticos y las ideas estadounidenses en todo el mundo. En Estados Unidos, el libertarismo de izquierdas ha tenido poco o ningún eco, siendo el libertarismo de derechas la única forma con cierto seguimiento e influencia política. Los partidarios de cualquiera de las dos corrientes del libertarismo afirman estar preocupados principalmente por permitir las libertades de los individuos y nuestras colaboraciones voluntarias y por protegerlas de la influencia o la intrusión de poderes externos y jerárquicos, a menos que las personas afectadas lo consientan de forma consciente y voluntaria. Todas las corrientes consideran que las libertades personales son nuestro estado original, ya se entiendan como dadas por Dios o naturales, en el sentido que he descrito anteriormente.

Mi articulación del ecolibertarismo se aleja del libertarismo de derechas, porque no es ciego a la influencia e intrusión de las corporaciones —y al poder del dinero del capitalismo en general— en nuestras vidas. Por el contrario, sostiene que la libertad frente a dicha influencia e intrusión es fundamental para que todos recuperemos nuestra libertad. Puede entenderse que el libertarismo de derechas haya restado importancia a esas amenazas a la libertad precisamente por el poder de las corporaciones y el capital, tanto en la cultura como en la política. Ese poder ha hecho que mucha gente asuma que la libertad es individualista, en lugar de vivirla siempre en colaboración. También ha llevado a desestimar la atención que se presta a que algunos derechos se están defendiendo a escala errónea, siendo el ejemplo clave las libertades de las corporaciones para eludir la responsabilidad ante aquellos a los que afectan. No se debe a la ausencia de pensadores libertarios de derechas que nos animaran a frenar el poder corporativo en interés de la libertad de todos. Por ejemplo, tanto Friedrich Hayek como Milton Friedman eran partidarios de las leyes antimonopolio para impedir estas prácticas[37]. Murray Rothbard fue mucho más lejos al argumentar que las corporaciones no deberían existir en su forma actual, en la que tienen protecciones como la responsabilidad legal y ventajas inusuales en la financiación y los impuestos, características que, según él, son producto de su influencia sobre el gobierno[38].

En cuestiones medioambientales, la corriente dominante de la derecha libertaria estadounidense se ha centrado principalmente en argumentar que la forma de responder consiste en extender los derechos de propiedad y confiar en el ingenio humano. Por tal razón, ha promovido la idea del «ecologismo de libre mercado»[39] y de que la mente humana es el «recurso definitivo» que resolverá todos los problemas mediante la tecnología[40]. Estas ideas han tenido una enorme influencia en la política medioambiental estadounidense de los últimos treinta años y, por lo tanto, a escala mundial. Por ejemplo, los acuerdos internacionales sobre el cambio climático promulgaron esta ideología para fomentar los mercados del carbono. El predominio del ecomodernismo en la corriente principal del ecologismo actual también refleja esta influencia. Tenemos décadas de pruebas que nos llevan a concluir que estas ideas no funcionan en la práctica. Que una familia sea dueña de su propiedad puede significar que la cuide mejor y que tenga en cuenta las cuestiones medioambientales a largo plazo, pero trasladar esa idea a la escena mundial, donde las corporaciones multimillonarias moldean las políticas para maximizar los beneficios, es un error intelectual indolente que sirve a los intereses de las élites.

Al reconocer el abuso del poder corporativo como una característica de nuestro sistema económico y no como un efecto secundario, el ecolibertarismo rompe con el popular pero fracasado fundamentalismo de mercado de los pensadores libertarios de derechas sobre el medio ambiente[41]. En cambio, coincide con toda la variedad existente de pensamiento libertario de izquierdas que apoya sistemas económicos alternativos que den prioridad a las formas de control de los trabajadores y de la comunidad, como las cooperativas y la democracia participativa. Se utilizan varios términos para describir este enfoque, como socialistas libertarios, comunitaristas y comunalistas (no confundir con comunistas). Uno de los pensadores clave en este campo es el escritor estadounidense Murray Bookchin, que hace hincapié en la descentralización del poder como vía hacia la sostenibilidad ecológica y la justicia social[42]. Sin embargo, Occidente no ha sido el lugar donde han prosperado estas ideas. En cambio, uno de los pensadores más influyentes en este campo fue Lala Lajpat Rai, un filósofo indio que ejerció gran influencia en el movimiento independentista de la India a principios del siglo xx. El término asociado a sus ideas es «anarquismo constructivo» y consideraba los recursos naturales como propiedad comunal que debía gestionarse colectivamente. Aunque él y Mohandas Gandhi discrepaban en algunos de los métodos para lograr la independencia de la India, compartían la visión de una forma diferente de economía gobernada comunitariamente que respetara la naturaleza[43]. Curiosamente, el economista Babasaheb Ambedkar, quizá la figura más importante que condujo a la India a la independencia también compartía estas ideas sobre la propiedad común[44]. El poder actual de las cooperativas de productores y consumidores en la India refleja esta tradición.

Al igual que el libertarismo de izquierdas ha fomentado la propiedad y la gestión cooperativa de los recursos frente a la propiedad estatal o corporativa, el ecolibertarismo fomenta lo mismo hoy en día como medio de responder a la desintegración de las sociedades modernas. Lo estudiaremos en el próximo capítulo, pero para concluir este debate sobre la relación del ecolibertarismo con las ideas existentes examinaremos brevemente algunas corrientes actuales del ecologismo occidental contemporáneo. Como soy un angloparlante con un abanico limitado de conexiones, puede que esté pasando por alto formas significativas de movimiento político en sintonía con el medio ambiente, pero espero que el debate que sigue ayude a mostrar la forma en que el ecolibertarismo marca una ruptura significativa con los ecologismos dominantes e ineficaces que hasta ahora han dominado el debate y las iniciativas internacionales en la actualidad[45].

Relanzar el ecologismo para una era de colapso

Tras décadas de actividad medioambiental basada en la teoría (o la sensación) de que es pragmático evitar cualquier desafío explícito al capitalismo, el fracaso indiscutible de esa actividad a la hora de obtener resultados tangibles para la biosfera significa que ya no se puede argumentar que esa reticencia sea pragmática. La lección de ese fracaso no es pasar al autoritarismo; por el contrario, la clave es una mayor libertad frente a las presiones para competir, explotar y consumir. Una de las tareas que tenemos ante nosotros es clarificar, comunicar y construir bases de poder autosostenibles y de sus redes asociadas que ayuden a que surja la ecolibertad. Sin embargo, para ese fin, no serviría un sector medioambiental autosilenciado que hable de especies y emisiones de carbono. En su lugar, es necesario un movimiento político más revolucionario y centrado en la libertad basada en los derechos en respuesta al reconocimiento de que hemos entrado en una era de colapso social debido a la extralimitación destructiva de la Modernidad Imperial. Por desgracia, en los últimos años los líderes del pensamiento ecologista occidental han expresado la perspectiva contraria. Es importante reconocer los antecedentes del ecoautoritarismo, así como las ideas que alejan a la gente de la resistencia, que es lo que vamos a analizar ahora.

Tras décadas de fracasos reformistas en el frente medioambiental, algunos sostienen que no tenemos tiempo para intentar un cambio revolucionario y que debemos tratar de tomar y utilizar las palancas de poder existentes. Otros proponen formas autoritarias de cambio revolucionario, en las que una nueva élite se hace con el poder en lugar de compartirlo y transformarlo[46]. Otros ignoran erróneamente la Modernidad Imperial para asumir que los humanos modernos han elegido libremente destruir nuestro planeta y, por lo tanto, argumentan que la preocupación por protegernos del totalitarismo pasa a un segundo plano ante la crisis medioambiental[47]. Cada una de estas perspectivas apoya las respuestas autoritarias o socava cualquier desafío a las mismas. Pueden resultar seductoras para las personas que buscan un sentimiento de agencia per-

sonal en respuesta a su ansiedad ecológica, pero muchas de las investigaciones psicológicas que he descrito en otro lugar sugieren que cualquier
«evitación experiencial» de emociones dolorosas en las personas podría
conducirlas a formas abusivas de comportamiento autoritario[48].

Más profundamente, los sentimientos ecoautoritarios pueden surgir
de un apego a las ideas de control, orden y progreso que la Modernidad
Imperial nos ha inculcado a todos al servicio del poder del dinero. Apegados a esas ideas, nos vemos tentados a considerar los problemas medioambientales como un desorden molesto que hay que organizar mediante una
mejor gestión. En *Los orígenes del totalitarismo*, Hannah Arendt argumen-
taba que el totalitarismo no procede tanto del deseo de dominar a los
demás como de la convicción de que toda la vida puede controlarse. Como
la vida es intrínsecamente compleja, ambigua e incontrolable, el modernista ve la vida como algo que hay que domesticar e incluye domesticar a
las criaturas humanas, con nuestros propios pensamientos y sentimientos
sobre cómo vivir. Por lo tanto, un impulso totalitario puede surgir de un
profundo miedo y rechazo a la verdadera naturaleza de la vida[49]. A medida
que la gente se preocupa más de que nuestro mundo se vuelva menos
hospitalario para nosotros, esta tendencia naturofóbica hacia el autoritarismo crecerá en algunos: lo que puede llevar a algunas políticas muy
estúpidas y contraproducentes, como veremos en el capítulo 13.

Los sentimientos ecoautoritarios también pueden surgir de una
visión misántropa de la naturaleza humana como inherentemente
egoísta y destructiva. Esta visión negativa de la naturaleza humana se
interpretaría a partir del comentario del periodista medioambiental británico George Monbiot. En un debate escrito entre él y otro periodista
medioambiental británico, Paul Kingsnorth, escribió lo siguiente:

> Usted sostiene que la civilización industrial moderna «es un arma de des-
> trucción masiva planetaria». Cualquiera que conozca la masacre paleolíti-
> ca de la megafauna africana y euroasiática, o el exterminio de las grandes
> bestias de América, o el pulso masivo de carbono producido por la defo-
> restación en el Neolítico debe ser capaz de ver que el arma de destrucción
> masiva planetaria no es la cultura actual, sino la humanidad[50].

Dada la investigación que realicé sobre las sociedades antiguas para el capítulo 9, desconfiaba en cierto modo de cualquier condena general de la relación de la humanidad con la naturaleza, así que examiné más detenidamente las pruebas de estas afirmaciones. Descubrí que no son tan concluyentes las pruebas de una «masacre paleolítica de la megafauna africana y euroasiática». Se refiere a una época llamada Pleistoceno en el registro geológico y se han propuesto varias teorías sobre la causa de la extinción de las especies. Como indica George, la caza por parte de los humanos (y pre-*homo sapiens*) es una teoría, pero también hay pruebas de otras causas, como el cambio climático al final de la última glaciación[51], las enfermedades[52], el impacto de un asteroide o un cometa[53], e incluso la radiación solar. Según esta última teoría, los niveles inusuales de radiación solar podrían haber provocado mutaciones genéticas que condujeron a las extinciones[54]. Muchas de las extinciones coincidieron con el período de cambio climático del Dryas Reciente, que posiblemente podría haber sido causado por el impacto de un cometa o asteroide. Por lo tanto, es una elección subjetiva emitir un veredicto sobre la humanidad.

Cuando Monbiot describe «el exterminio de las grandes bestias de América» está dando una interpretación sobre el colapso de la megafauna en esa región que también se produjo en la época del período climático del Dryas Reciente, decenas de miles de años después de que los humanos llegaran por primera vez a Norteamérica y se extendieran por la región, conviviendo con esas «grandes bestias» durante todo ese tiempo. Numerosas investigaciones apuntan al papel del cambio climático en su declive[55]. Otras investigaciones también señalan el probable papel de los impactos de asteroides o cometas en los cambios[56]. Cuando Monbiot describe el «pulso masivo de carbono producido por la deforestación» durante el Neolítico (10.000-4.500 a. C.) afirma una certeza sobre la que hay un debate científico en curso. En algunas regiones, la expansión agrícola sin duda implicó deforestación. Sin embargo, algunas investigaciones indican que los cambios en los patrones de temperatura y precipitaciones durante este periodo afectaron al ciclo del carbono[57], que incluyó cambios en los patrones de los monzones que condujeron a un aumento de la aridez en algunas regiones, lo cual afectó los patrones de vegetación y el ciclo del carbono[58].

Periodistas como George Monbiot podrían estar pasando por alto ciertos datos y análisis para afirmar inequívocamente que el *homo sapiens* siempre ha sido extremadamente destructivo con la naturaleza. Podría tratarse de un caso de proyección y, lo que es más importante, no nos ayuda a identificar las causas profundas de nuestro problema actual. Otros intentos ecologistas de identificar esas causas profundas también corren el riesgo de distraernos de nuestra falta de libertad dentro de la Modernidad Imperial. El profesor William Rees es un pionero en este campo y sostiene que «a pesar de milenios de historia evolutiva, el cerebro humano y los procesos cognitivos asociados son funcionalmente obsoletos para hacer frente a la ecocrisis humana. El [*Homo*] *sapiens* tiende a responder a los problemas de forma simplista, reduccionista y mecánica»[59]. Este punto de vista corre el riesgo de restar importancia o considerar irrelevante la evidencia de milenios de sociedades humanas no destructivas o solo temporalmente semidestructivas (capítulo 9), y la forma en que los humanos modernos hemos visto nuestro pensamiento y comportamiento moldeados por el poder del dinero (capítulo 10). Los seres humanos son capaces de pensar, como algunos lo han hecho y lo hacen ahora, de forma sistémica. Por lo tanto, no solo es incorrecto afirmar que la humanidad es incapaz de hacerlo en general, a nivel biológico, sino que también podría proporcionar una base ideológica para medidas elitistas y autoritarias de personas que piensan que han alcanzado un mejor estado de consciencia o inteligencia que el resto de nosotros. Por tal razón, existe un movimiento contra el ecoautoritarismo que reacciona mal ante declaraciones como esta del profesor Rees en el mismo artículo: «El objetivo final debería ser una población humana en torno a los dos mil millones prosperando de forma más equitativa en un "estado estacionario" dentro de los medios biofísicos de la naturaleza». Puede que tenga razón, pero cuando se combina con opiniones que hacen de la humanidad una fuerza intrínsecamente destructiva y biológicamente incapaz de actuar con inteligencia, es comprensible el temor ante la dirección de estas ideas.

Uno de los destinos de estas opiniones negativas sobre la naturaleza humana es hacia puntos de vista que se asemejan al ecoestalinismo, donde la gente piensa que un pequeño grupo de personas con talento y coraje debería hacerse con el poder para controlar al resto de nosotros por nuestro propio bien. A veces incluso consideran la libertad personal como un aspecto de la modernidad que ya ha pasado de moda, en lugar de reconocer que no hemos sido libres dentro de un sistema de Modernidad Imperial[60]. En lugar de la misantropía subyacente bajo la superficie de muchos ecologistas justificadamente aterrorizados, frustrados y presas del pánico, hay otra forma de responder. Empieza por reconocer que es nuestra falta de libertad lo que nos ha llevado a ser tan destructivos. Como dijo la investigadora indígena Lyla June, «la Tierra puede estar mejor sin ciertos sistemas que hemos creado, pero nosotros no somos esos sistemas». Basándose en su herencia cultural, explicó el concepto y la experiencia del hózhó que, en su opinión, necesitamos recuperar a medida que cambiamos nuestra relación con la naturaleza. Ese término se refiere a «la alegría de formar parte de la belleza de toda la creación. Cuando comprendemos que la humanidad es una expresión de la belleza de la Tierra, comprendemos que nosotros también pertenecemos a ella»[61].

El enfoque dominante en la tecnología como vía de salvación también está en consonancia con el autoritarismo capitalista existente y el ecoautoritarismo emergente, ya que exige grandes sumas de dinero a empresas y gobiernos, y desplaza la crítica al sistema actual (como vimos en los capítulos 3 y 8). Algunos ecomodernistas reformulan la ruptura actual de las sociedades como una oportunidad para que una vanguardia de inversores y élites «haga avanzar» a la sociedad hacia una nueva situación. Esa historia trata de mantener una visión heroica de la agencia humana en una época en la que debemos aceptar el fracaso[62]. Uno de los problemas de esta visión es que evita el reconocimiento de las causas del fracaso y puede promover más de lo mismo como respuesta. Otro problema es que puede enmarcar el sufrimiento masivo simplemente como una parte inevitable del «avance» necesario. Si el autoritarismo ofreciera a las élites empresariales la oportunidad de «hacer avanzar» a la sociedad, sus defensores no ofrecerían una resistencia coherente.

Algunas de las perspectivas más radicales sobre el medio ambiente han sido, hasta ahora, algo ambivalentes en cuanto a la defensa de las libertades humanas. Algunos «ecologistas profundos» y personas procedentes de la sabiduría indígena enfatizan más las relaciones y las responsabilidades que los derechos y las libertades. Aunque llaman la atención justificadamente sobre los aspectos cooperativos y no competitivos del mundo natural y sobre el impacto destructivo del excepcionalismo y el individualismo humanos, pueden pasar por alto que el ser humano moderno no ha sido realmente libre. También pueden pasar por alto la importancia de la libertad dentro de la naturaleza, a pesar de intentar «extraer» de ella lecciones para las sociedades humanas. Podríamos imaginarnos qué pasaría si Bill Gates y sus amigos multimillonarios salieran de un temazcal para afirmar que la sabiduría de los nativos americanos es que no hay derechos humanos, solo responsabilidades. Mi propia experiencia con temazcales y la filosofía indígena es que invitan a una comprensión específica y no generalizable del contexto que surge de aquietar el ego y la «mente-lenguaje», por lo que sería un delirio modernista trasladar esa comprensión (o imposición) a las ideas sobre la manera en la que debería comportarse todo el mundo en todas partes.

Las sabidurías indígenas son celebradas entre los ecologistas occidentales de clase media que creen en el concepto de «evolución consciente». Creen que hay un propósito en la evolución hacia una mayor consciencia en las formas de vida en lugar de que sea solo una tendencia recurrente con retrocesos masivos tras ciertos millones de años. Creen que los humanos se encuentran en la cúspide de ese proceso y que ahora tienen la oportunidad —quizá el destino— de elegir conscientemente el camino de la evolución. Esta perspectiva encarna muchos de los aspectos psicológicos de la modernidad, con el antropocentrismo, el progreso, el control y la agencia[63]. En consecuencia, estas perspectivas no ofrecen resistencia a una tendencia ecomodernista y autoritaria dentro de la sociedad. Esta perspectiva está estrechamente asociada a una vertiente de «espiritualidad» solipsista que afirma que cada ser humano puede manifestar su destino individual —e incluso colectivo— con su mera intención. Estas perspectivas no animan a organizarnos colectivamente contra las amenazas a nuestra libertad y otros males de nuestra sociedad[64].

Otra corriente del ecologismo más radical utiliza el término «decrecimiento». Sus partidarios sostienen que las economías comercializadas del mundo deben reducir su consumo de recursos y su contaminación de forma justa y organizada, lo que también conllevaría reducciones del crecimiento económico. Uno de los problemas a los que se enfrentan los defensores del decrecimiento es conseguir el consentimiento suficiente de los ciudadanos de países con una huella ecológica desmesurada para hacer decrecer sus economías. A pesar de las afirmaciones positivas sobre la solidaridad y el bienestar de las comunidades, a los críticos del decrecimiento les preocupa el espectro de la imposición de una austeridad «ecológicamente justificada» frente a la resistencia de las masas. Es lamentable, por lo tanto, que la corriente dominante de la comunidad del decrecimiento aún no haya centrado la crítica en el sistema monetario expansionista, lo que significa que se cierra a las posibilidades de liberar a los ciudadanos para que vivan de otra manera, de forma que se reduzcan de forma natural los impactos ecológicos. Centrarse en la cuestión monetaria ayudaría al movimiento a avanzar en el decrecimiento de las jerarquías, especialmente las que operan a gran escala. Sin embargo, el problema seguiría siendo que solo atrae a un pequeño nicho de personas, muchas de las cuales ni siquiera pueden reducir sus propios impactos en las sociedades en las que viven. Por lo tanto, como programa político, es criticado por no tener otra vía de aplicación que las políticas draconianas impuestas a la gente desde un gobierno ecoautoritario que plantea un dilema a cualquiera que quiera participar en los esfuerzos por lograr un cambio global de peso, algo que analizaremos en el capítulo siguiente.

La solidaridad entre los oprimidos para alcanzar la libertad colectiva fue el origen del movimiento obrero y de muchos movimientos de liberación antiimperialistas. Dada la historia del libertarismo de izquierdas, cabría esperar que amplios sectores de la izquierda política contemporánea apoyaran las ideas ecolibertarias sobre la forma de responder a la difícil situación medioambiental. Desgraciadamente, no fue así en los años anteriores a que escribiera este libro, al menos en Occidente. En cambio, durante los años de la pandemia de COVID-19 fuimos testigos de la manera en la que los autodenominados izquierdistas demonizaban a la disidencia y al activismo contra las políticas gubernamentales que afectaban negativamente las vidas de los trabajadores y de los autónomos. Tal demonización se oyó en boca de destacados periodistas y profesionales del medio ambiente. Su deferencia hacia las campañas corporativo-profesionales de la pandemia refleja el modo en que el ecologismo occidental contemporáneo se arraiga en las clases privilegiadas, que, según algunas investigaciones, siempre son más deferentes con la autoridad. Su postura sobre el COVID-19 revela una vez más el problema de la prominencia de la izquierda sintética, que no está arraigada entre las clases trabajadoras y las pequeñas empresas (como vimos en los capítulos 3 y 7). Del mismo modo, la corriente dominante del movimiento de la izquierda verde en Occidente es explícitamente ecomoderna, por lo que no ofrece ninguna sugerencia de un programa antiautoritario[65].

Entonces, ¿qué pasa con el creciente número de personas que anticipan, presencian o experimentan la disrupción y el colapso de la sociedad? ¿Es más probable que apoyen una perspectiva ecolibertaria? Sí, muchos lo hacen, como veremos en el capítulo siguiente. Sin embargo, algunos de los llamados «catastrofistas» son personas de clase media occidental que se han sentido atraídas por las explicaciones de nuestra situación que los absuelven de cualquier sentimiento de culpa o urgencia para cambiar sus vidas o hacer sacrificios en la búsqueda de la equidad, la justicia y la reducción de daños. Resultaría más fácil adoptar el argumento de que la humanidad estaba destinada a destruir el planeta y, por lo tanto, ignorar la sostenibilidad de culturas pasadas y el papel destructivo del poder del dinero y la forma en que afectó y afecta a su propia identidad, visión del mundo y comportamiento de formas que son perjudiciales para ellos mismos, para los demás y para la naturaleza.

Una contribución más reciente a este marco desradicalizador de nuestra situación consiste en considerar a la modernidad en general como la causa del problema, en lugar del papel clave del sistema monetario en la creación de una Modernidad Imperial. Culpar a la adopción exagerada de ciertas formas de pensamiento, en lugar de a la esclavitud psicológica, cultural y material de los pueblos dentro de un sistema monetario expansionista, tiene una serie de implicaciones contrarrevolucionarias. Significa que pueden discutir nuestra era de colapso sin invitar a ningún desafío al sistema establecido, que desplazan la atención del modo en que el capital distorsiona los aspectos útiles de la modernidad, como ocurre con el secuestro corporativo de la ciencia y la tecnología (capítulo 10). En conjunto, esta mezcla de ideas invita a los privilegiados de Occidente a procesos de duelo colectivo y a filosofar, más que a cualquier postura política abierta. Como tales, no ofrecen ninguna defensa contra el auge del ecoautoritarismo.

Dado que el ecolibertarismo se opone explícitamente al uso de las preocupaciones medioambientales para justificar el autoritarismo o el uso irresponsable del poder estatal o corporativo, su crítica a las corrientes del ecologismo occidental contemporáneo que acabo de identificar no se basa en una provocación de luchas internas. A menos que las personas adopten una crítica más profunda como la que he esbozado en este libro, corren el riesgo de convertirse en ilusos ansiosos del poder autoritario y de acentuar el daño en esta era de colapso. Es un tema al que volveré en el capítulo 13, cuando considere algunas de las ideas e iniciativas a las que podríamos optar para resistir a medida que las sociedades sigan trastornadas y se extienda el ecoautoritarismo.

ECOLIBERTAD, PASE LO QUE PASE

El libre albedrío relativo existe y es necesario para las formas de vida, los ecosistemas y la evolución. Contrariamente a lo que se postula, las ciencias naturales no han demostrado lo contrario, ni han hecho que el debate sobre el libre albedrío relativo vaya más allá de meras afirmaciones. En los reinos espirituales, las comprensiones no jerárquicas de la consciencia de unidad también pueden reconocer la naturaleza policéntrica del libre albedrío. Aunque los intentos de extraer de la naturaleza algunas lecciones para la humanidad están siempre impregnados de nuestros prejuicios, es importante reconocer esta dimensión fundamental de la vida en un momento en el que algunas personas argumentan que en la naturaleza solo hay relaciones y no libertades para avanzar en su filosofía política. Ahora sabemos que los humanos que piensan libremente se relacionaron a menudo de forma mutuamente positiva con la naturaleza durante milenios. Por lo tanto, las ideas de que la naturaleza o las capacidades y la libertad humana son malas para el medio ambiente carecen de fundamento y nos distraen de percepciones importantes a medida que nos adentramos en una era de colapso. Por ejemplo, que los humanos modernos no son libres dentro de un sistema de Modernidad Imperial que se expandió y se mantuvo al servicio del poder del dinero. Un ecologismo explícitamente enfocado a la libertad es una respuesta coherente a esta situación y puede describirse con el término «ecolibertarismo». Una respuesta de este tipo puede defender una visión en la que cada vez más personas tomen consciencia de sus cadenas internas y externas, y encuentren formas de vivir en ecolibertad. Sin embargo, al perseguir nuestra liberación conjunta de la Modernidad Imperial sería imprudente imaginar que tendremos éxito a gran escala y lograremos un aterrizaje más suave para las sociedades modernas, menos daño continuo a otras sociedades o más oportunidades para los seres humanos y la vida en la Tierra. Aunque cada uno de esos objetivos es deseable, ya no estamos en una época en la que nuestras acciones puedan depender de fantasías de éxito a escala. En cambio, en el siguiente capítulo mostraré la forma en que los ecolibertarios actúan basándose en valores integrados tanto en los medios como en los fines y no solamente en unos u otros.

12
LIBERTAD PARA COLAPSAR Y CRECER:
LA VÍA CATASTROFISTA

Podría haber sido el postre del reverendo. Especialmente los sorbos de jerez bajo su crema. O quizás fueron esas primeras copas de vino tinto después de tres años. Todo sabía espléndido después de un día al aire libre en Cumbria, pero también recuerdo mantener la cabeza agachada bajo las rodillas, antes de deslizarme por el suelo y rodar sobre un costado. «Traigan cojines y una manta», dijo el reverendo a los demás invitados. El resto está un poco borroso, pero recuerdo lo agradable que era estar tumbado en un suelo de baldosas antiguas, la vergüenza que sentía por haber estropeado la cena de mis amigos y la actitud tranquila y práctica de mi anfitrión mientras comprobaba mis signos vitales. El colapso bajo la mesa del reverendo Stephen Wright estuvo lleno de sorpresas. Al cabo de media hora estaba de nuevo en mi silla, contemplando lo que quedaba de aquella palidez extrema y si se me habían pasado las náuseas. La calma con la que Stephen me revisaba y despachaba con tareas a nuestros amigos, que parecían preocupados, eran los actos de un enfermero con décadas de experiencia. Un enfermero paliativo, de hecho. Así que estaba en buenas manos si las cosas empeoraban.

Después de un «episodio» así, empieza la investigación. Mientras salía la tabla de quesos, escuchaba a Stephen hablar del nervio vago y de la forma en que puede desconectarnos cuando estamos demasiado agotados, sobre todo si comemos mucho. En este caso, por fin me estaba tomando un momento fuera de las prisas y adquiriendo cierta perspectiva de mi situación hasta que el cuerpo dijo que no. «Marca con un límite todo lo que no sea absolutamente necesario hacer el mes que viene», dice Stephen. «Simplifica las cosas y prioriza tu autocuidado». Me lo tomé en serio. Tan en serio que incluso vi documentales de la reina Isabel por la tarde. Sí, más de uno. Estaba un poco nervioso. Sin embargo, la semana siguiente subí a Blencathra, la montaña más cercana al piso de baldosas tan bonito del reverendo. Porque quería volver a sentirme vivo en la naturaleza. No sofocado y a la defensiva frente a mi computadora, calculando cuánto mal había en el mundo.

Antes de llegar a la casa de campo del reverendo Wright para pasar el fin de semana mi trabajo diario durante los dieciocho meses anteriores había consistido en investigar las cosas más preocupantes que alguien pueda investigar. No solo la ciencia natural sobre ecología, energía y clima, sino los campos relacionados en economía, política, filosofía y más. Mi hipótesis inicial empeoró con lo que aprendí con mis colegas en esos dieciocho meses. Eliminó muchas de las cosas sobre las que aún me sentía positivo y, a pesar de las promesas que me hice al principio, no siguió siendo un trabajo solo de día.

El colapso de nuestro modo de vida es un tema bastante amplio, lo afecta todo. ¿Qué debería decir en un libro? ¿Qué debería omitir? ¿Por qué tan poca gente habla de eso, mientras tantos periodistas atacan a gente como yo por decir cosas fragmentarias? ¿Cómo podría compartir ideas en un espacio público que se ha vuelto tan hostil al inconformismo? Y, como estoy identificando problemas, la gente esperará respuestas —sobre todo lo que hay bajo el sol—. De lo contrario, me considerarán negativo, derrotista, inútil y repugnante. Quería compartir algunas ideas, ya que no quiero que mi análisis aliente accidentalmente a aquellos con ideas que no apoyo. Me preguntaba si sería suficiente ofrecer un marco para hablar de estos temas, como hice con la Adaptación Profunda cinco años antes. Todas estas preguntas, y otras más, me atormentaban a cada hora del día cada día de la semana, mientras retrasaba el comienzo de la escritura de este libro hasta saber qué valdría la pena decir. Temía la decisión que ya me sentía obligado a tomar: pasar los próximos nueve meses escribiendo una síntesis detallada de las pruebas del colapso de las sociedades modernas y mi análisis de (además de las razones) por las que ocurre y las maneras de reaccionar. Pensé que a la gente no le gustaría. Lo rechazarán, incluso personas que antes acogieron con satisfacción mi trabajo. Habría echado a perder años de mi vida en los que podría haber estado disfrutando de la música y de la agricultura.

Así tuve mi colapso personal. En el gran esquema de las cosas, un asunto bastante insignificante, pero que me mostró que necesitaba poner un límite en muchas cosas. Y lo hice. Puse un límite a las ideas para este libro, aparte de informar sobre lo que había descubierto sobre la situación, por qué creo que ha ocurrido y cuál sería una filosofía importante para nuestra respuesta. Puse un límite a la esperanza de que este libro se convirtiera en un *best seller* o de que evitaría la demonización. Puse un límite en la mayoría de mis planes de ocio para los próximos nueve meses. En su lugar, escribir iba a ser mi cruz. Acepté a regañadientes la necesidad de volver al combativo mundo del análisis y la divulgación científica. Esa forma de ser era algo que había empezado a dejar atrás, tras mi anterior inmersión profunda en el trabajo académico sobre el estado del mundo en 2017 y 2018. Ser el tipo listo con una contribución intelectual por lograr era una identidad que había patologizado como una adicción, pero estaba de vuelta de ese papel.

Escribo estas líneas en marzo de 2023 y la luz al final del túnel me distrae. Porque ya sé qué tipo de vida se puede llevar una vez que se acepta el tipo de análisis de este libro. No es el tipo de vida en la que uno se pasa el tiempo refinando sus propios argumentos académicos. Es una vida de mayor libertad para seguir las pasiones. En este capítulo quiero compartir algunos ejemplos de personas que se han transformado al llegar a la conclusión de que las sociedades modernas se derrumbarán o han empezado a hacerlo. Quiero compartir cómo se dedican a las actividades relacionadas con la ética ecolibertaria que describí en el último capítulo.

Al hacerlo, señalaré algunas de las áreas de soluciones parciales, no respuestas ni soluciones, a la situación que he esbozado en este libro.

LIBERTAD A TRAVÉS DEL COLAPSO PERSONAL

El reverendo Wright cree que despertar al colapso de las sociedades modernas nos enfrenta cara a cara con nuestra propia mortalidad y la de todos los que conocemos. Por lo tanto, debemos enfrentarnos a los temores que podamos tener sobre el morir y la muerte. Nuestras sociedades involucran distracciones constantes de la certeza de la muerte. Centrarnos de repente en nuestra mortalidad puede sacarnos de nuestros hábitos autohipnotizadores para revisar así los aspectos de la vida que más valoramos. Stephen se ha dado cuenta de que «nos sumerge en una crisis de significado —quiénes somos y por qué estamos aquí, nuestra conexión con la vida y su propósito, nuestra relación con la fuente de todo, quienquiera o lo que quiera que eso sea para nosotros—. Esta es la esencia misma de la espiritualidad». Mi experiencia coincide con la visión del reverendo. Para ilustrarlo, quiero compartir la experiencia de dos mujeres, Zori y Skeena.

Cuando conocí a Zori en Bali, era una veinteañera emprendedora en el campo de la tecnología, desilusionada, agotada física y mentalmente por sus experiencias en varias *start-ups* internacionales, y deseosa de entregarse a una causa significativa. Estaba pensando en volver a Bulgaria para poner en marcha una empresa de reciclado de plásticos. Acabábamos de asistir a un taller de improvisación teatral y cenábamos con el resto del grupo en una cafetería local. Mientras esperábamos la comida, Zori me preguntó por mi trabajo. Era febrero de 2018 y yo estaba en pleno análisis de la investigación sobre el cambio climático. No era algo de lo que soliera hablar con gente que acababa de conocer, sobre todo porque aún estaba asimilando todo aquello. Le expliqué que mi investigación me había llevado a la descorazonadora conclusión de que era probable que nuestro modo de vida colapsara pronto.

Zori no lo descartó en absoluto. «¿Cuánto tiempo tenemos?», preguntó. No me pareció lo más honesto ni útil decirle que es imposible saberlo con sistemas tan complejos. Su pregunta me hizo cuestionar la forma en la que integraba toda esta información en mi propia psique. «Ahora vivo mi vida como si en 2028 los sistemas de los que dependemos ya hubieran colapsado en la mayoría de los lugares. Podría significar mi muerte». No se lo había dicho a nadie antes y quizá se notó. Me di cuenta de que estaba descargando información potencialmente traumática sobre esta joven sin tener ni idea de si estaba preparada. Me había abierto sobre lo que había sido un dolor privado. Para mi alivio, mis palabras no hicieron que Zori se callara, sino que la intrigaron. Aunque le preocupaba la perspectiva del colapso, quería leer mi artículo. Intercambiamos correos electrónicos y, cuando estuvo listo, le envié un borrador.

Ahora, cinco años después, Zori Tomova es *coach* de propósito, chamán practicante y fundadora de una comunidad en línea para que las personas construyan relaciones más profundas, sean más alegres y den propósito a sus vidas. Zori atribuye el cambio de rumbo a su encuentro conmigo aquel día. Ante la posibilidad de que la vida tal y como la conocía se acabara en una década, Zori se preguntó qué debía hacer con el tiempo que le quedaba. Lo único que tenía sentido para ella era asegurarse de vivir su vida plenamente. Para ella, no significaba la búsqueda de placer, como sugieren nuestras sociedades, sino hacer todo lo posible por sentirse presente y conectada con los demás, consigo misma y con el mundo, y ayudar a los demás a hacer lo mismo. Así que abandonó la idea de convertirse en empresaria del reciclaje y empezó a explorar el tema de la conexión. En pocas semanas creó *Connection Playground*, donde organizaba talleres para conectarse con uno mismo, con los demás y con la naturaleza. Aunque la palabra «patio de juegos» (*playground*) podría traer a la mente actividades frívolas de los niños, era un proyecto para adultos —para Zori, jugar significa desprenderse de viejos patrones, comportamientos y expectativas establecidas en favor de la exploración abierta con una mente de principiante, que permite que surja lo inesperado—. Para ella, parecía obvio que, si nuestro modo de vida había llevado a la civilización al borde del colapso, la humanidad necesitaba encontrar nuevas formas de ser y solo podían surgir a través de la experimentación libre y el juego. En sus propias palabras, el *Connection Playground* era como una «universidad de la conexión».

Yo fui uno de los participantes en ese proyecto inicial, y los actos que organizó Zori me ayudaron a integrar la conciencia del colapso en mi propia vida y a diseñar el Foro de la Adaptación Profunda (*Deep Adaptation Forum*), que también fomenta la experimentación y la emergencia sin respuestas sencillas. Ella trabajó en el equipo fundador de ese foro, antes de marcharse tras un par de años a vivir a Guatemala y profundizar en su conocimiento de la sabiduría maya. Ser testigo de la respuesta y la transformación de Zori me demostró que la gente puede responder a la conciencia de colapso abriéndose en lugar de cerrarse[1]. No necesitamos comprar montones de comida enlatada y armas. En su lugar, podemos explorar qué es lo que más nos apetece hacer y cómo vivir en los años en los que nuestro antiguo modo de vida se desmorone. Mientras que la Modernidad Imperial nos había creado una serie de expectativas y restricciones, la anticipación del colapso abrió la puerta para que la gente descubriera su libertad de experimentar quiénes son y cómo podrían vivir.

Conocí a Skeena unos siete meses después que a Zori. Era septiembre de 2018 y yo acababa de dar mi primera presentación del artículo de la adaptación profunda ante un público. Estaba presidiendo una conferencia sobre liderazgo, pero mis coorganizadores dijeron que muchos de los participantes querían que diera una charla sobre el cambio climático. Mi charla se centró en las muchas razones por las que la gente que trabaja en sostenibilidad corporativa había dejado de lado las preocupantes noticias y la ciencia sobre el empeoramiento del estado del clima. Como era de esperar, en el turno de preguntas y respuestas, una vez más la pregunta fue: «¿Cuánto tiempo nos queda?». Esta vez ofrecí una respuesta más tangible. «Es posible que haya que racionar los alimentos en Gran Bretaña dentro de tres o cuatro años. El grado de gravedad y las consecuencias dependerán de la respuesta de la población y de los gobiernos, pero incluso si responden bien, no impide que las cosas empeoren mucho en las próximas décadas». Después de mi charla, alrededor de la mesa de café, me encuentro con Skeena por primera vez. «Estaré en contacto. Quiero estar con mis hijos, así que me voy», me dijo. No era el indicador habitual del éxito de una conferencia. Como parecía angustiada, acompañé a Skeena hasta su coche y me explicó que, gracias a su formación profesional, sabía cómo afrontar los sentimientos que tenía. Terapeuta profesional y consejera laborista, nacida de padres cachemires, Skeena Rathor volvería a casa y ayudaría a hacer de *Extinction Rebellion* la fuerza en la que se convirtió. En una llamada telefónica un mes después me contó que había ido a ver a su amiga y vecina Gail Bradbrook para preguntarle cómo podía ayudarla con su nueva campaña sobre el clima. Me han dicho que respondió: «No puedo creer que hiciera falta un tipo con traje para que te tomes en serio lo que llevo años diciéndote».

Skeena vio su trabajo en *Extinction Rebellion* en el contexto de su fe sufí y lo aportó todo al trabajo de organización y formación de voluntarios. Dirigió la redacción de su declaración solemne de intenciones, que se leía al comienzo de cada oleada de desobediencia civil pacífica. La primera vez que la escuché la leyó el anciano sufí Jilani, en el *Sacred Arts Camp* de 2019:

> Tomémonos un momento, este momento, para pensar por qué estamos aquí. Recordemos nuestro amor por este hermoso planeta que nos alimenta, nutre y sostiene. Recordemos nuestro amor por toda la humanidad en todos los rincones del mundo. Recordemos nuestro sincero deseo de proteger todo esto, para nosotros mismos, para todos los seres vivos y para las generaciones venideras. Que, al actuar hoy, encontremos el valor de llevar un sentimiento de paz, amor y aprecio a todas las personas con las que nos encontremos, a cada palabra que pronunciemos y a cada acción que realicemos. Juntos, arraigados en el amor. Somos todo lo que necesitamos[2].

PERMITIR Y PROPICIAR LA INTUICIÓN

Aunque fue su apertura a la ciencia y a sus análisis integradores lo que llevó a un punto de dolorosa comprensión tanto a Zori como a Skeena, quizá a un golpe existencial, esto rápidamente las reconectó con su sabiduría interior, que era mucho más amplia que la ciencia. Muchas otras personas con las que me he reunido en los últimos años han manifestado haber abandonado hábitos y compromisos del pasado para permitir que su asombro y reverencia por la vida guíen sus decisiones. Stephen, Zori y Skeena se han guiado por su intuición, la cual entienden como fundamentada en su espiritualidad. Otras personas consideran esa intuición de una forma más secular. Por ejemplo, los psicólogos señalan el proceso por el cual frenar y calmar la mente y el cuerpo puede permitirnos percibir anomalías en los patrones esperados dentro de nosotros o a nuestro alrededor, de modo que podemos obtener nuevas percepciones sobre dónde prestar mayor atención. Dado que la intuición parece tan importante para que las personas se liberen de las restricciones del pasado dentro de la cultura de la Modernidad Imperial, me puse a pensar en ello.

He llegado a la conclusión de que hay cinco enfoques importantes para que podamos acceder a esta intuición y guiarnos por nuestra «brújula vital»[3], en lugar de movilizar nuestros prejuicios y, de ese modo, reinstaurar hábitos culturales con una confianza que está fuera de lugar. Las prácticas que nos ayudan a observar nuestros deseos y aversiones internos sobre cualquier pensamiento y sentimiento son importantes para que nuestras percepciones y decisiones estén menos impulsadas por esos procesos inconscientes. Tales prácticas pueden incluir la meditación (caminando o sentados) y el establecimiento de conexiones profundas (que son formas de meditación interpersonal). En segundo lugar, las formas de calmar nuestros miedos e inspirar nuestro sentido de conexión y confianza en la vida pueden ayudarnos a disminuir o trascender nuestros egos. Hay varios caminos para trascender el ego, desde las excursiones por la naturaleza hasta el ayuno, la danza extática, la meditación, el canto devocional, las enseñanzas espirituales o la oración a un ser o energía divinos. Algunas personas describen este enfoque como una invitación a la guía de su yo más amoroso, su yo superior o su yo más expandido. Otros lo describen como una invitación de origen divino o de sus antepasados. Aunque no es algo que elijamos, o sea, rutina, los momentos de desesperación también son vías hacia la trascendencia del ego. En tercer lugar, tomar conciencia de las sensaciones que alberga nuestro cuerpo, o que se repiten en relación con determinados pensamientos, es importante para permitir que el conocimiento de toda nuestra persona se conceptualice en nuestra mente. Puede comenzar simplemente reconociendo esta dimensión de nuestra experiencia y prestando más atención a nuestro cuerpo. También puede implicar que demos prioridad a más experiencias con nuestro cuerpo, como pasear por la naturaleza.

Evidentemente, los tres primeros enfoques pueden interrelacionarse y cada uno ayuda al otro. El cuarto enfoque es específico para abordar el daño a nuestro sentido de la persona dentro de la Modernidad Imperial. Consiste en intentar deliberadamente volver a conectar con la naturaleza, con una apertura para que surja la sabiduría. Esta reconexión no tiene por qué producirse en un espacio natural, como podría ser un árbol del jardín. Lo importante es permitirse sentir que todo está vivo y en relación de «conocimiento» con todo lo demás. Algunas personas prefieren describirlo diciendo que el espíritu está en todas partes o que Dios está presente dentro y a través de todas las cosas. Otros prefieren considerarlo como una resacralización de la naturaleza, donde nos permitimos volver a sentirnos dentro de una ecología de seres vivos. Parece que se trata de aceptar la posibilidad de recibir intuiciones de esos seres vivos[4]. Un quinto enfoque para desarrollar nuestra intuición no es tan ampliamente adoptado por las personas que proponen algunos de los enfoques anteriores que he descrito. Sin embargo, es crucial evitar que los prejuicios se impregnen de la energía y la convicción de creer que son intuiciones. Ese quinto enfoque es la literacidad crítica, que describí con cierto detalle en el capítulo 8. Si comprendemos mejor los hábitos de pensamiento de las culturas en las que vivimos es más probable que evitemos acabar intentando «expresar lo inexpresable» cuando tratemos de dar sentido a cualquier idea general que recibamos. Una amplia lección de la criticidad es reconocer que nuestro deseo de un conocimiento universalmente aplicable que pueda comunicarse a cualquiera en cualquier lugar es una alegoría de la Modernidad Imperial. Por el contrario, cualquier intuición puede ser totalmente específica de una persona, un momento y un lugar,

y puede ser una distorsión cualquier intento de traducirla en un deber ser
o actuar de los demás. Tengámoslo en cuenta si escuchamos a alguien que
reivindica su herencia o identidad indígena para afirmar que su intuición
desde un estado alterado confirma sus tradiciones de sabiduría de que no
hay derechos humanos, solo relaciones de parentesco.

A VECES TOMA TIEMPO

Zori, Skeena y Stephen son inusuales en mi experiencia. Se reconecta-
ron inmediatamente con aspectos de su humanidad tras tomar conciencia de nuestra difícil situación mundial y encontraron nuevas formas de vivir y contribuir en cuestión de días. En mi caso, tardé años
y la mayoría de las personas que conozco que trabajaron en temas de
sostenibilidad durante muchos años antes de cambiar a una perspectiva más post-sostenibilidad también me dicen que llegar a ese punto les
tomó muchos años dolorosos. Fue en 2013 cuando me empezó a preo-
cupar bastante que el cambio climático avanzara mucho más rápido y
con peores consecuencias de lo que me habían contado los periodistas
que informaban sobre el IPCC, pero seguía retrasando la asignación de
tiempo en mi agenda para investigarlo en forma. No solo porque estaba
muy ocupado con mi trabajo de sostenibilidad corporativa, sino también
porque temía lo que una aceptación del fracaso significaría para mi propio sentido del yo. Temía emociones de dolor y miedo sobre el estado del
mundo y un futuro catastrófico. Temía perder toda motivación por mi
trabajo. Temía la posibilidad de pensar que había desperdiciado décadas de mi vida. Temía perder mi identidad de buen tipo. Temía la desesperación. Gracias a que conocía psicólogos y a que leí sobre psicología
durante algunos años, descubrí posteriormente que estaba al borde de
lo que se denomina una «desintegración positiva» de mis estructuras o
historias del yo o ego. Positiva porque, con el apoyo adecuado, cualquier
periodo de desesperación o incluso depresión puede llevarnos a recons-
tituir nuestro sentido del yo de forma que nos sintamos realmente bien[5].

Muchas personas me han dado las gracias por el marco de las 4R de la adaptación profunda, que creé inicialmente como un medio para ayudarme a reflexionar y mantener conversaciones con la gente sobre qué hacer en respuesta a la anticipación, o la experiencia, de un colapso social.

La primera pregunta en ese marco es «¿qué es lo que más valoramos que queremos conservar en una época de colapso?». Al principio, más que la seguridad material, lo que más quería conservar en mi vida eran los valores. Me sentía leal al compromiso y los sacrificios que mis padres habían hecho para ayudarme a convertirme en un profesor que, además, había vivido experiencias interculturales inusuales desde la infancia. No sentía que pudiera abandonar mi trabajo intelectual ni mi visión internacional y mi deseo de contribuir. Creía que mantener el asombro por estar vivo y la apreciación de la belleza era crucial, incluso sagrado, así que no renunciaría por una actitud puritana hacia el cambio social. Me sentía profundamente respetuoso con el proceso científico que me había llevado a mí y a otros a reconocer nuestra difícil situación, y disgustado por la forma en que las presiones institucionales, empresariales y políticas estaban subvirtiendo el poder del conocimiento del que podíamos beneficiarnos. Sentí el deseo de apoyar respuestas que abordaran de forma justa el sufrimiento desigual que existe actualmente, y que se agravará con el tiempo. También quería defender las libertades de todos frente a las reacciones dañinas de las clases dirigentes, que responderían para defender sus propios intereses en lugar de reducir el sufrimiento.

Me exigía mucho a mí mismo trabajar con todos esos valores en mente, desde un punto de partida al que tanta gente era hostil. En retrospectiva, me di cuenta de que no estaba respondiendo suficientemente a la segunda pregunta del marco de la adaptación profunda: «¿Qué es lo que tenemos que dejar ir para no empeorar las cosas en una época de colapso?». No quería desprenderme de muchas cosas. Me aferraba a mi papel intelectual al mismo tiempo que me veía repentinamente empujado a una nueva área de la «colapsología», que, como saben por haber leído este libro (y quizá otros sobre el tema), trata de casi todo lo que hay bajo el sol y la luna. A lo que renuncié fue a lo mismo que Zori y Skeena:

objetivos previos de seguridad financiera. En mi caso, reduje mi trabajo remunerado a 1,5 días a la semana, y me ofrecí como voluntario el resto del tiempo para crear el Foro de Adaptación Profunda. Skeena y Zori abandonaron su trabajo anterior para centrarse en actividades menos remuneradas, así como en voluntariados. Me doy cuenta de lo difícil que es para mucha gente y, en mi caso, me llevó tiempo e implicó trasladarme a un país con un costo de vida mucho más bajo, lo que significaba que tenía que aceptar que vería a mi familia, amigos y colegas del Reino Unido y Europa solo una vez cada uno o dos años.

La tercera pregunta del marco de la adaptación profunda nos plantea «¿qué traeremos de vuelta para ayudarnos en los tiempos difíciles que se avecinan?». No he traído nada de mi propio pasado, salvo muchas ideas y actividades que eran más frecuentes en el pasado, en mi propia cultura y en otras. Descubrir el teatro de improvisación, y facilitarlo, formó parte de mi proceso para descubrir la diversión en la que podemos participar en lugar de consumir, colaboré con artistas, aprendí un instrumento musical, y ahora escribo canciones y toco en una banda de música devocional. Puse en marcha una granja diseñada no solo para ser orgánica y regenerativa, sino también resistente al cambio climático a corto plazo y a las interrupciones de las cadenas de suministro. Solo fue posible por vivir en un país donde la tierra y la mano de obra son mucho más baratas que en el Reino Unido y porque decidí arrendar, no comprar, la tierra para empezar.

Me he dado cuenta de que necesito más espacio mediante la renuncia de viejas esperanzas y hábitos, para no sobrecargarme al traer a mi vida otras formas más antiguas. Mi colapso en el suelo junto al reverendo se debió probablemente en parte al agotamiento por no haber soltado más. Stephen me describió el agotamiento emocional como una forma de «pavo frío para el ego», en la que el cuerpo responde a la sobrecarga apagándose. Había sido adicto a la sensación de ser un intelectual útil. En los años previos a la publicación de este libro, sentí cierta ansiedad por el grado de tergiversación de mis análisis y opiniones anteriores. Me preocupaba que la negatividad alejara a la gente de las muchas personas y procesos que le ayudarían a transformar su ansiedad medioambiental en nuevas formas de vida positivas, pero, en parte, era más una forma de angustia por la gente que antes había respondido positivamente a mi trabajo sobre «respuestas compasivas al colapso». Desde el comienzo de la pandemia, he sido testigo de cómo la gente expresa actitudes de odio hacia categorías enteras de personas. Estas actitudes habían sido hábil y constantemente promovidas a través de los medios de comunicación y las clases dominantes (como veremos en el capítulo 13). Muchas otras personas que presenciaban estas actitudes no intentaban reducir la demonización, la polarización y la degradación del diálogo en la sociedad sobre esta situación masivamente perturbadora, que yo entendía en el contexto del colapso (capítulo 4).

En lugar de que la aceptación del colapso libere a las personas hacia formas de ser más independientes y creativas, soy testigo de que, si las personas están rodeadas de las mismas formas de comunicación que dieron forma a la Modernidad Imperial, podrían seguir siendo manipuladas durante los trastornos sociales. Aquí es donde entra en juego la cuarta cuestión de la adaptación profunda. «¿Con qué y con quién puedo hacer las paces, ante nuestra mortalidad mutua?». No solo tuve que aceptar que se trata de un tema emocional y que la gente puede reaccionar mal ante puntos de vista difíciles como los de este libro, y que algunos incluso son alentados (y pagados) para reaccionar así por la clase dirigente. También tuve que aceptar que algunas personas acogerían con agrado mi análisis, pero reaccionarían de un modo que me horrorizaría. Tuve que hacer las paces con mi falta de influencia intencional y, por lo tanto, con la posibilidad de no tener ninguna influencia real. Tuve que sentir la libertad de ser pequeño en una cultura que siempre ha exigido la expansión del impacto como sello distintivo del éxito. Al final acepté que este libro podría molestar a casi todo el mundo de un modo u otro y que, por lo tanto, me centraría en lo que consideraba que era la contribución más útil que podía hacer en este momento de la historia humana[6].

PIONEROS ECONÓMICOS ECOLIBERTARIOS

Es difícil imaginar la manera de tratar de cambiar las sociedades modernas si seguimos dependiendo totalmente de ellas para nuestro sustento material y psicológico. Esa fue una lección dolorosa para mí al ser testigo de las actitudes agresivas de algunos aceptadores del colapso durante la pandemia. También, por esa razón, a quienes he admirado antes en este capítulo tuvieron que reducir sus ingresos y su seguridad económica para seguir su nuevo rumbo en la vida. Mientras reflexionaba sobre este aspecto económico de la capacidad de vivir en una nueva libertad frente a la Modernidad Imperial, recordé lo que había aprendido de las enseñanzas de Mahatma Gandhi cuando vivía en la India. Nos animaba a todos a reconocer que para conseguir el autogobierno (*swaraj*) necesitamos desarrollar más la autosuficiencia (*swadeshi*), ya que sin esta última cualquier acuerdo de gobierno sería un compromiso con los imperialistas[7]. En el caso de India, es lo que ocurrió, con los imperialistas instalando sistemas monetarios, normas comerciales y burócratas que dictarían la trayectoria económica del subcontinente indio para enriquecer a las élites locales y británicas durante décadas. Reconectar con esta visión también me reconectó con las ideas y los esfuerzos de personas que conocí antes de convertirme en «colapsólogo». Se trata de personas que siempre han sido ecolibertarios en su motivación y su trabajo, y para quienes reconocer la ruptura y el colapso no perturba su enfoque, sino que lo vigoriza. Por lo tanto, quiero destacar algunos ejemplos de organizadores comunitarios que ayudan a la gente a mejorar sus vidas al tiempo que retiran su participación de los sistemas modernos destructivos y decadentes de los que han estado dependiendo, como todos nosotros.

Mi primer ejemplo es bien conocido por muchos: las ecoaldeas. Lo que me interesa son las comunidades «intencionales» que viven en grupos más amplios que las familias, compartiendo tierras y recursos y tomando decisiones conjuntamente. Mi viejo amigo y colega Matthew Slater ayudó a mantener la página web de la Red Global de Ecoaldeas (*Global Ecovillage Network*, GEN) durante unos años y me presentó el potencial y las limitaciones de estas iniciativas. Me explicó la forma en que la densidad de conexiones en este tipo de comunidades hace que se trabaje y se socialice más sin necesidad de desplazarse, que las cadenas de suministro sean más cortas, que se disponga de más apoyo no monetizado y que nadie tenga que sentirse, o estar, solo. En general, este modo de vida más cercano implica un uso más eficiente de la tierra, la energía, el dinero y los recursos en general. Un estudio reciente realizado en Dinamarca indica que vivir en comunidad supone una reducción de las emisiones de CO_2[8].

GEN identifica cuatro «sectores» de la vida en comunidad: el social, el ecológico, el económico y el de la «cosmovisión» (que incluye la espiritualidad). En esta era de producción en masa hemos olvidado el modo de hacer muchas cosas a pequeña escala, por lo que las ecoaldeas ofrecen un contexto vital para diseñar y crear prototipos de tecnologías y redescubrir otras antiguas. Sieben Linden, en Alemania, se especializa en eficiencia energética. Zegg y Tamera se centran en las relaciones, la resolución de conflictos y las dinámicas de grupo. Lakabe, en el País Vasco, tiene una norma estricta sobre el uso interno del dinero. Damanhur, en Italia, tiene ochocientas personas y una vibrante economía interna, pero el verdadero propósito es forjar una nueva espiritualidad. Auroville, en Tamil Nadu, India, es aún más grande y, aunque se fundó sobre la espiritualidad y comenzó en un matorral completamente degradado, gracias a décadas de enfoques regenerativos ahora es un bosque y alberga experimentos en educación, agricultura, gobernanza y mucho más.

En 2009, Matthew y yo vivimos durante un tiempo en Auroville, donde pusimos en marcha un centro temporal para crear *software* libre de código abierto para que las comunidades de todo el mundo pudieran comerciar juntas sin dinero. Volveré sobre ello más adelante. Esa conexión previa con Auroville hizo que sintiera curiosidad al oír que habían puesto en marcha una red de adaptación profunda de personas que se anticipaban al colapso. Antes se centraban en una vida resiliente para ellos mismos, pero cuando la pandemia golpeó y el gobierno impuso restricciones tanto en el trabajo como en los viajes, el grupo cambió de enfoque para apoyar las necesidades inmediatas de los trabajadores migrantes varados en la ciudad vecina, lo que me hizo ver que dedicar tiempo a reflexionar sobre cómo queremos ser durante los trastornos y el colapso de la sociedad puede ayudarnos a ponernos en marcha cuando surgen dificultades, sobre todo si significa ir más allá de nuestra zona de confort[9]. Por desgracia, Auroville se ve ahora amenazada por el modernismo imperial del gobierno nacional, que pretende «desarrollar» la región. Es un duro recordatorio de que la mayoría de las comunidades intencionadas experimentan la obstrucción de los sistemas financieros legales y de planificación que se construyeron para los individuos y las empresas privadas, en lugar de las comunidades que desean vivir de acuerdo con principios diferentes. Sería útil que se reconociera que las ecoaldeas desempeñan un papel útil en las sociedades desestabilizadas y, por lo tanto, se adoptaran políticas para ayudarlas, como permitir una propiedad más común de la tierra y de las empresas, algo sobre lo que volveremos dentro de un momento.

También gracias a Matthew conocí a la activista comunitaria estadounidense Stephanie Rearick, de Wisconsin. Su trabajo comunitario se centra en nuevas formas de satisfacer las necesidades reales e inmediatas de las personas con recursos limitados. Una forma de hacerlo es conectar a las personas para que satisfagan las necesidades de los demás, que es lo que hace un «banco de tiempo» (*timebanking*). Un banco de tiempo es una red social con un sitio web en el que los miembros publican solicitudes y ofertas de ayuda práctica, y registran su cooperación en el sitio como una transferencia de «horas». No es un sistema monetario en el sentido de que haya que pagar deudas, pero proporciona incentivos y un marco para la cooperación. Ofrece a la gente un contexto para cooperar con sus vecinos y hace visibles sus esfuerzos. El banco de tiempo de Madison fue uno de los mayores de Estados Unidos, con más de dos mil miembros. También colaboraba con los tribunales de menores para ayudar a los jóvenes a evitar conductas delictivas. El banco de tiempo desenmascara la economía de mercado de la modernidad como una imposición patriarcal, porque parte de supuestos muy diferentes sobre las personas, la escasez y la suficiencia. Reconoce que todo el mundo tiene algo que dar y que todos sabemos mejor lo que necesitamos si nos liberamos de la coacción y los incentivos de los sistemas monetarios. También ofrece la esperanza de que todos podamos tener lo que necesitamos si compartimos lo que tenemos.

Hace unos años, Stephanie decidió que el banco de tiempo no era el vehículo adecuado para escapar de los sistemas económicos opresivos. Aunque permitía actos de bondad, no proporcionaba herramientas ni contexto para que los grupos de personas se organizaran mejor. La ética igualitaria de que la hora de cada uno valía lo mismo no era adecuada para muchos contextos, como cuando se requiere una amplia formación para prestar una hora de servicio de calidad. En consecuencia, puso en marcha una «red de ayuda mutua» (fue mucho antes de que se recuperara el término para los cierres por la pandemia). Su visión es reinventar el trabajo, los salarios, el bienestar, los cuidados, las finanzas, la producción y, con el tiempo, incluso el gobierno. Las nociones capitalistas tradicionales de contratación de personal serían sustituidas por ciudadanos que se unieran en grupos para organizarse, satisfacer necesidades o asumir nuevas responsabilidades. Esta nueva red, denominada HUMANS, ofrece ya una infraestructura digital de propiedad común para comunicarse, compartir documentos, celebrar contratos, emitir monedas complementarias y efectuar pagos[10]. Las necesidades de software son, sin embargo, una limitación permanente, porque gran parte de las herramientas adecuadas, incluso las gratuitas, han sido desarrolladas por capitalistas con fines capitalistas de captación de usuarios, captura de datos, publicidad, manipulación de sentimientos y vigilancia.

Muchos de nosotros simplemente nos rendimos ante el poder de la conveniencia, aunque sepamos que podemos estar perdiendo nuestra libertad, y perdiéndola más de lo que creemos. Sin embargo, algunos de nosotros creemos irrevocablemente en la soberanía y libertad personales. Una de esas personas es el sudafricano Tim Jenkin, quien llegó a despreciar tanto el sistema del *apartheid* que se afilió al Congreso Nacional Africano y publicó y distribuyó ilegalmente folletos para ellos durante la década de 1970. Detenido y encarcelado en la prisión de alta seguridad de Pretoria, una mañana desapareció de su celda para reaparecer en Londres. Cuando entrevisté a Tim para mi canal de YouTube, me contó cómo se las arregló para fabricar, en el taller de la prisión, las réplicas de madera utilizables de las muchas llaves que necesitaba para escapar. Creía que, puesto que su encarcelamiento se debía a las acciones de un régimen ilegítimo, era su deber intentar escapar, aunque pusiera en peligro su vida en el proceso[11]. Ahora se puede ver una película sobre su fuga de la cárcel, titulada *Escape from Pretoria*.

Solo después de que el Congreso Nacional Africano estuviera en el gobierno, Tim vio que la misma pobreza contra la que él había luchado continuaba, incluso cuando se enriquecía la nueva clase política. En concreto, vio cómo el sistema monetario y bancario aprisionaba a las personas y comunidades negras a pesar del fin del apartheid, lo que contribuyó a que su concepción política se convirtiera en lo que yo entiendo como «libertaria de izquierdas», donde él quería que el sistema monetario proviniera de la gente corriente en lugar de ser impuesto por una autoridad opaca e irresponsable. Así que centró su atención en algo llamado «Sistemas de Intercambio Local» o «LETS» (*Local Exchange Trading Systems*) y escribió un software no solo para ayudar a muchos de los LETS existentes a ponerse en línea, sino para conectarlos entre sí en todo el mundo[12].

La mayoría de nosotros damos por sentado que nuestro dinero nos proporciona tanto una forma de ganar y pagar (un medio de intercambio) como una forma de ahorrar (un depósito de valor). Sin embargo, combinar estas dos funciones diferentes en un solo instrumento forma parte de la manera en que el poder del dinero arruina nuestra relación con los demás y con la naturaleza. Como vimos en los capítulos 1 y 2, cuando utilizamos el dinero para ahorrar o para reducir nuestras deudas, en realidad impedimos que otras personas y empresas intercambien tiempo y recursos, ya que esa cantidad del medio de cambio se retira de la circulación. Los economistas lo llaman recesión. Somos las mismas personas las que estamos disponibles para trabajar y ese trabajo sigue necesitando hacerse y hay los mismos recursos alrededor; sin embargo, se hace menos trabajo y se experimentan menos beneficios debido a la falta de dinero. Dado que el dinero es imaginario, su escasez revela un profundo fracaso del sistema monetario, pero, precisamente por la misma razón, Tim cree que una comunidad puede reimaginar su propio medio de intercambio. El beneficio de hacerlo es que crea más conexiones locales y acorta las cadenas de suministro, aumentando así la resiliencia de las comunidades[13].

Quizá el mejor ejemplo de que esta filosofía ya tiene un impacto significativo proceda de los barrios marginales de Kenia. Estos asentamientos informales podrían describirse como siempre «en recesión», porque la mayor parte del dinero que ganan los habitantes se gasta en adquirir bienes en la ciudad, lo que significa que solo una pequeña parte está disponible para facilitar el intercambio entre los lugareños. Cuando el estadounidense Will Ruddick, licenciado en física, visitó Kenia por primera vez como voluntario del Cuerpo de Paz, quiso aprovechar su educación y sus privilegios para ayudar a los más pobres. Se quedó, se casó con una keniana, formó una familia y entabló relaciones duraderas con pequeños comerciantes del asentamiento informal de Mombasa. Tras mantener conversaciones con el experto en créditos mutuos Tom Greco en un retiro en las montañas del Jura (Francia), Will decidió relanzar su iniciativa para centrarse en los comercios locales emitiendo una cantidad determinada de vales que pudieran canjear ellos mismos.

Su organización, *Grassroots Economics* (GE), puso en marcha el Banglapesa y observó las repercusiones positivas en la gente, que ahora podía comerciar entre sí cuando antes la falta de efectivo había sido un obstáculo. Describimos, en un trabajo de investigación que publicamos Will y yo, estos importantes beneficios inmediatos para la comunidad[14]. Sin embargo, las innovaciones con monedas por parte de los pobres conllevan el riesgo de una reacción violenta. Will y su colega Alfred Sigo fueron encarcelados durante varios días mientras el Banco Central deliberaba si este proyecto era ilegal o no. Fueron puestos en libertad y el Banco Central no presentó cargos. Yo había dejado de trabajar recientemente en las Naciones Unidas, así que pude ayudar a organizar una carta de la

ONU a las autoridades competentes para explicar el trabajo pionero que Will y sus colegas estaban realizando. El consejo de *Grassroots Economics* ganó el caso, y, en consecuencia, se despejó el camino para la expansión del proyecto. Hicieron evolucionar el sistema, en colaboración con los comerciantes locales y los ancianos, y lanzaron sistemas en otras zonas pobres, utilizando el nombre de Sarafu-Credit: desarrollaron un sistema de pago por teléfono móvil, hicieron una bolsa para que los créditos de distintas comunidades fueran interoperables, colaboraron con la Cruz Roja y experimentaron con *blockchains*. En 2023, había más de cincuenta de estos sistemas en Kenia y más allá.

Tan importante como la cantidad de comercio local que permiten estos sistemas en las zonas pobres es la forma en que permiten a la comunidad organizarse y planificar conjuntamente. Como el objetivo de *Grassroots Economics* es impulsar formas de producción locales seguras para el medio ambiente y resistentes, han puesto en marcha proyectos agroforestales con los recursos generados por los sistemas Sarafu-Credit, lo que significa que el sistema monetario ayuda realmente a hacer crecer la base alimentaria de la comunidad: una moneda que alimenta la vida, en vez de separarnos de la vida. Al estar fuera del sistema normal de mercado, con precios en chelines kenianos, toda esta actividad puede no aparecer en las estadísticas oficiales de crecimiento económico de Kenia. Sin embargo, también significa que el aumento de la actividad económica está impulsado por las necesidades y los deseos de la comunidad y no por lo que los banqueros quieren prestar, las empresas quieren pagar o los gobiernos y filántropos quieren financiar. Es, por lo tanto, una forma práctica de desarrollo comunitario progresivo «poscrecimiento». Aunque el decrecimiento es importante en los centros y países ricos, la mayoría de sus defensores reconocen que la equidad exige cierta expansión económica en comunidades explotadas y oprimidas como los barrios marginales de Kenia.

La Fundación Gates, con sus esfuerzos de «inclusión financiera» y todas las ONG corporativas que promueven la banca de «última milla», no han mostrado ningún interés en el modelo de *Grassroots Economics* y mucho menos han ofrecido su apoyo. No se debe a que no se conozca, ya que hay muchos artículos y reportajes de televisión sobre la iniciativa. La misma falta de interés por parte de los financiadores se da en la iniciativa de Tim Jenkin, Stephanie Rearick y el software de Matthew que respalda tanto su trabajo como cientos de proyectos similares en todo el mundo, a lo largo de los últimos veinte años. Mis anteriores intentos de recaudar fondos para proyectos de este tipo se encontraron con miradas vacías o promesas incumplidas, incluso por parte de organizaciones que decían querer ayudar al desarrollo económico local. Cuando decidí pedir ayuda a mis contactos en la comunidad de Davos, me puse en contacto con un responsable de subvenciones de la Fundación Gates. Después de que le detallara el objetivo de crear una red mundial de base de emisión de moneda, tuvo la amabilidad de presentarme a un filántropo que vivía en el Caribe. Lo único que recuerdo de mi única llamada por Skype con Jeffrey Epstein es que, después de explicarle la necesidad del proyecto, me dijo: «Bueno, Jem, escúchame, solo me quiero divertir». Algo desconcertado sobre cómo podría ayudar a los multimillonarios a divertirse más, no me preocupó su falta de seguimiento tras nuestra única conversación por vídeo. En retrospectiva, tal vez tenía otros objetivos de más alto perfil con quienes pactar y no quiso hacerlo con un grupo de «don nadies» que buscaban ayudar al mundo desde la base.

LA NUEVA AGENDA CATASTROFISTA

Como mencioné en el capítulo 8, el término «catastrofista» (*doomer*) se ha utilizado para criticar a la gente por tener una perspectiva negativa y darse por vencida. Algunas personas que se identifican a sí mismas como «doomers» están contentas con esa caracterización. Sin embargo, otros piensan que ignora la pasión constante que sienten por ser útiles a la sociedad. Para superar ese bagaje, algunos de nosotros hemos empezado a describirnos como «*doomsters*». El sufijo «ster» en inglés se ha utilizado para indicar algo bueno (por ejemplo, «*rhymester*»: rimador), o malo (por ejemplo, gánster), o una profesión (por ejemplo, «*pollster*»: encuestador), o una tendencia de moda (por ejemplo, hípster). Si uno utiliza una palabra con el sufijo «ster» para describirse a sí mismo, indica una identidad elegida con confianza.

¿Es posible que los catastrofistas (*doomsters*) se conviertan en una tendencia contemporánea y sean considerados los nuevos hípsters? Hay muchas ideas sobre el fenómeno «hípster». En parte, era un arraigo estilístico para una vida de desarraigo por razones económicas; las camisas de cuadros gruesos, los cafés con leche de soja y las *selfies* distraían de la inseguridad futura. En cambio, los catastrofistas de hoy no nos distraemos de la fractura que nos rodea, vivimos sinceramente, porque sabemos que cualquier mes podría ser el último. Hemos avanzado lo suficiente a través de la negación, el *shock*, la desesperación, la pena y la contemplación, para emerger más curiosos, valientes, compasivos y creativos. Muchos de nosotros también somos lo que llamo ecolibertarios; no porque todos conozcamos la filosofía y la teoría que he descrito en este libro, sino porque una orientación catastrofista (*doomster*) hacia el mundo es de apertura, en lugar de contracción y control. Cavamos huertos, no búnkers.

En una entrevista en vídeo, Karen Perry, defensora de la aceptación del colapso, compartió su lista de beneficios psicológicos de lo que ella y otros describen como perspectiva «poscatástrofe» (*post-doom*). Con una ligera edición, los resumo en el recuadro 2[15]. Mientras que los quince beneficios enumerados son clave para una forma de vida *doomster*, tres son pasados por alto tanto por los críticos como por aquellos que todavía nos estamos recuperando «en el suelo» y necesitamos un poco de ayuda para pasar a una forma de vida poscatástrofe. Esos beneficios provienen de involucrarse y defender la comunidad, la solidaridad con los menos privilegiados o los que sufren los peores efectos, y la reparación haciendo lo que uno puede para disminuir el sufrimiento y crear potencial para la vida futura.

Quizá esta forma de estar en el mundo sea «poshípster». Mientras que a los hípsters de la tercera edad les cuesta más dinero hacerse un «pan tostado con aguacate» en su casa que en una cafetería, a los catastrofistas (*doomsters*) de hoy nos gusta cultivar nuestros propios aguacates. Nos gusta ayudar a nuestras comunidades a ser más autosuficientes en energía, agua, alimentos, cuidados y entretenimiento. Nos gusta hacer nuestra propia música y utilizar nuestras propias monedas. No seguimos servilmente las agendas y tendencias de los medios corporativos, sino que buscamos lo que es importante saber y cómo ser útiles. Viviendo así, me parece que los catastrofistas se divierten más.

RECUADRO 2: CARACTERÍSTICAS DEL «CATASTROFISTA» (DOOMSTER)

1. LIBERTAD: aléjate de lo que «debería ser» para abrir la puerta a los «podría ser».
2. URGENCIA: no pospongas lo que está en tu corazón.
3. PARÁMETROS: comprométete con la sociedad con un horizonte temporal diferente, ya sea con la carrera profesional, los ahorros o la familia.
4. PRESENCIA: céntrate en el aquí y ahora, con apertura a experimentar la vida de nuevo.
5. GRATITUD: agradece los aspectos positivos de las sociedades modernas que ahora desaparecerán, así como del mundo natural antes de que este cambie.
6. ENRAIZAMIENTO: no te dejes ocupar por informaciones catastróficas de manera que perturben tu foco.
7. COMUNIDAD: contribuye a las capacidades locales y defiéndelas de las presiones destructivas.
8. DESAPEGO: suelta el dolor de la narrativa de necesitar salvarlo todo antes de que sea demasiado tarde.
9. TRASCENDENCIA: experimenta una mayor conexión con la unidad de todo.
10. EMPATÍA: acepta las muchas respuestas emocionalmente difíciles que ocurren al darse cuenta o experimentar el colapso de la sociedad.

11. SOLIDARIDAD: utiliza los privilegios de forma radical para ayudar a las personas a vivir de forma más libre y solidaria.

12. RECONCILIACIÓN: prepárate para poder dejar esta existencia sintiendo que has hecho lo mejor por los demás y por la vida en general.

13. SALIDA: considera cómo deseas vivir y morir a medida que las situaciones se degradan, y prepárate para ello.

14. GENTILEZA: abandona los deseos de hacerlo todo bien o de ser lo mejor que puedas ser.

15. DISFRUTE: diviértete con el tiempo que te queda como una forma de honrar el hecho de estar vivo en este momento.

AGENDA DE POLÍTICAS POSITIVAS EN UNA ERA DE COLAPSO

Hasta ahora en este capítulo me he centrado en la forma en que los individuos pueden responder positivamente a su anticipación del colapso social, revigorizarse en lo que hacen cuando escuchan la evidencia de que es probable o se está desarrollando el colapso. He descrito lo que hacen como la búsqueda y la expresión de su libertad de los confines de la Modernidad Imperial, así como la posibilidad de que otros también vivan más libremente. La siguiente pregunta es, obviamente, qué se puede hacer a nivel político, ya sea por parte del gobierno local o nacional. Antes de ofrecer algunas ideas al respecto, quiero advertir de dos formas generales de abordar, y de desentenderse, de la cuestión política.

A menudo he experimentado la pregunta «¿qué recomiendas que hagamos?» como una forma de negar la realidad de esta nueva era de colapso. Porque tales preguntas pueden estar pidiendo una solución específica para una dificultad concreta que ni tiene solución ni se produce aisladamente de otras dificultades. El colapso de los sistemas alimentarios mundiales es un buen ejemplo. Publiqué el capítulo 6 un par de meses antes de la publicación de este libro, cuando volvió a ser noticia el tema de la alimentación. Me pidieron respuestas concretas, a menudo en un tono que daba a entender que no era un comentarista válido si no las tenía. Estas personas, todas ellas profesionales del difunto y parcial campo del «desarrollo sostenible», no quieren oír que las tendencias en el suministro de alimentos son un conjunto de tendencias en la economía, la banca, la biosfera, la energía y el clima que conducen al desmoronamiento de las sociedades industriales de consumo. No quieren oír que la mejor respuesta política es apoyar alternativas locales interconectadas al capitalismo de mercado y resistirse a las iniciativas acaparadoras de poder y contraproducentes de los globalistas (que analizaremos en el siguiente capítulo). Si trabajas en un campo relacionado con los temas tratados en este libro, lo más probable es que seas alguien que se beneficia del sistema de la Modernidad Imperial, que ha sido definido por él y que se siente tentado a encontrar formas de estar de acuerdo con los demás sobre la situación que no nos cuesten nada y que al mismo tiempo nos ayuden a sentirnos respetados o incluso superiores a los demás. La próxima vez que preguntes «¿y qué hacemos?», pregúntate si lo haces como un recurso antirradical, cuando lo que realmente quieres es sentirte seguro de tus privilegios, seguir siendo deferente con la clase dirigente y evitar la desesperación.

No quiere decir que no haya montones de ideas para iniciativas políticas, una vez que abandonemos los delirios ideológicos del desarrollo sostenible y abordemos nuestra difícil situación desde una perspectiva ecolibertaria, idealmente como catastrofistas seguros de nosotros mismos. En la conferencia celebrada en Dinamarca sobre la policrisis y el colapso, en media hora una pared entera estaba cubierta de notas adhesivas con ideas útiles para trabajar. Cada una de ellas tenía implicaciones políticas, desde la educación a la sanidad, pasando por la economía, la seguridad y mucho más. En mi opinión, reconocer la ilegitimidad de los sistemas que han causado los problemas es más importante y evitar que esos sistemas, y sus conceptos y funcionarios, dirijan los programas de acción. No es algo que las élites quieran oír, ni tampoco la mayoría de los expertos que se dedican a estos temas, que han pasado sus carreras mirando hacia arriba, hacia los jefes, los ascensos, los financiadores y el potencial de una mayor influencia desde arriba. Por ejemplo, si tomamos el tema de la geoingeniería, si las potencias occidentales, los capitalistas de riesgo, las grandes empresas de tecnología y los bancos dirigen la acción, entonces las decisiones no se tomarán sobre la base de lo que funciona mejor con el menor riesgo o daño colateral. Por desgracia, ese no es el mundo en el que vivimos, y el sector empresarial ya utiliza la ansiedad climática para conseguir enormes fondos públicos para ideas estúpidas, como veremos en el próximo capítulo.

Lo contrario de querer una solución política rápida es descartar todo el debate sobre las políticas adecuadas en una época de colapso. Lamentablemente, algunos anticipadores del colapso consideran delirante cualquier articulación de ideas políticas o el activismo en torno a ellas. Creo que no ayuda por un par de razones. En primer lugar, estimo que aún queda tiempo y oportunidades para reducir los daños durante la disrupción y el colapso de la sociedad mediante formas de cooperación a escala. No significa que considere útiles o legítimos a los gobiernos locales o nacionales mientras estén capturados por los intereses del capital global. En cambio, hay algunas normas y presupuestos que pueden cambiarse para reducir los obstáculos al tipo de iniciativas que he descrito anteriormente, entre otras iniciativas hacia una mayor resiliencia ante la disrupción. En segundo lugar, es importante defender ciertos valores, aunque no tengamos éxito. Cuando las sociedades caigan, podemos optar por defender los valores universales en los que creemos, que a menudo requieren el apoyo activo o la no interferencia de las autoridades estatales. Las cuestiones de equidad, justicia, sanación y reparación son importantes durante una época de colapso, del mismo modo que lo era durante una época de progreso material. Como veremos en el siguiente capítulo, si quienes nos preocupamos por los valores universales no seguimos comprometidos con los movimientos políticos, la actitud de «cueste lo que cueste» de unas élites presas del pánico y a la defensiva impulsará respuestas autoritarias, sin resistencia. Algunos de los anticipadores del colapso descartan el compromiso político con el argumento de que no tiene sentido, lo que revela tanto una certeza sobre los resultados futuros como un apego a la ética utilitarista que no comparto, como tampoco comparten muchos catastrofistas. En cambio, como pesimistas positivos, intentamos ayudar, aunque las probabilidades no estén a nuestro favor, porque creemos que es una forma buena y verdadera de vivir. Otros que descartan el compromiso político argumentan que podemos limitarnos a esperar a que se derrumben las estructuras de los mercados y el gobierno. Sin embargo, ese punto ignora la manera en que las respuestas agresivas de las grandes instituciones privadas y las entidades estatales formarán parte de la experiencia vivida del colapso. Aunque centrarse en la acción local puede proporcionar una sensación inmediata de logro, puede resultar ilusorio a medida que los cambios globales y nacionales arrasen con esos éxitos locales. Por ejemplo, un huerto local puede ser confiscado por un Estado autoritario o destruido por una inundación. La clave es que intentemos hacer lo que creemos útil, sin apegarnos a los resultados ni utilizar nuestro enfoque específico como razón para desentendernos de las dinámicas generales de la sociedad.

Se podría escribir toda una serie de libros e informes sobre un programa político positivo para los gobiernos nacionales y locales en una época de colapso. Entonces, ¿qué decir en este libro? Afortunadamente, mi propio colapso en el piso del reverendo significa que soy menos exigente conmigo mismo para ofrecer un resumen exhaustivo del panorama de las ideas. En su lugar, me limitaré a señalar seis áreas de estudio y acción sobre el cambio social que están incorporando la aceptación del colapso de las sociedades de consumo industrial.

En el ámbito de la formulación de políticas existe una práctica denominada «planificación», en la que los gobiernos locales o nacionales planean el modo en que desean desarrollar económicamente una zona. Entre los estudiosos de esta práctica, existe una corriente de pensamiento reciente que considera que el Estado ya no es el único agente planificador y que el declive controlado de las sociedades modernas puede ser tanto un marco para su planificación como para su desarrollo. Hay muchos ejemplos en todo el mundo de comunidades que se organizan en el contexto de un gobierno fracasado u opresor para conseguir lo que desean a escala comunitaria. Difiere del enfoque en el que la acción comunitaria se centra en problemas o grupos específicos y se asume que la dirección general para una comunidad es algo que abordarán los gobiernos locales o nacionales[16]. A menudo, estas iniciativas comunitarias incluyen enfoques participativos para la toma de decisiones y la asignación de recursos (como la sociocracia), desconfían del poder estatal y corporativo y abordan los problemas medioambientales inmediatos de su comunidad, por lo que se alinean de forma natural con el ecolibertarismo en concreto y con las tradiciones del libertarismo de izquierdas en general. Son proyectos como los de *Grassroots Economics*, que cuentan con una amplia red dentro de una comunidad, los que pueden dar el paso hacia un intento de «planificación de base» con y para toda la comunidad. Es un cambio que debe basarse en el tipo de análisis de este libro, que identifica las dificultades que se avecinan y cómo no las resolverán ni el Estado, ni el mercado, ni la filantropía externa.

En el campo de la economía política alternativa, cada vez se hace más hincapié en la necesidad de intentar restaurar los bienes comunes como modo de gobernanza colaborativa. El término «bienes comunes» se refiere a la forma en que los recursos pueden ser gestionados y gobernados colectivamente por una comunidad en lugar de ser propiedad privada o de un gobierno. Normalmente, la gestión implica asociaciones de usuarios con directrices, sanciones y procesos de resolución de conflictos para mantener el uso sostenible de un recurso compartido[17]. La propiedad compartida por las comunidades es un objetivo clave expresado en los escritos libertarios de izquierdas y la existencia de éxitos medioambientales de tal gobernanza significa que es un objetivo obvio para el ecolibertarismo. Más que una tragedia de los bienes comunes, la destrucción del medio ambiente fue el resultado de la externalización de los costos de los recursos de propiedad privada al resto de la sociedad (como nuestros ríos y nuestra atmósfera) y de la destrucción de los sistemas previos de gestión comunitaria de recursos como los bosques. Como vimos en el capítulo 9, la propia existencia de la raza humana en sociedades complejas y semisedentarias durante muchos miles de años parece ser el resultado de un triunfo de los bienes comunes.

Michel Bauwens, uno de los intelectuales más destacados en este campo, ha llegado a la conclusión de que existen pruebas convincentes de que los enfoques «comunes» para organizar a las personas y los recursos son más frecuentes durante los periodos de declive y renacimiento de las civilizaciones. Puede deberse a que las grandes organizaciones jerárquicas se desmoronan en esos momentos[18]. Dado el papel del capitalismo de Estado en la destrucción de la naturaleza y la comunidad, es posible que deseemos que se cumpla la predicción del auge del procomún y los enfoques cooperativos en esta era de colapso. Sin embargo, podemos intentar que se haga realidad a través de nuestras propias elecciones, tanto si la historia se repite como si no. Para contribuir a este escenario, Michel permite la vinculación internacional de comunidades locales de innovación social que se comprometen a ayudar a todos en todas partes con la relocalización de la producción y el consumo y permite al mismo tiempo una propiedad más común de los recursos. Este esfuerzo se describe como localismo cosmopolita o «cosmolocalismo»[19]. Las iniciativas económicas ecolibertarias en las que trabajan Matthew, Stephanie, Tim y Will que he descrito anteriormente se inscriben en este espíritu de construcción de sistemas de propiedad cooperativa para gestionar los recursos de propiedad cooperativa y compartir sus herramientas y lecciones a escala internacional para la relocalización en todas partes. Un liderazgo ilustrado en la formulación de políticas trataría de permitir este intercambio de información, así como de ayudar a las formas cooperativas y mutuas de propiedad en todos los ámbitos de la sociedad. Los filántropos ilustrados también podrían respaldar estos esfuerzos si quieren ayudar a crear un aterrizaje más suave para las sociedades de consumo industrial[20].

El campo de la cooperación internacional para objetivos humanitarios y de desarrollo tiene una historia muy mezclada, ya que surge de los intereses y prejuicios (bienintencionados) de las naciones poderosas y los donantes. El concepto de «desarrollo sostenible» ha enmarcado gran parte de la cooperación internacional desde 1992, promoviendo la falsa idea de que un estilo de vida de consumo industrial es posible y beneficioso para todos los habitantes de la Tierra (capítulo 1). La disidencia contra este punto de vista fue ignorada durante décadas, pero se ha ido extendiendo a medida que la realidad del fracaso se hace demasiado evidente para que todos puedan ignorarla[21]. Algunos profesionales de este campo optan por considerar la situación mundial como una «meta catástrofe» que engloba todo lo demás y, por tanto, promueven la idea de que las competencias, recursos e instituciones del campo de la «gestión del riesgo de catástrofes» deberían infundir la cooperación internacional en general[22]. Un ejemplo práctico de este enfoque sería actuar positivamente desde el difícil reconocimiento de que habrá más y peores tifones en Filipinas y que será mucho menor la capacidad de ayuda del gobierno central y de los donantes extranjeros. Tanto la reducción del riesgo como los mecanismos de recuperación, por lo tanto, deben mejorarse localmente y defenderse de las presiones comerciales (que pueden aumentar la vulnerabilidad ante las amenazas mediante un desarrollo inadecuado desde el punto de vista medioambiental).

En el ámbito de la política climática, se produce un cambio para reimaginar lo que se denomina «adaptación transformadora» y convertirla en la prioridad de los intentos de adaptación a los efectos actuales y futuros del cambio climático. Según el IPCC, se trata de un tipo de adaptación al cambio climático que no intenta mantener los comportamientos y bienes existentes, como la construcción de un dique, sino que trata de abordar las causas de la vulnerabilidad introduciendo cambios significativos en esos comportamientos y bienes. Puede implicar la reubicación de asentamientos y actividades o el cambio del uso del suelo de un tipo de agricultura a otro[23]. Más recientemente, algunos activistas la han redefinido para incluir el respeto al medio ambiente y la equidad social de las adaptaciones, incluyendo la forma en que las comunidades deben hacerse cargo del proceso[24]. Así, la adaptación transformadora se está convirtiendo en un marco útil para iniciativas de «planificación de base» como el «flanco moderado» en el Reino Unido[25]. Cuando se integra con conceptos de gestión, puede ser un concepto útil para las organizaciones, en su intento de mejorar su propia capacidad de adaptación transformadora. Por ejemplo, las organizaciones pueden revisar sus estrategias, políticas, procedimientos, presupuestos y formación con vistas a reducir su vulnerabilidad y la de su personal, su comunidad y su cadena de suministro[26].

El sexto ámbito de debate e iniciativa política que mencionaré aquí surge del concepto de adaptación profunda y de sus nuevas comunidades. Al momento de escribir estas líneas, las numerosas redes y grupos locales que utilizan el concepto se han centrado sobre todo en los aspectos interpersonales, psicológicos y «más suaves» de la preparación ante el colapso. A pesar de algunas de las acciones humanitarias y prácticas descritas anteriormente, se enfocan en ayudar a los participantes a encontrar la forma de cambiar su vida y su trabajo a medida que se enfrentan a la situación[27]. Sin embargo, el concepto ha ido calando en ámbitos más amplios, como ilustra una revisión bibliográfica en la que se encontraron casi trescientas publicaciones académicas que hacían referencia al artículo original de la adaptación profunda, en ámbitos tan diversos como la arquitectura, el urbanismo, las artes, la educación, la filosofía, las ciencias políticas, la psicología y la sociología. En muchos casos, el concepto de la adaptación profunda estaba relacionado con una crítica a las ideas ecomodernistas sobre la forma de responder a la situación medioambiental. El pesimismo positivo de muchos estudiosos, que buscan reducir el daño en una era de colapso, podría sustentar en el futuro una serie de ideas e iniciativas políticas. El trabajo de Skeena Rathor desde 2021 en *Extinction Rebellion* sobre «ser el cambio» y la coliberación de las personas de la opresión cotidiana de la Modernidad Imperial surge en parte de los debates en el campo de la adaptación profunda[28]. La filosofía del ecolibertarismo que describo en este libro es también un resultado de ese campo. En otros escritos he aplicado este concepto a diversos ámbitos políticos. En 2021, mi serie de ensayos sobre una «auténtica revolución verde» abarcó docenas de temas, desde la política monetaria a la geoingeniería, pasando por el derecho a morir[29].

Desafortunadamente, al momento de escribir estas líneas, en el mundo hay pocas redes, si es que existen, bien dotadas de recursos que desarrollen y perfeccionen ideas políticas para una era de colapso. Dado que el tema se ha mantenido como tabú en el discurso público, no es de extrañar. A medida que los filántropos y los nuevos grupos de reflexión y redes, o los ya existentes, se adentran en este espacio, lo están diluyendo, además de constituir las preocupaciones de las personas y organizaciones que se benefician de la Modernidad Imperial y están moldeadas por ella, como veremos en el siguiente capítulo. En respuesta, muchos de nosotros buscamos compartir ideas a través de redes informales con las muchas periferias del actual orden imperial, es decir, las redes de las clases productivas del Mundo Mayoritario.

SIN LIBERACIÓN

Las historias individuales que he compartido en este capítulo no son solo un recordatorio de lo que la gente puede hacer, sino que insinúan lo que podría ser el comportamiento ordinario de todos nosotros, a pesar de la manipulación de nuestra voluntad individual por parte de la Modernidad Imperial. Estas historias apuntan a la forma en que nuestra opresión, y no nuestra libre expresión, ha conducido al ecocidio del planeta y al colapso de las sociedades de consumo industrial. Reconocer el libre albedrío relativo como un aspecto inherente e intachable de la naturaleza y de la naturaleza humana, como hicimos en el capítulo anterior, proporciona un contexto filosófico para el ecologismo en pos de la libertad que demuestran las personas y las iniciativas de este capítulo.

También ponen de relieve por qué debemos hablar del colapso. La opinión generalizada es que hacerlo fomenta el derrotismo y el nihilismo. Tanto la investigación psicológica como numerosos testimonios personales revelan una realidad diferente[30]. Es muy improbable que las personas que se toman en serio la información, que permiten que llegue a sus emociones, a su perspectiva y a su identidad, sigan como si nada, se preocupen menos por los demás o se entreguen a un impulso hedonista desenfrenado, pero lo fundamental es que todos tengamos algún tipo de apoyo para procesar la información y las emociones, así como para explorar opciones sobre cómo responder. He mencionado solamente algunas de las formas en que las personas responden y, a lo largo de los años, he escrito en el blog sobre muchas otras respuestas. En el siguiente capítulo, analizaremos la creciente necesidad de responder políticamente, como un movimiento ecolibertario de resistencia al pánico y al autoritarismo de las élites.

El reverendo Stephen Wright había estado pensando en las mismas cuestiones antes de que yo causara una escena en su cena. «Vamos a necesitar mucha ayuda si queremos afrontar el futuro y elegir opciones más sanas en lugar de otras, como la negación, la depresión o el tambaleo hacia soluciones simplistas», escribió en un artículo con un colega del Foro de Adaptación Profunda en la revista *Church Times*[31]. Tradicionalmente, las instituciones religiosas han desempeñado un papel crucial a la hora de ayudar a la gente a entender su vida y encontrar compañerismo en los momentos difíciles. Stephen me contó lo que yo había oído de otros: muchas personas religiosas ven ahora los problemas actuales como el «fin de los tiempos». El concepto de apocalipsis es importante en la religión, pero también en la literatura y la cultura en general. Es poderoso si se entiende como el levantamiento del velo de la ilusión, sin embargo, si se entiende como un acontecimiento cataclísmico que conduce a una transformación mágica de todo dolor y sufrimiento, entonces no es necesariamente útil para las personas de cualquier fe, incluidos los cristianos. Las personas que ven el «fin del mundo» de esa manera tendrían que seleccionar pasajes de las Escrituras de una manera que no resuena con la sabiduría espiritual ni en las Escrituras ni en la comunidad cristiana contemporánea. Una actitud de que este es «el fin de los tiempos» podría hacer que más de nosotros nos sintiéramos atraídos a vivir con valentía desde una actitud de amor universal. «Mi amigo y maestro Ram Dass fue muy claro con nosotros al respecto», me dijo Stephen. «Tenemos que mantener el corazón abierto en el infierno».

Como describí en el capítulo 8, la fe en que todo está bien en última instancia, a un nivel más profundo, no tiene por qué equivaler a creer que se solucionarán las dificultades actuales, o que el planeta volverá a ser como era antes de que los humanos modernos lo dañaran o que se transformará en una nueva creación sin dolor ni sufrimiento. En cambio, la fe en que todo está bien, a un nivel más profundo, a pesar del dolor y el sufrimiento, implica una aceptación de toda la naturaleza tal como es. Mi utopía en la Tierra no es una utopía sin las dificultades de estar vivo, como la enfermedad, el envejecimiento, el dolor, el sufrimiento y la muerte. Sería un lugar extraño y artificial, ya que esas dificultades forman parte del ciclo de la vida, aunque intentemos moderar su sufrimiento. Mi utopía simplemente tiene más conciencia y menos destrucción de la base de la vida. Es donde a más de nosotros se nos permite reconectar con nuestras naturalezas originales, y orientaciones originales hacia la vida, con benevolencia, compasión, alegría vicaria y ecuanimidad, como mencioné en la Introducción de este libro (el Brahma Vihara). Que eso sea posible, o no, no debilita el compromiso de vivir en consonancia con esa visión, ya sea cambiando de vida o volviéndonos políticamente activos, o ambas cosas. Porque, como catastrofistas, hemos soltado nuestro apego a los resultados.

13
LIBRES DE FALSOS GLOBALISTAS VERDES: RESISTENCIA Y REIVINDICACIÓN

Quienes queremos contribuir a reducir el daño o a vivir libres sin dañar a los demás —o ambas cosas— tenemos una causa común en esta época de colapso de las sociedades modernas. Incluye compartir nuestros puntos de vista sobre la situación, así como nuestras ideas y compañerismo sobre la forma de responder positivamente, algunas de las cuales vimos en el último capítulo. Ese esfuerzo propositivo es una empresa importante en sí misma dada la supresión y demonización de nuestras perspectivas, pero nuestra causa común también incluye esfuerzos de oposición contra las fuerzas del sistema establecido que han empeorado las cosas en el pasado y seguirán haciéndolo en los meses y años venideros. Propositivo y oposicional son dos aspectos de un programa ecolibertario para la gran reivindicación de nuestro poder durante esta época de colapso. Solamente reconociendo que es importante comprometernos con ambos aspectos, y apoyarlos, es que podremos ser más los que colapsemos juntos, y no separados, a medida que las situaciones empeoran a nuestro alrededor.

Antes de concluir este libro, en este último capítulo opto por describir las formas en que las instituciones públicas, privadas y cívicas del poder establecido, así como sus funcionarios y apologistas, ya están empeorando las cosas en las primeras fases del colapso social que se desencadena. Mi objetivo es ayudar a muchos de nosotros a no aplicar, o cumplir, sus programas de acción. Una de las formas más obvias de empeorar las cosas es suprimiendo la toma de conciencia pública sobre el alcance y la naturaleza del problema global (capítulo 7), que ayuda a evitar un ajuste de cuentas y a mantener el control. Al contener las reacciones, se permite otro enfoque que empeora las cosas: la promoción de una serie de medidas autoritarias, contraproducentes y autoenriquecedoras en diversos trastornos sociales, desde el COVID-19 hasta el cambio climático. Una tercera forma en que no ayudan es preparando estrategias de conflicto preventivo para mantener la capacidad de guerra en un sistema mundial que se derrumba. Una cuarta respuesta desfavorecedora es su canalización de la creciente ansiedad, insatisfacción y confusión de la opinión pública hacia programas no constructivos que sirven a intereses de facciones. La quinta respuesta que esbozaré aquí apenas empieza a surgir, pero crecerá inevitablemente en los próximos años a medida que el actual colapso siga extendiéndose. Se trata de la desradicalización de las implicaciones de reconocer nuestro problema global entre los profesionales que se dedican a esta cuestión. Tras resumir estas respuestas contraproducentes, compartiré algunas ideas sobre la manera de resistirse a ellas de forma constructiva y sobre la forma de promover las respuestas más ecolibertarias que he esbozado en los dos capítulos anteriores.

Para empezar, compartiré reflexiones sobre algunos aspectos de la respuesta a la pandemia que ilustran muy bien los peligros a los que nos enfrentamos por parte de un sistema que se siente amenazado y la forma en que nos manipula para que hagamos su voluntad. Esta ha sido una experiencia dolorosa para muchos de nosotros, ya sea porque hemos perdido personas, o nuestra salud, o medios de vida, o porque hemos sentido ansiedad ante la hostilidad en torno a este tema. A pesar de que mis opiniones sobre la respuesta a la pandemia dieran pie a que algunas personas me «cancelaran» debido a que fue la primera gran perturbación de las vidas de la clase media en Occidente a causa de procesos que son constitutivos de la desintegración de la sociedad (capítulo 4), debemos buscar ideas a partir de lo ocurrido desde 2020, y por eso ofrezco ahora las mías.

LOS GOBERNANTES SON MÁS PELIGROSOS QUE LAS MASCOTAS
(Y QUE LA MAYORÍA DE LOS VIRUS)

Cuando estalló el virus de COVID-19 en China, una de las políticas aplicadas en algunas ciudades consistía en acorralar y matar a los gatos de la gente por temor a que pudieran ser portadores del coronavirus. Las protestas posteriores hicieron que esta política se abandonara, solo para reaparecer en diversas ocasiones. A principios de 2022, los funcionarios de la ciudad de Langfang ordenaron el sacrificio de todas las mascotas de cualquier persona infectada con COVID-19 antes de que la política fuera abandonada tras las protestas[1]. Haciendo eco de parte de esa actitud hacia las mascotas, en noviembre de 2022 el periódico *Daily Express* publicó un artículo sobre el Reino Unido, con el siguiente titular: «Terror de COVID-19 por más de 350 000 gatos infectados con el virus, lo cual "puede resultar fatal"». La noticia en sí trataba sobre las pruebas de infecciones no mortales de gatos con COVID-19 en el pasado. También mencionaba que otras formas de coronavirus pueden ser mortales para los gatos. La noticia provocó comentarios como: «Sacrifiquen a todos los gatos»[2]. La misma historia apareció poco después en otros periódicos y sitios web del Reino Unido.

Cuando leí esta noticia, pensé que podría ser útil repasar algo de la historia que recuerdo del colegio sobre la «peste negra». Al fin y al cabo, si la historia se repite a lo largo del tiempo, esas iteraciones podrían decirnos algo tanto sobre nuestra psique como sobre nuestras sociedades. La peste negra se refiere a un episodio grave de peste bubónica que fue una enfermedad terrorífica que afectó a muchas partes del norte de África, Eurasia occidental y Europa durante cientos de años, a partir del siglo XIV. Su nombre se debe a los «bubones», que eran grandes hinchazones dolorosas en los ganglios linfáticos de las axilas, la ingle y el cuello. Habrán notado que acabo de utilizar el tiempo pasado, porque creía que la enfermedad había desaparecido, pero una rápida búsqueda me llevó a descubrir que todavía existe, aunque afortunadamente está bajo control. Hace cientos de años, sin embargo, era aterradora, porque no había tratamiento, el dolor era terrible y mataba a la gente muy rápidamente. Durante el último brote importante en el Reino Unido, en 1665, los enfermos de peste tenían un 30 por ciento de probabilidades de morir en dos semanas. Ese año murió alrededor de un tercio de todos los habitantes de Londres[3].

Desde finales del siglo XIX sabemos cómo se transmite esta plaga: una pulga se alimenta de un roedor y consume la bacteria mortal, de modo que cuando se alimenta de otro huésped, ya sea roedor o humano, esa bacteria infecta al nuevo huésped. Sin embargo, en el siglo XVII la principal teoría sobre el método de propagación de la enfermedad era que procedía de los malos olores llamados «miasma». Por supuesto, las grandes ciudades como Londres «apestaban a diablos» todo el tiempo, por lo que la idea de que los malos olores eran la causa de la enfermedad podría no haber parecido lógica a todo el mundo en ese momento. También sabían que llegaba en barcos procedentes del extranjero, que tampoco olían especialmente bien. Sin embargo, la teoría del miasma de la peste atraía a los poderosos. Podían utilizar hierbas aromáticas y flores, y lavarse más que los pobres. Además, sus viviendas estaban menos abarrotadas y no se encontraban cerca de grandes poblaciones, por lo que había menos residuos que provocaran los malos olores. Creer que esos olores eran la causa de las enfermedades también les ayudaba a tener menos empatía y solidaridad con la gente que no era tan rica como ellos. En su lugar, podían denigrar a los pobres como fuente de infección[4].

En abril de 1665 se registró un solo caso en Covent Garden y dos más la semana siguiente. La Corona ordenó que cualquier hogar en el que alguien tuviera la peste debía ser cerrado para que nadie pudiera entrar o salir durante cuarenta días. Se pagaba a un vigilante para que montara guardia en el exterior, lo que provocaba con frecuencia la muerte de los demás habitantes de la casa, por negligencia o por la peste. Evidentemente, suponía un gran incentivo para no denunciar la enfermedad. Quizás menos incentivo que en aquellas ciudades donde la política era evacuar a los infectados a «casas de plaga» fuera de la ciudad. Al principio hubo resistencia a esta política de encierro y una protesta el 28 de abril de 1665 hizo que los habitantes fueran liberados de sus hogares por la fuerza[5].

Esa protesta se debatió en el Parlamento británico. Los historiadores que leyeron todos los documentos de la época concluyen que las autoridades estaban preocupadas sobre todo por el orden público y no por la salud pública[6]. Quizá este caso de desobediencia civil hizo que las autoridades decidieran actuar con más medidas autoritarias. La *City of London Corporation* estaba a cargo de la ciudad en aquella época. Ordenaron sacrificar a todos los perros y gatos, invocando la teoría de que los malos olores eran los culpables de la propagación de la enfermedad[7]. Sabían que los perros y los gatos siempre habían olido a perros y gatos, también durante los periodos en que no había peste, pero el sacrificio forzoso de los animales domésticos demostraría que las autoridades se tomaban en serio la enfermedad. Se vio como un mal necesario. Al tratarse de la Corporación Municipal, tenían el dinero para realizar su política y pagaban dos peniques por cadáver. En 1772, Daniel Defoe calculó que en Londres se mataron unos 40 000 perros y 200 000 gatos. Es posible que ya hayas adivinado lo desafortunada que fue esta medida. Garantizaba la explosión de las poblaciones de ratas y, por lo tanto, de las pulgas que las habitaban y que transmitían la peste. En aquella época, algunos observadores incluso se percataron del efecto de esta política, escribiendo sobre el mayor número y vigor de ratones y ratas vivos durante la época de la peste y conjeturaron que probablemente era el resultado del sacrificio de los gatos[8].

En pocas semanas, el calor del verano se sumó a la propagación y las muertes semanales se contaban por miles. Para entonces, un tercio de la población de la ciudad había huido. Como apenas había trabajo, de repente cavar tumbas y hacer cumplir las normas, como ser vigilante, se convirtió en una fuente clave de ingresos. El encierro se extendió a la ciudad en general, ya que los residentes ordinarios no podían salir de la ciudad sin un certificado de buena salud: algo que solo proporcionaba el propio Lord alcalde y, por lo tanto, casi imposible de obtener para los pobres. Dado que los ricos consideraban que las masas malolientes eran la fuente de la enfermedad, así como sus animales domésticos, esta restricción de movimientos tenía mucho sentido para ellos en sus retiros rurales. Mientras tanto, el número de muertos en la ciudad alcanzó su punto álgido en septiembre, cuando 7165 londinenses murieron en una semana.

¿Habría sido diferente la situación sin el sacrificio de mascotas? En Bristol, al año siguiente, llegó la peste y solo mató a menos del 1 por ciento de la población[9]. No hubo sacrificio de animales, pero para entonces tal vez la cepa de la enfermedad se había vuelto menos infecciosa o virulenta. Se podrían realizar algunos estudios interesantes sobre las políticas, cepas bacterianas y similares, para comprender mejor por qué Londres sufrió especialmente en comparación con el resto del Reino Unido. Queda la posibilidad de que la falta de acción por parte del gobierno de la época podría incluso haber provocado menos muertes, no más. Esa es una conclusión que no han querido aventurar los historiadores modernos que he leído sobre la historia de la peste. Puede que solo refleje la cultura en la que vivimos hoy en día, ampliamente descrita por los sociólogos como deferencia «gerencialista» hacia la jerarquía y la supervisión[10].

De la peste al COVID-19, ¿qué aspectos de la historia podrían estar replicándose hoy en día? Al igual que con la Gran Peste de Londres, las autoridades de muchos países querían que se viera que se estaba actuando con respecto al COVID-19. Incluso sus informes internos así lo indicaban, haciendo hincapié en la forma de señalar la gravedad de la preocupación al público como justificación para imponer el uso de mascarillas en lugar de pruebas concluyentes de que reducirían la propagación[11]. Muchos de nosotros también conoceremos a personas que tenían tos o fiebre, pero pensaron erróneamente que ponerse una mascarilla significaba que no infectarían a otras personas y, por lo tanto, entraron en espacios públicos.

Al igual que durante la Gran Peste, los dirigentes optaron por imponerse sobre la gente en lugar de trabajar con nosotros. Por ejemplo, no se apoyó a empresarios y trabajadores para que un trabajador pudiera quedarse en casa inmediatamente al primer síntoma (comprobado o no) sin perder sueldo, confianza o empleo[12]. Si hubiera menos desigualdad, las autoridades no estarían tan alejadas de la clase trabajadora. Sin estar tan desconectadas, ¿podrían haberse centrado primero en capacitar al personal para tomar decisiones acertadas sobre la salud personal y pública?

Al igual que durante la Gran Peste, las autoridades no dieron prioridad a ayudar a los desfavorecidos, que podían ser los más vulnerables a la enfermedad. Por ejemplo, el envío de personas infectadas de los hospitales a residencias de ancianos provocó la explosión de casos entre las personas más vulnerables de la sociedad[13]. Es difícil aceptar que no hubiera acciones penales por tal política. Además, en los primeros meses de la pandemia se sabía que la población negra de Estados Unidos sufría consecuencias relativamente peores de la infección[14]. También se sabía entonces que la vitamina D3 es importante para el funcionamiento del sistema inmunitario[15] y que puede ser deficiente en personas de color en entornos con poca luz solar. Los datos de África, donde el COVID-19 no causaba tantos problemas en aquel momento, aportaban un apoyo añadido a esa conclusión y, sin embargo, ni los principales medios de comunicación ni los gobiernos occidentales hicieron nada para aumentar la concientización o el uso de la vitamina D3 por parte de esas comunidades más vulnerables. Cabe preguntarse si habría persistido tal descuido si la población caucásica hubiera sido el grupo más afectado negativamente. Capturados por la ideología del complejo médico-industrial, los medios de comunicación conocidos por su preocupación por la justicia racial pasaron totalmente por alto esta cuestión de evitar que los estadounidenses negros murieran el doble que los demás. Si las vidas de los negros importaban, ¿dónde estaba el clamor por la vitamina D3?[16]

Al igual que durante la Gran Peste, muchos gobiernos optaron por contener a la gente en pequeñas unidades, describiéndolo con palabras amables como «burbuja» y luego pagando a la gente para que se conformara a través de dádivas del gobierno (con las mayores dádivas destinadas a los ya ricos), a pesar de que la política de poner en cuarentena a las personas sanas nunca se incluyó en ningún plan de preparación para una pandemia y de que los expertos advirtieron en su momento que, a largo plazo, provocaría graves daños a la salud y el bienestar públicos[17]. Al igual que ocurrió durante la Gran Peste, muchos de los líderes desobedecieron sus propias normas y escaparon al campo. En algunos países, como la India, los cierres fueron especialmente perjudiciales y los trabajadores emigrantes y otras personas sufrieron enormemente debido a los trastornos[18], por eso me alegró saber que uno de los grupos de adaptación profunda del sur de la India se movilizó para ayudarles en Pondicherry[19]. Los estudios posteriores sobre el impacto de los confinamientos y cierres en todo el mundo tampoco encontraron ningún beneficio y sí grandes perjuicios, reivindicando así a la mayoría de los líderes africanos que optaron por resistirse a la presión internacional para cerrar sus naciones[20].

Al igual que durante la Gran Peste, las respuestas de las autoridades durante los primeros años de COVID-19 crearon más sufrimiento sin un impacto positivo sobre la enfermedad. Muchas personas experimentaron dolor por las políticas del poder establecido cuando perdieron sus medios de vida, su vida social, su salud en general y no pudieron ver a sus familiares moribundos. ¿Podría ese dolor haber implicado para la gente que las autoridades «al menos» estaban tratando la crisis sanitaria «en serio»? ¿De la misma manera que el sacrificio de las queridas mascotas durante la Gran Peste y el COVID-19 en China crearon una impresión de acción audaz?

Desgraciadamente, las consecuencias de las políticas equivocadas de COVID-19 todavía se están dejando sentir, debido al daño causado a las economías, las finanzas públicas y los sistemas monetarios, como vimos en los capítulos 2 y 4. Los casi 100 millones de personas obligadas a caer en la pobreza inducida por COVID-19 en 2021 y los 150 millones de nuevos desnutridos[21] fueron víctimas de las políticas de COVID-19, no del virus, y fueron asombrosamente ignorados por quienes condenaron a los críticos de esas políticas. Como ya se ha mencionado, la respuesta política ortodoxa de confinamientos, mascarillas, distanciamiento y vacunas no funcionó realmente para reducir de forma notoria la propagación del virus[22]. Las implicaciones de tal fracaso aún se están descubriendo al momento de escribir estas líneas: como se describe en el capítulo 4, los efectos a largo plazo de las reinfecciones por COVID-19 y del COVID-19 de larga duración pueden ser devastadores tanto para los individuos como para las sociedades.

En el siglo XVII no existían las vacunas. Si las sabias curanderas de la época hubieran animado a las lecheras a contagiarse de virus variólico para evitar la viruela, hoy no podríamos leer sobre ello, ya que las tradiciones orales fueron brutalmente oprimidas a través de la continua caza de brujas. En lugar de escuchar a las curanderas tradicionales de la época, las autoridades locales pagaban una nueva forma de «médico de la peste» para que «tratara» a los enfermos. En muchos casos, quizá en la mayoría, se trataba de un hombre con un estúpido disfraz que frotaba heces humanas en las heridas abiertas de los infectados[23]. Si avanzamos hasta el «moderno» 2020, no observamos ningún apoyo institucional a los conocimientos sanitarios comunitarios sobre nutrición útil, hierbas de eficacia probada y medicamentos reutilizados; al contrario, incluso se llegan a suprimir[24]. En cambio, los gobiernos gastaron miles de millones de dólares y coaccionaron a miles de millones de personas, para inyectarse nuevos tipos de mierda en nuestras venas.

Pensé dos veces antes de escribir esta última frase. No soy antivacunas. Precisamente porque estoy a favor de la ciencia, junto con muchos de los mejores expertos en los campos pertinentes, nunca he creído en el uso de tecnologías totalmente novedosas en miles de millones de personas sin varios años de datos de seguridad, por no hablar del escrutinio público de cualquier dato de eficacia de los propios estudios de las corporaciones farmacéuticas. En el 2020, muchos científicos del campo de la vacunología señalaron la dificultad de producir vacunas contra virus que mutan rápidamente, como los coronavirus[25]. Con el paso de los años, fueron apareciendo más pruebas irrefutables de que las vacunas no eran seguras ni eficaces. No detenían la infección ni la transmisión, y tampoco reducían la hospitalización o la muerte de forma significativa tras algunos meses de inyección (en contra de lo que afirmaban políticos, funcionarios y periodistas de la corriente dominante)[26]. Todos conocemos a muchas personas que siguieron con sus vidas tomando menos precauciones para no contraer o propagar enfermedades porque pensaban que estaban protegidas y que eran más seguras para los demás gracias a la vacunación. Algunos tipos de vacunas causaron múltiples efectos secundarios a corto plazo, incluidas tasas de hospitalización y muerte superiores a las reducciones de esos resultados de la propia vacuna COVID-19 en determinados grupos de edad[27]. También hubo un replanteamiento completamente arbitrario e ilógico del papel de una vacuna como algo que se toma para proteger a los demás y no a uno mismo. Para las personas que se habían vuelto crédulas por el miedo y el deseo de ser consideradas dignas, este replanteamiento significaba demonizar a cualquiera que decidiera no vacunarse. Aquí vemos un paralelismo entre los tiempos de la peste y los tiempos de COVID-19, en los que las élites nos enmarcaban a todos como peligrosos para los otros. En los años de la plaga nos encerraban y pagaban para que nos vigilaran, en lugar de permitirnos o apoyarnos para ayudarnos mutuamente con la nutrición y el conocimiento tradicional sobre la salud y el bienestar. En los tiempos de COVID-19 debíamos aislar psicológicamente —y a veces físicamente— a los no vacunados y a los desenmascarados, así como a cualquiera que realizara análisis científicos que no favorecieran el programa de acción que permitía a las compañías farmacéuticas y a las grandes empresas tecnológicas obtener ganancias descomunales.

Por suerte, la mayoría de los gatos escaparon a las erradas políticas durante la pandemia, al menos por ahora, pero permanece la siniestra repetición de la historia de buscar chivos expiatorios. Parece que el deseo de un sacrificio de sangre es más profundo de lo que queremos reconocer las sociedades modernas. Quizá el continuo retorno de una política sin sentido sobre los animales de compañía solo pueda entenderse reconociendo la ira irracional, aunque profundamente arraigada, de algunas personas contra el mundo natural por los trastornos y la inseguridad que experimentan, porque las mascotas son la conexión más cercana que la mayoría de nosotros tenemos más allá del mundo humano. Destruirlos y rechazar una conexión amorosa con la vida más amplia es una forma de castigo que pueden imaginar las mentes presas del pánico. Y el pánico de nuestras autoridades es exactamente el tema a consideración, con una amplia psicología social sobre cómo este hábito de las élites es tan difícil de erradicar. La psicología examina el hecho de que, cuando los líderes se dan cuenta de que los sistemas que administran están amenazados, a menudo responden con decisiones draconianas que empeoran las cosas. Por ejemplo, los brutales enfoques de la ley y el orden tras las catástrofes naturales son una forma típica de «pánico de las élites»[28].

Parte de este pánico de las élites es una forma secular de defensa de la cosmovisión, como he mencionado varias veces en las páginas anteriores. Es lo que ocurre cuando la gente se apega de forma ilógica y extrema a su cosmovisión en cuanto se vuelve más ansiosa por su seguridad y mortalidad[29]. Llevar al extremo algunos de los preceptos de una cosmovisión conduce a comportamientos que contradicen esa cosmovisión, lo que ayuda a explicar por qué muchas instituciones de poder de las sociedades modernas no fueron realmente modernistas en su respuesta a la pandemia. Por el contrario, contribuyeron a la confusión y al pánico, y promovieron un enfoque supersticioso de los símbolos y rituales de la modernidad, sin la racionalidad subyacente asociada a la modernidad. La verdadera racionalidad científica y el diálogo razonado no habrían creado histeria moral en torno a la cuestión de las vacunas, las máscaras, el distanciamiento y los encierros, por un lado, y las muchas ideas demonizadas de respuestas saludables que no estaban alineadas con los beneficios farmacéuticos y la pretensión gubernamental, por el otro.

Este fenómeno de defensa de cosmovisión que conduce a la simulación de la cosmovisión a través de comportamientos ilógicos no se limita a los funcionarios de más alto rango de la sociedad. Las personas que voluntariamente se ofrecieron a recibir refuerzos, tras haber escuchado antes que las dos primeras inyecciones novedosas las vacunarían por completo, al tiempo que recordaban que los críticos les habían dicho que probablemente no funcionarían, no se estaban comportando como modernistas racionales. Por el contrario, estaban participando en un ritual de lealtad a la modernidad y a la autoridad. Considero que los tiempos actuales son una era de «sobremodernidad» en la que las acciones son performativas y están ausentes de los principios originales que definen la modernidad. Si te describe, comprendo que esta perspectiva pueda parecer insultante. La comparto porque debemos dejar de ser tímidos a la hora de discrepar cuando están en juego el bienestar y las libertades de las personas, incluidas las tuyas y las mías. Si te molesta, podrías aprovecharlo como una oportunidad para aumentar tus capacidades de sabiduría crítica, observando tus diversos pensamientos y sentimientos, y si el enfado con otro (por ejemplo, conmigo) es un mecanismo de distracción.

Los sociólogos que analizaron la forma en que se afianzó el fascismo en Europa identificaron la importancia de que la persona promedio lo apoyara en lugar de que se basara simplemente en el poder de las armas. Identificaron el modo en que algunas personas decidían responder a su estado de fastidio con la vida aceptando las narrativas de las autoridades sobre quién o qué tenía la culpa de sus dificultades. Las entrevistas con las personas ayudaron a revelar que esas personas sabían de manera subconsciente que habían suspendido sus propias capacidades autónomas de raciocinio y, por lo tanto, se sentían personalmente molestas por la existencia de quienes no habían suspendido su inteligencia del mismo modo, lo que provocó agresiones por parte de miembros del público hacia aquellos que el Estado había identificado como enemigos del colectivo debido a su disidencia. Los investigadores argumentaron que el potencial de este patrón de personalidad autoritaria reside en la mayoría de nosotros y puede surgir en cualquier momento con efectos desastrosos. Escribí sobre este tema en una revista de psicoterapia y considero que este análisis de hace muchas décadas es una advertencia clave para nosotros hoy en día[30]. También puede ayudar a explicar la razón por la cual la gente que siguió la ortodoxia de COVID-19 «se aferra a un clavo ardiendo» y utiliza habitualmente críticas ad hominem para evitar ver con qué facilidad fue manipulada y en qué daños participó como resultado.

La presunción de los muchos «dignatarios autoritarios» fue asumir que a los disidentes nos importaba menos la salud y el bienestar de las personas en lugar de tener otras ideas sobre la respuesta, como permitir que los trabajadores se quedaran en casa si presentaban síntomas y que los edificios tuvieran mejor ventilación, filtración del aire y detección de la fiebre, además de protecciones específicas para los vulnerables, y hacer uso de una nutrición que refuerce la inmunidad, las hierbas de eficacia probada y los medicamentos seguros reutilizados[31], pero, ¿cómo es posible que tantos ciudadanos tuvieran tan malas ideas sobre cómo dialogar acerca de la pandemia, por no hablar de la forma de cómo responder a ella? Una de las razones fue la utilización de la psicología moral como arma por parte de los medios de comunicación para demonizar la disidencia. Un ejemplo de un reportaje de *The Guardian* sobre una maestra durante la pandemia puede ilustrarlo bastante bien. Como la mayoría de la gente, vacunada o no, se contagió de COVID-19, muchos niños también, algunos de sus alumnos dieron positivo. Según *The Guardian*, ella infectó a los niños y no habría ocurrido si hubiera estado vacunada[32]. La primera afirmación es una suposición y la segunda es una desinformación peligrosamente engañosa sobre la eficacia de las vacunas. El artículo de *The Guardian* no consideraba por qué la maestra podría haber tenido que trabajar estando enferma. Habría sido útil abordar cuestiones sobre cómo ayudar a las organizaciones a cubrir a los trabajadores cuando tienen algún síntoma, en lugar de solo cuando están demasiado enfermos para trabajar, y cómo proteger los ingresos y el empleo de las personas en tales circunstancias. Pero *The Guardian* no solo ignoró esa cuestión de salud y seguridad en el lugar de trabajo en este artículo, sino que en una búsqueda rápida indicó que ignoraba la cuestión desde 2020. Conscientemente o no, los editores de *The Guardian* publicaban contenidos que invitaban a la «agresión médica» contra las personas que no se ajustaban a la ortodoxia que estaba fracasando contra el COVID-19, pero que proporcionaba enormes beneficios a las empresas farmacéuticas y tecnológicas[33].

En 2021, muchos sospechaban que no solo los medios de comunicación de masas manipulaban al público en general, sino también a las «redes sociales». Fueron famosos los casos de especialistas expulsados de plataformas como Twitter y LinkedIn[34], pero mucha gente sospechaba que estaba ocurriendo algo más sutil. Mis sospechas aumentaron en 2021, después de recibir en mi canal de YouTube a la doctora Asiya Odugleh-Kolev, de la Organización Mundial de la Salud (OMS), para hablar de la necesidad de un mejor acercamiento del sistema médico a las comunidades y a la salud comunitaria en general. A los dos minutos de la entrevista, Asiya mencionó su trabajo de hace veinte años para animar a las comunidades locales a adoptar las intervenciones de salud pública recomendadas, incluidas las vacunas y la ivermectina, para reducir la carga viral de algunas enfermedades clave. Anteriormente, mis vídeos tenían un promedio de miles de visitas en las primeras semanas de su publicación, pero después de un par de cientos de visitas en los dos primeros días tras su publicación, este vídeo se «desinfló» por completo (como se muestra en la captura de pantalla de la figura 12). Me sorprendió ver esas cifras de visitas, sobre todo porque la OMS había adquirido tanta notoriedad en ese momento.

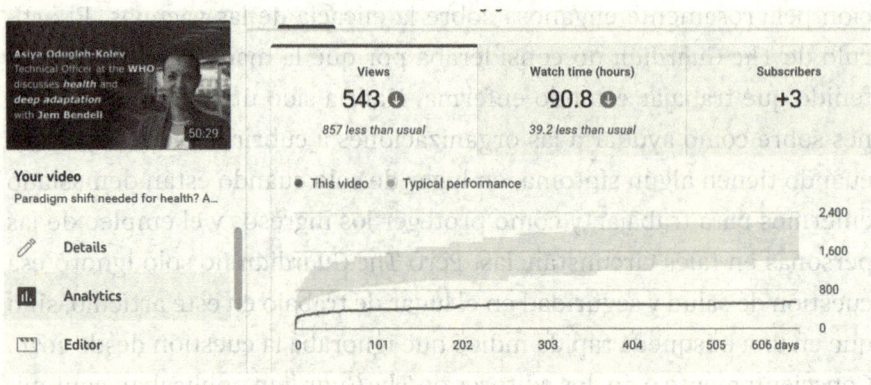

FIG. 12. Captura de pantalla de cifras de visitas

Gracias a comunicados internos de Twitter y a documentos de Facebook facilitados en un juicio, ahora sabemos que las grandes empresas tecnológicas estaban llevando a cabo un «filtrado de visibilidad» de los contenidos que ellas, el gobierno estadounidense o una red de organizaciones, determinaban que podían socavar la política del gobierno estadounidense[35]. Sabemos incluso que los consorcios de organizaciones como Virality Project permitían eliminar u ocultar incluso información veraz si consideraban que no era útil para la política del gobierno estadounidense[36]. Entonces, ¿estaban estos grupos y las empresas tecnológicas suprimiendo en secreto la visibilidad de una funcionaria de la OMS porque mencionó la utilidad de la ivermectina al mismo tiempo que la reducción de la carga viral? La interacción con mi contenido en las redes sociales «se despeñó» en esa época, incluso por parte de personas que solían «trolearme» (aparentemente ya no veían lo que compartía).

También sabemos por casos judiciales anteriores que las grandes empresas tecnológicas estadounidenses tienen la capacidad de dirigir la experiencia en línea de funcionarios y políticos, así como de las personas que se registran regularmente en su proximidad, para que solo vean cierta información —algo llamado «greyballing» después de la primera instancia conocida de Uber—[37]. Si estuviera ocurriendo, podría ayudar a explicar por qué los funcionarios públicos estaban tan mal informados. Sea ese el caso o no, el nuevo «complejo industrial de censura» que se ha creado en los últimos años en Estados Unidos proporciona una estructura antidemocrática para defender los intereses de sectores del sistema establecido[38]. A medida que sus grandes empresas tecnológicas dominan la esfera pública en otros países, se plantea un problema más amplio. Sin una esfera pública soberana, otras naciones se están convirtiendo en meros satélites de un Imperio estadounidense que se está volviendo autoritario.

Si te preguntas si tal poder para censurar y manipular podría ser necesario «por un bien mayor», entonces todo lo que necesitas considerar es cómo la salud y el bienestar de los niños y los adultos más jóvenes han perdido prioridad a lo largo de la pandemia. Los niños y los jóvenes eran los que más tenían que perder con los encierros, ya fuera por falta de escolarización, amistades, ejercicio o desnutrición. Se sabía que no corrían un riesgo especial de contraer la enfermedad en ese momento, pero también eran los que más tenían que perder con cualquier reacción adversa a las nuevas vacunas. Cuando se propuso extender esas vacunas a los niños en otoño de 2021, me tomé un mes libre para elaborar un documento para los políticos en el que resumía los datos y estudios científicos que estaban siendo ignorados en los principales medios de comunicación y censurados en las redes sociales. Los datos mostraban que, aunque las nuevas vacunas no produjeran daños a largo plazo, morirían más niños por reacciones adversas a la inyección que por la enfermedad en sí[39]. Como no soy médico, sabía que el documento no se tomaría en serio. Por lo tanto, me dirigí a los cuatro profesionales médicos que conocía socialmente y ninguno de ellos estuvo interesado en asociarse públicamente con el documento. Uno incluso me preguntó: «¿Tú pagarás mis honorarios legales?».

El proceso me hizo entender mucho. No se trataba solamente de mi mala suerte. Los miembros de las clases profesionales estamos moldeados, por un lado, por nuestra deferencia hacia la clase dirigente y, por otro, por nuestra confianza en que somos personas éticas. El compromiso real con las clases no profesionales como iguales no es tan típico de muchos profesionales; significa que «perdemos el contacto». Considero que el hecho de que incluso los profesionales encargados de atender a los jóvenes no den prioridad a su bienestar indica la naturaleza y la magnitud del problema. Las implicaciones de esa constatación para el enfoque de los ecolibertarios en una época de colapso son difíciles, pero importantes de aceptar, y es algo sobre lo que volveré más adelante en este capítulo.

Tomémonos un momento para recapitular, antes de dar sentido a esta experiencia. La mayoría de los gobiernos nos exigieron que eligiéramos un medicamento novedoso, sin la autorización reglamentaria habitual, por encima de nuestra libertad de circulación, expresión, reunión, comercio, empleo y educación o de nuestra intimidad. Nuestros medios de comunicación de masas nos animaron a despreciar a cualquiera que hiciera preguntas normales sobre este programa de acción político, incluyendo su respaldo científico y su proporcionalidad. La mayoría de los profesionales en puestos de influencia ignoraron las dudas y preocupaciones para promover la ortodoxia favorable a las empresas o mantenerse al margen cuando se demonizaba y silenciaba a los científicos. La falta de información y de disponibilidad de tratamientos tempranos, de muchos tipos, y la falsa confianza imbuida por las vacunas y las máscaras, condujeron a una infección y daños más amplios, incluso antes de considerar los efectos futuros de algunas de las vacunas, que se están haciendo más evidentes en el momento de escribir estas líneas. La educación y el desarrollo de más de 500 millones de jóvenes se vieron gravemente perturbados. Las políticas llevaron a cientos de millones a la pobreza y a la desnutrición, incluyendo el retraso en el crecimiento de los niños de por vida. Además, las políticas no funcionaron realmente a la hora de frenar lo que ahora puede resultar ser una serie de reinfecciones y daños inmunológicos a largo plazo provocados por el COVID-19 que quiebren la sociedad. Así pues, la gran mayoría de los altos cargos de la clase profesional tienen las manos manchadas de sangre. Por eso, muchos continuaron siendo voluntariamente ciegos en 2023 (y probablemente más allá) y demonizando a gente como yo.

¿En qué se diferencia del comportamiento de las clases más acomodadas durante la peste de 1665? Estas terribles repeticiones de la historia nos dicen mucho más de lo que puede ocurrir con las crisis de salud pública, tanto ahora como en el futuro. Demuestran la probabilidad de que los sistemas nacionales y mundiales de poder imperial reaccionen ante las perturbaciones de un modo que empeora las cosas. Cuando las sociedades sufren perturbaciones y se vuelven inestables, siempre ocurre lo mismo: el Imperio contraataca. Nuestras adaptaciones a una era que se caracterizará por más perturbaciones deben tener en cuenta esa reacción, significa que debemos construir nuestras redes de resistencia a las políticas acientíficas, interesadas y contraproducentes de las élites y los profesionales pagados por ellas, o que buscan sus alabanzas.

SABIDURÍA CRÍTICA PARA LA GRAN REIVINDICACIÓN

¿Cómo es que algunos de nosotros vimos rápidamente la nueva bata blanca del emperador por lo que en verdad era, en medio de la histeria y la propaganda de la pandemia? Algunos de nosotros interpretábamos los mensajes de los medios de comunicación, las autoridades y otras personas desde aquello que describí en el capítulo 8 como «sabiduría crítica», que incluye darse cuenta del modo en que se enmarcan los acontecimientos y las cuestiones, y cómo esto sirve o no al poder establecido, algo que se denomina «literacidad crítica» (*critical literacy*). A veces puede ser bastante sencillo. Por ejemplo, a mucha gente le sorprendió que el burócrata-médico estadounidense Anthony Fauci pasara de desestimar las ventajas de las vacunas de COVID-19 procedentes de China, alegando que era necesario un largo periodo de pruebas, a afirmar que las vacunas podían utilizarse sin demora, justo después de que las empresas estadounidenses tuvieran listas sus vacunas[40]. Otras personas se preguntaban por qué en octubre de 2020 la narrativa de que tanto los encierros como las vacunas eran útiles para «aplanar la curva» fue sustituida en todos los medios de comunicación por expertos médicos que decían que esas intervenciones serían útiles para reducir los niveles de COVID-19, aunque no hubiera un gran repunte en los ingresos hospitalarios. Ese cambio en la narrativa significó que los cierres podrían implementarse de nuevo, y más a menudo, de forma que incentivaran la aceptación de las vacunas, lo que justificaría su uso a largo plazo, en lugar de simplemente para evitar sobrecargar los servicios sanitarios. No es cínico ni paranoico considerar los intereses comerciales e institucionales con los que se alineaban estas narrativas, sino simplemente prestar la debida atención.

La literacidad crítica también nos sirve para darnos cuenta de la forma en que los principales medios de comunicación utilizan la psicología moral para influir en actitudes y comportamientos, tanto si el periodista es consciente de ello como si no, o simplemente repite los marcos que se le han dado. En el capítulo 8 vimos cómo *The Guardian* transmite a menudo perspectivas limitadoras y ecomodernistas sobre el medio ambiente y en el capítulo 11 vimos cómo ha transmitido opiniones negativas sobre la naturaleza humana. Durante la pandemia de COVID-19 mantuvo la idea de que tanto la ciencia como la moral apoyaban los cierres, el uso de mascarillas y la vacunación como principales respuestas y no presionó a favor de ninguna de las medidas que he mencionado anteriormente. Mantuvo la narrativa de que no se podía confiar en nosotros para tomar decisiones sabias y que cualquiera en desacuerdo con esta ortodoxia estaba mal informado o era inmoral. Esta fue una línea editorial constante y se ejemplificó en ese artículo sobre una maestra que no estaba vacunada.

La experiencia de COVID-19 demuestra dolorosamente que la sabiduría crítica es fundamental para que no formemos parte de la inadaptación de la clase dirigente a los trastornos y el colapso de la sociedad. Se debe a que dicha sabiduría nos ayudará a reconocer cuándo se difunden narrativas manipuladoras dentro de la sociedad. También nos ayudará a reconocer cuándo las diferentes partes de un Imperio global que se desmorona estarán efectuando sus oportunistas acopios de poder en una era de recurrentes «circunstancias excepcionales». Nos ayudará a reconocer que la cuestión son los sistemas de poder y las clases de personas, no la existencia de una secta maligna imaginaria. Nos ayudará a responder a las pruebas, y no al «porno de la conspiración». Este último término es como describo los argumentos ilógicos o sin pruebas que se hacen populares porque entretienen al público con sentimientos de indignación contra una figura o secta maligna inalcanzable. Al hacerlo, apelan al marco del «padre estricto y malo», que es una variante del marco del padre estricto, tan extendido en la sociedad (capítulo 8). También es mejor considerarlo «porno», porque no es real. Distrae de los hechos conspirativos y lleva a la gente a no actuar o a actuar contra sus vecinos, que se organizan para desafiar al poder de forma más significativa. Por ejemplo, tomemos mi análisis del capítulo 2 sobre las pruebas de que algunos banqueros centrales utilizaron la pandemia como excusa para poner en marcha políticas que ya tenían planeadas. La versión porno conspirativa de esta situación afirma que los banqueros centrales diseñaron o fingieron la pandemia. Creo que se trata de una opinión ilógica y sin pruebas, que socavaría la atención prestada únicamente a los hechos, lo que debería conducir a la exigencia de responsabilidades y a un diálogo en la sociedad sobre lo que ha estado ocurriendo realmente.

Desarrollé esta perspectiva de que el porno conspirativo es deliberadamente contraproducente porque conocí a David Icke en 1988. Sí, ese
año no es una errata. Yo tenía dieciséis años en 1988 y él era entonces por-
tavoz del Partido Verde de Inglaterra y Gales. Convencí a uno de mis pro-
fesores para que le invitara a hablar en nuestro colegio. Al año siguiente,
el Partido Verde obtuvo el mayor éxito electoral de su historia en el Reino
Unido, con un 15 por ciento de los votos en las elecciones europeas[41]. De
repente, este famoso rostro del Partido Verde, David Icke, empezó a
afirmar ser el Hijo de Dios, incluso en el programa de entrevistas más
popular de la televisión del país en 1991[42]. El apoyo al Partido Verde se
desplomó. Ocho años después, el movimiento antiglobalización se estaba
convirtiendo en un fenómeno mundial, sacando a la luz la forma en que
los globalistas económicos estaban imponiendo políticas de privatización y desregulación en países de todo el mundo a través de organizaciones como el Banco Mundial y la Organización Mundial del Comercio[43].
David Icke adoptó todo ese análisis y luego añadió el retoque retórico de
que los globalistas que estaban detrás de todo eran en realidad lagartos
que cambiaban de forma. «De alguna manera» se hizo tan famoso que un
gran número de personas desestimaron las críticas a la globalización y a
los globalistas como una extraña teoría de conspiración. Cuando el movimiento *Occupy Wall Street* despegó diez años más tarde, de repente Icke y
sus reptiles aparecieron de nuevo y, como las críticas al autoritarismo de
COVID-19 aumentaron en 2020, ahí estaba otra vez para decirnos que la
parte más peligrosa del programa político sería que los gobiernos emitieran dinero en lugar de pedirlo prestado a los bancos, para luego dárnoslo
gratis. Porque su última conspiración porno es la ilógica afirmación de
que una renta básica universal significaría que ya no podríamos ganar
sueldos o tener negocios, o trabajar unos para otros como hacemos hoy.
Los banqueros deben estar encantados con la forma en que las ideas de
Icke se han extendido posteriormente para conseguir que la gente pobre
tema la posibilidad de recibir «dinero gratis», como algunos en los Estados Unidos han temido recibir asistencia sanitaria gratuita durante años.
También podrían estar contentos de que nos distraigamos de la forma en

que el actual sistema monetario implica que los bancos internacionales disciplinan a nuestros gobiernos y explotan nuestras vidas, como vimos en los capítulos 2 y 10. Aunque estoy profundamente preocupado por el capitalismo de vigilancia, como discutiremos más adelante, las teorías que ha difundido sobre las divisas también nos distraen de la manera en que cualquiera de las seis empresas implicadas en cualquiera de nuestros pagos electrónicos ya puede controlar nuestros hábitos de compra, o desconectar nuestro gasto, y lo ha hecho en ciertos casos cuando la gente amenaza al poder establecido (como se explica en el capítulo 10). Aunque el porno conspirativo de un mal futuro es mucho más entretenido que los hechos conspirativos de que ya vivimos dentro de una sociedad no libre dirigida por las finanzas globales de la que no nos dimos cuenta porque era conveniente y no hicimos nada significativo para desafiarla[44].

Para desarrollar nuestra sabiduría crítica, sigo creyendo que lo más importante es hacer lo que dije en mi lección inaugural de 2014. Tenemos que mezclar nuestra dieta mediática y también hablar con el tipo de gente con la que no solemos hablar, de diferentes clases y culturas[45]. Así lo demuestra el curioso caso de Noam Chomsky en tiempos de COVID-19. Es el analista más famoso del mundo sobre el modo en el que los medios de comunicación corporativos moldean nuestras percepciones de la realidad de forma que sirvan al poder. Sin embargo, encerrado en su casa durante meses y percibiendo el mundo a través de los medios de comunicación dominantes y «sociales», acabó diciendo a un entrevistador que las personas no vacunadas contra el COVID-19 debían ser expulsadas de la sociedad y que no le preocupaba cómo se alimentaran[46]. Cualesquiera que sean las teorías de cada uno sobre la sociedad, ese fue claramente un ejemplo de «basura que entra, basura que sale».

Por lo que he explicado hasta ahora sobre COVID-19, quizá ya estés de acuerdo conmigo en que hay muchas cosas que uno desearía evitar que hicieran los poderosos para defender la posibilidad de la ecolibertad para nosotros mismos y para otras personas. Pero cuando se enfrentan a las fuerzas de manipulación que he descrito hasta ahora en este capítulo, muchas personas pueden decidir que no tiene sentido intentar influir en la sociedad en general. Pueden considerar los esfuerzos políticos como el mantenimiento de una noción ilusoria de agencia. Sin embargo, supone que los catastrofistas y los ecolibertarios actuarían apegados a una visión de éxito y no porque nuestras acciones sean coherentes con nuestra conciencia y nuestros valores. Es cierto que algunas personas sienten una mayor necesidad de ver beneficios tangibles de sus acciones. Centrarse en lo local puede dar una sensación de ese impacto tangible a corto plazo, pero puede aumentar el dolor a largo plazo si esos beneficios locales son barridos por fuerzas mayores. Por ejemplo, no creo que mi granja orgánica agroforestal sintrópica vaya a ayudarnos necesariamente a mí o a mis seres más queridos a vivir mejor cuando la sociedad en la que vivo se vuelva más inestable y acabe por derrumbarse. Hay demasiada gente que no cultiva sus propios alimentos y no voy a intentar luchar contra ellos si llega ese momento. Centrarse en lo local por apego a los resultados sería ilusorio. Sin embargo, centrarse en lo local puede ser un complemento de un compromiso político más amplio. Porque cuando la resistencia no se asocia con la construcción de los activos de los resistentes bajo nuestro propio control, entonces no hay una base sólida para ella: *swaraj* todavía necesita *swadeshi*, como vimos en el último capítulo.

Debido al fracaso de décadas de activismo cortés de muchos tipos, algunos ecologistas, como el cofundador de *Extinction Rebellion*, Roger Hallam, argumentan ahora que necesitamos desarrollar y perseguir un programa revolucionario[47]. Aunque estoy de acuerdo en que las tácticas del pasado han fracasado y que el colapso de las sociedades modernas crea oportunidades para un cambio social masivo, no estoy de acuerdo con la idea de que, en el contexto moderno, puedan ejecutarse de forma útil las revoluciones en la mayoría de los países del mundo (como expliqué en la Introducción). En cambio, muchos de nosotros podemos colaborar para resistir el poder perjudicial de las instituciones y los funcionarios de la Modernidad Imperial, para reclamar nuestro propio poder en muchos aspectos de nuestras vidas y para desarrollar tanto ideas políticas como redes de personas para estar preparados para cuando los sistemas colapsen, y utilizar las oportunidades esporádicas que puedan surgir para supervisar las instituciones estatales (a nivel nacional o local). Tras años de investigación, diálogo y esfuerzo sobre estas cuestiones, estoy tan convencido de este planteamiento que creo que es una pieza importante que falta en la conversación sobre la Adaptación Profunda.

Juntos haríamos bien en reflexionar y debatir: «¿qué poder podríamos reclamar colectivamente para reducir el daño y mejorar las posibilidades?». Ese es el poder que nos han arrebatado los sistemas y la cultura de la Modernidad Imperial. Incluye el poder de nuestra imaginación, nuestros medios de comunicación, nuestras tierras y nuestros medios de intercambio. Planteo esta cuestión de la «reivindicación» como la quinta R del marco de la adaptación profunda[48] y me pregunto: ¿podría una «gran reivindicación» llegar a describir un periodo de la historia humana, a partir de la década de 2020, en el que una mayor parte de la humanidad reivindique nuestro poder frente a las manipulaciones y apropiaciones de las jerarquías en todas las sociedades, a medida que los sistemas y valores de la Modernidad Imperial empiezan a resquebrajarse? Las personas destacadas en el último capítulo son solo algunas de las muchas que están participando en una gran reivindicación a su manera. De modo que esa demanda ya está aquí, solo que no está distribuida de manera uniforme.

Al introducir una serie de términos, en lugar de limitarme a utilizar la terminología popular en el momento de escribir, soy consciente de que quizá no se me escuche más allá de las personas que se tomen el tiempo de sumergirse en los capítulos y las ideas de este libro. El problema con gran parte de la terminología popular es que surge de los pensamientos binarios superficiales de unos medios de comunicación de masas fraudulentos y medios de comunicación alternativos sensacionalistas. Pero, antes de avanzar, resumiré las categorías y etiquetas de estos oscuros y tumultuosos años 2020: el ecolibertarismo es una agenda antiglobalista, anticomunista, anticapitalista, no violenta, prolibertad, projusticia, prolocal, pronaturaleza, que busca una gran reivindicación de poder por parte de la mayoría de la humanidad para que tengamos la oportunidad de vivir en ecolibertad[49]. En el resto del capítulo quiero centrarme en las áreas en las que nuestra vigilancia será importante a medida que persigamos ese tipo de respuesta pro-libertad al colapso.

RESISTIENDO EL AUTORITARISMO FUERA Y DENTRO

Antes pensaba que, a medida que la realidad de nuestra situación se hiciera más evidente, más gente recurriría a la fe, pero no sabía que para algunos eso sería la religión secular del progreso perpetuo (capítulo 8). Me he dado cuenta de que cada vez hay más personas en el campo de la sostenibilidad que suenan como predicadores evangélicos con su optimismo climático que buscan infundir a todos mediante historias de salvación del desastre ecológico[50]. Atrás han quedado las sobrias declaraciones sobre los «argumentos comerciales» para actuar. Ahora se nos exhorta a no perder la fe o ser condenados como «catastrofistas». ¿Fe en qué? ¿En los sistemas, la cultura, las visiones del mundo y las identidades que han creado este desastre? Nunca he respondido bien a los predicadores de mirada brava y no los hace más atractivos el hecho de que los predicadores de la religión del progreso trabajen en el mundo de los negocios, la beneficencia o el mundo académico. Está claro que se trata de una «defensa de cosmovisión» y de «evitación» cuando las personas quieren eludir las emociones dolorosas y fortalecer sus visiones del mundo[51]. Para ellos es menos doloroso convertirse en creyentes fanáticos y enfadarse con los herejes: incluso si entre esos herejes se encuentra la mayoría de los jóvenes, que ahora concluyen que el futuro es, en efecto, bastante sombrío.

Aparte del optimismo delirante, hay otras formas en las que las personas suprimen su atención a la situación descrita en este libro. Las élites tecnológicas mundiales han inventado una nueva filosofía que implica que no necesitan preocuparse tanto por el sufrimiento actual de la humanidad, ya que habrá muchos miles de millones de seres humanos en el futuro y billones de «seres» artificiales sintientes similares a los humanos (también conocidos como máquinas). Su extraña y sublime visión tecnológica del futuro podría haber surgido de una experiencia de la vida real como algo caótico y, por tanto, molesto. La tecnología es un tipo de naturaleza, y no al revés, y quizá no lo entiendan los multimillonarios de la tecnología que financian a las personas e institutos de los que procede esta filosofía del «largo plazo»[52]. También es bastante popular en los círculos de Silicon Valley otro punto de vista que no puede aceptar la posibilidad de un colapso social, ya que interferiría con su supuesto de progreso humano. Se trata de la teoría de la «evolución consciente», que sitúa arbitrariamente al ser humano en la cúspide de la evolución y considera que podemos dirigir la evolución de nuestra propia especie[53]. También es popular en la cultura de Silicon Valley la llamada «ley de la atracción». Utiliza una bastardización ególatra de antiguas sabidurías sobre la unidad y el origen interdependiente, combinada con una pizca de física cuántica erróneamente dilatada, para afirmar que manifestamos individualmente todo con nuestra atención[54], lo que significa que mis dos últimos años de lucha para producir este maldito libro no existieron realmente hasta que tú lo manifestaste (sí, tú, solo tú, siempre tú, tú, tú), queriendo que un libro como este se manifestara en tu mundo. Pensándolo bien, no tendría sentido a menos que subconsciente o conscientemente quisieras manifestar la perdición de la sociedad. ¿Así que el colapso debe ser culpa tuya?

Bromeo, pero la escena espiritual *New Age* acecha estas conversaciones. A veces aparece en forma de personas que afirman que las dificultades actuales significan que seremos testigos de un despertar espiritual global que traerá el cielo a la Tierra. Estaría bien, pero si de verdad fuera a ocurrir, dos mil años atrás en el antiguo Tíbet podría haber sido un momento más probable, con toda esa meditación en marcha. También deseo y trabajo por una evotopía en la que más gente contemple la realidad en su plenitud, pero no creo que arregle mágicamente la destrucción (capítulo 11). He mencionado Silicon Valley hace un momento porque hay una mezcla de individualismo, privilegio e inmersión en sociedades de consumo industrial, que genera adhesión a ideas que distraen de la realidad. Todo tiene que ver con evitar el dolor y, por lo tanto, con no permitir la posible desintegración positiva de uno mismo para poder emerger a una nueva forma de vida catastrofista. Una preocupación que algunos de nosotros, los catastrofistas, tenemos es que cuando los que evitan la experiencia abandonan su optimismo delirante, pueden continuar reprimiendo sus emociones difíciles con agresividad autoritaria. Otra preocupación que tenemos es que estas diversas tácticas de distracción signifiquen que la sociedad en general se abstenga de dialogar sobre qué hacer ante un futuro globalmente difícil. Resultaría en que ignoremos los preparativos de las élites para el colapso social, muchos de los cuales son contraproducentes[55].

Uno de esos medios de preparación es el ejército. Una semana después de su toma de posesión, el presidente de Estados Unidos, Biden, firmó una orden ejecutiva que reconoce el cambio climático como una prioridad de seguridad nacional[56]. En el Reino Unido, el Ministerio de Defensa ha estudiado las implicaciones de las alteraciones sociales en todo el mundo derivadas del cambio climático. Según un informe del Ministerio de Defensa, las infraestructuras de la industria de defensa «pueden verse expuestas a fenómenos relacionados con el clima que podrían interrumpir parte o la totalidad de las cadenas de suministro, afectando al suministro de equipos esenciales y la capacidad de ganar batallas». El Reino Unido podría perder «el acceso a insumos de la cadena de suministro, como los minerales utilizados para fabricar equipos, plataformas y componentes de defensa», o podría socavar la «preparación de las fuerzas» del Reino Unido si «se producen conflictos violentos en regiones mineras como consecuencia de la escasez de recursos». En las próximas décadas «algunos países pueden verse tentados a limitar deliberadamente el suministro de recursos escasos en beneficio geopolítico (nacionalismo de recursos) y no puede descartarse que se produzcan tensiones en torno a los recursos, que posiblemente incluyan acciones militares para asegurar el suministro»[57]. Aquí, el derecho soberano de un país a decidir cómo se explotan los recursos dentro de sus fronteras se reformula como «tentación» que luego legitimaría la «acción militar». En otras palabras, las fuerzas armadas podrían ir a la guerra para garantizar su capacidad de ir a la guerra. Ya podrás notar un problema. Si los militares de un país analizan las consecuencias del colapso, es probable que muchos lo hagan. El resultado no será bueno. Sería útil que más ciudadanos de cualquier país, idealmente de muchos países, participaran en estas conversaciones[58].

Durante mis décadas de trabajo medioambiental, a menudo discutía con la gente si la democracia era un impedimento para proteger el medio ambiente. Incluso fue una de las preguntas del examen final de Geografía en la Universidad de Cambridge. A medida que fui tomando conciencia de hasta qué punto todos hemos sido manipulados y coaccionados por el capitalismo y lo que yo describo como Modernidad Imperial, me di cuenta de que ni siquiera sabemos lo que podríamos haber decidido en sistemas verdaderamente democráticos, con una amplia participación informada en todos los aspectos de nuestras vidas. Por desgracia, muchos de mis compañeros ecologistas no han desarrollado sus ideas de forma similar. En su lugar, al enfrentarse a los aterradores datos sobre el medio ambiente, y con una política que tiende en la dirección opuesta, se han vuelto más misántropos y autoritarios. He sido testigo de la forma en que, si la gente no entiende que es nuestra falta de libertad la que ha forzado tal destrucción, entonces puede adoptar una visión negativa de la naturaleza humana. Si la narrativa de que los «líderes fuertes» pueden forzar cambios positivos no se ve como parte de nuestro adoctrinamiento para vivir en sociedades jerárquicas modernas, entonces podemos adoptar una visión autoritaria como si fuera de sentido común (capítulo 8). Al observar las respuestas draconianas de los gobiernos al COVID-19, algunos ecologistas ignoran lo estúpidas, contraproducentes e ilegítimas que fueron esas respuestas, para considerarlas un modelo de actuación ante la crisis climática. En la Introducción he dado ejemplos de ecologistas que expresan ese sentimiento. Mientras tanto, algunos académicos que perciben que las sociedades se están desmoronando de la forma que describo en este libro expresan estrategias autoritarias. Por ejemplo, el filósofo John Foster escribe sobre su deseo de una «élite de vanguardia» que «conociendo la dura verdad de nuestra situación y decidida a vivir en ella, acepte la sombría responsabilidad que la acompaña de tomar el poder por todos los medios a su alcance, sin esperar ningún tipo de respaldo mayoritario e incluso pasando por encima de la fuerte reticencia mayoritaria, con el fin de evitar los horrores que aún puedan evitarse. Pero al actuar así por y en nombre de la totalidad humana, representan, en esta coyuntura desesperada y con un tipo de representatividad totalmente no cuantificada, a toda la humanidad. Esa es su garantía y su legitimación para ejercer cualquier fuerza institucional que puedan ordenar y, de hecho, cualquier otra fuerza que resulte necesaria». Explica que su fe en la humanidad es una fe en la existencia de esa «élite de vanguardia». Considera que nuestro problema climático implica que «la política debe cambiar decisivamente de lo democrático a lo terapéutico», por lo que el público es considerado adicto al consumo, en lugar de pueblo soberano manipulado y oprimido[59]. Foster espera que las iniciativas de profesionales como «el flanco moderado» puedan dar lugar a la aparición de un grupo más pequeño con ese sentido del propósito, algo que podríamos denominar «el flanco estalinista».

A pesar de los guiños a las preocupaciones socialistas, uno de los problemas inmediatos de las estrategias autoritarias es que pueden fomentar la búsqueda de alineamiento con las élites que están utilizando la situación ecológica para perseguir iniciativas de enriquecimiento propio que no funcionan bien y pueden ser contraproducentes. Un ejemplo ha sido el comercio de carbono, que ha generado beneficios para las empresas contaminantes sin ningún impacto significativo en las emisiones[60]. Desde que la ONU formalizó el mercado de compensaciones de carbono en 2021, aumentó el ritmo de las grandes adquisiciones de tierras que conducen a monocultivos forestales con malos resultados medioambientales[61]. Un ejemplo de lo que puede salir mal se dio en Nueva Zelanda, donde los enfoques de «agricultura del carbono» para la gestión forestal provocaron muchos más daños durante un ciclón[62]. Otro ejemplo de aprovechamiento empresarial de la crisis fue la llamada Ley de Reducción de la Inflación de Estados Unidos, que proporcionó enormes sumas de dinero público a proyectos dudosos como las máquinas de captura directa del aire (capítulo

5). Tras una enorme inversión en relaciones públicas y grupos de presión por parte de estas industrias, se ponen en marcha políticas similares en otros lugares. Los intereses de la industria relacionados con la respuesta al cambio climático ascienden ahora a billones de dólares y, en consecuencia, muchos profesionales corren el riesgo de convertirse en «usuarios del clima» en vez de defensores del clima. Los usuarios del clima son profesionales que aprovechan la preocupación por el clima para su propia riqueza, estatus, influencia y autoestima[63].

Otro problema de alinearse con las élites en busca de resortes de poder es que uno se acaba distanciando de las realidades y preocupaciones de la gente común, incluida la clase trabajadora. Las políticas draconianas adoptadas en relación con los agricultores crearon una reacción política masiva tanto en Sri Lanka como en los Países Bajos, como se ha mencionado en la Introducción. Las protestas masivas y la rebelión electoral contra la expropiación forzosa de tierras agrícolas por parte del gobierno supusieron una importante prueba de realidad para quienes piensan que el litigio será la solución milagrosa para impulsar el cambio sin el consentimiento democrático. Ambas situaciones fueron ignoradas o defendidas en su momento por todos los ecologistas occidentales de alto nivel. El factor común de todas las respuestas que he enumerado en los dos últimos párrafos es la influencia de las élites. Dado que solo los millonarios del mundo consumirán el 72 por ciento del presupuesto de carbono restante que el IPCC considera «seguro»[64], es importante rechazar el liderazgo hipócrita de las élites en materia de medio ambiente. Por lo tanto, es útil resistirse a todos los tipos de políticas que acabo de describir, además de promover alternativas que den poder a las personas para regenerar sus entornos y prepararse para mayores trastornos en sus sociedades: el enfoque ecolibertario.

El enfoque irresponsable más obvio para responder a la situación medioambiental sería simplemente aumentar tanto los precios que la gente no pudiera permitirse consumir. En el capítulo 2 expliqué cómo los banqueros centrales provocaron a sabiendas las condiciones para una inflación persistentemente más alta con políticas que, según afirmaron erróneamente, se debían a la pandemia. No tengo información sobre si empobrecer a la gente forma parte del plan de algunos banqueros centrales, ya sea por razones medioambientales o de cualquier otro tipo, pero un enfoque ecolibertario exige que rindan cuentas por su comportamiento y busca rescatar tanto los bancos como los sistemas monetarios para el pueblo como parte de un programa más amplio de democratización de un sistema que ha causado mucho daño (capítulo 10)[65].

Tanto los editores de los principales medios de comunicación como el nuevo «complejo industrial de censura» estadounidense se organizan contra las perspectivas más radicales sobre la situación medioambiental. Los medios de comunicación tachan de «teoría de la conspiración» cualquier crítica a la climatología dominante, a pesar de la amplia base científica que respalda esta opinión (capítulo 5). Los sitios web de verificación de hechos afirman que los artículos sobre el cruce de umbrales medioambientales son falsos y las plataformas como Facebook «filtran la visibilidad» tanto de los contenidos como de las personas o grupos que los comparten, que fue condenado por algunos climatólogos de alto nivel, pero ha persistido de todos modos, lo que indica la motivación no científica de la censura[66]. En un giro más siniestro, los grupos de expertos financiados por el Estado que trabajan en cuestiones de seguridad y censura en Internet han tratado de conectar nuestra expectativa bastante normal de una mayor perturbación y ruptura de la sociedad con el extremismo violento, a pesar de la falta tanto de teoría psicológica como de pruebas para este punto de vista. Un grupo de reflexión con influencia en la política del gobierno británico argumentó que grupos como la no violenta *Extinction Rebellion* deberían ser considerados extremistas domésticos y que se deberían utilizar contra ellos todos los poderes antiterroristas del Estado. Como en el informe se me mencionaba como inspirador del movimiento, me pareció bastante surrealista, sobre todo porque he criticado constantemente a cualquiera que sugiriera que un activismo más violento pudiera ser aceptable[67]. Otras organizaciones financiadas por el Estado, sobre todo en Estados Unidos, se han esforzado mucho por presentar las críticas al capitalismo y relacionarlas con los esfuerzos para derrocar el capitalismo o acelerar su desaparición y su papel en los continuos conflictos sociales y por asociarlas con individuos violentos[68]. Como la mayoría de las personas que reconocen el inevitable o inminente colapso de las sociedades modernas, me limito a hacer una crónica de la desaparición y a explorar qué hacer al respecto, sin pretender derrocar ni acelerar su desaparición.

Reconocer la realidad hoy en día es algo radical y estas organizaciones lo están haciendo bien, en lugar de volvernos a todos deprimidos y apáticos (que es esa otra narrativa favorita para demonizar nuestras conclusiones). Ignoran voluntariamente que la radicalización puede llevar a la gente a formas de vida más creativas y comprometidas con la fatalidad y, con suerte, a una política ecolibertaria (capítulo 12). En lo que estas organizaciones (y los burócratas y políticos que actúan de forma oportunista siguiendo su estúpido programa) se equivocan terriblemente es en no reconocer la necesidad de un debate abierto en la sociedad para ayudar a los jóvenes a encontrar formas de superar sus difíciles emociones cuando son testigos del estado del mundo. Al ocultar y demonizar a las personas, las redes y los recursos que ayudarían en ese proceso aumentan la probabilidad de que se produzcan problemas de salud mental y desenlaces violentos. Cualquier psicólogo o persona madura podría decírselo, pero su interés por ganar dinero a costa de una élite presa del pánico seguirá cegándoles ante la realidad. Por desgracia, su miedo, su codicia y su idiotez nos afectarán a todos, debido a que las plataformas tecnológicas estadounidenses dominan la esfera pública en países de todo el mundo, por lo que los esfuerzos del «complejo industrial de censura» para servir a los intereses de las corporaciones multinacionales estadounidenses serán globales. Debería ser inaceptable para cualquier patriota amante de la libertad en cualquier país, pero no encontrarás a muchos en tu propio gobierno, a pesar de la retórica. En su lugar, encontrarás muchas marionetas corporativas que sienten la oportunidad de parecer «patrióticos» demonizando a sus conciudadanos por ser críticos con ellos y con los sistemas de poder que representan. Como ecolibertarios, al menos podemos llamar la atención de la opinión pública sobre esta oscura situación.

La falta de una respuesta política coherente a esta pérdida de soberanía en todo el mundo es indicativa del deslizamiento global hacia una era de capitalismo de vigilancia con la amenaza de una sumisión total a las grandes empresas tecnológicas estadounidenses, o «tecnofeudalismo». Por ahora, puedo escribir esa frase en un programa informático que es propiedad de una empresa estadounidense, enviarla por correo electrónico a mis editores a través de otra empresa estadounidense y presentártela a través de otra empresa estadounidense, pero esto sucede porque tú y yo no representamos una amenaza fuerte para sus intereses —simplemente podemos filtrar la visibilidad—. Si llegamos a ser más preocupantes, entonces cualquiera de las seis o más empresas que participan en el procesamiento de nuestros pagos electrónicos podría desconectarnos, como han hecho antes con personas y organizaciones consideradas como amenazas a la hegemonía estadounidense (no las mencionaré por su nombre, ya que han sido demonizadas para que no nos preocupemos por sus derechos humanos). Con la autenticación doble cada vez más generalizada, ya existen sistemas de identificación digital que permiten aislar y expulsar a las personas de la vida normal. Los presentadores de noticias de los medios independientes prefieren promover la idea de que sus espectadores siguen siendo libres en lugar de no ser una simple amenaza para el poder actual con su política y su apertura al porno conspirativo (algo sobre lo que volveremos más adelante). Como catastrofistas y ecoliberarios podemos, por lo tanto, buscar alternativas a las infraestructuras tecnofeudales mientras explicamos que es parte de nuestra respuesta a la pérdida de soberanía tanto personal como nacional en favor de las plataformas tecnológicas globales.

A pesar del daño que ha sufrido el apoyo público a la acción medioambiental debido a las políticas erradas e interesadas de las élites, algunos líderes ecologistas han hecho su trabajo ideológico demonizando a los manifestantes, socavando así nuestra capacidad de organizarnos contra el problema sistémico del poder corporativo que está detrás de los innumerables problemas. Los ejemplos obvios son las mentiras difundidas sobre los críticos de las políticas sobre COVID-19, la agricultura y la guerra. Las mentiras incluyen que los manifestantes son todos racistas, de extrema derecha, o que trabajan para una potencia extranjera, o que están siendo engañados por esas personas. Las personas que protestan por un tema no se dan cuenta de que los medios de comunicación han influido negativamente en su opinión sobre los manifestantes de otros temas, por lo que no se unen en su lucha común contra el poder corporativo, volviéndolos ineficaces[69]. Algunos comentaristas llegan incluso a calificar de fascistas a los manifestantes pacíficos que se oponen a los casos de extralimitación del poder empresarial o estatal. Es una acusación un tanto extraña, dado que el fascismo es un enfoque político que invita al odio público hacia las personas que critican las políticas de una amalgama de poder estatal y privado[70]. Hay una larga historia de casos en que se demoniza a la gente por lo que uno mismo hace o planea hacer[71]. Por esta razón, algunos de nosotros nos ponemos nerviosos al ver que los principales comentaristas ecologistas tachan de fascista a cualquiera con quien no están de acuerdo. Una forma en que los ecolibertarios pueden responder es con la vigilancia de la sabiduría crítica. Cuando en los medios de comunicación, o en las reuniones, se presentan imágenes negativas de los manifestantes, podemos preguntarnos cuáles son las pruebas de tales opiniones y los intereses de quienes se ven amenazados por la causa común que pueda existir.

Un aspecto de la labor ideológica que se está llevando a cabo para eliminar las objeciones al autoritarismo en general, y probablemente al ecoautoritarismo en particular, consiste en replantear lo que entendemos por libertad. Es probable que los intentos de deshacernos de nuestro compromiso moral con la libertad personal sean fundamentales para el futuro del ecoautoritarismo. Vemos que se intenta este dañino replanteamiento cuando se nos dice que nuestra libertad ya no es nuestro derecho, cuando en realidad solo debería ser frenada por procesos que nos rindan cuentas a nosotros (y a todo el mundo) si estamos afectando negativamente a los demás. El replanteamiento también ocurre cuando se nos dice que nuestra libertad depende de que tengamos las intenciones y los efectos correctos, donde lo que es «correcto» es determinado por alguna autoridad no especificada. Reformular la libertad para que sea un privilegio que se nos ofrece si tenemos los puntos de vista correctos es algo que todos los ecolibertarios deberían rechazar. La razón debería ser obvia después de estos años de manipulación corporativa que lleva a gente preocupada a covigilar perjudicialmente a todo el mundo con sentimientos morales mal informados.

El tipo de resistencia ecolibertaria al autoritarismo que he esbozado en este capítulo no es una situación cómoda. En cambio, es mucho más fácil para las personas con conciencia ecológica responder a la preocupación por el auge del fascismo en esta era de colapso golpeando hacia abajo, no hacia arriba, lo que ocurre cuando identifican el auge de lo que consideran sentimientos nativos o tradicionalistas en las redes ecologistas, o en los grupos de preparación para el colapso, y los consideran por encima de lo demás por constituir un riesgo para nuestros valores universales. Las opiniones racistas y las incitaciones a la violencia deben evitarse y cuestionarse, y debemos permanecer vigilantes ante nuestros propios prejuicios y fanatismos. Sin embargo, enmarcar el riesgo del ecofascismo como proveniente de grupos de «clase baja» a nivel local con poco o ningún poder en lugar del fascismo financiero global existente (capítulo 10) que se alía con el capitalismo de vigilancia y los intereses de las élites verdes sería una incoherencia conveniente para las personas que prefieren tirar golpes. Los catastrofistas y los ecolibertarios podemos promulgar nuestro compromiso con los valores universales no solamente tratando de ser más antirracistas en nuestras propias vidas, sino centrando nuestro activismo político en las estructuras y los funcionarios de la Modernidad Imperial que no solamente nos oprimen a todos, sino que normalmente perjudican a algunas identidades más que a otras.

Evitar distracciones

La última sección me resultó difícil de escribir. Empecé a sentir miedo mientras investigaba lo que podría estar ocurriendo con el auge del autoritarismo, su alineación con un programa verde elitista y la demonización de personas como yo por parte de todo el aparato de los Estados-nación y las corporaciones globales. Me di cuenta de que temo tanto un futuro distópico de generales autoritarios como uno apocalíptico al estilo de Mad Max. Sería una distopía en la que muchos de nuestros amigos y colegas son —una vez más— manipulados con desinformación y un falso discurso moral para apoyar un programa político abusivo que no resuelve los problemas, al tiempo que criminaliza a las personas que realmente se preocupan por el mundo. Cada uno de nosotros tendrá que sintonizar con nosotros mismos para ver qué recursos tenemos para resistir las reacciones negativas de las autoridades durante esta época de colapso. Mi argumento aquí ha sido que abandonar cualquier atención a tales reacciones mientras seguimos nuestra creatividad catastrofista para encontrar nuestras formas de estar en el mundo no va a aislarnos de la reacción violenta. Si te mantuviste callado durante la demonización y censura de algunos científicos durante los primeros años de COVID-19, por favor considera ahora si es así como deseas responder si percibes patrones similares en el futuro.

Enfrentados a todas estas difíciles noticias, dentro de la «descimentación» más amplia de las sociedades que he descrito en el capítulo 7 es comprensible que muchos de nosotros busquemos formas más fáciles de responder que las descritas en el capítulo anterior. De ahí el auge de la política nostálgica, en la que la gente desearía poder volver atrás en el tiempo. También puede ser el motivo del aumento de las discusiones sobre política de identidad, ya que las personas pueden discutir sobre sus valores y dirigir sus emociones a un oponente del que se sienten superiores. El resultado no es un programa que frene el poder de las élites, sino uno que crea división entre el resto de nosotros[72]. Si no nos damos cuenta de la forma en que nos están dividiendo unos contra otros a través de las narrativas proporcionadas por el sistema dominante tendremos menos posibilidades de llevar a cabo una acción colectiva útil.

Una de las respuestas de facciones más recientes a la difícil situación es centrarse totalmente en las malas políticas de unas élites hipócritas. Ahora se les llama ampliamente «globalistas» que están trabajando juntos en un «gran reajuste» de las economías y las sociedades, en el que se nos arrebatarán nuestras libertades y medios de vida mediante la vigilancia y el control. Habrás deducido de este libro que estoy en contra de la visión del Foro Económico Mundial para ese tipo de futuro[73]. Creo que estamos mucho más cerca de él de lo que sus críticos podrían creer cuando se centran en temas como las monedas digitales de los bancos centrales (CBDC, por sus siglas en inglés). Por el contrario, la mayor parte de las capacidades autoritarias ya existen sin CBDC, con la dependencia existente de los pagos electrónicos que son vigilados y pueden ser bloqueados, como describo en el capítulo 10. En teoría, si los políticos tuvieran que rendir cuentas al electorado, podrían asumir el control de los bancos centrales y asegurarse de que cualquier moneda digital emitida por el Estado estuviera diseñada para permitir a los ciudadanos realizar transacciones electrónicas sin ser vigilados para evitar que se restrinja su tipo de compra, que se les desconecte de la red, que los sistemas se integren con un sistema de reputación de «crédito social» o que los saldos sean tan altos que amenacen la existencia de otros proveedores de servicios bancarios y de pagos. Estas cuestiones deberían ser decididas por el público. Para ser coherentes, también deberíamos buscar una legislación que impida el uso de los actuales sistemas de pago electrónico de las formas abusivas que preocupan a los críticos de las CBDC[74].

Ser nombrado Joven Líder Global por el Foro Económico Mundial en 2012 me permitió asistir a Davos y a otras cumbres de alto nivel durante unos años y me ayudó a darme cuenta de que no hay salvadores ni sectas, sino terribles sistemas que incentivan los peores aspectos de la humanidad. Había pensado ingenuamente que las personas con el tipo de riqueza, éxito o antigüedad que se codean en Davos no se dedicarían a la escalada social ni se entretendrían unos a otros con narrativas delirantes de progreso social, pero lo que descubrí fueron personas que no parecían tener la sabiduría necesaria para trabajar en otra cosa que no fueran coaliciones de intereses propios y autoengrandecimiento a corto plazo. Si no existiera el Foro Económico Mundial, se mantendrían fácilmente las mismas pautas de poder abusivo que he descrito aquí y en el capítulo 10.

Como he explicado en este capítulo, las políticas que permiten el autoritarismo merecen nuestra crítica y resistencia. Sin embargo, centrarse en criticar a un conjunto imaginario de «malhechores» mientras se ignoran los problemas reales a los que nos enfrentamos puede convertirse en una forma de negación y evasión experiencial. Podría ser como si alguien leyera sobre la falta de pruebas convincentes de la eficacia de la quimioterapia contra el cáncer de huesos y luego optara por argumentar que el cáncer, de huesos ni siquiera existe como parte de un argumento sobre los problemas con las empresas farmacéuticas. En su lugar, podríamos plantearnos la manera de ayudar mejor a las personas con esa forma de cáncer, ya sea para su curación o para cuidados paliativos. Porque quejarse de las personas que podrían estar explotando un problema no elimina ese problema. Desgraciadamente, el hecho de centrarse únicamente en las quejas sobre la cuestión del cambio climático tipifica a un número cada vez mayor de personas que ahora optan por negar el problema en sí como parte de una rebelión comprensible contra una mayor vigilancia y control.

Puede resultar beneficioso explicar la forma en que hemos llegado a este confuso embrollo de narrativas. En 1987, los gobiernos del mundo adoptaron una resolución conjunta que incluía la afirmación de que el calentamiento global estaba siendo influenciado por la humanidad y se convertiría en un problema[75]. Si los globalistas eran tan poderosos, ¿por qué tardaron hasta el 2022 para empezar a desplegar su programa de control climático en lugares como las ciudades locales de Gran Bretaña? Tal incompetencia significaría que no tenemos nada de qué preocuparnos, pero no eran incompetentes y pasaron todo ese tiempo apoderándose del mundo después de la Guerra Fría. Forzaron la desregulación, la privatización, la austeridad, las adquisiciones y las guerras que mataron a millones de personas, arrasaron los bosques, intoxicaron las aguas, dañaron la atmósfera y aniquilaron culturas enteras (capítulo 10). Los verdaderos antiglobalistas los desafiaron a cada paso. En 2001, me uní a ellos en las calles de Génova (no fue bonito), pero la mayoría de las clases medias occidentales disfrutaban de las camisetas baratas y las televisiones que les proporcionaba esta absorción global. Yo también me uní a ellos y admito que era mucho más bonito. Recién entronizados con el poder de Internet para rastrear todos nuestros movimientos y manipular todos nuestros pensamientos, los globalistas solo hace poco se dieron cuenta del desastre que han hecho con nuestro planeta.

Las élites que he conocido (que ahora se denominan «globalistas») no consideran que los problemas del mundo sean culpa de ellas, o que provengan de los sistemas de quienes se benefician, y por tal razón se postulan para puestos de responsabilidad en proyectos como la «Comisión Mundial para la Reducción de los Riesgos Climáticos por Rebasamiento» (*Climate Overshoot Commission*). Tal vez no se den cuenta de que fueron las élites del sector petrolero las que gastaron millones en impedir que el mundo hiciera algo significativo ante aquella toma de conciencia global de la amenaza del cambio climático, allá por 1987[76]. Porque actuar en consecuencia habría significado detener en seco la globalización económica. Más recientemente, esos mismos intereses petroleros han estado financiando operaciones psicológicas para crear un movimiento de base contra cualquier esfuerzo por descarbonizar las sociedades[77]. Tal vez a los globalistas no les preocupe tanto, ya que han gastado sus propios millones en lavar el cerebro y sobornar a los políticos para que entreguen miles de millones a sus empresas de energías alternativas y a sus inútiles máquinas de captura de carbono[78]. El daño colateral de estas diferentes facciones del capital que promueven sus propias narrativas en la sociedad es que hemos acabado con argumentos cada vez más tontos sobre la situación medioambiental. Por un lado, los verdes modernos promueven una narrativa de salvación tecnológica elaborada para ellos por los capitalistas del clima, mientras que, por otro lado, los negacionistas del clima creen en una narrativa paranoica elaborada para ellos por los capitalistas de los combustibles fósiles. Es en esta mezcla donde se puede lanzar el porno de conspiración para confundir y deslegitimar completamente cualquier movimiento potencial contra el sistema establecido. Mientras quienes se preocupan por la sociedad estén tirando golpes hacia los lados o hacia abajo, los funcionarios del sistema establecido no tienen inconveniente[79].

A medida que la gente experimenta la plétora de dificultades y perturbaciones en la sociedad, más personas de las clases profesionales implicadas en el discurso público sobre temas de actualidad hablan del tema. Por un lado, es prometedor que la gente se permita hablar de la realidad en público y en entornos profesionales. Por otro lado, también abre el potencial para la desradicalización del asunto del colapso. La historia del cambio social está marcada por la incorporación limitada de las preocupaciones públicas al sistema establecido, desde los derechos laborales y civiles hasta el medio ambiente[80]. En este proceso se logran algunos avances, pero las ideas y las personas más desafiantes quedan marginadas. Ese proceso ya se produce en el ámbito de la investigación y el diálogo sobre el colapso y no solo por la opción de describirlo como una permacrisis o algo parecido, que permite al sistema establecido conservar su respeto. El inconveniente es que nos priva de la oportunidad de reevaluarlo todo y encontrar nuevas formas de vivir —y de colapsar juntos—. Un aspecto central de este proceso de desradicalización es la «negación implícita» de las personas que afirman estar trabajando en aspectos relacionados con la ruptura y el colapso de la sociedad. Es la forma de negación en la que reconocemos aspectos de la realidad, pero no permitimos que eso cambie nuestras ideas, identidad, visión del mundo o, lo que es más importante, cómo nos ganamos la vida con los sistemas que forman parte del problema. Así fue como viví durante años. Dado que se trata de un proceso social inevitable, no me interesa culpar a individuos que podrían salir de su negación implícita en cualquier momento. Por lo tanto, no daré ejemplos de las siguientes formas de negación implícita de las que fui testigo durante los dos años en que escribí este libro. La siguiente discusión es un poco de nicho, por lo que podrías pasar a la conclusión si no estás tan interesado en el autoengaño de los profesionales occidentales de clase media que nos dicen que se toman en serio el riesgo de colapso o su preparación.

EVITAR LA DILUCIÓN

Dentro del mundo académico hay estudiosos que mencionan la plausibilidad de anticipar el colapso de la sociedad, pero luego ignoran qué tiene el sistema intelectual que hizo que otros estudiosos que llegaron a esa conclusión hace años fueran tan ignorados o denigrados, lo que significa que pueden ignorar las ideas desafiantes de esos precursores para centrarse en la forma de construir sus financiados proyectos de investigación sobre aspectos del colapso de la sociedad. En cambio, sería posible identificar y evitar los diversos factores que producen el conservadurismo intelectual, así como permitir el diálogo con los académicos de vanguardia para descubrir lo que han aprendido tras trabajar en temas relacionados con el colapso durante algunos años.

Cuando la investigación se encuentra con el mundo de los grupos de reflexión y las organizaciones no gubernamentales, el potencial de negación implícita se amplía. Quienes colaboran estrechamente con los gobiernos occidentales buscan claramente un programa favorable al sistema establecido sobre el colapso. Por ejemplo, cuando mencionan los fracasos del multilateralismo en la protección del medio ambiente ignoran el «éxito» del multilateralismo en la creación de los modelos destructivos de globalización económica que impulsaron la crisis actual. Mencionan historias difíciles de colonialismo, pero luego advierten de los riesgos percibidos de «desglobalización» y «proteccionismo» que surgen en una era de «policrisis». En cambio, un despertar al caos climático podría significar que más cantidad de esos países que proporcionan los recursos y la mano de obra barata que permiten el nivel de vida en los países y ciudades más ricos podrían organizarse juntos para cambiar los términos del comercio. Abogar por un renacimiento del antiimperialismo no caería bien en los pasillos del poder, así que la negación implícita interesada continúa en los grupos de reflexión de la élite.

En grupos de reflexión y ONG que están menos explícitamente al servicio del sistema establecido sigue existiendo un patrón narrativo en el que se señala algo potencialmente desafiante para el orden establecido solo para ignorar convenientemente sus implicaciones. Un ejemplo es afirmar que las sociedades son ahora inestables debido a los sistemas político-económicos actuales, pero luego argumentar a favor de respuestas que promulguen los mismos valores y se basen en las mismas jerarquías. En cambio, se podría rechazar el orden actual por ser el causante del «metadesastre»[81] que se está produciendo y prestar atención a ayudar a movilizar a las bases y a las clases trabajadoras de varios países. Una variante de este patrón de negación consiste en mencionar que la difícil situación actual pone en tela de juicio todo lo relacionado con las sociedades modernas, pero a continuación se centra en las clases profesionales y las clases medias como los agentes que deben dar forma al futuro. En su lugar, una introspección más profunda de los propios supuestos, valores, visión del mundo e identidad podría llevarnos a salir de nuestras zonas de confort para hacer una contribución. Porque mientras que muchas personas que trabajan con ONG occidentales se han convertido en expertos en decir que necesitamos cambiar la narrativa y los valores de las sociedades modernas, luego mantienen la ideología del progreso mientras se deshacen silenciosamente de los valores de la libertad personal. En su lugar, podrían darse cuenta de que la ideología del progreso y sus narrativas concomitantes sobre la importancia de la esperanza, la positividad, el legado y la ética consecuencialista, han sido claves para que la opresión y la destrucción pudieran ignorarse o minimizarse a lo largo de nuestras vidas. Podrían darse cuenta de que los sistemas que manipularon todas nuestras experiencias del yo y de la sociedad son aquellos de los que podemos liberarnos para volver a un estado natural que sea menos insensible emocionalmente, controlador o destructivo.

En el ámbito de la defensa y el activismo sobre el estado del planeta y la sociedad existe otra gama de patrones de negación implícita. Algunos activistas mencionan que la situación actual del cambio climático es peor y que está sucediendo antes de lo previsto, pero luego restan importancia a los análisis científicos más preocupantes y citan razones para la esperanza que son científicamente discutibles o ilógicas. En lugar de ello, el enfoque podría centrarse en explicar la forma en que la situación es ahora tan mala que podría no estar bajo control humano y tenemos que preguntarnos en qué creemos y qué queremos defender en este contexto cada vez más precario e incierto. Cuando los activistas mencionan la probabilidad de que se produzcan daños catastróficos en el mundo en las próximas décadas, pero luego centran todo el activismo en la reducción de emisiones, estamos ante otro caso de negación implícita. Por el contrario, una atención mucho más honesta a los daños venideros y a cómo reducirlos podría formar parte del programa activista. Otro caso de negación implícita (¡sí, es una pandemia de negaciones!) es cuando los activistas critican los fracasos tanto del incrementalismo como de los pasados intentos de reformar el capitalismo, pero luego se centran en más esfuerzos voluntarios en el sector privado. Una variante de este modelo es reconocer que nuestra situación social es mucho más que un problema medioambiental, pero luego ignorar los fundamentos del capitalismo como el derecho corporativo y los sistemas monetarios. En su lugar, los esfuerzos podrían dirigirse a movilizar alternativas de base que no dependan de las corporaciones ni de los fondos de los ricos, y que estén abiertas a reclamar nuestro poder frente a las manipulaciones y apropiaciones de la Modernidad Imperial. Por lo tanto, el activismo podría cambiar de enfoque para priorizar los esfuerzos de regeneración de la naturaleza, una revolución agroecológica en la agricultura, la reducción de las cadenas de suministro, una mayor redistribución económica y la reforma monetaria, entre otras intervenciones útiles[82].

Al ofrecer estos ejemplos, hablo sobre todo de personas que trabajan en temas relacionados con el colapso en Occidente. En general, todas esas personas, yo incluido, en cualquier sector de la sociedad, han mantenido una instancia particular de negación implícita. Consiste en ver la situación mundial como algo que el poder actual podría gestionar mejor en lugar de deslegitimar ese poder por completo. Esa negación también tiene una dimensión regional y cultural. Porque reconocemos el impacto desproporcionado, pasado y presente, de las sociedades occidentales en la situación actual y, sin embargo, damos prioridad a esos mismos países y a sus dirigentes como agentes de la configuración del futuro. En cambio, podría considerarse que el lugar de la acción internacional legítima y significativa sobre el futuro de la humanidad procede de las redes de ciudadanos del Mundo Mayoritario, lo que resulta especialmente obvio cuando nos fijamos en el programa del decrecimiento, que requeriría que las sociedades más ricas redujeran su consumo de los recursos del mundo, como explicaré a continuación.

Un pequeño porcentaje de la población de los países más ricos es consciente de la importancia de reducir sus niveles generales de consumo y de hacerlo de forma sustancial y continuada. Como ya se dijo en el capítulo 2, ningún partido político defiende el decrecimiento. No es probable que ningún país elija un gobierno que reduzca el consumo de recursos en su territorio. Así que la incómoda verdad para todos los elocuentes defensores de los beneficios del decrecimiento en Occidente es que, aunque aumenten las ventas de sus libros y sus perfiles en las redes sociales, nunca será posible un decrecimiento voluntario por parte del mundo rico. Por el contrario, tendrá que ser forzado en los países más ricos, sus ciudades más ricas y sus élites a través de un renacimiento del antiimperialismo y el proteccionismo en el Mundo Mayoritario, lo que llevaría a frenar las exportaciones a las regiones «más ricas». La implicación para aquellos de nosotros que queramos ser activistas e intentar influir en los resultados a gran escala, al tiempo que trabajamos desde la base de forma democrática, es que tenemos que centrarnos en el Mundo Mayoritario.

La doctora Stella Nyambura Mbau, participante en la iniciativa *Scholars' Warning*, cree que el renacimiento político del antiimperialismo podría surgir de una mayor conciencia entre la población del Sur Global sobre cómo y por qué están sufriendo más las consecuencias del cambio climático. Por ejemplo, afirma que los habitantes de las zonas rurales de Kenia rara vez tienen conocimientos sobre el carbono. No entienden cómo los comportamientos de los habitantes urbanos más ricos en todo el mundo impulsaron las emisiones de carbono y destruyeron los sumideros de carbono, tanto directamente como influyendo en las sociedades. Una vez que los kenianos rurales lo sepan, podría influir en su conciencia política e influir en el proceso político. Ese proceso podría ser similar en gran parte del resto del Mundo Mayoritario y podría conducir a una actitud diferente ante la globalización económica. No está claro cómo se desarrollaría políticamente ese despertar a las causas de su sufrimiento, pero desde una perspectiva ecolibertaria, lo fundamental es que las personas estén informadas y tomen decisiones. Cualquier incomodidad con una agenda de este tipo por parte de profesionales cuyo cheque proviene de instituciones financiadas por los actuales sistemas de opresión pone de relieve tanto el problema como la solución. En primer lugar, una gran reivindicación debe estar arraigada en el Mundo Mayoritario y surgir de múltiples maneras según sus designios, y no según las ideas de grupos de reflexión con sede en Londres o las fundaciones con sede en Nueva York. En segundo lugar, aquellos de nosotros que estamos económica y psicológicamente ligados a la Modernidad Imperial y mostramos los tipos de negación implícita que he descrito anteriormente tenemos que buscar la forma de reivindicar nuestros propios medios de vida lo suficientemente como para no comprometernos con esta cuestión tan importante de nuestro tiempo de forma no radical.

Y así volvemos a Mahatma Gandhi y a la necesidad de *swadeshi* si queremos lograr *swaraj*. Como yo, casi todos los que leen este libro dependen de la Modernidad Imperial. Necesitamos un supermercado para mantenernos bien abastecidos con productos que llegan a través de términos de comercio explotadores como si mantuviéramos una relación de codependencia con el Imperio. Nos odia y abusa de nosotros, y nosotros estamos llegando a odiarlo y a abusar de él. Así que ha llegado el momento de romper con el Imperio. En mi caso, me mudé al campo, alquilé una casa sencilla y algo de tierra y empecé una granja ecológica, pero hay muchas formas de dejar una relación. Tienes que encontrar la tuya.

La base para un buen diálogo político

Cuando empecé a escribir este libro, pensé que este capítulo final contendría mis ideas sobre políticas para una era de colapso. Tenía escritos en los que basarme en mi serie de artículos del blog sobre una «auténtica revolución verde», en los que abordé una serie de temas como la energía nuclear, la geoingeniería, la reforma monetaria y la eutanasia voluntaria[83]. Sin embargo, durante los dos años que duró la redacción fui testigo de cambios en la sociedad, a escala mundial, que me ayudaron a comprender que lo más importante es la forma en que el público y las profesiones exploran las situaciones y las posibles políticas debido a que se ha producido un cambio autoritario en todo el mundo, en el que los profesionales que sirven al poder tienen ahora muchos más medios para ocultar, demonizar y castigar las opiniones contrarias o desafiantes a dicho poder. A través de la propiedad de los medios de comunicación de masas y de las plataformas de las redes sociales, el poder establecido, especialmente en Estados Unidos, ha producido una bifurcación de las narrativas, en casi todos los temas, en dos formas que nunca amenazan su poder. Por un lado, se invita a la gente a sentirse más segura y honrada por estar de acuerdo con una narrativa ortodoxa sobre un tema, desde la pandemia de COVID-19 hasta la guerra o el medio ambiente. La gente puede ver fácilmente que estas narrativas proceden del poder establecido, ya que aparecen en los medios de comunicación tradicionales. Tales narrativas no abordan los problemas y causan problemas adicionales, al tiempo que enriquecen a los poderosos. Por otro lado, se invita a otras personas a sentirse más enfadadas y santurronas mediante el acuerdo con el porno conspirativo sobre COVID-19, la guerra o el medio ambiente. Estas narrativas se promueven a través de medios alternativos y, por lo tanto, no se considera el hecho de que también proceden del poder establecido. El porno conspirativo no aporta una crítica sistémica, distrae de lo que puede demostrarse como mal comportamiento y ayuda a deslegitimar (por asociación) las críticas veraces al poder establecido. Desgraciadamente, por eso las críticas éticas, lógicas y bien demostradas del comportamiento del poder establecido en la pandemia de COVID-19, la guerra y el medio ambiente, seguirán siendo desbordadas por el porno conspirativo.

Una perspectiva ecolibertaria de esta situación es que necesitamos encontrar formas de ayudarnos mutuamente a reclamar el aparato de nuestras sociedades para compartir información y razonar. He explicado en este capítulo que esta reivindicación implica cultivar y mantener nuestra sabiduría crítica, mezclar nuestra dieta mediática, relacionarnos con personas de diferentes ámbitos de la vida y reducir nuestra dependencia de los sistemas de las sociedades modernas para satisfacer todas nuestras necesidades y deseos. Parte de ese proceso implica abrirse a la incertidumbre y no aferrarse a ideas y acciones que parezcan aliviar nuestras emociones difíciles. Los budistas lo llaman ecuanimidad. Bayo Akomolafe lo expresó muy bien cuando dijo en la conferencia sobre el colapso en Dinamarca que la invitación de estos tiempos es

> volvernos tan humildes como para caer sobre la tierra, y escuchar de otra manera, escuchar la ancestralidad, escuchar el mundo que nos rodea que hemos adormecido y silenciado como «recurso», en nuestros intentos de progresar más allá del planeta. Tendremos que aceptar el fracaso, tendremos que situarnos dentro de las grietas, y escuchar profundamente.

Pero, como Bayo, no nos clavemos en esas grietas y experimentemos con hablar desde ellas. Significa correr el riesgo de que nos humillen cuando hablamos y aprender de las reacciones sobre la forma en que funciona o no lo que decimos. No solo podemos experimentarlo cara a cara con más gente, sino que podemos volver a la vieja tecnología del correo electrónico y decidir con quién nos relacionamos y por qué. Se ha convertido en un delirio confiar en las redes sociales para que nos escuchen. Ese ámbito de nuestra esfera pública nos está manipulando para servir al poder (algo que ahora sabemos que es un hecho, no una paranoia). En su lugar, podemos decidir a quién queremos llegar realmente y por qué, y decírselo, y luego adjuntar información como la versión electrónica de este libro, y pedir una conversación verbal al respecto. A partir de ese proceso podemos empezar a desarrollar nuevas redes de expertos y conocimientos para elaborar puntos de vista sobre todo tipo de asuntos políticos, a escala local, nacional e internacional. Es crucial que prestemos atención a limitar el poder de las empresas y las élites en esas redes.

Desafortunadamente, como he descrito en este capítulo, una gran parte del trabajo político tendrá que consistir en la resistencia a los abusos y manipulaciones del poder establecido. Sin embargo, una vez que desarrollemos más ideas políticas propias, ¿cómo podríamos ponerlas en práctica? Para algunas personas, ese tema se convierte en una cuestión de la forma de ganar poder dentro de las instituciones gubernamentales. Aquí es donde me aparto de los planteamientos cada vez más revolucionarios de algunos activistas medioambientales. Mi experiencia política en el Reino Unido me dejó la impresión de que no habrá ningún cambio transformador positivo liderado por el gobierno, ni en ningún lugar con sistemas similares de economía y política. En cambio, a medida que avance el colapso de la sociedad, habrá nuevas oportunidades para grupos de personas bien preparadas para dar un paso al frente y ofrecer nuevas formas de organizar a las personas y los recursos. La historia reciente nos muestra la manera en que puede suceder, con el colapso del poder estatal sirio proporcionando un contexto para que los kurdos organicen su propio territorio autónomo de Rojava, guiados por las ideas ecolibertarias de Abdullah Ocalan[84]. Lo que significa que podemos seguir desarrollando y compartiendo ideas (y la filosofía de la que surgen) para que puedan ser adoptadas por las personas en el momento adecuado, cuando las circunstancias lo permitan.

También significa ser pioneros en algunas de esas ideas en áreas sobre las que ya tenemos control, a través del tipo de iniciativas de «planificación desde la base» que he descrito en el capítulo anterior. Por lo tanto, una gran reivindicación de nuestras vidas de las apropiaciones y manipulaciones de la Modernidad Imperial puede continuar ahora mismo, incluso antes de que se produzcan nuevos trastornos importantes en la vida moderna. También es importante hacerlo precisamente porque no sabemos si nuestros esfuerzos tendrán éxito a gran escala o, incluso si lo tuvieran, si ese éxito lograría un aterrizaje más suave para las sociedades modernas, menos daño continuo a otras sociedades y más oportunidades para nuestros hijos y la vida en la Tierra. Hemos llegado a una época que va más allá de esas ideas fantasiosas. Actuaremos porque tiene sentido experimentar viviendo nuestros valores en nuevos contextos, como medios y como fines, no como una cosa o la otra.

CONCLUSIÓN:
TOMAR LA PÍLDORA VERDE EN LA ERA DEL COLAPSO

«Nuestra tarea —y la tarea de toda educación— es comprender el mundo presente, el mundo en el cual vivimos y tomamos nuestras decisiones»[1].

E. F. SCHUMACHER

El libro que tienes en tus manos se publicó cincuenta años después de que E. F. Schumacher lo dijera todo. Porque en su libro *Lo pequeño es hermoso*, de 1973, explicaba cómo tenemos que ayudarnos unos a otros a recuperar nuestras vidas y comunidades frente a una maquinaria económica expansionista, destructora del planeta y al servicio de los intereses de las élites. Como su libro es tan viejo como yo, me siento un poco estúpido por haber tardado tanto en encontrar el camino de vuelta a su sabiduría y a sus sugerencias sobre lo que deberíamos hacer. Como expliqué en la Introducción, al entrar en el campo del medio ambiente a principios de los noventa me sedujeron las historias de ser pragmático, estratégico, innovador... y moderno. Sin duda no quería ser como aquellos hippies ineficaces de los años sesenta y setenta. Por desgracia, ahora, en la década de 2020, somos testigos de a dónde nos ha llevado ese «pragmatismo». Los líderes ecologistas de mi generación nos alejaron de las verdades originales de la conciencia medioambiental para adentrarnos en las ficciones y agresiones de una emergente histeria de salvación tecnológica. La ansiedad es comprensible, pues ya no existe la posibilidad de arreglar todos los problemas y, en su lugar, debemos enfrentarnos a una situación en la que solo podemos trabajar para obtener ciertos resultados menos malos ¡y sin tener certeza de estos resultados! Pero, como he explicado en la segunda mitad de este libro, esa ansiedad no es excusa para la falta de sabiduría, compasión o creatividad en esta nueva era de colapso.

Una de las principales aportaciones de este libro a las ideas de Schumacher es, quizá, un examen más detenido de la naturaleza de los sistemas monetarios y de la manera en que impulsan la naturaleza expansionista de las economías que causan el consumismo y los malestares culturales asociados. También hice un examen detenido de la existencia de la libertad en la naturaleza, y de la forma en que las sociedades antiguas vivían en una relación mucho menos destructiva con ella, así como de cómo el lenguaje y la cultura nos manipulan a todos hoy en día. Pero, sobre todo, para ayudarnos a comprender el mundo actual y poder tomar decisiones más sabias, este libro ha introducido la hipótesis del «colapsar juntos», la cual tiene dos partes. La primera parte de esa hipótesis es que las grietas que aparecen en la superficie de la mayoría de las sociedades modernas de todo el mundo desde 2016 son síntomas de una fractura generalizada de los cimientos de las sociedades que no se puede revertir. Dado que todos esos cimientos se están rompiendo a la vez, y poco a poco van cayendo secuencialmente unos sobre otros, significa que pocos, quizá ninguno, son reversibles. Mientras que determinadas sociedades se han visto terriblemente perturbadas por fenómenos naturales o por la violencia política, la hipótesis es que hemos llegado a un punto en el que la mayoría de las sociedades modernas, aunque sigan funcionando en la superficie, ya se encuentran en las primeras fases de su colapso.

Para llegar a esa conclusión trabajé con un equipo interdisciplinario a fin de integrar datos y percepciones de muchas disciplinas temáticas en las ciencias, las artes, las humanidades, la política y la economía.

Los argumentos de la primera mitad de este libro podrían considerarse simplemente una observación de datos más que una teoría u opinión. Si algunos científicos quisieran afirmar que estoy analíticamente equivocado en mi identificación del colapso social en curso, entonces los invito a que nos muestren todos los datos sobre una consistencia plurianual de reducción de las emisiones de gases de efecto invernadero, combinada con la reducción de las concentraciones de gases de efecto invernadero en nuestra atmósfera[2], la reducción de las pérdidas de biodiversidad y la reducción de la acidificación de los océanos. Los invito a que nos muestren datos que indiquen una coherencia plurianual de aumento de los Indicadores de Desarrollo Humano en la mayoría de los países. Sin tal información, podrían replicar que las sociedades modernas no pueden estar colapsando porque «los cajeros automáticos siguen funcionando, la televisión se enciende y los supermercados siguen abiertos». Pero como académicos no debemos centrarnos únicamente en las fachadas de los sistemas que, según los análisis científicos, ya se están rompiendo.

La mayoría de los altos funcionarios no están familiarizados con las pruebas que he resumido en este libro y suelen repetir los mismos clichés paralizadores que impiden un compromiso adecuado con el tema. Los clichés son estos, y todos ellos surgen de supuestos profundos arraigados en nosotros a través de lo que yo llamo la Modernidad Imperial:

> No podemos saberlo con certeza; los científicos están indecisos; la tecnología es impresionante; los jóvenes van a cambiarlo todo; no podemos perder la esperanza; no podemos socavar el compromiso de la gente; no debemos crear una profecía autocumplida; no podemos arriesgarnos a la anarquía; y deberíamos tener más fe en la humanidad o más fe en Dios.

En este libro he demostrado lo poco inteligente que es cada uno de estos clichés. Si se me permite resumir crudamente por un momento, puedo responder a cada una de esas afirmaciones de la siguiente manera:

> Ya sabemos con certeza lo que está ocurriendo; los científicos no están formados para integrar desde fuera sus especialidades; la tecnología no puede arreglar el colapso multisistémico; los adolescentes que salen a protestar

a menudo se convierten en vendedores de empresas ecológicas; nuestras pasiones se desatan al reconocer toda la destructividad de las élites; culpar a los realistas de tener razón es obviamente una estupidez; el autogobierno voluntario será mejor que la manipulación y el control constantes; porque nuestra fe en la humanidad y en lo divino significa que confiamos en nuestra libertad para cuidar unos de otros y de la naturaleza una vez liberados de los oficiales cobardes y narcisistas de la Modernidad Imperial.

Así están las cosas.

La segunda parte de la hipótesis de «colapsar juntos» es que, si aceptamos que hemos entrado en una era de colapso, podemos considerar las causas más profundas de esta situación mientras exploramos un cambio personal y social positivo —para colapsar juntos y no separados—. He expuesto mi punto de vista sobre las causas de esta situación y he compartido lo que considero que son respuestas inútiles y otras que son admirables. Un argumento clave es que, dado que nuestros sistemas monetarios y económicos manipularon tanto a la humanidad que destruimos nuestro hogar planetario, la libertad y la solidaridad deben ser la base para que podamos navegar por un futuro muy difícil. Debido a mi adopción de los resultados del método científico en el análisis interdisciplinario integrador de la primera mitad de este libro debería quedar claro que no estoy rechazando la modernidad por completo, sino condenando la Modernidad Imperial expansionista, y su nuevo engendro: la «sobremodernidad». Esta última no es en realidad muy moderna en absoluto, sino más bien una superficialidad distorsionada nacida de las confusiones de las defensas de cosmovisión y el pánico de élites (como vimos en los capítulos 7 y 8).

El resultado del análisis de este libro es que no vamos a salir de esta. Hablando de «nosotros», me refiero a la mayoría de los que leemos este libro y a la mayoría de las personas que conocemos. Por «esta» me refiero al colapso de la vida tal y como la conocemos. Es aplastante, incluso ahora, unos años después de haber llegado a esta conclusión, pero también significa que podemos vivir el resto de nuestras vidas con una pasión renovada. La cuestión sigue siendo cómo hablar de este tema sin cansarnos. Un amigo que no se dedica a estos temas me pidió que resumiera mi perspectiva en un par de frases. Una «minipresentación sobre el final de los tiempos», por así decirlo. Acepté intentarlo y le dije: «La humanidad está realmente jodida, así que vayamos más despacio, ayudémonos unos a otros, seamos más amables con los animales y la naturaleza, defendamos la libertad, cultivemos alimentos, juguemos más, seamos abiertos de mente sobre lo que podría ayudarnos y perdonémonos a nosotros mismos». Mi amigo se preguntó qué necesitábamos perdonar. Le expliqué que cuando descubrimos hasta qué punto está todo destruido, tenemos mucho que perdonarnos a nosotros mismos y a los demás. Si no estamos abiertos a ello, seguiremos sin percibir cómo estamos enredados en las continuas opresiones. A mi amigo le pareció que sonaba algo sombrío. «Pero es a la vez más sombrío y más bello de lo que parece», le contesté. Y entonces me di cuenta de que no es tan fácil resumir esa oscuridad o esa belleza en una frase. «Es sombrío, porque las reacciones de las élites ante las crecientes dificultades y perturbaciones, así como las de la gente que solo quiere conformarse, van a hacer las cosas mucho más difíciles e incluso aterradoras», dije. Expliqué que las reacciones basadas en el miedo pueden surgir de todos los campos políticos, ya sean de derechas, izquierdas, centro, verdes o contrarios. Como el desmoronamiento de los sistemas amenaza nuestras viejas narrativas de autoestima y seguridad, algunos de nosotros pueden aferrarse a ellas de forma ilógica e incluso violenta, lo que nos impide repensar y volver a sentir lo que realmente importa en esta nueva situación. Expliqué que los líderes de opinión de derechas no parecen estar verdaderamente dedicados a la libertad ya que significaría cuestionar las relaciones de poder que han dado forma a sus supuestos y creencias. También cuestionarían los excesos capitalistas en general, en lugar de las prácticas específicas de algunas empresas que no coinciden con sus manías. Tampoco tendrían el impulso socialmente conservador de inmiscuirse en nuestra vida personal. Aunque también expliqué que muchos de los líderes ecologistas (supuestamente) de izquierdas del mundo occidental no están siendo coherentes, pues de lo contrario no serían reformistas deseosos de soluciones tecnológicas. Muchos mostraron una firme obediencia a los intereses de las grandes farmacéuticas durante los primeros años de la pandemia, lo que indica que no eran capaces de desafiar a los sistemas dominantes que están manipulando y apropiándose de nuestro poder. Como aquel fue el primer episodio de perturbación generalizada de la sociedad, el fracaso de aquella «vieja guardia verde» demuestra tristemente su redundancia en esta nueva era de colapso.

Continuando mi amargada diatriba con ese amigo, le expliqué que los profesionales del medio ambiente habían estado evitando verdades incómodas y que ahora se alteraban fácilmente ante hechos básicos. Por ejemplo, no podemos descarbonizar esta economía y esta sociedad a tiempo para evitar un cambio catastrófico (capítulo 5), ni hacerlo sin causar daños masivos a la naturaleza salvaje (capítulo 3). No podemos descarbonizar sin que se produzcan trastornos sociales masivos, como malnutrición y conflictos, a menos que se produzca un enorme cambio en los sistemas económicos y políticos que conlleve una redistribución masiva como las que se han producido solamente con las revoluciones políticas (capítulos 1, 2 y 3). Además, puede que ni siquiera sea muy significativo para la estabilidad climática si descarbonizamos sin regenerar la naturaleza, lo que, para producirse a una escala significativa, requeriría de un modelo económico totalmente diferente. Por desgracia, parece que los científicos obsesionados con el carbono nos han engañado. Al hacer que todo girara en torno al CO_2 restaron importancia a la deforestación como motor del cambio climático, al tiempo que ignoraban la forma en que el CO_2 ha creado un terrible riesgo de amplificación catastrófica impredecible del calentamiento. Imaginaron que los niveles de CO_2 eran como un termostato, de forma que inicialmente enmarcaron nuestra situación como un problema técnico en lugar de una cuestión de cambio transformador profundo en nuestras sociedades (capítulo 5). La mayoría de los profesionales del medio ambiente que conozco no quieren ni siquiera plantearse que muchos de los impactos ya están fuera de nuestro control, aunque con niveles de daño inciertos, como las consecuencias de los productos químicos perennes, los microplásticos, la acidificación de los océanos y las futuras enfermedades zoonóticas. Muchos también descartan la anticipación del colapso social en lugar de considerar sobriamente las pruebas de que ya ha comenzado (capítulo 7). Tal vez la clase dirigente y los comentaristas con audiencias significativas no admitan esta realidad hasta que no dispongan de sistemas para imponernos sus explicaciones y respuestas (capítulo 13).

Mi amigo no era un caso único al decirme que pensaba que los ecologistas daban la impresión de querer controlar su vida. Dije que estaba de acuerdo en que la mayoría de los ecologistas occidentales de hoy no ponen en primer plano la soberanía personal en su discurso, porque equiparan la libertad personal con la falta de cuidado o de acción sobre el medio ambiente. Al hacerlo, asumen erróneamente que somos, o hemos sido, libres. Corren el riesgo de ignorar cómo crecimos y vivimos en sociedades en las que estamos manipulados por sistemas de poder, de modo que experimentamos la vida impregnados de una sensación de escasez, amenaza y competencia, lo que ha dado lugar a un individualismo perverso. Si quisiéramos comprender la verdadera naturaleza de las cebras no deberíamos estudiarlas en un zoo. Tampoco deberíamos pensar que la naturaleza humana es lo que parece ser en el zoológico de la vida moderna[3]. Al ignorarlo y demonizar la libertad, el ecologismo occidental dominante corre el riesgo de seguirle el juego a las élites, sugiriendo que lo que necesitamos es que nos impongan más de sus brillantes ideas. Sería útil que más gente en Occidente no considerara la libertad y la soberanía personal en el contexto del consumismo o de la política de derechas. No se ve así en los países con luchas de liberación más recientes. En cambio, la libertad se entiende más fácilmente como un esfuerzo colectivo contra la opresión y la explotación[4].

Cuando mantengo ese tipo de conversaciones, me doy cuenta de que mi crítica psicosocial a la respuesta del movimiento ecologista a los problemas ecológicos puede parecer demasiado complicada. El conocimiento que mi amigo tiene de estos temas se basa ahora principalmente en vídeos de YouTube, tanto de fuentes convencionales como alternativas. Al ver estos contenidos, me parece que en la mayoría de los casos se nos ofrece un enfrentamiento entre centristas autoritarios por un lado y una derecha nostálgica por otro. Con ambos bandos aferrados a sus visiones del mundo e identidades, se trata de una lucha superficial entre el pánico y el contrapánico de las élites, lo cual nos convierte a nosotros, el público espectador, en meros animadores de una u otra élite. La estupidez de las conversaciones resultantes empeora aún más por el papel de las agencias de relaciones públicas (y otros actores) que plantan o promueven «porno conspirativo» para fracturar cualquier oposición real a los intereses corporativos. Desde «no hubo aviones el 11 de septiembre» hasta «nanobots en las inyecciones», los promotores originales del porno conspirativo utilizan a los creyentes de tales ideas para distraer y deslegitimar las luchas basadas en pruebas contra el poder establecido. Funciona porque muchas personas que cuestionan la autoridad pueden sentirse atraídas por una superioridad moral, literalmente como una forma de entretenimiento, en lugar de recordar la necesidad de una solidaridad activa a largo plazo con la gente común. Sentirse indignado durante unos minutos hasta la siguiente entrega de porno conspirativo es también una forma de evitar las emociones difíciles sobre las situaciones problemáticas. Mi experiencia al decirle a la gente que podrían ser víctimas voluntarias del porno conspirativo porque no se molestan en hacer algo por los males del mundo no me ha cosechado muchas sonrisas. En este caso, mi amigo me pidió que detuviera mi explicación de las innumerables dimensiones del terrible desastre de nuestros tiempos y que, en su lugar, le hablara de la belleza que mencioné que podía encontrarse en esta era de colapso. En lugar de limitarme a describir a las muchas personas que han cambiado sus vidas a mejor como resultado de su despertar a la situación, he descubierto que puede ser útil ponerse un poco filosófico. Así que voy a dar un rodeo por la mitología griega que también ayudará a explicar la portada de este libro.

ATLAS ASALTADO

El asunto del colapso de las sociedades industriales de consumo no solo es extremadamente incómodo para quienes disfrutamos de sus comodidades sino también un profundo desafío filosófico y espiritual. Tras algunos años de búsqueda interior sobre los aspectos de nuestra cultura implicados en esta trágica situación llegué a la paradoja de nuestro deseo de ser alguien y de ayudarnos los unos a los otros. Una forma de describir esta paradoja es con un mito griego. La imagen de la portada de este libro es una adaptación de la estatua más antigua que se conserva de Atlas, un personaje de la mitología griega. Data del siglo II a. C. y lo representa haciendo fuerza para sostener un orbe que, en la época contemporánea, se ha malinterpretado en el sentido de que representa el planeta Tierra. Ese malentendido puede haber comenzado en el año 1585 con el uso de la palabra Atlas por el cartógrafo flamenco Gerhardus Mercator para describir su colección de mapas del mundo. En la cubierta interior de su libro había un dibujo de Atlas habiéndose quitado el orbe de los hombros y cartografiándolo en sus manos[5]. Con su famoso libro *La rebelión de Atlas*, Ayn Rand parece haber continuado la interpretación errada del orbe como representación de nuestro mundo y, por lo tanto, lo utilizó para simbolizar el peso de los problemas del mundo sobre personas por lo demás fuertes y libres[6].

La estatua del Atlas Farnesio data del año 200 a. C. aproximadamente. Todas las versiones del mito de esa época incluyen la forma en que Atlas fue maldecido por Zeus para sostener los cielos por encima de la Tierra. Por tal razón, se ha criticado el uso que Rand hace del mito de Atlas como «simbólicamente confuso»[7]. El clasicista Charles Segal exploró las muchas interpretaciones del mito de Atlas que empiezan por reconocer que representa a los cielos sostenidos en lo alto, no a la Tierra ni a la humanidad. Explicó que Atlas ha sido ampliamente debatido como representación de cómo los humanos nos esforzamos por alcanzar objetivos, nos sentimos responsables de las situaciones y nos preocupamos por la inevitabilidad de la pérdida y la muerte[8].

Puede ser revelador reflexionar un poco más sobre el significado potencial de este famoso mito incomprendido. Podemos empezar por reconocer que algunos dioses griegos, como Zeus, representaban fuerzas más allá de los humanos, mientras que otros dioses reflejaban «tipos ideales» o aspectos de la naturaleza humana. Zeus es el dios Sol, que representa una fuente clave para toda la vida. Por tanto, todo lo que ocurre en el mundo debe emanar de Zeus, lo que significa que todo lo que es importante en la condición humana puede entenderse como procedente de una «elección» de Zeus. Al igual que nosotros, los griegos sabían que los cielos ya existían sobre la Tierra antes de que «necesitaran» ser sostenidos por las cualidades humanas que Atlas representaba —fuerza y responsabilidad—. Así pues, Zeus en realidad «maldijo» a Atlas con la «idea» de que los cielos debían sostenerse para evitar que se estrellaran y mataran a su familia y a toda la creación.

¿Podría este mito transmitir cómo los antiguos griegos reconocieron que en algún momento los humanos cambiamos nuestra conciencia de que todo existe sin ningún esfuerzo por nuestra parte a la idea de que debemos esforzarnos, o de que algún dios debe esforzarse en nuestro nombre, para que la vida continúe? ¿Podría ser que hace mucho tiempo reconocieran que este cambio hacia la idea de que los humanos son el centro del destino del universo era como una maldición? ¿Podría ser que este mito sirviera para recordar que gran parte de la naturaleza existe sin nosotros ni nuestros esfuerzos?

Elijo ver el mito griego de Atlas de esa manera. Significa que lo veo como un recordatorio tanto de los beneficios como de los inconvenientes del ego, las capacidades y los cuidados humanos. Podemos sufrir debido a nuestra asunción de centralidad en la historia del universo. Hoy nos enfrentamos a algunas de las consecuencias de esa narrativa. Por tal razón, algunas personas consideran que el concepto de centralidad y poder humanos se está fracturando ante la crisis ecológica. Perciben que las estructuras ideológicas de la modernidad, que dan forma a lo que somos como individuos y sociedades, se están resquebrajando. Como saben por el capítulo 7, comparto esta opinión, pero considero que el problema es la forma de modernidad que ha sido impulsada por el poder monetario: una forma extractiva, dominante y expansiva de Modernidad Imperial (capítulo 10) y su confusa manifestación contemporánea como «sobremodernidad» (capítulo 13). El sentido humano de nuestra propia centralidad, poder y cuidado de los demás no es algo que pueda, o deba, negarse totalmente y, en cambio, podemos reconocer la manera en que, a lo largo de los siglos, este impulso fue coaccionado y dirigido al servicio de los intereses egoístas del poder monetario. Como el poder del dinero se apropió de estas fuerzas fundamentales de la naturaleza humana, la historia de la modernidad es la historia de un «Atlas asaltado».

No todos los que observan la actual situación mundial consideran útiles estas críticas. Por el contrario, consideran que, sin nuestro sentido de cuidado global y esfuerzo más urgente, entonces sí que se caerán los cielos y la humanidad sufrirá enormemente junto con el resto de la vida en la Tierra. Comparto la preocupación de que tal perspectiva pueda promover enfoques de nuestros problemas que son de alto riesgo, como algunas formas de geoingeniería, y otros que son abusivos, como el ecoautoritarismo. Por lo tanto, algunos de nosotros desearíamos que toda la narrativa de la centralidad, el poder y el cuidado humanos se desmoronara en esta era de colapso social. Sin embargo, creo que el mito de Atlas es útil para sugerir que no pueden desaparecer estos aspectos de la naturaleza humana. Por el contrario, constituyen una paradoja intratable de la naturaleza humana: el reto consiste en moderar y canalizar mejor estos aspectos de lo que somos.

Estos aspectos de la naturaleza humana señalados por el mito de Atlas se están fracturando y, debido a la influencia del poder del dinero, están haciendo caer el cielo sobre la humanidad y la Tierra. A menos que nos liberemos del poder del dinero, esta fractura continuará, con terribles consecuencias. En su lugar, podemos tratar de reparar el aspecto paradójico de la naturaleza humana que se compone de la mezcla de centralidad, capacidades y cuidados humanos.

Al reflexionar sobre la imagen de la estatua del Atlas Farnesio del año 200 a. C., sentí que se desmoronaba bajo el peso de sus historias. ¿Debería convertirse en polvo? ¿O podría salvarse bajo una nueva forma? Me vino a la mente la práctica japonesa de *kintsugi*, donde los objetos que se rompen, como un cuenco de cerámica, se vuelven a pegar porque antes eran muy queridos, a menudo por su «valor sentimental». Los objetos no podrían volver a utilizarse para su fin anterior, pero se convierten en objetos de admiración, recuerdo y reflexión. Por esta razón, utilizan el oro para volver a pegar los objetos de una forma hermosa. Solo reconociendo que la centralidad, las capacidades y los cuidados humanos se están fracturando, debido a las presiones distorsionadoras del poder del dinero, es que podremos volver a equilibrar esos aspectos de la humanidad con el mundo natural. El Atlas en *kintsugi* de la portada de este libro es un objeto imaginario y mítico. Nos recuerda la forma de apreciar las capacidades humanas, la compasión y la valentía como aspectos importantes de la condición humana, pero aceptar cómo se han manipulado tanto para quebrantarnos a nosotros mismos como para destruir el mundo natural. Al «reparar» estos aspectos de la condición humana para que no sean compulsiones que nos impulsen, podemos reparar también nuestra relación con el resto de la realidad, incluidas nuestras sociedades, el mundo natural y lo divino.

¿DE VERDAD EXISTE ALGUNA BELLEZA EN EL COLAPSO?

Aunque muchas personas se están dividiendo en facciones de superioridad moral, otras muchas se han unido, permitiendo que la situación desestabilizara sus viejos hábitos y se volvieran más abiertas de corazón y de mente en su forma de vivir la vida, incluida la manera de relacionarse con los demás. Como resultado, cambian radicalmente sus vidas para dar prioridad a la creatividad y a la contribución social. Se preocupan menos por su carrera, su seguridad financiera o por seguir la última moda. Ayudan a los necesitados, cultivan alimentos, hacen música, luchan por el cambio y exploran caminos espirituales. Sucede porque han rechazado la visión de la realidad que tiene el sistema dominante y ya no esperan que sus funcionarios resuelvan ninguno de los problemas cada vez peores de su sociedad. Tras décadas de codicia, hipocresía, mentiras, corrupción y políticas estúpidas, ya no esperan que ninguna élite rescate el planeta. A medida que abandonan las falsas esperanzas de que serán salvados, pueden superar el dolor y empezar a vivir de nuevo de forma creativa, con la conciencia de que cada día es una bendición. No significa que no pasen penas, se preocupen o se sientan tristes y enfadados, sino que sus sentimientos de asombro y gratitud por la vida no desencadenan inmediatamente esas otras emociones difíciles ni los mantienen estancados en ellas. Por el contrario, viven la vida más plenamente, de acuerdo con lo que valoran. Precisamente porque estas personas consideran que las sociedades modernas se desmoronan, viven con más libertad. No necesitan ni un búnker subterráneo ni un cuento de hadas sobre un mañana mejor, ya que viven, hoy, por la verdad, el amor y la belleza. ¿Quiénes son? Yo los llamo catastrofistas. Soy uno de ellos. ¿Quizá tú también lo seas?

Si es así, te doy la bienvenida. Hay muchas maneras de vivir de forma diferente a partir de ahora, como vimos en el capítulo 10. Cualquier cambio en nuestra forma de vida no tiene por qué producirse de golpe. En mi caso, creo que caí emocionalmente sobre un lienzo metafórico y tardé años en volver a ponerme del todo de pie. El *ethos* general y el enfoque del diálogo de la adaptación profunda fueron fundamentales para mi propio proceso, y sigo recomendando a la gente que participe en redes que utilicen ese marco de apoyo mutuo. Pero algunos años más tarde llegué a una orientación mucho menos cerrada. Estoy seguro de que no podemos esperar a que pase la tormenta ni tratar de bordearla, debemos aprender a bailar bajo la lluvia.

Ese baile no tiene por qué convertirse en una fiesta salvaje. La cultura moderna nos adoctrina para admirar la grandiosidad y expresar nobles propósitos sobre cambiar el mundo. En cambio, podemos reclamar nuestra libertad para ser pequeños en nuestros deseos de impacto, en nuestras comunidades y entornos locales. Desafortunadamente, está amenazada nuestra capacidad para bailar nuestros pequeños pasos de libertad y de contribución social. El ecoautoritarismo está en alza. A algunos funcionarios y aspirantes de la clase dirigente les disgustan tanto los catastrofistas como para difamarnos, censurarnos e incluso intentar criminalizarnos (capítulo 13). No querer que las élites interesadas y sus funcionarios nos manden es algo innato a la naturaleza humana. Estar atentos a las cuestiones medioambientales y a las necesidades de los demás también es algo innato a la naturaleza humana, por encima de las manipulaciones y apropiaciones de la Modernidad Imperial (capítulo 11). Por tal razón, defenderemos nuestra libertad de cuidarnos y de cuidar la naturaleza frente a las maquinaciones de los autoritarios. Escribí este libro para las personas que están dispuestas a conectar su trabajo con este proyecto ecolibertario extendido de una gran reclamación de poder de todo tipo y a todos los niveles. Juntos, podríamos convertirnos en una fuerza más significativa para el cambio social positivo en esta era de colapso social. Somos un ecologismo popular que contrasta con el programa que emerge de la dominación corporativa. Juntos, podríamos elaborar un programa político a todos los niveles de gobierno, desde el local al global, para contrarrestar los programas de los falsos globalistas verdes.

Si escuchas los argumentos de este libro, será como tomarte una píldora verde. Tragar la «píldora verde» te abrirá los ojos a cómo el sistema monetario moderno es una matriz de muerte que moldea nuestras vidas, de modo que destruimos colectivamente el mundo vivo. El color verde de la píldora describe tanto nuestro despertar al mundo vivo como el papel del poder del dinero en su destrucción, pero esta apertura de ojos tiene otro aspecto. «Toda nuestra cultura, toda nuestra civilización, en la medida en que está implicada en el tiempo y solo vive para un futuro, es una locura, no está presente aquí. No estamos despiertos, no estamos completamente vivos ahora». Esas fueron las sabias palabras del locutor de música psicodélica contemporánea Alan Watts, quien, antes de morir, fue maestro de espiritualidades orientales en Occidente[9]. E. F. Schumacher pensaba de forma similar, y sugería que «los problemas de vida y muerte de la sociedad industrial... [yacen] en el corazón y el alma de cada uno de nosotros». La visión «evotópica» que he planteado en este libro es la de un mundo en el que los sistemas dominantes no nos impiden tanto la capacidad de experimentarnos a nosotros mismos, a los demás y a la naturaleza. Es una visión en la cual muchos de nosotros podemos abrir nuestros corazones y mentes a los demás y a la naturaleza. Es un mundo en el que más personas se sienten lo suficientemente seguras y libres para cuidar de sí mismas, de los demás y de la naturaleza. Ayudar a promoverlo en nuestras propias vidas es una gran belleza que se encuentra dentro del dolor del colapso. «Vivamos de verdad la belleza y la responsabilidad de ser un pueblo profético», dijo el obispo Óscar Romero antes de ser asesinado por quienes trabajaban con los imperialistas estadounidenses. Este tipo de trabajo no es para los pusilánimes.

He mencionado a Romero un par de veces en este libro, pues creo que haríamos bien en inspirarnos en la historia de las luchas antiimperialistas basadas en la fe. Incluso los pensadores y activistas medioambientales más «radicales» de Occidente han ignorado que las naciones económicamente avanzadas no van a reducir voluntariamente su destrucción del mundo natural ni sus verdaderos niveles de contaminación[10]. Este hecho significa que, si alguien quiere apoyar la reducción del daño a escala global tendría que apoyar el antiimperialismo y el neoproteccionismo en todo el Mundo Mayoritario, así como organizar políticamente a más agricultores, para que los costes de consumo en las naciones y regiones más ricas reflejen con mayor precisión las realidades de la producción. Obligaría a esos países y regiones más ricos a redistribuir de forma significativa sus menores recursos, produciendo un decrecimiento tangible y más justo. Por desgracia, concientizar al público mundial sobre la necesidad y la oportunidad de una gran reivindicación de nuestro poder no es un programa que surja de los intelectuales occidentales que actualmente trabajan sobre el riesgo de colapso (ya que buscan financiación y el favor de las élites).

Bailar hasta bien entrada la oscura noche implicará mucho más que estar convencido de la ciencia sobre nuestra situación o ser elocuente sobre sus implicaciones. Requerirá un compromiso que nazca de una fe profunda en la rectitud eterna de vivir desde el amor universal. Porque el colapso será un proceso más feo que hermoso. No es posible endulzar nuestra situación. Hemos metido la pata de la forma más grave en que una especie puede hacerlo. Por no mencionar que se trata de una especie inteligente. Al hablar en plural, me refiero al ser humano moderno, con nuestras narrativas irracionales del yo y de la realidad. Así que no puedo dejarte con un final optimista sobre nuestra «salvación». Probablemente solo una fe más profunda pueda sostenernos en los años venideros. Una donde sintamos los poderes infinitos de la creación y la rectitud última de la realidad, pase lo que pase. ¿La extinción humana? No te preocupes, ¡no es el fin del mundo! Pero qué tiempos extraños que corren para que se cuenten chistes así (no es que yo crea que la extinción humana a corto plazo sea inevitable (capítulos 3, 4 y 5)).

Que el análisis y las ideas de este libro contribuyan a algo útil en cualquier escala podría depender de si se abre camino en los debates de las redes de agricultores, cooperativas y pequeñas empresas del Mundo Mayoritario. Ellos tienen menos trecho por «caer» y están más cerca de lo que debe crecer. Con ese potencial en mente, renuncio a mis derechos de traducción de este libro a otros idiomas para *ebooks* gratuitos[11].

También soy muy consciente de que se podría ayudar mejor a la juventud del mundo a organizarse en torno a estas cuestiones. Una forma en que las personas mayores pueden ayudar es simplemente dejando de engañar a los jóvenes. En cambio, podemos ayudar a validar lo que muchos jóvenes sienten sobre su futuro y animarlos a debatir y experimentar formas creativas de responder. Una idea sencilla para animarlos se me ocurrió el día de Navidad. Mi padre sabía que era la última Navidad que pasaríamos juntos, así que su regalo de despedida fue una camiseta con la siguiente frase escrita en la parte delantera: «No discuto, solo explico por qué tengo razón».

Desde entonces, siento un extraño orgullo por la vergüenza que siento cuando la gente con la que me cruzo por la calle mira mi camiseta. Voy a hacer algunas camisetas en su honor, para regalárselas a los jóvenes que conozco, para ayudar a suscitar sus conversaciones. Creo que la primera podría decir: «Los catastrofistas se divierten más».

Porque, ¿por qué demonios no van a divertirse los jóvenes viviendo libres de los hábitos de la sociedad estúpidamente autodestructiva que hemos dejado desmoronándose a su alrededor?

No obstante, espero que las generaciones futuras recuerden que no todos éramos tan tontos. En ese espíritu de reconocimiento a nuestros mayores, terminaré con las palabras que E. F. Schumacher utilizó para cerrar su propio libro, cincuenta años antes de que yo escribiera este:

> En todas partes las personas preguntan: «¿qué puedo hacer realmente?». La respuesta es tan simple como desconcertante: podemos, cada uno de nosotros, poner en orden nuestra casa interior. La orientación que necesitamos para esta labor no puede encontrarse en la ciencia ni en la tecnología, cuyo valor depende totalmente de los fines a los que sirven; pero sí puede hallarse en la sabiduría tradicional de la humanidad[12].

EPÍLOGO:
EL COLAPSO COMO INVITACIÓN
AL AUTODESCUBRIMIENTO

Luis Fernández Carril
Tecnológico de Monterrey

El libro que acabas de leer ha mostrado que la estabilidad de los sistemas naturales que sostienen nuestras sociedades modernas ha sufrido disrupciones y, con ellas, la capacidad de la civilización para perdurar se ha visto afectada. Frente a la incertidumbre, a menudo asumimos que encontraremos soluciones, pero esto no es una garantía. Los avances actuales de los gobiernos y las grandes corporaciones internacionales sugieren que posiblemente no lograremos evitar perturbaciones a gran escala. El análisis de Jem Bendell nos reta a enfrentar esta realidad.

Este panorama sombrío obliga a contemplar un escenario de caos y decadencia en el que la naturaleza de antaño, un refugio y un recurso, se vuelve hostil e impredecible, con fenómenos extremos capaces de devastar regiones enteras.

Vivir en condiciones degradantes supone una crisis existencial que desafía nuestra esencia y propósito. El deterioro del mundo socava nuestras certezas sobre progreso y prosperidad y revela nuestra vulnerabilidad. La ilusión de control sobre la naturaleza se desmorona ante las crisis ambientales. En esta existencia frágil se magnifican nuestras luchas cotidianas por la supervivencia y el significado, confrontándonos con preguntas sobre nuestro papel en la naturaleza y nuestra responsabilidad ante futuras generaciones sobre el avance y el alcance del colapso.

¿Cómo encontrar sentido a la vida? ¿Cómo gestar esperanza en un mundo tan degradado? Ante un escenario de devastación y caos, en el que las ciudades son terrenos inhóspitos, la búsqueda de propósito se torna una lucha profunda y esencial. En medio de la fragmentación y el desamparo, la humanidad enfrenta su propia fragilidad y el sentido de la vida debe ser reconfigurado.

En este contexto de incertidumbre y degradación, surge la noción de la «esperanza radical» como una brújula ética y filosófica. A diferencia de un optimismo ingenuo, la esperanza radical no niega la gravedad de los desafíos que enfrentamos; en cambio, acepta plenamente nuestra situación crítica, admite lo irreparable de nuestra situación y, desde ese reconocimiento, se compromete con la posibilidad de un cambio profundo y transformador. Esta esperanza exige una reevaluación de nuestros valores y un compromiso con la justicia ecológica y social que abraza la interconexión de todas las formas de vida; estrechando con compasión a la humanidad y acercando a las personas menos responsables y más vulnerables cuyo futuro ha sido negado.

Tal vez en este mundo crecientemente degradado el sentido de la vida se encuentra en la empatía y la solidaridad en el reconocimiento del sufrimiento, de lo perdido, de lo que nunca regresará. Tal vez la esperanza tiene un objetivo muy claro, buscar salvar lo que aún se pueda salvar y aliviar el sufrimiento de aquellos que sobrellevan la vida en esta época. Por lo anterior, Jem Bendell en *Cayendo juntos. Una respuesta compasiva y ecolibertaria al colapso* nos pide abrirnos a las posibilidades, prepararnos mental y prácticamente para los cambios profundos que están por venir y adoptar una mentalidad que acepte la vulnerabilidad, la interconexión y, sobre todo, la necesidad urgente de la acción transformadora. Esta apertura es crucial para desarrollar resiliencia, solidaridad y esperanza radical, necesarias para vivir en un futuro incierto. Al final este colapso que ha planteado el autor es una invitación personal para que cada uno de nosotros descubramos quiénes somos.

NOTAS*

INTRODUCCIÓN

[1] En el capítulo 7 se ofrecen datos sobre perspectivas del futuro.

[2] D. W. Allen, «Covid-19 Lockdown Cost/Benefits: A Critical Assessment of the Literature», *International Journal of the Economics of Business*, 29 (1), 2021, 1-32. <https://www.tandfonline.com/doi/abs/10.1080/13571516.2021.1976051>.

[3] B. Eedara *et al.*, «Will the Lockdown Blues Linger? Impacts of COVID-19 Lockdowns on Mental Health of Adult Populations», *Issues in Mental Health Nursing*, 43 (6), 2022, 582-586. <https://www.tandfonline.com/doi/abs/10.1080/01612840.2021.2014609>.

[4] M-B. Christensen *et al.* (2023). Survival of the Richest (2022). Policy Paper, Oxfam International. <https://www.oxfam.org/en/research/survival-richest>.

[5] FT (2022), «Nearly £15bn wasted on Covid PPE, says UK spending watchdog», *Financial Times*. <https://www.ft.com/content/15c3630a-b31a-425a-935b-e07d180a8b58>.

[6] O. Reyes y T. Gilbertson, «Carbon trading: how it works and why it fails», *Soundings*, 45, 2010, 89-100. <https://www.ingentaconnect.com/content/lwish/sou/2010/00000045/00000045/art00009>.

---

* Nola Editores no se responsabiliza del correcto funcionamiento de los sitios web citados en este apartado de notas.

7   Reuters (2022). Fertilizer ban decimates Sri Lankan crops as government popularity ebbs. <https://www.reuters.com/markets/commodities/fertiliser-ban-decimates-sri-lankan-crops-government-popularity-ebbs-2022-03-03/>.

8   S. Boztas, «Why Dutch farmers are revolting», *UnHerd*, 2022, <https://unherd.com/2022/07/why-dutch-farmers-are-revolting/>.

9   B. Latour, *After Lockdown: a Metamorphosis*. Traducido por Julie Rose. London: Polity, 2021.

10 Traducido del alemán. Von Karl Lauterbach (2020). «Klimawandel stoppen? Nach den Corona-Erfahrungen bin ich pessimistisch». *Welt*. <https://www.welt.de/politik/deutschland/article223275012/Kampf-gegen-Klimawandel-Lauterbach-wegen-Coronazeit-pessimistisch.html>.

11 Antes de cambiar de perspectiva mi principal objetivo era ayudar a establecer formas de acoger procesos de diálogo reflexivo sobre la situación y sobre qué hacer al respecto. También quería que la gobernanza fuera a la vez representativa de los participantes y más diversa que ellos, para encaminar la dirección del foro hacia un mayor diálogo internacional.

12 S. Smith Galer (2021). «56 Percent of Young People Think Humanity Is Doomed», VICE, 2021 <https://www.vice.com/en/article/88npnp/fifty-six-percent-of-young-people-think-humanity-is-doomed>.

13 Su momento en la playa fue antes de que me conocieran o leyeran mi obra. La historia de cómo los conocí y de cómo Oskar llevó a su escuela a interesarse por el tema de este libro está retratada en un cortometraje que realicé. «Documentary about Children facing Climate Collapse – Oskar's Quest» <https://jembendell.com/2020/01/09/documentary-about-children-facing-climate-collapse-oskars-quest/>.

14 M. Hood (2020). «Scientists Warn Multiple Overlapping Crises Could Trigger "Global Systemic Collapse"», *ScienceAlert*, 2020, <https://www.sciencealert.com/hundreds-of-top-scientists-warn-combined-environmental-crises-will-cause-global-collapse?>.

15 G. S. Cumming y G. D. Peterson (2017). «Unifying Research on Social–Ecological Resilience and Collapse», *Trends in Ecology & Evolution*, 32 (9), 2017, 695-713. <https://www.sciencedirect.com/science/article/abs/pii/S0169534717301623>.

16 Se podría pensar que la investigación sobre el tema de este libro estaría bien financiada. Sin embargo, ha sido la prima pobre de los estudios que se centran en el tipo de riesgos que fascinan a los tecnólogos en boga (*tech bros*). A pesar del abandono por parte del poder establecido, el nivel de interés en el tema del colapso por parte de los estudios independientes es tan grande que las diversas páginas web que conectan investigaciones y personas interesadas no han cesado de crecer en los últimos años. Por ejemplo, si se busca *deep adaptation* (adaptación profunda), *collapsology* (colapsología) o *transformative adaptation* (adaptación transformativa), se encontrarán diversos recursos y redes. En cam-

bio, la comunidad *X-risk* (que investiga riesgos existenciales) parece depender más de patrocinadores del mundo de la tecnología e innovación para sobrevivir. Por ejemplo, aunque al principio me interesó conocer la «bibliografía en expansión sobre el riesgo existencial y el riesgo catastrófico global», que anunciaron de manera rimbombante en una revista científica, cuando visité su sitio web (x-risk.net) descubrí que se había convertido en una página de apuestas china. G. E. Shackelford, L. Kemp, C. Rhodes, L. Sundaram, S. S. OhEigeartaigh, S. Beard,... y W. J. Sutherland (2020). «Accumulating evidence using crowdsourcing and machine learning: A living bibliography about existential risk and global catastrophic risk», *Futures*, 116, 2020, 102508. <https://www.sciencedirect.com/science/article/pii/S0016328719303702>.

[17] Describo una instancia de los graves malentendidos sobre la ciencia ambiental por parte de académicos en J. Bendell, «The biggest mistakes in climate communications, Part 1: looking back at the "Incomparably Average"», *Brave New Europe*, 2022 <https://braveneweurope.com/jem-bendell-the-biggest-mistakes-in-climate-communications-part-1-looking-back-at-the-incomparably-average>.

[18] T. Pyszczynski, S. Solomon y J. Greenberg, «Thirty years of terror management theory: From genesis to revelation», *Advances in experimental social psychology*, 52, 2015, 1-70. <https://www.sciencedirect.com/science/article/abs/pii/S0065260115000052>.

[19] He eliminado parte del contenido personal. Mirando atrás, me doy cuenta de que era una carta bastante formal, lo que indica que estaba intentando comunicarme de una forma inusualmente seria.

[20] S. Kassouf. «Thinking catastrophic thoughts: A traumatized sensibility on a hotter planet», *The American Journal of Psychoanalysis*, 82 (1), 2022, 60-79. <https://link.springer.com/article/10.1057/s11231-022-09340-3>.

[21] M. Hardt y A. Negri, *Empire*. Harvard University Press, 2000.

[22] En los capítulos 8, 9 y 10 proporcionaré referencias sociológicas para diversas ideas que he expuesto aquí.

[23] Una postura filosófica particularmente extraña, que podría ser ejemplo de una defensa de cosmovisión «sobremoderna», se denomina largoplacismo (*longtermism*). Su desarrollo y fama han sido respaldados por multimillonarios de la tecnología hasta tal punto que es posible preguntarse si hubiera logrado notoriedad sin ese apoyo. Haciendo uso de cifras hipotéticas sobre los seres humanos potenciales en el futuro, esta postura prioriza las opiniones de las élites sobre lo que es importante en la vida por encima de las necesidades básicas y el bienestar de las personas que viven hoy (capítulo 13).

[24] Soy consciente de que algunos lectores pueden considerar que los conceptos de socialismo, o ecosocialismo son apropiados para esta filosofía, mientras que otros pueden pensar que el anarquismo constructivo es muy similar. En el capí-

tulo 11 explico por qué ninguno de estos conceptos y tradiciones es suficiente para lo que pretendo describir.

[25] En el capítulo 13 explico con más detalle el objetivo de la Gran Reivindicación, con ejemplos en el trabajo de las personas perfiladas en el capítulo 12.

1. EL COLAPSO ECONÓMICO: TIEMPO DE LÍMITES Y CONTRADICCIONES

[1] UNDP, Calculating the human development indices, 2021 <https://hdr.undp.org/sites/default/files/2021-22_HDR/hdr2021-22_technical_notes.pdf>.

[2] La antigüedad de los datos utilizados difiere entre los subindicadores. Por ejemplo, el IDH de 2021 incluye datos sobre la mortalidad materna de 2017 y el nivel educativo de 2018. Por lo tanto, el IDH describe la situación de los países en un periodo a partir de la última parte del año sobre el que se informa, combinada con la situación de los años anteriores, según el subindicador.

[3] En teoría, el creciente número de ciudades en este conjunto de datos podría afectar las tendencias observadas. Sin embargo, si se observan las ciudades con datos completos (o casi completos) a lo largo del tiempo, las tendencias que expongo en este capítulo siguen siendo evidentes, por lo que las tendencias de «ascenso y descenso» observadas reflejan algo real.

[4] The Drinks Business. Top 10 European countries and cities selling the cheapest beer, 2022.

[5] *Independent*, «Could going abroad this winter be cheaper than staying and paying UK energy bills?», 2022.

[6] Numbeo explica que para la mayoría de las ciudades «utilizan datos que no tienen más de doce meses», pero que «para algunos lugares en los que tenemos un número bajo de contribuyentes, utilizamos datos más antiguos, ya que pensamos que es mejor presentar incluso un dato que tiene veinticuatro meses, en lugar de ningún dato». Por lo tanto, los datos de enero de 2022 se refieren a situaciones denunciadas en algún momento de los dos años anteriores, pero muy probablemente en el segundo semestre del año anterior.

[7] OCDE, How's Life?, 2020. <https://www.oecd-ilibrary.org/economics/how-s-life/volume-/issue-_9870c393-en>.

[8] S. Dixon-Declève *et al.*, *Earth for All, a Survival Guide for Humanity*, New Society, 2021.

[9] Real Clear Politics, Losing faith in the future 2018. <https://www.realclearpolitics.com/articles/2018/09/18/losing_faith_in_the_future_138105.html>.

[10] Harvard Kennedy School, Harvard Youth Poll 2021. <https://iop.harvard.edu/youth-poll/fall-2021-harvard-youth-poll>.

11   J. Bendell, *Deep Adaptation: A map for navigating the climate tragedy*, 2018, p. 20. <http://insight.cumbria.ac.uk/id/eprint/4166/>.

12   J. B. Schor, *Born to Buy: A Groundbreaking Exposé of a Marketing Culture That Makes Children «Believe They Are What They Own»*, Scribner, 2004.

13   P. Servigne y R. Stevens, *How everything can collapse*, Polity Books, 2020.

14   Our World in Data. Number of people living in Urban and rural areas. <https://ourworldindata.org/grapher/urban-and-rural-population>.

15   Global Agriculture. Industrial agriculture and small-scale farming. <https://www.globalagriculture.org/report-topics/industrial-agriculture-and-small-scale-farming.html>.

16   F. E. Trainer, «The limits to growth argument now», *Environmentalist*, 19/1999, 325-335.

17   J. Bendell, «Replacing Sustainable Development: Potential Frameworks for International Cooperation in an Era of Increasing Crises and Disasters», *Sustainability*, 14(13)/2022, 81-85.

18   Ibid.

19   K. Carr y J. Bendell (2020). «Facilitation for Deep Adaptation: enabling loving conversations about our predicament», *Institute for Leadership and Sustainability (IFLAS) Occasional Papers*, vol. 6/2020, University of Cumbria, Ambleside, UK.

20   P. A. McAnany y N. Yoffee (eds.), *Questioning Collapse: Human Resilience, Ecological Vulnerability, and the Aftermath of Empire Illustrated*, Cambridge University Press, 2009.

21   UNCTAD, World Investment Report, 2022, p. 6. <https://unctad.org/publication/world-investment-report-2022>.

22   Investopedia, How Big Is the Derivatives Market?, 2022. <https://www.investopedia.com/ask/answers/052715/how-big-derivatives-market.asp>.

23   Mathsisfun.com. Quadrillion Definition (Illustrated Mathematics Dictionary). <https://www.mathsisfun.com/definitions/quadrillion.html>.

24   Euronews, Global FX trading hits record $7.5 trln a day-BIS survey, 2022 <https://www.euronews.com/next/2022/10/28/markets-forex-bis>.

25   CEPR, Why growth in finance is a drag on the real economy., 2022. <https://cepr.org/voxeu/columns/why-growth-finance-drag-real-economy>.

26   Macrobusiness, IMF declares FIRE sector a growth killer, 2015 <https://www.macrobusiness.com.au/2015/05/imf-declares-fire-sector-growth-killer/>.

27   S. G. Cecchetti y E. Kharroubi, Why does financial sector growth crowd out real economic growth?, 2015 <https://www.bis.org/publ/work490.htm>.

28   ICIJ, Nearly $500 billion lost yearly to global tax abuse due mostly to corporations, new analysis says, 2021. <https://www.icij.org/inside-icij/2021/11/nearly-500-billion-lost-yearly-to-global-tax-abuse-due-mostly-to-corporations-new-analysis-says/>.

[29] IMF, The True Cost of Global Tax Havens, 2019.

[30] G. Hodge, *Privatization: An International Review of Performance*, Routledge, 2019.

[31] E. Ulrich von Weizsäcker, *Limits to Privatization: How to Avoid Too Much of a Good Thing*, Club of Rome, 2005.

[32] International Labor Organization, Wage, productivity and labour share in China. Research note, ILO Regional Office for Asia and the Pacific, 2016. <https://www.ilo.org/wcmsp5/groups/public/---asia/---ro-bangkok/documents/publication/wcms_475254.pdf>.

[33] R. Dietz y D. O'Neill, *Enough Is Enough: Building a Sustainable Economy in a World of Finite Resources*, Berrett-Koehler, 2013.

[34] D. Wiedenhofer *et al.*, *A systematic review of the evidence on decoupling of GDP, resource use and GHG emissions, part I: bibliometric and conceptual mapping*. Environmental Research Letters, 2020.

[35] J. D. Ward *et al.*, Is Decoupling GDP Growth from Environmental Impact Possible? PLoS ONE, 11 (10)/2016, e0164733.

[36] K. G. Mills, «Small Businesses and Their Banks: The Impact of the Great Recession», en *Fintech, Small Business & the American Dream*, Palgrave Macmillan, Cham, 2019.

[37] Organization for Economic Cooperation and Development (OECD), Living arrangements by age groups. OECD Publishing, 2021. <https://www.oecd.org/els/family/HM1-4-Living-arrangements-age-groups.pdf>.

[38] P. Mason, *PostCapitalism: A Guide to Our Future*, Allen Lane, 2015.

[39] E. Heery y B. Abbott, *Trade unions and the insecure workforce*. Routledge, 2000. <https://www.taylorfrancis.com/chapters/edit/10.4324/9780203446485-12/trade-unions-insecure-workforce-edmund-heery-brian-abbott>.

[40] A. Klobuchar, *Antitrust: Taking on monopoly power from the gilded age to the digital age*, Penguin Random House, 2022.

2. EL COLAPSO MONETARIO: LO HICIERON INEVITABLE

[1] Andrew Bailey's (Governor of the Bank of England's) letter to Rishi Sunak MP. <https://assets.publishing.service.gov.uk/government/uploads/system/uploads/attachment_data/file/873217/5E70FECD.pdf>.

[2] Robert F. Kennedy challenges Gross Domestic Product, YouTube. <https://www.youtube.com/watch?v=77IdKFqXbUY>.

[3] S. Thomson (2016). GDP a poor measure of progress, say Davos economists, World Economic Forum, 2016. <https://www.weforum.org/agenda/2016/01/gdp/>.

[4] A. Jackson, J. Ryan-Collins, R. Werner y T. Greenham. *Where Does Money Come From? New Economics Foundation*, 2012. <https://neweconomics.org/2012/12/where-does-money-come-from/>.

[5] Positive Money, Poll shows 85% of MPs don't know where money comes from, 2017. <https://positivemoney.org/press-releases/mp-poll/>.

[6] C. Arnsperger, J. Bendell y M. Slater. «Monetary adaptation to planetary emergency: addressing the monetary growth imperative», Institute for Leadership and Sustainaibility, (IFLAS) Occasional Papers vol. 8, 2021, University of Cumbria, Ambleside, UK. <http://insight.cumbria.ac.uk/id/eprint/5993/>.

[7] R. Henderson y R. Wigglesworth, «"It's outrageous": U.S. Fed's big boost for BlackRock raises eyebrows on Wall Street», *Financial Times*, 2020. <https://financialpost.com/financial-times/u-s-feds-big-boost-for-blackrock-raises-eyebrows-on-wall-street>.

[8] P. Pilkington, «The End of Dollar Hegemony?», *American Affairs*. 2022. <https://americanaffairsjournal.org/2022/03/the-end-of-dollar-hegemony/>.

[9] Para ejemplos de estas historias alternativas aparecidas en medios de comunicación fuera de Occidente, véase X. Ping, «Dollar hegemony: The world's trouble with the U.S. currency», *CGTN*, 2022. <https://news.cgtn.com/news/2022-06-15/Dollar-hegemony-The-world-s-trouble-with-the-U-S-currency-1aToolLji48/index.html> y H. Weijia, «The bell to end the oil dollar hegemony is ringing», *Left Review Online*, 2019. <https://leftreviewonline.com/english/opinion/bell-end-oil-dollar-hegemony-ringing.html>.

[10] Arab News, Aramco CEO says news on Saudi oil sale in Yuan is speculation as Capital Economics rules it out, 2022. <https://arab.news/9t2km>.

[11] D. R. Chaudhury, «BRICS explores creating new reserve currency», *The Economic Times*, 2022. <https://economictimes.indiatimes.com/news/economy/policy/brics-explores-creating-new-reserve-currency/articleshow/94628034.cms>.

[12] En este resumen me centro en el Reino Unido, Estados Unidos y la UE, debido a que tengo mayor acceso a la información sobre estos sistemas financieros. Sin embargo, una breve búsqueda en Internet me reveló que otros países también se embarcaron en programas de compra de bonos corporativos durante la pandemia. Por ejemplo, en China el proceso implica incluso a los gobiernos locales, ya que intentan evitar la quiebra de las empresas estatales. Estando más allá de mis capacidades, una revisión más amplia podría ayudar a evaluar cuántos países han hecho vulnerables sus sistemas monetarios y han distorsionado sus economías mediante estas políticas.

[13] A. Zaghini, «How ECB purchases of corporate bonds helped reduce firms' borrowing costs», *Research Bulletin* n.º 66 (2020), European Central Bank. <https://www.ecb.europa.eu/pub/economic-research/resbull/2020/html/ecb.rb200128~00e0298211.en.html>.

[14] ECB, Pandemic emergency purchase programme (PEPP), European Central Bank, 2022. <https://www.ecb.europa.eu/mopo/implement/pepp/html/index.en.html>.

[15] D. Barmes, D. Kazi y S. Youel, «The Covid Corporate Financing Facility», *Positive Money*, 2020. <https://positivemoney.org/publications/ccff/>.

[16] J. Marte, «Fed opens primary market corporate bond facility», Reuters, 2020. <https://www.reuters.com/article/us-usa-fed-primarycredit/fed-opens-primary-market-corporate-bond-facility-idUSKBN2402J6>.

[17] Sveriges Riksbank, *Purchases of corporate bonds*, 2022. <https://www.riksbank.se/en-gb/monetary-policy/monetary-policy-instruments/purchases-of-corporate-bonds/>.

[18] J. Rennison, «Bankers and investors braced for US corporate debt binge: Fixed income. Supply surge Groups rush to lock in low borrowing rates after summer lull amid fears of inflation jump [USA Region]» *Financial Times*, 2021. <https://www.ft.com/content/dffoebdf-1d64-4e9a-9261-6957455d856d>.

[19] R. Wigglesworth y L. Fletcher, «The next quant revolution: FT BIG READ. INVESTMENT Corporate bonds have been largely untouched by the computer-driven trading that has reshaped global equity markets. Now some investors see similar opportunities in the $40tn credit market», *Financial Times*, 2021.

[20] Un ETF de bonos corporativos está formado por una institución financiera (IF) que crea un fondo que la gente puede comprar a través de una bolsa, por lo que el precio de una acción de ese ETF se conoce públicamente y fluctúa. El dinero de ese fondo lo utiliza la IF para comprar bonos corporativos, ya sea directamente o a través de bolsas establecidas con el fin de comprar y vender esos bonos. Esta compra de bonos puede realizarse con un análisis activo por parte de un equipo de profesionales, o de forma pasiva, según un algoritmo que procesa las operaciones basándose en su estrategia preprogramada. Los ETF suelen gestionarse de forma pasiva mediante algoritmos, y algunos estimaron en 2021 que la cantidad de operaciones con bonos corporativos estadounidenses de alta calidad realizadas de esta forma se había duplicado en un año hasta alcanzar casi el 40 por ciento de todas las operaciones. Véase el artículo del *Financial Times* citado en la nota anterior.

[21] *Financial Times*, art. cit.

[22] *Ibid*.

[23] E. Bartsch, J. Boivin, S. Fischer y P. Hildebrand, «Dealing with the next downturn: From unconventional monetary policy to unprecedented policy coordination», *SUERF Policy Note*, 105/2019. <https://www.suerf.org/docx/f_77ae1a-5da3b68dc65a9d1648242a29a7_8209_suerf.pdf>.

[24] D. Barmes, D. Kazi y S. Youel, «The Covid Corporate Financing Facility», *Positive Money*, 2020. <https://positivemoney.org/publications/ccff/>.

[25] R. Wigglesworth y L. Fletcher, «The next quant revolution: FT Big Read. Investment Corporate bonds have been largely untouched by the computer-driven trading that has reshaped global equity markets. Now some investors see similar opportunities in the $40tn credit market», *Financial Times*, 2021.

[26] J. Rennison, (2021). «Bankers and investors braced for US corporate debt binge: Fixed income. Supply surge Groups rush to lock in low borrowing rates after summer lull amid fears of inflation jump [USA Region]», *Financial Times*, 2021. <https://www.ft.com/content/dffoebdf-1d64-4e9a-9261-6957455d856d>.

[27] *Ibid.*

[28] S. Schaefer, «Corporate bonds and other debt instruments Last week, Stephen Schaefer explained how bonds are selected and managed. Here he examines the subject of corporate bonds: [Surveys edition]», *Financial Times*, 2001.

[29] J. Rennison, «Bankers and investors braced for US corporate debt binge: Fixed income. Supply surge Groups rush to lock in low borrowing rates after summer lull amid fears of inflation jump [USA Region]», *Financial Times*. <https://www.ft.com/content/dffoebdf-1d64-4e9a-9261-6957455d856d>.

[30] S. Garelli, «Why you will probably live longer than most big companies», *International Institute for Management Development*, 2016. <https://www.imd.org/research-knowledge/articles/why-you-will-probably-live-longer-than-most-big-companies/>.

[31] A. Rankine, «Corporate bonds: central banks top up the punch bowl yet again», *MoneyWeek*, 2020. <https://moneyweek.com/investments/bonds/corporate-bonds/601521/corporate-bonds-central-banks-top-up-the-punch-bowl-yet>.

[32] J. Rennison y E. Platt, «Corporate bond spreads slide to lowest since 2007 after rush to riskier debt», *Financial Times*, 2021.

[33] J. Rennison, «Bankers and investors braced for US corporate debt binge: Fixed income. Supply surge Groups rush to lock in low borrowing rates after summer lull amid fears of inflation jump [USA Region]», *Financial Times*, 2021.

[34] C. Reinhart y C. Graf Von Luckner, *The Return of Global Inflation*, 2022. <https://blogs.worldbank.org/voices/return-global-inflation>.

[35] Aunque los economistas monetarios han investigado mucho sobre los detalles de estas cuestiones, no sería creíble sostener que las políticas monetarias de Estados Unidos y otras grandes economías occidentales no tengan efectos inflacionistas a escala mundial.

[36] World Inflation Rate 1981-2023. *Macrotrends*. <https://www.macrotrends.net/countries/WLD/world/inflation-rate-cpi>.

[37] Global wheat production from 1990/1991 to 2022/2023 (in million metric tons), *Statista*. <https://www.statista.com/statistics/267268/production-of-wheat-worldwide-since-1990/>.

[38] The Economist, «Amid Russia's war, America Inc reckons with the promise and peril of foreign markets», 2022. <https://www.economist.com/busi-

ness/2022/03/12/amid-russias-war-america-inc-reckons-with-the-promise-and-peril-of-foreign-markets>.

[39] National Intelligence Council, Global Trends 2040: A More Contested World, 2021. <https://www.dni.gov/files/ODNI/documents/assessments/GlobalTrends_2040. pdf>.

[40] Durante los últimos quince años he conversado de vez en cuando en ocasiones sociales con personas que trabajan en fondos de alto riesgo y les he preguntado su opinión sobre su trabajo y el futuro del sistema financiero. Siempre he oído la opinión de que ya se trata de un juego sin conexión con las actividades económicas reales y que no puede continuar para siempre. Algunos de ellos lo consideran un problema, mientras que otros piensan que su propio enriquecimiento es una forma inocente de magia monetaria, y otros piensan que, si ellos no se benefician de una situación, otros lo harían de todos modos. Sin embargo, ninguno de ellos considera que el sistema sea éticamente legítimo o sostenible. Todos parecen querer aprovecharlo mientras dure. Sin embargo, los expertos que trabajan para instituciones públicas se mostraban desinteresados del panorama general o bien defendían las intervenciones moderadas desde la crisis financiera, o expresaban la perspectiva de que la situación actual no puede durar para siempre.

3. EL COLAPSO ENERGÉTICO Y LOS PROBLEMAS DEL CERO NETO

[1] J. Bendell y L. Thomas, «The appearance of elegant disruption: theorising sustainable luxury entrepreneurship», Journal of Corporate Citizenship, 52/2013, 9-24.

[2] A. Toynbee y J. Caplan, A study of history, new ed., Oxford University Press, 1972. Véase también J. Tainter, The collapse of complex societies, Cambridge University Press, 1988.

[3] A. Miller y R. Hopkins, Climate After Growth, Post Carbon Institute & Transition Network, 2013.

[4] International Energy Agency, Global Energy Review 2021. Assessing the effects of economic recoveries on global energy demand and CO_2 emissions in 2021. <https://iea.blob.core.windows.net/assets/d0031107-401d-4a2f-a48b-9eed19457335/GlobalEnergyReview2021.pdf>.

[5] BP Statistical Review of World Energy 2021. 70th edition. <https://www.bp.com/content/dam/bp/business-sites/en/global/corporate/pdfs/energy-economics/statistical-review/bp-stats-review-2021-full-report.pdf>.

[6] H. Ritchie, M. Roser y P. Rosado, «Energy», Our World in Data, 2022. <https://ourworldindata.org/energy-archive>.

[7] J.-M. Jancovici, «Can we save energy, jobs and growth at the same time?», Lecture delivered at ENS School of Paris, 8-1-2018. <https://youtu.be/wGt4XwBbCvA>.

[8] R. Heinberg, *Peak everything: waking up to the century of declines*, New Society Publishers, 2010.

[9] Hagens, *The Great Simplification*. Podcast, 2022. <https://www.thegreatsimplification.com/>.

[10] V. Smil, *Energy transitions: history, requirements, prospects*. ABC-CLIO, 2010.

[11] Z. Csereklyei, M. D. M. Rubio-Varas y D. I. Stern, «Energy and Economic Growth: The Stylized Facts», *The Energy Journal*, 37 (2)/2016, 223-255; R. E. Melgar-Melgar y C. A. S. Hall, «Why ecological economics needs to return to its roots: The biophysical foundation of socio-economic systems», *Ecological Economics*, 169/2020, 106567.

[12] N. J. Hagens, «Economics for the future – Beyond the superorganism», *Ecological Economics*, 169/2020, 106520. <https://doi.org/10.1016/j.ecolecon.2019.106520>.

[13] La historia de las crisis del petróleo se examina en J. D. Hamilton, «Historical oil shocks», en R. Parker y R. Whaples, *Routledge Handbook of Major Events in Economic History*, Routledge y en D. Quint y F. Venditti, «The influence of OPEC+ on oil prices: A quantitative assessment», *The Energy Journal*, 44 (5)/2023. <https://www.iaee.org/energyjournal/article/4057>.

[14] International Energy Agency (n.d.), Global Energy Review: CO_2 Emissions in 2020. <https://www.iea.org/articles/global-energy-review-co2-emissions-in-2020>.

[15] D. Albu, (2021). *The Sustainable Development Goals Report 2021*, Drepturile Omului, 2021, p. 115. <https://unstats.un.org/sdgs/report/2021/The-Sustainable-Development-Goals-Report-2021.pdf>.

[16] P. Brockway *et al.*, «Energy efficiency and economy-wide rebound effects: A review of the evidence and its implications», *Renewable and Sustainable Energy Reviews*, 141/2021, 110781.

[17] *Ibid.*

[18] D. Owen, «The Efficiency Dilemma», *The New Yorker*, 2010. <https://www.newyorker.com/magazine/2010/12/20/the-efficiency-dilemma>.

[19] International Energy Agency, Global Energy Review 2021. Assessing the effects of economic recoveries on global energy demand and CO_2 emissions in 2021. <https://iea.blob.core.windows.net/assets/d0031107-401d-4a2f-a48b-9eed19457335/GlobalEnergyReview2021.pdf>.

[20] S. Bouckaert *et al.* (2021). «Net Zero by 2050: A Roadmap for the Global Energy Sector», International Energy Agency. <https://www.iea.org/reports/net-zero-by-2050>.

[21] G. Sharma, «Production Cost of Renewable Energy Now "Lower" Than Fossil Fuels», Forbes, 2018. <https://www.forbes.com/sites/gauravsharma/2018/04/24/production-cost-of-renewable-energy-now-lower-than-fossil-fuels/>.

[22] U.S. Energy Information Administration, International Energy Outlook 2021. <https://www.eia.gov/outlooks/ieo/index.php>.

[23] International Energy Agency, Global Energy Review 2021. Assessing the effects of economic recoveries on global energy demand and CO_2 emissions in 2021. <https://iea.blob.core.windows.net/assets/d0031107-401d-4a2f-a48b-9eed19457335/GlobalEnergyReview2021.pdf>.

[24] Ibid.

[25] N. J. Hagens, «Economics for the future – Beyond the superorganism», *Ecological Economics*, 169/2020, 106520. <https://doi.org/10.1016/j.ecolecon.2019.106520>.

[26] S. Bouckaert *et al.*, «Net Zero by 2050: A Roadmap for the Global Energy Sector», 2021, International Energy Agency. <https://www.iea.org/reports/net-zero-by-2050>.

[27] IPCC, Climate Change 2022: Mitigation of Climate Change. <https://www.ipcc.ch/report/ar6/wg3/>.

[28] U.S. Energy Information Administration, International Energy Outlook 2017. <https://www.eia.gov/outlooks/archive/ieo17/pdf/0484(2017).pdf>.

[29] National History Museum, Press Release: Leading scientists set out resource challenge of meeting net zero emissions in the UK by 2050, 2019. <https://www.nhm.ac.uk/press-office/press-releases/leading-scientists-set-out-resource-challenge-of-meeting-net-zer.html>.

[30] Ibid.

[31] I. de Blas, M. Mediavilla, I. Capellán-Pérez y C. Duce, «The limits of transport decarbonization under the current growth paradigm», *Energy Strategy Reviews*, 32/2020, 100543. <https://doi.org/10.1016/j.esr.2020.100543>.

[32] International Energy Agency, The Role of Critical Minerals in Clean Energy Transitions, 2021. <https://www.iea.org/reports/the-role-of-critical-minerals-in-clean-energy-transitions>.

[33] L. Zhao *et al.*, «Engineering of sodium-ion batteries: Opportunities and challenges, *Engineering*, 2021. <https://doi.org/10.1016/j.eng.2021.08.032>.

[34] A. B. Patil, R. P. W. J. Struis y C. Ludwig, «Opportunities in Critical Rare Earth Metal Recycling Value Chains for Economic Growth with Sustainable Technological Innovations», *Circular Economy and Sustainability*, 2022. <https://doi.org/10.1007/s43615-022-00204-7>.

[35] SSAB (n.d.), <https://www.ssab.com/en/company/sustainability>.

[36] H. Muslemani, X. Liang, K. Kaesehage, F. Ascui y J. Wilson, «Opportunities and challenges for decarbonizing steel production by creating markets for "green steel" products», *Journal of Cleaner Production*, 315/2021, 128127. <https://doi.org/10.1016/j.jclepro.2021.128127>.

[37] A. Boretti, «Trends in tidal power development», *E3S Web of Conferences*, 173/2020, 01003. <https://www.e3s-conferences.org/articles/e3sconf/pdf/2020/33/e3sconf_icacer2020_01003.pdf>.

[38] F. Dalla Longa *et al.*, «Scenarios for geothermal energy deployment in Europe», *Energy*, 206/2020, 118060. <https://reader.elsevier.com/reader/sd/pii/S0360544220311671>.

[39] D. Abbott, «Limits to growth: Can nuclear power supply the world's needs?», *Bulletin of the Atomic Scientists*, 68(5)/2012, 23-32. <https://doi.org/10.1177/0096340212459124>.

[40] Véanse, por ejemplo, las contribuciones a un número especial de la revista *Energy Policy*: T. Trainer, «Some inconvenient theses», *Energy Policy*, 64/2014, 168-174, así como un capítulo de un libro sobre el futuro de la industria nuclear: D. Elliott, «Nuclear power revisited», en D. Elliott, *Nuclear Power*. 2.ª ed., IOP Publishing, 2022.

[41] C. Clifford, «Nuclear fusion breakthrough: Scientists generate more power than used to create reaction», *CNBC*, 2022.

[42] L. Zyga, «Why nuclear power will never supply the world's energy needs», *Phys. org.*, 2011. <https://phys.org/news/2011-05-nuclear-power-world-energy.html>.

[43] G. McPherson, «Means of Extinction: Nuclear Facilities Implode», *Nature Bats Last*, 2021. <https://guymcpherson.com/means-of-extinction-nuclear-facilities-implode/>.

[44] G. Bradbrook y J. Bendell, «Our power comes from acting without escape from our pain», *Resilience*, 2020. <https://www.resilience.org/stories/2020-07-30/our-power-comes-from-acting-without-escape-from-our-pain/>.

[45] J. Kollewe, «EDF cuts output at nuclear power plants as French rivers get too warm», *The Guardian*, 2022. <https://www.theguardian.com/business/2022/aug/03/edf-to-reduce-nuclear-power-output-as-french-river-temperatures-rise>.

[46] J. Bendell, «Are Intergovernmental Alliances for Saving Humanity Still Possible? Part 5 of a #RealGreenRevolution», *Jembendell.com*, 2021. <https://jembendell.com/2021/11/08/are-intergovernmental-alliances-for-saving-humanity-still-possible-part-5-of-a-realgreenrevolution/>.

[47] A. Lawler, «OPEC raises long-term oil demand view, calls for investment», *Reuters*, 2022. <https://www.reuters.com/business/energy/opec-raises-long-term-oil-demand-view-calls-investment-2022-10-31/>.

[48] J. Murray y D. King, «Oil's tipping point has passed», *Nature*, 481/2012, 433-435. <https://www.nature.com/articles/481433a>.

[49] M. Lynch, «New predictions of peak oil and energy are flawed», *Forbes*, 2022. <https://www.forbes.com/sites/michaellynch/2022/12/07/new-predictions-of-peak-oil-and-energy-are-flawed/>.

[50] J.-M. Jancovici, «Can we save energy, jobs and growth at the same time?», *YouTube*, 2018. <https://youtu.be/wGt4XwBbCvA>.

[51] R. J. Brulle, «The climate lobby: a sectoral analysis of lobbying spending on climate change in the USA, 2000 to 2016», *Climatic Change*, 149/2018, 289-303. <https://doi.org/10.1007/s10584-018-2241-z>.

[52] R. Swift, «Is it too late to stop climate collapse?», *New Internationalist*, 2022. <https://newint.org/features/2022/04/04/it-too-late>.

[53] T. Nicholas, G. Hall y C. Schmidt, «The faulty science, doomism, and flawed conclusions of "Deep Adaptation"». openDemocracy, 2020. <https://www.open-democracy.net/en/oureconomy/faulty-science-doomism-and-flawed-conclusions-deep-adaptation/>.

[54] K. Klarenberg, «Right-wing intelligence cabal seeks UK Home Secretary Priti Patel's help to "neutralize" environmentalist enemies», *The Grayzone*, 2022. <https://thegrayzone.com/2022/06/28/intelligence-cabal-uk-home-secretary-priti-patels-enemies/>.

[55] International Energy Agency, «The Role of Critical Minerals in Clean Energy Transitions», 2021. <https://www.iea.org/reports/the-role-of-critical-minerals-in-clean-energy-transitions>.

[56] C. Zografos y P. Robbins, «Green sacrifice zones, or why a green new deal cannot ignore the cost shifts of just transitions», *One Earth*, 3/2020, 543-546.

[57] M. Slater, «How not to build a movement, as demonstrated by Chris Saltmarsh», lowimpact.org., 2022. <https://www.lowimpact.org/posts/how-not-to-build-a-movement-as-demonstrated-by-chris-saltmarsh>.

[58] J. -M. Jancovici, «Can we save energy, jobs and growth at the same time?», YouTube, 2018. <https://youtu.be/wGt4XwBbCvA>.

[59] Por ejemplo, consideremos la reacción organizada contra el documental «Planet of the Humans», o las etiquetas de extremismo dirigidas a Derrick Jensen, Keith Lierre y Max Wilbert, autores de «Bright green lies: How the environmental movement lost its way and what we can do about it», 2021.

4. EL COLAPSO DE LA BIOSFERA: EL ASESINATO DE NUESTRO HOGAR

[1] R. K. Faulseit, «Collapse, resilience, and transformation in complex societies: Modeling trends and understanding diversity», en R. K. Faulseit (ed.), *Beyond Collapse: Archeological Perspectives on Resilience, Revitalization, and Transformation in Complex Societies*, Southern Illinois University Press, 2016, pp. 3-26.

[2] Desafortunadamente, no me atreví a preguntarle si había cambiado su punto de vista cuando finalmente me encontré con él en un evento en el que se debatía el colapso de nuestra propia civilización. Ya sabía que las cosas están cambiando rápidamente.

[3] L. Kemp, «Are we on the road to civilization collapse?», *BBC*, 2019. <https://www.bbc.com/future/article/20190218-are-we-on-the-road-to-civilisation-collapse>.

4 C. Folke *et al.*, «Our Future in the Anthropocene Biosphere: Global sustainability and resilient societies», *Ambio*, 50/2021, 834-869.

5 A. T. Leite-Filho, B. S. Soares-Filho, J. L. Davis *et al.*, «Deforestation reduces rainfall and agricultural revenues in the Brazilian Amazon», *Nature Communications*, 12/2021, 2591. <https://doi.org/10.1038/s41467-021-22840-7>.

6 C. Duku y L. Hein, «The impact of deforestation on rainfall in Africa: a data-driven assessment», *Environmental Research Letters*, 16(6)/2021, 064044. <https://doi.org/10.1088/1748-9326/abfcfb>.

7 J. Roman, J. A. Estes, L. Morissette, C. Smith, D. Costa, J. McCarthy, J. Nation, S. Nicol, A. Pershing y V. Smetacek, «Whales as marine ecosystem engineers», *Frontiers in Ecology and the Environment*, 12/2014, 377-385. <https://doi.org/10.1890/130220>.

8 C. Folke *et al.*, «Our Future in the Anthropocene Biosphere: Global sustainability and resilient societies», *Ambio*, 50/2021, 834-869.

9 W. F. Ruddiman, «The Anthropogenic Greenhouse Era Began Thousands of Years Ago», *Climatic Change*, 61/2003, 261-293. <https://doi.org/10.1023/B:-CLIM.0000004577.17928.fa>.

10 A. Takács-Sánta, «The Major Transitions in the History of Human Transformation of the Biosphere», *Human Ecology Review*, 11(1)/2004, 51-66. <http://www.jstor.org/stable/24707019>.

11 C. Folke *et al.*, «Our Future in the Anthropocene Biosphere: Global sustainability and resilient societies», *Ambio*, 50/2021, 834-869.

12 B. L. Turner *et al.* (eds.), *The Earth as Transformed by Human Action: Global and Regional Changes in the Biosphere over the Past 300 Years*, Cambridge University Press, 1993.

13 C. Folke *et al.*, «Our Future in the Anthropocene Biosphere: Global sustainability and resilient societies», *Ambio*, 50/2021, 834-869.

14 E. C. Ellis y N. Ramankutty, «Putting people in the map: Anthropogenic biomes of the world», *Frontiers in Ecology and the Environment*, 6 (8/2008), 439-447.

15 E. Gladek, G. Roemers, O. Sabag Muñoz, E. Kennedy, M. Fraser y P. Hirsh, *The Global Food System: An Analysis*, 2017. Informe encargado por WWF Países Bajos. <https://www.metabolic.nl/publication/global-food-system-an-analysis>.

16 E. C. Ellis y N. Ramankutty, «Putting people in the map: Anthropogenic biomes of the world», *Frontiers in Ecology and the Environment*, 6 (8)/2008, 439-447.

17 H. Ritchie y M. Roser, «Forests and Deforestation», *Our World in Data*, 2021. <https://ourworldindata.org/forests-and-deforestation>.

18 WWF, Bending the curve of biodiversity loss. Living planet report, 2020.

19 C. Folke *et al.*, «Our Future in the Anthropocene Biosphere: Global sustainability and resilient societies», *Ambio*, 50/2021, 834-869.

[20] Y. M. Bar-On, R. Phillips y R. Milo, «The biomass distribution on Earth», *Proceedings of the National Academy of Sciences*, 115 (25)/2018, 6506-6511. <https://doi.org/10.1073/pnas.1711842115>.

[21] D. L. Wagner, «Insect Declines in the Anthropocene», *Annual Review Entomology*, 65/2020, 457-480. <https://doi.org/10.1146/annurev-ento-011019-025151>.

[22] B. Halpern *et al.*, «A Global Map of Human Impact on Marine Ecosystems», *Science*, 319 (5865)/2008, 948-952. <https://doi.org/10.1126/science.1149345>.

[23] E. Gladek *et al.*, *The Global Food System: An Analysis*, Informe encargado por WWF Países Bajos, 2017.

[24] IPCC, «Special Report on the Ocean and Cryosphere in a Changing Climate», 2019. <https://www.ipcc.ch/srocc/>.

[25] K. E. Limburg, D. Breitburg, D. P. Swaney y G. Jacinto, «Ocean deoxygenation: A primer», *One Earth*, 2 (1)/2020, 24-29.

[26] S. Diaz *et al.*, «Assessing nature's contributions to people: recognizing culture, and diverse sources of knowledge, can improve assessments», *Science*, 359 (6373)/2018, 270-272. <https://doi.org/10.1126/science.aap8826>.

[27] M. Scheffer, S. Carpenter, J. A. Foley, C. Folke y B. Walker, «Catastrophic shifts in ecosystems», *Nature*, 413 (6856)/2001, 591-596. <https://doi.org/10.1038/35098000>.

[28] W. R. Catton, *Overshoot: The Ecological Basis of Revolutionary Change*. University of Illinois Press, 1982.

[29] J. L. Simon y A. A. Bartlett, «The Ultimate Resource», *American Journal of Physics*, 53 (3)/1985, 282-286. <https://doi.org/10.1119/1.14144>.

[30] W. Rees, «Ecological footprint», en N. Castree, M. Hulme y J. D. Proctor (eds.), *Companion to Environmental Studies*, Routledge, 2018. <https://www.taylorfrancis.com/chapters/edit/10.4324/9781315640051-10/ecological-footprint-william-rees>.

[31] Dentro de la escuela de pensamiento neomalthusiana, una de las aportaciones importantes de la tesis de la sobrecarga de Catton (1982, ver la nota 28 del capítulo 4) es que afirma que los límites que han identificado los maltusianos no se experimentan inmediatamente si una sociedad tiene acceso a recursos secundarios para complementar la capacidad de carga de su entorno. Esto permite concluir que el agotamiento de los recursos puede haberse producido ya, aunque no se haya iniciado el colapso demográfico asociado. Esta perspectiva es paralela a la de algunas ciencias ecológicas y de los sistemas terrestres, en las que los umbrales de los puntos de inflexión naturales pueden existir, pero no son inmediatamente perceptibles ni calculables, debido a la complejidad de los sistemas vivos.

[32] W. Rees, «Ecological footprint», en N. Castree, M. Hulme y J. D. Proctor (eds.), *Companion to Environmental Studies*, Routledge, 2018. <https://www.taylorfrancis.com/chapters/edit/10.4324/9781315640051-10/ecological-footprint-william-rees>.

[33] UNDP, *New threats to human security in the Anthropocene*. Special Report, 2022. <https://www.undp.org/arab-states/publications/new-threats-human-security-anthropocene>.

[34] A. L. Fanning, D. W. O'Neill, J. Hickel *et al.*, «The social shortfall and ecological overshoot of nations», *Nature Sustainability*, 5/2022, 26-36. <https://doi.org/10.1038/s41893-021-00799-z>.

[35] Ver el sitio web de los Objetivos de Desarrollo Sostenible (ODS) de las Naciones Unidas: <https://sdgs.un.org>.

[36] UNDP, «New threats to human security in the Anthropocene», Special Report, 2022. <https://www.undp.org/arab-states/publications/new-threats-human-security-anthropocene>.

[37] Rockström *et al.*, «A safe operating space for humanity», *Nature*, 461/2009, 472-475. <https://doi.org/10.1038/461472a>.

[38] *Ibid.*

[39] M. Scheffer *et al.*, «Early-warning signals for critical transitions», *Nature*, 461/2009, 53-59. <https://doi.org/10.1038/nature08227>.

[40] WWF, Living Planet Report 2022. <https://livingplanet.panda.org/en-GB/>. Aplicar estas ideas a nuestra propia vida puede ayudarnos a comprenderlas. Nuestra resiliencia personal se define por lo mucho que nos perjudica un acontecimiento desafortunado (en forma de parpadeos), así como por el tiempo que tardamos en volver (o casi) a la normalidad (una ralentización crítica). Aunque todos conocemos el destino final de los complejos sistemas de nuestras propias vidas.

[41] J. Loh y S. Goldfinger, Living planet report 2006. World Wide Fund for Nature.

[42] Our World in Data (n.d.). Living Planet Index, World. <https://ourworldindata.org/grapher/global-living-planet-index>.

[43] G. S. Cumming y G. D. Peterson, «Unifying Research on Social-Ecological Resilience and Collapse», *Trends in Ecology & Evolution*, 32 (9)/2017, 695-713. <https://www.sciencedirect.com/science/article/abs/pii/S0169534717301623>.

[44] WWF, Living Planet Report 2022. <https://livingplanet.panda.org/en-GB/>.

[45] G. S. Cumming y G. D. Peterson, «Unifying Research on Social-Ecological Resilience and Collapse», *Trends in Ecology & Evolution*, 32 (9)/2017, 695-713. <https://www.sciencedirect.com/science/article/abs/pii/S0169534717301623>.

[46] A. D. Barnosky, E. A. Hadly *et al.*, «Approaching a state shift in Earth's biosphere», *Nature*, 486/2012, (7401), 52-58. <https://doi.org/10.1038/nature11018>.

[47] S. Motesharrei, J. Rivas y E. Kalnay, «Human and nature dynamics (HANDY): Modeling inequality and use of resources in the collapse or sustainability of societies», *Ecological Economics*, 101/2014, 90-102. <https://www.sciencedirect.com/science/article/pii/S0921800914000615>.

[48] S. F. Nakayama, M. Yoshikane, Y. Onoda *et al.*, «Worldwide trends in tracing poly- and perfluoroalkyl substances (PFAS) in the environment», *TrAC Trends in*

Analytic Chemistry, 12/2019, 1115410. <https://www.sciencedirect.com/science/article/pii/S0165993618306605>.

[49] D. J. Muensterman, L. Cahuas e I. A. Titaley *et al.*, «Per- and Polyfluoroalkyl Substances (PFAS) in Facemasks: Potential Source of Human Exposure to PFAS with Implications for Disposal to Landfills», *Environmental Science & Technology Letters*, 9 (4)/2022, 320-326. <https://pubs.acs.org/doi/10.1021/acs.estlett.2c00019>.

[50] A. Cordner, G. Goldenman, L. S. Birnbaum *et al.*, «The True Cost of PFAS and the Benefits of Acting Now», *Environmental Science & Technology*, 55 (14)/2021, 9630-9633. <https://pubs.acs.org/doi/full/10.1021/acs.est.1c03565>.

[51] S. Coffin, H. Wyer y J. C. Leapman, «Addressing the environmental and health impacts of microplastics requires open collaboration between diverse sectors», *PLOS Biology*, 19 (3)/2021. <https://journals.plos.org/plosbiology/article?id=10.1371/journal.pbio.3000932>.

[52] H. Ritchie y M. Roser, «Forests and Deforestation», *Our World in Data*, 2021. <https://ourworldindata.org/forests-and-deforestation>.

[53] Foro Económico Mundial, Fundación Ellen MacArthur y McKinsey & Company, The New Plastics Economy - Rethinking the future of plastics, 2016. Disponible en: <http://www.ellenmacarthurfoundation.org/publications>.

[54] J. Vatican, «People Ingest Microplastics the Size of a Credit Card Every Week», *Medical Daily*, 2019. <https://www.medicaldaily.com/people-ingest-microplastics-size-credit-card-every-week-436617>.

[55] H. Levine, N. Jørgensen y A. Martino-Andrade, «Temporal trends in sperm count: a systematic review and meta-regression analysis of samples collected globally in the 20th and 21st centuries», *Human Reproduction Update*, 29 (2)/2023, 157-176. <https://doi.org/10.1093/humupd/dmac035>.

[56] W. Wu, F. Ziglioli y U. Maestroni, *Male Reproductive Health*, Books on Demand, 2020.

[57] J. Tainter, *The collapse of complex societies*, Cambridge University Press, 1988.

[58] S. S. Downey, W. Randall Haas (jr.) y S. J. Shennan, «European Neolithic societies showed early warning signals of population collapse», PNAS, 113 (35)/2016, 9751-9756. <https://www.pnas.org/doi/full/10.1073/pnas.1602504113>.

[59] A. F. Aveni, «Archaeoastronomy», *Advances in Archaeological Method and Theory*, 4/1981, 1-77. <https://www.sciencedirect.com/science/article/pii/B9780120031047500065>.

[60] G. S. Cumming y G. D. Peterson, «Unifying Research on Social-Ecological Resilience and Collapse», *Trends in Ecology & Evolution*, 32 (9)/2017, 695-713. <https://www.sciencedirect.com/science/article/abs/pii/S0169534717301623>.

[61] M. Williams, «A New Look at Global Forest Histories of Land Clearing», *Annual Review of Environmental Resources*, 33/2008, 345-367. <https://doi.org/10.1146/annurev.environ.33.040307.093859>.

[62] La deforestación se refiere a la tala o el aclareo severo de un bosque u otra zona boscosa, dejando pocos árboles o ninguno. Desde un punto de vista ecológico, la función del bosque empieza a fallar a partir del 30 por ciento de tala. Otras formas de manipulación que no implican la tala de árboles pueden alterar drásticamente el ecosistema (por ejemplo, el pastoreo excesivo del sotobosque). En cualquiera de estos casos, los cambios pueden aumentar la presión sobre la fauna, aumentando las probabilidades de que enferme y modificando su comportamiento y sus pautas migratorias. La transformación humana de otros ecosistemas, como las arboledas abiertas y los matorrales, también puede tener efectos similares.

[63] P. Owczarek *et al.*, «Relationships between loess and the Silk Road reflected by environmental change and its implications for human societies in the area of ancient Panjikent, central Asia», *Quaternary Research*, 89 (3)/2018, 691-701. <http://dx.doi.org/10.1017/qua.2017.69>.

[64] B. I. Cook *et al.*, «Pre-Columbian deforestation as an amplifier of drought in Mesoamerica», *Geophysical Research Letters*, 39 (16)/2012. <http://dx.doi.org/10.1029/2012GL052565>.

[65] P. B. de Menocal, «Cultural responses to climate change during the late holocene», *Science*, 292/2001, 667-673. <https://doi.org/10.1126/science.1059287>.

[66] R. J. DiNapoli, C. P. Lipo y T. L. Hunt, «Triumph of the Commons: Sustainable Community Practices on Rapa Nui (Easter Island)», *Sustainability*, 13 (21)/2021. <https://www.mdpi.com/2071-1050/13/21/12118>.

[67] D. Degroot *et al.*, «Towards a rigorous understanding of societal responses to climate change», *Nature*, 591/2021, 539-550. <https://doi.org/10.1038/s41586-021-03190-2>.

[68] Para consultar algunas revisiones de la bibliografía relacionada, véase W. B. Karesh *et al.*, «Ecology of zoonoses: natural and unnatural histories», *The Lancet*, 380/2021, 1936-1945. <http://dx.doi.org/10.1016/S0140-6736(12)61678-X>; R. J. White y O. Razgour, «Emerging zoonotic diseases originating in mammals: a systematic review of effects of anthropogenic land use change», *Mammal Rev.* 50/2020, 336-352. <http://dx.doi.org/10.1111/mam.12201> y A. Afelt, R. Frutos y C. Devaux, «Bats, Coronaviruses, and Deforestation: Toward the Emergence of Novel Infectious Diseases?», *Front. Microbiol.* 9/2018. <https://doi.org/10.3389/fmicb.2018.00702>.

[69] La transformación humana de otros ecosistemas, como las arboledas abiertas y los matorrales, también puede tener efectos similares. Para una ilustración de estos procesos de alteración del hábitat y enfermedades zoonóticas, incluidos distintos animales, insectos y patógenos, véase V. Beena y G. Saikumar, «Emerging horizon for bat borne viral zoonoses», *VirusDisease*, 30/2019, 321-328. <http://dx.doi.org/10.1007/s13337-019-00548-z>; P. M. Brock *et al.*, «Predictive analysis across spatial scales links zoonotic malaria to deforestation», *Proc.*

Biol. Sci., 286/2019. <http://dx.doi.org/10.1098/rspb.2018.2351> y J. Olivero et al., «Human activities link fruit bat presence to Ebola virus disease outbreaks», Mammal Rev., 50/2020, 1-10. <http://dx.doi.org/10.1111/mam.12173>.

[70] K. Harper, The Fate of Rome, Princeton University Press, 2017, p. 440.

[71] W. F. Ruddiman, Plows, plagues, and petroleum: how humans took control of climate, Princeton University Press, 2005.

[72] H. J. Spinden, «The Ancient Civilizations of Mexico and Central America», Handbook Series, n.º 3, American Museum of Natural History, 1928.

[73] R. S. Santley, T. W. Killion y M. T. Lycett, «On the Maya Collapse», Journal of Anthropological Research, 42/1986, 123-159.

[74] Véase D. B. Shimkin, «Models for the downfall: Some ecological and culture-historical considerations», en T. P. Culbert (ed.), The Classic Maya Collapse, University of New Mexico Press, Albuquerque, 1973, pp. 269-300 y F. P. Saul, «Disease in the Maya area: The pre-Columbian evidence», en el mismo volumen.

[75] Las oleadas de enfermedades pueden haber llegado por pura casualidad o debido a los visitantes extranjeros, ya que ahora sabemos que los europeos visitaron América durante miles de años antes de los viajes de Cristóbal Colón. Sin embargo, las regiones costeras experimentaron un declive demográfico menos precipitado (Stanley et al., 1986). Y como el colapso se produjo a lo largo de siglos, es poco probable que se tratara de una sola oleada de enfermedades por contacto, sino de un cambio a una nueva situación que dio lugar a nuevos patógenos regulares.

[76] Es probable que las investigaciones contemporáneas que relacionan el cambio climático con cambios en la distribución de organismos considerados reservorios de enfermedades (por ejemplo, los murciélagos) citadas en este libro también sean relevantes para las sociedades humanas del pasado. Es decir, el cambio climático del pasado puede haber puesto en contacto a las sociedades con vectores de enfermedades que antes no estaban en esos lugares. La reconstrucción del clima en el pasado y, por lo tanto, de los posibles cambios en la distribución de las especies en respuesta a ello, serían especulativos.

[77] L. E. Wright y C. D. White, «Human Biology in the Classic Maya Collapse: Evidence from Paleopathology and Paleodiet», Journal of World Prehistory, 10 (2)/1996, 147-198. <https://www.jstor.org/stable/25801093>.

[78] N. H. Metcalfe, «In what ways can human skeletal remains be used to understand health and disease from the past?», Postgraduate Medical Journal, 83 (978)/2007, 281-284. <https://doi.org/10.1136/pgmj.2006.051813>.

[79] Una revisión bibliográfica que encargué para este capítulo no arrojó ningún artículo sobre este tema específico, con solo menciones de pasada en los artículos más antiguos sobre el colapso maya ya citados. Además, la mayor revisión de la investigación sobre el colapso en todas las áreas temáticas ni siquiera mencionaba la conexión entre la deforestación y enfermedades. G. S. Cumming y G.

D. Peterson, «Unifying Research on Social-Ecological Resilience and Collapse», *Trends in Ecology & Evolution*, 32 (9)/2017, 695-713. <https://www.sciencedirect.com/science/article/abs/pii/S0169534717301623>.

[80] M. Bologna y G. Aquino, «Deforestation and world population sustainability: a quantitative analysis», *Scientific Reports*, 10/2020, 7631. <https://www.nature.com/articles/s41598-020-63657-6>.

[81] R. Gibb, L. H. V. Franklinos, D. W. Redding y K. E. Jones, «Ecosystem perspectives are needed to manage zoonotic risks in a changing climate», BMJ, 2020. <https://pubmed.ncbi.nlm.nih.gov/33187958/>.

[82] D. K. Bonilla-Aldana *et al.*, «Editorial Commentary: Importance of the One Health approach to study the SARS-CoV-2 in Latin America», *One Health*, 10/2020, 100147. <10.1016/j.onehlt.2020.100147>.

[83] R. M. Beyer, A. Manica y C. Mora, «Shifts in global bat diversity suggest a possible role of climate change in the emergence of SARS-CoV-1 y SARS-CoV-2», *Science of the Total Environment*, 767/2021, 145413. <https://www.sciencedirect.com/science/article/pii/S0048969721004812>.

[84] H. F. Lorentzen, T. Benfield, S. Stisen y C. Rahbek, «COVID-19 is possibly a consequence of the anthropogenic biodiversity crisis and climate changes», *Danish Medical Journal*, 67 (5)/2020, A205025. <https://pubmed.ncbi.nlm.nih.gov/32351197/>.

[85] S. Subudhi, North American bats and their viruses: The effect of stressors on persistent infections and viral shedding, 2020. Tesis de doctorado. <https://harvest.usask.ca/handle/10388/12098>.

[86] D. Prada, V. Boyd, M. L. Baker, M. O'Dea y B. Jackson, «Viral Diversity of Microbats within the South West Botanical Province of Western Australia» Viruses, 11 (12)/2019, 1157. <https://pubmed.ncbi.nlm.nih.gov/31847282/>.

[87] J. Bendell, «The Climate for Corona – our warming world is more vulnerable to pandemic», Jembendell.com., 2020. <https://jembendell.com/2020/03/23/the-climate-for-corona-our-warming-world-is-more-vulnerable-to-pandemic/>.

[88] C. J. Carlson *et al.*, «Climate change increases cross-species viral transmission risk», *Nature*, 607/2022, 555-562. <https://www.nature.com/articles/s41586-022-04788-w>.

[89] C. D. Butler, «Climate Change, Health and Existential Risks to Civilization: A Comprehensive Review (1989-2013)», *Journal of Environmental Research and Public Health*, 15 (10)/2018, 2266. <https://www.mdpi.com/1660-4601/15/10/2266>.

[90] S. Herfst, E. J. A. Schrauwen, M. Linster *et al.* (2012). «Airborne transmission of influenza A/H5N1 virus between ferrets», *Science*, 336 (6088)/2012, 1534-1541. <https://pubmed.ncbi.nlm.nih.gov/22723413/>.

[91] M. Lipsitch, «Why Do Exceptionally Dangerous Gain-of-Function Experiments in Influenza?», *Influenza Virus*, 1836/2018. <https://link.springer.com/protocol/10.1007/978-1-4939-8678-1_29>.

[92] D. Petts, M. W. D. Wren, B. R. Nation et al., «A Short History of Occupational Disease: 1. Laboratory-Acquired Infections», Ulster Medical Journal, 90 (2)/2021, 126. <https://pubmed.ncbi.nlm.nih.gov/33642631/>.

[93] N. Wurtz, A. Papa, M. Hukic et al., «Survey of laboratory-acquired infections around the world in biosafety level 3 and 4 laboratories», European Journal of Clinical Microbiology & Infectious Diseases, 35 (8)/2016, 1247-1258. <https://pubmed.ncbi.nlm.nih.gov/27234593/>.

[94] M. J. Selgelid, «Gain-of-Function Research: Ethical Analysis», Science and Engineering Ethics, 22 (4)/2016, 923-964. <https://pubmed.ncbi.nlm.nih.gov/27502512/>.

[95] A. Claudia Coelho y J. Garcia Diez, «Biological Risks and Laboratory-Acquired Infections: A Reality That Cannot be Ignored in Health Biotechnology», Frontiers in Bioengineering and Biotechnology, 28 (3)/2015, 56. <https://pubmed.ncbi.nlm.nih.gov/25973418/>.

[96] R. D. Henkel, T. Miller y R. S. Weyant, «Monitoring Select Agent Theft, Loss and Release Reports in the United States, 2004-2010», Applied Biosafety, 17 (4)/2012, 171-180. <https://www.liebertpub.com/doi/10.1177/153567601201700402>.

[97] D. J. Rozell, «Assessing and Managing the Risks of Potential Pandemic Pathogen Research», mBio, 6 (4)/2015, e01075. <https://pubmed.ncbi.nlm.nih.gov/26199335/>.

[98] M. Lipsitch y T. V. Inglesby, «Moratorium on research intended to create novel potential pandemic pathogens», mBio, 5 (6)/2014, e02377-14. <https://pubmed.ncbi.nlm.nih.gov/25505122/>.

[99] D. M. Morens y A. S. Fauci, «Emerging Pandemic Diseases: How We Got to COVID-19», Cell, 182 (5)/2020, 1077-1092. <https://doi.org/10.1016/j.cell.2020.08.021>.

[100] J. Goodell (2020), «Climate Change Is Ushering in a New Pandemic Era», Rolling Stone. <https://www.rollingstone.com/culture/culture-features/climate-change-risks-infectious-diseases-covid-19-ebola-dengue-1098923/>.

[101] Sería un error considerar que se trata de un asunto de científicos o burócratas sin escrúpulos. Más bien, muchos científicos sostienen que nuestra incapacidad para predecir qué organismo o variante específica desencadenará la próxima pandemia hace que sea vital abordar las lagunas en nuestros conocimientos. Por ello, se afirma que es «urgentemente necesario» investigar una amplia gama de temas, como el estudio de la transmisión, la variedad de huéspedes, la resistencia a los fármacos, la infectividad, la inmunidad y la virulencia. En consecuencia, numerosas instituciones de investigación de todo el mundo recogen, estudian, manipulan y comparten de forma rutinaria organismos altamente patógenos y peligrosos. Dada la inevitabilidad de los escapes de laboratorio, considero que estas opiniones son ilegítimas y que la investigación debería detenerse.

[102] N. Chawla y B. Ostafin (2007), «Experiential Avoidance as a Functional Dimensional Approach to Psychopathology: An Empirical Review», *Journal of Clinical Psychology*, 63 (9)/2007, 871-890. <https://doi.org/10.1002/jclp.20400>.

[103] F. Mignon, «Playing with Fire-Why People Engage in Risky Behavior», *The Scientist Magazine*, 2003. <https://www.the-scientist.com/research/playing-with-fire---why-people-engage-in-risky-behavior-52196>.

[104] Todos los datos de este párrafo proceden del siguiente estudio: B. K. Ambati, A. Varshney, K. Lundstrom *et al.*, «MSH3 Homology and Potential Recombination Link to SARS-CoV-2 Furin Cleavage Site», *Frontiers in Virology*, 2/2022, 834808. <https://www.frontiersin.org/articles/10.3389/fviro.2022.834808/full>.

[105] N. L. Harrison y J. D. Sachs, «A call for an independent inquiry into the origin of the SARS-CoV-2 virus», PNAS, 119 (21)/2022, e2202769119. <https://www.pnas.org/doi/10.1073/pnas.2202769119>.

[106] V. Higgins, D. Sohaei, E. P. Diamandis e I. Prassas, «COVID-19: from an acute to chronic disease? Potential long-term health consequences», *Critical Reviews in Clinical Laboratory Sciences*, 58 (5)/2020, 297-310. <https://www.tandfonline.com/doi/full/10.1080/10408363.2020.1860895>.

[107] A. Natarajan, S. Zlitni, E. F. Brooks y S. E. Vance, «Gastrointestinal symptoms and fecal shedding of SARS-CoV-2 RNA suggest prolonged gastrointestinal infection», Med, 3 (6)/2022, 371-387.e9. <https://www.sciencedirect.com/science/article/pii/S2666634022001672>.

[108] A. Nikiforuk, «What If COVID Reinfections Wear Down Our Immunity?», *The Tyee*, 2022. <https://thetyee.ca/Analysis/2022/11/07/COVID-Reinfections-And-Immunity/>.

[109] Todos los datos de este párrafo proceden del siguiente estudio: B. K. Ambati, A. Varshney, K. Lundstrom *et al.*, «MSH3 Homology and Potential Recombination Link to SARS-CoV-2 Furin Cleavage Site», *Frontiers in Virology*, 2/2022, 834808. <https://www.frontiersin.org/articles/10.3389/fviro.2022.834808/full>.

[110] Todos los datos de este párrafo proceden del siguiente estudio: B. K. Ambati, A. Varshney, K. Lundstrom *et al.*, «MSH3 Homology and Potential Recombination Link to SARS-CoV-2 Furin Cleavage Site», *Frontiers in Virology*, 2/2022, 834808. <https://www.frontiersin.org/articles/10.3389/fviro.2022.834808/full>.

[111] A. Malhotra, «Curing the pandemic of misinformation on COVID-19 mRNA vaccines through real evidence-based medicine - Part 1», *Journal of Insulin Resistance*, 5 (1)/2022, a71. <https://insulinresistance.org/index.php/jir/article/view/71>.

[112] S. Seneff, G. Nigh, A. M. Kyriakopoulos y P. A. McCullough, «Innate immune suppression by SARS-CoV-2 mRNA vaccinations: The role of G-quadruplexes, exosomes, and MicroRNAs», *Food and Chemical Toxicology*, 164/2022, 113008. <https://www.sciencedirect.com/science/article/pii/S027869152200206X>.

[113] M. Petras e I. Kralova Lesna, «SARS-CoV-2 vaccination in the context of original antigenic sin», *Human Vaccines & Immunotherapeutics*, 18 (1)/2022, 1949953. <https://www.tandfonline.com/doi/full/10.1080/21645515.2021.1949953>.

[114] K. Okuya, T. Hattori y T. Saito *et al.*, «Multiple Routes of Antibody-Dependent Enhancement of SARS-CoV-2 Infection», *Microbiology Spectrum*, 10 (2)/2022. <https://journals.asm.org/doi/full/10.1128/spectrum.01553-21>.

[115] World Health Organisation, «Absenteeism from work due to illness, days per employee per year», European Health Information Gateway, s/f. <https://gateway.euro.who.int/en/indicators/hfa_411-2700-absenteeism-from-work-due-to-illness-days-per-employee-per-year/Average sick days per year over several countries:2016 10.11/2017 10.52/2018 11.43/2019 11.22/2020 12.86/2021 12.52>.

[116] Véase la entrada en inglés de «la gran renuncia» en Wikipedia: <https://en.wikipedia.org/wiki/Great_Resignation>.

[117] Royal College of Nursing, RCN Employment Survey, 2021 <https://www.rcn.org.uk/news-and-events/news/uk-rcn-releases-results-of-member-employment-survey-301221>.

[118] R. Kochhar, «The Pandemic Stalls Growth in the Global Middle Class, Pushes Poverty Up Sharply», Pew Research Center, 2021. <https://www.pewresearch.org/global/2021/03/18/the-pandemic-stalls-growth-in-the-global-middle-class-pushes-poverty-up-sharply/>.

[119] D. Gerszon Mahler, N. Yonzan y C. Lakner *et al.*, «Updated estimates of the impact of COVID-19 on global poverty: Turning the corner on the pandemic in 2021?», World Bank Blogs, 2021. <https://blogs.worldbank.org/opendata/updated-estimates-impact-covid-19-global-poverty-turning-corner-pandemic-2021>.

[120] Action Against Hunger, «World Hunger Facts, 2023». <https://www.actionagainsthunger.org/the-hunger-crisis/world-hunger-facts/>.

[121] J. Bendell, «It's time for more of a citizen's response to the pandemic – for a real #PlanB», Jembendell.com, 2021. <https://jembendell.com/2021/10/23/its-time-for-more-of-a-citizens-response-to-the-pandemic-for-a-real-planb/>.

[122] A. Malhotra, «Curing the pandemic of misinformation on COVID-19 mRNA vaccines through real evidence-based medicine - Part 1», *Journal of Insulin Resistance*, 5 (1)/2022, a71. <https://insulinresistance.org/index.php/jir/article/view/71>.

[123] A. D. Barnosky, E. A. Hadly y J. Bascompte, «Approaching a state shift in Earth's biosphere», *Nature*, 486/2012, 52-58. <https://www.nature.com/articles/nature11018>.

[124] R. Sanders (2012), «Scientists uncover evidence of impending tipping point for Earth», *Berkeley News*, 2012. <https://news.berkeley.edu/2012/06/06/scientists-uncover-evidence-of-impending-tipping-point-for-earth/>.

[125] J. D. Gunn, J. W. Day (jr.), W. J. Folan y M. Moerschbaecher, «Geo-cultural Time: Advancing Human Societal Complexity Within Worldwide Constraint Bott-

lenecks —A Chronological/Helical Approach to Understanding Human-Planetary Interactions», *BioPhysical Economics and Resource Quality*, 4/2019, 10. <https://link.springer.com/article/10.1007/s41247-019-0058-7>.

[126] C. D. Butler, «Climate Change, Health and Existential Risks to Civilization: A Comprehensive Review (1989-2013)», *Journal of Environmental Research and Public Health*, 15 (10)/2018, 2266. <https://www.mdpi.com/1660-4601/15/10/2266>.

5. EL COLAPSO CLIMÁTICO: ERRORES SECUENCIALES

[1] S. Howell (2018), «For the many: what the Corbyn campaign learned from Bernie Sanders», *The Guardian*. <https://www.theguardian.com/politics/2018/apr/11/bernie-sanders-jeremy-corbyn-labour-for-the-many>.

[2] J. Bendell, «The biggest mistakes in climate communications, Part 1: looking back at the "Incomparably Average"», *Brave New Europe*, 2022. <https://braveneweurope.com/jem-bendell-the-biggest-mistakes-in-climate-communications-part-1-looking-back-at-the-incomparably-average>.

[3] J. Bendell, «The biggest mistakes in climate communications, Part 2 - Climate Brightsiding», *Brave New Europe*, 2022. <https://braveneweurope.com/jem-bendell-the-biggest-mistakes-in-climate-communications-part-2-climate-brightsiding>.

[4] J. Bendell, «Don't be a climate user – an essay on climate science communication», Jembendell.com, 2022. <https://jembendell.com/2022/08/03/dont-be-a-climate-user-an-essay-on-climate-science-communication>.

[5] O. Babacan, S. de Causmaecker, A. Gambhir *et al.*, «Assessing the feasibility of carbon dioxide mitigation options in terms of energy usage», *Nature Energy*, 5/2020, 720-728. <https://www.nature.com/articles/s41560-020-0646-1>.

[6] D. Wiendenhofer, D. Virag, G. Kalt *et al.*, «A systematic review of the evidence on decoupling of DP, resource use and GHG emissions, part I: Bibliometric and conceptual mapping», *Environmental Research Letters*, 15 (6)/2020.

[7] J. Bendell, «Psychological insights on discussing societal disruption and collapse», *Ata: Journal of psychotherapy Aotearoa New Zealand*, 25 (1)/2021. <https://ojs.aut.ac.nz/ata/article/view/187>.

[8] A. Medhurst, «I didn't understand finance until I quit the City and joined XR», openDemocracy, 2022. <https://www.opendemocracy.net/en/oureconomy/climate-crisis-finance-city-of-london-extinction-rebellion/>.

[9] P. J. Wilson, «Climate change inaction and optimism», *Philosophies*, 6 (3)/2021, 61. <https://www.mdpi.com/2409-9287/6/3/61>.

[10] World Meteorological Organization, «United in science: we are heading in the wrong direction», 2022, número de comunicado de prensa 13092022. <https://

public.wmo.int/en/media/press-release/united-science-we-are-heading-wrong-direction>.

[11] J. Bendell, «Toward radical responses to polycrisis: a review of reviews of the Deep Adaptation book», IFLAS – Initiative for Leadership and Sustainability, 2022. <http://iflas.blogspot.com/2022/03/toward-radical-responses-to-polycrisis.html>.

[12] N. G. Loeb, G. C. Johnson, T. J. Thorsen et al., «Satellite and Ocean Data Reveal Marked Increase in Earth's Heating Rate», Geophysical Research Letters, 48 (13)/2021, e2021GL093047. <https://doi.org/10.1029/2021GL093047>.

[13] La articulación más reciente de estos puntos de vista desacreditados proviene del podcast de Jordan Peterson, cuando entrevista al científico Dr. Richard Lindzen, financiado (anteriormente) por la industria del carbón. Disponible en: <https://www.youtube.com/watch?v=7LVSrTZDopM>. Una de las extensas desacreditaciones se puede leer en G. Schmidt, «Richard Lindzen's HoL testimony», RealClimate, 2006. <https://www.realclimate.org/index.php/archives/2006/02/richard-lindzens-hol-testimony>.

[14] D. Lawrence, M. Coe, W. Walke et al., «The Unseen Effects of Deforestation: Biophysical Effects on Climate», Frontiers, 5/2002. <https://www.frontiersin.org/articles/10.3389/ffgc.2022.756115/>.

[15] Intergovernmental Panel on Climate Change, Climate Change 2007: The Physical Science Basis. Contribution of Working Group I to the Fourth Assessment Report of the Intergovernmental Panel on Climate Change, Cambridge University Press, 2007.

[16] NASA, Changing Global Cloudiness, 1999 <https://earthobservatory.nasa.gov/features/GlobalClouds/cloudiness2.php>.

[17] D. A. Knopf, P. A. Alpert, B. Wang y J. Y. Aller, «Stimulation of ice nucleation by marine diatoms», Nature Geoscience, 4/2011, 88-90. <https://www.nature.com/articles/ngeo1037>.

[18] Un buen vídeo sobre este efecto es «How Plants Cool the Planet», el cual proporciona enlaces a artículos científicos relevantes. Disponible en: <https://www.youtube.com/watch?v=B-oJyInmTTo>.

[19] C. Asher, «Amazon Deforestation Linked to Reduced Tibetan Snows, Antarctic Ice Loss: Study, Mongabay Series», 2023. Para una discusión de los diversos estudios sobre este tema de la teleconexión en el clima, véase R. Hunziker, «Amazon Rainforest Destabilizes The World», Countercurrents, 2023. <https://countercurrents.org/2023/03/amazon-rainforest-destabilizes-the-world/>.

[20] Food and Agriculture Organization of the United Nations, State of the World's Forests 2020. <https://www.fao.org/documents/card/en/c/ca8642en>.

[21] D. Bianchi, D. A. Carozza, E. D. Galbraith, J. Guiet y T. DeVries, «Estimating global biomass and biogeochemical cycling of marine fish with and without fishing», Science Advances, 7/2021, eabd7554. <https://doi.org/10.1126/sciadv.abd7554>.

[22] C. Eisenstein, «How the environmental movement can find its way again», *Substack*, 2023. <https://charleseisenstein.substack.com/p/how-the-environmental-movement-can>.

[23] Un colega, autor principal del IPCC, explicó el proceso de selección y exclusión de datos con el que estaba fundamentalmente en desacuerdo, en un testimonio escrito ante el Congreso estadounidense. Puedes leer su testimonio aquí: <https://science.house.gov/sites/republicans.science.house.gov/files/documents/hearings/ChristyJR_written_110331_all.pdf>.

[24] R. Neukom, N. Steiger y J. J. Gómez-Navarro *et al.*, «No evidence for globally coherent warm and cold periods over the preindustrial Common Era», *Nature*, 571/2019, 550-554. <https://www.nature.com/articles/s41586-019-1401-2>.

[25] Y. Rosenthal, B. Linsley y D. W. Oppo, «Pacific Ocean Heat Content During the Past 10,000 Years», *Science*, 342 (6158/2013), 617-621. <https://www.science.org/doi/abs/10.1126/science.1240837>.

[26] Las temperaturas durante el período cálido medieval probablemente fueron alrededor de 0,5°C más cálidas que el promedio de 1961-1990 en algunas partes de Europa, mientras que el período cálido romano fue aproximadamente igual que el promedio de 1961-1990, por lo que ninguno de los dos era tan cálido como el período actual. Véase F. C. Ljungqvist, «A new reconstruction of temperature variability in the extra-tropical northern hemisphere during the last two millennia», *Physical Geography*, 92 (3)/2010, 339-351. <https://onlinelibrary.wiley.com/doi/abs/10.1111/j.1468-0459.2010.00399.x>.

[27] G. Schmidt, «Richard Lindzen's HoL testimony», *RealClimate*, 2006. <https://www.realclimate.org/index.php/archives/2006/02/richard-lindzens-hol-testimony/>.

[28] J. Bendell, «Climate Honesty – are we "beyond catastrophe"?», Jembendell.com, 2022. <https://jembendell.com/2022/11/06/climate-honesty-are-we-beyond-catastrophe/>.

[29] Existe una extensa literatura que critica los procesos del IPCC, incluso en revistas arbitradas. El siguiente estudio cita una parte de esa literatura: D. Spratt e I. Dunlop, «What Lies Beneath? The Scientific Understatement of Climate Risks», *Resilience*, 2017. <https://www.resilience.org/stories/2017-09-07/what-lies-beneath/>.

[30] La versión más larga del capítulo «Doom and Bloom» se puede leer en J. Bendell, «Adapting deeply to likely collapse: an enhanced agenda for climate activists?», Jembendell.com, 2020. <https://jembendell.com/2020/01/15/adapting-deeply-to-likely-collapse-an-enhanced-agenda-for-climate-activists/>.

[31] NASA, «Tracking 30 Years of Sea Level Rise», 2020. <https://earthobservatory.nasa.gov/images/150192/tracking-30-years-of-sea-level-rise>.

[32] J. E. Box, A. Hubbard, D. B. Bahr *et al.*, «Green ice sheet climate disequilibrium and committed sea-leave rise», *Nature Climate Change*, 12/2022, 808-813. <https://www.nature.com/articles/s41558-022-01441-2>.

[33] Reportado en IPCC, «AR6 Synthesis Report: Summary for Policymakers Headline Statements», 2023. <https://www.ipcc.ch/report/ar6/syr/resources/spm-headline-statements/>.

[34] IPBES, «Global Assessment Report on Biodiversity and Ecosystem Services», 2019. <https://ipbes.net/global-assessment-report-biodiversity-ecosystem-services>.

[35] J. Peterson, «The Models Are OK, the Predictions Are Wrong | Dr. Judith Curry | EP 329», YouTube, 2023. <https://www.youtube.com/watch?v=9Q2YHGIlUDk>.

[36] Afirmación hecha por Jordan Peterson en J. Peterson (2023), «The Models Are OK, the Predictions Are Wrong | Dr. Judith Curry | EP 329», YouTube, <https://www.youtube.com/watch?v=9Q2YHGIlUDk>.

[37] *Ibid.*

[38] A. Toreti, D. Deryng y F. N. Tubiellio, «Narrowing uncertainties in the effects of elevated CO_2 on crops», *Nature Food*, 1/2020, 775-782. <https://www.nature.com/articles/s43016-020-00195-4>.

[39] T. F. Keenan *et al.*, «Recent pause in the growth rate of atmospheric CO_2 due to enhanced terrestrial carbon uptake», *Nature Communications*, 7/2016, 13428.

[40] W. Yuan, Y. Zheng, P. Ciais *et al.*, «Increased atmospheric vapor pressure deficit reduces global vegetation growth», *Science Advances*, 5 (8)/2019, eaax1396. <https://advances.sciencemag.org/content/5/8/eaax1396>.

[41] K. Brysse, N. Oreskes, J. O'Reilly y M. Oppenheimer, «Climate change prediction: Erring on the side of least drama?», *Global Environmental Change*, 23 (1)/2013, 327-337. <https://doi.org/10.1016/j.gloenvcha.2012.10.008>.

[42] IPCC, «AR6 Synthesis Report: Summary for Policymakers Headline Statements», 2023. <https://www.ipcc.ch/report/ar6/syr/resources/spm-headline-statements/>.

[43] Después de un par de años de tergiversaciones, finalmente decidí empezar a pedir retractaciones, por ejemplo, a la revista *New Internationalist*: R. Swift, «Is it too late to stop climate collapse?», *New Internationalist*, 2022. <https://newint.org/features/2022/04/04/it-too-late>.

[44] P. Wadhams, *A Farewell to Ice*, Oxford University Press, Oxford, 2016.

[45] D. I. Armstrong McKay, A. Staal, J. F. Abrams *et al.*, «Exceeding 1,5°C global warming could trigger multiple climate tipping points», *Science*, 377 (6611)/2022. <https://www.science.org/doi/abs/10.1126/science.abn7950>.

[46] G-Z Xie, L-P. Zhang, C-Y. Li y W-D. Sun, «Accelerated methane emission from permafrost regions since the 20th century», *Deep Sea Research Part 1: Oceanographic Research Papers*, 195/2023, 103981. <https://doi.org/10.1016/j.dsr.2023.103981>.

[47] R. Swift, «Is it too late to stop climate collapse?», *New Internationalist*, 2022. <https://newint.org/features/2022/04/04/it-too-late>.

[48] J. Cook, «CO_2 lags temperature - what does it mean?», skepticalscience.com, s/f. <https://skepticalscience.com/co2-lags-temperature-basic.htm>.

[49] E. J. Brook y C. Buizert, «Antarctic and global climate history viewed from ice cores», *Nature*, 558 (7709)/2018, 200-208.

[50] He evitado usar tuits como referencia, especialmente teniendo en cuenta que mi némesis en los comentarios sobre el clima fue tan casual al respaldar sus afirmaciones solo con tuits. Sin embargo, para el problema del impacto de poner fin al efecto de enmascaramiento de los aerosoles, particularmente en las embarcaciones, recomiendo leer el tuit de Leon Simons. Leon Simons en Twitter: «For decades this area has been kept relatively cool by sulfur emissions from ships. But this changed in 2020». Disponible en: <https://t.co/DFD39uyVJ3>.

[51] J. Bendell, «Capitalism Versus Climate Justice – thoughts on my first and last experience of climate COP», Jembendell.com 2022. <https://jembendell.com/2022/11/18/capitalism-versus-climate-justice-thoughts-on-my-first-and-last-experience-of-climate-cop/>.

[52] Facing Future, «Climate Honesty - Ending Climate Brightsiding», YouTube, 2022. <https://www.youtube.com/watch?v=vw85K7MjwYk>.

[53] P. Hawken, *Drawndown: The most comprehensive plan ever proposed to reverse global warming*, Penguin Books, 2017.

[54] Ver: <www.meer.org>.

[55] J. Bendell, «Mother Earth Says #MeToo – XR Launch, London, 15 April 2019», Jembendell.com, 2019. <https://jembendell.com/2019/04/15/our-mother-earth-says-metoo-xr-opening-speech-london-15-april-2019/>.

[56] M. McGrath, «Final call to save the world from «climate catastrophe»», BBC News, 2018. <https://www.bbc.com/news/science-environment-45775309>.

[57] E. Kolbert, «The Copenhagen Diagnosis: Sobering Update on the Science», *Yale Environment 360*, 2009. <https://e360.yale.edu/features/the_copenhagen_diagnosis_sobering_update_on_the_science>.

[58] K. Baker, «Global emissions must peak by 2025 to keep warming at 1.5°C: We need deeds not words», Phys.org., 2021. <https://phys.org/news/2021-08-global-emissions-peak-15c-deeds.html>.

[59] La idea de sobrecarga fue discutida por primera vez por el IPCC en 2015 debido a la anticipación de la inacción, más que porque tuviera algún mérito científico.

[60] V. Smil, «Beyond Magical Thinking: Time to Get Real on Climate Change», *Yale Environment 360*, 2022. <https://e360.yale.edu/features/beyond-magical-thinking-time-to-get-real-about-climate-change>.

6. EL COLAPSO ALIMENTARIO: SEIS TENDENCIAS SEVERAS

[1] R. Schurman, «Overfishing», *Capitalism Nature Socialism*, 7 (1)/2009, 131-137. <https://doi.org/10.1080/10455759609358670>.

[2] Marine Stewardship Council, Annual Report 2021-2022. <https://www.msc.org/about-the-msc/reports-and-brochures>.

[3] E. H. Cline, 1177 B. C.: *The Year Civilization Collapsed*, Princeton University Press, 2015.

[4] B. M. Buckley, R. Fletcher, S.-Y.S. Wang, B. Zottoli y C. Pottier (2014), «Monsoon extremes and society over the past millennium on mainland Southeast Asia», *Quaternary Science Reviews*, 95/2014, 1-19. <http://dx.doi.org/10.1016/j.quascirev.2014.04.022>.

[5] T. L. Jones, G. M. Brown, L. M. Raab, J. L. McVickar *et al.*, «Environmental imperatives reconsidered: Demographic crises in western North America during the medieval climatic anomaly», *Current Anthropology*, 40/1999, 137-170. <http://dx.doi.org/10.1086/200002>; L. W. Mays, «Water sustainability of ancient civilizations in Mesoamerica and the American Southwest», *Water Science & Technology: Water Supply*, 7/2007, 229-236. <http://dx.doi.org/10.2166/ws.2007.026>.

[6] P. Cooper, «Fall of Civilizations», YouTube, 2020. <https://www.youtube.com/channel/UCT6Y5JJPKe_JDMivpKgVXew>; R. Streeter, A. J. Dugmore y O. Vésteinsson, «Plague and landscape resilience in premodern Iceland», *Proceedings of the National Academy of Sciences of the United States of America*, 109/2012, 3664.

[7] N. C. Stenseth y K. L. Voje, «Easter Island: climate change might have contributed to past cultural and societal changes», *Climate Research*, 39/2009, 111-114. <http://dx.doi.org/10.3354/cr00809>.

[8] Food and Agriculture Organization of the United Nation, FAOSTAT, s/f. <https://www.fao.org/faostat>.

[9] Ibid.

[10] World Food Programme, Global Report on Food Crises 2021. <https://www.wfp.org/publications/global-report-food-crises-2021>.

[11] World Food Programme, World Food Day: Soaring prices, soaring hunger, 2022. <https://www.wfp.org/stories/world-food-day-soaring-prices-soaring-hunger>.

[12] Ibid.

[13] World Food Programme, Global Report on Food Crises 2022. <https://www.wfp.org/publications/global-report-food-crises-2022>.

[14] FAO, «The State of the World's Land and Water Resources for Food and Agriculture – Systems at breaking point (SOLAW 2021): Synthesis report 2021». <https://doi.org/10.4060/cb7654en>.

[15] J. E. Cohen (2017), «How many people can the Earth support?», *The Journal of Population and Sustainability*, 2 (1)/2017, 37-42.

[16] *Ibid.*

[17] OECD-FAO, Agricultural Outlook 2021-2030, OECD, París. <https://doi.org/10.1787/19428846-en>.

[18] S. Menker, «A global food crisis may be less than a decade away», Ted.com., 2017. <https://www.ted.com/talks/sara_menker_a_global_food_crisis_may_be_less_than_a_decade_away>.

[19] B. R. Döös, «Population growth and loss of arable land», *Global Environmental Change*, 12 (4)/2002, 303-311. <https://doi.org/10.1016/S0959-3780(02)00043-2>.

[20] R. Prăvălie, C. Patriche, P. Borrelli *et al.*, «Arable lands under the pressure of multiple land degradation processes. A global perspective», *Environmental Research*, 194/2021, 110697. <https://doi.org/10.1016/j.envres.2020.110697>.

[21] FAO, 2021.

[22] IPBES, «Global assessment report on biodiversity and ecosystem services of the Intergovernmental Science-Policy Platform on Biodiversity and Ecosystem Services», Zenodo, 2019. <https://doi.org/10.5281/zenodo.6417333>.

[23] C. A. Taylor y J. Rising, «Tipping point dynamics in global land use», *Environmental Research Letters*, 16 12/2021, 125012. <https://iopscience.iop.org/article/10.1088/1748-9326/ac3c6d>.

[24] FAO, FAOSTAT, s/f. <https://www.fao.org/faostat/en/#data/RL>.

[25] K. Klein Goldewijk, A. Beusen, J. Doelman y E. Stehfest, «Anthropogenic land use estimates for the Holocene-HYDE 3.2», *Earth System Science Data*, 9 (2017, 927-953. <https://essd.copernicus.org/articles/9/927/2017/essd-9-927-2017.html>.

[26] *Ibid.*

[27] *Ibid.*

[28] Y. Malhi (2014), *The metabolism of a human-dominated planet. Is the planet full?*, Oxford University Press, 2014, pp. 142-163.

[29] *Ibid.*

[30] N. H. Ogden, J. R. U. Wilson y D. M. Richardson, «Emerging infectious diseases and biological invasions: a call for a One Health collaboration in science and management» *Royal Society Open Science*, 6 (3)/2019. <https://royalsocietypublishing.org/doi/full/10.1098/rsos.181577>.

[31] C. Folke *et al.* (2021), «Our future in the Anthropocene biosphere», *Ambio*, 50/2021, 834-869. <http://dx.doi.org/10.1007/s13280-021-01544-8>.

[32] E. C. Ellis y N. Ramankutty, «Putting people in the map: anthropogenic biomes of the world», *Frontiers in Ecology and the Environment*, 6 (8)/2008, 439-447.

[33] FAO, «The State of the World's Land and Water Resources for Food and Agriculture – Systems at breaking point (SOLAW 2021): Synthesis report 2021». <https://doi.org/10.4060/cb7654en>.

34 E. Gladek, M. Fraser, G. Roemers, O. Sabag Muñoz, E. Kennedy y P. Hirsch, *The Global Food System: An Analysis*, Metabolic, 2017.

35 W. F. Ruddiman, «The Anthropogenic Greenhouse Era Began Thousands of Years Ago», *Climatic Change*, 61/2003, 261-293. <https://doi.org/10.1023/B:-CLIM.0000004577.17928.fa>.

36 A. Takács-Sánta, «The Major Transitions in the History of Human Transformation of the Biosphere», *Human Ecology Review*, 11/2004, 51-66.

37 R. A. Butler, «What's the deforestation rate in the Amazon?», *Mongabay*, 2022. <https://rainforests.mongabay.com/amazon/deforestation-rate.html>.

38 Harrison y Rivjek, «A million acres a year» [film], 2002. <https://www.screenaustralia.gov.au/the-screen-guide/t/a-million-acres-a-year-2002/16157>.

39 N. Pettit *et al.*, «Environmental change: prospects for conservation and agriculture in a southwest Australia biodiversity hotspot», *Ecology and Society*, 20 (3)/2015 <https://doi.org/10.5751/ES-07727-200310>.

40 M. Williams, *Deforesting the Earth: From Prehistory to Global Crisis*, University of Chicago Press, 2003, p. 689.

41 H. Ritchie y M. Roser, «Forests and Deforestation. Our World in Data», 2021. <https://ourworldindata.org/deforestation>.

42 *Ibid.*

43 D. L. Wagner, «Insect Declines in the Anthropocene», *Annual Review of Entomology*, 65/2020, 457-480. <https://doi.org/10.1146/annurev-ento-011019-025151>.

44 S. Díaz, J. Settele, E. S. Brondízio, H. T. Ngo, M. Guèze *et al.*, «Summary for policymakers of the global assessment report on biodiversity and ecosystem services of the Intergovernmental Science-Policy Platform on Biodiversity and Ecosystem Services», IBPES, 2019.

45 *Ibid.*

46 M. R. Smith, N. D. Mueller y M. Springmann, «Pollinator Deficits, Food Consumption, and Consequences for Human Health: A Modeling Study», *Environmental Health Perspectives*, 130 (12)/2022. <https://ehp.niehs.nih.gov/doi/full/10.1289/EHP10947>.

47 A. Y. Hoekstra y M. M. Mekonnen, «The Water Footprint of Humanity», *Proceedings of the National Academy of Sciences*, 109 (9)/2012, 3232-3237.

48 J. Jägermeyr, A. Pastor, H. Biemans y D. Gerten, «Reconciling irrigated food production with environmental flows for Sustainable Development Goals implementation», *Nature Communications*, 8/2017, 15900. <https://doi.org/10.1038/ncomms15900>.

49 G. Scherer, «Freshwater planetary boundary "considerably" transgressed: New research», *Mongabay News*, 2022. <https://www.proquest.com/scitechpremium/docview/2655566150/citation/6C3669FB8AFA4E1CPQ/23>.

50 E. Gladek *et al.*, «The Global Food System: An Analysis», Metabolic, 2017 <https://www.metabolic.nl/publication/global-food-system-an-analysis/>.

[51] P. J. Landrigan *et al.* (2018), «The Lancet Commission on pollution and health», *The Lancet*, 391/2018, 462-512. <https://doi.org/10.1016/S0140-6736(17)32345-0>.

[52] Los bifenilos policlorados (BPC) son una clase de sustancias químicas con muchos usos.

[53] H. Dryden y D. Duncan, «How the Oceans will Impact on Climate Change Over the Next 25 Years», *Environmental Science Ejournal*, 1 (28)/2021.

[54] C. A. Downs *et al.*, «Toxicopathological Effects of the Sunscreen UV Filter, Oxybenzone (Benzophenone-3), on Coral Planulae and Cultured Primary Cells and Its Environmental Contamination in Hawaii and the U.S. Virgin Islands», *Arch Environ Contam Toxicol*, 70 (2)/2016, 265-288. <doi: 10.1007/s00244-015-0227-7>.

[55] Todos los datos en este párrafo provienen de Dryden and Duncan (2021).

[56] *Ibid.*

[57] M. W. Perry y M. F. D'Antuono, «Yield improvement and associated characteristics of some Australian spring wheat cultivars introduced between 1860 and 1982», *Aust. J. Agric. Res.* 40/1989, 457-472. <https://doi.org/10.1071/ar9890457>.

[58] V. Smil, *Enriching the Earth: Fritz Haber, Carl Bosch, and the Transformation of World Food Production*, MIT Press, 2001.

[59] J. W. Erisman, M. A. Sutton, J. Galloway, Z. Klimont y W. Winiwarter, «How a century of ammonia synthesis changed the world», *Nature Geoscience*, 1 (10)/2008, 636-639.

[60] V. Shiva, *Monocultures of the Mind: Perspectives on Biodiversity and Biotechnology*, Zed Books, 1993.

[61] *Ibid.*

[62] J. R. McNeill, *Something New under the Sun: An Environmental History of the Twentieth-Century World*, W. W. Norton & Company, 2000.

[63] M. Crippa, E. Solazzo, D. Guizzardi *et al.*, «Food systems are responsible for a third of global anthropogenic GHG emissions», *Nature Food*, 2/2021, 198-209. <https://doi.org/10.1038/s43016-021-00225-9>.

[64] Z. Marshall y P. E. Brockway, «A Net Energy Analysis of the Global Agriculture, Aquaculture, Fishing and Forestry System», *BioPhysical Economics and Resource Quality*, 5/2020 <http://dx.doi.org/10.1007/s41247-020-00074-3>.

[65] UN News, «Climate and weather-related disasters surge five-fold over 50 years, but early warnings save lives», WMO report 2021. <https://news.un.org/en/story/2021/09/1098662>.

[66] R. S. Cottrell, K. L. Nash, B. S. Halpern, T. A. Remenyi, S. P. Corney, A. Fleming, E. A. Fulton, S. Hornborg, A. Johne, R. A. Watson y J. L. Blanchard, «Food production shocks across land and sea», *Nature Sustainability*, 2/2019, 130. <https://doi.org/10.1038/s41893-018-0210-1>.

[67] FAO, The State of Food Security and Nutrition in the World 2021: Transforming food systems for food security, improved nutrition and affordable healthy diets

for all, The State of Food Security and Nutrition in the World (SOFI), Roma, Italia, 2021. <https://doi.org/10.4060/cb4474en>.

[68] IPCC, *Climate Change 2021: The Physical Science Basis. Contribution of Working Group I to the Sixth Assessment Report of the Intergovernmental Panel on Climate Change*, Cambridge University Press.

[69] T. Iizumi, H. Shiogama, Y. Imada, N. Hanasaki, H. Takikawa y M. Nishimori, «Crop production losses associated with anthropogenic climate change for 1981-2010 compared with preindustrial levels», *International Journal of Climatology*, 38/2018, 5405-5417. <https://doi.org/10.1002/joc.5818>.

[70] R. Gupta, E. Somanathan y S. Dey, «Global warming and local air pollution have reduced wheat yields in India», *Climate Change*, 140/2017, 593-604, <doi:10.1007/s10584-016-1878-8>.

[71] F. C. Moore y D. B. Lobell (2015), «The fingerprint of climate trends on European crop yields», *Proc. Natl. Acad. Sci.*, 9/2015, 2670-2675, <201409606. doi:10.1073/pnas.1409606112>.

[72] FAO, What is happening to agrobiodiversity?, s/f. <ttps://www.fao.org/3/y5609e/y5609e02.htm>.

[73] Bangladesh, Brasil, Burkina Faso, Camerún, Costa de Marfil, Egipto, Etiopía, Haití, India, Indonesia, México, Mozambique, Pakistán, Myanmar, Panamá, Filipinas, Rusia, Senegal, Somalia, Tayikistán y Yemen.

[74] G. Soffiantini, «Food insecurity and political instability during the Arab Spring», *Global Food Security*, 26/2020, 100400. <https://doi.org/10.1016/j.gfs.2020.100400>.

[75] F. Gaupp, J. Hall, S. Hochrainer-Stigler y S. Dadson, «Changing risks of simultaneous global breadbasket failure», *Nature Climate Change*, 10/2020, 54-57. <http://dx.doi.org/10.1038/s41558-019-0600-z>.

[76] F. Gaupp, S. Dadson, J. Hall y D. Mitchell, «Increasing risks of multiple breadbasket failure under 1.5 and 2 °C global warming», *Agricultural systems*, 175/2019, 34-45. <http://dx.doi.org/10.1016/j.agsy.2019.05.010>.

[77] E. Najafi, I. Pal y R. Khanbilvardi, «Larger-scale ocean-atmospheric patterns drive synergistic variability and world-wide volatility of wheat yields», *Scientific Reports*, 10/2020, 5193. <http://dx.doi.org/10.1038/s41598-020-60848-z>.

[78] Kai Kornhuber, Dim Coumou, Elisabeth Vogel, Corey Lesk, Jonathan F. Donges, Jascha Lehmann y Radley M. Horton, «Amplified Rossby waves enhance risk of concurrent heatwaves in major breadbasket regions», *Nature Climate Change*, 10/2019, 48-53. <https://www.nature.com/articles/s41558-019-0637-z>.

[79] Ibid.

[80] Ibid.

[81] M. Cuff, «Strong El Niño could make 2024 the first year we pass 1.5°C of warming», *New Scientist*, 2023. <https://www.newscientist.com/article/2354672-strong-el-nino-could-make-2024-the-first-year-we-pass-1-5c-of-warming/>.

[82] Lloyds, Emerging Risk Report-2015. <https://www.lloyds.com/news-and-risk-insight/risk-reports/library/society-and-security/food-system-shock>.

[83] FAO, IFAD, UNICEF, WFP y WHO, The State of Food Security and Nutrition in the World 2021: Transforming food systems for food security, improved nutrition and affordable healthy diets for all, FAO, Roma, Italia. <https://doi.org/10.4060/cb4474en>.

[84] F. Tao et al., «Responses of wheat growth and yield to climate change in different climate zones of China, 1981–2009», Agricultural and Forest Meteorology, 189-190/2014, 91-104. <https://doi.org/10.1016/j.agrformet.2014.01.013>.

[85] C. Mbow et al., «Food Security», en Climate Change and Land: an IPCC special report on climate change, desertification, land degradation, sustainable land management, food security, and greenhouse gas fluxes in terrestrial ecosystems, 2019.

[86] IPCC, Special Report on the Ocean and Cryosphere in a Changing Climate, 2019. <https://www.ipcc.ch/srocc/>.

[87] NASA, Vital Signs, s/f. <https://climate.nasa.gov/vital-signs/ocean-heat>.

[88] Ibid.

[89] Ibid.

[90] H. Dryden y D. Duncan, «How the Oceans will Impact on Climate Change Over the Next 25 Years», Environmental Science ejournal, 1 (28)/2021.

[91] Ibid.

[92] Ibid.

[93] Ibid.

[94] FAO, The State of World Fisheries and Aquaculture 2022. <https://doi.org/10.4060/cc0461en>.

[95] Ibid.

[96] H. E. Froehlich, C. A. Runge, R. R. Gentry, S. D. Gaines y B. S. Halpern, «Comparative terrestrial feed and land use of an aquaculture-dominant world», Proceedings of the National Academy of Sciences, 115/2018, 5295-5300. <doi: 10.1073/pnas.1801692115>.

[97] Ibid.

[98] C. E. Richards y R. C. Lupton, «Allwood Re-framing the threat of global warming: an empirical causal loop diagram of climate change, food insecurity and societal collapse», Climatic Change, 164/2021, (3)/2021, 1-19. <doi: 10.1007/s10584-021-02957-w>.

[99] P. Sans y P. Combris, «World meat consumption patterns: An overview of the last fifty years (1961-2011)», Meat Science, 109/2015, 106-111. <https://doi.org/10.1016/j.meatsci.2015.05.012>.

[100] B. Kelly, S. Vandevijvere y Sh. Ng et al., «Global benchmarking of children's exposure to television advertising of unhealthy foods and beverages across 22

countries», *Obesity Reviews*, 20 (S2)/2019, 116-128. <https://onlinelibrary.wiley.com/doi/full/10.1111/obr.12840>.

[101] M. Parlasca y M. Qaim, «Meat Consumption and Sustainability», *Annual Review of Resource Economics*, 14/2022, 17-41. <http://dx.doi.org/10.1146/annurev-resource-111820-032340>.

[102] Ibid.

[103] La FAO y otros investigadores proyectan que el suministro de alimentos tiene que aumentar en esta cantidad. Algunos no están de acuerdo, como Mitch Hunter, «We don't need to double world food production by 2050 – here's why», en theconversation.com, 2017. <https://theconversation.com/we-dont-need-to-double-world-food-production-by-2050-heres-why-74211>.

[104] M. Parlasca y M. Qaim, «Meat Consumption and Sustainability», *Annual Review of Resource Economics*, 14/2022, 17-41. <http://dx.doi.org/10.1146/annurev-resource-111820-032340>.

[105] E. Holt-Giménez, A. Shattuck, M. Altieri, H. Herren y S. Gliessman, «We Already Grow Enough Food for 10 Billion People... and Still Can't End Hunger», *Journal of Sustainable Agriculture*, 36/2012, 595-598. <https://doi.org/10.1080/10440046.2012.695331>.

[106] R. Dellink *et al.*, «International trade consequences of climate change», *OECD Trade and Environment Working Papers*, n.º 2017/01. OECD Publishing, París. <https://www.oecd-ilibrary.org/trade/international-trade-consequences-of-climate-change_9f446180-en>.

[107] E. D. G. Fraser, A. Legwegoh y K. Krishna, «Food Stocks and Grain Reserves: Evaluating Whether Storing Food Creates Resilient Food Systems», *J Environ Stud Sci*, 5/2015, 445-458. <https://doi.org/10.1007/s13412-015-0276-2>.

[108] Global Food Security, «Review of Responses to Food Production Shocks. Resilience Taskforce Sub Report, Foreign and Commonwealth Office», 2015. <http://www.foodsecurity.ac.uk/assets/pdfs/review-of-responses-to-food-production-shocks.pdf>.

[109] S. Aday y M. Seckin Aday, «Impact of COVID-19 on the food supply chain», *Food Quality and Safety*, 4(4)/2020, 167-180. <https://doi.org/10.1093/fqsafe/fyaa024>.

[110] P. Garnett, B. Doherty y T. Heron, «Vulnerability of the United Kingdom's food supply chains exposed by COVID-19», *Nature Food*, 1/2020, 315-318. <https://www.nature.com/articles/s43016-020-0097-7>.

[111] P. Servigne, *Nourrir l'Europe en temps de crise. Vers des systèmes alimentaires résilients*, Actes Sud, Arles, 2017.

[112] FAO, Climate Change, Agriculture and Food Security, The State of Food and Agriculture. FAO, Rome, 2016. <http://www.fao.org/3/a-i6030e.pdf>.

[113] D. Louis, «Society will collapse by 2040 due to catastrophic food shortages, says study», *Independent*, 2015 <https://www.independent.co.uk/environment/cli-

mate-change/society-will-collapse-by-2040-due-to-catastrophic-food-shorta-
ges-says-study-10336406.html>.

[114] J. Bendell, «Notes on Hunger and Collapse», Jembendell.com, 2019. <https://
jembendell.com/2019/03/28/notes-on-hunger-and-collapse/>.

[115] C. Costello, L. Cao y S. Gelcich et al., «The future of food from the sea», Nature,
588/2020, 95-100. <https://www.nature.com/articles/s41586-020-2616-y>.

[116] FAO, The State of World Fisheries and Aquaculture 2022. <https://doi.
org/10.4060/cc0461en>.

[117] D. C. Denkenberger y J. M. Pearce, Feeding Everyone No Matter What: Managing
Food Security After Global Catastrophe, Academic Press, Londres, 2015.

[118] Primeroots, Frequently asked questions, s/f. <https://www.primeroots.com/
pages/faq>.

[119] N. Aro, D. Ercili-Cura, M. Andberg et al., «Production of bovine beta-lactoglobu-
lin and hen egg ovalbumin by Trichoderma reesei using precision fermentation
technology and testing of their techno-functional properties», Food Research
International, 163/2023, 112131. <https://www.sciencedirect.com/science/arti-
cle/pii/S0963996922011899>.

[120] The Royal Society, «Ammonia: Zero-carbon fertilizer, fuel and energy store.
Policy briefing», 2020. <https://royalsociety.org/-/media/policy/projects/
green-ammonia/green-ammonia-policy-briefing.pdf>.

[121] T. Brennan, J. Katz, Y. Quint y B. Spencer (2021), «Cultivated meat: Out of the
lab, into the frying pan. McKinsey & Company», <https://www.mckinsey.com/
industries/agriculture/our-insights/cultivated-meat-out-of-the-lab-into-the-fr-
ying-pan>.

[122] G. Monbiot, Regenesis: Feeding the World Without Devouring the Planet, Penguin,
2022.

[123] M. Clark y M. Maselko, «Transgene biocontainment strategies for molecular
farming», Frontiers in Plant Science, 11/2020. <https://www.frontiersin.org/arti-
cles/10.3389/fpls.2020.00210/full>.

[124] F. Southey, «Regulating precision fermentation: Challenges and opportunities
in marketing microbially-derived foods in Europe», Food Navigator Europe,
2022. <https://www.foodnavigator.com/Article/2022/04/14/Regulating-preci-
sion-fermentation-Challenges-and-opportunities-in-marketing-microbially-de-
rived-foods-in-Europe>.

[125] J. Lewis-Stempel, «George Monbiot's farming fantasies», UnHerd, 2022. <https://
unherd.com/2022/05/george-monbiots-farming-fantasies/>.

[126] The Marine Stewardship Council, «Celebrating 25 years of certified sustainable seafood: The Marine Stewardship Council annual report 2021-22», <https://
www.msc.org/docs/default-source/default-document-library/about-the-msc/
msc-annual-report-2021-2022.pdf>.

[127] J. Bendell, «Notes on Hunger and Collapse», Jembendell.com, 2019. <https://jembendell.com/2019/03/28/notes-on-hunger-and-collapse/>.

[128] En 2019 también escribí que «no voy a intentar convertirme en un experto en el campo de la seguridad alimentaria y pretendo que este sea tanto el primer como el último artículo que escriba al respecto. Más bien, estoy compartiendo ideas aquí para fomentar los debates internos dentro de las organizaciones de investigación y las agencias gubernamentales que es necesario tener para que aquellos de nosotros en la sociedad en general podamos tener conversaciones honestas sobre cómo reducir el daño frente a la alteración inducida por el clima en nuestra forma de vida». Sin embargo, cuatro años después, no he visto ninguna atención seria a este asunto por parte de los responsables políticos y la situación sigue deteriorándose. He trabajado con expertos en agricultura para elaborar este capítulo, con el fin de ayudarme a mí mismo y a quienes estén interesados en evaluar la magnitud, complejidad y urgencia del problema.

7. EL COLAPSO SOCIAL: RECONOCIMIENTO DE LA REALIDAD Y LA DECADENCIA CULTURAL

[1] Mi propia carrera académica se vio frenada porque los tribunales de nombramientos de las universidades querían ver publicaciones dentro de una única disciplina académica en lugar de varias. A mí me complacía publicar en distintos idiomas y disciplinas, algo que simplemente no se alineaba con la forma en que se evalúa a los académicos.

[2] Esa negatividad puede implicar incluso acusaciones de falta de rigor, arrogancia, mentalidad conspirativa, parcialidad política o extremismo. Desafortunadamente, algunos expertos pueden caer en la tentación de hacer tales acusaciones si buscan posicionarse como más razonables a los ojos de la clase dirigente (ya sea por su ascenso profesional, por su teoría del cambio o incluso por una necesidad subconsciente de adular al poder en respuesta a la creciente ansiedad). Volveremos sobre las implicaciones de todo esto en el capítulo 13.

[3] P. Servigne y S. Raphael, *How everything can collapse*, John Wiley & Sons, 2020.

[4] UNRISD, «Crises of Inequality: Shifting Power for a New Eco-Social Contract», 2022. <https://www.unrisd.org/en/library/publications/crises-of-inequality>.

[5] C. Rubiños y J. M. Anderies, «Integrating collapse theories to understand socio-ecological systems resilience», *Environmental Research Letters*, 15 (7)/2020, 075008. <https://iopscience.iop.org/article/10.1088/1748-9326/ab7b9c>.

[6] D. Brozović, «Societal collapse: A literature review», *Futures*, 145/2023, 103075. <https://doi.org/10.1016/j.futures.2022.103075>.

[7] Karl R. Popper, *Science: Conjectures and Refutations*, Routledge, 1963, p. 10.

[8]   *Ibid.*, p. 10.

[9]   S. Sharpe y T. M. Lenton, «Upward-scaling tipping cascades to meet climate goals: plausible grounds for hope», *Climate Policy*, 21 (4)/2021, 421-433. <https://doi.org/10.1080/14693062.2020.1870097>.

[10] B. K. Sovacool, «Beyond science and policy: Typologizing and harnessing social movements for transformational social change», *Energy Research & Social Science*, 94/2022, 102857. <https://doi.org/10.1016/j.erss.2022.102857>.

[11] SYSTEMIQ, «The breakthrough effect: How tipping points can accelerate net zero», 2023. <https://www.systemiq.earth/breakthrough-effect/>.

[12] W. MacAskill, *What we owe the future*, Basic Books, 2022.

[13] Servigne y Stephens analizan con más detalle las razones de la incapacidad de los estudios académicos contemporáneos para evaluar adecuadamente los riesgos de colapso: P. Servigne y R. Stevens (2020), *How everything can collapse*, John Wiley & Sons, 2020.

[14] N. J. Hagens y D. J. White, *The Bottlenecks of the 21st Century*, 2019. <https://read.realityblind.world/view/388478403/256/>.

[15] A. Ripley, *The Unthinkable: Who Survives When Disaster Strike -and Why*, Three Rivers Press, 2009.

[16] Para un análisis más profundo sobre la ideología del progreso y la forma en que funciona como religión civil y genera ira contra los herejes, véase J. Michael Greer, *After Progress: Reason and Religion at the end of the industrial age*, New Society Publishers, 2015.

[17] D. Spratt e I. Dunlop, «What Lies Beneath? The Scientific Understatement of Climate Risks», *Resilience*, 2017. <https://www.resilience.org/stories/2017-09-07/what-lies-beneath/>.

[18] C. D. Butler, «Climate change, health and existential risks to civilization: A comprehensive review (1989-2013)», *International Journal Environmental Research and Public Health*, 15 (10)/2018, 2266. <https://www.mdpi.com/1660-4601/15/10/2266>.

[19] H. J. Spencer, «Professionals: A review/essay of disciplined minds: Salaried professionals and their education by Jeff Schmidt (2000)», sin publicar. *Researchgate*. <https://www.researchgate.net/profile/Herb-Spencer-2/publication/350123434_Professionals_a_ReviewEssay_of_DISCIPLINED_MINDS_Salaried_Professionals_and_Their_Education_by_Jeff_Schmidt_2000_C_H_J_Spencer_16Mar2021_6900_words_10_pages/links/60523743458515e834517e9f/Professionals-a-Review-Essay-of-DISCIPLINED-MINDS-Salaried-Professionals-and-Their-Education-by-Jeff-Schmidt-2000-C-H-J-Spencer-16Mar2021-6-900-words-10-pages.pdf>.

[20] S. Motesharrei, J. Rivas y E. Kalnay, «Human and nature dynamics (HANDY): Modeling inequality and use of resources in the collapse or sustainability of

societies», *Ecological Economics*, 101/2014, 90-102. <https://www.sciencedirect.com/science/article/pii/S0921800914000615>.

[21] Ese reporte continúa diciendo: «Existen datos significativos que sugieren que los sistemas políticos se inclinan hacia las preferencias de las élites. Estas preferencias varían en cierta medida entre grupos y lugares y a menudo están relacionadas con las percepciones de las élites sobre la desigualdad y la pobreza, pero se constata que las élites se encuentran profundamente más satisfechas con el sistema que los ciudadanos medios, participan más y tienen más representación en la política. Las élites ejercen influencia sobre las políticas y la legislación mediante diversas estrategias, como influyendo en el proceso electoral con redes empresariales y grupos de presión, controlando los medios de comunicación, o también tomando el poder del Estado. Las empresas más grandes ejercen una influencia considerable sobre la economía mundial, ya que sus inversiones son cada vez más esenciales para la estabilidad económica y política en todo el mundo. En 2015, 69 de los principales generadores de ingresos del mundo eran empresas, mientras que solamente 31 eran Estados. En tiempos de crisis, la influencia de las empresas en la política suele acentuarse y las consecuencias se amplifican, ya que el Estado actúa para protegerlas de los impactos. Por ejemplo, durante la crisis financiera de 2008, las respuestas se centraron en rescatar a bancos y acreedores en lugar de minimizar el impacto sobre los grupos vulnerables. Durante la pandemia de COVID-19, las empresas han desempeñado un papel destacado en la configuración de las respuestas políticas, incluyendo, por ejemplo, la anulación de su responsabilidad por la salud y la seguridad de los trabajadores, recibiendo recortes fiscales y dinero de estímulo, y abogando por una regulación medioambiental más débil».

[22] UNRISD, «Crises of Inequality: Shifting Power for a New Eco-Social Contract», 2022. <https://www.unrisd.org/en/library/publications/crises-of-inequality>.

[23] C. Kelley, S. Mohtadi, M. Cane, R. Seager e Y. Kushnir, «Commentary on the Syria case: Climate as a contributing factor», *Political Geography*, 60/2017, 245-247. <https://doi.org/10.1016/j.polgeo.2017.06.013>.

[24] Migration Data Portal, *Environmental Migration*, s/f. <https://www.migration-dataportal.org/themes/environmental_migration_and_statistics>.

[25] Institute for Economics & Peace, «Ecological Threat Press Release», 2020. <https://www.economicsandpeace.org/wp-content/uploads/2020/09/Ecological-Threat-Register-Press-Release-27.08-FINAL.pdf>.

[26] S. Hutter y H. Kriesi, «Politicizing Europe in times of crisis», en J. Zeitlin y F. Nicoli (eds.), *The European Union Beyond the Polycrisis?*, Routledge, 2020. <https://www.taylorfrancis.com/chapters/edit/10.1201/9781003002215-3/politicizing-europe-times-crisis-swen-hutter-hanspeter-kriesi>.

[27] ICRC, «When Rain Turns to Dust: Understanding and Responding to the Combined Impact of Armed Conflicts and the Climate and Environment Crisis on

people's lives», International Committee of the Red Cross, 2020 <https://www.icrc.org/sites/default/files/topic/file_plus_list/rain_turns_to_dust_climate_change_conflict.pdf>.

[28] P. Vesco, S. Dasgupta, E. de Cian y C. Carraro, «Natural resources and conflict: A meta-analysis of the empirical literature», *Ecological Economics*, 172/2020, 106633. <https://www.sciencedirect.com/science/article/abs/pii/S0921800919308857>.

[29] Y. Ning, «Preventing a "Green Resource Curse": Opportunities and Risks of Mining in the Global Energy Transition», *New Security Beat*, 2022. <https://www.newsecuritybeat.org/2022/06/preventing-green-resource-curse-opportunities-risks-mining-global-energy-transition/>.

[30] S. Lautensach, «Editorial», *Journal of Human Security*, 18 (1)/2022. <https://doaj.org/article/2be62fe4dd2040ed919a76d29e99f51b>.

[31] UNDP (United Nations Development Programme). 2022 Special Report on Human Security. <https://hdr.undp.org/content/2022-special-report-human-security>.

[32] En casos de ausencia o debilidad de los sistemas jurídicos pertinentes, la costumbre social es más importante y a veces también está respaldada por formas alternativas de aplicación, pero eso no es típico de las sociedades industriales de consumo.

[33] L. Sklair (2005), «The Transnational Capitalist Class and Contemporary Architecture in Globalizing Cities», *International Journal of Urban and Regional Research*, 29 (3)/2005, 485-500. <https://doi.org/10.1111/j.1468-2427.2005.00601.x>.

[34] UNEP, «Insuring the climate transition: Enhancing the insurance industry's assessment of climate change futures», 2021. <https://www.unepfi.org/psi/wp-content/uploads/2021/01/PSI-TCFD-final-report.pdf>.

[35] OECD, «Enhancing financial protection against catastrophe risks: the role of catastrophe risk insurance programmes», 2021. <www.oecd.org/daf/fin/insurance/Enhancing-financial-protection-againstcatastrophe-risks.htm>.

[36] Universidad de Queensland, Australia, «Pooling risk to insure against natural disaster. Nature Portfolio», s/f. <https://www.nature.com/articles/d42473-021-00566-w>.

[37] D. Miettinen, «The climate crisis is here. Are insurance companies keeping up?», *Marketplace*, 2021. <https://www.marketplace.org/2021/08/06/the-climate-crisis-is-here-are-insurance-companies-keeping-up/>.

[38] P. Born y W. Kip Viscusi, *Journal of Risk and Uncertainty*, 33/2006, 55-72. <https://law.vanderbilt.edu/files/archive/263_The-Catastrophic-Effects-of-Natural-Disasters-on-Insurance-Markets.pdf>.

[39] U. Irfan, «Climate change disasters will rock the $5 trillion insurance industry», *Vox*, 2021. <https://www.vox.com/22686124/climate-change-insurance-flood-wildfire-hurricane-risk>.

[40] R. Kurmelovs, «Climate change could put insurance out of reach for many Australians», *The Guardian*, 2021. <https://www.theguardian.com/australia-news/2021/mar/02/climate-change-could-put-insurance-out-of-reach-for-many-australians>.

[41] F. Fang, C. Ventre, M. Basios *et al.*, «Cryptocurrency trading: a comprehensive survey», *Financial Innovation*, 8/2022. <https://doi.org/10.1186/s40854-021-00321-6>; K. Johnson y B. S. Krueger, «Who Supports Using Cryptocurrencies and Why Public Education About Blockchain Technology Matters?», en C. G. Reddick, M. P. Rodríguez-Bolívar y H. J. Scholl (eds.), *Blockchain and the public sector*, Public Administration and information technology, vol. 36, 2021.

[42] L. Chancel *et al.*, The World Inequality Report 2022. World Inequality Lab. <https://www.cadtm.org/IMG/pdf/summary_worldinequalityreport2022_english.pdf>.

[43] Mint, «Billionaires' wealth saw record growth during pandemic: Global Inequality Lab», 2021. <https://www.livemint.com/news/world/billionaires-wealth-saw-record-growth-during-pandemic-global-inequality-lab-11638879115382.html>.

[44] T. W. G. Van der Meer (2017), «Political Trust and the "Crisis of Democracy"», *Oxford Research Encyclopedias*. <https://doi.org/10.1093/acrefore/9780190228637.013.77>.

[45] OECD data, Trust in government, s/f. <https://data.oecd.org/gga/trust-in-government.htm#indicator-chart>.

[46] Edelman, 2021 Edelman Trust Barometer. <https://www.edelman.com/trust/2021-trust-barometer>.

[47] J. G. Ku y J. Yoo, «Globalization and Sovereignty», *Berkeley Journal of International Law*, 31/2013, 210-235. <https://doi.org/10.15779/Z38T076>.

[48] Edelman, 2020 Edelman Trust Barometer. <https://www.edelman.com/trust/2020-trust-barometer>.

[49] F. Newport, «Democrats more positive about socialism than capitalism», *Gallup*, 2018. <https://news.gallup.com/poll/240725/democrats-positive-socialism-capitalism.aspx>.

[50] Balancing Everything, Tax Evasion Statistics, 2023. <https://balancingeverything.com/tax-evasion-statistics/>.

[51] M. Palanský, «Countries lose an estimated $125 billion in tax revenue each year. This is why», *World Economic Forum*, 2019. <https://www.weforum.org/agenda/2019/10/multinationals-billions-tax/>.

[52] Y. Mounk y R. S. Foa, «Confidence in Democracy Is at a Low Point», *The Atlantic*, 2020. <https://www.theatlantic.com/ideas/archive/2020/01/confidence-democracy-lowest-point-record/605686/>.

[53] Harvard Kennedy School. Harvard Youth Poll, 2021. <https://iop.harvard.edu/youth-poll/fall-2021-harvard-youth-poll>.

[54] R. S. Foa y Y. Mounk, «The Signs of Deconsolidation», *Journal of Democracy*, 28 (1)/2017, 5-15. <doi:10.1353/jod.2017.0000.>.

[55] Y. Zeisl, «Top Global Risks of 2020: Political Polarization», *Global Risk Intel*, 2020. <https://www.globalriskintel.com/insights/top-global-risks-2020-political-polarization>.

[56] T. Carothers y O'Donohue, «How to Understand the Global Spread of Political Polarization. Carnegie Endowment for International Peace», 2019. <https://carnegieendowment.org/2019/10/01/how-to-understand-global-spread-of-political-polarization-pub-79893>.

[57] T. Carothers y O'Donohue, «How to Understand the Global Spread of Political Polarization. Carnegie Endowment for International Peace», 2019. <https://carnegieendowment.org/2019/10/01/how-to-understand-global-spread-of-political-polarization-pub-79893>.

[58] J. Newton, Y. Moner, K. Nyi Nyi y H. Prasad, «Polarising Narratives and Deepening Fault Lines: Social Media, Intolerance and Extremism in Four Asian Nations» *Global Network on Extremism & Technology*, s/f. <https://gnet-research.org/wp-content/uploads/2021/03/GNET-Report-Polarising-Narratives-And-Deepening-Fault-Lines.pdf>.

[59] Edelman, 2021 Edelman Trust Barometer. <https://www.edelman.com/trust/2021-trust-barometer>.

[60] R. A. Gershon, *The Transnational Media Corporation: Global Messages and Free Market*. Routledge, 2013. <https://www.taylorfrancis.com/books/edit/10.4324/9780203810941/transnational-media-corporation-richard-gershon>.

[61] M. Moore y D. Tambini (eds.), *Digital Dominance: The power of Google, Amazon, Facebook, and Apple*, Oxford University Press, 2018.

[62] J. J. F. Forest, *Digital Influence Warfare in the Age of Social Media*, ABC-CLIO, 2021.

[63] R. Soave (2023), «Inside the Facebook Files: Emails Reveal the CDC's Role in Silencing COVID-19 Dissent», *Reason*, 2023. <https://reason.com/2023/01/19/facebook-files-emails-cdc-covid-vaccines-censorship/>.

[64] R. J. Samuelson, «Losing Faith in the Future?», *RealClearPolitics*, 2018. <https://www.realclearpolitics.com/articles/2018/09/18/losing_faith_in_the_future_138105.html>.

[65] J. Bendell, «The biggest mistakes in climate communications, part 2 - Climate Brightsiding», 2022. Brave New Europe. <https://braveneweurope.com/

jem-bendell-the-biggest-mistakes-in-climate-communications-part-2-clima-
te-brightsiding>.

[66] L. Rainie y A. Perrin, «Key findings about Americans' declining trust in government and each other», *Pew Research Center*, 2019. <https://www.pewresearch.
org/short-reads/2019/07/22/key-findings-about-americans-declining-trust-in-
government-and-each-other/>.

[67] H. Pitlik y L. Kouba (2015), «Does social distrust always lead to a stronger support
for government intervention?», *Public Choice*, 163/2015, 355-377. <https://doi.
org/10.1007/s11127-015-0258-7>.

[68] El concepto de la ecoansiedad se ha generalizado en los últimos años, pero no
refleja con exactitud la relación entre esa ansiedad y los sentimientos de las
personas sobre sus propias vidas, las cuales se vuelven más difíciles en general
(como resultado de las diversas tendencias que he descrito en este libro). Esta
metaansiedad, que va más allá de uno mismo, puede ser experimentada por
personas que prestan tanta atención a las causas ambientales de muchos de los
problemas que están experimentando o a sus sombrías perspectivas de futuro.

[69] NIHCM, «Mental Health: Trends & Future Outlook», 2019. <https://nihcm.org/
publications/mental-health-trends-future-outlook>.

[70] Harvard Kennedy School, Harvard Youth Poll, 2021. <https://iop.harvard.edu/
youth-poll/fall-2021-harvard-youth-poll>.

8. Libertad para saber: sabiduría crítica en una era de colapso

[1] Z. Tsjeng, «The Climate Change Paper So Depressing It's Sending People to The-
rapy», Vice, 2019. <https://www.vice.com/en/article/vbwpdb/the-climate-chan-
ge-paper-so-depressing-its-sending-people-to-therapy>.

[2] J. Bendell y K. Carr, «The Love in Deep Adaptation-A Philosophy for the Forum»,
2019. <https://jembendell.com/2019/03/17/the-love-in-deep-adaptation-a-philo-
sophy-for-the-forum/>.

[3] J. Bendell y K. Carr, «Group Facilitation on Societal Disruption and Collapse:
Insights from Deep Adaptation», *Sustainability*, 13 (11)/2021, 6280. <https://
www.mdpi.com/2071-1050/13/11/6280>.

[4] R. H. Sharf, «Is mindfulness Buddhist? (and why it matters)», *Transcultural Psy-
chiatry*, 52 (4)/2014, 470-484. <https://doi.org/10.1177/1363461514557561>.

[5] H. Coffey, «Critical literacy», teachinground.com, s/f. <https://teachinga-
round.com/uploads/1/2/2/8/122845797/critical_literacy_coffey.pdf>.

[6] S. Niessen, «Decolonial fashion lament and the call to action», *Batak Textiles*,
2021.   <http://bataktextiles.blogspot.com/2021/06/decolonial-fashion-lament.
html>.

[7]   N. Crossley, *Key concepts in Critical Social Theory*, Sage, 2005.

[8]   Abwoon. Original Meditation chant audio, 2013. <https://abwoon.org/downloads/the-genesis-meditations-cd-set/>.

[9]   R. Shikpo, *Never Turn Away: The Buddhist Path Beyond Hope and Fear*, Wisdom Publications, 2007.

[10]   J. Macy y C. Johnstone, *Active Hope: How to Face the Mess We're in without Going Crazy*, New World Library, 2012.

[11]   J. Bendell, «Let's have faith in reality and humanity, not the tired hopes of modernity», jembendell.com, 2022. <https://jembendell.com/2022/11/02/lets-have-faith-in-reality-and-humanity-not-the-tired-hopes-of-modernity/>.

[12]   S. Rebecca, *A Paradise Built in Hell: The Extraordinary Communities That Arise in Disaster*, Penguin Books, 2010.

[13]   P. A. McAnany y N. Yoffee, *Questioning Collapse: Human Resilience, Ecological Vulnerability, and the Aftermath of Empire*, Cambridge University Press, 2010.

[14]   J. M. Greer, *The Long Descent: A User's Guide to the End of the Industrial Age*, New Society Publishers, 2005.

[15]   J. Neale, «Social collapse and climate breakdown», Ecologist, 2019. <https://theecologist.org/2019/may/08/social-collapse-and-climate-breakdown>.

[16]   M. Simon, «Capitalism made this mess, and this mess will ruin capitalism», Wired, 2019. <https://www.wired.com/story/capitalocene/>.

[17]   C. Zografos y P. Robbins, «Green Sacrifice Zones, or Why a Green New Deal Cannot Ignore the Cost Shifts of Just Transitions», One Earth, 3 (5)/2020, 543-546. <https://doi.org/10.1016/j.oneear.2020.10.012>.

[18]   Para una discusión sobre la «teoría de liderazgo crítico» véase R. Little y J. Bendell, «One Reason There Are Many Bad Leaders Is the Misleading Myth of "Leadership"», en A. Örtenblad (ed.), *Debating Bad Leadership*, Palgrave Macmillan, 2021, p. 234. <https://www.springer.com/gp/book/9783030650247>.

[19]   J. Bendell, «Psychological insights on discussing societal disruption and collapse», Ata: Journal of Psychotherapy Aotearoa New Zealand, 25 (1)/2021. <https://ojs.aut.ac.nz/ata/article/view/187>.

[20]   J. Haidt, *The Righteous Mind: Why Good People are Divided by Politics and Religion*, Pantheon Books, 2012.

[21]   Y. N. Harari, *Sapiens: A Brief History of Humankind*, Vintage, 2011.

[22]   G. Lakoff, *Don't Think of an Elephant! Know Your Values and Frame the Debate: The Essential Guide for Progressives*, Chelsea Green Publishing, 2004.

[23]   H. Pluckrose y J. Lindsay, *Cynical Theories: How Activist Scholarship Made Everything About Race, Gender, and Identity-and Why This Harms Everybody*, Pitchstone Publishing, 2020.

[24]   Aunque muchos de los defensores de los enfoques críticos sobre educación creen que nuestra liberación mutua es un objetivo constantemente amenazado por el poder jerárquico y que nunca será completa, ese no es nuestro único interés.

[25] A veces, eso puede incluir la afirmación de ser portadores de un trauma ancestral a través de su ADN, herencia familiar e identidad. Esa teoría del trauma heredado es cuestionable debido a los límites arbitrarios sobre qué antepasados son importantes para la experiencia actual de cada uno e ignora que, si uno se remonta lo suficiente en la historia, casi todos los grupos raciales oprimidos también pueden ser identificados por haber sido alguna vez un grupo opresor.

[26] Un breve comentario adicional sobre el término «marxismo cultural», el cual se ha hecho popular entre los críticos de la cultura «woke», puede resultar de utilidad. Utilizan este término para describir un programa que quiere ver acentuadas las divisiones entre grupos identitarios, para permitir las luchas de identidad, las cuales podrían entonces reducir el poder de las identidades privilegiadas. Las similitudes con el marxismo son la idea de diferenciación, de lucha y de una perspectiva de suma cero sobre el poder. Sin embargo, ahí acaban las similitudes. El análisis marxista ha criticado que centrarse en las luchas identitarias es una forma de dividir y confundir a las clases económicas que no poseen capital. Por lo tanto, las ideas que se etiquetan como «marxismo cultural» tienen poco de auténticamente marxistas y el término es popular principalmente porque suena como algo intelectualmente sólido (no lo es) y peligroso.

[27] I. McGilchrist, *The Matter with Things: Our Brains, Our Delusions, and the Unmaking of the World*, Perspectiva Press, 2021.

9. LIBERARSE DEL PROGRESO: LA HUMANIDAD NO ESTÁ EN JUICIO

[1] J. M. Greer, *After Progress: Reason and Religion At the End of the Industrial Age*, Sequitur Books, 2015.

[2] D. Graeber y D. Wengrow, *The Dawn of Everything: A New History of Humanity*, Farrar, Straus, Giroux, 2021.

[3] Yacimientos como Gobekli Tepe, en Turquía, demuestran que, o bien los pueblos que llamamos «cazadores-recolectores» eran mucho más inteligentes de lo que pensamos y podrían haber optado por no fabricar los objetos que buscamos como prueba de avance (por ejemplo, la cerámica), o bien solo los utilizaban en determinadas zonas (aún por descubrir), y no en otras. Quizá se comportaban como algunas de las sociedades que Graeber y Wengrow (2021) señalan en su obra. O tal vez existiera otro tipo de sociedad que disponía de tecnologías avanzadas posteriores a la alfarería que cumplían la misma función y que ha perecido a lo largo de miles de años. Las nuevas pruebas de construcciones complejas de 12 000 años de antigüedad implican que mantener las hipótesis actuales sobre el progreso sería expresar un sesgo poco científico. En su lugar, es más apropiado un periodo de especulación creativa para un momento de ruptura

de paradigmas. C. Lee, «Göbekli Tepe, Turkey. A brief summary of research at a new World Heritage Site (2015-2019)», *e-Forschungsberichte*, 2020. <https://doi.org/10.34780/efb.voi2.1012>.

[4] J. M. DeSilva, J. F. A. Traniello, A. G. Claxton y L. D. Fannin, «When and Why Did Human Brains Decrease in Size? A New Change-Point Analysis and Insights From Brain Evolution in Ants», *Frontiers in Ecology and Evolution*, 9/2021, 742639. <https://www.frontiersin.org/articles/10.3389/fevo.2021.742639/full>.

[5] I. McGilchrist, *The Matter with Things: Our Brains, Our Delusions, and the Unmaking of the World*, Perspectiva Press, 2021.

[6] Existen varias teorías sobre por qué los cerebros se han encogido a lo largo de los años, pero ninguna de ellas parece explicar lo repentino del cambio en términos evolutivos: tan solo 3000 años. Las teorías sobre cómo algunas capacidades sensoriales y cognitivas se han vuelto menos útiles para los humanos a medida que desarrollábamos la agricultura merecen más investigación. Mi propia teoría, totalmente especulativa en este momento, es que el mayor sedentarismo llevó a estar más cerca de las fuentes de infección, los sistemas inmunológicos se volvieron más débiles debido a una nutrición menos diversa, lo cual, combinado con los efectos de la deforestación en las poblaciones de animales salvajes, llevó a olas de enfermedades que repercutieron en el tamaño del cerebro, especialmente si un tipo de enfermedad afectaba desproporcionadamente a los humanos de cerebro más grande.

[7] Véase E. Yong (2013), «Scientific families: Dynasty», *Nature*, 493 (7432)/2013, 286-289. <https://doi.org/10.1038/493286a>; J. Lubchenco, «Robert Treat Paine (1933-2016)», *Nature*, 535 (7612)/2016, 356-356. <https://doi.org/10.1038/535356a>; National Geographic Resource Library, «Role of Keystone Species in an Ecosystem», 2022. <https://education.nationalgeographic.org/resource/role-keystone-species-ecosystem>.

[8] B. Worm y R. T. Paine, «Humans as a hyperkeystone species», *Trends in Ecology & Evolution*, 31 (8)/2016, 600-607. <https://doi.org/10.1016/j.tree.2016.05.008p.601>.

[9] Véase H. Ritchie, «Humans make up just 0.01% of Earth's life-what's the rest?», *Our World in Data*, 2019. <https://ourworldindata.org/life-on-earth> y D. Carrington, «Humans just 0.01% of all life but have destroyed 83% of wild mammals-study», *The Guardian*, 2018. <https://www.theguardian.com/environment/2018/may/21/human-race-just-001-of-all-life-but-has-destroyed-over-80-of-wild-mammals-study>.

[10] Véase C. Clement, «1492 and the loss of Amazonian crop genetic resources. I. The relation between domestication and human population decline», *Economic Botany*, 53/1999, 188-202. <doi: 10.1007/BF02866498> y R. Meyer, «The Amazon Rainforest Was Profoundly Changed by Ancient Humans», *The Atlantic*, 2017. <https://www.theatlantic.com/science/archive/2017/03/its-now-clear-that-ancient-humans-helped-enrich-the-amazon/518439/>.

[11] Un equipo de investigadores combinó datos antropológicos integrados y datos, análisis y modelos de redes alimentarias para examinar cómo encajaban los aleutianos en el ecosistema de la isla. Descubrieron que los aleutianos eran «supergeneralistas» y sobrevivían a base de peces, mamíferos marinos, almejas y mejillones, consumiendo en total alrededor de una cuarta parte de los cientos de especies de la isla de Sanak y sus alrededores.

[12] J. A. Dunne, H. Maschner, M. W. Betts, N. Huntly, R. Russell, R. J. Williams y S. A. Wood, «The roles and impacts of human hunter-gatherers in North Pacific marine food webs», Scientific reports, 6/2016, 21179. <https://doi.org/10.1038/srep21179>.

[13] M. Root-Bernstein y R. Ladle, «Ecology of a widespread large omnivore», Homo sapiens, and its impacts on ecosystem processes. Ecology and Evolution, 9 (19)/2019, 10874-10894. <https://doi.org/10.1002/ece3.5049>.

[14] K. Anderson, Tending the wild: Native American knowledge and the management of California's natural resources, Berkeley, California, University of California Press, 2013, pp. 2-10.

[15] Mientras que los gestores medioambientales occidentales se basan en descripciones formales de la biodiversidad en términos de especies y ecosistemas, las relaciones de los indígenas con la biodiversidad están arraigadas en conexiones con su lugar específico y en prácticas culturales contextuales. Dichas prácticas se manifiestan a través de una relación permanente con otras especies, en particular mediante la caza, la recolección, los sistemas totémicos y de parentesco, las ceremonias, los mitos y la legislación tribal. Este tipo de relación suele requerir el uso judicial de comunidades biológicas, hábitats y especies. M. Bray y R. Hill, «Australian Indigenous Peoples and Biodiversity», Social Alternatives, 29/2010, 13-19. <https://www.researchgate.net/publication/257653539_Australian_Indigenous_Peoples_and_Biodiversity>.

[16] K. Anderson, Tending the wild: Native American knowledge and the management of California's natural resources, Berkeley, California, University of California Press, 2013, pp. 2-10.

[17] R. Bliege Bird, N. Tayor, B. F. Codding y D. W. Bird, «Niche construction and Dreaming logic: aboriginal patch mosaic burning and varanid lizards (Varanus gouldii) in Australia», Proceedings. Biological Sciences, 280 (1772)/2013, 20132297. <https://doi.org/10.1098/rspb.2013.2297>.

[18] A. P. Sullivan, D. W. Bird y G. H. Perry, «Human behaviour as a long-term ecological driver of non-human evolution», Nature Ecology & Evolution, 1 (3)/2017, 65. <https://doi.org/10.1038/s41559-016-0065>.

[19] N. Lyons, T. Hoffmann, D. Miller, A. Martindale, K. Ames y M. Blake, «Were the Ancient Coast Salish Farmers? A Story of Origins», American Antiquity, 86 (3)/2021, 504-525. <doi:10.1017/aaq.2020.115>.

[20] Se puede acceder a diversos estudios mediante el Kwiáht Center for the Study of Coast Salish Environments. Un artículo que describe algunas de esas prácticas es R. L. Barsh, «The Importance of Human Intervention in the Evolution of Puget Sound Ecosystems», *Kwiaht*, 2003. <https://www.kwiaht.org/images/terrbiodiversity/ancientgardens/PSRC%202003%20Barsh.pdf>.

[21] Una charla similar de Lyla June puede verse aquí: L. June, «3000-year-old solutions to modern problems | Lyla June», TEDxKC, 2022. <https://www.youtube.com/watch?v=eH5zJxQETl4>.

[22] D. Graeber y D. Wengrow, *The Dawn of Everything: A New History of Humanity*, Nueva York: Farrar, Straus, Giroux, 2021.

[23] L. Guillot, «Indigenous people refuse to be biodiversity "song and dance" act», *Politico*, 2021. <https://www.politico.eu/article/biodiversity-indigenous-people-cop15/>.

[24] Véase N. Vélius (1983), «Senovės baltų pasaulėžiūra (The World Outlook of The Ancient Balts)», Vilnius: Mintis, 1983, pp. 273-278 (en inglés). Consultado el 22 de enero de 2023 en: <https://archive.org/details/velius-senoves.baltu.pasauleziura.-1983/page/274/mode/2up>; G. Beresnevičius, *Lietuvių religija ir mitologija* (*Lithuanian religion and Mythology*), Vilnius, Tyto alba, 2008, pp. 202-204, 212-213 (en lituano); L. Klimka (2011), «Medis kultūroje» (The mythicization of the tree in Lithuanian folk culture), *Acta humanitarica universitatis Saulensis*, 2011, pp. 18-39 (en lituano) <https://gs.elaba.lt/object/elaba:6117973/>.

[25] G. Beresnevičius (2008), *Lietuvių religija ir mitologija: sisteminė studija* (*Lithuanian Religion and Mythology: systemic study*), Tyto Alba, 2008, p. 206 (en lituano).

[26] V. Shiva, *Monocultures of the Mind: Perspectives on Biodiversity and Biotechnology*, Zed Books, 1993.

[27] S. Kumar, *Soil, Soul, Society: A New Trinity for Our Time*, Leaping Hare Press, 2013.

[28] A. Schmookler, *The Parable of The Tribes: A new look at how the history of civilization may have been largely shaped by the raw struggle for power between societies*, Berkeley: Universidad de California, 1984. <https://www.context.org/iclib/ic07/schmoklr/>.

[29] D. Graeber y D. Wengrow. *The Dawn of Everything: A New History of Humanity*. Nueva York: Farrar, Straus, Giroux, 2021.

[30] N. J. Hagens y D. J. White, *The Bottlenecks of the 21st Century*, 2019. <https://read.realityblind.world/view/388478403/256/>.

[31] Universidad de Toronto (2000), Animals Regulate Their Numbers By Own Population Density. ScienceDaily, 2000. <www.sciencedaily.com/releases/2000/11/001128070536.htm>.

[32] N. Gunson (ed.), *Australian Reminiscences and Papers of L. E. Threlkeld*, vol. 1., Australian Institute of Aboriginal Studies, 1974, pp. 64-65.

[33] P. Haslam, «The Original Inhabitants. Lecture 29/4/1981», *Typewritten material and news clippings relating to Awabakal Aboriginal myths and legends, language, culture,* compiled by Percy Haslam 1964-1981, University of Newcastle Archives, 1981.

[34] E. D. Stockton, «Middens of the Central Coast, New South Wales», *Australian Archaeology* 7/1977, 20-31.

[35] Para un ejemplo de esta perspectiva véase W. Ophuls, « Immoderate greatness: why civilizations fail», CreateSpace Independent Publishing Platform, 2012. <https://archive.org/details/immoderategreatnooooophu>.

[36] R. Wall Kimmerer, *Braiding Sweetgrass: Indigenous Wisdom, Scientific Knowledge, and the Teachings of Plants,* Milkweed Editions, 2013.

[37] Uno de los exponentes más conocidos de esta perspectiva es William Catton (1982).

[38] V. Machado de Oliveira, *Hospicing Modernity: Facing Humanity's Wrongs and the Implications for Social Activism,* North Atlantic Books, 2021.

10. Libertad del sistema bancario: el poder del dinero provocó el colapso

[1] S. Rahardjo, «Tradisi Menabung dalam Masyarakat Majapahit: Telaah Pendahuluan terhadap Celengan di Trowulan», en R. Soekmono (ed.), *Monumen: Karya Persembahan Untuk,* Depok: Fakultas Sastra Universitas Indonesia, 1990, pp. 203-217.

[2] Los aficionados a la historia monetaria sabrán que esta no es la única conexión etimológica entre finanzas y riqueza real. La palabra «capital» procede del préstamo de «cápitas» (cabezas) de ganado, porque la gente cobraba intereses cuando prestaba ganado, ya que esperaban que se reprodujera para que hubiera más, de entre los cuales se podía pedir una parte.

[3] BBC Storyworks, Twisted tale: The great piggy bank mystery, s/f. <https://www.bbc.com/storyworks/chinese-new-year/piggy-bank-origins>.

[4] V. de Oliveira Andreotti, *Hospicing Modernity: Facing humamity's wrongs and the implications for social activism,* North Atlantic Books, 2021. <https://www.academia.edu/54097541/Hospicing_Modernity_Facing_humamitys_wrongs_and_the_implications_for_social_activism>.

[5] Parte de la revelación de lo que podría subyacer en una ideología o en un paradigma especialmente problemático puede llevarnos al ámbito de la biología evolutiva, donde se producen tácticas de distracción similares bajo la apariencia de investigación. Por ejemplo, si miramos debajo de la agricultura, encontramos características como los pulgares oponibles, las capacidades lingüís-

ticas complejas y, posiblemente, una excesiva atención a las representaciones abstractas de la realidad dentro de los grupos que fueron posibilitadas por el lenguaje complejo. Si miramos por debajo de las especificidades del *homo sapiens*, podríamos ver la falta de autorregulación de la población entre muchas especies. Sin embargo, como se ha descrito en el capítulo anterior, identificar cualquiera de estos aspectos de la naturaleza y la humanidad como causantes del colapso social sería intelectualmente falaz. Por el contrario, el *homo sapiens* ha existido durante decenas de miles de años, incluso con acceso y uso de combustibles fósiles, sin que se produjera una explosión demográfica, mientras que varios animales, como la ardilla ártica, autolimitan deliberadamente el tamaño de sus poblaciones.

6   P. Kropotkin, *Mutual Aid: A Factor of Evolution*, Nueva York: McLure Phillips & Co., 1902

7   J. C. Scott, *The Art of Not Being Governed: An Anarchist History of Upland Southeast Asia*, New Haven, CT: Yale University Press, 2009.

8   W. H. Durham (1982), «Toward a Coevolutionary Theory of Human Biology and Culture», en T. C. Wiegele (ed.), *Biology and the social sciences: An emerging revolution*, 1982. <https://doi.org/10.4324/9780429048531>.

9   D. Graeber, *Debt: the first 5000 years*, Melville House, 2011.

10   Un préstamo de treinta años al 5,3 por ciento con un tipo de interés mensual constante da como resultado un interés total igual al principal.

11   Margritt Kennedy estimó que «en promedio pagamos alrededor del 50 por ciento de costes de capital [es decir, intereses] en los precios de nuestros bienes y servicios». M. Kennedy, *Interest and Inflation Free Money*, Seva International, 1995.

12   M. Amato y L. Fantacci, *The End of Finance*, Polity, 2011. <https://www.wiley.com/en-us/The+End+of+Finance-p-9780745651118>.

13   M. Sawyer, «Monopoly capitalism in the past four decades», *Cambridge Journal of Economics*, 46 (6)/2021, 1225-1241. <https://doi.org/10.1093/cje/beac048>.

14   G. L. Clark y A. D. Dixon, «Legitimacy and the extraordinary growth of ESG measures and metrics in the global investment management industry», *Environment and Planning A: Economy and Space*, 0(0)/2023. <https://doi.org/10.1177/0308518X231155484>.

15   C. Arnsperger, J. Bendell y M. Slater, «Monetary adaptation to planetary emergency: addressing the monetary growth imperative», *Institute for Leadership and Sustainability (IFLAS) Occasional Papers*, vol. 8/2021, Universidad de Cumbria, Ambleside, Reino Unido. <http://insight.cumbria.ac.uk/id/eprint/5993/>.

16   S. Keen, *The Naked Emperor Dethroned?*, Zed Books, 2011, p. 6.

17   W. Steffen, K. Richardson, J. Rockstrom *et al.*, «Planetary boundaries: Guiding human development on a changing planet», *Science*, 347 (6223)/2015. <https://doi.org/10.1126/science.1259855>.

[18] C. Arnsperger, J. Bendell y M. Slater, «Monetary adaptation to planetary emergency: addressing the monetary growth imperative», *Institute for Leadership and Sustainability (IFLAS) Occasional Papers*, vol. 8/2021, Universidad de Cumbria, Ambleside, Reino Unido. <http://insight.cumbria.ac.uk/id/eprint/5993/>.

[19] Un informe de la Asociación Estadounidense de Psicología analiza el impacto de la publicidad en niños y adolescentes: B. L. Wilcox, D. Kunkel, J. Cantor *et al.*, «Report of the APA task force on advertising and children», American Psychological Association, 2004. <https://www.apa.org/pubs/info/reports/advertising-children>.

[20] H. Kaur y R. Kaur (2016), «Effects of Materialism on Well-Being: A Review», *International Journal of Indian Psychology*, 3 (4), DIP: 18.01.005/20160304, DOI: 10.25215/0304.005

[21] K. Bikas, «How has bank lendin fared since the crisis?», *Positive Money*, s/f. <https://positivemoney.org/2018/06/how-has-bank-lending-fared-since-the-crisis/>.

[22] M. Adelino, A. Schoar y F. Severino, «Credit supply and house prices: Evidence from mortgage market segmentation», *National Bureau of Economic Research*, 2012. <https://www.nber.org/system/files/working_papers/w17832/w17832.pdf>.

[23] G. Favara y J. Imbs, «Credit supply and the price of housing», *The American Economic Review*, 105 (3)/2015, 958-992. <https://www.jstor.org/stable/43495408>.

[24] X. Che, B. Li, K. Guo y J. Wang, «Property Prices and Bank Lending: Some Evidence from China's Regional Financial Centres», *Procedia Computer Science*, 4/2011, 1660-1667. <https://doi.org/10.1016/j.procs.2011.04.179>.

[25] S. Youel, «Bank of England finally admits high house prices are determined by finance, not supply and demand», *Positive Money*, s/f. <https://positivemoney.org/2019/09/bank-of-england-confirms-positive-money-analysis-of-house-prices/>.

[26] D. Lamont, «What 175 years of data tell us about house price affordability in the UK», *Schroders*, 2023. <https://www.schroders.com/en/uk/adviser/insights/markets/what-174-years-of-data-tell-us-about-house-price-affordability-in-the-uk/>.

[27] G. Eaton, «How Tory dominance is build on home ownership», *The New Statesman*, 2021. <https://www.newstatesman.com/politics/uk-politics/2021/05/how-tory-dominance-built-home-ownership>.

[28] P. Butler, «Boomerang» trend of young adults living with parents is rising – study», *The Guardian*, 2020. <https://www.theguardian.com/society/2020/oct/18/boomerang-trend-of-young-adults-living-with-parents-is-rising-study>.

[29] Datos en: Banco Mundial, Interest payments (% of revenue), s/f. <https://data.worldbank.org/indicator/GC.XPN.INTP.RV.ZS>.

[30] B. Yuen Thompson, «The Digital Nomad Lifestyle: (Remote) Work/Leisure Balance, Privilege, and Constructed Community», *International Journal of the*

Sociology of Leisure, 2/2018, 27-42. <https://link.springer.com/article/10.1007/s41978-018-00030-y>.

31 OCDE, «Executive summar», en *How's Life? 2020: Measuring Well-being*, OECD Publishing, Paris, 2020. <https://doi.org/10.1787/ea714361-en>.

32 A. Kaler, «When They See Money, They Think it's Life»: Money, Modernity and Morality in Two Sites in Rural Malawi», *Journal of Southern African Studies*, 32 (2)/2006, 335-349.

33 G. Vaugn, *For-giving: a feminist critique of exchange*, Plain View Press, 1997.

34 J. Ruvinsky, «Money makes people stingy», *Stanford Social Innovation Review*, 2011. <https://ssir.org/articles/entry/research_money_makes_people_stingy>.

35 M. Szalavitz (2010), «The rich are different: More money, less empathy», *Time*. <http://healthland.time.com/2010/11/24/the-rich-are-different-more-money-less-empathy>.

36 M. Kouchaki, K. Smith-Crowe, A. P. Brief y C. Sousa, «Seeing green: Mere exposure to money triggers a business decision frame and unethical outcomes», *Organizational behavior and human decision processes*, 121 (1)/2013, 53-61. <https://doi.org/10.1016/j.obhdp.2012.12.002>.

37 J. Dean, «How Money Restricts Life's Pleasures», Psyblog., 2010. <https://www.spring.org.uk/2010/07/how-money-restricts-lifes-pleasures.php>.

38 K. D. Vohs, «Money priming can change people's thoughts, feelings, motivations, and behaviors: An update on 10 years of experiments», *Journal of Experimental Psychology*, 144 (4)/2015, e86-e93. <https://doi.org/10.1037/xge0000091>.

39 M. Kashtan, «Why capitalism cannot be redeemed», *Medium*, 2022. <https://medium.com/@MikiKashtan/why-capitalism-cannot-be-redeemed-bc07e628082f>.

40 Para saber más sobre cómo funciona el capitalismo para concentrar la riqueza véase T. Picketty, *Capital in the 21st Century*, Harvard University Press, 2014.

41 S. Vitali, J. B. Glattfelder y S. Battiston, «The Network of Global Corporate Control», PloS ONE, 6 (10)/2011, e25995. <https://doi.org/10.1371/journal.pone.0025995>.

42 Se calcula que el valor total de los activos financieros a escala mundial asciende a 243 billones de dólares, y que Blackrock y Vanguard gestionan conjuntamente 16,3 billones de dólares. Estadísticas del Global Wealth Report 2021, Credit Suisse Research Institute, noviembre de 2021. <https://www.credit-suisse.com/about-us/en/reports-research/global-wealth-report.html>.

43 Oxfam International, «Just 8 men own same wealth as half the world», Press Release, 2017. <https://www.oxfam.org/en/press-releases/just-8-men-own-same-wealth-half-world>.

44 R. Wilkinson y K. Pickett, *The Spirit Level: Why More Equal Societies Almost Always Do Better*, Allen Lane, 2010.

[45] S. Keen, «Climate change and the Nobel Prize in economics: The age of rebellion», *Brave New Europe*, 2019. <https://braveneweurope.com/steve-keen-climate-change-and-the-nobel-prize-in-economics-the-age-of-rebellion>.

[46] A. Fabbri, A. Lai, Q. Grundy y L. A. Bero, «The influence of industry sponsorship on the research agenda: a scoping review», *American Journal of Public Health*, 108 (11)/2018, e9-e16. <https://doi.org/10.2105/AJPH.2018.304677>.

[47] Investopedia. What Happens When You Swipe Your Card? <https://www.investopedia.com/articles/personal-finance/082714/what-happens-when-you-swipe-your-card.asp>.

[48] A. Bridy, «Internet Payment Blockades», *Florida Law Review*, 67 (5)/2015.

[49] T. Lawson, «WikiLeaks threatened by bank blockade, seeks to resist», *Green Left*, 2011. <https://www.greenleft.org.au/content/wikileaks-threatened-bank-blockade-seeks-resist>.

[50] India Infoline News Service, «RBI asks banks not to report low value transactions done in its digital currency, to maintain anonymity», 2022. <https://www.indiainfoline.com/article/news-top-story/rbi-asks-banks-not-to-report-low-value-transactions-done-in-its-digital-currency-to-maintain-anonymity-122120100189_1.html>.

[51] El gasto militar mundial en dólares estadounidenses constantes de 2019 aumentó de 1,29 billones de dólares en 1991 a 1,80 billones en 2012 y se mantuvo relativamente estable hasta 2019. Datos de: Stockholm International Peace Research Institute (SIPRI), SIPRI Military Expenditure Database, 2021 <https://www.sipri.org/databases/milex>.

[52] R. Feldman, «The Asian Financial Crisis: Causes, Contagion and Consequences», *International Monetary Fund*, 2000. <https://www.imf.org/external/pubs/ft/issues/issues24/index.htm>.

[53] J. Morales, Y. Gendron y H. Guenin-Paracini, «State privatization and the unrelenting expansion of neoliberalism: The case of the Greek financial crisis», Science, 25(6)/2014, 423-445. <https://www.sciencedirect.com/science/article/abs/pii/S104523541300097X>.

[54] K. MacKay, *Radical Transformation: Oligarchy, Collapse, and the Crisis of Civilization*, Between the Lines, 2017.

[55] *Manchester Evening News*, «Anita warns against "financial fascists"», 2007. <https://www.manchestereveningnews.co.uk/business/business-news/anita-warns-against-financial-fascists-1105571>.

[56] K. J. Schneider (2014), «The Peril Is Not Mental Illness but the Polarized Mind», *Psychology Today*, 2014. <https://www.psychologytoday.com/us/blog/awakening-awe/201403/the-peril-is-not-mental-illness-the-polarized-mind>.

[57] Asociado a las críticas al patriarcado, el término «cultura dominadora» se refiere a una forma de sociedad en la que el miedo y la fuerza mantienen una estructura jerárquica rígida. R. Eisler, *The Chalice and the Blade*, Harper Collins, 1987.

[58] V. Shiva, *Soil Not Oil: Environmental Justice in an Age of Climate Crisis*, North Atlantic Books, 2015.

[59] B. M. Friedman, *The moral consequences of economic growth*, Penguin Random House, 2005.

[60] J. M. Greer, «How Civilizations Fall: A Theory of Catabolic Collapse», *Ecoshock*, 2005. <https://www.ecoshock.org/transcripts/greer_on_collapse.pdf>.

[61] L. Laybourn, H. Throp y S. Sherman, «1.5°C – dead or alive? The risks to transformational change from reaching and breaching the Paris Agreement goal», IPPR, 2023. <https://www.ippr.org/research/publications/1-5c-dead-or-alive>.

[62] R. Seaford, *Money and the Early Greek Mind: Homer, Philosophy, Tragedy*, Cambridge University Press, 2009.

[63] S. Žižek, «Occupy first. Demands come later», *The Guardian*, 2011. <https://www.theguardian.com/commentisfree/2011/oct/26/occupy-protesters-bill-clinton>.

[64] Pat McCabe (líder indígena estadounidense), citado en comunicación personal por Gail Bradbrook, 2023.

11. LIBERTAD EN LA NATURALEZA: FUNDAMENTO PARA LOS ECOLIBERTARIOS

[1] Los argumentos de algunos comentaristas de que tales ideas son de origen europeo y, por lo tanto, parte de una ideología problemática, ignoran la gran diversidad de luchas contra la opresión en todo el mundo.

[2] L. Gonçalves, «Psychologist Jordan Peterson says lobsters help to explain why human hierarchies exist – do they?», theconversation.com, 2018. <https://theconversation.com/psychologist-jordan-peterson-says-lobsters-help-to-explain-why-human-hierarchies-exist-do-they-90489>.

[3] H. Frankfurt, «Freedom of the will and the concept of a person», *The Journal of Philosophy*, 68 (1)/1971, 5-20. <https://doi.org/10.2307/2024717>.

[4] Robert Kane lo ha descrito como un principio de «acción autoformadora» (*self-forming action*) y John Eccles le ha dado el nombre de «psychon». Véase R. Kane, *The significance of free will*, Universidad de Oxford, 1996, y J. Eccles, *How the self controls its brain*, Springer-Verlag, 1994.

[5] Algunos neurocientíficos, como científicos naturales con el deseo de ver todo como mecánico y mapeable, pretenden afirmar que ser determinista (y ver cada acción como predeterminada) no resta importancia a la moral y a las libertades políticas. Están utilizando el enfoque pragmático que he descrito al principio como uno que pierde su poder en la era contemporánea del colapso. Un ejemplo: S. Harris, *Free Will*, Free Press.

[6]   B. Libet, C. A. Gleason, E. W. Wright y D. K. Pearl, «Time of conscious intention to act in relation to onset of cerebral activity (readiness-potential). The unconscious initiation of a freely voluntary act», *Brain*, 106 (3)/1983, 623-642. <doi: 10.1093/brain/106.3.623>.

[7]   Entre las muchas críticas que se han hecho, cabe citar que la disposición medida en la corteza motora puede estar relacionada con un estado general de preparación, cebado por el hecho de que la persona sepa que está destinada a actuar en breve. Otras críticas son que los procesos de toma de decisiones pueden implicar bucles de retroalimentación entre diferentes regiones cerebrales o que las diminutas mediciones temporales implicadas en el estudio no son válidas cuando se utilizan decisiones autoinformadas. Véase P. Sanford, A. L. Lawson, A. N. King y M. Major, «Libet's intention reports are invalid: A replication of Dominik *et al.* (2017)», *Consciousness and Cognition*, 77/2020, 102836. <https://www.sciencedirect.com/science/article/abs/pii/S1053810019302892>.

[8]   R. Kane (ed.), *The Oxford Handbook of Free Will*, 2.ª ed., Universidad de Oxford, 2014.

[9]   S. M. Carroll, *The Big Picture: On the Origins of Life, Meaning, and the Universe Itself*, Penguin, 2016.

[10]   D. Chalmers, *The conscious mind: In search of a fundamental theory*, Universidad de Oxford, 1996.

[11]   Por ejemplo, para una persona la creencia de que todo está predeterminado puede ser atractiva si quiere evitar mirar más de cerca situaciones que le generan emociones difíciles, como las asociadas a la culpa. Para otra persona, la idea del predeterminismo crearía una sensación de pre-perdón por acciones perjudiciales, por lo que es menos reticente a la hora de remarcar comportamientos problemáticos propios o de sus seres queridos. Otras personas rechazan el predeterminismo porque eligen ver una lucha continua entre el bien y el mal de la que deben formar parte, de forma que les evita sentir un vacío existencial por el sinsentido de su vida. Sin embargo, otra persona podría rechazar el predeterminismo a pesar de que esa visión aumente su sufrimiento al ser testigo del sufrimiento de otras vidas en el mundo y de que no desemboca en un binario claro del bien y del mal para alinearse con su ego y afirmarlo. Por tanto, la coherencia de una idea sobre cuestiones metafísicas depende en parte de la intención de la persona que la expresa, lo que supone un reto fundamental para la generalización y el acuerdo común. En cuanto olvidamos que en el ámbito metafísico las ideas son lo que las ideas hacen, estamos en la senda de la ignorancia, el engaño y la violencia.

[12]   K. Timpe, *Free will in philosophical theology*, Bloomsbury Publishing, 2013.

[13]   Algunos puntos de vista del Vedanta sostienen que descubrimos una poderosa humildad y bondad al darnos cuenta de que gran parte o la mayoría de nuestras elecciones inconscientes y conscientes no están libres de la naturaleza/cultura/

circunstancias. Sin embargo, para ello no necesitamos considerar que todas nuestras elecciones estén predeterminadas. Podemos reconocer una unidad subyacente de toda conciencia sin asumir que eso niega infinitos momentos de conciencia y agencia; una unidad policéntrica. Me pregunto si la influencia del patriarcado es la que lleva a la gente a pensar que una sola consciencia debe tener una «mono-mente» unitaria y una agencia dominadora.

[14] V. S. Harrison, *Eastern Philosophy: The Basics*, Routledge, 2018.

[15] Posteriormente he aprendido que esto podría ser similar a la perspectiva de que somos «esencias» individuales de una consciencia y tenemos la capacidad, por lo tanto, del libre albedrío relativo, según lo descrito por A. H. Almaas, *The point of existence: Transformations of narcissism in self-realization*, Shambhala Publications, 2001

[16] Esta nota va dirigida para los lectores budistas. «Ripga» es el término que inventó el budismo tibetano en el siglo VII d. C. para designar la consciencia que está en todos los seres vivos y que, según ellos, es incondicionada. Sin embargo, el Buda no ofreció una palabra para esa consciencia. En su lugar, dijo lo siguiente. La mayor parte de lo que creemos que somos nosotros mismos y nuestra consciencia es una ilusión de permanencia y separación, cuando todo fluye y es impermanente. Más allá de eso, es un error cosificar (etiquetar) nuestra consciencia como un *atman* o alma separada. Nuestra consciencia incondicionada está en constante comunicación e interrelación con la consciencia universal y, por lo tanto, está implicada en el origen interdependiente de todo. Buda también dijo que no hay que fiarse de su palabra, pero yo estoy con él en esta cuestión y por eso no he utilizado aquí «rigpa».

[17] Para la mayoría de nosotros, nuestro sentido cotidiano de quiénes somos es el yo relacional, en lugar de esta consciencia cocausal. La meditación nos ayuda a cultivar la capacidad de ser testigos del yo relacional a partir de esa consciencia.

[18] Reconocer una unidad última también puede cambiar nuestra perspectiva sobre la idea de pasado, presente y futuro, de modo que los consideremos en constante relación dinámica, sin una simple causalidad lineal en el tiempo. Curiosamente, las premoniciones suelen referirse a futuros posibles y generalidades, más que a resultados concretos, como los números de la lotería. Esto concuerda con la idea de que todo el tiempo y el espacio están unificados en algún nivel que no nos es accesible con regularidad, pero que a veces sí lo está, y que la realidad (incluido el futuro) tampoco es inmutable.

[19] Algunos filósofos libertarios metafísicos comparten esta perspectiva. Un término para designarla es «panpsiquismo», por el cual se reconoce que una forma de consciencia impregna todo el universo, incluidas todas las entidades animadas e inanimadas. *Britannica*, s/f, s. v. «Panpsychism». <https://www.britannica.com/topic/panpsychism>.

[20] S. Carroll, «Quantum mysticism is everywhere—But it's bogus», *Scientific American*, 2018. <https://www.scientificamerican.com/article/quantum-mysticism-is-everywhere-but-its-bogus/>.

[21] Las implicaciones de esta perspectiva siguen siendo muy profundas. El «aspecto de la consciencia individual que no está totalmente determinado» de cualquier ser vivo está dando forma a los factores materiales y sociales que influyen en él de una manera que trasciende la forma en que entendemos el tiempo y el espacio en nuestros estados ordinarios de consciencia. Por lo tanto, probablemente participa en la creación conjunta de todas las experiencias «pasadas» del universo, incluidos los milenios pasados, que condujeron al momento presente. Tal perspectiva es coherente con la comprensión de que todas las instancias de consciencia están unificadas con todas las demás. Actualmente no tengo claro cuáles podrían ser las implicaciones de tal perspectiva.

[22] Desde esta perspectiva, si hay alguna reencarnación de mí mismo podría ser a través de múltiples formas de vida, tal vez al mismo tiempo, en una mezcla con los efectos en el registro akáshico de otras formas de vida, donde sea o cuando sea en el universo, es decir, no sería realmente «yo» reencarnado.

[23] Con esta perspectiva sobre la naturaleza del yo y de la realidad mezclo ideas de una serie de tradiciones de sabiduría con la influencia de la cultura modernista en la que crecí, mientras intento dar sentido a las diversas experiencias de consciencia que he tenido a lo largo de mi vida. Por lo tanto, considero este marco con ligereza, como una conceptualización falible de la realidad en lugar de ser la realidad. Por eso, no me entusiasma adherirme a dogmas sobre la existencia de un alma distinta que dura para siempre en el cielo, o que pasa por ciclos de renacimiento, o que no hay alma individual en absoluto, ni libre albedrío asociado a ella.

[24] Considero útil la definición budista de los seres sintientes como aquellos que implican una combinación de características. Se trata de los cinco «skandhas» de materia, sensación, percepción, formaciones mentales y consciencia. Los animales, incluidos los humanos, tienen todas estas características, y a eso me refiero en la discusión principal. No tengo claro hasta qué punto los insectos pueden tener formaciones mentales. Las plantas carecen de formaciones mentales. Como se ha discutido antes, algunos consideran que todos los seres vivos (no solo los sintientes) tienen una consciencia que es un aspecto de la consciencia universal. Que tal consciencia sea en absoluto co-causal, con capacidad de elección y libre albedrío, parece improbable, pero no es una cuestión que esté explorando en este libro. Sobre la sintiencia: D. A. Getz, «Sentient beings», citado en R. E. Buswell, *Encyclopedia of Buddhism*, vol. 2, Nueva York: Macmillan Reference, 2004, p. 760.

[25] Algunos filósofos optan por suponer que no existe pensamiento complejo ni capacidad de elección en los animales como parte de su argumento de que los humanos son únicos en el conflicto entre instinto y pensamiento. Considero

que estas perspectivas reflejan el aislamiento urbano de algunos humanos modernos que no aprecian a los animales salvajes.

[26] Mucho de lo que ocurre en la vida orgánica puede explicarse bien con una visión mecanicista, como los científicos explican también el universo inorgánico, a pesar de algunas ideas recientes de la física cuántica. Sin embargo, que muchas cosas puedan explicarse con esa visión mecanicista no significa que todo pueda o deba explicarse con esa visión. No hay razón para una ontología y una epistemología totalizadoras una vez que reconocemos lo provisionales y falibles que son nuestros modelos de la realidad. Sin embargo, es probable que la reacción negativa de algunos científicos a estas ideas de procesos no mecanicistas se deba a algo que está más allá de querer evitar una ontología pluralista. Más bien puede deberse a que intuyen que un modelo no mecanicista complementario para la vida sensible podría implicar que algo falla en el modelo al cual complementa.

[27] Una forma de este argumento (sobre la naturaleza y no sobre la evolución) fue expuesta por el físico teórico checo Petr Hájíček en 2009. P. Hájíček, «Freedom in nature», *General Relativity and Gravitation*, 41/2009, 2073-2091. <https://doi.org/10.1007/s10714-009-0839-1>.

[28] Debido a la falta de tiempo para investigarlo, actualmente soy agnóstico sobre la naturaleza de la consciencia vegetal. Es claramente diferente de la consciencia animal y podría no implicar la toma de decisiones en un sentido similar al de los animales. O podría ser una propiedad que puede observarse a nivel de varias plantas, a través de redes. En esta sección soy consciente de que me estoy moviendo más allá de cómo la mayoría de la corriente principal de la biología evolutiva discute la noción de libre albedrío. A menudo, los científicos de este campo quieren hacer hincapié en la naturaleza «ciega» de los procesos evolutivos. Sin embargo, incluso la ciencia más dominante en este campo ha reconocido un papel de la indeterminación y del azar, que proporcionan espacio para considerar el libre albedrío como constitutivo del proceso de evolución. Por ejemplo, R. C. Lewontin, *The triple helix: Gene, organism, and environment*, Universidad de Harvard, 2000. La sintiencia es fundamental tanto para la naturaleza como para la evolución tal y como las presenciamos hoy en día y, por tanto, las características de la sintiencia son tan importantes para nuestra comprensión de la naturaleza y de la evolución como las formas de vida no sintientes (que podrían explicarse más fácilmente con modelos puramente mecanicistas). Sin embargo, antes de dejar espacio para considerar el libre albedrío como un factor de la evolución algunos biólogos desearían ver una descripción más clara del papel de la sintiencia en la configuración de la evolución actual. Creo que podemos ver eso a través de los recientes avances en el campo de la epigenética, aunque examinar eso está más allá de mi capacidad para completar este libro a tiempo. Otro argumento por el que la sintiencia podría ocupar un lugar más

central en las discusiones sobre evolución es que la inteligencia es adaptativa y, por tanto, puede haber evolucionado en múltiples instancias separadas, es decir, evolución convergente. Mientras tanto, si crees que los fenómenos anómalos no identificados (FANI) demuestran que existen alienígenas inteligentes, entonces, aunque los biólogos podrían empezar a ignorarte, también podrías argumentar que ahora sabemos que la sintiencia es inevitable dentro del universo más amplio.

29 E. Laszlo, *The systems view of the world: A holistic vision for our time*, George Braziller, 1972.

30 J. Bendell, «Deeper implications of societal collapse: co-liberation from the ideology of e-s-c-a-p-e», en J. Bendell y R. Read (eds.). *Deep Adaptation: Navigating the Realities of Climate Chaos*, Polity, 2021.

31 Nuestra capacidad para vivir en ecolibertad se ha visto incluso comprometida por los límites impuestos a nuestra consciencia por los intereses corporativos y las aversiones emocionales de la modernidad. Los grupos de presión de las empresas farmacéuticas y de bebidas alcohólicas han influido en la normativa sobre plantas medicinales con efectos alucinógenos leves, como ciertos hongos y la marihuana. Muchas personas informan de cómo su comprensión de sí mismas y del mundo se ve afectada positivamente por la alteración momentánea de la percepción que pueden experimentar con dichas plantas. ¿Es mera coincidencia que la Modernidad Imperial solo haya dado la bienvenida a aquellas plantas que adormecen los sentidos, como el alcohol, o estimulan nuestra capacidad de trabajar duro, como la cafeína, o de sentirnos satisfechos, como el cacao? Por lo tanto, no sabemos cómo sería hoy una comunidad humana que permitiera experimentar ampliamente las diversas formas de consciencia. ¿Habría sido tan conforme con el ecocidio? No lo sabemos; pero lo que sí sabemos es que, si no tenemos soberanía sobre nuestra propia consciencia, entonces no somos realmente libres.

32 R. Martinez, *Creating freedom: Power, control and the fight for our future*, Canongate Books, 2016.

33 R. Read, «Wittgenstein's philosophy of liberation», ABC *Religion & Ethics*, 2021. <https://www.abc.net.au/religion/ludwig-wittgenstein-philosophy-of-liberation/13071408>.

34 V. de Oliveira Andreotti, *The Political Economy of Global Citizenship Education*, Routledge, 2014.

35 M. Slater y S. Rathor, «Relocalisation as Deep Adaptation», en J. Bendell y R. Read (eds.), *Deep Adaptation: Navigating the Realities of Climate Chaos*, Polity, 2021.

36 Algunas personas que critican la modernidad y celebran el pasado de los seres humanos que viven en «ecolibertad» abogan por un retorno a esas formas de vida con la afirmación de que esto producirá resultados materiales positivos.

Sin embargo, yo no me suscribo a ninguna visión que reivindique una existencia materialmente mejor para los seres humanos. Por el contrario, el futuro va a ser muy difícil e incluso la supervivencia humana puede estar en juego. Para un ejemplo de las historias de «retorno a la naturaleza» véase L. G. Herman, *Future Primal: How Our Wilderness Origins Show Us The Way Forward*, New World Library, 2013. <https://futureprimalbook.com/index.html>.

[37] Véase M. Friedman, *Capitalism and Freedom*, Universidad de Chicago, 1962.

[38] M. Rothbard, «Law, Property Rights, and Air Pollution», *Cato Journal*, vol. 2, n.º 1/1982.

[39] T. Anderson y D. Leal, *Free Market Environmentalism*, Palgrave Macmillan, 2001.

[40] J. Simon, *The Ultimate Resource 2*, Universidad de Princeton, 1996. <https://press.princeton.edu/books/paperback/9780691042699/the-ultimate-resource-2>.

[41] Por ejemplo, mi versión del ecolibertarismo es un rechazo del fundamentalismo de mercado, en W. Block, «Environmentalism and Economic Freedom: The Case for Private Property Rights», *Journal of Business Ethics*, 17/1998, 1887-1899. <https://doi.org/10.1023/A:1005941908758>.

[42] M. Bookchin, *Social Ecology and Communalism*, Oakland: AK Press, 1995.

[43] D. P. Singh, «Lala Lajpat Rai: His Life, Times and Contributions to Indian Polity», *The Indian Journal of Political Science*, vol. 52, n.º 1/1991, 125-136.

[44] A. Teltumbde, «Economics of Babasaheb Ambedkar», en G. Sridevi (ed.), *Ambedkar's Vision of Economic Development for India*, Routledge India, 2020.

[45] En Occidente hay algunos filósofos que comentan la importancia del anarquismo político para responder a nuestra nueva era de colapso de las sociedades modernas. Por desgracia, el término «anarquismo» suele entenderse como destructivo, y a menudo es adoptado por personas que buscan espectáculos de perturbación en lugar de pacientes esfuerzos de base para el cambio social, por lo que he decidido no utilizar esta terminología aquí. Para un ejemplo de las ideas, véase D. Allen, «Anarchism at the End of the World», substack, 2023. <https://expressiveegg.substack.com/p/anarchism-at-the-end-of-the-world>.

[46] R. Mittiga, *Political Legitimacy, Authoritarianism, and Climate Change*. Publicado por la Universidad de Cambridge en nombre de la American Political Science Association, 2021, pp. 1-14. <https://www.cambridge.org/core/journals/american-political-science-review/article/abs/political-legitimacy-authoritarianism-and-climate-change/E7391723A7E02FA6D536AC168377D2DE>.

[47] M. Weisspflug, «Hannah Arendt: Only within the Limits of Nature is Freedom Possible», *DHM-BLOG*, 2020. <https://www.dhm.de/blog/2020/05/14/hannah-arendt-only-within-the-limits-of-nature-is-freedom-possible/>.

[48] J. Bendell, «Psychological insights on discussing societal disruption and collapse», *Ata: Journal of Psychotherapy Aotearoa New Zealand*, 25 (1)/2021. <https://ojs.aut.ac.nz/ata/article/view/187>.

49 H. Arendt, *The Origins of Totalitarianism*, Harcourt Brace Jovanovich, 1966.

50 G. Monbiot y P. Kingsnorth, «Should We Seek to Save Industrial Civilisation?», Monbiot.com, 2009. <https://www.monbiot.com/2009/08/18/should-we-seek-to-save-industrial-civilisation/>.

51 E. Scott, «Extinctions, scenarios, and assumptions: Changes in latest Pleistocene large herbivore abundance and distribution in western North America», *Quaternary International*, 217 (1-2)/2010, 225-239. <https://doi.org/10.1016/j.quaint.2009.11.003>.

52 D. E. MacFee Ross y A. Marx Preston, «Humans, hyperdisease and first-contact extinctions», en S. Goodman y B. D. Patterson (eds.), *Natural Change and Human Impact in Madagascar*, Washington DC: Smithsonian Press, 1997, pp. 169-217.

53 R. B. Firestone *et al.*, «Evidence for an extraterrestrial impact 12,900 years ago that contributed to the megafaunal extinctions and the Younger Dryas cooling», *Proceedings of the National Academy of Sciences*, 104 (41)/2007.

54 A. Kalashnikoff, «Why did mammoths go extinct? Scientists are close to solving an Ice Age mystery», *Russia Beyond*, 2018. <https://www.rbth.com/science-and-tech/328469-why-did-mammoths-go-extinct>.

55 S. Fiedel, «Sudden Deaths: The Chronology of Terminal Pleistocene Megafaunal Extinction», en G. Haynes (ed.), *American Megafaunal Extinctions at the End of the Pleistocene. Vertebrate Paleobiology and Paleoanthropology*, Springer: Dordrecht, 2009.

56 Por ejemplo, consultar: C. V. Haynes Jr., «Younger Dryas "black mats" and the Rancholabrean termination in North America», *Proceedings of the National Academy of Sciences*, 105 (18)/2009.

57 J. A. Badgeley, E. J. Steig, G. J. Hakim y T. J. Fudge, «Greenland temperature and precipitation over the last 20 000 years using data assimilation», *Clim. Past*, 16/2020, 1325-1346, <https://doi.org/10.5194/cp-16-1325-2020>.

58 J. Li, S. P. Xie, E. Cook *et al.*, «El Niño modulations over the past seven centuries», *Nature Climate Change*, 3/2013, 822-826. <https://doi.org/10.1038/ncli­mate1936>.

59 William E. Rees, «Overshoot: Cognitive obsolescence and the population conundrum», *Population and Sustainability*, 7 (1), 15-36/2023. <https://www.whp-journals.co.uk/JPS/article/view/855/522>.John Foster (2022). *Realism and the Climate Crisis: Hope for Life*. Polity Press.

60 L. June, «3000-year-old solutions to modern problems», TEDxKC, 2022. <https://www.youtube.com/watch?v=eH5zJxQETl4>.

61 A. Steffen, «Discontinuity is the Job», substack.com, 2021 <https://alexsteffen.substack.com/p/discontinuity-is-the-job>.

62 B. Marx Hubbard, «What Is Conscious Evolution», Awaken, 2021. <https://awaken.com/2021/04/what-is-conscious-evolution/>.

[63] B. Myers, *The Circle of Life is Broken: An Eco-Spiritual Philosophy of the Climate Crisis*, Moon Books, 2022. <https://www.goodreads.com/book/show/61369178-the-circle-of-life-is-broken>.

[64] M. Alsan, L. Braghieri, S. Eichmeyer, M. Joyce Kim, S. Stantcheva y D. Y. Yang, «Civil Liberties in Times of Crisis», Davidyang.com, 2021. <davidyyang.com/pdfs/civilliberty_draft.pdf>.

[65] J. Bendell, «Toward radical responses to polycrisis: a review of reviews of the Deep Adaptation book», *IFLAS-Initiative for Leadership and Sustainability*, 2022. <http://iflas.blogspot.com/2022/03/toward-radical-responses-to-polycrisis.html>.

12. LIBERTAD PARA COLAPSAR Y CRECER: LA VÍA CATASTROFISTA

[1] Puedes ver una conversación de una hora que tuve con Zori Tomova en: <https://www.youtube.com/watch?v=3gNToMF0H0c>.

[2] Puedes ver una conversación de una hora que tuve con Skeena Rathor en: <https://www.youtube.com/watch?v=1xigVRyg2Us>.

[3] C. Ahenakew , *Towards Scarring Our Collective Soul Wound*, Musagetes, 2019.

[4] J. LeClair, «Building Kincentric Awareness in Planetary Health Education: A Rapid Evidence Review», *Creative Nursing*, 27 (4)/2021, 231-236. <https://europepmc.org/article/med/34903624>.

[5] J. Bendell, «Hope in a time of climate chaos-a speech to psychotherapists», jembendell.com, 2019. <https://jembendell.com/2019/11/03/hope-in-a-time-of-climate-chaos-a-speech-to-psychotherapists/>.

[6] Y sé que habrá personas que tergiversen mi proceso de investigación, mis conclusiones, mis intenciones y sus efectos, para congraciarse con las elites en el poder y suprimir las respuestas al colapso que busquen la libertad. Por eso he escrito este libro, siendo consciente de cómo podría existir en el mundo de una manera que genere hostilidad hacia mí.

[7] S. Kumar, «Gandhi's Swadeshi-The Economics of Permanence», Squarespace, s/f. <https://static1.squarespace.com/static/61102fa5fee11111029bec51/t/613ad-57818d64471e86120fd/1631245688580/Gandhis+Swadeshi.pdf>.

[8] M. Carlsen, «Ny forskning: Fællesskab kan skabe mere bæredygtighed», Andelsportal.dk, 2020. <https://www.andelsportal.dk/nyheder/faellesskab-skaber-baeredygtighed/>.

[9] L. Venugopal, «A Different Kind of Hope with #DeepAdaptation in Southern India», jembendell.com, 2021. <https://jembendell.com/2021/03/05/a-different-kind-of-hope-with-deepadaptation-in-southern-india/>.

[10] Véase: <https://humans.at-home.coop/>.

[11] J. Bendell y T. Jenkin (2017), «The Harry Potter of Jailbreaking: Tim Jenkin on Freedom», YouTube, 2017. <https://www.youtube.com/watch?v=Oc0OKMWW-JSc>.

[12] Appropedia, «Local Exchange Trading System», s/f. <https://www.appropedia.org/Local_Exchange_Trading_System>.

[13] Véase: <http://communityexchange.org/>.

[14] W. O. Ruddick, M. A. Richards y J. Bendell (2015), «Complementary currencies for sustainable development in Kenya: the case of the Bangla-Pesa», International Journal of Community Currency Research, 19/2015, 18-30. <https://insight.cumbria.ac.uk/id/eprint/2557/>.

[15] K. Perry (2022), «Post-doom Benefits of Collapse Acceptance», YouTube, 2022. <https://www.youtube.com/watch?v=mhKbOtZMo1c>

[16] Just Collapse, A Little Book of Insurgent Planning, 2023. <https://justcollapse.org/2023/03/13/a-little-book-of-insurgent-planning/>.

[17] E. Ostrom, Governing the commons: The evolution of institutions for collective action, Cambridge University Press, 1990.

[18] M. Bauwens y J. Ramos, «The Pulsation of the Commons: The Temporal Context for the Cosmolocal Transition», en J. Ramos (ed.), The Cosmolocal Reader, Futures Lab. (clreader.net), 2021.

[19] J. Ramos, Sh. Ede, M. Bauwens y G. Wong (eds.) (2021), The Cosmolocal Reader, Futures Lab. (clreader.net), 2021.

[20] J. Bendell (2019), «Charity in the Face of Collapse: The Need for Generative Giving not Strategic Hubris», jembendell.com, 2019. <https://jembendell.com/2019/04/04/charity-in-the-face-of-collapse-the-need-for-generative-giving-not-strategic-hubris/>.

[21] Initiative for Leadership and Sustainability. Sad but Necessary Lessons at Rio+30 and Stockholm+50, 2022. <http://iflas.blogspot.com/2022/05/rioplus30.html>.

[22] J. Bendell, «Replacing Sustainable Development: Potential Frameworks for International Cooperation in an Era of Increasing Crises and Disasters», Sustainability, 14 (13)/2022, 8185.

[23] IPCC, Climate Change 2014: Impacts, Adaptation, and Vulnerability. Part A: Global and Sectoral Aspects. Contribution of Working Group II to the Fifth Assessment Report of the Intergovernmental Panel on Climate Change, Cambridge University Press, 2014, pp. 869-899.

[24] G. Ziervogel, J. Enqvist, L. Metelerkamp y J. van Breda (2020), «Supporting transformative climate adaptation: community-level capacity building and knowledge co-creation in South Africa», Climate Policy, 22 (5)/2020, 607-622. <https://www.tandfonline.com/doi/full/10.1080/14693062.2020.1863180>.

[25] Véase <https://moderateflank.org/>.

[26] G. Ziervogel, A. Cowen y J. Ziniades, «Moving from Adaptive to Transformative Capacity: Building Foundations for Inclusive, Thriving, and Regenerative Urban Settlements», *Sustainability* 8 (9)/2016, 995. <https://doi.org/10.3390/su8090955>.

[27] J. Bendell, «Is Deep Adaptation adding up to much?», Linkedin, Blog, 2021. <https://www.linkedin.com/pulse/deep-adaptation-adding-up-much-jem-bendell>.

[28] Para una discusión sobre la coliberación, véase S. Rathor y M. Slater, «Relocalization as Deep Adaptation», en J. Bendell y R. Read (eds.), *Deep Adaptation: Navigating the Realities of Climate Chaos*, Polity, 2021.

[29] J. Bendell, «This is what a #RealGreenRevolution would include», jembendell.com, 2021. <https://jembendell.com/2021/11/04/this-is-what-a-realgreenrevolution-would-include/>.

[30] J. Bendell, «Psychological insights on discussing societal disruption and collapse», *Ata: Journal of Psychotherapy Aotearoa New Zealand*, 25 (1)/2021. <https://ojs.aut.ac.nz/ata/article/view/187>.

[31] C. Jenkins y S. Wright (2022), «Faith in a time of collapse», *Church Times*. <https://www.churchtimes.co.uk/articles/2022/4-november/features/features/faith-in-a-time-of-collapse>.

13. LIBRES DE FALSOS GLOBALISTAS VERDES: RESISTENCIA Y REIVINDICACIÓN

[1] L. Lewis, «Chinese city's plan to kill all pets belonging to Covid-19 patients axed following outcry», *Daily Mail Online*, 2022. <https://www.dailymail.co.uk/news/article-10671925/Chinese-citys-plan-KILL-pets-belonging-Covid-19-patients-axed-following-outcry.html>.

[2] S. Meleady, «Covid horror as estimated over 350,000 cats infected with virus which "can be fatal"», *Daily Express*, 2022. <https://www.express.co.uk/news/uk/1699730/Covid-19-cats-University-of-Glasgow-veterinarians-virologists-Grace-Tyson-ont>.

[3] Juniper Communications, The Great Plague (Black Death Documentary), YouTube, 2017. <https://www.youtube.com/watch?v=IwB1ha7odRA>.

[4] J. A. I. Champion, «London's dreaded visitation: the social geography of the Great Plague in 1665», *Historical Geography Research Series*, 31/1995, University of Edinburgh, 1995 pp. xiv, 124.

[5] National Archives, «The Great Plague-source 3b», 2022. <https://www.nationalarchives.gov.uk/education/resources/great-plague/source-3b/>.

[6] J. A. I. Champion, «London's dreaded visitation: the social geography of the Great Plague in 1665», *Historical Geography Research Series*, 31/1995, University of Edinburgh, 1995, pp. xiv, 124.

[7] A. L. Moote y D. C. Moote (2004), *The great plague: the story of London's most deadly year*, Baltimore and London, Johns Hopkins University Press, 2004, p. 115.

[8] D. Defoe, *Journal of The Plague Year*, 1772 Disponible en: <https://en.wikisource.org/wiki/A_Journal_of_the_Plague_Year>.

[9] Bristol Record Society, Documents Relating to the Great Plague of 1665-1666 in Bristol, 2022. Disponible en: <https://archive.org/details/beardplague>.

[10] T. A. Klikauer, «Preliminary theory of managerialism as an ideology», *J Theory Soc Behav*, 49/2019, 421-442. <https://doi.org/10.1111/jtsb.12220>.

[11] La revisión Cochrane de 2023 de las investigaciones sobre los beneficios del uso de mascarillas no pudo encontrar pruebas concluyentes de que tuvieran un efecto significativo. T. Jefferson, L. Dooley y E. Ferroni, *Physical interventions to interrupt or reduce the spread of respiratory viruses*, Cochrane Library, 2023. <https://www.cochranelibrary.com/cdsr/doi/10.1002/14651858.CD006207.pub6/full>. Mientras tanto, hay evidencia de que en algunos países el enfoque en las mascarillas tenía como objetivo generar miedo y cumplir con los intereses del gobierno. T. Diver, «Government "used grossly unethical tactics to scare public into Covid compliance"», *The Telegraph*, 2022. <https://www.telegraph.co.uk/politics/2022/01/28/grossly-unethical-downing-street-nudge-unit-accused-scaring/>. Finalmente, la evidencia contra la importancia de la transmisión asintomática en el primer año de la pandemia socavó todas las medidas tomadas por aquellos sin síntomas o en relación con ellos, como describí en J. Bendell, «It's time for more of a citizen's response to the pandemic», jembendell.com, 2021. <https://jembendell.com/2021/10/23/its-time-for-more-of-a-citizens-response-to-the-pandemic-for-a-real-planb/>.

[12] R. Booth, «"Thrown to the wolves": Covid care home ruling is bitter victory for relatives», *The Guardian*, 2022. <https://www.theguardian.com/politics/2022/apr/27/thrown-to-the-wolves-covid-care-home-ruling-is-bitter-victory-for-relatives>.

[13] E. Pilkington, «Black Americans dying of Covid-19 at three times the rate of white people», *The Guardian*, 2020. <https://www.theguardian.com/world/2020/may/20/black-americans-death-rate-covid-19-coronavirus>.

[14] W. B. Grant, H. Lahore y S. L. McDonnell (2020), «Evidence that Vitamin D Supplementation Could Reduce Risk of Influenza and COVID-19 Infections and Deaths», *Nutrients*, 12 (4)/2020, 988. <https://pubmed.ncbi.nlm.nih.gov/32252338/>.

[15] En cambio, los medios de comunicación utilizaron los niveles más altos de vulnerabilidad de la población de color a fin de crear un argumento moral para que

las masas obedecieran a las autoridades y avergonzaran a las personas que no estaban de acuerdo con su enfoque (ver el artículo del *Guardian* citado anteriormente como prueba de ello). Por lo tanto, utilizaron la situación de los grupos desfavorecidos para promover un programa que no ayudó a esos grupos, ignorando lo que podría haberlos ayudado. Algunos críticos consideran que esto es típico del uso fraudulento de sentimientos morales en los medios de comunicación para manipular a la sociedad y que la gente sufre a causa de sus tácticas.

[16] J. Herby, L. Jonung y S. H. Hanke, «A Literature Review and Meta-Analysis of the Effects of Lockdowns on COVID-19 Mortality», *Studies in Applied Economics*, 2022, 200. <https://sites.krieger.jhu.edu/iae/files/2022/01/A-Literature-Review-and-Meta-Analysis-of-the-Effects-of-Lockdowns-on-COVID-19-Mortality.pdf>.

[17] E. Alberici y M. Leitch, «India enforced the world's biggest lockdown. But critics say it's taken a heavy toll», *ABC News*, 2020. <https://www.abc.net.au/news/2020-05-19/worlds-largest-coronavirus-lockdown-india-covid-19-barkha-dutt/12246746>.

[18] L. Venugopal, «A Different Kind of Hope with #DeepAdaptation in Southern India», Jembendell.com, 2021. <https://jembendell.com/2021/03/05/a-different-kind-of-hope-with-deepadaptation-in-southern-india/>.

[19] J. Bendell, «The Benefits of Africa Evading Western Panic», Jembendell.com <https://jembendell.com/2022/02/09/the-benefits-of-africa-evading-western-panic/>.

[20] D. Gerszon Mahler, N. Yonzan y C. Lakner, «Updated estimates of the impact of COVID-19 on global poverty: Turning the corner on the pandemic in 2021?», *World Bank Blogs*, 2021. <https://blogs.worldbank.org/opendata/updated-estimates-impact-covid-19-global-poverty-turning-corner-pandemic-2021>.

[21] J. Bendell, «It's not too late to stop being a tool of oppression», Jembendell.com, 2022. https://jembendell.com/2022/11/21/its-not-too-late-to-stop-being-a-tool-of-oppression/

[22] Juniper Communications, «The Great Plague (Black Death Documentary)», YouTube <https://www.youtube.com/watch?v=IwB1ha7odRA>.

[23] J. Bendell, «Decolonize the World Health Organisation (WHO)», Jembendell.com, 2022. <https://jembendell.com/2022/02/07/decolonize-the-world-health-organisation-who/>.

[24] Ya en abril de 2020 se informó que las mutaciones encontradas en el SARS-Cov-2 eran problemáticas para el éxito futuro de las vacunas: S. Chen, «Coronavirus mutation could threaten the race to develop vaccine», *South China Morning Post*, 2020. <https://www.scmp.com/news/china/science/article/3079678/coronavirus-mutation-threatens-race-develop-vaccine>. El problema de las mutaciones en los coronavirus que hacen dudoso el éxito de la vacunación llegó a la literatura revisada por pares en julio de 2020: A. D. Branch, «How to survive COVID-

19 even if the vaccine fails», *Hepatology Communications*, 4(2)/2020, 1864-1879. <https://doi.org/10.1002/hep4.1588>.

[25] El aspecto problemático de la tasa de mutaciones de Sars Cov 2 para el éxito de la vacunación quedó completamente documentado en artículos científicos en septiembre de 2020: Q. Li, *Cell*, 182/2020, 1284-1294. <https://www.cell.com/cell/pdf/S0092-8674%2820%2930877-1.pdf>.

[26] A. Malhotra, «Curing the pandemic of misinformation on COVID-19 mRNA vaccines through real evidence-based medicine-Part 1», *Journal of Insulin Resistance*, 5(1)/2022, a71. <https://insulinresistance.org/index.php/jir/article/view/71>.

[27] Un político británico proporcionó un resumen útil del alcance de la evidencia en 2023 en un discurso ante el parlamento: A. Bridgen, «List of supporting references used in vaccine harms debate speech», *Andrew Bridgen MP*, 2022 <https://www.andrewbridgen.com/news/list-supporting-references-used-vaccine-harms-debate-speech>.

[28] L. Clarke y C. Chess, «Elites and Panic: More to Fear than Fear Itself», *Social Forces*, 87 (2)/2008, 993-1014. <https://doi.org/10.1353/sof.0.0155>.

[29] J. Bendell, «Psychological insights on discussing societal disruption and collapse», *Ata: Journal of Psychotherapy Aotearoa New Zealand*, 25 (1)/2021. <https://ojs.aut.ac.nz/ata/article/view/187>.

[30] Ibid.

[31] J. Bendell, «It's time for more of a citizen's response to the pandemic-for a real #PlanB», *Jembendell.com*, 2021 <https://jembendell.com/2021/10/23/its-time-for-more-of-a-citizens-response-to-the-pandemic-for-a-real-planb/>.

[32] J. Glenza, «Unvaccinated teacher infected half her students with Covid, CDC finds», *The Guardian*, 2021. <https://www.theguardian.com/world/2021/aug/28/unvaccinated-teacher-infected-half-her-students-covid-california-cdc>.

[33] J. Bendell, «Medical Aggression-the new nasty?», *Jembendell.com*, 2022. <https://jembendell.com/2022/01/08/medical-aggression-the-new-nasty/>.

[34] TrialSiteNews, «A Professional Social Network Steps Up in a Big Way and an mRNA Discoverer Returns to Contributing to the Scientific Debate», 2021 <https://www.trialsitenews.com/a/a-professional-social-network-steps-up-in-a-big-way-and-an-mrna-discoverer-returns-to-contributing-to-the-scientific-debate>.

[35] R. Soave, «Inside the Facebook Files: Emails Reveal CDC's Role in Stifling COVID Dissent», *Reason*, 2023 <https://reason.com/2023/01/19/facebook-files-emails-cdc-covid-vaccines-censorship/>.

[36] El informe sobre este tema fue realizado por Matt Taibbi y publicado inicialmente en un hilo en Twitter como: TWITTER FILES #19 The Great Covid-19 Lie Machine Stanford, the Virality Project, and the Censorship of «True Stories» <https://twitter.com/mtaibbi/status/1636729166631432195>.

[37] J. Bendell, «Vaccination of Children for Covid-19: Doing more of something because it is not working?», Indepdentviewpoints.net., 2021 <https://independentviewpoints.net/wp-content/uploads/2021/09/Vaccination-of-Children-for-Covid19-in-UK.pdf>.

[38] T. Adamo y J. Joner, «Stanford's Dark Hand in Twitter Censorship», *Stanford Review*, 2023 <https://stanfordreview.org/stanfords-dark-hand-in-twitter-censorship/>.

[39] Aquí hago referencia y proporciono el enlace a ese artículo en mi blog sobre el tema de la vacunación infantil contra el Covid: J. Bendell, «They've gone too far with the children-so what do we do?», Jembendell.com, 2022 <https://jembendell.com/2022/10/09/theyve-gone-too-far-with-the-children-so-what-do-we-do/>.

[40] Además, catorce meses antes de que se lanzaran las vacunas de ARNm para el Covid, dijo que se necesitarían diez años de pruebas de seguridad antes de que las nuevas vacunas de ARNm pudieran usarse con el público. <https://twitter.com/WallStreetApes/status/1610411648040448000>.

[41] Wikipedia, «1989 European Parliament election in the United Kingdom», s/f. <https://en.wikipedia.org/wiki/1989_European_Parliament_election_in_the_United_Kingdom>.

[42] Wogan Episode #11.49. TV Episode, 1991 <https://www.imdb.com/title/tt13633356/>.

[43] J. Bendell, *Barricades and Boardrooms: A contemporary History of the corporate Accountability movements*, African Union Library, 2004. <https://library.au.int/barricades-and-boardrooms-contemporary-history-corporate-accountability-movements-3>.

[44] Otro ejemplo de cómo el porno conspirativo sirve para socavar la crítica válida del poder y, por lo tanto, la responsabilidad de una organización verdaderamente revolucionaria, proviene de los ataques del 11 de septiembre de 2001. Había pruebas indiscutibles de que la CIA entrenó y financió a quienes se convirtieron en las redes de Osama Bin Laden. También hubo evidencia de que las advertencias del FBI sobre los secuestradores fueron ignoradas hasta en la Casa Blanca, y que los militares enviaron el avión que despegó esa mañana en la dirección equivocada. También está la cuestión más amplia de cómo se provocaron los agravios de los secuestradores. También está el motivo del complejo industrial-militar al querer un nuevo enemigo después del final de la Guerra Fría para justificar el gasto militar en curso. En conjunto, estas críticas podrían haber desafiado seriamente a la administración y al Estado profundo, y haber creado dudas sobre las campañas militares posteriores. Sin embargo, tales críticas fueron abrumadas por el porno conspirativo y, por lo tanto, deslegitimadas entre la población en general. Una faceta clave del porno conspirativo fue argumentar que no hubo aviones el 11 de septiembre. Un ejemplo fue

una película que utilizó CGI para eliminar los aviones (o fragmentos de aviones) de muchos vídeos del segundo avión que impactó contra el World Trade Center citó solo a aquellas personas que miraron hacia las torres después del impacto del avión, mintió a sus espectadores afirmando que no hubo más que una transmisión de televisión en vivo del impacto del segundo avión, produjo una animación que pretendía que las torres estaban hechas de una sustancia como piedra, por lo que los aviones se habrían abollado e ignoró las imágenes de un camarógrafo que levantó su cámara en el aire cuando el primer avión sobrevoló y luego se estrelló contra la torre (lo que significa que si no hubiera ningún avión, habría tenido que haber estado preparado para filmar el cielo y la torre exactamente en el momento de una explosión planeada). El porno conspirativo es tan poderoso para distraer la atención de las pruebas reales de conspiración y destruir las demandas de rendición de cuentas que no es improbable que el Estado profundo colocara el pasaporte de un secuestrador en las calles de Nueva York, sabiendo que sería la narrativa oficial para aquellos que querían creerlo, al mismo tiempo que atrae a los críticos hacia el porno conspirativo en lugar de los hechos para la crítica válida que delineé. El informe de la BBC sobre el colapso del Edificio 7 antes de que lo hiciera podría indicar que el Estado profundo informó erróneamente a la BBC sobre eso para crear contenido de porno conspirativo. De ser así, eso significaría que sabían exactamente cuándo estaban ocurriendo los ataques, lo cual es un nivel aún más siniestro de «permitir» que esos ataques sucedieran. Un enfoque pornográfico conspirativo de la situación con el Edificio 7 distrae la atención de eso e invita a la gente a centrarse en lo que luego puede ser fácilmente refutado por el análisis de expertos (el argumento de la demolición controlada), socavando así el potencial de coaliciones lo suficientemente grandes como para forzar una mayor rendición de cuentas. La película de porno conspirativo falso que mencioné está en: «911 Truth Documentary: No Planes?», s/f. <https://rumble.com/vbw6ip-911-truth-documentary-no-planes.html>.

45 J. Bendell (2014), «University of Cumbria - Inaugural lecture by Professor Jem Bendell», YouTube <https://www.youtube.com/watch?v=j-Opqi-2UgY>.

46 National Post, «Noam Chomsky says the unvaccinated should just remove themselves from society», 2021 <https://nationalpost.com/news/world/noam-chomsky-says-the-unvaccinated-should-just-remove-themselves-from-society>.

47 Roger Hallam, «Podcast-Designing the Revolution», 2023 <https://rogerhallam.com/podcast/>.

48 Por algunas semanas jugué con la idea de que la «reverencia» podría ser una quinta R, tal como la había estado usando la reverenda Van Hamme en su trabajo. Sin embargo, el marco de las R es una serie de preguntas sobre cómo evaluar qué hacer, no cómo sentirse. Podemos optar por recuperar (restaurar) la

reverencia en nosotros mismos y en la sociedad hacia la naturaleza, y si ya la tenemos en nuestras propias vidas, podemos optar por conservarla (resiliencia). Considero que la conversación en torno a la adaptación profunda debe avanzar más hacia la acción colectiva que reúna lo privado y lo público, lo personal y lo político, así que en este punto se centra en la cuestión de la reivindicación de poder.

[49] Usando el conjunto de términos que he introducido en este libro, diría que si compartes una identidad catastrofista mantienes valores ecolibertarios, exploras tu adaptación profunda y te sientes cómodo imaginando un futuro evotópico, entonces participarás en una gran reivindicación de poder contra las manipulaciones y apropiaciones de la Modernidad Imperial, ¡entonces ya estás en el mejor camino! Sin embargo, como puedes entender, todo eso sin esa terminología. Solo escribo esto en esta nota.

[50] J. Bendell, «The biggest mistakes in climate communications, Part 2 - Climate Brightsiding», *Brave New Europe*, 2022 <https://braveneweurope.com/jem-bendell-the-biggest-mistakes-in-climate-communications-part-2-climate-brightsiding>.

[51] J. Bendell, «Psychological insights on discussing societal disruption and collapse», *Ata: Journal of Psychotherapy Aotearoa New Zealand*, 25 (1)/2021. <https://ojs.aut.ac.nz/ata/article/view/187>.

[52] E. P. Torres, «Why longtermism is the world's most dangerous secular credo», *Aeon*, 2021. <https://aeon.co/essays/why-longtermism-is-the-worlds-most-dangerous-secular-credo>.

[53] Hay muchas corrientes de teorías que se refieren a la «evolución consciente» y la entrada de Wikipedia las resume bastante bien, aunque no ofrece ninguna crítica al antropocentrismo del concepto. <https://en.wikipedia.org/wiki/Conscious_evolution>.

[54] D. Kelsey, «Self-Help and Popular Culture», en *Storytelling and collective psychology*, 2022. <https://link.springer.com/chapter/10.1007/978-3-030-93660-0_4>.

[55] J. Bendell, «Psychological insights on discussing societal disruption and collapse», *Ata: Journal of Psychotherapy Aotearoa New Zealand*, 25 (1)/2021 <https://ojs.aut.ac.nz/ata/article/view/187>.

[56] White House, «Executive Order on Tackling the Climate Crisis at Home and Abroad», 2021. <https://www.whitehouse.gov/briefing-room/presidential-actions/2021/01/27/executive-order-on-tackling-the-climate-crisis-at-home-and-abroad/>.

[57] N. Ahmed, «British Military Prepares for Climate-Fueled Resource Shortages», *Vice*, 2020. <https://www.vice.com/en/article/ep4w5j/british-military-prepares-for-climate-fueled-resource-shortages>.

[58] J. Bendell, «If guys with guns are talking about collapse, why can't we?», Jembendell.com, 2020 https://jembendell.com/2020/11/11/if-guys-with-guns-are-talking-about-collapse-why-cant-we/

[59] J. Foster, «Do You Want to Know the Truth?», greenhousethinktank.org, 2023 <https://www.greenhousethinktank.org/do-you-want-to-know-the-truth/>.

[60] O. Reyes y T. Gilbertson, «Carbon trading: how it works and why it fails», Soundings, 45/2010, 89-100. <https://doi.org/10.3898/136266210792307050>.

[61] J. Morgan, «Cop26's worst outcome would be giving the green light to carbon offsetting», The Guardian, 2021 <https://www.theguardian.com/commentisfree/2021/nov/03/cop26-carbon-offsetting-greenwashing-paris-agreement>.

[62] R. Kelly, «Groundswell NZ says overseas carbon farmers need to be included in slash review», Stuff.co.nz., 2023 <https://www.stuff.co.nz/national/131324200/groundswell-nz-says-overseas-carbon-farmers-need-to-be-included-in-slash-review>.

[63] J. Bendell, «Don't be a climate user-an essay on climate science communication», Jembendell.com, 2022. <https://jembendell.com/2022/08/03/dont-be-a-climate-user-an-essay-on-climate-science-communication>.

[64] S. Gossling y A. Humpe, «Millionaire spending incompatible with 1.5 °C ambitions», Cleaner Production Letters, 4/2023, 100027. <https://www.sciencedirect.com/science/article/pii/S2666791622000252>.

[65] C. Arnsperger, J. Bendell y M. Slater, «Monetary adaptation to planetary emergency: addressing the monetary growth imperative», Institute for Leadership and Sustainability (IFLAS) Occasional Papers Volume 8/2021. University of Cumbria, Ambleside, UK. <http://insight.cumbria.ac.uk/id/eprint/5993/>.

[66] W. Knorr y W. Steffen, «Fact Checking the Climate Crisis: Franzen vs. Facebook on False News», IFLAS-Initiative for Leadership and Sustainability, 2020 <http://iflas.blogspot.com/2020/02/fact-checking-climate-crisis-franzen-vs.html>.

[67] J. Bendell, «As non-violence is non-negotiable, we must have tough conversations», Jembendell.com., 2021 <https://jembendell.com/2021/02/13/as-non-violence-is-non-negotiable-we-must-have-tough-conversations/>.

[68] Una organización que publica informes y artículos para presentar argumentos que justifiquen la acción autoritaria en línea y fuera de línea es GNET-Red Global sobre Extremismo y Tecnología (gnet-research.org). Por ejemplo, publican artículos que sugieren que la creencia en que se acerca el «último día» es una motivación terrorista coherente detrás de los asesinatos en masa cometidos por quienes podrían tener enfermedades mentales y quieran aferrarse a cualquier explicación. En lugar de centrarse en un oscuro e incomprensible «final de los tiempos» o «día del juicio» en el futuro, este libro explica que ya estamos en una era de colapso y que podemos encontrar formas prosociales de responder a eso, lo que refleja la verdadera naturaleza de una comunidad enorme y en crecimiento. Desafortunadamente, un contenido como el que sigue indica que

pronto habrá esfuerzos para censurarnos y criminalizarnos como extremistas por tener una perspectiva a favor de la paz, de la naturaleza y de la libertad: K. Boughali, «Frank James: The New York Subway Shooter's Radical Discourse on Social Media», *Global Network on Extremism & Technology*, 2023 <https://gnet-research.org/2023/03/20/frank-james-the-new-york-subway-shooters-radical-discourse-on-social-media/>.

[69] J. Bendell, «Uniting in Love and Rage against Corporate Power», Jembendell.com, 2021 <https://jembendell.com/2021/12/24/uniting-in-love-and-rage-against-corporate-power/>.

[70] Recomiendo mi resumen de la sociología y la psicología sobre el ascenso del fascismo y lo que nos sugiere en mi artículo sobre psicología: J. Bendell, «Psychological insights on discussing societal disruption and collapse», *Ata: Journal of Psychotherapy Aotearoa New Zealand*, 25(1)/2021. https://ojs.aut.ac.nz/ata/article/view/187

[71] Típicamente, los esfuerzos discursivos por señalar a un oponente, primero como coherente, pero con las características negativas que uno le asigna, y luego como una amenaza real, dan paso después a acciones de locos solitarios, agentes provocadores u operaciones encubiertas que pueden atribuirse a esos oponentes. Luego se utiliza la fuerza del Estado, a través de las instituciones para suprimir las opiniones y las personas que quieren suprimir. Un ejemplo de esto en los últimos tiempos podría ser el de la India, donde el Partido Bharatiya Janata acusó a sus oponentes, en particular a activistas e intelectuales de izquierda, de ser violentos y «antinacionales», mientras ellos mismos promovían un nacionalismo de derecha y una intolerancia que luego inspiró actos de violencia (S. Ganguly y R. Menon, «Democracy à la Modi», *The National Interest*, 153/2018, 12-24. <https://www.jstor.org/stable/26557438>). La observación de los resultados de GNET en los próximos años, y de aquellos que trabajan con ellos o informan en función de su contenido, demostrará este proceso de desarrollo de la tiranía en respuesta al colapso de las sociedades modernas.

[72] Me di cuenta de lo poderoso que puede ser eso cuando un famoso científico climático me dijo que se retiraría de la iniciativa Scholars' Warning, en parte porque él no estaba de acuerdo con un colega mío en cuanto a sus opiniones sobre género. Por eso dediqué un capítulo entero a describir la importancia de la sabiduría crítica y cómo desarrollarla.

[73] S. Roth, «The Great Reset. Restratification for lives, livelihoods, and the planet», *Technological Forecasting and Social Change*, 166/2021, 120636 <https://doi.org/10.1016/j.techfore.2021.120636>.

[74] Los críticos de las CBDC no suelen comprender la tiranía del sistema monetario actual, ni su propia impotencia si las empresas o las autoridades desean perturbarlos o controlarlos. También ignoran que el sistema actual depende de la demanda de dólares estadounidenses debido a que el petróleo solo se vende en

dólares, y que este sistema está perdiendo su poder a medida que las naciones organizan alternativas y la participación del petróleo en la combinación energética global disminuye. No se dan cuenta de que el sistema actual de banca sin reservas sirve al poder establecido, controlando quién recibe nuevo poder adquisitivo, tomando una parte de ese poder adquisitivo y reteniendo la capacidad de crear nuevo poder adquisitivo. Con esto en cuenta, queda claro que se realizarán esfuerzos para crear nuevos sistemas con las mismas características, es decir, en los que una coalición de poderosas organizaciones estadounidenses, como bancos, grandes empresas tecnológicas y agencias de seguridad nacional, puedan controlar cómo se emiten las monedas para recibir una parte y tener el poder de emitir la suya propia mientras todavía haya demanda a nivel mundial. La Reserva Federal de Estados Unidos no puede lograr un sistema de este tipo por sí sola y dependerá por completo de las grandes empresas tecnológicas estadounidenses y de los bancos internacionales para permitirlo. Por lo tanto, cualquier sistema futuro de identificaciones digitales y nuevas monedas digitales respaldadas por el Estado provendrá de la gran tecnología estadounidense: será semiprivado y no una CBDC. Por lo tanto, la narrativa anti-CBDC podría considerarse como porno conspirativo para distraer la atención de las preocupaciones y críticas legítimas a los acuerdos monetarios actuales y desactivar la oposición a un nuevo sistema monetario global lanzado por las grandes tecnológicas estadounidenses con el respaldo de la Reserva Federal.

[75] UNCED, Brundtland Report, 1987 <https://www.are.admin.ch/are/en/home/media/publications/sustainable-development/brundtland-report.html>.

[76] S. Nanda, «Book review: Naomi Oreskes & Eric R. Conway, «Merchants of Doubt: How a Handful of Scientists Obscured the Truth on Issues from Tobacco Smoke to Global Warming», *Indian Journal of Public Administration*, 67 (2)/2021. <https://doi.org/10.1177/00195561211016917>.

[77] J. Ball, «55 Tufton Street, SW1: The most influential address you've never heard of», *The New European*, 2022 <https://www.theneweuropean.co.uk/55-tufton-street-sw1-taxpayers-alliance/>.

[78] Solo un ejemplo de las actividades de relaciones públicas, promoción y lobby de esas empresas es la Direct Air Capture Coalition (<daccoalition.org>) y un ejemplo de su eficacia es la subvención climática estadounidense de 500 millones de dólares para la captura directa de carbono en el aire. V. Volcovici (2023), «Bid in for $500 mln U.S. climate grant for direct air carbon capture», Reuters. <https://www.reuters.com/markets/carbon/bid-500-mln-us-climate-grant-direct-air-carbon-capture-2023-03-15/>.

[79] Las personas que se resisten justificadamente a la implantación de más formas de vigilancia en la sociedad deben preguntarse cuándo las medidas de control del tráfico representan en verdad una amenaza significativa para la libertad. En cambio, las personas que no pueden permitirse un automóvil ven su libertad de

comprar localmente eliminada por los centros comerciales fuera de la ciudad y su libertad de respirar aire limpio o andar en bicicleta con seguridad por la ciudad eliminada por los altos niveles de uso del automóvil.

[80] L. Sklair, «Social Movements and Global Capitalism», *Sociology*, 29 (3)/1995. <https://doi.org/10.1177/0038038595029003007>.

[81] J. Bendell, «Replacing Sustainable Development: Potential Frameworks for International Cooperation in an era of Increasing Crises and Disasters», *Sustainability*, 14 (13)/2022, 8185.

[82] Encuentra varios escritos con la etiqueta de Real Green Revolution (Revolución Verde Real) en: <https://jembendell.com/tag/real-green-revolution/>.

[83] Encuentra varios escritos con la etiqueta de Real Green Revolution (Revolución Verde Real) en: <https://jembendell.com/tag/real-green-revolution/>.

[84] Los observadores generalmente consideran la política en Rojava como «libertaria de izquierda» (o «socialista libertaria»), pero, debido a que se basa en pensadores como Murray Bookchin y prioriza relaciones más holísticas entre sí y con el medio ambiente, prefiero describirla como ecolibertaria.

Conclusión: tomar la píldora verde en la era del colapso

[1] E. F. Schumacher, *Small is Beautiful*, Blond & Briggs, 1973 <https://archive.org/details/small-is-beautiful-1973-e.-f.-schumacher/page/n221/mode/2up>.

[2] Medido como «equivalente en CO_2 equivalente», CO_2 y CH_4 combinados.

[3] Gabor Mate me inspiró para expresarlo de esta manera.

[4] El hecho de que el término «libertario» se asocie hoy (en las sociedades occidentales) con la derecha y con un individualismo como el que se observa en las sociedades industriales de consumo, es resultado de la opresión de nuestra conciencia política dentro y por el capitalismo. Casualmente, ese es el mismo proceso que nos ha privado de la capacidad de utilizar el término «anarquista» sin que sea percibido negativamente por la mayoría.

[5] Puedes ver esta imagen contenida en el original «Atlas, sive cosmographicae meditationes de fabrica mundi» del siglo XVI en el archivo en línea de la Biblioteca del Congreso: <https://www.loc.gov/resource/rbc0001.2003rosen0730/?sp=5&r=0.447,0.263,0.482,0.19,0>.

[6] E. W. Younkins (ed.), *Ayn Rand's Atlas Shrugged: A Philosophical and Literary Companion*. Burlington, Vermont: Ashgate Publishing, 2007.

[7] M. Nussbaum, *The Fragility of Goodness: Luck and Ethics in Greek Tragedy and Philosophy*, Cambridge (MA): Cambridge University Press, 2001.

[8] C. Segal, *The Myth of Atlas: Symbolic Reflections in Greek Mythology*, Princeton: Princeton University Press, 1989.

9   Sí, estoy bromeando. Leí por primera vez un libro de Alan Watts en 2002, pero no me llegó tanto como sus ideas lo hacen ahora, después de que la vida me ha herido lo suficiente. Recomiendo este vídeo sobre él y su trabajo: <https://www.youtube.com/watch?v=T6lRcGxH-Mc>.

10   Lo cual incluye toda la energía, agua y otros recursos utilizados en la producción de los productos que importan.

11   Visita <jembendell.com> para descubrir traducciones en curso o para compartir la tuya para distribución gratuita de libros electrónicos. Si deseas producir un libro de bolsillo o un audiolibro en otro idioma, comunícate conmigo a través de ese sitio web para discutirlo primero.

12   E. F. Schumacher, *Small is Beautiful*. Blond & Briggs, 1973 <https://archive.org/details/small-is-beautiful-1973-e.-f.-schumacher/page/n221/mode/2up>.

Esta edición, primera, de *Cayendo juntos*,
se terminó de imprimir en los
talleres gráficos de Gómez Aparicio,
en Casarrubuelos (Madrid),
en el mes de octubre de 2024.

terminará con las palabras que a F. Schumacher dedicó para cerrar su propio libro, criterio a tano a partes de que yo escriba a este...

En todas partes nos dejaría... imaginar, que puede haber resultado... La respuesta es tan simple como... pudimos... enterarnos del momento, poner en orden lo que... Para terminar dejo que la última parte... dhorp bien... continuará... la reputación... legítimo, valor de... tratamiento de los ... ne y ... se... agradecimiento... a... la humanidad.

[39] National Intelligence Council, Global Trends 2040: A More Contested World, 2021. ‹https://www.dni.gov/files/ODNI/documents/assessments/GlobalTrends_2040. pdf›.

[6] H. Ritchie, M. Roser y P. Rosado, «Energy», Our World in Data, 2022. ‹https://ourworldindata.org/energy-archive›.

Esta edición, impresa de (?) andadura,
se terminó de imprimir en los
talleres gráficos de Gómez García,
en Casarrubuelos (Madrid),
el X días de octubre de 20XX.